U0275325

研究所旧址：北京市东城区朝阳门内大街137号孚王府

研究所新址：中国科学院基础科学园区

1966年4月全室职工合影

第一排：① 席泽宗 ② 殷美琴 ③ 刘昌芝 ④ 解思慧 ⑤ 郑英春 ⑥ 曹婉如 ⑦ 李家明

第二排：① 张驭寰 ② 周世德 ③ 严敦杰 ④ 钱宝琮 ⑤ 王安才 ⑥ 金秋鹏 ⑦ 黄　炜 ⑧ 刘志华

第三排：① 王健民 ② 何绍庚 ③ 宋正海 ④ 薄树人 ⑤ 郭书春 ⑥ 梅荣照 ⑦ 赵承泽 ⑧ 唐锡仁
　　　　⑨ 张秉伦 ⑩ 吴和梅 ⑪ 王奎克 ⑫ 张爱华

第四排：① 周嘉华 ② 邢润川 ③ 何堂坤 ④ 徐　进 ⑤ 许传松 ⑥ 刘子央 ⑦ 华觉明 ⑧ 陈美东
　　　　⑨ 林文照 ⑩ 戴念祖 ⑪ 潘吉星 ⑫ 蔡书民 ⑬ 刘金沂 ⑭ 陈久金

李约瑟与自然科学史研究所同事合影（1986年11月）

建所30周年合影（1987年）

建所50周年合影（2007年）

第一排左起：①JohnMoffett（英国）② 万辅彬 ③ 吴凤鸣 ④ 罗见今 ⑤ 江晓原 ⑥ 陈美东 ⑧ 陈文华 ⑨ 徐萍芳 ⑩ 丘亮辉 ⑪ 李 婷 ⑫ 李经纬 ⑬ 蔡美彪 ⑭ 廖育群 ⑰ 任继愈 ⑱ 吴文俊 ⑲ 方 新 ⑳ 席泽宗 ㉑ 曹效业 ㉒ 柯 俊 ㉓ 许良英 ㉕ 汪前进 ㉖ 史树青 ㉗ 张晋儒 ㉘ 张驭寰 ㉚ 李根群 ㉛ 席龙飞 ㉜ 潘吉星 ㉝ 丘光明 ㉞ 李文林 ㉟ 孙小礼

第二排左起：① 张宏礼 ② 刘 兵 ③ 林文照 ④ 何绍庚 ⑤ 胡泽生 ⑥ 吴佩卿 ⑦ 刘志华 ⑧ 刘巽宁 ⑨ 周 奇 ⑩ 姜振寰 ⑪ 吴 昭 ⑫ 董光璧 ⑬ 苟萃华 ⑭ 马 约 ⑮ 尹 良 ⑯ 赵慧芝 ⑰ 汪子春 ⑱ 唐锡仁 ⑲ 赵澄秋 ⑳ 丁 蔚 ㉑ 王 冰 ㉒ 刘昌芝 ㉔ 韩汝玢 ㉕ 王兆春 ㉖ 李家明 ㉗ 那静坤 ㉙ 赵继柱 ㉚ 何 林 ㉜ 王跃飞 ㉝ 程光胜 ㉞ 王昌燧 ㉟ 曹圣洙（韩国） ㊱ 李天生 ㊲ 许 萍 ㊳ 张京芳 ㊴ 陈 浩 ㊵ 黄 炜 ㊶ 徐海燕 ㊷ 王渝生

第三排左起：① 席 红 ② 李 静 ③ 李亚明 ⑤ 李小娟 ⑥ 张西亭 ⑦ 陈瑞平 ⑧ 陈久金 ⑨ 孔国平 ⑩ 邢润川 ⑪ 周嘉华 ⑫ 宋正海 ⑬ 孙关龙 ⑭ 李宗纬 ⑮ 李 飞 ⑯ 白云翔 ⑰ 李东升 ⑱ 艾素珍 ⑲ 杨文衡 ⑳ 殷登祥 ㉒ 华海峰 ㉓ 郭书春 ㉔ 杨直民 ㉕ 樊嘉禄 ㉖ 伊世同 ㉗ 刘 青 ㉘ 朱建平 ㉙ 张 义 ㉛ 陈 燕 ㉜ 张九辰 ㉝ 杨静一 ㉞ 李艳平 ㉟ 孙淑云 ㊱ 李秀辉 ㊲ 冯立昇 ㊳ 吕建华 ㊴ 鲁大龙 ㊵ 李劲松 ㊶ 赵翰生

第四排左起：① 吴玉辉 ② 谭 亮 ③ 邸利会 ④ 罗兴波 ⑤ 刘 巍 ⑥ 熊卫民 ⑧ 楼彩云 ⑨ 邸笑飞 ⑩ 李 雪 ⑪ 高 洁 ⑫ 任定成 ⑭ 李 申 ⑯ 傅祚华 ⑰ 钟少异 ⑱ 潘 涛 ⑳ 姜 生 ㉑ 姚平录 ㉒ 赵世荣

年庆祝大会暨"席泽宗星"命名仪式

2007.8.17

北京天地人和摄影
www.TDRH.com.cn

㉓ 付　革 ㉔ 钮卫星 ㉕ 吴　燕 ㉖ 张柏春 ㉗ 胡化凯 ㉙ 王国强 ㉚ 吴晓峰 ㉛ 赵桂兰 ㉜ 王建军 ㉝ 王佩琼

第五排左起：① 范　勇 ② 曲安京 ③ 胡晓菁 ④ 唐　泉 ⑤ 刘　煜 ⑥ 张　藜 ⑦ 杨丽凡 ⑧ 陆　岭 ⑨ 施彩云 ⑩ 张利华 ⑪ 龚　旭 ⑫ 姜念云 ⑭ 韩　毅 ⑮ 徐凤先 ⑱ 曾雄生 ⑳ 王思明 ㉑ 王星光 ㉒ 邹大海 ㉓ 袁振东 ㉔ 李树棠 ㉕ 杨忠恩 ㉖ 王士平 ㉗ 李克敏 ㉘ 胡升华 ㉙ 田　森 ㉚ 小林澄子 ㉛ 殷美琴 ㉜ 黄荣光 ㉟ 屈宝坤 ㊱ 姚立澄 ㊲ 范戈阳 ㊳ 刘　立 ㊵ 周常林

第六排左起：① 陈朝勇 ② 王玉民 ③ 孙　烈 ④ 孙小淳 ⑤ 方在庆 ⑥ 尹　萍 ⑦ 韩　琦 ⑧ 李兆华 ⑨ 郭世荣 ⑪ 袁江洋 ⑫ 戴吾三 ⑬ 方晓阳 ⑭ 石云里 ⑮ 罗桂环 ⑯ 李安平 ⑰ 魏屹东 ⑱ 胡新和 ⑲ 叶中华 ⑳ 牟克雄 ㉑ 杨建华 ㉓ 王秀良 ㉔ 邓文宽 ㉕ 武夷山 ㉖ 潜　伟 ㉗ 李东升 ㉘ 李　斌 ㉙ 董煜宇 ㉚ 徐旺生 ㉛ 朱　冰 ㉜ 康小青 ㉝ 姜丽蓉 ㉞ 王肃端 ㉟ 李　勇 ㊲ 李安林 ㊳ 赵　猛

第七排左起：① 张明悟 ② 王浩强 ③ 孙承晟 ④ 吴蕴豪 ⑤ 刘　晓 ⑥ 王志强 ⑦ 段异兵 ⑧ 胡维佳 ⑨ 侯　钢 ⑩ 段耀勇 ⑪ 高红成 ⑫ 李映新 ⑬ 杨　舰 ⑭ 王作跃（美国） ⑮ 郭金海 ⑯ 董亚铮 ⑰ 张　逢 ⑱ 吴国盛 ⑲ 邓　亮 ⑳ 孟繁刚 ㉑ 郭勇斌 ㉒ 黎　耕 ㉔ 胡　颖 ㉕ 黄伯尧

研究所迁址前合影（2010年4月2日于孚王府）

第一排左起： ① 田 淼 ② 刘益东 ③ 胡维佳 ④ 苏荣誉 ⑤ 汪前进 ⑥ 方在庆 ⑦ 王扬宗 ⑧ 张柏春 ⑨ 袁 萍 ⑩ 刘 钝 ⑪ 孙小淳 ⑫ 廖育群 ⑬ 张 黎 ⑭ 张宏礼 ⑮ 袁江洋

第二排左起： ① 张 庆 ② 陆 岭 ③ 陈 悦 ④ 方一兵 ⑤ 王丽娜 ⑥ 周玉凤 ⑦ 黄荣光 ⑧ 张九辰 ⑨ 彭冬玲 ⑩ 朱 敬 ⑪ 黄艳红 ⑫ 杨丽凡 ⑬ 宁晓玉 ⑭ 艾素珍 ⑮ 胡晓菁 ⑯ 徐凤先 ⑰ 颜宜葳 ⑱ 陈 燕 ⑲ 尹 洋

第三排左起： ① 张海泉 ② 李劲松 ③ 韩健平 ④ 王建军 ⑤ 张跃豪 ⑥ 刘 晓 ⑦ 韩 毅 ⑧ 苏 湛 ⑨ 姚立澄 ⑩ 程占京 ⑪ 李映新 ⑫ 李小娟 ⑬ 周 平 ⑭ 张宗鹤 ⑮ 李 昂 ⑯ 李 雪 ⑰ 王 红

第四排左起： ① 王勇忠 ② 胡孝忠 ③ 黄伯尧 ④ 孙 烈 ⑤ 王广超 ⑥ 熊卫民 ⑦ 郭金海 ⑧ 黄海雁 ⑨ 朱崇开 ⑩ 陈朗勇 ⑪ 王传超 ⑫ 屈宝坤 ⑬ 张卜天 ⑭ 范戈阳 ⑮ 范 勇 ⑯ 刘彦琪

第五排左起： ① 曹希敬 ② 孙承晟 ③ 胡志良 ④ 张明悟 ⑤ 丁牛牙 ⑥ 陈 魏 ⑦ 赵翰生 ⑧ 张 威 ⑨ 罗兴波

2013年国际评估合影

2013. 10. 17～18·北京

第一排左起：① 张　凤 ② 李晓轩 ③ Takehiko Hashimoto（桥本毅彦）④ Karine Chemla（林力娜）⑤ Kim Yung Sik（金永植）⑥ Jürgen Renn ⑦ Joseph Cheng–Yih CHEN（程贞一）⑧ Joseph W. Dauben（道本周）⑨ Wolfgang Koenig ⑩ 王　凡

第二排左起：① 田　雨 ② 吴思仪 ③ 彭冬玲 ④ 王　斌 ⑤ 曾雄生 ⑥ 罗桂环 ⑦ 胡维平 ⑧ 韩健平 ⑨ 王扬宗 ⑩ 张柏春 ⑪ 袁　萍 ⑫ 孙小淳 ⑬ 张　黎 ⑭ 蔡 ⑮ 朱　敬 ⑯ 刘宜庆

第三排左起：① 纪　巧 ② 霍婷婷 ③ 徐凤先 ④ 陈　巍 ⑤ 陈光先 ⑥ 周建中 ⑦ 李劲松 ⑧ 赵翰生 ⑨ 关晓武 ⑩ 黄海雁 ⑪ 熊卫民 ⑫ 赵振江 ⑬ 游博清 ⑭ 张佳静 ⑮ 王凌燕 ⑯ 陈晓珊

第四排左起：① 孙廷富 ② 刘智渊 ③ 陈朝勇 ④ 张海泉 ⑤ 孙承晟 ⑥ 高　峰 ⑦ 王建军 ⑧ 孙显斌 ⑨ 陈　殿 ⑩ 孙　烈 ⑪ 姚大志 ⑫ 刘烨昕 ⑬ 胡晓菁 ⑭ 刘金岩 ⑮ 石路遥 ⑯ 张　钫

第五排左起：① 夏　钊 ② 吴世磊 ③ 苏　湛 ④ 高　山 ⑤ 罗兴波 ⑥ 王传超 ⑦ 李　亮 ⑧ 郭园园 ⑨ 高　璐 ⑩ 黄荣光 ⑪ 刘　亮 ⑫ 王勇忠 ⑬ 刘　晓 ⑭ 李　林 ⑮ 张　威 ⑯ 常佩雨

第六排左起：① 王　莹 ② 郭金海 ③ 韩　毅 ④ 刘　洋 ⑤ 姚立澄 ⑥ 黄　磊 ⑦ 王　芳 ⑧ 刘　超 ⑨ 杨　帆 ⑩ 崔　杰 ⑪ 杨丽娟 ⑫ 卢方方 ⑬ 朱慧涓 ⑭ 杨小华 ⑮ 吴玉梅 ⑯ 储姗姗

第七排左起：① 张宗鹤 ② 李映新 ③ 王国强 ④ 陈　刚 ⑤ 张炳君 ⑥ 宋元明 ⑦ 杨涤非 ⑧ 曹希敬 ⑨ 初维峰 ⑩ 李菁博 ⑪ 薛中莹 ⑫ 牛英凯 ⑬ 吕传益 ⑭ 徐　丁 ⑮ 刘　毅 ⑯ 潘菡原 ⑰ 尹　萍 ⑱ 秦　锐 ⑲ 付　雷 ⑳ 苏荣誉 ㉑ 李卫康

建所60周年合影（2016年）

第一排左起：① 潜　伟 ② 杨小明 ③ 刘　兵 ④ 关增建 ⑤ 钱永红 ⑥ 曲安京 ⑦ 林聪益 ⑧ 胡化凯 ⑨ 杨　舰 ⑩ 王思明 ⑪ 张　澔 ⑫ 刘次沅 ⑬ 高　策 ⑭ 李醒民 ⑮ 罗见今 ⑯ 何国卫 ⑰ 万辅彬 ⑱ 王渝生 ⑲ 李文林 ⑳ 席龙飞 ㉑ 常　青 ㉒ 张柏春 ㉓ 黄一农 ㉔ 范岱年 ㉕ 董光璧 ㉖ 郭书春 ㉗ 戴念祖 ㉘ 姜振寰 ㉙ 周嘉华 ㉚ 李兆华 ㉛ 江晓原 ㉜ 曹辛穗 ㉝ 董晓萍 ㉞ 王荣彬 ㉟ 邓明立 ㊱ 朱建平 ㊲ 郭世荣 ㊳ 冯立昇 ㊴ 石云里 ㊵ 冯锦荣 ㊶ 王大明 ㊷ 吴国盛 ㊸ 吕　娟

第二排左起：① 厚宇德 ② 李晓岑 ③ 刘益东 ④ 邓可卉 ⑤ 纪志刚 ⑥ 徐泽林 ⑦ 鲍　鸥 ⑧ 赵阳辉 ⑨ 范春萍 ⑩ 刘　煜 ⑪ 王英华 ⑫ 张志会 ⑬ 杨爱华 ⑭ 董春雨 ⑮ 尚智丛 ⑯ 张志辉 ⑰ 吕厚均 ⑱ 孔国平 ⑲ 王星光 ⑳ 姜　生 ㉑ 马来平 ㉒ 张培富 ㉓ 周　程 ㉔ 刘树勇 ㉕ 胡升华 ㉖ 李　斌 ㉗ 韩　琦 ㉘ 袁　萍 ㉙ 赵　力 ㉚ 陈正洪 ㉛ 魏露苓 ㉜ 赵艳萍 ㉝ 杨品优 ㉞ 倪根金 ㉟ 邹大海 ㊱ 郑乃章 ㊲ 王佩琼 ㊳ 徐旺生 ㊴ 李雪涛 ㊵ 曾雄生 ㊶ 张路峰 ㊷ 崔　彤 ㊸ 方在庆 ㊹ 易　华

第三排左起：① 关晓武 ② 方一兵 ③ 韩　毅 ④ 尹晓冬 ⑤ 徐凤先 ⑥ 田　淼 ⑦ 张九辰 ⑧ 姚　芳 ⑨ 刘洁民 ⑩ 李学通 ⑪ 罗桂环 ⑫ 徐丁丁 ⑬ 朱慧涓 ⑭ 杜新豪 ⑮ 樊小龙 ⑯ 田　松 ⑰ 潘澍原 ⑱ 史晓雷

学院自然科学史研究所成立60周年学术研讨会
2016.12.24-26

⑲顾永杰 ⑳姚大志 ㉑张 剑 ㉒胡孝忠 ㉓郑方磊 ㉔李 昂 ㉕陈 悦 ㉖李英杰 ㉗李 雪 ㉘曾金莲 ㉙王君秀

第四排左起：①曹希敬 ②孙显斌 ③王 莹 ④周文凯 ⑤施继龙 ⑥杨 阳 ⑦丁 宏 ⑧梁佳媛 ⑨刘 超 ⑩牛 腾 ⑪陈 蜜 ⑫顾敏佳 ⑬吴世磊 ⑭萧国鸿 ⑮李 勇 ⑯郭园园 ⑰陈 巍 ⑱任丛丛 ⑲马敏敏 ⑳刘金岩 ㉑苏 轩 ㉒陈晓珊 ㉓刘 辉 ㉔姚立澄 ㉕郑 诚 ㉖孙承晟 ㉗魏 毅 ㉘杨 策

第五排左起：①彭冬玲 ②杨 林 ③王彦雨 ④宋元明 ⑤胡 啸 ⑥单 琳 ⑦刘烨昕 ⑧赛吉拉胡 ⑨赵利杰 ⑩雷丽芳 ⑪杜晓萌 ⑫王吉晨 ⑬吕清琦 ⑭苏 熹 ⑮李 兵 ⑯刘 杭 ⑰杨丽娟 ⑱刘 毅 ⑲黄尚永 ⑳张宗鹤 ㉑曹恒初 ㉒陈 明 ㉓颜宜葳 ㉔何 朋 ㉕孙 烈 ㉖雷 煜 ㉗郭金海 ㉘王大洲 ㉙王文超 ㉚邓培培 ㉛李融冰 ㉜陈 朴 ㉝孙 松 ㉞张大庆 ㉟朱一文 ㊱鲍 宁 ㊲焦郑珊 ㊳高 璐 ㊴王 芳 ㊵李 萌 ㊶刘俊峰 ㊷张伟兵 ㊸陈 光

建所60周年纪念合影（2016年）

第一排左起： ① 郭金海 ② 邹大海 ③ 刘益东 ④ 苏荣誉 ⑤ 罗桂环 ⑥ 关晓武 ⑦ 赵　力 ⑧ 袁　萍 ⑨ 张柏春 ⑩ 韩　琦 ⑪ 孙显斌 ⑫ 曾雄生 ⑬ 韩　毅 ⑭ 田　淼 ⑮ 徐凤先 ⑯ 陈　燕

第二排左起： ① 苏　熹 ② 陈　雯 ③ 李　林 ④ 牛　腾 ⑤ 任丛丛 ⑥ 陈晓珊 ⑦ 鲍　宁 ⑧ 陈文丽 ⑨ 张　庆 ⑩ 刘烨昕 ⑪ 梁佳媛 ⑫ 李　萌 ⑬ 王　芳 ⑭ 焦郑珊 ⑮ 张志会 ⑯ 陈　蜜 ⑰ 顾敏佳 ⑱ 彭冬玲 ⑲ 马敏敏 ⑳ 苏　轩 ㉑ 吕清琦 ㉒ 于博雅 ㉓ 纪　巧

第三排左起： ① 李映新 ② 胡孝忠 ③ 陈朝勇 ④ 李劲松 ⑤ 刘　超 ⑥ 王凌燕 ⑦ 高　璐 ⑧ 张　佩 ⑨ 常佩雨 ⑩ 孙承晟 ⑪ 刘　杭 ⑫ 杨丽娟 ⑬ 徐志凌 ⑭ 王　莹 ⑮ 霍婷婷 ⑯ 刘　辉 ⑰ 杜　良 ⑱ 秦　锐 ⑲ 魏雪刚 ⑳ 范戈阳

第四排左起： ① 吴世磊 ② 姚立澄 ③ 曹希敬 ④ 谭鑫刚 ⑤ 王吉辰 ⑥ 白天鹏 ⑦ 张宗鹤 ⑧ 郑　诚 ⑨ 王彦雨 ⑩ 张炳君 ⑪ 杜新豪 ⑫ 王建军 ⑬ 杨　策 ⑭ 颜宜葳 ⑮ 赛吉拉胡 ⑯ 李　亮 ⑰ 陈　魏 ⑱ 陈　扑 ⑲ 王国强

第五排左起： ① 谢智飞 ② 孙　烈 ③ 张　威 ④ 程占京 ⑤ 王文超 ⑥ 姚大志 ⑦ 高　峰 ⑧ 黄海雁 ⑨ 高　山 ⑩ 屈宝坤 ⑪ 宋元明 ⑫ 刘　亮 ⑬ 樊小龙 ⑭ 赵利杰 ⑮ 陈　光 ⑯ 史晓雷 ⑰ 郭园园 ⑱ 黄尚永 ⑲ 魏　毅 ⑳ 徐丁丁

科学技术史研究六十年

——中国科学院自然科学史研究所论文选

第四卷 科技交流史\科技与社会

中国科学院自然科学史研究所 编

中国科学技术出版社

·北 京·

图书在版编目（CIP）数据

科学技术史研究六十年：中国科学院自然科学史研究所论文选.
第四卷，科技交流史/科技与社会/中国科学院自然科学史研究所编.
—北京：中国科学技术出版社，2018.5
ISBN 978 – 7 – 5046 – 7863 – 8

Ⅰ．①科…　Ⅱ．①中…　Ⅲ．①自然科学史 – 世界 – 文集
Ⅳ．①N091 – 53

中国版本图书馆 CIP 数据核字（2017）第 318734 号

策划编辑　吕建华
责任编辑　许　慧　余　君　杨　丽
责任校对　焦　宁
责任印制　李晓霖

出　　版　中国科学技术出版社
发　　行　中国科学技术出版社发行部
地　　址　北京市海淀区中关村南大街 16 号
邮政编码　100081
发行电话　010-62173865
传　　真　010-62179148
网　　址　http://www.cspbooks.com.cn
印　　刷　北京盛通印刷股份有限公司

开　　本　787mm×1092mm　1/16
字　　数　607 千字
插　　页　6
印　　张　28.75
版　　次　2018 年 5 月第 1 版
印　　次　2018 年 5 月第 1 次印刷
书　　号　ISBN 978 – 7 – 5046 – 7863 – 8/N · 234
定　　价　180.00 元

序　言

　　中国的科技史研究从 20 世纪 50 年代起走向职业化和建制化。1951 年 1 月 13 日，中国科学院副院长竺可桢向李四光提起应该有一个中国科学史委员会，以关注李约瑟的工作和回应《人民日报》的约稿，并且为成立科学史研究室做准备。1954 年中国科学院设立以竺可桢为主任、叶企孙和侯外庐为副主任的中国自然科学史研究委员会，在历史二所成立自然科学史研究组。是年 8 月 27 日竺可桢在《人民日报》发表文章，论述为什么要研究中国古代科学史，强调：“我国古代自然科学史尚是一片荒芜的田园，却满含着宝藏，无论从爱国主义着想或从国际主义着想，我们的历史学和自然科学工作者都有开辟草莱的责任。”

　　1956 年 1 月中央政府发出“向科学进军”的号召，之后国务院组织制订《1956—1967 年科学技术发展远景规划纲要》。据此，科学院自然科学史委员会牵头制订《中国自然科学与技术史研究工作十二年远景规划草案》，并召开第一次中国自然科学史讨论会。按照远景规划，1957 年元旦科学院创建以学部委员、数学史学家和铁路工程专家李俨为主任的中国自然科学史研究室。1958 年创办国内第一个科学史专业期刊《科学史集刊》（由钱宝琮主编），该刊在 1982 年易名《自然科学史研究》。以上举措标志着科技史学科在中国的形成和建制化，以及其研究队伍的职业化。

　　自然科学史研究室在 1975 年扩建为自然科学史研究所（以下简称“科学史所”）。在 50 年代形成的研究范式的影响下，历经多年的科研实践，科学史所形成了以学科史研究为主，追求新史料、新观点和新方法，认真考证史实与阐释科技成就的学术传统，其研究成果得到国内外同行的认同。科学史所发挥多学科和建制化的综合优势，组织诸多研究项目，取得了系列重大学术成果。最具代表性的工作是科学史所与兄弟单位合作编著的 26 卷本《中国科学技术史》（简称“大书”）。“大书”可与李约瑟的丛书媲美，其《数学卷》《科学思想卷》和《水利卷》荣获“郭沫若历史学奖”。

　　改革开放以来，科学史所抓住新的发展机遇，逐步调整科研布局，积极开拓新领域，研究新问题，丰富研究方法。在古代科技史方向，除了完成“大书”，还参与或组织承担曾侯乙编钟复原、夏商周断代工程、清史纂修工程、中华大典和《中国大百科全书·科技史卷》等国家项目，编著天文学史、物理学史、技术史等多卷本“大系”及《传统工艺全集》，整理出版若干文献丛书，还推出影响广泛的普及著作；在近现代科技史方向，编写《20 世纪科学技术简史》和《中国近现代科学技术史》，组织百余位学者开展"中国近现代科学技术发展综合研究",从而实现"由古代到现代、由中国到世界"的拓展和转变。近年来,组织开展"科技知识的创造和传播""科技革命与国家现代化""新中国科技史纲"等研究项目,同时加强中外交流史、中外比较、文化遗产和科学文化等研究,参与科技战略等"应用科技史研究",以期在微观考释和宏观叙事方面有新的作为。

科学史所还着力促进中国科技史研究的国际化。竺可桢、刘仙洲和李俨在1956年就参加了在意大利举行的第八届国际科学史大会。在对外开放环境中,科学史所广泛开展学术交流与合作,筹划双边或多边的国际合作项目,与国际一流研究机构组建合作团队,共同解决跨学科、跨文化和跨地域的复杂学术问题,鼓励以外文发表学术论著,在重要会议上做大会报告,在国际组织与学术期刊编辑等方面扮演重要角色。2005年成功承办第22届国际科学史大会,2013年在中国科学院组织的国际评估中获得好评,2017年与科学出版社及国际专家合作创办英文期刊(*Chinese Annals of History of Science and Technology*)。

科学史所是国内科技史人才培养的摇篮和主要基地,改革开放初期还为不少高校研究生授予硕士学位。自然科学史研究室在1957年招收杜石然等科学史专业的首届研究生。科学史所在1982年开始招收博士研究生,培养了国内第一位科学史博士王渝生(1987年毕业)。迄今,已经为300多位毕业生授予硕士学位或博士学位。许多毕业生成长为职业的科技史学者,包括成就卓著的学科带头人和科技史事业的开拓者。1999年,科学史所与上海交通大学合作创建国内第一个科学史与科学哲学系,与中国科技大学共建科技史与科技考古系。

经过一个甲子的不懈求索,科学史所形成了以科学技术史学科为主体,兼顾科技哲学、科技社会学、科技考古和文化遗产等学科领域的多元发展格局。全所同仁在数学史、天文学史、物理学史、生物学史、地学史、化学化工史、冶金史、建筑史、纺织史、机械史、造船与航海史、军事技术史、农学史和医学史等学科史,以及中外交流史、科技通史、科学社会史、科技文献学、科技史理论、科技哲学、科技战略、科学文化等众多领域取得了许多影响力大的重要研究成果,凝结成数以千计的学术论著,为科技史学科在国内外的建设和发展作出了突出贡献。

在科学史所建立60年之际,我们组织编辑多卷本的学术文集。该文集以2007年所庆50周年时编印的《科学技术史研究五十年》文集为基础,由曾在研究所工作的研究员和副研究员以及目前在职的研究人员各贡献一篇论文,共计138篇,每篇字数在一万左右。这些文章是同事们各自选取的代表作,集在一起称得上科学史所60年学术研究的一个缩影。前所长席泽宗院士在2007年为《科学技术史研究五十年》所作序文中指出:"学术思路、研究内容和研究方法,各篇文章有所不同,水平高低也不尽一致,但都是作者们的尽心竭力之作,在建筑人类科学大厦的过程中,都有添砖加瓦的作用。"

结集出版这些文章，为的是纪念过往和思考未来，也希望能为同行提供一些启示和引起人们对这个学科的更多关心。

在学科目标、路径、模式和方法等多元化发展的当代，挑战与机遇并存，这使得相互理解和包容、相互补充及合作成事对于科技史及相关学科的学术共同体来说变得尤其重要。席先生在《科学技术史研究五十年》的序文中强调："我们要宽宏大量，不强求统一，在学术领域要鼓励百花齐放、百家争鸣。根据不同的社会需求和哲学观点，各人走自己的路，彼此尊重，希望都有收成。"我们将继续秉持这种态度，与学界同仁携手共进，满怀信心地追求学术卓越和服务社会，开创科学史所和科技史学科发展的美好未来。

张柏春
2017 年 11 月 22 日

目录

科技交流史

潘吉星　达尔文涉猎中国古代科学著作考／4

王　冰　《律吕纂要》内容来源初探／20

罗桂环　梅史考略／38

张柏春　清朝前期观象台天文仪器的欧洲化／48

韩　琦　科学、知识与权力——日影观测与康熙在历法改革中的作用／66

郭金海　奥斯古德与函数论在中国的传播／87

孙承晟　明清之际西方"三际说"在中国的流传和影响／106

陈　悦　The Use of Galileo's Theory of the Strength of Materials by the Jesuits in China／121

王　斌　从胶济铁路的修建看近代对华技术转移中的冲突与适应／137

郑　诚　《祝融佐理》考——明末西法炮学著作之源流／150

魏　毅　《世界广说》（'Dzam gling rgyas bshad）所见藏俄交流史事／167

陈　巍　莫作寻常黹绣看——缂织技术的中华化再讨论／182

刘　亮　近代来华西方人记述中国环境变化文本的传播及影响／203

刘烨昕　兰安生来华初期的公共卫生教育活动（1921—1923）／214

科技与社会

杜石然　论元代科学技术和元代社会／228

刘祖慰　李约瑟问题和席文的批评／240

范楚玉　儒学与中国古代科学技术／245

宋正海　自然国学——竺可桢、李约瑟心目中的中国传统科学认知体系／255

张利华　关于科学院院士增选制度的剖析／261

王佩琼　"过去"的性质与"信古""疑古"两种史学态度的扬弃／270

刘益东　对不准原理与动车困境：人类已经丧失纠正重大错误的能力 / 291

屈宝坤　晚清社会对科学技术的几点认识的演变 / 304

张　藜　科学的国家化：20 世纪 50 年代国家与科学的关系 / 319

杨丽凡　发展科技的指导思想：从延安时期到建国初期 / 333

孙显斌　写刻之间：《汉书》文本面貌之嬗变浅议 / 347

刘　晓　北平研究院的学术会议及会员制度 / 353

王丽娜　改革开放初期中国科学院"办院方针"之争 / 369

苏　湛　宋人科技兴趣的计量研究 / 382

张志会　刘家峡水电站工程建设的若干历史反思 / 397

李　萌　中国科学院青年科学家奖历程（1989—2001） / 414

王彦雨　作为公共知识分子的 STS（PSTS）：一个亟待开拓的研究场域 / 425

高　璐　建构主义思想的践行者：麦肯齐学术思想演进及其意义 / 437

CONTENTS

History of Scientific Communication

PAN Jixing A New Inquiry into Chinese Sources Used by Charles Darwin / 4

WANG Bing An Exploration of the Original Sources of *Lülü Zuan Yao* / 20

LUO Guihuan Approach upon History of Origin and Culture of Mumeplant in China / 38

ZHANG Baichun The Europeanization of Astronomical Instruments in the Observatory of Peking During the Qing China (1660s – 1750s) / 48

HAN Qi Science, Knowledge and Power: Observations of the Shadows of the Sun and the Kangxi Emperor's Role in the Calendrical Reform / 66

GUO Jinhai William Fogg Osgood and the Dissemination of Theories of Functions in China / 87

SUN Chengsheng The Dissemination and Influence of the Three-Region Theory in Late Ming and Early Qing China / 106

CHEN Yue The Use of Galileo's Theory of the Strength of Materials by the Jesuits in China / 121

WANG Bin Conflicts and Adaptations in Technology Transfer to Modern China: The Case of Kiaotsi Railway / 137

ZHENG Cheng A Study of *Zhurong Zuoli*: Artillery Handbook in Late Ming / 150

WEI Yi The Interactions Between Tibet and Russia as Recorded in *'Dzam gling rgyas bshad* / 167

CHEN Wei Do Not See It as Ordinary Weaving: The Rethinking on Sinicization of Tapestry / 182

LIU Liang Descriptions and Their Dissemination of Environmental Change in China Written by the Westerners Came to China in Modern Times / 203

LIU Yexin Activities of Public Health Education Launched by John B. Grant in His Early Years in China (1921 – 1923) / 214

Science, Technology and Society

DU Shiran Science and Technology During the Yuan Dynasty and Their Social Background / 228

LIU Zuwei The Needham Question and Nathan Sivin's Criticism / 240

FAN Chuyu Confucianism and Science and Technology of Ancient China / 245

SONG Zhenghai The Chinese Studies on Nature: The Cognitive System of Traditional Chinese Science According to Zhu Kezhen and Joseph Needham / 255

ZHANG Lihua Analysis on Academician's Electoral Systems / 261

WANG Peiqiong The Nature of "the Past" and the Sublation of the Two Historical Views of "Believing the Ancient" and "Doubting the Ancient" / 270

LIU Yidong Miss Aiming Principle and MU Train's Dilemma: The Humans Have Already Lost the Ability to Correct Their BIG Mistakes / 291

QU Baokun The Evolution of the Understanding of Science and Technology in the Late Qing Dynasty / 304

ZHANG Li The Nationalization of Science: The Relationship Between the State and the Science in the 1950s / 319

YANG Lifan Guiding Ideology of Science and Technology: From Yan'an Period to the Initial Stage After the Founding of People's Republic of China / 333

SUN Xianbin Between Handwritten Copies and Block-Printed Editions: Research on the Textual Evolution of *History of the Former Han* / 347

LIU Xiao The National Academy of Peiping's Academic Council and Membership System / 353

WANG Lina The Debate on Work Guideline of Chinese Academy of Sciences in the Early Stage of Reform and Opening-Up / 369

SU Zhan Shift in Interests in Science and Technology in 11th-Century China / 382

ZHANG Zhihui Some Historical Reflection on the Construction of Liujiaxia Hydropower Station / 397

LI Meng The History of "The Young Scientists Award of CAS"
(1989 – 2001) / 414

WANG Yanyu STS Researchers as Public Intellectuals (PSTS): A Research
Field That Should Be Pioneered Urgently / 425

GAO Lu The Practitioner of Constructivism: The Academic Trajectory of Donald
MacKenzie and Its Significance / 437

科技交流史

潘吉星 1931 年生，辽宁北宁人。1954 年大连理工大学化工系毕业，1958—1959 年北京化工学院讲授有机合成，1960 年起调中国科学院中国自然科学史研究室研究科学史及中外科学交流史。1981—1982 年美国宾夕法尼亚大学客座教授，1982 年英国剑桥大学罗宾逊学院 Bye Fellow，1983 年选为国际科学史研究院（巴黎）通讯院士，1987 年日本京都大学人文科学研究所客座教授。1992 年国家古籍小组成员。主要著作有《中国造纸技术史》（1979 年中文版，1980 年日文版，2002 年韩文版）、《卡尔·肖莱马传》（1986）、《中国火箭技术史》（1987）、《天工开物校注与研究》（1989）、《宋应星评传》（1992）、《中国金属活字印刷技术史》（2001）、《中国古代四大发明》（2002）、《中外科技交流史论》（2013）、《中国火药史》（2016）等。获优秀图书一等奖 4 项、二等奖 4 项。

达尔文涉猎中国古代科学著作考

□ 潘吉星

19 世纪英国伟大生物学家达尔文（Charles Robert Darwin，1809—1882）是位在全世界范围内收集科学资料的勤奋学者。他在奠定和充实其生物进化论过程中，广泛涉猎中国和西方各国的各种文献，作为支持其学说的历史证据或发挥其思想的科学论据。就中他同中国结下了因缘，在他的《物种起源》（1859）、《动物和植物在家养下的变异》（1868，以下简称《变异》）和《人的由来及性选择》（1871，以下简称《由来》）三部代表作中，谈到人和各种动植物时利用了不下百种中国资料。他为了利用中国资料，阅读了汉文（借助于译员）、英文、法文、德文和意大利文发表的许多书刊。当他谈到中国和中国事物时，常用美好词句，表明他对中国的敬意和好感。他是近代西方科学界中认真钻研中国科学并从中吸取思想养料的代表性人物。

早在 19 世纪 40—50 年代起草《物种起源》阶段，达尔文就开始收集中国资料，60—70 年代又在更大规模上展开了。他这样做是有眼光的，因为中国是世界上饲养动物和栽培植物的一大中心，而且有悠久的历史，积累了丰富的经验。当代英国科学史家李约瑟博士在《中国科学技术史》各卷中，已向西方展示了中国古代科学成就及其国际影响的大量证据。达尔文在其革命性著作中广泛利用中国资料表明，甚至在 19 世纪中国资料仍能在西方派上用场。但长期以来很少有人对达尔文涉猎的中国资料作深入研究，这项工作难度较大，因为达尔文利用的中国资料并非总是显而易查的。他有时没有详细标明文献出处，有时依靠西方出版物提供的第二手信息。为此我在 1959 年《物种起源》发表一百周年时研究过这一课题①。本文在原有基础上重作追加考证，着重探讨达尔文涉猎十部中国古代科学著作的细节，提供新的资料，在以下各节中逐一叙述此项研究成果。由于达尔文著作汉译本有时在涉及中国的地方未作考证，译文间有不准确之处，同时亦未指出达尔文原著作中的少量疏漏，所以本文将根据我们的研究成果提供某

---

* 原载《自然科学史研究》1991 年第 1 期，第 48—60 页。

① 本文中所有西方人名，凡有固定汉名者不另重译，否则按"名从主人"原则取规范译法，因而与现版的达尔文著作之汉文译名不同。S. Julien 本文作儒莲，而非朱丽恩。W. Mayers 本文作梅辉立，而非梅耶尔。E. Huc 本文作古伯察，而非胡克。因这些汉学家有固定汉名，不可随意改译之。犹如 S. Birch 本文作伯奇，而非倍契。Blyth 本文作布莱思，而非勃里斯。

潘吉星：《中国文化的西渐及其对达尔文的影响》，《科学》1959 年第 35 卷第 4 期，第 211—222 页；《达尔文和中国生物科学》，《生物学通报》1959 年第 11 期，第 517—521 页。

些新的译文，并对达尔文原著进行个别文字校勘，以就教于海内外达尔文研究家。

1 《齐民要术》与《便民图纂》

达尔文在 1859 年《物种起源》首版中两次提到"古代中国百科全书"，给予高度评价，但没有提供文献出处。不过在《变异》中则给出答案："现在我要阐明，我们大部分有用动物的几乎任何特点由于时尚、迷信或某种其他动机都曾受到重视，并且因而被保留下来。……关于绵羊，中国汉族人喜欢无角的公羊；蒙族人喜欢螺旋形角的公羊，因为无角被认为是失去勇气的。"（"With respect to sheep, the Chinese prefer rams without horns; the Tartars prefer them with spirally wound horns, because the hornless are thought to loss courage."①）汉译本将此处 Chinese（汉族人）译作"中国人"、将 Tartars（蒙族人）音译为"鞑靼人"是不妥的，而将 Jesuits（耶稣会士）当成法国人名，音译为"捷修兹"，更为不妥②。因而我此处作了改译。达尔文在这段文字脚注中标明文献出处：*Mémoires sur les Chinois* [by the Jesuits], 1786, tome XI, p. 57。我们译为：耶稣会士们著《中国纪要》，1786，卷一—第 57 页。*Mémoires sur les Chinois* 是达尔文为该书取的简名，而法国人使用的规范简称应是 *Mémoires concernant les Chinois*。这是一部有关中国的大型丛书，全名为《北京耶稣会士们关于中国人历史、科学、技术、风俗、习惯等纪要》（*Mémoires concernant l'histoire, les sciences, les arts, les moeurs, les usages etc, des Chinois par les Missionnaires de Pékin*），据在华耶稣会士稿件编成，共 16 册，1776—1814 年刊于巴黎。其第 11 卷（1786）第 25—72 页收入题为《中国的绵羊》（*De bêtes à laine en Chine*）一文，由法国耶稣会士金济时（字保录，Jean-Paul-Louis Collas，1735—1781）执笔。该文引后魏农学家贾思勰《齐民要术》（533—544）及明人邝璠（字廷瑞）《便民图纂》（1497）中养羊部分，结合金济时在华见闻而写成。

金济时文内在"但正如《齐民要［术］》所说"（"Mais, comme dit le livre *Tsi-Min-Yao*"）之后，隔一段又写道："我曾读过廷瑞学士的著作《便民［图纂］》"（"J'ai lu tout ce qu'a écrit le Bechelie Ting-tschae, dit le *Pien-Min*"）；接着说："要留作种羊的羊羔这时要锯去羊角，要是找不到生来就不带角的羊羔的话。汉族人通常喜欢不带角的公羊；但蒙族人在沙漠里放牧，则不依此法行事；……因为在他们看来，公羊不带角就失去勇气，……他们喜欢带螺旋形角的公羊。"③ 这正是达尔文所引之内容。《齐民要术》

---

① Ch. Darwin: *The Variation of Animals and Plants Under Domestication*, Vol. II, New York, London: D. Appleton & Company, 1897, p. 194. 此处汉译文为笔者提供。

② （英）达尔文：《动物和植物在家养下的变异》，叶笃庄、方宗熙译，科学出版社，1982 年，第 464 页。

③ Jean Paul Louis Collas: *Des bêtes à laine en Chine. Mémoires concernant les Chinois*, tome XI, Paris, 1786, p. 57. 此处译文为笔者提供。

云："羝（公羊）无角者更佳。有角者喜相触，伤胎所由也。"①《便民图纂》引《齐民要术》亦有同样说法②。但按贾思勰的本义，喜欢不带角的公羊不是由于时尚，而是防止圈养时伤害受孕的母羊，金济时对此未予说明。至于蒙族人喜欢带螺旋角公羊，乃是他在蒙古牧区的实地见闻。达尔文在《变异》中又写道："在上世纪耶稣会士们出版了一部有关中国的巨著，主要是根据古代中国百科全书编成的，关于绵羊，据说'改良其品种在于特别细心选择预定作繁殖之用的羊羔，对之善加饲养，保持羊群隔离'。中国人对于各种植物和果树也应用了同样原理。"③ 从脚注中知道这条材料来自《中国纪要》（1786）卷一——第55页及卷五（1780）第507页。但《中国纪要》所述内容引自《齐民要术》。从达尔文口气中亦可看出，他心目中的"古代中国百科全书"亦是指贾思勰的著作。

《齐民要术》曰："羊羔腊月、正月生者留以作种，余月生者还卖。……所留之种率皆精好，与世间绝殊，不可同日而语之。"这是论种羊的选择。又说："寒月生者须燃火于其边。夜不燃火，必致冻死。凡初产者，宜煮谷豆饲之。"这是讲对羊善加饲养。"羊有疥者，间别之。不别，相染污，或能合群致死。"④ 这是讲病羊与羊群的隔离。金济时将这些论述加以综合介绍，便是达尔文用引号引述的那些话。《齐民要术》不但论养羊时应用选择原理，且将此原理用于各种植物和果树。例如谈到枣、桃树留种时该书说："常选好味者留栽之"，"选取好桃数十枚，擘取核"，收作种，"诸菜先熟［者］，并须盛裹，亦收子"⑤。贾思勰这里已明确使用了"选择"这个术语。金济时将上述内容概括后写道："我们曾经报道过中国人在改进、提高和完善果树、谷物、蔬菜及花草方面所用的普遍的原理，而他们养羊时所遵循的不过是这个普遍原理的一项运用和引申而已。"⑥ 达尔文引这段话时在文字上稍作变动，但基本精神仍是相同的。由于我在另一文⑦内已详细论及达尔文引《齐民要术》情况，故此处从略。

2 《本草纲目》与《三才图会》

《变异》论鸡的历史时说，意大利博物学家阿尔德罗万迪（Ulisse Aldrovandi，1522—1605）1600年在二卷本鸟类学专著中"描述过7~8个鸡的品种，这是能够赖以

---

① 贾思勰著，石声汉释：《齐民要术选读本》，农业出版社，1961年，第368页。

② 邝璠著，石声汉、康成懿校注：《便民图纂》，农业出版社，1982年，第214页。

③ Ch. Darwin: *The Variation of Animals and Plants Under Domestication*，Vol. Ⅱ，New York，London，1897，p. 189. 我们此处对现有译文作了修改。

④ 《齐民要术选读本》，第368—375页。

⑤ 同上，第22、34、214、220页。

⑥ *Mémoires concernant les Chinois*，tome Ⅺ，Paris，1786，p. 55.

⑦ 潘吉星：《达尔文与〈齐民要术〉》，《农业考古》1990年第2期。

考证欧洲品种发生年代的最古记录"。达尔文指出，当时在伦敦不列颠博物馆图书馆东方部任主任的伯奇（Sumuel Birch，1813—1885）告诉他说："在 1596 年出版的中国百科全书中曾经提到过 7 个品种，包括我们称为跳鸡（Jumpers）或爬鸡（Creepers）的，以及具有乌毛、乌骨和乌肉的鸡，其实这些材料还是从各种更古老的典籍中收集来的。"① 此处未提供文献出处。我在 1959 年已证明这里指的是明代伟大科学家李时珍（1518—1593）的《本草纲目》（1596）。该书写道："时珍曰：鸡类甚多，五方所产，大小、形色往往亦异。朝鲜一种长尾鸡，尾长三四尺。辽阳一种食鸡、一种角鸡，味俱肥美，大胜诸鸡。南越一种长鸣鸡，昼夜啼叫。南海一种石鸡，潮至即鸣。蜀中一种鹛鸡、楚中一种伧鸡，并高三四尺。江南一种矮鸡，脚才二寸许也。"② 共列举 7～8 种鸡，其中脚只有二寸的矮鸡即达尔文所说的跳鸡或爬鸡。谈到乌骨鸡时，"时珍曰：乌骨鸡有白毛乌骨者，黑毛乌骨者，斑毛乌骨者，有骨、肉俱乌者，肉白骨乌者。但观鸡舌黑者，则骨、肉俱乌，入药更良"③。

但《本草纲目·禽部》那时还无西文译作，由此我判断必是达尔文向伯奇咨询，由他请本馆通晓汉文的馆员将馆藏《本草纲目》替达尔文摘译出来。如达尔文所述，《本草纲目》以前古书已载各地鸡种。如《三国志·魏志》（289）记古朝鲜马韩出细毛鸡，尾长五尺余，此即长尾鸡。葛洪（283—364）《西京杂记》载汉成帝（前 32—前 7）时交趾（今越南）献长鸣鸡。《尔雅·释兽》载蜀鸡大而有力。又宋代的《物类相感志》载乌骨鸡。时珍集诸书而总其成，这些材料确是"从各种更古老的典籍中收集来的"。达尔文又说："在中国古代百科全书中曾经提到过双重距（double spurs）的事例。其发生或可看作是相似变异的一个例子，因为某些野生鸡类如孔雀鸡（Polyplectron）就有双重距。"④ 此材料亦来自《本草纲目》，时珍引唐人孟诜（621—713）《食疗本草》称："诜曰：鸡有五色者，玄鸡白首者，六指者，四距者。"⑤ 上述说明，达尔文论鸡时所引"1596 年出版的古代中国百科全书"，此处是指《本草纲目》。但他又写道："不列颠博物馆的伯奇先生为我翻译了 1609 年出版的中国百科全书的一些片断，不过这部书是从更古老的文献汇编成的。它在这里说鸡是西方之牲，是公元前 1400 年的一个朝代里引进到东方即中国的。"⑥ 这是说夏商时期（前 1783—前 1391）鸡从西方引进中国。

但《本草纲目》引 2 世纪人应劭《风俗通义》云："俗以鸡祭门户，鸡乃东方之牲。"又引寇宗奭《本草衍义》（1116）曰："巽为风，为鸡。鸡鸣于五更者，日至巽

① *The Variation of Animals and Plants Under Domestication*，Vol. I，1897，p. 259.
② 李时珍：《本草纲目》（1596）卷四八《禽部·鸡》，中册，上海世界书局，1937 年，第 1440 页。
③ 同上，第 1443 页。
④ 《动物和植物在家养下的变异》，汉译本，第 187 页。
⑤ 《本草纲目》卷四八，中册，第 1440 页。
⑥ 同上④，第 174 页，我们对译文作了修改。

位，感动其气而然也。"查《周易正义·系辞下》，巽为木、为风、为白、为鸡[①]。巽卦性质是号令，象征司晨的鸡；又指东方，"日至巽位"即日出东方。按阴阳八卦及五行说，鸡是对应于东方之动物，而马乃西方之牲，但此说法与动物起源没有关系。我认为达尔文所引"1609 年出版的中国百科全书"不是《本草纲目》，而指明人王圻的《三才图会》。王圻写道："鸡有蜀、鲁、荆、越诸种。……旧说日中有鸡，鸡西方之物，大明生于东，故鸡入之。《易》曰，巽为鸡，兑见巽伏，故为鸡，鸡知时而喜伏故也。"[②] 但应指出，《三才图会》明刻本将"鸡东方之物"误刻为"鸡西方之物"，伯奇及其馆内同事没有觉察到此刻误。我们从上下行文中可断定"西"应改为"东"。既然王圻引旧说"日中有鸡""大明生于东，故鸡入之"及"《易》曰巽为鸡"，他就只能得出"鸡东方之物"而非西方之物的结论。此一字之差造成 120 多年历史误会，现已至澄清之时了。

达尔文谈鸡的历史时，根据其友人英国动物学家布莱思（Edward Blyth，1810—1873）从印度加尔各答发来的一封信，信中说古代《摩奴法典》（*Manu-smrti*）禁止杀食家鸡，只许杀食野鸡。又据英国专家琼斯（William Jones，1746—1796）意见，法典成于公元前 1200 年。达尔文再引美国学者皮克林（Charles Pickering，1805—1878）著作，认为古埃及石刻有向第十八王朝的图特摩斯三世（Thutmose Ⅲ，约前 1504—前 1450）献的鸡头，而此人在位时间推定为公元前 15 世纪。这一切使达尔文相信鸡是公元前 1400 年从西方引入中国。但后来研究证明，《摩奴法典》成书于公元前 2 世纪至公元 2 世纪之间[③]，而埃及石刻中的"鸡头"经鉴定为别的鸟类。任何中外古书都未提到鸡于商代自西方引入中国，故此说法已无历史证据。家鸡最早记载见于商代甲骨文。《尚书正义·周书·牧誓》记周武王（前 1027—前 1025）于商都郊外宣誓时说："古人有言曰，牝鸡无晨。牝鸡之晨，惟家之索。今商王受惟妇言是用。"[④] 这是说：古人云，母鸡不鸣晨，若母鸡鸣晨（转义为妇女发号施令），此家必萧条。今商纣王（前 1075—前 1046）只听妲己谗言，商必亡。从文献记载及考古资料来看，饲养家鸡始自中国。达尔文已接近得出此结论，但被当时西人对史料的误解所困惑，而一度踌躇不决。

3 《七修类稿》

《变异》指出金鱼（*Cyprinus auratus*）引入欧洲不过在 17—18 世纪，但中国自古以来即畜养了。他这条材料主要引自布莱思的《印度原野》（*Indian Field*）1858 年版第

---

① 《周易正义·系辞下》，十三经注疏本，上册，上海世界书局，1935 年，第 94—95 页。
② 王圻：《三才图会》（1609），《鸟兽类》卷一，下册，上海古籍出版社影印明刊本，1988 年，第 2159 页。
③ A. Loiseleur-Deslongchamp 法译、马雪香汉译：《摩奴法典》，译序，商务印书馆，1982 年，第 ii—iii 页。
④ 《尚书正义·周书·牧誓》，十三经注疏本，上册，第 183 页。

255 页及其来信。1868 年英国驻华外交官兼汉学家梅辉立（William Frederick Mayers，1831—1878）看到《变异》后支持达尔文观点，但以为所引中国资料不足，遂于香港刊物《中日研讨》（Notes and Queries on China and Japan）上发表《论金鱼饲养》（Gold-Fish Cultivation）一文。文内写道："达尔文谈到他相信金鱼'在中国自古以来就已被畜养了'（《变异》卷一第 296 页），这是有充分根据的。所有有关博物学的中国著作都谈到金鱼，……在大约成书于 1590 年的《本草纲目》中，李时珍说：'金鱼有鲤、鲫、鳅、鱀数种，鳅、鱀尤难得，独金鲫耐久，前古罕知。……自宋（建于 960 年）始有家畜者，今则处处人家养玩矣。'①"② 梅辉立接下引方以智（1611—1671）《物理小识》（1643）、郎瑛（1487—1566）《七修类稿》及陈元龙（1652—1736）《格致镜原》（1735）后写道："1735 年刊行的题为《格致镜原》的百科全书对这个题目提供很多引文，其中最重要的引自《七修类稿》。该书指出：'杭［州］自嘉靖戊申（1548）以来，生有一种金鲫，名曰火鱼，以色至赤故也。人无有不好，家无有不畜，竞色射利，交相争尚。'同一作者紧接上述提法后补充说：'金鱼不载于诸书，《鼠璞》以为六和塔寺池有之。故苏子美《六和塔诗》云："沿桥待金鲫，竟日独迟留。"苏东坡亦曰："我识南屏金鲫鱼。"南渡（1129）后则众盛也③。'"文中的《鼠璞》是一书名，为宋人戴埴所撰。梅辉立的结论是："因而很明显，大约在诺尔曼人征服英格兰时，中国就已熟悉了金鱼。"

梅辉立文章发表于 1868 年 8 月，9 月 3 日英国驻广州领事官、植物学家韩士（Henry Pletcher Hance，1827—1886）便将该文寄给达尔文④。达尔文对此文很重视，便将此材料收入《由来》论金鱼的脚注中："由于我在《动物和植物在家养下的变异》中就此题目说过几句话，梅辉立先生便查考了古代中国百科全书（见《中日研讨》1868 年 8 月第 123 页）。他发现金鱼自宋（建于 960 年）始有家畜者。及至 1129 年这类金鱼已盛行。另一文献说，'杭州自嘉靖戊申（1548）来，生有一种［金鲫］，名曰火鱼，以色至赤故也。人无有不好，家无有不畜，竞色射利，交相争尚'。"⑤ 达尔文引梅辉立的《七修类稿》译文时，省略若干句。达尔文熟读梅辉立之文，实际上他已触及《本草纲目》《七修类稿》《格致镜原》及《物理小识》等中国古书部分内容，甚至还有宋人苏舜钦和苏轼的诗句，扩充了他对中国养金鱼史的理解。因而 1871 年他已将过去所说

---

① 原文见《本草纲目》卷四四《鳞部·金鱼》，中册，1937 年，第 1374 页。

② W. F. Mayers：Cold-Fish Cultivation，Notes and Queries on China and Japan，Hong Kong，1868，Vol. Ⅱ，No. 8，pp. 123 – 124. 此处译文由笔者提供。

③ 郎瑛：《七修类稿》（1566）卷四一《事物类·火鱼》，第 11 页。

④ Letter to Ch. Darwin from H. P. Hance，dated 3 September 1868. See F. Burkhardt et S. Smith：A Calendar of the Correspondence of Charles Darwin，1821 – 1882，New York，London，1985，p. 282.

⑤ Ch. Darwin：The Descent of Man and Selection in Relation to Sex，2nd ed. （1874），New York，London：D. Appleton & Company，1924，p. 349. 此处笔者提供新译文。

"古代"具体化为宋代（960—1279），而且提到 1129 年宋室南渡后金鱼在杭州大为普及。显然达尔文这里所说"古代中国百科全书"仍是《本草纲目》。《由来》首版印于1871 年 2 月 24 日，而从 1875 年 7 月起达尔文开始修订《变异》第二版，同年 10 月出版。此次增订 30 多处，其中一处即第八章论金鱼那一节，补充了梅辉立提供的资料。

达尔文写道："所以可以预料，在形成新品种时曾大量进行过选择；而事实上也确是如此。在一部中国古代著作中曾说，具有赤鳞的金鱼自宋（建于 960 年）始有家畜者，而'今则处处人家养玩矣'（'and now they are cultivated in families everywhere for the sake of ornament'）。在另一部较早的著作中也说道：'人无有不好，家无有不畜，竞色射利，交相争尚。'"（"In another and more ancient work, it is said that 'there is not a household where the gold-fish is not cultivated, in rivalry as to its colour, and as a source of profit'."）[1] 脚注中注明出处：W. F. Mayers, "*Chinese Notes and Queries*", Aug. 1868, p. 123。这是达尔文自己给出的《中日研讨》刊物的简称，其规范简称应是 *Notes and Queries on China and Japan*。值得注意的是，达尔文在《由来》中将新资料放在脚注中，而在《变异》再版时已移入正文，且将《本草纲目》中"自宋始有家畜者，今则处处人家养玩矣"及《七修类稿》中"人无有不好，家无有不畜，竞色射利"之原话用引号引了出来。我之所以重译达尔文这段话，就是要反映出他当时从中国古书中发掘科学资料之苦心。我们认为今后再版达尔文著作汉译本时，必须注意他涉及中国的地方，精心使用译文措辞。

4 《康熙几暇格物编》

《变异》第 20 章《人工选择》指出，如果认为古代人没有意识到选择的重要性并实行选择，将是个很大的错误。为此他举出中国实例证明他这一观点。他说："中国人对各种植物和果树也应用了同样的原理。皇帝降旨谕臣民选用特异稻种；甚至选种亦出于帝手，因为据说'御稻米'为昔日康熙帝在一块水田里注意到的（and selection was practised even by imperial hands; for it is said that the *Yu-mi* or imperial rice was noticed at an ancient period in a field by the Emperor Khang-hi），后将其保存起来并于禁苑内培育。后因此稻是能在长城以北生长的唯一稻种，所以显得更有价值。"[2] 此处给出的"御米"原文拼音 *ya-mi* 有误，当为 *yu-mi*，以与汉语发音相符。达尔文所用康熙 Khang-hi 是法文拼音，英文拼音是 K'ang-hsi，说明他依据的文献原作者是法国人。他在脚注中标明出处：With respect to Khang-hi, see Huc's, "*Chinese Empire*", p. 311。此脚注十分简略，

---

① *The Variation of Animals and Plants Under Domestication*, 1897, Vol. Ⅰ, p. 312. 译文为笔者新译。

② *The Variation of Animals and Plants Under Domestication*, Vol. Ⅱ, p. 189. 笔者新译此段。

经考证后我得知作者全名为 Evariste Régis Huc（1813—1860），乃法国汉学家，其固定汉名为古伯察，因而《变异》汉译本按英语发音译为"胡克"是不对的，当然亦不能按法文发音译作于克。

古伯察 1839 年由法国遣使会（Congrégation de la Mission）派遣来华，1843 年与法人葛华（Joseph Gabet，1808—1853）去蒙古、西藏游历，1848 年再赴浙江，在华凡 13 年，后于 1852 年返国。古伯察通汉、蒙、藏语，1853 年在巴黎发表《中国蒙藏及内地游记》（*Souvenirs d'un voyage dans la Tartarie*，*le Thibet et la Chine*）二卷，很快译成英文，题为《1844，1845 及 1846 年中国蒙藏及内地游记》（*Souvenirs of a Journey Through Tartary*，*Tibet and China During the Years* 1844，1845 and 1846），1860 年出版于伦敦。此后他又写成《中华帝国：蒙藏游记续编》（*L'Empire Chinois*：*faisant suite à l'ouvrage intitulé "Souvenirs d'un Voyage dans la Tartarie et le Thibet"*）二卷，分别刊于 1853 及 1854 年，简称《中华帝国》（*L'Empire Chinois*）。此书以《贯穿中华帝国之旅行》（*A Journey Through the Chinese Empire*）为名的英译本于 1855 年于美国纽约出版。1855 年伦敦也出版了英文版，题为《中华帝国：蒙藏游记续编》（*The Chinese Empire*：*Forming a Sequel to the Work Entitled Recollections of Journey Through Tartary and Tibet*），亦简称《中华帝国》（*The Chinese Empire*），1857 年又发行第二版。达尔文利用的是《中华帝国》1855 年英译本伦敦第一版，16 开 2 册精装本。古伯察在书中以亲自见闻并参考中西著作叙述了中国内地及蒙藏地区各方面情况，故其书一度风行欧美。我在查阅《中华帝国》英译本后发现译者不通汉语，故专有名词一律用法文原著拼音，显得不够协调，且有排印误字。该书卷二第 311 页起介绍康熙帝选种事迹时，引《康熙几暇格物编》卷下《御稻米》条。

《康熙几暇格物编》为清圣祖玄烨（1654—1722）于日理万机之暇研究科学技术的心得之作。早在 18 世纪，法国耶稣会士韩国英（字伯督，Pierre-Martial Cibot，1727—1780）就在《中国纪要》卷四（1779）发表《康熙帝对科学与博物学的考察》（*Observations de physique et l'histoire naturelle faites par l'Empereur Khang-hi*）的长文[1]，实际上是康熙帝这部科学著作的法文摘译本。《康熙几暇格物编》的法文译名为《康熙帝于政务余暇对物类属性的考察》（*Recueil des observations sur la nature des choses*，*faites par l'Empereur Khang-hi*，*pendant ses loisirs impériaux*），此著后于 1903 年在河内的《远东法兰西学院院报》（*Bulletin de l'École Française d'Extrême-Orient*）上再予介绍。因此康熙帝的科学业绩早在 18 世纪已为欧洲人所知晓[2]。达尔文要想了解康熙事迹，除阅读古伯察的书外，还可在他所熟悉的法文版《中国纪要》第四卷中查得。但他选择了古伯察法文原著的英

---

① P. M. Cibot：*Observations de physique et l'histoire naturelle faites par l'Empereur Khang-hi*，*Mémoires concernant les Chinois*，tome Ⅳ，Paris，1779，pp. 452 – 484.

② 潘吉星：《康熙帝与西洋科学》，《自然科学史研究》1984 年第 3 卷第 2 期，第 177—188 页。

译本，也许读起来更为方便。

为使读者了解古伯察原著内容，我特将有关部分翻译如下："中国人在农业方面有很多发现，主要因其素质特别机警，这使他们肯于利用那些在欧洲被忽视的植物。他们很乐于研究自然界，而其最大的人物，甚至他们的皇帝也不轻视参加与此有关的最琐碎的事情，而且小心收集可能对大众有益的一切物种。著名的康熙帝因而对他的国家作出一项最重要的贡献。我们惊异地发现这位君主写的下列一段话：'六月初一日我走到'，康熙帝说，'已播种的稻田，稻子在九月前不能指望收获。我突然注意到有一颗已吐穗，且高于其余诸稻，而且已经成熟。我将它收集起来并带回，此谷粒长得很好而且丰满，这促使我保存它作个实验，看看来年是否还保持这种早熟性，而事实上确是如此。从这种稻育出的所有稻，都在正常时间以前吐穗，而且在六月即可收割。这样每年都增加这种稻的生产，而现在已有四十年在我的餐桌上都用此稻进餐。这种稻呈长型，多少有点红色，但做成饭却有香气和很好的味道。由于它是在我的苑田内首次培养出来的，故称'御稻米'（yu-mi or Imperial rice）。它是能在长城以北生长的唯一稻种，这一带冷得较早，而很晚才变暖，但南方一些省份气候较暖、土地较肥沃，种此稻可很容易在一年内两栽两获。这种稻能造福于我的人民，对我来说是一种欣快的慰藉'。"[①]

康熙帝的原话是："丰泽园中有水田数区，布玉田谷种，岁至九月始刈获登场。一日［朕］循行阡陌，时方六月下旬，谷穗方颖，忽见一科高出众稻之上，实已坚好，因收藏其种，待来年验其成熟之早否。明岁六月时，此种果早熟。从此生生不已，岁取千百，四十余年以来内膳所进皆此米也。其米色微红而粒长，气香而味腴，以其生自苑田，故名'御稻米'。一岁两种亦能成熟，口外种稻，至白露前收割，故山庄稻田所收，每岁避暑用之，尚有赢余。曾颁给其种与江浙督抚、织造，令民间种之。……南方气暖，其熟必早于北地。当夏秋之交，麦禾不接，得此早稻，利民非小。若更一岁两种，则亩有倍石之收，将来盖藏渐渐可充实矣。……朕每饭时，尝愿与天下群黎共此嘉谷也。"[②] 古伯察对上述文字稍作变动，但基本表达了中国原著精神。清人吴振棫（1722—1870）《养吉斋丛录》卷二六云："康熙二十年（1681）前圣祖于丰泽园稻田中偶见一穗与众迥异，次年命择膏壤以布此种。其米作微红色，嗣后四十余年悉炊此米作御膳，……其后种植渐广，内仓存积始多。"可见康熙帝发现并培养御稻米良种始于1681年6月。他不但在丰泽园种稻，还在那里种桑养蚕。中国有这样一位爱好科学的皇帝亲自参加选种，使达尔文为之赞叹，因而康熙大帝的科学业绩便由达尔文载入其经典著作中而永世流芳。可见达尔文涉猎了《康熙几暇格物编》部分内容。

---

① E. R. Huc：*The Chinese Empire*，translated from the French，2nd English ed.，Vol. Ⅱ，Port Washington，New York/London，1857，pp. 311–312. 这一大段由笔者所译。

② 玄烨：《康熙几暇格物编》卷下，《御稻米》下册，第6页，清光绪年宗室盛昱手录本石印本。

5 《大唐西域记》

《由来》第 19 章《人类的第二性征》谈不同民族审美观时写道："按照我们的观念，锡兰土著居民的鼻子远不算太高，然而 7 世纪中国人看惯了蒙古人（应为蒙古利亚种人——笔者注）的扁平面孔，对僧伽罗人的高鼻子不免表示惊讶，而［玄］奘甚至用'人身鸟喙'之词来形容他们。"（"The nose is far from being too prominent according to our ideas, in the natives of Ceylon; yet the Chinese in the seventh century, accustomed to the flat features of Mongol［ian］races, were surprised at the prominent noses of the Cingalese; and ［Hiouen］Thsang described them as having 'the beak of a bird, with the body of a man'."）① 此处我们提供达尔文原文和我们的新译文，而且将对原著的文字校勘用方括号标出。因为从上下文义观之，Mongol（蒙古人）应作 Mongolian（蒙古利亚种人），而唐人玄奘 Hiouen Thsang 原文拼音中缺 Hiouen（玄），应当补上。我们提请西方同行今后刊行达尔文原著时注意这两点。还要指出，玄奘的英文拼音是 Hsüan Chuang，达尔文此处给出的 Thsang 是法文拼音，说明他引用的原始文献出于法国人之手。但脚注则称："关于中国人对僧伽罗人的意见，参见坦南特：《锡兰》，1859，卷二第 107 页。"（"On the opinion of the Chinese on Cingalese, see E. Tennent, 'Ceylon', 1859, Vol. II, p. 107."）像往常一样，书名又用了简称。此书作者坦南特（James Emerson Tennent, 1804—1896）是英国政治家、旅行家及东方学家，1845 年任锡兰总督府民政长官，从事锡兰研究，是该岛历史、地理及博物学等方面的权威。

坦南特著有《锡兰博物学概论》（Sketches of the Natural History of Ceylon, 1861）及《锡兰：全岛概论》（Ceylon: An Account of the Island, 1859）等书，1854 年被封爵，1862 年选为皇家研究院院士（FRS）。《锡兰·全岛概论》简称《锡兰》，作者根据当地见闻及各种文献对该岛作了全面介绍，共二卷，首版于 1859 年，后多次再版。达尔文引证了该书卷二第 107 页论古代斯里兰卡（Sri Lanka）岛国土著居民人种特征的描述，这里坦南特转引唐代中国佛学家、梵学家及旅行家玄奘（俗名陈祎，602—664）的《大唐西域记》（646）。众所周知，这部十二卷的古书记录了玄奘 627—645 年间从长安出发前往印度求法的五万里旅行所经各国见闻，有重要学术价值。《大唐西域记》卷一一所述僧伽罗国（Simhaladvipa）为今斯里兰卡古称，阿拉伯人称 Silan，英文 Ceylon 与此音近，故达尔文所说 Cingalese 可译为僧伽罗人。玄奘在《僧伽罗国》条《那罗稽罗洲》项下写道："国南浮海数千里，至那罗稽罗洲。洲人卑小，长余三尺，人身鸟喙。既无

---

① *The Descent of Man and Selection in Relation to Sex*, New York, London, 1924, pp. 590 –591. 这处原文由笔者新译。

谷稼，唯食椰子。"① "人身鸟喙"是形容人有钩鼻，故英文作"have the beak of a bird, with the body of a man"，此即达尔文从坦南特书中所引者。但坦南特写书时，《大唐西域记》尚无英译本，却有巴黎法兰西学院（Collège de France）汉学教授儒莲（Stanislas Julien，1799—1873）的法译本，坦南特于是参考了这个本子。

1853—1858 年间，儒莲出版总题为《中国高僧求法行记》（*Voyages des Pèlerins Bouddhistes*）的三卷本书，卷二（1857）及卷三（1858）即为玄奘《大唐西域记》法文译本，题为《西域记，玄奘于 648 年自梵文转为汉文，又由儒莲自汉文译成法文》（*Mémoires sur les Contrées Occidentales，traduits du Sanscrit en Chinois，en l'an* 648，*par Hiouen-Thsang，et du Chinois en Français par M. Stanislas Julien*）。坦南特引此书时，因不通汉语，故未用英文拼音玄奘，而用了儒莲提供的法文拼音 Hiouen Thsang，且将 Hiouen（玄）脱掉。还要指出，玄奘谈具有钩鼻人的地区为那罗稽罗洲，而此洲（岛）在僧伽罗国南面海上"千里"之外，非指僧伽罗人。那罗稽罗洲为梵文 Nārikeladvipa 之音译，义为"椰子岛"。这与玄奘所述"既无谷稼，唯食椰子"是一致的。此地即今印度洋中的马尔代夫（Maldive）群岛或今孟加拉湾中的尼科巴（Nicovar）群岛②。总而言之，不是僧伽罗国，虽然它在《大唐西域记》内归入《僧伽罗国》条下。

关于僧伽罗国，玄奘写道："僧伽罗国周七千余里，国大都城周四十余里。土地沃壤，气序温暑，稼穑时播，花果具繁。人户殷盛，家产富饶，其形卑黑，其性犷烈。好学尚德，崇善勤福。……此国本宝渚（岛）也，多有珍宝。"③ 这里只说僧伽罗人皮肤略黑，而未提到钩鼻。问题在于坦南特引《大唐西域记》法文译本时，误将《僧伽罗国》条内的那罗稽罗人当成僧伽罗人。达尔文引坦南特书时也沿袭了这种说法，此问题现在总算得到了澄清。但无论如何得要肯定，达尔文所说的 7 世纪中国人是玄奘，他还引了《大唐西域记》之部分内容。这正是本文所要解决的问题。顺便说，玄奘的书直到20 世纪初才由英国驻华领事官及汉学家瓦特斯（Thomas Watters，1840—1901）译成英文，译本名为《玄奘的印度游记》（*On Yuan Chwang's Travels in India*：*629 - 645 AD*），以两卷于 1904 年问世。

6　《周礼》

《由来》第 19 章《人类的第二性征》谈到人的音乐能力时写道："音乐在我们身上唤起种种情绪，……它所唤醒的是一种比较文雅的情感，……而这些又很容易转进到忠

---

① 玄奘：《大唐西域记》（646）卷一一《僧伽罗国·那罗稽罗洲》，中华书局，1977 年，第 258 页。
② 陈佳荣，谢方，陆峻岭：《古代南海地名汇释》，中华书局，1986 年，第 395、1006 页。
③ 玄奘：《大唐西域记》（646）卷一二《僧伽罗国》，上海人民出版社，1977 年，第 251—252 页。

恳。中国史籍中曾经说过，'音乐有将天神感召至地上的能力'。"① （"In the Chinese an-nals it is said，'Music hath the power of making heaven descend upon earth'."）有的汉译本将引号中那句话译为"闻乐如置于天上"②，则恰与原文相背离。另一汉译本译者潘光旦（1899—1967）先生译为"音乐有力量使天神降到地上"③，较切合原文本义。达尔文对此材料未标出处，故需中国学者考证。潘先生为此加了译注："此语出处未详，疑出《周礼·春官》，《春官·司乐》下说：'乐变而致象物及天神'；又说'若乐六变，则天神皆降，皆得而礼矣'。引语应是此二语，尤其后一语的意译。"④ 我们愿于此再补充论证和详加解释。

《周礼》作为儒家经典之一，成书于战国（前475—前221），杂合周及战国制度，寓以儒家思想编辑而成，共六篇，是研究先秦社会政治、经济、文化及礼法制度的有价值古书。今通行本为十三经注疏本，由东汉经学家郑玄（字康成，127—200）作注，唐代弘文馆学士贾公彦作疏。《周礼注疏》卷二二《春官·宗伯下·大司乐》条云："大司乐掌成均之法，以治建国之学政，而合国之子弟焉。……以致鬼神祇，以和邦国，以谐万民，以安宾客，以说远人。……凡六乐者，一变而致羽物及川译之祇，……六变而致象物及天神。……若乐六变，则天神皆降，可得而礼矣。"⑤ 文内"成均"指周代之大学，"祇"（qí 音棋）即神祇，"变"训作"遍"；"六乐"指黄帝乐云门、尧乐大咸、舜乐大韶、禹乐大夏、汤乐大濩及武王乐大武等六个朝代的音乐；"象物"指麟、凤、龟、龙四灵物。对词义解释后，我们可将《周礼》上述文字译述于下："大司乐职掌［周代］大学教法，治理国家学政，集合国内子弟以教化之。……［音乐］可用于祭祀鬼神，也可使国家安定、万民谐睦，更可安抚宾客、悦服边远之人。……祭祀时奏一遍六代音乐，可感召羽物及川泽之神，……奏六遍可感召象物之神及天神。……若奏乐六遍，天神都会下降，可以礼神了。"按此，音乐的力量对人起教化作用，唤起人文雅的情感，甚至能感召灵物和天神。这正是达尔文引《周礼》这段话的含义。

19世纪法国汉学家毕瓯（Édouard Biot，1803—1850）曾将《周礼》译成法文，译本题为《周礼或周代仪礼，已故毕瓯首次译自汉文》（*Le Tcheou-li ou Rites des Tcheou, traduit pour la première fois du Chinois par feu Édouard Biot*），1851年分两卷刊于巴黎。这是个较好的译本。除此，英国驻华外交官及汉学家金执尔（William Raymond Gingell）将胡必相的《周礼贯珠》译成英文，1852年刊于伦敦，题为《周礼贯珠中所述中国人在公元前1121年的仪礼》（*The Ceremonial Usages of the Chinese，B. C. 1121，as Prescribed*

---

① Ch. Darwin：*The Descent of Man and Selection in Relation to Sex*，New York：Modern Library edition，p. 885.

② Darwin：《人类的由来及性选择》，叶笃庄、杨习之译，科学出版社，1982年，第690页。

③ Darwin：《人类的由来》，潘光旦、胡寿文译，商务印书馆，1983年，第865页。

④ Darwin：《人类的由来》，潘光旦、胡寿文译，商务印书馆，1983年，第886页。

⑤ 《周礼注疏》卷二二，十三经注疏本，上册，上海世界书局，1935年，第787—788页；林尹：《周礼注疏》，书目文献出版社，1985年，第233—236页。

in the "*Institutes of the Chow Dynasty Strung as Pearls*;" *or*, *Chow Le Kwan Choo*）。但此译本在规模上远不及法国人毕瓯的译本。达尔文使用的当是法文译本。表明他引证《周礼》的另一事例，是《变异》第四章称："家兔自古以来就被饲养了。儒家以为兔在动物中可列为供鬼神的祭品（The tame rabbit has been domesticated from an ancient period. Confucius ranges rabbits among animals worthy to be sacrificed to the gods），因此决定了家兔的繁育，所以中国人大概在这样早的时期已经饲养兔了。"① 原文中 Confucius 在汉译本中译为孔丘或孔子，但我认为 Confucius 此处应作 Confucians（儒家）理解。因为在《论语》及其他与孔子有直接关系的古书中，没有找到以兔为祭品的记载。但《周礼·天官·冢宰·庖人》却说："庖人掌供六畜、六兽、六禽，辨其名物。凡其死生鲜薧之物，以供王之膳与其荐羞之物及〔王〕后、世子之膳羞，供祭祀之好羞，供祭祀、宾客之禽兽。"② 郑玄指出六畜为牛、马、羊、鸡、犬、豕，六兽为麋、鹿、熊、麕、野豕及兔，六禽为雁、鹑、鷃、雉、鸠、鸽。可见《周礼》指出周代兔与其他动物被列为祭物。因孔子（前551—前479）是儒家创始者，而《周礼》又是儒家经典，所以达尔文便把《周礼》记载与孔子联系起来，说孔子时代（前6—前5世纪）中国已饲兔，这是他在《变异》中列举养兔的最早史料。他虽未标明文献出处，但还是可以考出的。

7 《康熙字典》及《竹谱》

《变异》第22章指出，从古至今在不同气候及环境下所有生物在家养或栽培时都发生了变异。金鱼和家蚕等动物如此，各种植物也是如此。接着他写道："在中国，竹子有63个变种，适于种种不同的家庭用途。这类事实以及还可补充的其他无数事实表明，生活条件的几乎任何一种变化，都足以引起变异性。"③ 脚注云："关于中国竹子，参见古伯察的《中华帝国》卷二第307页。"（"On the bamboo in China, see Huc's 'Chinese Empire', Vol. Ⅱ, p. 307."）我现将古伯察原著翻译如下："中国除拥有欧洲具备的谷物、水果和蔬菜之外，还在其植物领域内拥有丰富多彩的其他各种各样的产物，其中许多将无疑会在法国南方，尤其在我们极好的非洲领地上繁育。其中最著名的我们得要提到竹子，竹子的许多用途对中国人习惯已产生极大影响。可以毫不夸张地说，中国竹产比矿产更有价值；而居于稻米及丝绸之后，没有任何物产有像竹产那样获得如此巨大岁收。竹的用途是如此广泛和重要，以致人们很难设想没有竹中国会存在下去。它像文竹

---

① Ch. Darwin：*The Variation of Animals and Plants Under Domestication*，Vol. Ⅰ，New York，London，1897，p. 107. 汉译为笔者重译。

② 《周礼注疏》卷四，十三经注疏本，上册，世界书局，1935年，第661页。

③ Ch. Darwin：*The Variation of Animals and Plants Under Domestication*，Vol. Ⅱ，New York，London，1897，p. 243.

（asparagus）那样从土中长出，而成长后仍保持其粗细。《康熙字典》将定义为一种'非草非木'的产物，归为一种两性植物，既是草本，又属木本。在中国，竹作为原产物从远古时代就已熟知了，但其大量栽培只始于公元前3世纪。在这个帝国内总计有63种主要的竹类；某些品种虽然在直径、高度、竹节距离、竹的颜色及竹材厚度上互不相同，但其枝、叶和根以及奇特外形却是不变的。竹林所有者可获得相当可观的收入，如果他知道如何掌握好采伐的话。"①

古伯察的上述报道既根据在华见闻，亦参考古书记载，此处具名引用了《康熙字典》。《康熙字典》由康熙帝敕命史部尚书兼文华殿大学士张玉书（1642—1711）率翰林院官集体编成，历时六年，于康熙五十五年（1716）成书，由康熙帝御制序。全书42卷214部，收47035字，是20世纪以前收字最多的中国字典。《未集上·竹部》释"竹"字时，引晋人戴凯之《竹谱》云："植类之中有物曰竹，不刚不柔，非草非木，小异空实，大同节目。"② 又引《史记·货殖列传》云"渭川千亩竹，其人与万户侯等"，说明种竹有很大收入。再引《汉书·律历志》云，黄帝之时（前2689—前2598）令冷纶以竹制乐器，"断两间而吹之，以为黄钟之宫"，说明中国远古时已用竹。但《康熙字典》未载竹有63个品种，则古伯察想必又查考了成书于5世纪的《竹谱》。此书除含有《康熙字典》所引内容外，还记载竹的性状及61个品种。按竹多属禾本科多年生植物，中国产竹实有100种。达尔文论竹时，通过古伯察的著作实际上已至少触及《康熙字典》及《竹谱》有关内容，而且他再次看到康熙帝另一业绩，即倡导编纂一部大型字典。在浏览了古伯察的《中华帝国》后，笔者认为他对中国的介绍基本上是客观而全面的，且不时发出赞誉之词。此书直到20世纪还风行，读之引人入胜。

8　结语

通过以上考证，19世纪以来一直模糊不清的达尔文涉猎某些中国古书情况及资料原始出处多已明朗化，它们在他那里所发挥的作用自不难论述。我们尾随达尔文查阅了各种18—19世纪英、法文书刊，且将西方资料与中国古书详加对比，终于证明达尔文在奠定和充实其生物进化论过程中至少先后涉猎并引用了《齐民要术》《便民图纂》《本草纲目》《三才图会》《七修类稿》《康熙几暇格物编》《大唐西域记》《周礼》《康熙字典》及《竹谱》等十部中国古书，其中他引证和谈论得最多的是《齐民要术》及《本草纲目》，将此二著誉为"古代中国百科全书"。我们从事这项考证虽然相当费事，

---

① E. R. Huc：*The Chinese Empire*：*Forming a Sequel to the Work Entitled "Recollections of Journey Through Tartary and Tibet"*，translated from the French，2nd English edition，Vol. Ⅱ，Port Washington-New York/London，1857，p. 307. 此处译文为笔者新译。

② 张玉书：《康熙字典·未集上·竹部》（1716），中华书局影印本，1958年，第1页。

但只有这样做才能对达尔文利用中国科学资料的细节有所了解，并在此基础上提供达尔文著作中某些段落的新的译文。把达尔文的经典著作介绍成汉文，不只是单纯生物学作品的翻译，而是自然科学及人文科学相结合的综合性研究工作，要体现出达尔文那样的治学精神。在这项研究中，笔者认识到达尔文作为伟大生物学家，他在自然科学和人文科学方面的广泛涉猎是所有科学工作者的学习楷模。我们不能不承认他是西方生物学界中的一位 Sinologist。

　　王冰　1945 年生，江苏昆山人。1968 年毕业于清华大学工程物理系。1981 年毕业于中国科学院研究生院，获理学硕士学位。之后在中国科学院自然科学史研究所工作，历任助理研究员、副研究员、研究员。主要研究领域为物理学的中外交流与比较、中国明清时期物理学史、中国近代物理学史、传教士在中国的科学技术活动等。

《律吕纂要》内容来源初探

□ 王 冰

1 徐日升和《律吕纂要》

1.1 生平简介

徐日升（Tomás Pereira，1645—1708），字寅公，来华葡萄牙耶稣会士。原名桑切·佩雷拉（Sanche Pereira），1645 年 11 月 1 日出生在葡萄牙北部布拉加省（Braga）的圣·马丁诺·德瓦莱（S. Martinho de Valle），是当地贵族科斯塔 - 佩雷拉（Costa-Pereira）的后裔。少年时代在布拉加的学校学习。1663 年 9 月 25 日入耶稣会，在科英布拉（Coimbra）修道院学习，并改名为托马斯（Tomás）。他于 1666 年 4 月 15 日由里斯本登舟赴印度，之后在卧亚（Goa）继续其学业。[1,2]

徐日升是清代初期著名的来华传教士。1672 年，徐日升抵达中国澳门。此时在北京，任"钦天监治理历法"的比利时耶稣会士南怀仁（Ferdinand Verbiest，1623—1688）正指导和监督观象台天文仪器改造的宏大工程。因为在一年前（1671）康熙皇帝曾向南怀仁询问有关欧洲音乐方面的问题，所以当南怀仁得知徐日升精通音乐，即以"通晓历法"为由举荐之。1672 年 9 月 11 日（康熙十一年闰七月二十日）礼部与钦天监奉上谕，派官员各二人前往澳门迎取徐日升。1673 年 1 月 6 日（康熙十一年十一月十九日），徐日升到达北京。此后他供职钦天监，协助南怀仁治历。1688 年初南怀仁去世，清廷任命意大利耶稣会士闵明我（Claudio Filippo Grimaldi，1638—1712）继任其职。然而当时闵明我正身负清廷外交使命在赴欧洲途中，徐日升和比利时耶稣会士安多（Antoine Thomas，1644—1709）于是代理其职，直至 1694 年闵明我返回中国。

徐日升深得康熙皇帝的信任。当 1688 年以洪若（Jean de Fontaney，1643—1710）为首的法国科学家传教团一行五人抵达北京后，康熙皇帝命令将他们交与徐日升引见和考察。徐日升为康熙皇帝进讲科学，扈驾前往塞北，并多次得到赏赐和褒奖。

徐日升曾参与清政府的重要的外交活动。根据南怀仁生前的推荐，1688 年康熙皇帝命徐日升赴俄罗斯[3]。1689 年，徐日升和法国耶稣会士张诚（Jean-François Gerbil-

---

＊ 原载《自然科学史研究》2014 年第 33 卷第 4 期，第 411—426 页。

lon，1654—1707）一起，作为由大臣索额图、佟国纲率领的谈判使团的拉丁文译员，参加了中俄尼布楚条约的谈判。他们在谈判期间忠实地贯彻执行了清政府的命令和意图，为保卫中国疆土、为中俄两国东段边界较为长久的和平，作出了贡献。

作为一名忠诚的耶稣会传教士，徐日升曾多次上疏，为谋求天主教在中国取得合法地位作出了努力。17 世纪晚期葡萄牙在东方的势力迅速衰落，南怀仁恳请耶稣会总会派遣法国耶稣会士来华，而身为葡萄牙人的徐日升曾强烈反对这一建议[3] 136 - 137。1691 年在得悉浙江新建教堂被巡抚查禁后，徐日升和安多于 1692 年 2 月 2 日（康熙三十年十二月十六日）上疏康熙皇帝，陈述传教士在治理历法、翻译书籍、制造军器、办理外交等方面的功绩，恳求弛禁，致使康熙皇帝于次年（康熙三十一年）颁布了在东西方文化交流史和宗教史上著名的"容教谕旨"。1705 年，他反对教皇克雷芒十一世（Clement XI，1700—1721 年在位）要求中国天主教徒禁绝中国敬孔祭祖礼仪的命令。徐日升 1692—1695 年任耶稣会中国教区教务副巡按使和中国副省会长，1700—1705 年任耶稣会中国副省会长[2]200,318。

1708 年 12 月 24 日，徐日升在北京病逝。康熙皇帝闻逝悼惜，特颁谕表彰：

> 上谕：朕念徐日升赍诚远来，效力岁久，渊通律历，制造咸宜，扈从惟勤，任使尽职，秉性贞朴，无间始终，夙夜殚心，忠悃日著，朕嘉许久矣。忽闻抱病，犹望医治痊可，遽而溘逝，朕怀深为轸恻。特赐银二百两、大缎十端，以示优恤远臣之意。特谕。[4,5]

徐日升去世后，葬北京阜成门外二里沟（又称马尾沟）滕公栅栏传教士墓地。他的墓碑，正面的右侧镌刻康熙皇帝的特谕；背面的文字，由三个重要文件组成，它们是：徐日升和安多 1692 年的奏疏、康熙皇帝次年 3 月 19 日（康熙三十一年二月初二日）的谕旨，以及礼部尚书顾八代等人 3 月 20 日（康熙三十一年二月初三日）的奏疏。[6]

古语道："盖棺论定。"徐日升墓碑的碑文，表明了官方对他功绩的正式评价。

1.2 著述《律吕纂要》

徐日升是 17 世纪在中国介绍和传播西方音乐知识的代表人物。他以清廷乐师、尤其以康熙皇帝的音乐教师而闻名中外。他进行了有关音乐的许多实践活动，撰著了论述欧洲音乐理论的重要著作。[7]

众所周知，在清代康熙年间敕令编纂的百卷本《律历渊源》的第三部分《律吕正义》中，记载了徐日升和意大利遣使会士德理格（Teodorico Pedrini，1670—1746）介绍的有关声律节奏等方面的西方音乐知识。《四库全书总目提要》的解题曰：

> 《御定律吕正义》五卷，康熙五十二年圣祖仁皇帝《御定律历渊源》之第三部

也。凡分三编。上编二卷，曰《正律审音》，以发明黄钟起数及纵长体积、面幂周径、律吕损益之理，管弦律度，清浊旋宫之法。下编二卷，曰《和声定乐》，以明八音制器之要，器各有图有说，而于各篇之中，详考古今诸乐之同异。续编一卷，曰《协均度曲》，则取西洋波尔都哈儿国人徐日升及壹大里呀国人德礼格所讲声律节奏，证以经史所载律吕宫调诸法，分配阴阳二均字谱，亦有图有说。[8]

这一解题明确说明了，这部 1713 年成书的、汇集古今中外音乐知识之大成的《律吕正义》，其上编和下编论述的是中国传统的音乐知识：上编（二卷）"正律审音"，论律吕损益之理、管弦律度、清浊旋宫之法；下编（二卷）"和声定乐"，论乐器制造之要点、详考古今诸乐之同异。而其续编（一卷）"协均度曲"的内容，则来自徐日升和德理格介绍的有关声律节奏等方面的西方音乐知识。显然，《律吕正义》的上下编与续编是完全不同的知识体系。

在《律吕正义·续编》"续编总说"的后半部分，还可以读到如下文字：

> 我朝定鼎以来，四海尽入版图，远人慕化而来者渐多。有西洋波尔都哈儿国人徐日升者，精于音乐，其法专以弦音清浊二均递转和声为本。其书之大要有二：一则论管律弦度生声之由，声字相合不相合之故；一则定审音合度之规，用刚柔二记以辨阴阳二调之异，用长短迟速等号以节声字之分。从此法入门，实为简径。后相继又有壹大里呀国人德礼格者，亦精律学，与徐日升所传源流无二。以其所讲声律节奏，核之经史所载律吕宫调，实相表里，故取其条例形号，分配于阴阳二均高低字谱，编集成图，使谈理者有实据，而入用者亦有所持循云。[9]

"续编总说"的这段文字又明确告诉我们：徐日升曾著有讲述音乐理论的"书"，后来德理格也有著作，他们所讲述的音乐理论一脉相承、同出一源。而《律吕正义·续编》正是根据徐日升和德理格"所讲声律节奏"，"取其条例形号"，编集而成。

通常人们都以《律吕正义·续编》作为徐日升介绍西方乐理知识的证据，并且认为以此为最早。然而，根据《律吕正义·续编》首节"续编总说"的文字，可以确定无疑地知道，在此之前，徐日升曾著"书"。研究表明，这部书应是《律吕纂要》。

历史学家吴相湘于 1936 年在国立北平图书馆发现了清康熙年间的抄本《律吕纂要》，并就此撰文。他将《律吕纂要》与《律吕正义·续编》进行比较，认为前者早于后者成书，后者显然是删节前者而成，且《律吕纂要》应出自徐日升之手笔。[10, 11] 不过，需要指出的是，吴相湘以及后来的学者对于《律吕纂要》的论述均较为简略且不甚确切。

《律吕纂要》（图 1）分上下两篇，每篇各 13 节，在每篇的开始各有一简短的总说。上篇论述"音乐之高下"，"欲分高下之节，则用五线与声音之六名等号"。下篇论述"音乐之长短"，"欲分长短之度，则用八形号与三迟速等号"。可知该书阐述的内容，包括乐音的生成、音高关系、音程及协和问题、乐音的长短、乐曲的迟速等内容，即包括五线谱、六声音阶的六个音、音高关系、音程及协和问题、乐音的长短、八种音符形式、乐曲的迟速、三种拍子记号等欧洲乐理知识。《律吕纂要》其中的绝大部分内容，后来作为"续编"，被编入著名的《御制律吕正义》。

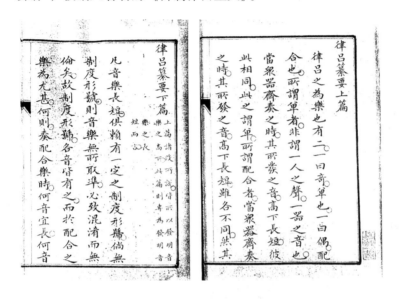

图 1　《律吕纂要》书影

（采自国家图书馆分馆藏进呈御览精写本）

本文作者曾深入探讨《律吕纂要》，指出：该书是在中国最早介绍欧洲音乐理论的著述。它未曾刊刻印行，但至今仍有稿本和抄本传世。它成书于 17 世纪 80 年代至 1707 年之间，很可能是在 17 世纪 80 年代末期前后。徐日升是其撰著者。《律吕纂要》将中世纪晚期至 17 世纪的欧洲音乐理论，即有关记谱法、音、音程、音阶、拍子、节奏、速度等方面的乐理基本知识，最早介绍到中国。[7,12]

2　基歇尔及其《音乐全书》

2.1　生平概述[13]

德国学者阿塔纳修斯·基歇尔（Athanasius Kircher, 1601—1680），1601 年 5 月 2 日生于德国的富尔达（Fulda），1680 年 11 月 28 日卒于意大利的罗马。他早年在家乡富尔达的耶稣会学校学习希腊文和希伯来文，在科隆（Cologne）等地学习自然科学和人文科学，接受 17 世纪有关数学、哲学及神学的教育。1618 年他 16 岁时加入了耶稣会，1628 年在美因茨（Mainz）接受圣职。1631 年离开德国，先后在维尔茨堡（Würzburg）、阿维尼翁（Avignon）、维也纳（Vienna）等地教授数学、哲学等课程，并进行科学研

图 2　基歇尔像（采自维基百科）

究。1634 年定居罗马。

基歇尔（图 2）兴趣广泛，知识广博，著述丰富①。他本人的研究，涉及自然科学和人文科学的许多领域，包括天文学、地学（地理学、地质学）、数学（算术、几何学）、物理学（磁学、光学、声学）、化学、博物学、机械学、建筑学、哲学、神学、语言学、历史学、考古学、文字学、东方学、医学和音乐理论等等。研究的方法，从传统的学院式研究、直观地进行猜测，直到大胆地进行实验，是一位典型的"百科全书式"的学者，被誉为他那个时代最博学多才的耶稣会士。

基歇尔最重要的贡献还在于传播知识。他在这方面进行了大量的活动，具有极为重要的地位。他与同时代欧洲著名科学家以及各国社会政要多有交往。他不仅收集欧洲有关科学文化发展的材料，而且收集遍及世界的耶稣会士活动的各种资料。广泛的联系，使得他成为那个时代的科学和文化信息交流的中心。

2.2　基歇尔与来华耶稣会士的交往

基歇尔与许多到达东方的传教士都有着密切的关系。

在来华耶稣会士当中，卫匡国（Martin Martini，1614—1661）、卜弥格（Michel Boym，1612—1659）、白乃心（Johann Grueber，1623—1680），在罗马学习时都是基歇尔的学生，他们来华后又曾先后返抵欧洲。卫匡国、卜弥格因"礼仪之争"奉使欧洲时，均曾与基歇尔晤面，提供给他许多有关中国和亚洲的第一手的材料。白乃心在派赴中国和返还欧洲途中，也将在东方和旅途中的情况函告基歇尔。②南怀仁于 1652—1653 年在耶稣会罗马学院专攻神学，正是在这所著名的学院，他结识了基歇尔及其助手肖特（Gaspar Schottus）。后来，南怀仁虽然离开了罗马，但他与在那里的基歇尔保持联系，并请他寄赠近期的一些著作。[14]

基歇尔正是利用了曾德昭（Alvare de Semedo，1585—1658）、卫匡国、卜弥格、白乃心等人关于中国的著述，以及提供的文献和材料，凭借自己渊博的知识和丰富的想象，撰写了他的名著《中国图说》（*China Illustrata*，Amsterdam，1667）。该书是基歇尔最有影响的著作之一，它集当时欧洲人对中国认识之大成，也开创了欧洲汉学研究的热潮。

---

① 他有大约 44 部著作，并有 2000 多件信件和手稿存世。
② 参阅文献［1］中各人的传记，第 256—262、269—276、319—321 页。

2.3 基歇尔的著作流传到中国

基歇尔在世时，他的许多著作就已经被耶稣会士携带来华。在惠泽霖（H. Verhaeren）的《北堂书目》（*Catalogue de la Bibliothèque du Pé-t'ang*，Peking，1949）中，收录有基歇尔的著作 21 种，31 部。编号为（法文类）373—374，（拉丁文类）1143，1905—1931，2716。其中包括他的一些最重要的著作①。毫无疑问，《中国图说》是基歇尔著作之中最为中国人熟悉和注意的一部著作。

1650 年，基歇尔的《音乐全书》（*Musurgia Universalis*，图 3）②——欧洲同时代音乐研究之集大成者，在罗马出版③。这部书在基歇尔的数十部著作之中，并不十分重要。但即便如此，该书的内容包罗万象、极为丰富，包括了与发声和听觉有关的解剖学和生理学知识，与乐律有关的数学和物理学知识，古代和近代（到他那个时代）欧洲（及中亚和阿拉伯地区）的音乐和乐器方面的知识，语言学和诗词格律知识，等等。

图 3 *Musurgia Universalis*（Romae，1650）书影

---

① 例如：*Ars magna lucis et umbrae*（Romae，1646）；*Ars magna sciendi*（Amstelodami，1669）；*China illustrata*（Amstelodami，1667）；*Itinerarium exstaticum*（Romae，1656）；*Magnes, sive de arte magnetica opus tripartitum*（Romae，1654）；*Magneticum naturae regnum*（Romae，1667）；*Mundus subterraneus*（Amstelodami，1665，1678）；*Musurgia Universalis*（Romae，1650）；*Organum mathematicum*（1668）。

② 该书书名至今尚无中文定译。此为本文作者的暂用译名。

③ 该书有德国希尔德斯海姆（Hildesheim）1970 年重印本。

《音乐全书》在 17 世纪 50 年代就已经由来华耶稣会士带到了中国，并流传到了北京。1657 年 4 月，卫匡国等一行自里斯本启程航海赴中国。同行者之中，有南怀仁和吴尔铎。据研究，吴尔铎携带了 12 部《音乐全书》前往中国[15]。在北京的安文思（Gabriel de Magalhães，1610—1677）则从他的兄弟（Manoel de Magalhães）那里得到了一部。安文思的这部书，后来存北堂图书馆[16]，今存北京国家图书馆善本部。

在惠泽霖的《北堂书目》中，列有 16—17 世纪欧洲的音乐著作 7 种，共 12 部。①其中最重要的有两种，它们是意大利音乐理论家、作曲家扎利诺（Gioseffo Zarlino，1517—1590）② 的《和声规则》③（*Institutioni Harmoniche*，1558）和德国著名学者基歇尔的《音乐全书》④。

2.4 《音乐全书》内容简介

《音乐全书》两大册，共十卷。正文（第一册前七卷共 690 页；第二册后三卷共 462 页）之前有序言，正文之后有各章节目录，以及全书的索引和勘误。

第一卷叙述声和音的定义、生成及性质，听觉器官和发音器官的解剖学和生理学，动物发声，以及音响学的一些内容等。

第二卷叙述音乐的发明、科学定义和分类，古代希伯来人的音乐和乐器，圣歌音乐，希腊人的音乐和乐器，近代希伯来人和希腊人的音乐。

第三卷叙述数字和谐学说，即讨论音乐的数学问题。包括比例及其计算，算术级数，协和音程及其生成，音的分割，音阶及其生成，调式等内容。

第四卷叙述单弦的几何学分割，即讨论音乐的几何学问题。包括几何级数，单弦的几何学和代数学分割，全音音阶、半音音阶和等音音阶的生成，弦乐器，圆的几何学分割等内容。

第五卷主要叙述协和与不协和问题。包括谐音，协和与不协和音程，音与调式，对位法理论，作曲及其规则，等等。

第六卷叙述乐器。包括弦的性质、弦音及其艺术，多弦乐器（各种弦乐器），气动乐器（包括管风琴），敲击乐器等。

第七卷叙述古代和近代的音乐。包括希腊音乐的特性、乐器和音乐理论，忧伤音乐的情感类型及构成，半音音阶和等音音阶的作曲规则，调的变奏，古代和近代音乐的符号与数字，以及音乐速度的实验，等等。

---

① 另外还列有 18 世纪的音乐著作 3 种：德理格的乐谱手稿，以及 1739 年出版的欧拉（Leonhard Euler，1707—1783）的著作、1781 年出版的卢梭（Jean Jacques Rousseau，1712—1778）的著作，各 1 部。

② 他被认为是欧洲文艺复兴（1430—1650）全盛时期的著名音乐理论家，曾培养了许多著名音乐家。他的研究领域广泛，涉及希腊文、希伯来文、哲学、数学和物理学。

③ 参见文献 [16]，编号为 3542/1142。

④ 参见文献 [16]，编号为 1921/743，1922/744，1923/745。

第八卷主要叙述音乐的节奏韵律问题。包括音的组合，复调音乐，节奏和韵律，各种拍子及其应用，停顿，记谱法等内容。同时还涉及诗的格律，世界许多地区与民族的语言学方面的内容。

第九卷叙述谐和与不谐和问题。包括生理学方面的知识，神奇的现象，声音在介质中的传播和建筑声学，水力驱动的乐器装置，以及密码术，等等。

第十卷叙述普遍的谐和问题。涉及管风琴、宇宙模型、日月行星的谐和、人体与宇宙天体的谐和，等等。

《音乐全书》不仅内容丰富，而且体系严密。该书每卷内分若干章或若干部分（以下再分章），各章内有前言、定义、命题、公理、公设、假说、问题、规则、标示、准则、推理、推论、定理、示例、解释、实验、引理、实例、例证、实用、悖论、图、表、数据、纲要、题外话、附录等等，名目繁多。总之，该书继承了欧洲经典著作严格的逻辑论证和演绎推导的传统，并辅之以实验和说明。

综上所述，来华耶稣会士与基歇尔有交往，以及基歇尔的著作被携带来到中国，这很可能促成了耶稣会士将其著作中的一些内容介绍到中国。

3 《律吕纂要》与《音乐全书》内容之比较

关于《律吕纂要》一书内容的来源，迄今几乎无人涉及。本文试图就徐日升《律吕纂要》叙述的乐理基本知识来源于基歇尔《音乐全书》的内容，作一初步的探讨。

就传统的音乐理论而言，中国和欧洲有着完全不同的理论体系。中国近代音乐家王光祈（1891—1936）曾指出：西方近代乐谱主要由五线谱、谱号、音符、拍号、小节线、升音降音及复原符号、时间快慢符号等要素构成；而这七种要素之来源，则产生自中古时代。[17]

比较发现，《律吕纂要》① 主要取材于《音乐全书》② 第三至第八等卷中的部分内容。本文在此，不可能给出全面广泛的比对，而是按前者的内容分几个方面、举若干典型的例子讨论之。

3.1 《律吕纂要》上篇

主要论述六声音阶体系（Hexachord System）的音高关系理论。

3.1.1 五线谱的基本概念，表示音高的符号（第 1~4 节）

11 世纪，意大利音乐理论家圭多（Guido d'Arezzo，约 995—1050）首创了四线记谱

---

① 以下图示中，以 *LLZY* 表示该书（除特别标明外，其余均采自国家图书馆分馆藏清康熙年抄本），以 I 和 II 分别表示上篇和下篇。

② 以下图示中，以 *MU* 表示该书，以 A 和 B 分别表示第 1 册和第 2 册，后面的数字表示页码。

法。即在线和间上标示不同音高的音符，而且根据需要还可以在这些线的上方和下方加线。[18] 这种记谱形式发展到 17 世纪时已趋于完善，也就是形成了五线谱。

徐日升在《律吕纂要》里介绍的就是当时欧洲的五线谱记谱法，它完全不同于中国传统的记谱法，如工尺谱、减字谱等。在这几节里叙述了：记载音乐须用五线谱，谱表左首标有谱号以确定音位（高音、中音、低音），人发音的高低可分为四个声部（最高、高、中、低），以及音的升高和降低及其表示。这些可以在《音乐全书》中找到相应的内容。

3.1.2 "乐音"，六声音阶的六个音的音高关系，以及音程与协和问题（第 5~8 节）

六声音阶体系的建立，应归功于圭多的工作。他将拉丁文《圣约翰赞美诗》前六行诗句的第一个音节，即 ut, le, mi, fa, sol, la，确定为六声音阶的六个音的名称。

在《音乐全书》第三卷，第八章里述及（A 114）六个音的名称；第五章里述及乐音行进时的级进和跳进（A 130—132）。

在《律吕纂要》中称"乌、勒、鸣、乏、朔、拉"六个音为"乐音"（图 4~图 6）。

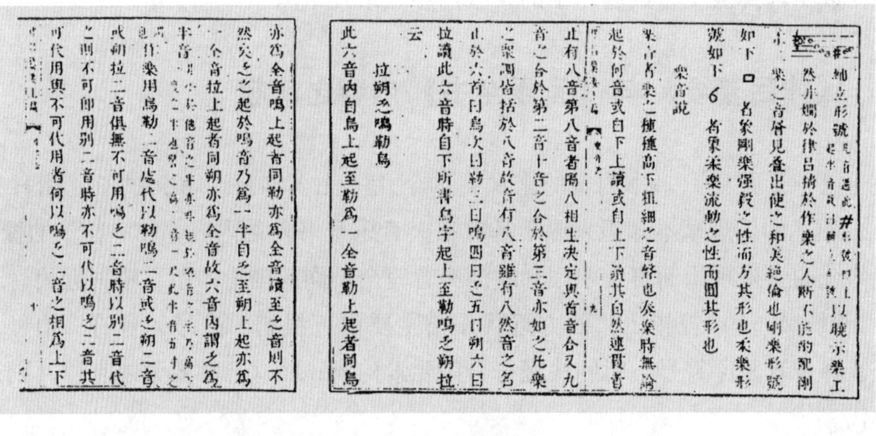

图 4 "论乐音"（*LLZY* - I ）

（采自故宫博物院图书馆藏清康熙年内府抄本）

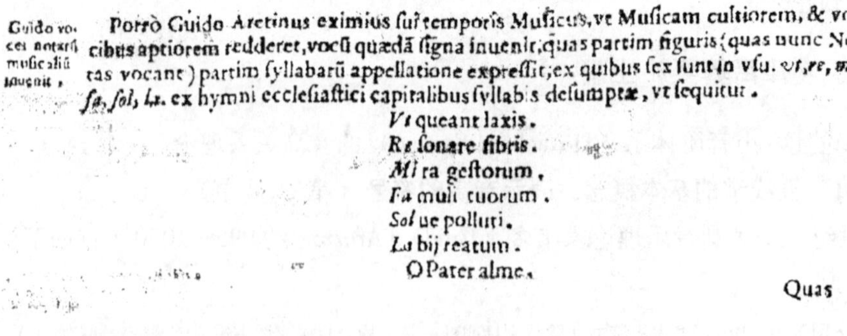

图 5 乐音（*MU* - A - 114）

欧洲中古时代晚期，将上述六个音构成的六声音阶的音程构造，定为全音—全音—半音—全音—全音，即只有鸣（mi）和乏（fa）之间是半音。在《音乐全书》第三卷的第五章（A 95ff.）和第六章（A 101ff.）里，叙述了全音和半音、大全音和小全音、大半音和小半音、最小音差等概念；在第三卷第九章（A 125）和第七卷第二部分第一章（A 557①）有关于音程的图示（图7，图8）。

图6　乐音（*MU－A－127*）

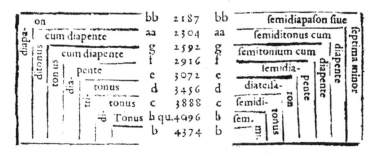

图7　音程（*MU－A－125*）

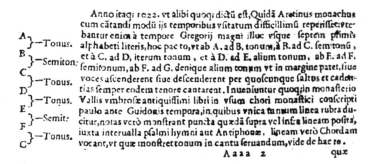

图8　音程（*MU－A－557*）

---

① 但原著该页码误为617。

关于音程与协和问题，在《音乐全书》第三卷和第四卷里多处详细谈到。第三卷的前言里，有音程、协和与不协和，以及特别协和与一般协和的定义（A 81）。该卷第五章叙述（A 95ff.）协和音程，论述同度、大小三度、纯四度、纯五度、大小六度、八度等协和音程；第七章（A 103ff.）叙述各种音程的生成，23 种比例关系的计算；第十四章（A 146ff.）专门讨论特别协和的纯五度、纯四度和八度音程。第四卷第四章（A 171ff.）则又从几何学的角度对 23 种比例关系予以解释。

3.1.3 "乐名序"，因半音的存在而产生的读音的变化，以及六声音阶的转调联结问题（第 9 ~ 13 节）

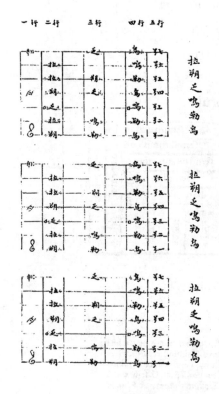

图 9　"乐名序"（*LLZY - I*）

《律吕纂要》上篇讨论了六声音阶的转调问题。这是由于在三度和四度之间必须是半音而引起的，因此产生了三种不同的六声音阶：开始于 C 音的"自然六声音阶"（hexachordum naturale）、开始于 G 音的含 # 的"硬六声音阶"（hexachordum durum）、开始于 F 音的含 ♭ 的"软六声音阶"（hexachordum molle）。[19] 在大谱表中，一系列相互搭接的六声音阶构成了整个音域。从 G 到 e^2，总共有七个六声音阶：$G A B c d e，c d e f g a，f g a b c^1 d^1，g a b c^1 d^1 e^1，c^1 d^1 e^1 f^1 g^1 a^1，f^1 g^1 a^1 b^1 c^2 d^2，g^1 a^1 b^1 c^2 d^2 e^2$。很显然，乐曲的进行肯定会超出一个六声音阶的范围，这时就需要用"转调"将两个以上的六声音阶联结起来。被联结两个的六声音阶（至少）有一音是共有的，但在从前一音阶转入后一音阶时，这个音的唱名就要改变，这就是《律吕纂要》介绍的所谓音名"易名"的情况（图9）。

基歇尔原著《音乐全书》的 A 116 图示了六声音阶的转调联结（图10，图11）。在图的中部偏右，可以清楚地看到，相互搭接的七个六声音阶，构成了从 G 到 e^2 的整个音域。其中从 G 到 f，如果横向读出同一音高的音，即为《律吕纂要》中所说的七个"乐名序"：朔勒乌（sol, re, ut）、拉鸣勒（la, mi, le）、乏鸣（fa, mi）、朔乏乌（sol, fa, ut）、拉朔勒（la, sol, re）、拉鸣（la, mi）、乏乌（fa, ut）。

这些内容的介绍来源于《音乐全书》第三卷第八章（A 115ff.）。原著 A 115（图12）图示了所谓的"圭多掌"（Guidonian Hand）。这是圭多发明的便于六声音阶的教学和记忆的方法，即以人的左手手指的指尖和指关节象征一个音，包括从 G 到 e^2 音域内所有自然七声音阶中的各个音。"圭多掌"的图形在欧洲文艺复兴及以后一个时期相当

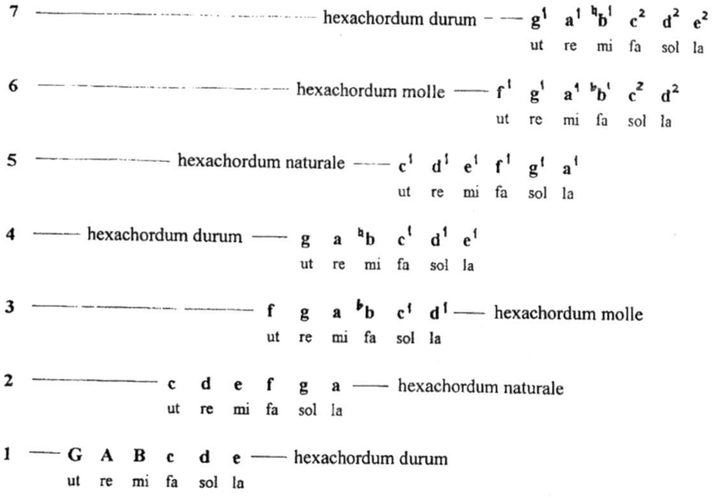

7 hexachordum durum g^1 a^1 ♮b^1 c^2 d^2 e^2
ut re mi fa sol la
6 hexachordum molle f^1 g^1 a^1 ♭b^1 c^2 d^2
ut re mi fa sol la
5 hexachordum naturale c^1 d^1 e^1 f^1 g^1 a^1
ut re mi fa sol la
4 hexachordum durum g a ♮b c^1 d^1 e^1
ut re mi fa sol la
3 f g a ♭b c^1 d^1 hexachordum molle
ut re mi fa sol la
2 c d e f g a hexachordum naturale
ut re mi fa sol la
1 G A B c d e hexachordum durum
ut re mi fa sol la

图 10　六声音阶的转调和联结（示意图）

116 Artis Magnæ Consoni, & Dissoni
Typus Generalis Scalæ Guidonianæ iuxta mentem
Veterum Græcorum in genere diatonico.
Apotome
Expli.

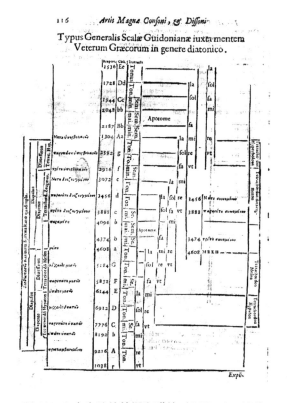

图 11　六声音阶的转调和联结（*MU*－A－116）

流行。[19, 20]《律吕纂要》上篇“掌中乐名序说”（图 13）一节介绍的正是“圭多掌”。特别应该强调的是，这也是有关“圭多掌”的知识在中国的唯一介绍，因为在后来编纂的《律吕正义·续编》中并无这一节内容。

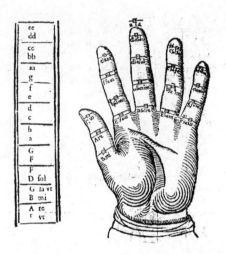

图12　"圭多掌"（*MU – A – 115*）

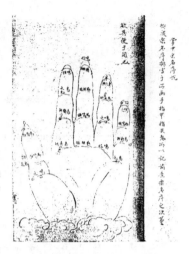

图13　"掌中乐名序说"（*LLZY – Ⅰ*）

3.2　《律吕纂要》下篇

主要论述乐音的时值关系，用有量记谱法（mensural notation）的符号和理论表述这种时值关系。

3.2.1　乐音的长短，音符及其应用（第1~5节）

《律吕纂要》下篇首先叙述用八种音符表示乐音的长短。其名称和形式如下："最长ᖴ""长ᖵ""短ᖿ""短之半〇""小♩""小之半♪""速♪""最速♪"。其中，"短之半"所表示的音即对应全音符；"小""小之半""速"和"最速"则分别对应二分音符、四分音符、八分音符和十六分音符。事实上，这些是有量记谱法的"单音符"的符号："最长音符"（maxima，缩写作 Mx）、"长音符"（longa，缩写作 L）、"古二全音符"（brevis，缩写作 B）、"古全音符"（semibreve，缩写作 S）、"古二分音符"（minima，缩写作 M）、"古四分音符"（semiminima，缩写作 Sm）、"古八分音符"（fusa，缩写作 F）、"古十六分音符"（semifusa，缩写作 Sf）。这些内容，取材于《音乐全书》第五卷第四章（A 216ff.）的叙述。比较《音乐全书》与《律吕纂要》中的音符的形式，后者"短之半"及其以下的各音符，使用了圆形符头；而前者"古全音符"及其以下的各音符（见 A 217 和 B 52 图示），仍是使用正规的有量记谱法的方形符头。这是两部著作在音符表示方面的主要差别。基歇尔原著 A 217 同时图了"古二分音符"以下的音符在五线谱中的书写方法，亦即写符干的规则。这在《律吕纂要》里也有说明与图示（图14~图16）。

图14　音符和休止符（*LLZY – Ⅱ*）

《律吕纂要》还介绍了符点音符和休止符。休止符的形式可见于《音乐全书》第

Ceterum ad signa, prolationem ac valorem Notarum, quod attinet Aduerte.

图 15　有量记谱法的音符（*MU – A – 217*）

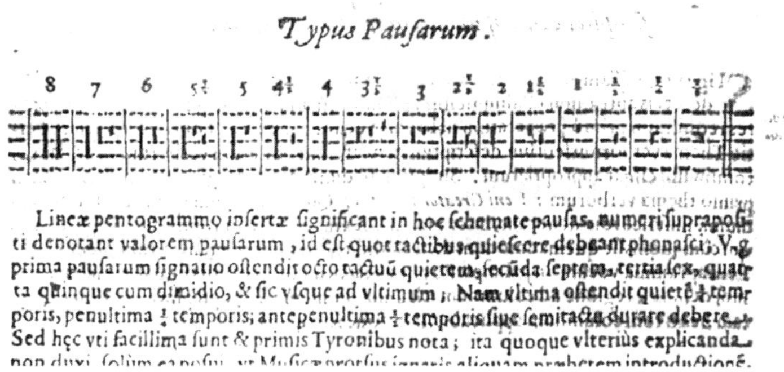

Typus Pausarum.

图 16　休止符（*MU – B – 53*）

八卷第三部分第二章（B 53）。

3.2.2　关于乐曲的节奏和速度（第 6 ~ 10 节）

《律吕纂要》介绍了有关时间快慢的符号。叙述了乐谱的音符之间有二等分（"平分度"）和三等分（"三分度"）两种等分法。讨论了在这两种等分情况下的完全拍子和不完全拍子（普通拍子和分割拍子）。叙述在二等分时的三种拍子，即完全拍子"○"、普通拍子"C"和分割拍子"₵"；以及在三等分时的两种不完全拍子，即普通拍子"⊖"和分割拍子"⊕"（图 17）。

在欧洲产生和发展的有量记谱法，各音符之间有"完全"和"不完全"两种等分法，"完全"是指三等分，"不完全"是指二等分。这样，两个音符连用时就

图 17　"乐图说"（*LLZY – Ⅱ*）

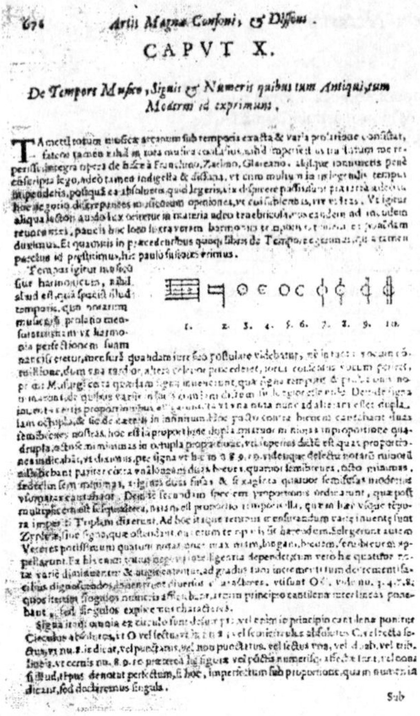
676 Artis Magnæ Consoni, & Dissoni.

CAPVT X.

De Tempore Musico, Signis & Numeris quibus tum Antiqui, tum Moderni id exprimunt,

图 18　有量记谱法的拍子（*MU*－A－676）

有四种组合，产生四种拍子，以记号“⊙”“Ͼ”“O”“C”分别记之。它们实际上分别表示九个八分音符的拍子、六个八分音符的拍子、三个四分音符的拍子、二个四分音符的拍子。这些内容可见于《音乐全书》第七卷第三部分第十章（A 676）（图 18）。

3.2.3　书写和识别乐谱的要领和方法（第 11～13 节）

《律吕纂要》的最后三节叙述书写和识别乐谱的要领和方法。在写乐谱时，首先须画出谱表，其次须在谱表的开始处依次标明谱号、升号或降号、拍号等，然后再排写乐音音符。在读乐谱时，应依次注意谱号、拍号、升号或降号、乐名序、因半音而须“易名”等。最后，该著作列举六声音阶的六个音的上行和下行、级进和跳进，再次概括说明音符在乐谱中所表示的音高与节奏等。

这几节的内容在《音乐全书》中几乎没有完全对应者。可以认为，它们是《律吕纂要》的作者徐日升所作的概括。

4　余论

前面已经指出，《音乐全书》论古道今，内容包罗万象，它包括了与音乐有关联的其他方面的极为丰富的知识。显然，《律吕纂要》实际上仅介绍了《音乐全书》内容的很少一部分。

其次，从《律吕纂要》叙述的内容来看，几乎可以肯定，其来源绝不只是《音乐全书》中的内容。然而，徐日升在编纂《律吕纂要》时，很可能是以《音乐全书》作为主要的参考依据。

从两书内容的编排顺序来看，《音乐全书》是：声音和音乐的一般概念——音乐的数理基础——音乐和乐器的理论问题——音乐的节奏和韵律——广义谐和问题。《律吕纂要》则是：音乐和乐音的基本概念和表示方法——六声音阶体系的音高关系理论——乐音的时值关系理论及其表示方法。尽管两者的繁简程度差异很大，但在编排顺序上却表现出一定程度的一致。

当然，我们现在无从判断徐日升在编纂《律吕纂要》时，关于章节的编排和内容的取舍，是如何考虑的。毕竟该书各节详略差异甚大。

另外，可以看出，《律吕纂要》中的某些内容相对于《音乐全书》已经有所改变。例如，音符采用圆形符头，而不是正规的有量记谱法的方形符头。这表明，不仅中古时代是欧洲乐谱演化最兴盛的时期，17 世纪也是欧洲音乐知识迅速发展的时期。但无论如何，欧洲记谱法在未曾刊刻的中文稿本《律吕纂要》之中首次被记载。

致谢　本课题研究得到葡萄牙东方基金会资助，在葡萄牙阿维罗大学亚洲研究中心完成。本文作者谨致衷心的感谢。

作者深切感谢阿维罗大学亚洲研究中心主任 M. C. S. Pinto 教授对此项研究自始至终的关心和给予的极大支持。阿维罗大学艺术和传媒系 Domingos Peixoto 教授介绍的 16—17 世纪伊比利亚半岛的音乐教育以及管风琴的历史等，使作者受益匪浅；该系钢琴教师邵晓玲女士在收集和提供资料以及其他诸多方面，给作者很大帮助。作者在此一并表示诚挚的谢意。

参考文献

［1］ Pfister L. Notices Biographiques et Bibliographiques sur les Jésuites de l'Ancienne Mission de Chine，1552 – 1773 ［M］. Chang-Hai，1932：381 – 385.

［2］ Dehergne J. Répertoire des Jésuites de Chine de 1552 – 1800 ［M］. Roma，Paris，1973：200 – 201.

［3］ 约瑟夫·塞比斯. 耶稣会士徐日升关于中俄尼布楚谈判的日记 ［M］. 王立人译. 北京：商务印书馆，1973：97，137.

［4］ 熙朝定案 ［M］. 中国科学院自然科学史研究所藏书（抄本）.

［5］ 黄伯禄. 正教奉褒 ［M］. 上海：慈母堂，1904：128.

［6］ 王冰. 徐日升墓碑碑文与康熙皇帝"容教谕旨" ［J］. 澳门：文化杂志，2010 冬季刊，（77）：116 – 126.

［7］ 王冰. 徐日升和西方音乐知识在中国的传播 ［J］. 澳门：文化杂志. 2003 夏季刊，（47）：71 – 90.

［8］ 四库全书研究所. 钦定四库全书总目（整理本）［M］. 上册. 北京：中华书局，1997：507.

［9］ 影印文渊阁四库全书 ［M］. 第 215 册. 台北：台湾商务印书馆，1986：186 – 187.

［10］ 吴相湘. 第一部中文西洋乐理书 ［A］// 吴相湘. 近代史事论丛. 第 2 册. 台北：传记文学杂志社，1978：391 – 394.

［11］ 吴相湘.《律吕纂要》跋 ［A］// 吴相湘. 近代史事论丛. 第 3 册. 台北：传记文学杂志社，1978：215 – 224.

［12］ 王冰.《律吕纂要》之研究 ［J］. 故宫博物院院刊，2002（4）：68 – 81.

［13］ Kangro H. Athanasius Kircher ［A］// Dictionary of Scientific Biography. Vol. Ⅶ. New York：Charles Scribner's sons，1973：374 – 378.

［14］ Golvers N. The Astronomia Europaea of Ferdinand Verbiest，S. J. （Dilligen，1687）：Text，Translation，

Notes and Commentaries [M]. Steyler Verlag, 1993: 17, 135, 136.

[15] Fletcher J. Athanasius Kircher and the Distribution of His Books [J]. The Library, 1968, 5th ser, 23 (2): 108 –117.

[16] Verhaeren H. Catalogue de la Bibliothèque du Pé-t'ang [M]. Peking, 1949: nr. 1922. 744.

[17] 王光祈. 东西乐制之研究 [M]. 上海：中华书局, 1926: 228 –232.

[18] Baker's Dictionary of Music [M]. New York: Schirmer Books, 1997: 383.

[19] The International Cyclopedia of Music and Musicians [M]. 11th ed. New York: Dood, Mead & Company, 1985: 883.

[20] 缪天瑞. 音乐百科词典 [M]. 北京：人民音乐出版社, 1998: 227.

罗桂环 1956年生，福建连城人。1982年毕业于兰州大学生物系，获理学学士学位。随后被分配到中国科学院自然科学史研究所古代科学史室工作。此后一直从事中国生物学史、环境保护史、中国栽培植物发展史等方面的研究工作。1996年被聘为研究员。曾任古代科学史室主任，现任所学术委员会主任等职。出版著作包括《中国历史时期的人口变迁与环境保护》（与舒俭民合作）、《中国科学技术史·生物卷》（与汪子春等合作）、《近代西方识华生物史》《中国西北科学考查团综论》等。

梅史考略

□ 罗桂环

1　梅的栽培起源考

梅（*Armeniaca mume*）属蔷薇科杏属植物，是我国非常古老的一种果树。梅子味道特别酸，很早就被我国古人用作调味。宋代学者陆佃在《埤雅·中国释木》中认为："梅……杏类也"。李时珍《本草纲目》中为梅"释名"说："梅古文作'呆'，象子在木上之形。梅乃杏类，故反杏作'呆'。……或云梅者媒也，媒合众味。"[1]形象地反映出古人对梅的命名基于象形、功能，而且认为与杏形态相似，同为一类的一般认识。

梅与杏的果实在形态上非常相似，杏和梅这两种果树的驯化栽培可能存在先后的启发关系，不过孰先孰后已因年代久远很难稽考。就今天的情形而言，梅主要分布在我国长江流域以南各省，黄河流域只有河南南部有少量栽培。杏的情况正好相反，主要产区在黄河流域。有意思的是虽然它们分布地域有很大的差异，但亲缘关系却很近，极易杂交。

我国古人对梅的驯化栽培很早。从考古资料看，河南新郑裴李岗新石器遗址曾经出土梅的果核。[2]另外，江苏新石器遗址也出土过 8 个类似梅核的果核[3]，河南驻马店杨庄也出土过约相当于夏代（距今 5000—3700 年）的梅核遗存[4]，商代河南安阳殷墟遗址、四川和湖北江陵的战国时期的遗址都曾出土过梅核或梅子[5]。还有人根据考古资料推测："早在 5000 年前当地（江苏）和附近地区就有这类果品并加工利用。"[6]另一方面，这种果树在我国古代的文献记载中也出现得很早，《夏小正》中提到五月"煮梅"。[7]大概指的是将梅制作成"黄梅"当调味品。明确提到梅是调味品的文献是《尚书·说命下》，书中云："若作和羹，尔惟盐梅。"[8]《诗经》中也多处提到梅，说明这种果树很早就受到人们的重视。结合考古资料和上述文献记载的情形来看，梅在我国已有三千多年的栽培史。

虽然梅如今主要分布在我国的南方，但相关的史籍记载表明，唐以前的情形并非如此。尤其是《诗经》中多有梅的记载。在《诗经·召南》中有"摽有梅，其实七分"，

---

　　* 原载《自然科学史研究》2013 年第 32 卷第 1 期，第 64—71 页。

＊　原载《自然科学史研究》2013 年第 32 卷第 1 期，第 64—71 页。

"顷筐塈之"，这类的诗句表明梅是一种为陕西召南（今岐山西南）地区人们所熟悉的果树；《诗经·陈风》中也有"墓门有梅"，《曹风》（产生于今山东定陶县一带）中也有"鸤鸠有桑，其子在梅"。这些史实说明西周至春秋时期，梅在当时黄河流域的陕西、山东都有栽培。另外，《管子·地员篇》中有："五沃之土……其梅其杏，其桃其李，其秀生茎起。"[9]夏纬瑛认为《地员篇》所论的地域在今黄河下游，成文时代为战国。这也说明，梅是先秦时期黄河下游河南等地栽培的果树。因为《诗经》中有梅的记载，却没有杏的记录，曾有人怀疑《诗经》中记载的梅实际上是杏。[10]仅从现代分布来看，这种说法不无道理。不过考虑古今气候的变迁，轻易以今律古可能是不合适的。辛树帜认为古代黄河流域人民喜欢梅之酸味，可用以调味，故由南方引入驯化。[10]这种见解有一定的道理。

《山海经·中山经》中记载："灵山……其木多桃、李、梅、杏。"[10]辛树帜推测《中山经》的作者"必生长于所在地之人"，"必接近楚国之人或竟是楚人所作"。[10]结合魏晋时期成书的《名医别录》记有梅"生汉中"[11]，这种推测不无道理。汉中毗邻楚国地界，属长江支流的汉水流域，很可能陕西和河南的梅就是从湖北西北部这一三省交汇地区引入栽培驯化的。

进入秦汉以后，随着国家的统一，南方开发的加深，有关梅在南方的记述逐渐多起来。汉代刘向《说苑》记载，战国时期，越国的使者曾经向梁王送过一枝梅。[12]考古发现湖南长沙马王堆汉墓收藏有梅实。[13]熟悉北方物产的吴国学者陆机（字元恪）在《毛诗草木鸟兽虫鱼疏》指出，"梅，杏类也，树及叶皆如杏而黑耳。实赤似杏而酸"。[14]这些史料说明梅是长江中下游地区人民非常熟悉的果树。稍后，晋代左思的《蜀都赋》有"梅李罗生"[15]的记述；同一时期郭义恭的《广志》也记载"蜀名梅为蘇，大如雁子"[16]。说明西南四川是梅的重要产地。

当时梅在南方广为分布的一个间接证据是它的生长节律与气候关系为人普遍关注。东汉应劭的《风俗通》记载："五月有落梅风，江淮以为信风，又有霖霪号为梅雨。"[17]西晋周处（236—297）的《风土记》记载："夏至之雨名曰黄梅雨。"[18]南朝梁元帝《纂要》更是直接指出："梅熟而雨曰梅雨。"[19]宋代的学者陆佃在其《埤雅·释木》中对梅雨有更详尽的描述："今江湘二浙四五月之间，梅欲黄落，则水润土溽，墙壁皆汗，郁蒸为雨，其霏如雾，谓之'梅雨'。……故自江以南，三月雨谓之'迎梅'；五月雨谓之'送梅'。"

至迟在唐代，人们已经注意到梅主要分布在南方，杏主要分布在北方。孟琯《岭南异物志》记载，"南方梅繁如北杏，十二月开"，[19]就是很好的说明。

值得注意的是从宋代开始，华北已被认为无梅，人们普遍认为这是一种南方的植物。故梅尧臣《京师逢卖梅花五首》有"驿使前时走马回，北人初识越人梅"。因为北方少见梅花，当时的著名诗人王安石（1021—1086）甚至嘲笑北方人不认识梅花，常把梅花误作杏花。他的《红梅》诗写下"北人初未识，浑作杏花看"的诗句。更有意思的是，他的学生陆佃（1042—1102）在《埤雅》中注意到北方没有梅，进而发挥想象力认为"梅至北方多变而成杏"。[20]陆佃认为梅到北方就变成杏大概是基于它们的外形非常相似，因而提出"互变"之说。类似的例子在古代似乎并不少见，诸如说橘过了淮河就变成枳；芜菁到了南方就变成菘等等。苏东坡（1037—1101）也曾慨叹关中无梅，在其《杏花》诗里有"关中幸无梅，汝强充鼎和"。

对于梅在北方的退出，竺可桢的解释是气候"温寒不同"所造成。[21]换言之，气候变寒冷造成这种情形。我国11世纪的气候比以前冷，12世纪气候变得更加寒冷。可能因为这个缘故，梅逐渐退到淮河、秦岭一线以南地区。宋人注意到北方无梅的同时，发现它在长江流域分布却很广。苏颂《图经本草》指出梅"襄汉川蜀江湖淮岭皆有之"[22]，就是说整个长江中下游的四川、两湖、江苏、安徽和岭南等地区都有。

根据明代王世懋《学圃杂疏》记载，梅在江浙和福建都有良种分布；从《古今图书集成》收集的方志史料来看，清代梅的产地包括安徽、江苏、浙江、湖南、福建、广东等地，山东、河北、河南部分地区也有分布。[23]

梅的野生种在我国仍有很多的分布。曾在我国中西部长期采集植物的英国园艺学家威尔逊（E. H. Wilson）指出，梅的野生种在我国的湖北西部和四川山区仍有广泛的分布。[24]日本植物学家北村四郎也指出，梅在四川和湖北都有野生种分布。日本的大分县和宫崎县也有自生的梅，著名植物学家牧野富太郎博士认为它们是由栽培种逸生而成。[25]我国园艺学家陈俊愉认为："西南山区，尤其是滇、川二省，乃是我国野梅的分布中心，并延伸至鄂西一带。"而鄂西正是处在汉水流域的地域。陈还指出："至于野梅分布的次中心，则系鄂南、赣北、皖南至浙西的带状地区。"[26]现在的调查表明我国有17个省区有野生梅的分布。[27]它有七个变种和一个变形。从上述史料和野生种的分布情况来看，梅的最早驯化地应于我国毗邻长江中游鄂西的陕西和河南地区。在气候比较温暖的历史时期，那些地方可能从鄂西和汉水流域引入野生果树进行驯化，也可能当地本身就有野生梅树的分布。

梅在古人的生活中占有重要地位。我国最早的一部字典《尔雅》中就有其记载。《尔雅·释木》中记载："梅，柟。"由北方避乱移居江南的郭璞注释说："梅：似杏，实酢。"[28]他与上述把梅归于"杏类"的陆机一样，注意梅的形态与杏很相似。

梅和杏形态相似，容易引起混淆。南北朝时期，《齐民要术》的作者指出它们之间的差别在于："梅花早而白，杏花晚而红；梅实小而酸，核有细纹，杏实大而甜，核无文采。白梅任调食及齑，杏则不任此用。世人或不能辨，言梅杏为一物，失之远矣。"[16]

我国对梅的育种至迟在汉代就已开始。《西京杂记》记载了汉代长安上林苑栽培了朱梅、紫蒂梅、紫华梅、同心梅、丽枝梅、燕梅、猴梅七个品种。[29]可能受外形非常相似的启发，古人很早就用梅和杏嫁接，以改良梅的品质。五代时期的道士谭峭《化书》记载，"梅接杏而本强"，[30] 就反映了这一点。后来《梅谱》记载的"杏梅"可能就是梅、杏种间嫁接后产生的品种，据说其"味似杏"。[31]

宋代范成大的《梅谱》是我国最早记载梅的专著，书中记载了十个品种梅。刘学箕的《方是闲居士小稿》说梅的种类有"凡数十品"，[32] 说明当时的育种已经颇有成就。《东京梦华录》记载当时市场上有"越梅""金丝党梅"。明清时期，梅花的品种进一步增多。见于明晚期的《群芳谱》和清初《花镜》记述的就有二十余个品种，包括照水梅、品字梅、丽枝梅、九英梅、台阁梅、鸳鸯梅和红梅。由于各地百姓的持续育种，我国梅的品种不断增多。根据20世纪末的调查，我国的梅已有189个品种。[27]

2　我国古人对梅实的利用

我国古人认识梅，是从它有强烈的酸味这一性质开始的。梅未成熟的果实多含有枸橼酸和林檎酸，味道很酸，古人用它制作调味品的"白梅"（晒干收藏在容器中的成品），用途类似今天的醋，用于"调鼎和羹"。[16] 它也逐渐成为民族文化中典型的一种酸果。《世说新语·假谲第二十七》记有"望梅止渴"典故。据说三国时期，曹操率军迷路，兵卒口渴难忍。曹操于是传令下去，说前面有大梅林，梅子很多，味道又甜酸，适于解渴。结果军士听说后，马上口水直流，由此解渴，后来终于坚持到有水源的地方。由于这个故事，吴人又将梅子叫作"曹公"。[33] 这个故事说明，古人很早就形成梅实是酸果的普遍认同，故而成为酸味的表征物。① 《毛诗草木鸟兽虫鱼疏》说：梅"煮而曝干为腊，置羹、臛、齑中。又可含以香口。亦蜜藏而食"。[14]

梅在古代的用途远不止调味。至迟在汉代的时候，古人将其制成果品。长沙马王堆汉墓出土的一些陶罐里面装有梅干，同时出土的简牍上有"梅""脯梅""元梅"等名称，大约也是上述的"蜜藏而食"一类。《吴历》也记有：吴主孙亮（243—260）"出西苑，方食生梅，使黄门至中藏取蜜渍梅"[34]。《神农本草经》中把梅当作一种除热解烦的药物，大约也是因为梅酸有"生津"滋润的作用。而陆机所说的香口作用，表明人们很早就将它用来消除口中异味。南北朝时期医药学家陶弘景明确指出药用的成品叫乌梅（经过烟的熏制），记载了白梅的药用价值。《齐民要术·种梅杏第三十六》中记载了"白梅"和"乌梅"的制法。因为它有使口水分泌增多的作用，所以中医常将它用作治疗嗓子干、哑的药物。据《新修本草》记载，唐代的医生还用"白梅"和药消除痣及"恶肉"。[35] 可以看出这是古代用途广泛的一种药物。

大约在南北朝期间，人们就用乌梅制作饮料。崔浩的《食经》记载有乌梅饮。唐

---

① 杨梅得名可能与梅同具酸味有关，《临海异物志》记载：杨梅"熟时似梅，其味甜酸"。

代杜宝的《大业拾遗记》记载隋唐时"乌梅为玄饮"的说法。现今人们制作"乌梅汤"的工艺大约历史悠久。当时江西一些地方（虔州）的人们已经开始用梅制蜜饯，即"蜜梅"。

到了宋代，由于人们喜欢梅花，当时的人们还开发出不少梅花食品。宋代林洪《山家清供》记载的有梅花汤饼、蜜渍梅花、梅粥、梅花齑（不寒齑）等等。明代高濂的《遵生八笺》记有蒜梅、青脆梅汤、黄梅汤和梅苏汤等。[36]《居家必备》也记载有梅酱、冰梅、糖梅、蒜梅、青梅汤、黄梅汤、凤池汤、梅苏汤、暗香汤等等。

除制品和制作饮料之外，随着后来育种的深入，在明代似乎也出现了一些不错的多汁生食品种。王世懋《学圃杂疏·果疏》记载："梅种殊多。既花之后，青而如豆。可食者曰消梅、绿萼梅。消梅最佳，以其入口即消也。熟而可食者曰鹤顶梅、且霜梅、梅酱梅，供一岁之咀嚼，园林中不可少。"[37]

梅性喜温暖潮湿，对土壤的适应性极强，在我国南方分布很广。如今因为外来花卉繁多，人们对梅花的热情虽然有所减弱，不过，对梅的果实又产生新的喜好。以往我国江南的浙江北部和江苏南部栽培梅最多。从 20 世纪末开始，以广东、广西、云南、福建、台湾栽培最多，占我国总产量的 84.1%。这也是很有趣的现象。历史上，我国广东和江西交界的大庾岭以盛产梅花著名，也因此被称作梅岭。梅岭以南，称为岭南。从上述资料可以看出，梅的主产区又由江南移至岭南。而其栽培品种繁杂，有的果实很小，极少供生吃，主要供制作休闲食品如陈皮梅、糖梅、话梅和盐梅等。从中可以看出，梅的开发又出现新的途径，果品工艺又在推陈出新。对梅的利用不断地"与时俱进"。1995 年，我国的总产量约为 13 万吨。[27]

除食用和药用外，梅还是古代染色的重要辅助用料，明代的《天工开物·彰施》等有这方面的记载。据《闽产录异·货属》记载，染绛色时，用乌梅水可以使颜色更加鲜艳。

梅大约在唐宋时期传入日本。最早传入地点在九州，后来逐渐在全国普及，梅干也成为日本受欢迎的一种果制品。[38]梅在国外以日本栽培比较多，1998 年产量达到近 12 万吨①，成为世界上最大的梅果及其加工产品的消费国。[39]

3　古人对梅的观赏栽培及其影响

和桃李梨杏等我国古老的蔷薇科的果树一样，梅的花也很芬芳美丽，古人除利用它的果实外，还逐渐培育出专门供观赏的花梅品种。如果说它的果实丰富了国人的物质生活，那么，它的花丛无疑极大地丰富了国人的精神生活。上述《西京杂记》记载汉代

---

① 我国虽然产量大于日本，但有不少出口到日本。

上林苑栽培的"侯梅、同心梅、紫蒂梅和丽枝梅",很可能就是观赏为主的花梅,表明它很早被当作园林中的花木栽培。

南北时期,随着中原士族的南迁,梅作为江南一种常见的方物迅速大量见于文人学士的笔下。从中可以看出它逐渐成为人们喜爱的观赏植物。陶渊明(352—427)的《腊月》诗中有"梅柳夹门植,一条有佳花"。他们不仅在园林栽培梅花,而且开始关注梅花的耐寒特征,并加以赞美。何逊(?—518)在其《咏早梅》诗中写道:"兔园标物序,惊时最是梅。衔霜当路发,映雪拟寒开。枝横却月观,花绕凌风台。"这里的"却月观、凌风台"可能都是园林设施。鲍照(414—466)《梅花落》也有"念其霜中能作花,露中能作实"称道。梁简文帝(503—551)《梅花赋》更是称颂:"梅花特早,偏能识春;或承阳而发金,乍杂雪而被银。摽半落而飞空,香随风而远度。……于是重闺佳丽,儿婉心闲。怜早花之惊节,讶春光之遗寒。顾影丹墀,弄此娇姿。"作为其伴读的庾信(513—581)的《咏画屏风诗》更是坚信"今朝梅树下,定有咏花人",欣赏"水影摇藂竹,林香动落梅",已经开启后人赏梅幽雅芳洁之先声。

到了唐代,人们对梅的欣赏更进一步。唐末有人誉之为"冰姿玉骨,世外佳人"。[40]① 曾在浙江为官,后避乱居闽的晚唐诗人崔道融(875年前后)在《梅花》诗中开始赞美梅花卓尔不群,傲寒斗雪、孤芳幽雅的品质。其《梅花》诗有:"数尊初含雪,孤标画本难。香中别有韵,清极不知寒。"很显然,诗人的感时伤世,以梅寄表征自己推崇的不随波逐流,高洁自持的崇高气节,为宋代文人学者赏梅审美给出了风范。

特别值得一提的是,宋人对梅花的观赏利用也可谓登峰造极。梅花开始颇有点唐代宋璟《梅花赋》中所谓"相彼百花,孰敢争先"之意味。

宋代面临北方游牧民族的压迫,民族对精神支柱的渴求导致梅花这种"众芳摇落独暄妍"的坚贞花卉赢得普遍的推崇,希望自己的国家能像梅花一样坚强,傲霜斗雪。文人也用它来标榜自己不向奸邪低头,孤芳自赏的情怀。② 宋代诗人范成大在其《梅谱》中这样写道:"梅,天下尤物,无问智贤愚不肖,莫敢有异议。学圃之士,必先种梅,且不厌多。他花有无多少,皆不系重轻。"[41] 他的这番议论并非空穴来风,的确反映出当时人们对梅花的推崇。北宋统治者在营造著名的皇家园林艮岳时,不择手段移植各种奇花异卉,"不以土地之殊,风气之异,悉生成长养于雕阑曲槛"。园中有两处大规模植梅的景区,一处"其东则高峰峙立,其下植梅以万数,绿萼承跗,芬芳香郁,……号绿萼华堂"。大概栽培的是绿萼梅。另一处是"植梅万本"的"梅岭"。实际效果是否如上记述那样"生成长养",不得而知。因为统治者为建该园糜费无度,"竭府库之积

---

① (唐)冯贽《云仙杂记》作"烟姿玉骨,世外佳人"(《丛书集成初编本》第10页)。
② 钱钟书在《宋诗选·序》中说:陆游"耳闻眼见许多人甘心臣事敌国或者攀附权奸,就自然而然把桃花源和气节拍合起来"。或许我们可以将他的说法作些变换,即宋人由于耳闻眼见国土日蹙,权奸当道,自然而然地将梅花与气节联合起来。

聚，萃天下之伎艺"；为此大兴"花石纲"，"所费动以亿万记"，[42] 动辄"凿河、断桥、毁堰、拆闸"[43]；导致天怒人怨，北宋王朝迅速在内外交困中崩溃，但统治者对梅花的推崇却不容置疑。

除上面提到的皇家园林艮岳大面积栽培梅花外，北宋山林诗人林逋（967—1028）因喜欢梅花，在杭州孤山种植梅花和养鹤度日，人称其"梅妻鹤子"。他的《山园小梅》"疏影横斜水清浅，暗香浮动月黄昏"，虽说是化自前人"竹影横斜水清浅，桂香浮动月黄昏"的联句，却如点石成金，颇为脍炙人口而流传不息。从朝廷统治者到山林隐士对梅花的一致喜爱，不难看出宋人对梅的情有独钟。林洪的《山家清供》还记载了"汤绽梅"以延迟梅花到夏天开放的方法和"藏梅花法"。宋人是如此青睐梅花，无怪乎南宋陈景沂《全芳备祖》收录各种名花异卉以"谱"群芳时，把梅花放在开篇首位，联想到范成大在《梅谱》中的"开宗明义"，不难想象它在宋人心目中的地位。

宋代咏梅的诗词特别的多。宋人黄大舆特意将唐代以至南宋初的咏梅词集成《梅苑》一书，录词四百余首。《方是闲居士小稿》说古今描写梅的诗赋不下数千篇，"起于（刘）宋之鲍参军①，备于我朝之林处士"。[32] 正因人们对这种花卉的喜爱，宋人不断育出新的梅花品种，还致使专门著作的出现，这就是我们上面提到的范成大《梅谱》。梅花逐渐成为我国历史上文学和美学艺术表现最多的题材之一。

宋人特别欣赏梅花的傲霜斗雪和洁身自好的幽雅。著名的如王安石的《梅花》："墙角数枝梅，凌寒独自开。遥知不是雪，为有暗香来。"陆游《梅花绝句》中"高标逸韵君知否，正是层冰积雪时""雪虐风号愈凛然，花中气节最高坚。过时自会飘零去，耻向东君更乞怜"，正是继承和发展了唐代崔道融等人的赏梅审美情趣。他所标榜梅花不惧环境严酷，坚毅高洁，凛然自持的精神内涵也得到后人的普遍认同。宋以下，梅的品种增长很快，到清初的时候，已经达到九十余种。

梅花在江南非常普遍，"都于腊月前便开"，[37] 开花的时候早在冬季，颇为醒目。其傲霜斗雪、坚韧不拔的禀赋一直为人称颂。曹雪芹在《红楼梦》一书中称颂它："桃未芳菲杏未红，冲寒先已笑东风。"已成为高风亮节的象征。与松、竹并称"岁寒三友"；又与兰、竹、菊合称"四君子"。

梅花淡雅清秀，时至今日，仍是我国最受欢迎的观赏植物之一。江苏苏州的"香雪海"、南京的"梅园"都是以成片栽培梅花著称的景区。它所包含的精神内涵依然为人们所沿袭。毛泽东在撰写古典诗词时，也时常流露出对梅花的赞颂，如"已是悬崖百丈冰，犹有花枝俏""梅花欢喜漫天雪"，等等，都是为人所熟悉的名句。还有一些园林学者力主把它当作我国国花。近代也有不少西方国家引种过我国的梅，受文化和审美传统的影响，这种花的育种远不如月季、菊花、杜鹃、茶花那样受到重视。

---

① 即鲍照，后句的林处士即林逋。

梅是我国原产的一种古老的果树,至少有三千年的栽培史。现在通常被看作是南方的一种果树,实际上很可能是一种由北方起源和驯化的植物。其原因在于其被驯化时的气候比现在温暖,梅的分布比现在往北,又因为它在古代中原人民的调味中发挥重要作用,故而被驯化为当地相当受欢迎的一种果树。直到唐代,梅在陕西的长安一带栽培仍是很常见的。竺可桢曾经列举相关史料说明当时气候比较温暖,梅花和柑橘都能在陕西西安栽培。[21]宋代以后梅逐渐变成一种主产于南方的果树,是气候变凉的结果。近年来由于生产加工推动的结果,更使岭南成为主要产区。值得玩味的是,这种主要分布南方,不能耐北方严寒的果花,却常常被人们用来形容不惧严寒的象征,其中的文化意蕴颇值得深思。

参考文献

[1] (明)李时珍. 本草纲目. 卷二九. 北京:人民卫生出版社,1978:1736.

[2] 中国社会科学院考古研究所河南一队. 1979年裴李岗遗址发掘报告. 考古学报,1984(1):44.

[3] 江苏省文物工作队. 江苏吴江梅堰新石器时代遗址. 考古,1963(6):317.

[4] 北京大学考古学系,驻马店市文物保护管理所,驻马店杨庄. 全新世淮河上游的文化遗存与环境信息. 北京:科学出版社,1998:192.

[5] 湖北省文化局文物工作队. 湖北江陵三座楚墓出土大批重要文物. 文物,1966(5):38;农业考古,1983(2):243.

[6] 陆爱华,等. 江苏省果梅栽培历史与种植资源调查及利用. 园艺学进展(第2辑),1998:169-173.

[7] 夏纬瑛.《夏小正》经文校释. 北京:农业出版社,1981:71.

[8] 书经. 上海:上海古籍出版社,1987:60.

[9] 夏纬英. 管子地员篇校释. 北京:中华书局,1958:49-50.

[10] 辛树帜等. 中国果树史研究. 北京:农业出版社,1983:1.

[11] (梁)陶弘景集,尚志钧辑校. 名医别录. 北京:人民卫生出版社,1986:197.

[12] (汉)刘向. 说苑. 卷一二. 四库全书本,696册. 台湾:商务印书馆,1983:109.

[13] 游振群. 从长沙马王堆汉墓出土的动植物看汉初汉南的气候//湖南博物馆编. 马王堆汉墓研究文集. 长沙:湖南出版社,1994:268-269.

[14] (三国)陆机(罗振玉辑本). 毛诗草木鸟兽虫鱼疏. 上海:上海聚珍仿字印书局,光绪十二年(1886):20叶下.

[15] (晋)左思. 三都赋//萧统编. 文选. 上海:上海古籍出版社,1998:29.

[16] (后魏)贾思勰著,缪启愉校释. 齐民要术. 北京,农业出版社,1982:281,199.

[17] (宋)李昉. 太平御览. 卷九七〇. 北京:中华书局,1963:4299.

[18] (宋)李昉. 太平御览. 卷九七〇. 北京:中华书局,1963:4300.

[19] (唐)徐坚. 初学记. 卷二. 北京:中华书局,1962:23.

［20］（宋）陆佃. 埤雅. 卷一三. 四库全书, 222 册. 台北：商务印书馆, 1986：168.

［21］竺可桢. 中国近五千年来气候变迁的初步研究. 考古学报, 1972 (1)：15 – 39.

［22］（宋）唐慎微. 重修政和经史证类备用本草. 北京：人民卫生出版社, 1982：467.

［23］（清）陈梦雷. 古今图书集成·博物汇编·草木典. 中华书局影印本, 547 册, 206 卷, 51 叶.

［24］Wilson E H. A Naturalist in Western China. Vol. II. London：Methuen & CO. LTD, 1913：26 – 27.

［25］（日）北村四郎. 植物文化史：栽培植物的起源、传入与分类, 附本草植物鉴定. 大阪：保育社, 昭和六十二年（1987）：56.

［26］陈俊愉. 一枝独先天下春——梅花//张启翔. 花凝人生. 北京：中国林业出版社, 2007：3.

［27］褚孟嬟. 中国果树志·梅卷·前言、绪言. 北京：中国林业出版社, 1999.

［28］（晋）郭璞. 尔雅音图·释木第十四. 北京：北京中国书店, 1985.

［29］（汉）刘歆. 西京杂记. 卷上//丛书集成初编本. 上海：商务印书馆, 1935 – 1937：5.

［30］（南唐）谭峭. 化书. 四库全书本, 849 册. 台北：商务印书馆, 1986：234.

［31］（明）王象晋纂辑, 伊钦恒诠释. 群芳谱诠释. 北京：农业出版社, 1985：82.

［32］（宋）刘学箕. 方是闲居士小稿. 卷下. 四库全书本, 1176 册. 台湾：商务印书馆, 1983：610.

［33］（宋）沈括著, 胡道静校正. 梦溪笔谈校正. 卷二三·讥谑. 上海：古典文学出版社, 1958：742.

［34］（三国）陈寿. 三国志. 卷四八·吴书·三嗣主传第三注引. 中华书局, 1984：115.

［35］（唐）苏敬, 等. 新修本草. 上海：上海古籍出版社, 1985：232.

［36］（明）高濂. 遵生八笺. 王大淳校点. 成都：巴蜀书社, 1992：726 – 728.

［37］（明）王世懋. 学圃杂疏·花疏//生活与博物丛书. 上海：上海古籍出版社, 1993：319.

［38］林正秋. 中国古代食品东传日本史述. 杭州师范学院学报, 1998 (5)：11 – 17.

［39］乔玉山, 等. 日本果梅栽培和育种概况. 中国果树, 2002 (3)：55 – 56.

［40］（唐）莫休符. 桂林风土记//（宋）陈景沂.《全芳备祖》后集. 北京：农业出版社, 1982：23.（现存的《丛书集成初编本》和《四库全书》本《桂林风土记》似缺失此条内容）

［41］（宋）范成大. 梅谱. 丛书集成初编本. 上海：商务印书馆, 1935 – 1937：1.

［42］（宋）张淏. 艮岳记. 丛书集成初编本. 上海：商务印书馆, 1935 – 1937：2 – 3.

［43］（宋）袁褧, 袁颐. 枫窗小牍. 卷上. 丛书集成初编本. 上海：商务印书馆, 1935 – 1937：7.

  张柏春　1960 年生，吉林白城人。1983 年毕业于内蒙古工学院机械系。1999 年获中国科学院科技史博士学位。1990 年至今，在中国科学院自然科学史研究所工作。1996 年以来，先后在德国柏林工业大学、德国马普学会科学史研究所等机构从事科技史研究。现任中国科学院自然科学史研究所研究员、所长，中国科学院科技智库特聘研究员。

  主要研究领域为技术史、力学史、知识传播史与比较史、科技发展战略等。曾主持中国科学院知识创新工程项目"中国近现代科学技术发展综合研究"及"科技革命与国家现代化研究"等项目。出版《传播与会通》《苏联技术向中国的转移》《传统机械调查研究》《明清测天仪器之欧化》等专著，合作主编 *Transformation and Transmission：Chinese Mechanical Knowledge and the Jesuit Intervention*（《转型与传播：中国力学知识和耶稣会的介入》），《技术转移与技术创新历史丛书》《中国科技典籍选刊》等。

  任中国科学院大学岗位教授、中国科技大学兼职教授、*Chinese Annals of History of Science and Technology* 主编。国际任职包括国际科学史研究院通讯成员、欧洲科学史学会理事、国际机械史委员会执委等。

清朝前期观象台天文仪器的欧洲化

□ 张柏春

图 1　南怀仁画像

明末，耶稣会士利玛窦（Matteo Ricci，1552—1610）将欧洲的天球仪、星盘和日晷等小型仪器介绍给中国人。1629 年起，邓玉函（Johannes Schreck Terrentius，1576—1630）、汤若望（Johann Adam Schall von Bell，1592—1666）、罗雅谷（Giacomo Rho，1590—1638）等传教士应徐光启（1562—1633）的邀请供职皇家天文机构，参加历法改革。1629 年邓玉函在帮助徐光启制订修历计划时，将制造新仪器列为重要任务之一。传教士们在《崇祯历书》等书籍里描述了 1619 年以前的绝大多数欧洲仪器，包括托勒密（Ptolemy）时代的仪器、第谷（Tycho Brache）的仪器和伽利略的望远镜，并与中国人合作试制部分仪器。入清以后，南怀仁（Ferdinand Verbiest，1623—1688）（图 1）等传教士在欧洲式仪器的制造和使用方面走得更远，使得北京观象台的实用天文仪器实现了欧洲化。

1　南怀仁与成套欧洲式仪器

南怀仁于 1623 年 10 月生于比利时布鲁日（Bruges）的皮特姆镇（Pittem）。1640 年 10 月入鲁文（Louvain）大学艺术系学习，这里的学生在前两个学年要学习哲学、自然科学和数学。当时鲁文大学的多数教授把托勒密、哥白尼和第谷的体系当作假说[1]。1641 年 9 月他离开这所大学，加入耶稣会。两年后他回到鲁文的耶稣会学院（Jesuit College），1645 年获得哲学学位。在耶稣会学院的科学训练对南怀仁来说非常重要。1652—1653 年在罗马学习了一年多的神学。1655 年在塞维利亚（Sevilla）获神学博士学位后，很可能是受卫匡国（Martin Martini，1614—1661）的影响，他要求到中国传教

＊　原载《中国科技史料》1999 年第 20 卷第 4 期，第 198—209 页。此次发表做了适当修订。

并获得批准[2]。在离开欧洲之前，南怀仁在葡萄牙教数学。1657 年 4 月，他随卫匡国的传教组扬帆启程，1658 年 7 月抵达澳门。

1660 年，清顺治帝批准汤若望的请求，召南怀仁来钦天监协助工作。1661 年顺治帝去世，朝政由辅臣把持。1664 年 9 月，杨光先（1597—1669）控告汤若望、南怀仁等传教士，汤、南等人遂遭审讯。次年 1 月，刑部拟定汤若望、南怀仁等传教士为死罪。至 4 月和 5 月，汤若望、南怀仁被赦出狱。1666 年 7 月汤若望故于寓所。1665—1668 年，杨光先、吴明烜等人把持钦天监的历法测算工作，而南怀仁则忙于制造日晷等装置以及气象观测等。

1668 年 12 月，南怀仁奏报吴明烜所推算的七政历、民历有严重错误。年轻的康熙帝令大臣会同杨光先、南怀仁等共同以实测来验证历法。南怀仁在拉丁文的《观测之书》（*Compedium Liber Observatonum*）中记述了他们的测验过程和所用的仪器，这些材料后来被他编入《欧洲天文学》（*Astronomia Europaea*）一书：1668 年 12 月 27—29 日，南怀仁以圭表观测证实了他推算的太阳位置与实际位置一致。善于制作精巧装置的安文思（Gabriel de Magalhaes，1609—1677）在一夜之间为南怀仁的第二次观测制作了一具带有调节螺钉的新圭表。1669 年 2 月 1 日，南怀仁到观象台，为火星和太阳位置推算的验证观测做准备。那里安置着一架"黄道春秋分浑仪"、一架青铜象限仪、一架铁纪限仪。他调整了浑仪的环和照准器、象限仪的方向和照准仪。2 月 3 日，火星果然处于浑仪照准器对着的位置，太阳处于象限仪和纪限仪的照准器所对准的位置。1669 年 2 月 18 日，南怀仁再次用象限仪观测太阳纬度，又证实了其推算结果无误。当晚，他还用黄道春秋分浑仪观测月亮的位置，结果亦与推算吻合。观测时间是靠事先计算的室女宫的角宿一与子午环之间的距离确定的，观测时用赤道浑仪找准这个位置。南怀仁还把一架直径近 2 尺的天球仪带到观象台，以便向陪同的官员们讲解他的观测[3]。面对测验结果，杨光先仍为自己辩解，指责南怀仁"欲毁尧舜相传之仪器，以改西洋之仪器"[4]。然而，这种说辞未打动康熙帝。

南怀仁在《观测之书》和《欧洲天文学》中简要描述了他使用的仪器。青铜象限仪的半径为 2.6 中国尺，每度又分为 60′，装在一个带三个调解螺钉的桌子上。铁纪限仪的半径为 5 或 6 几何尺①，带有青铜支翼、照准器和中心管，弧刻度的每度分为 60′。"黄道春秋分浑仪"的直径为 2.5 尺（1 中国尺约等于 1 古罗马尺）。春分点和秋分点是黄道环与赤道环交点，"春秋分"暗示着赤道环的存在。由此推测，黄道春秋分浑仪应该就是明末《崇祯历书》中所说的"黄赤全仪"。

我们可以肯定，南怀仁当时使用的这些仪器多数是前人留下的。据考证，拉丁文的

---

① 在南怀仁看来，1 几何尺相当于 1 中国尺。例如，《欧洲天文学》第 12 章说，象限仪的半径是 6 几何尺；而《灵台仪象志》卷一则说象限仪半径为 6 中国尺。

《观测之书》在 1671 年或稍晚时曾与《测验纪略》一起出版[5]，那时南怀仁尚未完成新仪器的制造。圭表和赤道浑仪是明代钦天监中使用的传统装置。黄道春秋分浑仪、青铜象限仪、铁纪限仪和天球仪等欧洲式仪器应当是邓玉函、汤若望和罗雅谷主持制造的，它们起初可能被安放在历局或传教士的住处，后来曾被移到观象台。黄道浑仪很可能即是明末制造的黄赤全仪。

1674 年，南怀仁对自己的观测情况给出如下说明：

> 康熙己酉八年正月初三日［1669 年 2 月 3 日］，是日立春……于本日午正，仁测得太阳，依象限仪，在地平上三十三度四十二分；依纪限仪，离天顶正南五十六度十八分；依黄道经纬仪，在黄道线正中，在冬至后四十五度零六分，在春分前四十四度五十四分；依赤道经纬仪，在冬至后四十七度三十四分，在春分前四十二度二十六分，在赤道南十六度二十一分；依天体仪，于立春度分所立直表，则表对太阳而全无影；依地平所立八尺零五寸表，则太阳之影长一丈三尺七寸四分五厘。六仪并用而恭互之，而立春一节皆合于预推定各仪之度分；如此则历凡所推之节气，其合于天行无疑矣。然非籍有合法之仪，又何从测而得之？[6]

如果南怀仁没有记错日期的话，引文提到的仪器肯定是汤若望时期留下的。在六架仪器中，有圭表，无地平经仪。黄道春秋分浑仪被写为"黄道经纬仪"，赤道浑仪改称"赤道经纬仪"，天球仪被称为"天体仪"，而"表"则是中国传统的圭表。有学者认为，2 月 3 日南怀仁所用观测工具是预先制造的木模[7]。这种猜测缺乏足够的依据，且与南怀仁自己的描述不符。

1668 年底和 1669 年 2 月的观测使传教士的命运有了转机。由于杨、吴等所做推算与实测不符，而南怀仁据圭表观测和西法所做的推算皆与观象台的实测一致。南怀仁明白，推算日食、月食是繁重而有风险的工作[8]。令他感到非常幸运的是，他们在中国人面前没有做出错误的推算。1669 年 3 月 11 日礼部建议授南怀仁钦天监监正，但南怀仁推辞不就。4 月 1 日康熙帝下旨任命南怀仁负责"治理历法"。

欧洲人编算历书时采用 60 进位制，分周天为 360°，引入黄道坐标等。若继续使用中国传统仪器的刻度，就要做繁复的换算。南怀仁决定把 365 又 1/4 度和百刻制改为便于划分刻度和计算的 360°制和 60 进位制。

观象台的明朝圭表、简仪和赤道浑仪年久失修，零部件形状有所变化，因而精度会降低。早在康熙七年（1668）七月，南怀仁的竞争者、钦天监监副吴明烜就指出："推历以黄道为验，黄道以浑仪为准。今观象台浑仪损坏，亟宜修整。"[9]因此，他曾提议为观象台添造一件"滚球铜盘"。

尽管南怀仁称 1668 年底和 1669 年 2 月所用的黄道浑仪、赤道浑仪、象限仪、纪限仪等"尺寸合适，完全适合于精确的观测"[10]，但他还是计划另造新仪器。康熙八年（1669）五月，他在奏章中说：

> 恭遇我皇上面询臣艺业，如测量奇器等制。臣少时涉猎系所长，容臣按图规制各样测天仪器，节次殚心料理，以备皇上采择省览。[11]

近来有人发现了南怀仁作于1664年的《仪象图》序言，文中提到他为观象台绘制一系列欧洲式仪器图[12]。在南怀仁的《仪象图》的拉丁文本 Liber Organicus（仪器之书）中，标题页写的是1668年。这可能说明那一年南怀仁正在设计天文仪器。1687年来华的法国传教士李明（Louis Le Comte，1655—1728）在1696年的著作中称，南怀仁劝说皇帝制造新仪器[13]。而南怀仁对欧洲的耶稣会士们却说，到过观象台的最重要的高级官员们（应当是礼部的）上奏皇帝，建议由他负责制造新式仪器，取代观象台的旧仪器[14]。此前，他已经为礼部官员和皇帝准备了设计"式样"。南怀仁可能不想让欧洲的耶稣会士们认为他过于热心于天文工作，而偏离传教使命，因此强调是中国高官奏请制造新仪器。

1669年8月底，礼部获旨同意以新仪换旧仪。9月10日，康熙帝批准礼部"照南怀仁所指式样速造"新仪的建议：

> ……因康熙八年七月二十七日题，八月初一日奉旨，这观象台不必开展建造，旧有简仪、浑仪仍着收存，毋致损坏。其新制仪器作何安设，礼部详看议奏。钦此。
>
> 钦遵于八月初三日到部。臣等随到观象台，有得台基长十庹［一庹约合五尺］二尺八寸，阔十庹二尺五寸；简仪长二庹三尺八寸，阔一庹四尺三寸五分，高一庹三尺一寸；浑仪长一庹二尺六寸，阔一庹一尺六寸，高一庹四尺；星球［天球仪］长一庹六寸，阔一庹六寸，高一庹二尺八寸。随问南怀仁：新造仪器共几件，大小式样若何？据称，台上新安仪器共六件，东南角黄道经纬仪，西南角地平经仪，当中赤道经纬仪，正东象限仪，正西纪限仪，正北星球［天体仪］。每件仪器约高一丈，圈径约六尺。俱用砖台基，约高四尺，宽长约一丈二尺。台上板房一间。因遮仪器不便测星，应将板房移在临城东墙。风杆原在东南角，今有碍测验，应移在北方等语。该臣等议得见，在观象台旧简仪等三件仪器若仍存在台，则南怀仁新造六件仪器难以安设。俟南怀仁所造新仪器告成时，将简仪等旧仪器应移于台下厢房收存，令当值满汉官员看守，挨班交付当值官员。既称台上板房一间遮蔽仪器，应移在台东靠台，将门向台造作。风杆因碍测验，将风杆亦应移在北方。其新造仪器并安设仪器台基，应听工部俱照南怀仁所指式样速造可也。
>
> 康熙八年八月十四日题。本月十六日奉旨依议。[15]

设计制造工作由南怀仁主持。参加此项工作的还有工部官员郎翁英、图哈齐，钦天监官员刘蕴德、孙有本和天文生等 30 人。在 1670 年 8 月 20 日的一封信中，南怀仁说仪器已经完成了一半：

> 我寄给您工部以我提出的原型为基础负责制造的最佳黄铜天文仪器的设计或草图，目的是一旦将旧仪器迁走，就把它们放入"数学塔"［观象台］。我称之为草图是因为这些设计与已经完成一半的那些仪器并不完全一致，在上帝的帮助下，那些仪器肯定要在今年内完成。[16]

1673 年 3 月以后，工部没有再为造仪器支付物料和工价。按南怀仁的记述，他用了四年时间才造完六架仪器[14]，仪器的弧背或立柱上刻有"康熙癸丑岁日躔寿星之次治理历法臣南怀仁立法"字样。1674 年 1 月 25 日以前，工部已经验明了制成的仪器，准备交与钦天监[17]。这就是说，黄道经纬仪（黄道浑仪）、赤道经纬仪（赤道浑仪）、地平经仪、地平纬仪、纪限仪和天体仪制成于 1674 年 1 月 25 日以前或 1673 年下半年①。《大清会典图》说康熙十二年制六仪，这是有根据的。

1674 年 3 月 6 日，吏部奏报，"钦造之仪象告成"，另有供皇帝御览的书表[17]。"书表"指的是《新制灵台仪象志》，其中收入了技术图，以及南怀仁在制造仪器或其他公共事物中用过的几条力学"定理"[18]。康熙十三年（1674）三月，皇帝加封南怀仁为太常寺卿职衔[19]。1678 年，南怀仁将 32 卷《康熙永年表》呈献皇帝，得通政使职衔。1682 年又加工部右侍郎衔。

1674 年新制六仪被安装在观象台上（图 2）②，但具体位置与事先的计划并不完全一致。天体仪象征着天，被看作最重要的仪器。大概是受中国人敬天传统的影响，天体仪被安置在南侧的中间[20]。从东南角向西、向北、向东依次为赤道经纬仪（图 3）、天体仪（图 4）、黄道经纬仪（图 5）、地平经仪（图 6）、象限仪（图 7）、纪限仪（图 8）、风向器，东侧中部台基上有一座方塔。观测者在方塔上观测天象、大气现象。台下的建筑里安装着漏刻，院内有青铜圭表。原有的其他中国式仪器不再用作正式观测工具，简仪、浑仪等被移到台下。这标志着以中国传统仪器为主要皇家观测工具的时代结束了。

图 2　北京观象台图

---

①　关于这六架仪器的设计和制造技术，参见笔者的《南怀仁所造天文仪器的技术及其历史地位》，《自然科学史研究》1999 年第 18 卷第 4 期，第 345—360 页。

②　图 2～图 8 出自《新制灵台仪象志》。

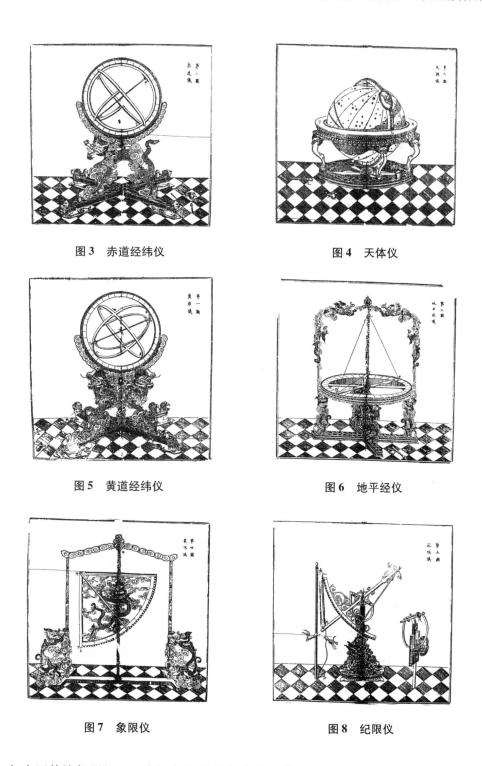

图 3　赤道经纬仪

图 4　天体仪

图 5　黄道经纬仪

图 6　地平经仪

图 7　象限仪

图 8　纪限仪

与中国传统仪器相比，南怀仁仪器的技术优势体现在以下几个方面：①简化结构，减少遮蔽；②兼顾零部件尺寸与强度、刻度划分的关系，注重仪器各环的同心度；③座架的支点过仪器的重心，保证仪器的稳定性与操作便利；④采取易于克服变形的零件结构；⑤采用横截线刻度，使环面或弧面的最小刻度达到1′，配制各式减小瞄准误差的照准器；⑥游表和窥衡上设置细分最小刻度的指线；⑦用齿轮机构或滑车，便捷地调整仪器的位置；⑧利用螺纹制作易于装配的联接件、便于操作的调节件和锁紧定位件；⑨用滑车辅助纪限仪的操作；⑩多种仪器并用，各施所长。南怀仁认为："仪愈多愈精，而测验乃愈密。"[21]

南怀仁作为一名博学的传教士，不仅通晓天文学和数学，而且还了解1657年以前的欧洲仪器技术。他在机械学方面的天赋或造诣使他能够消化欧洲的技术，把书本的描述变成切实可行的设计。他和中国同伴将中国的铸造工艺和欧洲的畜力刮削、人力镟削、磨削、刻线等金属切削加工技术结合在一起，加工仪器的铜合金零件。南怀仁未遵循中国仪器的多重环结构，但他认为龙标志着皇帝的尊贵，适合于仪器支架的造型[22]。龙形支架等结构复杂的零件应当是用失蜡法铸成的。不过，参与钦天监工作的工匠们没能把欧洲的螺旋、切削加工技术用于改造中国传统工艺或发明新技术，即传教士介绍的欧洲制造技术并未被后世的中国人所承袭。

为了解释仪器的构造原理，以及制造、安装和使用方法，南怀仁撰写了《新制灵台仪象志》，前14卷是《仪象志》，后2卷是《仪象图》。书中明确指出：将它们"公诸天下，而垂永久之意"，"要使肄业之官生习服心喻，不致扞格而难操。传之后世亦得凭是而有所考究焉"[23]。1674年3月6日奏请刊行《新制灵台仪象志》。康熙帝对此书甚为满意，次年下诏准行。至1744年，《新制灵台仪象志》仍然是钦天监天文科推测星象的常用书籍[24]。1714年，该书在朝鲜再版[25]。

南怀仁还用拉丁文把他们的活动介绍给欧洲的教士们，"以便类似的事件再发生时他们能预备要做的工作"[26]。附有《仪象志》序文的 *Liber Organicus*（仪器之书）可能是从1668年开始编写，到1674年或此后才写完[27]。南怀仁把它献给了罗马教皇[28]。1675或1676年，他写出《在华所恢复的天文学中载有106幅图像的机械学简略》（*Astronomiae apud Sinas restitutae mechanica centum et sex figuris adumbrata*），简称《简略》（*Adumbrata*），描述了《仪象图》的106个图版。在中文记述、*Liber Organicus* 和 *Adumbrata* 等论著的基础上，南怀仁在1678年至1680年初之间完成了《欧洲天文学》的拉丁文书稿[28]。1683年，书稿被柏应理（Ph. Couplet, 1624—1692）带到欧洲，1687年在德国迪林根（Dillingen）出版。书中记述了1668年12月至1669年4月欧洲天文学在中国的恢复，以及此后耶稣会士在天文仪器、日晷、机械学、数学、弹道学、水力学、静力学、光学、透视画法、蒸气动力、计时技术、气象学和音乐学等14个领域的活动。作者介绍这些科学技术活动的目的是：第一，他想让每位读者都清楚，耶稣会士为获得中国帝王的仁慈对待，以便打开传教的通道，付出了巨大的努力；第二，他希望藉此鼓励未来到中国教区的传教士能以极大的细心、尊敬和爱来拥护最美的数学之神，因为她们将帮助传教士接近中国的帝王和贵族，从而保护宗教事业；第三，他在 *Liber Organicus* 中描绘了天文仪器和其他相关仪器[29]。

与写给中国人看的《仪象志》不同，《欧洲天文学》等拉丁文论著记下了作者的一些心里话，字里行间流露出欧洲科学技术的优越感，甚至把传教士在中国的历法改革夸赞为"一场天文学革命"[26]。南怀仁告诉他的欧洲读者，当那些不懂天文学的官方"裁判"注意到有些事与天不合时，他们既不把差错归于仪器的建造，也不把它们归于自己不知道的仪器的方向；相反，他们指责天文学家的推算偏离了天象，甚至怀疑欧洲天文学与天相矛盾。因此，他的工作难度很大，需要仔细的注意力和敏锐的眼力[30]。

南怀仁的中文和拉丁文著作没有明确交代他的仪器技术的来源。在《仪象志》论及历法的内容和仪器的理论依据的部分，南怀仁时常提到《崇祯历书》的书目及所谓"举重学"或"重学"。从专门术语的一致性判断，他承袭了邓玉函、汤若望和罗雅谷在《崇祯历书》中关于仪器的讨论，特别是罗雅谷在《测量全义》里对第谷仪器的介绍。另外，从《仪象志》所描绘的仪器特征来推断，他主要参考了第谷的《重建天文学中的机械学》（Astronomiae Instauratae Mechanicae）[31]，并对结构做了改进。南怀仁参考第谷的可拆式赤道浑仪，设计一种赤道环固定在子午环上的赤道经纬仪，其简化的过极圈半环减少了近春秋分观测的视野障碍。南怀仁把第谷双弧仪的支架半环改造成了齿弧和与之啮合的小齿轮，并将它移植到纪限仪上，创制出操纵性能更好的纪限仪。李约瑟认为，传教士在中国制造黄道浑仪是个错误[32]。他似乎轻视了黄道坐标和第谷体系在制订历法方面的有效性，片面强调了赤道坐标和赤道式仪器的"先进"。

据《康熙永年表·提稿》记载，新制六仪安装到观象台以后，朝廷又"命造内庭备用测天诸器，如黄赤二道、天体、星球、圭表，并测地高低近远等项之仪器"[33]。这些仪器可能尺寸较小，精度不是很高。1682年春，南怀仁随皇帝出巡关东，奉命随带内廷测天测地仪器，以便应用[34]。

徐光启曾强调，用漏刻测星定时"止可得其刻数"，须再用星晷测量，及用恒星推算时刻；漏刻"特以济晨昏阴雨晷仪表臬所不及，而非定时之本"[35]。尽管如此，漏刻仍然是钦天监必备的计时工具。南怀仁在描写日食或月食观测时提到，天文官员要提前三天准备一个由若干青铜桶组成的大漏刻，看它是否严格与天象相符[36]。相反的说法是，清代钟表盛行，钦天监员生值班时，多视漏刻为"具文"[37]。这可能是较晚的情景。南怀仁未曾提议为观象台制造欧洲机械钟表这类计时器，可能是因为传教士认为一般机械钟表的精度还达不到天文计时的要求。清代测时大都用测中星法或测中天附近恒星的时角法[38]。

南怀仁还为康熙帝制造了各种日晷和星晷。他的合作者闵明我（Claudio Filippo Grimaldi，1638—1712）擅长利用光学原理或水力制作精巧的装置，比如计时、报时和模仿天象的复杂装置。南怀仁认为观象台和其他地方的旧漏刻存在"许多问题和错误"，于是试制了一种兼有计时和演示星象功能的新式水钟，但它不是那种天文观测所需要的精确时钟而是要献给清帝的礼品[39]。所谓的"问题和错误"恐怕主要是针对非天文用途的说法。南怀仁去世后，徐日昇（Tomás Pereira，1645—1708）、苏霖（Joseph Suarez，1656—1736）也曾为康熙帝制造天文仪器。传教士制造一些实用的或用作消遣的机械装置，满足了皇帝和权贵们的需求和好奇心，也为自己创下了好名声。

1678 年 8 月 15 日，南怀仁在致欧洲耶稣会士的信中说，天文学、光学、数学、静力学等受中国人的欢迎，"用天文学装饰起来的基督教易于接近高官们"，并希望增派传教士[40]。这封信引起了法国人的注意。1688 年 2 月 7 日，洪若翰（Jean de Fontaney，1643—1710）、李明等法国传教士进京，带来了巴黎皇家科学院赠送的天文仪器[41]。洪若翰负责天文观测，以便与巴黎天文台的观测做比较。他们带来的仪器应当是比较先进的，但它们游离于清朝以历法为中心的天文工作之外。中国人尚未掌握这些法国仪器及其所蕴涵的技术。

2 旧式仪器的添造

18 世纪，观象台的人员继续使用南怀仁的仪器，并补造了旧式仪器。

2.1 纪理安与地平经纬仪

传教士纪理安（又译作纪利安或纪里安，Bernard-Kilian Stumpf，1655—1720）于1694 年 7 月来华，1711—1720 年在钦天监负责"治理历法"。《钦定仪象考成》称，康熙五十二年（1713），"命纪利安制地平经纬仪"，即地平经度象限仪[42]。《皇朝文献通考》补充说："五十二年二月，命臣纪利安制地平经纬仪，以铜为之。"[43]《钦定大清会典图》则说："康熙五十四年（1715）合地平、象限二仪为一。"[44]根据两种叙述中的时间差距推测，纪理安等人可能用了两年的时间为观象台制成这个装置。

目前掌握的历史文献尚不足以说明朝廷添造地平经纬仪的起因。按理说，既然南怀仁的地平经仪和象限仪还能正常发挥作用，那似乎就没必要再造兼具两者功能的地平经纬仪。是谁提出添置新仪的呢？

纪理安并没有像南怀仁那样为该仪器撰写地平经纬仪的构造和原理的图说。人们找不到关于这架仪器的详细记载，它的身世引起了后人的不同猜测。1900 年美国司密逊学会的报告书认为，它是法国路易十四（Louis XIV）赠给康熙帝的仪器。常福元怀疑，纪理安把法国的礼品冒充为自己的作品，以博取皇帝的欢喜[45]。

来华传教士肩负开拓宗教事业的使命，在中国权贵面前一直比较谨慎。为了保住在北京的立足点，传教士未必胆敢犯欺君之罪。纪理安要绕过钦天监的其他人员，以及礼部和工部去欺骗皇帝，这不是一件容易的事。据《清高宗实录》卷一二一记载，礼部左侍郎张照在 1740 年 8 月 10 日上奏请求保护旧仪器，并责备纪理安：

元臣郭守敬仿玑衡遗意，制造仪器，向置观象台上，留传至今四百余年。嗣因西洋人纪里安，因制造新仪，将旧仪销毁，惟存简仪、浑仪、仰仪等数件。今又有交养心殿改造器皿之议。窃思义和以来，中国所存躔度遗规，惟此一线，良可爱重。岂宜销毁？乞敕下礼部，会同钦天监，查观象台旧仪完全者几座，不全者几座，开造清册三本，分贮内阁、礼部、钦天监，以昭慎重从之。[46]

这段奏文间接地支持了纪理安造仪器的说法。再者，与18世纪的法国天文仪器相比，纪理安的仪器显然是过时的。如果认为法国人故意把落后的装置当成精品送给中国皇帝，这似乎不合情理。笔者认为，纪理安在中国监造仪器的可能性是较大的。

地平经纬仪的设计风格完全是欧洲古典式的（图9），相当于将南怀仁的地平经仪和象限仪合成一架仪器，其主要观测部件与罗雅谷的《测量全仪·仪器图说》中描绘的地平经纬仪基本相同，与第谷的地平经度象限仪相近。

图9　地平经纬仪
（采自《钦定大清会典图》）

这架仪器在结构设计和零件设计方面与南怀仁的仪器有不少相同或相似之处。它的象限仪立轴与南怀仁象限仪的立轴一样。伏兔（轴座）的结构与南怀仁地平经仪的伏兔没有差别。它的地平圈和象限弧的角度刻度划分方法与南怀仁的黄道经纬仪相同，最小刻度也是1′。简略的文字记载没有说明窥衡上是否有一种能够细分1′刻度的指线。1902年，法国人归还曾被他们劫掠的地平经纬仪时，上边缺少了窥衡。铜器铺的师傅为它补配了一条窥衡[45]。1995年，修复者补制了窥衡、铅垂，窥衡上没有细分1′刻度的指线。我们不知道补制的窥表（照准器）是否与原设计的完全一样。

该仪的设计风格与南怀仁所设计的仪器也存在着一些明显的差异。首先，它所用的刻度数字是阿拉伯数码，边上只有"三十度""四十度"等少数汉字标记。其次，黄铜表尺是镶嵌在仪面上，而不是在仪面上直接刻出的。第三，象限弧正面的靠近内缘处安置了一列细小的铜柱；它们抵住照准仪，可以防止照准仪磨损刻度面。第四，从补制的窥衡来看，窥表与南怀仁的象限仪不同，采用了中心开小圆孔的立耳结构。第五，座架的造型和装饰风格是欧洲式的，不带任何龙、流云、狮子等中国传统造型。第六，上面没有刻制造年代和监造人的姓名。最后，座架周围未砌石台阶，操作和读数都比较费力。如果一直就没有台阶，那说明平时很少使用。它的设计者可能就是远离欧洲技术发展主流的传教士纪理安。圆明园的某些建筑采用了典型的欧洲造型艺术，观象台的地平经纬仪设计成欧洲式造型不是没可能的。

康熙朝后期，传教士还为皇宫制造了日晷、星晷仪、象限仪等仪器。据《大清会典》记载，钦天监于康熙五十三年"遵旨制中表、正表、倒表各二具，均高四尺；铜象限仪二具，半径均五尺，昼测日影，夜测勾陈帝星，测得畅春园北极高三十九度五十九分三十秒，黄赤大距二十三度二十九分三十秒，比旧少一分三十秒"[47]。这两架仪器很可能是一种便于拆装和搬运的仪器，刻度划分至少达到了 1 分甚至 30 秒。

2.2　戴进贤、刘松龄与玑衡抚辰仪

利玛窦、汤若望、南怀仁和纪理安等传教士的仪器都属于欧洲式的设计。到 18 世纪中叶，又出现了另一种尝试。

耶稣会士戴进贤（Ignatius Koegler，1680—1746），曾在英戈尔施塔特（Ingostadt）大学教授数学和东方语文。1716 年 8 月抵澳门，翌年奉召到北京，在钦天监佐理历政。1722 年初接任"治理历法"。1725 年升任钦天监监正，六年后加礼部侍郎衔。1742 年，他和徐懋德（Andreas Pereira，1690—1743）、明安图（？—1764）、何国宗（？—1766）等编就《历象考成续编》。耶稣会士刘松龄（Augustin de Hallerstein，1703—1774）于 1735 年入京，到钦天监协助戴进贤工作，1743 年升补监副。

戴进贤等"据西洋新测星度，累加测验"，发现使用已久的南怀仁星表与天的运度不符，"理宜改定"[24]。遂于 1744 年 11 月 9 日与同仁一起奏请增修《新制灵台仪象志》，被批准。此举引起乾隆帝对观象台的注意。同年 11 月 30 日，乾隆帝视察观象台。看了台上的仪器后，他认为浑仪符合中国的观测传统，而西法在刻度划分方面却占优。后来，他在为《仪象考成》作的序中道出了遗憾：南怀仁的六架仪器"占候虽精，体制究未协于古。赤道一仪，又无游环以应合天度"[48]。

1744 年 12 月 20 日，和硕庄亲王允禄等迎合乾隆帝的意愿，奏请制造三辰公晷仪：

> 三辰公晷仪制规仿玑衡，其用广大简易，为从前所未有。请制造大仪，安置观象台上，以便测量之用。[49]

是年 12 月 24 日，乾隆帝批准了允禄的请求，并就造大仪作了指示：

> 观象台所存旧仪、座架废铜著即为制造新仪之用。[49]

笔者认为，"用旧仪、座架废铜铸造"，恐怕不是刻意要销毁旧的中式仪器，而应当是为了减少开支①。

允禄的那段话暗示，当时已经有了尺寸较小的三辰公晷仪。据文献记载，乾隆九年（1744）二月制作镀金铜制三辰公晷仪[43,50]。据何国宗书写的《三辰公晷仪说》记载[50]，它没有地平圈，用游表而不用窥衡，借助螺旋调节水平，引入了天体仪调节北极高度的原理，因而具有欧洲仪器的结构特征。同时，它将赤道环再次分为中国简仪上的那种天常赤道圈和游旋赤道圈。显然，它的设计者是既理解中国传统仪器，又熟悉欧洲仪器技术的人。如果戴进贤与何国宗这样的中国学者合作，共同设计三辰公晷仪是不困难的。由于尺寸小，这架仪器不能作为精密观测的实用工具。

允禄等考察了南怀仁的黄道、赤道二仪，于 1745 年 5 月 1 日向乾隆帝报告了在雍和宫铸造大仪的计划：

> 今应按其尺度制造，谨用五分之一拟制式样，恭呈御览，伏候圣训，再铸造仪器。……今郎中佛保现在雍和宫办理铸造之事，请就便交与佛保处，遵旨用旧仪、座架废铜铸造。如有不敷，再行配搭添补。臣等已派出内务府郎中杨作新、公议副总领叶文成、臣馆算学教习何国栋、原任钦天监五官正刘裕锡，会同监制督工。臣等不时前往查看，一切作法仍会同西洋人戴进贤、刘松龄等商酌办理。[49]

乾隆帝对上述请求作了如下批示：

> 好。照议办理。依此五分之一式样制造铜仪一座进呈。[49]

与戴进贤、刘松龄等人商议"一切作法"这个说法表明，传教士发挥了重要作用，甚至可以说他们指导了制作工作。1745 年 8 月 14 日，允禄等在奏折中再次提到仪器模型，并称大型仪器为"三辰仪"：

> 臣等随令郎中佛保等将五分之一铜仪一座现今敬谨制造外，其观象台添设三辰仪。[51]

1746 年春，戴进贤去世。5 月 6 日，刘松龄继任监正，继续做编书和制造浑仪的工作。在三辰公晷仪的基础上，钦天监先制成了一架黄铜镀金的小三辰仪，子午圈的侧面镌刻着"大清乾隆丙寅年刻"。何国宗在 1747 年 1 月或 2 月初为此写了《三辰仪说》，其多半文字与《三辰公晷仪说》相同[50]。《皇朝礼器图式》绘有三辰仪图[52]。《皇朝文献通考》几乎完全重复了《皇朝礼器图式》的文字说明，但把它错安在"三辰公晷仪"的名下。与三辰公晷仪不同的是，三辰仪强调了测赤道经纬度的功能，增加了窥管

---

① 当时的朝廷还没有保护文物的法规，但已有人要求保护历史上遗留下来的仪器。

图 10 玑衡抚辰仪
（采自《钦定仪象考成》）

的过极游圈变成了中国传统的四游仪。

1754 年 1 月 27 日，允禄等报告，已经铸成并安设大仪。他们认为，此仪"若仪名三辰，于义未备"，故请求皇帝赐名。乾隆帝将它定名为"玑衡抚辰仪"。4 月 8 日在仪器上用满汉两种文字镌刻"御制玑衡抚辰仪乾隆甲子造"。它成了中国历史上最后一架大型浑仪（图 10），安装在观象台的西北角。负责监造的人员有内务府的佛保、杨作新、公义、舒山、叶文成，以及钦天监的何国栋和刘裕锡。从仪器构造的中国化推断，中国人发挥了重要作用。"乾隆甲子造"指的是乾隆九年制造三辰公晷仪的时间，目的是强调两者之间的联系。

有关玑衡抚辰仪的情况被编成《玑衡抚辰仪说》两卷，列为《仪象考成》之卷首，并补上"御制"二字，于 1757 年刊印。此书是中国仪器史上对技术内容作文字描述最详尽的一种专书。其中，《制法》一节可以看作是对南怀仁《仪象图》的制造工艺部分的文字补充和诠释。玑衡抚辰仪的制造者基本上承袭了南怀仁用过的制造工艺。

据《御制玑衡抚辰仪说》的《仪制》记述，最后的成品基本上是中式的三重环结构。它既继承了三辰公晷仪的过极圈（赤极经圈）与游旋赤道圈相连的结构，又选择了三辰仪的过极游圈和窥管（四游仪），并采用中国浑仪的典型子午双环和过极双环（赤极经圈），以及欧洲式的刻度划分方法、螺旋和垂球。由于仪器被固定在北京的观象台，设计者放弃了调节北极高度的结构。因此，它本质上成了中国传统浑仪的改型设计，"即玑衡遗法"[53]。

戴进贤、刘松龄和他们的中国合作者所造的玑衡抚辰仪将中国浑仪的旧制与南怀仁所用的刻度制、零件结构和制造工艺结合起来。和历代中国浑仪相比，玑衡抚辰仪结构简洁，刻度精，设计和制造时间长，装饰造型华丽。因此，有人称赞它是"清朝一代最杰作的天文仪器"[54]。然而，从仪器的技术特点和功能来审视，这种赞誉似言过其实，因为它有不容忽视的铸造缺陷[55]，它的刻度没超过南怀仁的仪器。它的带十字线的窥衡要比南怀仁的缝隙式照准器的瞄准精度高，但比当时欧洲仪器上带测微计的望远镜照准仪落后得多。参与制造的传教士仅遵皇帝的意愿而对欧洲的新技术视而不见或不够了解；中国匠师对欧洲新仪器了解不够或者不得要领，似乎对另一个世界（欧洲）的技术进步有很大的距离感。

综上所述，戴进贤和刘松龄等人先以"三辰公晷仪"为基础制作了模型"三辰仪"，最后制就成品"玑衡抚辰仪"。设计思路与观象台仪器的欧洲化趋势有些相悖，中国的铸造工艺还在发挥着一定的作用。这表明，清朝的仪器技术经历了一个欧洲化的过程，但并没有实现彻底的欧洲化。

3 结语

欧洲天主教向亚洲传播教义与明清两朝的历法改革为欧洲天文学及其他科学知识与技术向中国的传播创造了机缘。耶稣会士在明朝末年就向中国人介绍欧洲仪器知识，且展示甚至试制精巧的装置。至清代康熙朝，南怀仁抓住负责"治理历法"的机遇，获准为北京观象台制造实用的铜仪。他引入欧洲天文仪器的设计及相关的机械加工工艺，并且使欧式设计适应中国的技术与文化环境。如此，知识传播与会通的结果就是文化"混血儿"式的六件天文仪器，它们满足了观象台的观测需求。相比之下，玑衡抚辰仪体现了乾隆帝的个人文化偏好，既遵循中国皇家仪器的古制，又兼收西法。这倒是与明末徐光启的改历策略"取彼方之材质，入大统之型模"相吻合。

南怀仁的工作使观象台的仪器精度达到空前水平。如果将南怀仁与欧洲但泽（Danzig）的天文学家赫维留（Johann Hevelius，1611—1687）做比较，我们就不难理解北京观象台的仪器乃至传教士传入的科学知识究竟在世界科学史上处于什么地位。这两位学者都属于欧洲古典天文观测仪器的最后代表人物，各自模仿第谷的设计，制造出各有特色的实用天文仪器，并用这些仪器做了长期的观测。赫维留遵循欧洲的冷加工工艺传统，他的仪器要比南怀仁略为精致。今人没必要指责南怀仁和赫维留未将望远镜安装到他们的仪器上，因为那时望远镜因球面像差和色差而不能胜任精确的方位天文观测[56]。赫维留曾与哈雷（Edmond Halley）进行观测竞赛，其结果是装有裸眼照准仪的传统仪器在天体方位测量方面并未输给哈雷的带望远镜的仪器[57]。

传教士所做的工作基本上满足了清朝天文事业的需求，钦天监和清朝社会缺乏继续改进仪器的动力。南怀仁所设计的仪器在精度方面完全胜任清朝的观测工作，因为钦天监编制星表、观测日食和月食时所取的坐标值通常只到"分"。当南怀仁在1657年踏上前往中国的旅程时，欧洲仪器技术正处于一系列重要突破的前夕。来华传教士既不必、也不易跟上欧洲仪器设计与制造技术发展的步伐。到了18世纪，北京观象台变成了一只宏伟的"科学恐龙"[13]，中国在科学技术领域更加落后于发生科学革命与工业革命的欧洲。

致谢 本文是博士论文《明清测天仪器之欧化》的一部分。博士论文是在导师席泽宗院士、陈久金研究员和 Eberhard Knobloch 院士的悉心指导下完成的。笔者有幸获得德国大众基金的资助，于1996年4月至1998年3月到柏林工业大学（Technische Universität Berlin）学习，在那里得到维快（Welf H. Schnell）博士的鼎力帮助。回国后，得到中国科学院留学经费择优支持回国工作基金的资助，直到完成博士论文。杜升云教授、华觉明研究员、陈美东研究员、郭可谦教授、崔石竹研究员、孙小淳博士和苏荣誉副研究员等就论文的写作或资料搜集提供过很好的意见或帮助。汉学家马国瑞（Rui Magone）博士帮助翻译了拉丁文书名。在此，向导师和其他师友，以及大众基金会、柏林工大、中科院留学基金会表示最诚挚的谢意！

参考文献

［1］ Jan Roegiers. The Academic Environment of the University of Louvain at the Time of Ferdinand Verbiest // Ferdinand Verbiest, S. J. （1623 – 1688），Jesuit Missionary，Scientist，Engineer and Diplomat. Edited by John W. Witek，S. J. . Steyler Verlag · Nettetal，1994.

［2］ Noel Golvers. Introduction // The *Astronomia Europaea* of Ferdinand Verbiest，S. J. （Dillingen，1687）：Text，Translation，Notes and Commentaries. Steyler Verlag · Nettetal，1993：17.

［3］ Noel Golvers. The *Astronomia Europaea* of Ferdinand Verbiest，S. J. （Dillingen，1687）：Text，Translation，Notes and Commentaries. Sankt Augustin & Leuven：Steyler Verlag · Nettetal，1993：67 – 68，89 – 91.

［4］ 方豪. 中国天主教史人物传（清代篇）. 明文书局，1987：169.

［5］ Noel Golvers. Introduction // The *Astronomia Europaea* of Ferdinand Verbiest，S. J. （Dillingen，1687）：Text，Translation，Notes and Commentaries. Steyler Verlag · Nettetal，1993：26，35.

［6］ 南怀仁. 新制灵台仪象志. 1674 // 中国科学技术典籍通汇·天文卷（七）. 大象出版社，1998：18 – 19.

［7］ 潘鼐. 中国恒星观测史. 学林出版社，1989：373.

［8］ Noel Golvers. The *Astronomia Europaea* of Ferdinand Verbiest，S. J. （Dillingen，1687）：Text，Translation，Notes and Commentaries. Sankt Augustin & Leuven：Steyler Verlag · Nettetal，1993：79.

［9］ 曹仁虎，等. 皇朝文献通考. 光绪二十七年（1901）. 上海图书集成局据武英殿聚珍版印本：1.

［10］ Noel Golvers. The *Astronomia Europaea* of Ferdinand Verbiest，S. J. （Dillingen，1687）：Text，Translation，Notes and Commentaries. Sankt Augustin & Leuven：Steyler Verlag · Nettetal，1993：68.

［11］ （清）熙朝定案. 抄本. 中国科学院自然科学史研究所图书馆：17 – 19.

［12］ Noel Golvers. Introduction // The *Astronomia Europaea* of Ferdinand Verbiest，S. J. （Dillingen，1687）：Text，Translation，Notes and Commentaries. Steyler Verlag · Nettetal，1993：19.

［13］ Allan Chapman. Tycho Brahe in China：The Jesuit Mission to Peking and Iconography of the European Instrument-Making Process. Annals of Science，1984（41）：417 – 443.

［14］ Noel Golvers. The *Astronomia Europaea* of Ferdinand Verbiest，S. J. （Dillingen，1687）：Text，Translation，Notes and Commentaries. Sankt Augustin & Leuven：Steyler Verlag · Nettetal，1993：92.

［15］ （清）熙朝定案. 抄本. 中国科学院自然科学史研究所图书馆：33 – 34.

［16］ Nicole Halsberghe. Sources and Interpretation of Chapters of One to Four in Ferdinad Verbiest's *XIN ZHI LINGTAI YIXIANG ZHI*. Review of Culture，No. 20（2nd Series），English edition，1994.

［17］（清）熙朝定案. 抄本. 中国科学院自然科学史研究所图书馆：60.

［18］Noel Golvers. The *Astronomia Europaea* of Ferdinand Verbiest, S. J.（Dillingen, 1687）：Text, Translation, Notes and Commentaries. Sankt Augustin & Leuven：Steyler Verlag·Nettetal, 1993：93.

［19］（清）熙朝定案. 抄本. 中国科学院自然科学史研究所图书馆：51 – 52.

［20］Yi Shitong, J. Heyndrickx. The Verbiest Celestial Globe. Ku Leuven China-Europe Institute, 1989.

［21］南怀仁. 新制灵台仪象志. 1674 // 中国科学技术典籍通汇·天文卷（七）. 大象出版社, 1998：18.

［22］Noel Golvers. The *Astronomia Europaea* of Ferdinand Verbiest, S. J.（Dillingen, 1687）：Text, Translation, Notes and Commentaries. Sankt Augustin & Leuven：Steyler Verlag·Nettetal, 1993：95.

［23］南怀仁. 新制灵台仪象志. 1674 // 中国科学技术典籍通汇·天文卷（七）. 大象出版社, 1998：14.

［24］戴进贤, 等. 钦定仪象考成. 1757 // 中国科学技术典籍通汇·天文卷（七）. 大象出版社, 1998：1346, 1350.

［25］John H. Combridge. Tycho Brache's Instruments in China. Offprint. East Asian History of Science Library of the Needham Research Institute.

［26］Noel Golvers. The *Astronomia Europaea* of Ferdinand Verbiest, S. J.（Dillingen, 1687）：Text, Translation, Notes and Commentaries. Sankt Augustin & Leuven：Steyler Verlag·Nettetal, 1993：54.

［27］Isaia Iannaccone. Syncretism between European and Chinese Culture in the Astronomical Instruments of Ferdinand Verbiest in the Old Beijing Observatory // Ferdinand Verbiest, S. J.（1623 – 1688）, Jesuit Missionary, Scientist, Engineer and Diplomat. Edited by John W. Witek, S. J.. Steyler Verlag·Nettetal, 1994.

［28］Noel Golvers. Ferdinand Verbiest on European Astronomy in China：from the *Compendia* to the *Astronomia Europaea* // Ferdinand Verbiest, S. J.（1623 – 1688）, Jesuit Missionary, Scientist, Engineer and Diplomat. Edited by John W. Witek, S. J.. Steyler Verlag·Nettetal, 1994.

［29］Noel Golvers. The *Astronomia Europaea* of Ferdinand Verbiest, S. J.（Dillingen, 1687）：Text, Translation, Notes and Commentaries. Sankt Augustin & Leuven：Steyler Verlag·Nettetal, 1993. 101 – 102.

［30］Noel Golvers. The *Astronomia Europaea* of Ferdinand Verbiest, S. J.（Dillingen, 1687）：Text, Translation, Notes and Commentaries. Sankt Augustin & Leuven：Steyler Verlag·Nettetal, 1993：98.

［31］Tycho Brahe. Astronomie Instauratae Mechanicae. Noribergae, Apud L. Hvlsivm, 1602.

［32］Joseph Needham. Chinese Astronomy and the Mission：An Encounter of Cultures. The China Society London, 1958.

［33］（清）熙朝定案. 抄本. 中国科学院自然科学史研究所图书馆.

［34］方豪. 中国天主教史人物传（清代篇）. 明文书局, 1987：177.

［35］华同旭. 中国漏刻. 安徽科学技术出版社, 1991：115.

［36］Noel Golvers. The *Astronomia Europaea* of Ferdinand Verbiest, S. J.（Dillingen, 1687）：Text, Translation, Notes and Commentaries. Sankt Augustin & Leuven：Steyler Verlag·Nettetal, 1993：82.

［37］常福元. 天文仪器志略. 京华印书局，1932：41.

［38］中国天文学史整理研究小组. 中国天文学史. 科学出版社，1981：235.

［39］Noel Golvers. The *Astronomia Europaea* of Ferdinand Verbiest, S. J. （Dillingen，1687）：Text, Translation，Notes and Commentaries. Sankt Augustin & Leuven：Steyler Verlag·Nettetal，1993：121 – 122.

［40］薮内清，吉田光邦. 明清时代の科学技術史. 京都大学人文科学研究所刊，1970：16.

［41］韩琦. 康熙朝法国耶稣会士在华的科学活动. 故宫博物院院刊，1998（2）.

［42］戴进贤，等. 钦定仪象考成. 1757 // 中国科学技术典籍通汇·天文卷（七）. 大象出版社，1998：1359.

［43］曹仁虎，等. 皇朝文献通考. 光绪二十七年（1901）. 上海图书集成局据武英殿聚珍版印本：3.

［44］崑冈，等. 钦定大清会典图. 光绪二十五年（1899）石印本.

［45］常福元. 天文仪器志略. 京华印书局，1932：33.

［46］清实录. 第十册. 高宗纯皇帝实录（二）. 卷一百二十一. 中华书局，1985：778 – 779.

［47］允裪，等. 大清会典. 雍正十年重刻本：13 – 14.

［48］戴进贤，等. 钦定仪象考成. 1757 // 中国科学技术典籍通汇·天文卷（七）. 大象出版社，1998：1344.

［49］戴进贤，等. 钦定仪象考成. 1757 // 中国科学技术典籍通汇·天文卷（七）. 大象出版社，1998：1348.

［50］白尚恕，李迪. 从三辰公晷仪到玑衡抚辰仪. 中国科技史料，1982，3（2）.

［51］戴进贤，等. 钦定仪象考成. 1757 // 中国科学技术典籍通汇·天文卷（七）. 大象出版社，1998：1349.

［52］允禄，等. 皇朝礼器图式. 康熙二十四年（1759）// 景印文渊阁四库全书. 第656册. （台湾）商务印书馆，1972 – 1975：169.

［53］戴进贤，等. 钦定仪象考成. 1757 // 中国科学技术典籍通汇·天文卷（七）. 大象出版社，1998：1355.

［54］陈遵妫. 清朝天文仪器解说. 中华全国科学技术普及协会，1956：46.

［55］天津市东方工艺品铸造模具研究所. 古观象台天文仪器修复报告. 北京观象台，1995.

［56］席泽宗. 南怀仁为什么没有制造望远镜 // 中国科技史文集. 台北：联经出版事业公司，1995.

［57］Joh. A. Repsold. Zur Geschichte der Astronomischen Messwerkzeuge von Purbach bis Reichenbach. Leipzig，1908：39.

　　韩琦 1963 年生，浙江嵊州人。博士，中国科学院自然科学史研究所特聘研究员、副所长，《自然科学史研究》主编，*Archive for History of Exact Sciences*、*Annals of Science* 编委，*Historia Scientiarum* 国际顾问委员会委员。应邀访问美国、日本、法国、英国、德国、葡萄牙、意大利等国。主要研究领域：中国科学史，明清中西科学、文化交流史，明清天主教史，中国印刷史。著有《中国科学技术的西传及其影响（1582—1793）》（河北人民出版社，1999）、《中国印刷史》（张秀民著、韩琦增订，浙江古籍出版社，2006），合编《〈熙朝崇正集〉〈熙朝定案〉（外三种）》（中华书局，2006）、《欧洲所藏雍正乾隆朝天主教文献汇编》（上海人民出版社，2008）、《中国和欧洲：印刷术与书籍史》（商务印书馆，2008），在国内外学术期刊发表学术论文近百篇。

科学、知识与权力
——日影观测与康熙在历法改革中的作用

□ 韩　琦

康熙时代的西学传播，是清代科学史上最饶有兴味的篇章。科学不仅作为康熙皇帝的业余爱好，而且也成为他政治生命的重要部分，在权力的运作中扮演了十分重要的角色。康熙勤奋学习西学，事事躬亲，不仅因为他的确有此爱好，更是因为他试图藉欧洲新知来达到控制汉人和洋人之目的。本文将根据宫廷官方文献，结合汉族大臣的文集与欧洲所藏档案，以1711年日影观测为例，希冀从社会史、政治史、宗教史的视角，探讨康熙皇帝、耶稣会士和文人在历法改革中的不同作用，并阐释康熙时代科学传播，以及知识和权力交织的复杂背景。

1　引子：晷影测量的历史

圭表是中国古代最古老的测量仪器，主要通过测量正午日影的长短来确定节气，并测定方向。它由表、圭两部分组成，立表用于投射日影，圭是水平安放的标尺，用于测量影长。由于太阳正午高度随季节变化，日影长短也随之变化，夏至时最短，冬至时最长。日影观测已有悠久的历史，传说中周公在阳城（今河南登封）观测日影，以定地中。《周礼·地官·大司徒》："以土圭之法，测土深，正日景，以求地中。"元代郭守敬用四丈高表观测，同时使用景符来调整，成为中国历史上最重要、最精确的测量，屡为后世所称道，还受到传教士的赞扬，享誉欧洲。明清时期，钦天监设有晷影堂，用来观测日影。明代在仪器方面因循守旧，在晷影观测方面鲜有进步。[1]

欧洲也有晷影观测的传统，或在教堂，或在天文台。日影观测在欧洲之所以重要，教会之所以重视，是因为复活节的确定和计算，都需借助日影观测。[2] 晚明耶稣会士来到中国之时，传入了很多西方仪器，如自鸣钟、三棱镜、望远镜，还传入了星晷

　　* 原载《自然科学史研究》2011年第30卷第1期，第1—18页。

[1] 冬至、夏至日的测量是历法中重要的内容，日影观测之结果可用来计算黄赤交角，中国古代多有这方面的观测记录。参见陈美东：《古历新探》，辽宁教育出版社，1995年。法国耶稣会士宋君荣（Antoine Gaubil, 1689—1759）对中国古代日影观测作了系统的研究，从而影响了法国天文学家拉普拉斯对黄赤交角变化的结论。

[2] J. L. Heilbron: *The Sun in the Church: Cathedrals as Solar Observatories*. Cambridge, Mass.: Harvard University Press, 1999.

（盘）、日晷等计时仪器，特别是日晷的制造，成为耶稣会士笼络汉人士大夫的重要工具。耶稣会士因此翻译了《浑盖通宪图说》《简平仪》等著作，国人陆仲玉也撰写了《日月星晷式》。在钟表没有普及的时代，相对于昂贵的钟表来说，这些简单的计时和测量仪器比较价廉，满足了一般人掌握时间的需求。

万历年间，在钦天监工作的周子愚曾与利玛窦谈及"律吕之学"，觉得西学可以补中国传统学问之缺，于是请其传授，利氏"慨然许之"，但不久利氏故去，合作没有成功。周子愚觉得中国古代虽有日影观测，而没有专书介绍，并注意到西方在圭表方面的成就，任意立表取景，"西国之法为尽善矣"，[1] 于是向龙华民（Niccoló Longobardo，1559—1654）、熊三拔（Sabatino de Ursis，1575—1620）等人学习，因此有《表度说》之作，详细介绍了欧洲圭表观测的方法。崇祯改历时，介绍了不少新传入的仪器（如望远镜，或称窥筒），也提到了西方测量日影的知识："三曰表臬者，即周礼匠人置槷之法，识日出入之景，参诸日中之景，以正方位，今法置小表于地平，午正前后累测日景，以求相等之两长景，即为东西，因得中间最短之景，即为真子午，其术更为简便也。"[2] 在谈到郭守敬用高表观测日影后，《明史》引用梅文鼎之语，也谈到了西方的方法："西洋之法又有进焉。谓地半径居日天半径千余分之一，则地面所测太阳之高，必少于地心之实高，于是有地半径差之加。近地有清蒙气，能升卑为高，则暑影所推太阳之高，或多于天上之实高，于是又有清蒙差之减。是二差者，皆近地多而渐高渐减，以至于无，地半径差至天顶而无，清蒙差至四十五度而无也。"[3] 也就是考虑了地半径差、蒙气差等因素对日影观测的影响，使得观测精度有所提高。

2 日影观测与康熙学习西学之起因

明代的历法改革，主要因日月食的预测不准所引起。而耶稣会士的到来，正好满足了这方面的需要。天启年间，耶稣会士因准确预测月食，深得明朝士人的佩服。龙华民在《地震解》（1626）曾生动记载了这个故事："甲子（1624）谷雨日，谒李崧毓先生。坐次，蒙奖借曰：贵学所算二月月食，时刻分秒不差，真得推步之奇，想其师承诀法，必极奥妙。"[4]《崇祯历书》奏疏中对日月食的预测和推算也有详细的介绍。

不过在康熙初年的历法争论中，日影观测却起到了决定性的作用。1668—1669 年，比利时耶稣会士南怀仁（Ferdinand Verbiest，1623—1688）正是通过日影和金星、水星

---

① 熊三拔口授，周子愚、卓尔康笔记：《表度说》，周子愚序，《天学初函》（五），台北：台湾学生书局，1965。

② 《崇祯历书》，奏疏，卷一，第 50 页。

③ 《明史》卷二五，志第一，天文一，北京：中华书局，1974 年，第 363 页。

④ 龙华民：《地震解》，康熙十八年刊本，钟鸣旦、杜鼎克编《法国国家图书馆明清天主教文献》（第五册），台北利氏学社，2009 年。

的观测，最后击败杨光先、吴明炫，取得了胜利，重新树立了西洋历法的主导地位。

1668 年，因钦天监所颁历法置闰引起纷争，康熙皇帝亲自过问，并在宫廷亲眼目睹了南怀仁和杨光先等人的日影观测。[①] 此事对年幼的康熙触动很大，后来当皇子逐渐懂事，康熙对他们进行"庭训"时，曾重提旧事：

> 尔等惟知朕算术之精，却不知我学算之故。朕幼时，钦天监汉官与西洋人不睦，互相参劾，几至大辟。杨光先、汤若望于午门外九卿前当面赌测日影，奈九卿中无一知其法者。朕思己不知，焉能断人之是非，因自愤而学焉。[②]

在"御制三角形推算法论"中，他也道出了自己学习西学的起因：

> 康熙初年，因历法争讼，互为讦告，至于死者，不知其几。康熙七年，闰月颁历之后，钦天监再题，欲加十二月又闰，因而众论纷纷，人心不服，皆谓从古有历以来，未闻一岁中再闰，因而诸王九卿等再三考察，举朝无有知历者，朕目睹其事，心中痛恨，凡万几余暇，即专志于天文历法一十余载，所以略知其大概，不至于混乱也。[③]

1669 年之后，教案得到平反，传教士的地位得到了恢复，康熙不仅对有一技之长、能担任修历重任的耶稣会士表示了欢迎的态度，而且自己也开始留心西学，以南怀仁为师，学习欧几里得几何学和地理等科学知识。当时可能是因为年纪太小，国内尚未平定，康熙所学的西学知识十分有限。

1688 年，是清代科学史上的重要转折点。这一年南怀仁去世，洪若（Jean de Fontaney，1643—1710）、白晋（Joachim Bouvet，1656—1730）、张诚（J.-F. Gerbillon，1654—1707）等法国"国王数学家"到达北京。[④] 和南怀仁时代不同，法国耶稣会士除传教外，本身就肩负着皇家科学院的使命，并且和科学院的院士保持了密切的来往，因此更能及时获取欧洲科学的新知。[⑤] "国王数学家"一行带来了法国国王路易十四赠送的大量礼物，包括"浑天器两个、座子两个、象显器两个、双合象显器三个、看星千里镜两个、看星度器一个、看时辰铜圈三个、量天器一个、看天文时锥子五个，天文经书共六箱，西洋地理图五张，磁石一小箱，共计大中小三十箱"。康熙二十七年二月二十

---

① Nöel Golvers：*The Astronomia Europaea of Ferdinand Verbiest, S. J. （Dillingen，1687）：Text，Translation，Notes and Commentaries.* Nettetal：Steyler Verlag，1993.《钦定新历测验纪略》，巴黎法国国家图书馆藏，Chinois 4992。

② 《庭训格言》，雍正刊本，第 78—79 页。康熙的训话主要由胤祉和其他皇子所记录。汤若望 1666 年已经去世，此处汤若望当为南怀仁。

③ 《满汉七本头》，约 1707 年刊本，中国科学院图书馆藏。

④ 当时在钦天监工作的只有闵明我、安多、徐日昇等人，而徐日昇对科学所知不多。

⑤ 韩琦：《康熙朝法国耶稣会士在华的科学活动》，《故宫博物院院刊》1998 年第 2 期，第 68—75 页。《中国科学技术的西传及其影响（1582—1793）》，石家庄：河北人民出版社，1999 年。

一日，康熙在乾清宫大殿接见，"天颜喜悦，赐茶优待"①。这些西洋礼物给康熙皇帝留下了深刻的印象，而他重新燃起对科学的兴趣，大约与这些西洋仪器也不无关系。从此，欧洲科学在宫廷的传播进入了新的阶段。

1688—1691 年间，康熙一周数次，频繁向传教士学习几何、算术，② 乃至天文、音乐、解剖学知识，也时常询问一些欧洲的形势，表现了对西方新知强烈的好奇心。现在保留下来的张诚、白晋日记，生动勾勒了当时康熙勤奋学习的场景。③

张诚、白晋到达北京后，经常受邀随康熙出巡，作为科学顾问，随时备询天文、数学乃至其他知识。1691 年 5 月，康熙外出，途中要求张诚、白晋一起复习实用几何学，并向张诚请教星象知识，也提到了有关日影观测的问题。张诚在日记中曾这样写道：

> 11 日，我们像前一天一样清晨就出发了，我们在一个离密云三十里叫 Chin choan 的村子里午餐，晚上则睡在一个叫 Che hia 的镇子上，一天我们共走了六十里。我们到达之后不久，皇帝派人来问我此地北极高度（纬度）要比北京高多少，并想知道在计算正午日影时需要作哪些变化。④

康熙以耶稣会士为师，勤学不息，不耻下问，科学水准有了大幅提升。之后，在与大臣的接触中，历算、音乐便成为交谈的话题，亦可说是康熙炫耀的资本。康熙三十年（1691）十月十一日辰时，康熙到乾清门听政：

> 部院各衙门官员面奏毕，大学士伊桑阿、阿兰泰、王熙、张玉书，学士彭孙遹、西安、王国昌、年遐龄、王尹方、满丕、图纳哈、思格则、布喀以折本请旨后，上顾谓大学士等曰："《性理大全》所言三分损益、径一围三之法，尔等以为可行否？明时人有论乐律之书，前令熊赐履看阅，昨赐履阅毕进呈，其意仍以蔡元定之说为主。朕问蔡元定之说果吻合乎？赐履云：'似亦相近。'以朕观之，径一围三之法推算必不能相符，若用之治历，必多违舛。今试以此法算日月交食，其错缪可立见矣。又有为密率乘除之说者，径一则围三有奇，径七则围当二十有二，递推之，皆用此法，然止可算少，不可算多，少则所差微渺，积至于多，而所差或什伯或千万矣。即圆十方九之说，其法似乎少密，若数多，亦未能悉合。明末有郑世

① 韩琦、吴旻校注：《〈熙朝崇正集〉〈熙朝定案〉（外三种）》，北京：中华书局，2006 年。

② 韩琦，詹嘉玲：《康熙时代西方数学在宫廷的传播——以安多和〈算法纂要总纲〉的编纂为例》，《自然科学史研究》2003 年第 22 卷第 2 期，第 145—155 页。

③ 巴黎法国国立图书馆西文手稿部藏 1689—1691 年白晋日记手稿，藏书号 Mss. fr. 17240。参见蓝莉（Isabelle Landry-Deron）：*Les leçons de sciences occidentales de l'empereur de Chine Kangxi（1662 - 1722）*：*Texte des Journaux des Pères Bouvet et Gerbillon.* Paris，EHESS，1995. 对康熙学习的具体内容，他所了解的西方新知，仍然值得作深入的研究。

④ Jean-Baptiste du Halde：*Description géographique，historique，chronologique，politique，et physique de l'empire de la Chine.* Paris，1735. T. 4，p. 254.

子载堉，其论乐律，极言三分损益隔八相生之非，但其说亦不能无弊。总之，算法明显易见，不容毫厘有差，试之于事，皆可立验，虽不谙文义之人，亦能辨其是非，欲以空言取胜，不可得也。"王熙、张玉书奏曰："凡事必求实验，况算法争在铢黍，关系最要，律度量衡，皆从此出，历代论岁差亦只重算法，胶执偏见，茫无实验，何补于用？"①

其中谈到的径一围三，就是圆周率；隔八相生，则是音乐的问题。张玉书对此也有记载，从不同方面勾勒了这场对话的场景，使得事件更为清晰。非常有趣的是，康熙还在这一场合首次提到了数学家梅文鼎：

> 上又谕曰：近日有江南人梅姓者，闻其通算学，曾令人试之，所言测景，全然未合。从来测景之法，某日某时，太阳到某度，影之长短，其辨至细。此人立表甚短，虽所差微渺，但一寸中差一分，至尺则差一寸，至丈即差一尺。彼因算法不密，故测景用短表，以欺人不见耳。②

接着说：

> 算法之吻合者，其本原具在，止因人不能穷究，如熊赐履言算法，皆踵袭宋人旧说，以为是径一围三之法，深晰其非者有人，今若直指其误，必群起而非之，以为宋人既主此论，不可不从，究竟施诸实用，一无所验。尔等第依其法试之，当自了然也。王熙等奏曰：前人所言，岂能尽当？径一围三之法推算不符，虽蔡元定之言，何可从也？皇上洞悉律数，究极精微，真是超越千古。臣等疎陋，得闻所未闻，不胜欣幸。③

梅文鼎当时在京城已颇有名声，④ 康熙大约是从李光地的口中得知他的名字，还专门派人考察他的日影测量知识，结果却令康熙大为失望。梅文鼎未能马上受到朝廷的重用，大约也与这次测试有关。康熙这番对算法的大肆造作，是不折不扣的作秀，却对汉人官员造成了很大触动。康熙借机当着大臣张玉书、王熙的面批评熊赐履对历算的无知，显然是对汉人的一种警示。

---

① 《清代起居注册》（康熙朝），第二册，故宫博物院（台北）藏，台北：联经出版事业公司，2009年，第986—989页。又见张玉书：《张文贞公集》卷七，第1—2页，侍直恭纪，松荫堂藏版，乾隆五十七年。

② 《清代起居注册》（康熙朝），第二册，故宫博物院（台北）藏，台北：联经出版事业公司，2009年，第989—990页。或作"此人立表至短，曾不踰寸，一寸中差一秒，至尺则差一分，至丈即差一寸"。见张玉书：《张文贞公集》卷七，第1—2页，侍直恭纪。

③ 《清代起居注册》（康熙朝），第二册，故宫博物院（台北）藏，台北：联经出版事业公司，2009年，第990—991页。又见张玉书：《张文贞公集》卷七，第1—2页，侍直恭纪，但文字略有差异。

④ 1691年夏，梅文鼎移榻李光地寓邸，1692年仍在北京。参见李俨：《梅文鼎年谱》，《中算史论丛》（三），科学出版社，1955年。

3 1692 年乾清宫的日影观测

时隔不久，1692 年正月，康熙在乾清门听政，又旧话重提，现身说法，再次作了一场精彩的表演，其中也包括日影观测：

> 甲寅（初四）。上御乾清门，召大学士九卿等至御座前。上取性理展阅，指太极图谓诸臣曰：此所言皆一定之理，无可疑论者。又指五声八音八风图曰：古人谓十二律定，而后被之八音，则八音和，奏之天地，则八风和，而诸福之物，可致之祥，无不毕至，其言乐律，所关如此其大，而十二律之所从出，其义不可不知。如《律吕新书》所言算数，专用径一围三之法，此法若合，则所算皆合，此法若舛，则无所不舛矣。朕观径一围三之法，用之必不能合，盖径一尺，则围当三尺一寸四分一厘有奇；若积累至于百丈，所差至十四丈有奇，等而上之，其为舛错可胜言耶？因取方圆诸图，指示诸臣曰：所言径一围三，止可算六角之数，若围圆，则必有奇零，其理具在目前，甚为明显。朕观八线表中半径勾股之法，极其精微，凡圆者可以方算，开方之法即从此出，逐一验算，无不吻合；至黄钟之管九寸，空围九分，积八百一十分，是为律本，此旧说也。其分寸若以尺言，则古今尺制不同，自朕观之，当以天地之度数为准。至隔八相生之说，声音高下，循环相生，复还本音，必须隔八，此一定之理也。随命乐人取笛和瑟，次第审音，至第八声，仍还本音。上曰：此非隔八相生之义耶，以理推之，固应如是。上又曰：算数精密，即河道闸口流水，亦可算昼夜所流分数，其法先量闸口阔狭，计一秒所流几何，积至一昼夜，则所流多寡，可以数计矣。又命取测日晷表，以御笔画示。曰：此正午日影所至之处。遂置乾清门正中，令诸臣候视。至午正，日影与御笔画处恰合，毫发不爽。诸臣等奏曰：臣等今日仰承圣训，得闻所未闻，见所未见，不胜欢庆之至。[①]

乾清宫是皇帝接见大臣、议政和接见外宾的重要场所。一位大清帝国的皇帝，在御门听政的场所，和大臣讨论的却是历算问题，时值严寒，还命大臣"候视"日影，更命人当场演奏音乐，这是何等不寻常的一幕！这一记载，充分显现了康熙借助西学，"活学活用"的真实场景。皇帝口授音乐理论，而且亲自测量日影无误，当然更使得大臣们钦服不已。

通过上述史料，可以看到康熙关注律吕（音乐）、圆周率等问题，以及水流量的计算、日影的观测，涉及数学、天文学、音乐等理论。比较两次听政，可以看到康熙对圆

---

① 《圣祖实录》卷一五四，中华书局，1985 年，第 698—699 页。又见《熙朝新语》卷五，第 2 页，嘉庆二十三年刻本；《养吉斋余录》卷三。

周率的认识有了进一步的提高。而康熙科学素养的提高，则是这场作秀成功实现的关键。结合耶稣会士的记载，可以知道，其中的某些知识（如日影观测），康熙刚刚学到不久；而音乐知识，则很可能得自葡萄牙耶稣会士徐日昇（Tomás Pereira，1645—1708）的传授。经过1688—1691年约三年的时间，耶稣会士系统的历算教育使康熙受益匪浅，使他能够运用欧洲新知，来做这场精彩的"演出"。

除《圣祖实录》之外，在场的大臣对此事也有记载，如王熙"奉召于乾清门，同满汉正卿及翰林掌院学士等恭睹上亲算乐律历法，并令善算人于御前布算《九章》等法，测日水平日晷，午后始出"①。半天之内，大凡音乐、数学和天文历法，以及河道水流量的计算等等，都有涉及。康熙的举动给大臣留下了深刻的印象，感叹之余，也感到无形的压力："退而相顾惊喜，深愧从前学识浅陋，锢守陈言，而不自知其迷惑也。"于是向康熙建言，编纂乐律、历算著作，"垂示永久"。② 康熙这场作秀实际上隐含了重要的政治动机，并不是单纯的个人炫耀，而是从文化方面向汉人"示威"，突显满族君主的才能，以慑服汉族大臣。③ 这场作秀不仅对在场的大臣产生了很大触动，还载诸邸抄，对文人造成了很大的影响，翰林院检讨毛奇龄在看到报道之后，还专门恭进乐书，以迎合康熙。④

不幸的是，历算改革的倡议当时并没有引起应有的反响。究其原因，历算人才的缺乏是最为关键的因素。当时梅文鼎著作尚未刊刻，其他擅长算学的人也很少。加之1692年之后的数年间，康熙国事繁忙，有亲征噶尔丹之役，历算教育似乎出现了停顿，种种因素使得历算改革不能及时进行，但是康熙在这段时间内所积累的天文、数学、音乐知识，却为他晚年从事《律历渊源》的编纂打下了基础。

回过头再来看康熙的这场"历算秀"，无疑是早有"预谋"。当时不仅有满汉大臣在场，还特地请来了明代遗民方以智之孙方正珠，情形实属罕见。⑤ 官方史料对此并没有任何记载，幸运的是，清初文人王士禛生动地记录了这一场景：

（康熙三十一年正月）初四日，有旨召内阁满汉大学士、满汉尚书、左都御

---

① 王熙：《王文靖公集》，康熙四十六年王克昌刻本，内年谱"六十五岁"条，但年谱给出的日期是"初五日"，比官方史料晚一天，可能有误。

② 张玉书：《张文贞公集》，乾隆五十七年镌，松荫堂藏版，卷二，第9—11页，请编次乐律算数疏。

③ 在其他场合，康熙的表演也让儒臣"佩服"得五体投地，恭维不已，康熙为此也沾沾自喜，陶醉其间。凭借自己的博学和科学才能，康熙甚至公然批评汉人"全然不晓得算法"。大臣李光地之所以聘请数学家梅文鼎，和学生一起学习算学，其目的正是为了迎合皇上的兴趣。参见韩琦：《君主和布衣之间：李光地在康熙时代的活动及其对科学的影响》，《清华学报》（台湾）1996年12月新26卷第4期，第421—445页；法文本 *Patronage Scientifique et Carrière Politique*：*Li Guangdi entre Kangxi et Mei Wending*，*Etudes Chinoises*，Vol. 16，No. 2，automne，1997，pp. 7–37. 参见韩琦：《康熙时代的数学教育及其社会背景》，《法国汉学》（八），中华书局，2003年，第434—448页。

④ 毛奇龄：《呈进乐书并圣谕乐本加解说疏》（康熙三十一年五月十五日），载《西河合集·文集》奏疏，第4—8页，乾隆间重修本，中国科学院国家科学图书馆藏。

⑤ 上面王熙年谱中提到的"善算人"可能就是指方正珠。

史、吏部汉侍郎彭孙遹、兵部满汉侍郎朱都纳、李光地、翰林院汉掌院学士张英等入。上御乾清门，命礼书熊赐履、兵侍李光地、学士张英近御座，上指示诸图，论古今乐律得失大旨，以隔八相生为合，围三径一为未合，复命侍卫鼓瑟，教坊司吹管以验之。再试江南桐城监生方正珠开方立方算法，移晷而退。方明崇祯庚辰进士翰林简讨以智之孙也。隔八相生，谓宫一徵二商三角四羽五，变宫六，变徵七，八复为宫。李少司马云：自昔论乐律诸家，无人研究及此。①

专门征召方正珠，并测试其数学水平，不仅表明康熙对数学的一贯兴趣，康熙也希望借机让更多汉人了解自己的历算才能，而这场"历算秀"无疑扩大了"演出"的观众面，因为方正珠回到桐城之后，势必也会向人道及此事。除了王士禛的记述之外，皇帝和方正珠的见面，旁人也有所闻。桐城县志对此便有记载：

> 方正珠，字浦还，中通二子。幼承家学，精于律数。康熙壬申春，以明经召对，问律吕之学，示以中和乐诸法器，奏对称旨。进父中通所著《数度衍》，并自著《乘除新法》，一时从学者奉为准绳。②

从这里可以看到，方以珠向康熙赠送了其父方中通的数学著作《数度衍》，以迎合康熙的算学兴趣，不过康熙对此书的反应如何，迄今尚未发现任何资料记载。从1691年底对梅文鼎历算水平的测试，到1692年初对方正珠的征召，可以看出康熙对略懂历算的汉人十分重视，不过梅文鼎和方正珠的表现都不能令他满意。直至1702年，康熙还说"汉人于算法一字不知"③。

从康熙初年的历法之争、南怀仁的日影观测，到1692年乾清宫的君臣之对，并没有引起大规模的历算活动。在之后的十多年间，康熙有关历算活动的作秀并不多见，这并非说明康熙对西学失去了兴趣，实际上，在不同场合，康熙仍有不少关于历算的言论。

4 康熙、耶稣会士与1711年的日影观测

杨光先反教案之后，西学在清廷逐渐占据了主导地位。康熙十五年（1676）八月，上谕钦天监："尔衙门专司天文历法，任是职者，必当习学精熟。向者新法旧法是非争论，今既深知新法为是，尔衙门习学天文历法满洲官员，务令加意精勤。"④ 明确表示

---

① 王士禛：《居易录》卷一五，第3页，康熙辛巳年（1701）刊本。
② （清）廖大闻等修，金鼎寿纂：【道光】《桐城续修县志》，卷一六《人物志·文苑》，道光十四年（1834）刻本，《中国地方志集成·安徽府县志辑》，17辑12，南京：江苏古籍出版社，1998年，第552—553页。
③ 李光地：《榕村语录续集》卷一七《理气》，傅氏藏园刻本。
④ 《圣祖实录》卷六二，北京：中华书局，1985年，第804页。

"新法为是"，西法优于中法。康熙不仅相信西法，也重用在宫廷供职的传教士。"国王数学家"到达北京之后的一两年内，康熙的求知欲极强，经常把传教士请到宫中，传授西学。此后的近二十年间，他对西学颇有好感，深信不疑。直至1704年，他还断言"新法推算，必无舛错之理"①。清初沿用明末编成的《崇祯历书》（后改名为《西洋新法历书》），所采用的仍是丹麦天文学家第谷（Tycho Brahe，1546—1601）的折中体系。然而到了康熙五十年十月十六日，康熙提到钦天监用西法计算夏至时刻有误，与实测夏至日影不符，于是对大臣说：

> 天文历法，朕素留心。西洋历大端不误，但分刻度数之间，久而不能无差。今年夏至，钦天监奏闻午正三刻，朕细测日影，是午初三刻九分。此时稍有舛错，恐数十年后所差愈多。犹之钱粮，微尘杪忽，虽属无几，而总计之，便积少成多。此事实有证验，非比书生作文，可以虚词塞责。今且看将来冬至如何。②

也就是1711年夏至的日影观测，让康熙对西学的看法有了转变，认为欧洲天文学精度不高，希望钦天监对此加以注意。那么康熙是如何发现其中的奥秘的呢？

有意思的是，宫廷文献对此事起因有一定的描述。事情可以上溯到康熙五十年五月初九日，耶稣会士闵明我（Claudio Filippo Grimaldi，1638—1712）、纪理安（Kilian Stumpf，1655—1720）收到康熙"手谕算法"，"细读毕，喜之不尽"。并吹捧康熙"乃天生圣贤，无微不通。虽算学之七政皇历日食月食等诸原理，精通详核，故每年节气所定时刻，较推算原理又甚难，且皇上之圣学渊博，得之如此，此亘古未有者矣"。还提到"唯杨秉义（又名杨广文，Franz Thilisch，1670—1716）之算法，不知本自何年，或京城、或热河地方经度几何，亦未书之。臣等尚未明了，故不敢即奏"。接着详细解释了康熙皇帝的日影观测和钦天监可能不同的原因：

> 再，查阅钦天监验算皇历官员向来所学新法文表内所开，日差分秒均无错误。又查得，七政皇历中夏至、冬至，以新法里数验算，必用日差之分秒增减。若修皇历，唯用时刻分数，此皆遵循旧例定书者。倘若衙门常用表中有细微误差，亦一时难以核查。虽在西洋表中，亦有所不同。因非一人所修，名虽同，或处相异。再者，用表虽知有误，亦不可即信。必于数年中核查一次，用测量之法加以核对，是亦所以纠正也。唯皇上日晷之法甚善，大小日晷其皆一。西洋人每观测日影，向南立高墙数丈，凿孔以通日影于地，铺一铜板于平地，分为万分之数观之，则见之甚易。比较铜板之日光照在何宫，则较目视日晷，极

---

① 《圣祖实录》卷二一八，北京：中华书局，1985年，第202页。

② 《清代起居注册》（康熙朝），第二十册，故宫博物院（台北）藏，台北：联经出版事业公司，2009年，第11004—11005页。又见《圣祖实录》卷二四八，北京：中华书局，1985年，第456页，但缺"今且看将来冬至如何"一句。

其清晰。等语。①

十三日，闵明我、纪理安、钦天监衙门官员对日影进行了计算。十五日，内务府官员王道化、和素收到"计算之书"，并转递康熙皇帝。康熙在看了这份奏折后，作了批示：

> 初六日夜，初七日子时，日在何宫何度，初八日子时，日在何宫何度，加此二宫之度而平分，方得初七正午日之位置。若谓尔七政皇历无误，著尔等即将尔七政皇历分算奏来。何其卑鄙！②

康熙用"何其卑鄙"这样的词句严厉斥责他一向信任的耶稣会士，显然是十分震怒。皇帝对自己的计算与观测十分自信，加之他已通过杨秉义得知一些新的知识，因此更觉得闵明我等人的答复不过是找出种种理由来推托，没有应有的勇气来承认自己的错误。王道化、和素在接到康熙朱批之后，"即召闵明我、纪理安、钦天监衙门官员来看"。闵明我、纪理安等跪读毕，奏言："所谕甚是。前我等苟且粗算便奏，至急报迟。闵明我、纪理安我等不胜惶愧。今蒙颁旨指教，详细分算七政皇历谨奏。"钦天监监正明图等亦跪读毕言："奴才等亦钦遵训旨，详细分算七政皇历再奏。"十六日，王道化等将闵明我、纪理安、钦天监官员此奏报康熙皇帝，十八日收到康熙朱批："彼等无论怎样着急，还是彼等之皇历也。此次可以固执，俟回宫后，当面计算，或许知之矣。"③十九日，王道化等在给皇帝的奏折中写道：

> 奴才等恭阅，思之，闵明我、纪理安极为固执，竟掩饰己咎，因此愈觉其卑贱。钦天监等先仅照闵明我等法子计算，今遵皇上训谕计算，始赞皇上计算详细。奴才等斥责闵明我、纪理安曰：尔等掩饰失误，甚为卑鄙，尔等可欺我等，岂能逃皇上睿鉴？等语。所有皇上御制算法一张，闵明我、纪理安、钦天监等计算满汉文奏折二件，一并谨奏。④

从上述官方文献中可知，闵明我和纪理安是这场争论中的主人公。闵明我是意大利耶稣会士，时任钦天监监正（由纪理安协助），他于1669年到达广州，这年适逢反教案平反，1671年因通晓历法，和恩礼格（Christian Wolfgang Herdtrich，1625—1684）奉命

---

① 康熙五十年五月十二日闵明我、纪理安奏折：《康熙朝满文朱批奏折全译》，中国社会科学出版社，1998年，第1675页。

② 康熙五十年五月十二日闵明我、纪理安奏折：《康熙朝满文朱批奏折全译》，中国社会科学出版社，1998年，第1675页。

③ 王道化等奏报计算太阳位置折（康熙五十年五月十六日）：《康熙朝满文朱批奏折全译》，中国社会科学出版社，1998年，第723页。

④ 王道化等奏报闵明我等人情形折（康熙五十年五月十九日）：《康熙朝满文朱批奏折全译》，中国社会科学出版社，1998年，第724页。

赴京。① 闵明我到达北京后，在钦天监从事历算工作，1685 年受命到澳门迎取比利时耶稣会士安多（Antoine Thomas，1644—1709），1686 年底又到广州，动身往欧洲，② 1694 年 8 月 28 日返回北京。1688 年南怀仁病故不久，因闵明我谙练历法，受命顶补南怀仁，治理历法，当时他"执兵部文出差"，出使欧洲期间，天文历法工作由徐日昇、安多负责。他在钦天监治理历法，从 1688 到 1711 年，期间因年老体弱，曾挑选庞嘉宾（K. Castner，1665—1709，1707 年到京）协助（1707—1709），但 1709 年 11 月庞氏去世。闵明我曾编有《方星图解》（1711），主要根据法国耶稣会士巴蒂斯（I. -G. Pardies，1636—1673）的星图而作。③ 大约是受到康熙的斥责，在夏至日测量之后不久，闵明我就提出了辞呈，由纪理安接任，康熙马上批准了他的请求。据康熙起居注册记载，康熙五十年十月十六日，上御畅春园，"又覆请钦天监治理历法闵明我年老告休一疏。上曰：闵明我年老，准其告退，着季（纪）理安治理历法"④。

纪理安为德国耶稣会士，1694 年到澳门，康熙听说他很聪明，让他到北京任职，次年抵京。他非常精通光学，擅长修理仪器，在北京期间，负责修理的天文与其他仪器多达六百件，自己也动手制作了一些仪器。1700 年，纪理安和安多送给康熙一幅地图，康熙很满意，并打算测量地图，但是因为纪理安体弱、安多年老，于是康熙要求派遣更多的耶稣会士到中国。1711 年，纪理安接任闵明我在钦天监的工作，直至 1719 年病退，主要从事太阳位置计算，以及天文表的制作。1715 年，他设计制作了地平经纬仪，为此熔化了古代的天文仪器，遭到了梅毂成等人的批评。⑤ 1705—1720 年间，他作为视察员，负责教会的事务，维护葡萄牙耶稣会士的利益，不遗余力。

实际上，在这场日影观测的背后，还有一位很重要的人物，那就是新来的波希米亚耶稣会士杨秉义。杨秉义 1710 年与麦大成（João Francisco Cardoso，1677—1723）到澳门，11 月 27 日，作为数学家，经大运河启航北上，同行的还有德理格（Teodorico Pedrini，1671—1746）、山遥瞻（Guillaume Fabre Bonjour，1669/1670—1714）和马国贤（Matteo Ripa，1682—1745）。⑥

康熙五十年四月，康熙和往年一样到热河避暑。法国耶稣会士巴多明（Dominique

---

① 韩琦、吴旻校注：《〈熙朝崇正集〉〈熙朝定案〉（外三种）》，北京：中华书局，2006 年，第 87 页。

② 关于闵明我出使，参见 J. W. Witek："Sent to Lisbon, Paris and Rome：Jesuit Envoys of the Kangxi Emperor"，in *Matteo Ripa e il Collegio dei Cinesi*（Atti del Colloquio Internazionale, Napoli, 11 – 12 febbraio 1997），eds. Michele Fatica and Francesco D'Arelli（Napoli, 1999），pp. 317 – 340.

③ 韩琦：《耶稣会士和康熙时代历算知识的传入》，《澳门史新编》（三），澳门基金会，2008 年，第 967—986 页。

④ 《清代起居注册》（康熙朝），第二十册，故宫博物院（台北）藏，台北：联经出版事业公司，2009 年，第 10998 页。大约是批准闵明我辞职的当天，康熙旧话重提，谈到了夏至日日影的测量。

⑤ 韩琦：《"自立"精神与历算活动——康乾之际文人对西学态度之改变及其背景》，《自然科学史研究》2002 年第 21 卷第 3 期，第 210—221 页。

⑥ Matteo Ripa：*Memoirs of Father Ripa, during Thirteen Years' Residence at the Court of Peking in the Service of the Emperor of China*. Selected and translated from the Italian by Fortunato Prandi. London, 1844, p. 37.

Parrenin，1665—1741）和德理格、马国贤、杨秉义、罗德先（Bernard Rodes，1646—1715）等人随行，杨秉义作为数学家，罗德先作为外科医生，马国贤作为画家，巴多明、德理格主要担任翻译之职。根据西文档案，康熙在热河就日影问题询问了刚到中国不久的杨秉义，杨秉义不知皇帝的用意，就用耶稣会士利酌理（G. Riccioli，1598—1671）的表计算，结果发现夏至点在午前20分，与钦天监的计算不一致，这使康熙知道西方已有新的天文表，确信是钦天监出错。① 康熙试图强迫杨秉义赞同他的意见，但是这位神父坚决不认可，他总是回答说天文表之间的差别不能称之为错误。康熙不能在他身上得到满意的答复，转而将计算结果寄送北京，并且还附上一份他亲笔书写的谕旨，要求对何以出现这一错误进行检查并向他报告。而这正好可以和上面所引的满文奏折互相印证。此事让康熙对传教士产生了怀疑，更加深了因教廷特使来华之后所引起的对欧洲人的不信任感。

康熙五十年九月二十二日，康熙从热河回到北京，在畅春园过冬，而那里总有一些传教士随时备询。自从夏至日影测量事件之后，康熙对历算问题练习得更加勤奋。据传教士记载，皇帝是这样度过那些日子的："他醒着的时候思考的问题，使他彻夜不眠。他把杨秉义神父和翻译巴多明神父从早到晚留在宫中，并且不断给他们送去有关几何、数字和天文学的问题。这些考察和试验显然是一种不信任的结果。"

那么，是何种因素引起了日影观测结果的变化？这需要对当时天文学背景作一回顾。

从1668南怀仁的观测日影，到1711年，时间已经过去了四十多年，而在这期间，欧洲天文学有了长足的进步。首先是明末传入的蒙气差理论，到了18世纪初，已有了较大的修正，对这些因素作出重要改进的是天文学家卡西尼等人。其次，"地半径差"（parallax）理论在当时也有新的变化。上述因素，也导致了黄赤交角数值的变化。1711年日影观测的争论，和耶稣会士传入的欧洲天文学的新进展有密切联系。后来康熙御制《钦若历书》（雍正初改名《历象考成》）和乾隆时《历象考成后编》的编纂，正是引进了上述新的成果。②

1711年，是康熙科学活动十分频繁的一年，他不仅参与了日影观测的活动，还于二月初九日带领皇太子、亲王和大臣测量大地，并进行指导，并谈到《易经》、算学、阿尔朱巴尔（代数）、西学中源等问题，科学内容十分丰富。十分有意思的是，康熙还重温旧事，谈及算学家梅文鼎：

"昔有一善算者，名梅文鼎，年逾七十，朕召问算法，彼所识甚多，彼所问朕者亦皆切要，然定位彼却不知。朕执笔画圈纸上以示之，彼顿省悟，呆视泣下。"

---

① 参见本文附录傅圣泽报告。

② 这些新的天文学成果，多为来华法国耶稣会士所掌握。参见韩琦：《〈历象考成〉的内容》《〈历象考成后编〉的内容及其改进》，陈美东主编《中国科学技术史》（天文学卷），北京：科学出版社，2003年，第668—670，710—712页。

77

副将胡琨奏曰："彼时臣曾侍侧，彼言吾研穷至老，了不知此，若不遇圣主指示，吾将没世不知矣。因悲喜交集，不禁泣下。"上复取矢画地，作数圈示诸臣曰："此即定位之理，虽千万品类不能出此，即今凡物若干，几人应得若干之数，用此顷刻可得，不特此也，声音之高下，亦可测之。"①

这段记载生动地重温了君主和布衣之间的交谈，并通过侍臣的恭维和补充，凸现了康熙算学的高明。需要注意的是，在这些谈话的背后，耶稣会士白晋（Joachim Bouvet，1656—1730）等人及其活动，起到了一定的作用。②

5 康熙对西学态度的转变与历法改革的缘起

1705 年，教廷派遣特使多罗（Carlo Tommaso Maillard de Tournon，1668—1710）来华，引起了清廷和教廷之间的严重冲突，③ 这不仅给天主教在中国的发展蒙上了阴影，成为中西关系史上的转折点，也导致了康熙皇帝对欧洲人信任感的丧失，进而影响了康熙科学策略的转向和西方科学在华的传播。

多罗来华宣布禁止中国教徒敬孔祭祖一事，对康熙造成了很大的触动。他预感到天主教日后在中国会后患无穷，1706 年底，熊赐履和李光地在向康熙皇帝讲完朱子书后，"上令诸内官俱退，呼余（李光地）和孝感（熊赐履）近前，云：汝等知西洋人渐作怪乎，将孔夫子亦骂了。予所以好待他者，不过是用其技艺耳，历算之学果然好，你们通是读书人，见外面地方官与知道理者，可俱道朕意"④。显见，康熙继续让传教士在宫廷任职，只不过是为了"用其技艺"。

与此同时，康熙进一步加强了对澳门的管理，制定了相应的政策，下旨让封疆大吏处理有关澳门事务，打听西洋消息，有时也通过内务府官员询问和了解传教士的情况及专长，请他们从澳门入京工作。1700 年之后，有许多传教士来到澳门，广东督抚加以考核，将有技艺之人送到北京，负责此事的有两广总督郭世隆（1702—1706）、赵弘燦（1706—1716）、杨琳（1716—1722），以及广东巡抚范时崇（1705—1710）、满丕（1710—1714）、杨琳（1714—1716）、法海（1716—1718）等。为使传教士能够更好地

---

① 《清代起居注册》（康熙朝），第十九册，故宫博物院（台北）藏，台北：联经出版事业公司，2009 年，第 10512—10513 页。

② 韩琦：《白晋的〈易经〉研究和康熙时代的"西学中源"说》，《汉学研究》1998 年第 16 卷第 1 期，第 185—201 页；《再论白晋的〈易经〉研究——从梵蒂冈教廷图书馆所藏手稿分析其研究背景、目的及反响》，荣新江、李孝聪主编《中外关系史：新史料与新问题》，北京：科学出版社，2004 年，第 315—323 页；《科学与宗教之间：耶稣会士白晋的〈易经〉研究》，陶飞亚、梁元生编《东亚基督教再诠释》，香港中文大学崇基学院宗教与中国社会研究中心，2004 年，第 413—434 页。

③ A. S. Rosso：*Apostolic Legations to China of the Eighteenth Century.* South Pasadena：P. D. & Ione Perkins，1948. 罗光：《教廷与中国使节史》，台中：光启出版社，1961 年。

④ 《榕村语录续集》卷六，傅氏藏园刻本。

在宫廷发挥作用，康熙有时会让新来传教士在澳门学汉语，① 或"留广州学汉话"，因为"若不会汉话，即到京里亦难用"②。有的传教士起先未得到清廷的容许，为达到进入内地传教之目的，往往也会在澳门停留一段时间，加强语言和技艺的学习，伺机以别的名义进京。

尽管康熙对传教士的信任已经大不如前，但对"技艺之人"仍相当重视。他曾让内务府官员佛保传旨给督抚："见有新到西洋人，若无学问只传教者，暂留广东，不必往别省去……若西洋人内有技艺巧思，或系内外科大夫者，急速著督抚差家人送来。"康熙四十六年八月十三日，两广总督赵弘燦、广东巡抚范时崇在收到御旨后，上奏称：

> 今查有新到西洋人十一名内，惟庞嘉宾据称精于天文，石可圣据称巧于丝律，林济各据称善于做时辰钟表，均属颇有技艺巧思。其余卫方济、曾类思、德玛诺、孔路师、白若翰、麦思理、利奥定、魏格尔等八名，俱系传教之人，并非内外科大夫，遵即暂留广东，不许往别省去。见在候旨遵行。今将庞嘉宾、石可圣、林济各三人，臣等专差家人星飞护送进京。③

"用其技艺"后来成为康熙对待传教士的一贯政策，一直到晚年，仍不时请人从澳门派遣懂得历算、医学、技艺的欧洲人到内地。④

对于多罗来华所产生的冲突，康熙试图加以沟通，并两度派遣传教士回罗马，打听教皇的确切"旨意"。由于使节迟迟没有返回中国，康熙甚为焦急，不时向传教士打听"西洋来的消息"。由于天不作美，时空的遥隔大大阻碍了罗马教廷和康熙的及时沟通。消息的阻塞，使得"礼仪之争"变得更为错综复杂。一些传教士出于传教利益的考虑，有时隐瞒消息，藏匿有关教皇禁教的旨意和信件，但时间一久，不免为康熙所察觉，最终导致康熙对传教士的怀疑。至迟在 1711 年，康熙对传教士已缺乏信任，称"现在西洋人所言，前后不相符，尔等理当防备"⑤。而正好在同一年，康熙发现了夏至日影计算有误。

---

① 《康熙罗马使节关系文书》，北平：故宫博物院，1932 年。

② 中国第一历史档案馆：《康熙朝汉文朱批奏折汇编》（第三册），北京：档案出版社，1984 年，第 6—11 页。

③ 中国第一历史档案馆编：《康熙朝汉文朱批奏折汇编》（第一册），北京：档案出版社，1984 年，第 701—704 页。

④ 康熙时耶稣会士闵明我、徐日昇、安多、纪理安、庞嘉宾、杨秉义、孔禄食（L. Gonzaga，1673—1718）、严嘉乐（K. Slavicek，1678—1735）、戴进贤（Ignaz Kögler，1680—1746）等人相继到达北京，参与了历算工作。除白晋、张诚等"国王数学家"之外，1700 年之后，白晋、洪若所带来的耶稣会士，如杜德美（P. Jartoux，1669—1720）、傅圣泽等人，也成为御用教师，对康熙时代的历算活动作出了重要贡献。参见韩琦：《康熙时代的历算活动：基于档案资料的新研究》，张先清编《史料与视界——中文文献与中国基督教史研究》，上海：上海人民出版社，2007 年，第 40—60 页。

⑤ 《康熙朝满文朱批奏折全译》，中国社会科学出版社，1998 年，第 741 页。参见韩琦：《姗姗来迟的"西洋消息"——1709 年教皇致康熙信到达宫廷始末》，《文化杂志》2005 年夏季号第 55 期，第 1—14 页；又载吴志良等编《澳门人文社会科学研究文选》（历史卷，上卷），北京：社会科学文献出版社，2010 年，第 473—485 页。韩琦：《瀛洲圣阙关山重——1709 年教皇信滞留澳门始末》，《文化杂志》2006 年夏季号第 59 期，第 133—146 页；又载吴志良等编《澳门人文社会科学研究文选》（历史卷，上卷），北京：社会科学文献出版社，2010 年，第 526—540 页。

康熙对传教士失去信任和上述有关日影观测的一连串事件，成为康熙时代历算活动的重要转机。1712 年，皇帝传旨，希望能有人给他讲授天文学原理，于是杨秉义和傅圣泽（J. -F. Foucquet，1665—1741）受命向康熙介绍天文学。为此傅圣泽开始翻译西方数学、天文学著作，向康熙介绍了开普勒（Johannes Kepler，1571—1630）、卡西尼（Giovanni Domenico Cassini，1625—1712）、腊羲尔（Philippe de la Hire，1640—1718）等人的学说，许多是根据皇家科学院的著作写成的。其中有《历法问答》等天文译著，以及代数学著作《阿尔热巴拉新法》、佛拉哥（A. Vlacq）的对数著作等。[①]《历法问答》介绍了法国"格物穷理院""天文学宫"（亦即法国皇家科学院和巴黎天文台）在天文学方面的最新成就，以及法国天文学家到各地进行测量的情况。[②] 他们还介绍了开普勒的椭圆运动理论，涉及哥白尼日心学说，为此遭到了纪理安等人的反对，因为纪理安认为新天文学的介绍会让中国人觉得西方天文学并不可靠，会使南怀仁以来传教士在钦天监的地位受到损害，此外还有碍天主教教义，表现了其保守的一面。

1713 年，康熙下旨设立蒙养斋算学馆，让最懂科学的皇三子胤祉来负责历法改革，为此从全国召集了一百余位学有所长的人才，编纂《律历渊源》，成为清代最大的科学工程。[③] 师洋人之"技艺"，为我所用，便成为康熙晚年的重要目标，他觉得中国人应该自立，编纂历算著作，最后达到摆脱洋人垄断之目的。

6 结语

1668 年的日影观测，给康熙造成了很大的震动。之后康熙向南怀仁学习，而法国耶稣会士的到来，更让他沉迷于西学。大概是从传教士身上，康熙学到了欧洲科学的实证精神，加之他十足的好奇心，时时打听西方新知，进步很快。1689 年康熙在南京所作的有关老人星的观测，以及 1692 年日影的观测，都是康熙早有准备的作秀，科学知识无疑是其中举足轻重的一环。正是通过对西学的学习和宣扬，康熙塑造了博学多能的自我形象，从而赢得了汉族大臣的尊重，进而达到了控制汉人之目的。[④]

无论是 1689 年，还是 1692 年的表演，康熙的谈话对象都是汉人。二十年后，也就是在 1711 年，康熙则将所学到的知识转而用来批评洋人，科学仍是其权力运作的重要

[①] 关于《历法问答》，参见 J. W. Witek：*Controversial Ideas in China and in Europe*：*A Biography of J. F. Foucquet*，*S. J.*（1665 - 1741）. Rome, 1982. Hashimoto Keizo & Catherine Jami，"Kepler's laws in China：A missing link？J. - F. Foucquet's Lifa wenda"，*Historia Scientiarum*，1997（6 - 3），pp. 171 - 185.

[②] 韩琦：《"格物穷理院"与蒙养斋——17、18 世纪之中法科学交流》，《法国汉学》（四），北京：中华书局，1999 年，第 302—324 页；《从〈律历渊源〉的编纂看康熙时代的历法改革》，吴嘉丽、周湘华主编《世界华人科学史学术研讨会论文集》，淡江大学历史学系、化学系，2001 年，第 187—195 页。

[③] 关于蒙养斋算学馆的成立、人员及其工作，将有另文讨论。

[④] 亲历这两次场景的极为少见，而李光地躬逢其事，感触颇深。1689 年之后，李光地虽然已和梅文鼎有了接触，并向他学习数学，但仍然还不能和康熙皇帝进行实质性的对话。

部分。从中西史料可以看出，康熙非常善于运用人际关系，通过内务府官员的居间周旋，利用传教士缺乏对"形势"的判断，采取各个击破的策略。杨秉义因新来乍到，不知状况，最后泄露了"天机"，使得康熙借此乘胜追击，借助西方科学的新知，掌握了科学的话语权。日后杜德美、傅圣泽等法国耶稣会士奉命翻译欧洲新的天文学著作，也正是这场日影观测所引发的直接后果。最后导致了 1713 年蒙养斋的开馆和《律历渊源》的编纂。从这一角度看，1711 年的日影观测，实在是康熙时代科学史最为重要的事件之一。

在科学活动的背后，也使康熙的心理暴露无遗。作为堂堂大清皇帝，康熙总要显示自己的威严，加之通过对西学的学习，更为自信，更何况对夏至日影的"真理"了然于胸，耶稣会士的态度让康熙觉得传教士缺乏诚信和谦虚为怀的人格，因此他出言不逊，在朱批中大骂传教士"何等卑鄙"。而闵明我、纪理安等耶稣会士出于保守心态，不愿使用新天文表，被康熙抓到把柄，只得找出各种借口，聊以塞责，处于十分被动的境地。而居间传话的内务府官员狐假虎威，作威作福，更让传教士倍觉诚惶诚恐。

综上所述，日影观测看似简单的科学活动，但其背景却极为复杂。它与权力运作、满汉和中外关系，甚至与宗教也有密切的关联，特别是与礼仪之争纠结在一起，成为康熙朝政的一个缩影。以往在研究中往往叹息康熙朝汉文资料的不足，现在不仅有满文资料的补充，而且还有欧洲文献的互证。因此，不仅需要查看满汉文宫廷资料，查阅士大夫的文集，更要佐以欧洲的档案（尤其是耶稣会士留下的丰富信件、报告），以（欧洲）史证（中国）史，才能对事件的诸面相有完整的认识，才能生动重现真实的、丰富的历史场景。本文只是作了初步尝试，试图以小见大，说明康熙时代科学传播的复杂经过。但即便只是一个小小的日影观测，还有许多细节需要作进一步考证和厘清，才能获得一个更加完整的历史图像。

附：1711 年 6 月至 1716 年 11 月初在北京发生的与欧洲天文学有关事件的详细报告[①]

自从安提阿宗主教多罗事件发生之后——宗主教已经享有枢机主教头衔与尊荣在澳门去世，中国皇帝看起来对于欧人有厌恶之心，对于他们的好意表示也明显减少许多，令人担忧他试图摆脱他们，有确切理由证实这种担忧年年递增，并且如今似乎到达了最后关头，所有与传教士有关的事都面临被永远逐出这一庞大帝国的危险。

1711 年皇帝这种不友善的态度在天文学上面以一种相当明显的方式展示出来。这

---

① "Relation exacte de ce qui s'est passé à Péking par raport à l'astronomie européane depuis le mois de juin 1711 jusqu'au commencement de novembre 1716." 罗马耶稣会档案馆藏书号 ARSI，Jap. Sin. Ⅱ 154。又见 John W. Witek：*An Eighteenth-century Frenchman at the Court of the K'ang-Hsi Emperor：A Study of the Early Life of Jean-François Foucquet.* Thesis（Ph. D.），Georgetown University，1973.

一事件发生在夏至，根据人们所说，皇帝本人亲自计算并观测夏至点。当时这位君主身在轵鞡，他一年中要在那里待五六个月。根据他本人对夏至点的计算和观测，他发现，或者说他相信自己发现，它应该在出现在午前。但是钦天监却在历书上标明夏至点是在午后 56 分。当时有位刚刚来到宫廷的波希米亚传教士名叫杨秉义的，因精通天文学而被引见给皇帝，随驾去到皇帝的避暑山庄所在地热河。他受命检查为何计算结果有差别，并进行观测。他利用利酌理（Riccioli）的天文表计算出夏至点在午前 20 分。他受命将计算结果以书面形式记录下来，皇帝看到之后更坚信钦天监出错了。皇帝企图强迫杨秉义也赞同他的意见，但是这位神父坚决不认可。他总是回答说天文表之间的差别不能称之为错误。当时有位内监奉命传达旨意与带回神父回复，然而来回数次均无功而返。同时带去的还有许多有关杨秉义神父使用的天文表的问题，而由此皇帝也得知在欧洲有着不同的天文表。以上这些出自杨秉义神父之口，并且当时担任他翻译的法国耶稣会士巴多明所说与他一致。皇帝不能在他身上得到满意的答复，转而将计算结果寄送北京，并且还附上一份他亲笔书写的谕旨：要求对何以出现这一错误进行检查并向他报告。圣旨于 6 月 26 日（康熙五十年五月十一日）到达北京。

钦天监官员试图走出困境，回答说他们依据自己的天文表，而根据他们的表夏至点就是应该在午后。但是葡萄牙副省的神父们却倍感担忧。他们聚集在会院里，商议这件他们认为很重要的事件。他们对于商议的内容严加保密，法国神父根本未被邀请参加，因此无法清楚了解事情的经过。法国神父只是大致被告知在给皇帝的回复中，包括有以下几点：①对影子的观测造成一些错误。②历书是给没有精确概念的一般百姓用的，并不需要深究其价值。③陛下使用的小型仪器，而在钦天监使用的是大型仪器，这可能会引起一些差异。

这一答复使得皇帝大为震怒，他对于自己的计算与观测十分自信，认为钦天监出错了，并且强迫神父们承认这一点。那位内府官员名叫王道化的，曾经预见到皇帝会被触怒，并且确实曾经建议神父们不要呈上这样的回复。他警告他们说皇帝等待的是一种顺从，以某种方式承认自己曾经出错。他甚至对德国耶稣会士纪理安——当时作为钦天监监正闵明我的副手说道：震怒之下的皇帝完全可能将钦天监交给别人。"那好吧，如果他愿意就给别人好了，"纪理安神父回答说，"我来中国可不是为了这个。有什么关系？""我知道得很清楚，"这位官员说，"您就是死了也没什么关系。不过要是钦天监被人从欧洲人手中夺走，那对别人可就大有关系了。你们的宗教都是建立在它之上的。南怀仁神父可不会这样回答。"这位多嘴的官员后来在法国耶稣会士面前重复讲述了这次对话，也就是从后者那里我们才了解到情况。尽管皇帝很不高兴，但是他表面上并未完全表现出来。他只是将这份回复留下了，并在上面用御笔批道：这份回复出自"恶劣卑下之人"。他说此话之意是指神父们未有好人所应有的勇气与谦虚来认识到自己的错误。一位内府官员受命向他们传达旨意。6 月 30 日，闵明我和纪理安两位神父被传到宫中聆听旨意。上述所有情况都出自一位居留北京可靠人士的日记：日记写于北京，与发生事件的时间同步。

皇帝于1711年11月初由鞑靼回到北京。他在距北京城两哩半的行宫畅春园过冬。期间他会回北京城几次，准备祭祀上帝，或是为了什么别的事务。但通常他只待很少几天，之后马上又回畅春园。当他在北京的时候，欧洲人通常都要全数到宫廷，以这种不懈怠的方式表示他们执行皇命的迅捷。如果有人不到的话会让皇帝很不高兴，并且他自己也会查询看是否全数到齐。当他在畅春园的时候，总有一些欧洲人在那里，都擅长他当时正在学习或是正在拿来消遣的东西，而这些学业或是消遣常常变换不定。有时是绘画，有时是音乐，有时是数学，就这样这些艺术与科学轮番上阵。不像是在欧洲，那些大人物都以自己的无知为荣，这里可不一样。这里的大人物中都以有知识为荣，而皇帝本人特别喜欢这种荣耀，想在各种知识方面都表现得出类拔萃。我们曾经不止一次听他说过他学习数学已有40年之久，他还补充说："对我精通数学也不必感到吃惊，我有过优秀的老师并且我勤加练习。"自从测量夏至点事件之后，他练习得更加勤奋了。他是这样度过那些日子的：他醒着的时候思考的问题，使他彻夜不眠。他把杨秉义神父和翻译巴多明神父从早到晚留在宫中，并且不断给他们送去有关几何、数字和天文学的问题。这些考察和试验显然是一种不信任的结果。而他的这种不信任在另外一件事上表现得更加清楚：在很多满汉朝臣在场之时，皇帝遣人询问所有欧洲人，他们测量的喀喇和屯的纬度为何与他本人测量到的有几分的差别。而不信任与怀疑表现得更加突出则是当他回到北京城时，所有欧洲人都根据惯例来到皇宫，有关官员过来向暂时代理病中的闵明我神父职务的纪理安神父提出了一个令人不快的问题：为何神父们在钦天监教导多年的人还是那样无知，而由皇上亲自教导几何学的人却学得既快又好，最先懂得他给他们所演示的知识。皇帝确实是建立起了某种形式的学校。每天一些选中的人都来到他的面前，皇帝亲自给他们讲解欧几里得的某些原理，享受着显示精通抽象科学的乐趣，同时也享受着这些新学生一定会给他的赞美，通常他听都不听。但是这个学校不会持续很久，因为它只是当时皇帝策划的一个"学院"的开始。他曾经在北京和中国的其他省份寻找精通数学某些方面的满汉人士。那些巡抚大员们，为了讨好皇帝，举荐给他最优秀的精英，学习科学最有才能的人。人们从各地将人送来，就在这批精英中，他选择了一些人，多为年轻人，放进上文提及的"学院"。那里已有超过百人，有管事的官员，有算术家、几何学家、音乐家、天文学家，还有各门学科的学生，这还没有将人数可观的制造仪器的工人计算在内。他将畅春园内房舍众多的大片地域划归这一学院，并且指定他的第三子作为这个新建学院的领导。他有18个儿子，这还没有计算那些仍然留在宫中由妇女和内监照顾的（年幼者）。在这18个儿子中，有三个已经去世，即第六子、第十一子与第十八子。长子与次子即皇太子如今被监禁。对他们的囚禁是让其他儿子的心里产生惧怕，由此他作为一个专制的父亲，儿子对他的绝对依赖在欧洲不可想象，罕有其匹。为了帮助第三子管理这个新学院，他又派了第十二子、第十五子与第十六子辅助。在这四位皇子中，第十二子对数学知之甚少，而第十五子及十六子都还年轻，每天都还在学习，其中十五子只有 25 岁而十六子约 22 岁。说到第三子，他 40 岁左右，从小就学习数学并且颇有造诣。他的老师是佛兰德尔耶稣会士安多，教给他算术与几何。他现在教导两位年轻的弟弟。但是依据惯例，他每天早上带领他们去见皇帝，由皇帝亲自教导他们三个，并且检查皇帝布置给他们的作业的结果。人们说皇帝让他们做这些事，尤其是对于第三子，是出于政治的考量，是为了阻止他们寻衅生事。所有读至此处的人都根本无法想象皇子们在他面前表现出的谨慎与谦虚。他们跪下与他说话，至少是为了长时间与他们说话，他也不令他们起身，只是让他们把膝盖搁在一种高些的台阶之上，而他本人就坐在上面如同坐在宝座之上。第三子除了用某个满语词表示赞同之外，几乎一言不发。而两位较年轻的皇子除非被提问，也不敢打破这种沉默。这就是我们与皇子们同在皇帝面前时不止一次所看见的景象。皇帝经常在接见大臣之时，让他们在房门口等上两三个小时。正是用这种方式他使得他们那样温顺、那样服从。皇三子在此之外可是一位骄傲的皇子，生性严厉而苛刻，甚至会做出某些不可靠的事情，与他的出身地位大不相称。他在那一群里不受爱戴，特别是对于欧洲人很不友好，如今他想用他从他们那里学来的同样的科学来摧毁他们，因此他被看作是欧洲天文学的最可怕的敌人。他立誓要毁灭它，并且他不遗余力竭尽所能来达到他的目的。夏至日事件很多与他有关。他极力保持和扩大皇帝对于钦天监使用的天文表准确性的怀疑。由于他手下的数学家中有一些人非常精于计算，因此他在日月食的观测中发现了这些不准确性。他让手下的人检查钦天监的计算。一旦他发现其中的错误，便立刻报告给他的父亲。三年前由此曾让以纪理安神父为首的官员到皇帝面前来承认错误。与此同时，他还借助官府，或者说借助强力将几部欧洲著作据为己有。他在 Prestet 书中第二册的末尾发现了一张平方及立方数表。他将数表带给了他的父亲，后者在此之前曾下令计算过类似的表，以此来向皇帝说明欧洲人甚至不了解自己的数表，或是曾经将这张表隐藏起来。这就是皇三子的性格，他的行为使我们不能不产生必要的担忧，然而接下来发生的事更使得这种担忧与日俱增。

1712 年 4 月 6 日，皇帝回到北京。8 日，所有欧洲人都来到宫廷，一位内监传来皇帝的旨意：他希望能有人给他解释天文学原理，而原理一词在此表示的是通过某种理论方式使得一个懂得几何与算术的人可以制作出天文表。旨意里还让欧洲人选择两位能胜任此事的人，尤其是解释中要用图形使得原理更易理解。主持欧洲人事务的官员与他们一起商议。那时已经担任钦天监监正的纪理安神父提供了几个名字，但是那些官员希望能带给皇帝确切的回音，即明确的两个姓名。于是德国纪理安神父、葡萄牙苏霖神父以及法国巴多明神父，三位都是皇帝任命负责欧洲人事务的神父，他们相互询问并且也询问了其他一些神父，最后他们得出了一致的意见，推选了法国耶稣会士傅圣泽与杨秉义神父，后者已经为皇帝熟知并且因为去年夏至点事件而著名。值得一提的是，巴多明神父那时正担任法国神父团体的负责人，而傅圣泽神父当时就住在这个团体当中，因此巴多明神父就是他的顶头上司了。皇帝允准了欧洲人的提议。官员从皇帝房间出来就向两位被任命的神父宣布了让他们立刻工作以便使皇帝满意的旨意。

致谢 本文的部分内容曾以"知识与权力：康熙皇帝的科学兴趣及其背景"（香港城市大学中国文化中心，2006 年 10 月 19 日）、"知识与权力：康熙时代的科学传播"（国家图书馆善本部，2006 年 12 月 16 日）为题作了报告，全文（"科学、知识与权力——日影观测与康熙时代历法改革的缘起"）曾在新竹清华大学人文社会研究中心"季风亚洲与多元文化"系列研讨会上报告（2010 年 5 月 12 日），对上述机构的邀请，特致谢意。

　　郭金海 1974 年生，天津人。中国科学院自然科学史研究所研究员、博士生导师。1997 年毕业于天津师范大学数学系，同年考取该系中国科技史专业研究生，2000 年获硕士学位。2003 年毕业于中国科学院自然科学史研究所，获博士学位，留所工作。致力于中国数学史、中国近现代科技史、中国科学院院史的研究。目前，发表学术论文 40 余篇。著有《院士制度在中国的创立与重建》（上海交通大学出版社，2014；国家社科基金后期资助项目成果；2017 年 9 月获第三届"科史哲青年著作奖"）。访问整理有《有话可说——丁石孙访谈录》（与袁向东合作，湖南教育出版社，2013；2014 年 11 月入选 2013 年度全国图书馆推荐书目；2015 年 12 月获第三届湖湘优秀出版物奖）、《席泽宗口述自传》（湖南教育出版社，2011；2013 年 11 月入选第四届"三个一百"原创图书出版工程）、《徐利治访谈录》（与袁向东合作，湖南教育出版社，2009）。整理有《四元玉鉴（汉英对照本）》（郭书春现代汉语翻译，陈在新英译，辽宁教育出版社，2006）。2015 年 7 月，在"向'一三五'聚焦，为'创新 2020'献力"主题实践活动中，被中国科学院京区党委评为优秀共产党员。2016 年 1 月获自然科学史研究所"十二五"期间贡献重大产出出版专著奖、发表论文（外文）奖；7 月获"中国科学院优秀共产党员"称号。

奥斯古德与函数论在中国的传播

□ 郭金海

奥斯古德（William Fogg Osgood，1864—1943）是美国著名数学家、哈佛大学数学系教授。1934 至 1936 年，他作为北京大学研究教授在数学系进行了为期近两年的讲学活动。他主要开设了函数论方面的课程，1936 年由北京大学出版部出版了两本英文著作——《实变函数》（*Functions of Real Variables*)[1] 和《复变函数》（*Functions of a Complex Variable*)[2]。探究他开设的数学课程和这两本著作，可以深入了解和认识他在中国传播函数论的情况，有助于了解当时北京大学对外学术交流和数学系教学的状况、抗战前国外数学家来华讲学的内容，以及 20 世纪 30 年代中国数学发展的大背景。

目前，虽有学者论及奥斯古德的讲学活动[3-6]，但对其在北京大学的具体授课内容和上述两本著作都鲜有关注，更未见专门的探讨。哈佛大学数学系教授沃尔什（Joseph L. Walsh，1895—1973）在他所撰《奥斯古德》一文中，指出上述两本著作大部分内容取材于奥斯古德的《函数论教科书》（*Lehrbuch der Funktionentheorie*)。[7] 这种观点容易使人认为这两本著作大部分内容照搬于《函数论教科书》，而事实不然。

本文基于北京大学、哈佛大学档案，《国立北京大学算学系课程指导书（民国二十三年度)》和《北京大学周刊》等原始文献，对奥斯古德在北京大学（以下简称"北大"）数学系开设的数学课程与上述两本著作进行考察，力图客观展现他在中国传播函数论的情况，并探讨他的《实变函数》《复变函数》与《函数论教科书》的关系，分析其在中国传播函数论的优势及其讲学活动的意义和影响。希冀通过本文能推进关于抗战前国外数学家来华讲学活动的研究。

1 奥斯古德到北大讲学的意图与相关背景

奥斯古德是 20 世纪中前期美国数学界的一位重要人物。1882 年进入哈佛大学学习，1887 年获硕士学位后到世界数学研究中心哥廷根大学，师从哥廷根学派前期领袖克莱因（Felix Klein，1849—1925）。1889 年转入埃尔兰根大学，在代数几何学领袖人物诺特（Max Noether，1844—1921）指导下于 1890 年获博士学位。此后任教于哈佛大

---

* 原载《中国科技史杂志》2014 年第 1 期，第 1—15 页。

学数学系，1903 年升为教授，1913 年获潘金斯（Perkins）数学教授名誉；1918 至 1922 年任系主任。[7]79-85 1904 年当选美国科学院院士。1905 至 1906 年还担任美国数学会主席。1898、1913 年担任美国数学会讨论会讲师（Colloquium Lecturer）。

奥斯古德与家人于 1934 年 8 月抵达北大。此前北大与中华教育文化基金董事会于 1931 年设立合作研究特款。奥氏是北大以此款聘请的研究教授。[8]当时他虽已年届古稀，基本离开数学前沿，但富有教学能力和经验。作为美国数学界最著名的教师之一，他能胜任大学各年级课程与专门的研究生课程。[9]他对教学非常投入，讲课精确、严谨，有激励性，总是强调经典问题和结果。[7]83他撰有多部教科书。其中，《函数论教科书》、《初等微积分》（*A First Course in the Differential and Integral Calculus*）在其来华前曾被北大数学系用作参考书或教本。[10]

按照北大与他签订的合同，奥氏在北大需要讲课、做研究、进行特别会谈和帮助组织数学课程，不能在校外兼职。其月薪为 600 元国币①。[11]（图 1）从笔者掌握的文献看，奥氏到北大讲学的一个意图是引入哈佛大学数学系的训练模式（简称"哈佛训练模式"）。作为中国第一个大学数学系，北大数学系于 1913 年正式成立后虽然对课程设置做了许多有益的探索，但缺乏严格有效的管理制度和机制。1931 年被聘为该系教授并主持系务的江泽涵（1902—1994），晚年回忆当年未在该系开设其专长的拓扑学课程时说：

> 这一年我未在北大教拓扑学，我持的理由是学习拓扑学需要对预修课有严格的训练，而北大数学系多年来对于课程的课外作业和期终考试都形同虚设，暂时还不应开拓扑学，当时学校的教学纪律很差。学生可以任意旷课，更谈不上每周学生交练习题，甚至于考试前老师发下十个题做范围，考时只要学生答其中四、五个题。[8]14

在这种情况下，由于校长蒋梦麟、理学院院长刘树杞、文学院院长胡适、数学系主任冯祖荀等的支持，年轻气盛的江泽涵即开始整顿数学系，并主张对学生采用哈佛大学数学系、南开大学数学系的训练模式。[8]14-15奥氏在哈佛大学数学系任教 43 年，熟谙哈佛训练模式，无疑是引入哈佛训练模式的一个合适人选。

据哈佛大学档案[12]、北大奥氏签订的合同[11]，江泽涵于 1934 年 8 月前已与奥氏取得联系，希望他到北大数学系讲学。后得到已在哈佛大学退休的奥氏的同意。而且奥氏

---

① 据 1935 年 2 月北大核定的《国立北京大学核发薪金清册》，奥斯古德的每月薪额在北大最高，为 700 元国币（合款），实际较上述合同中规定的每月薪额多 100 元。当时北大校长蒋梦麟的每月薪额为 600 元国币，校中教授（不包括奥斯古德）的每月薪额最高的为 500 元国币，如冯祖荀、江泽涵都是如此；副教授每月薪额是从 280 至 320 元不等。详见《国立北京大学核发薪金清册》，王学珍、郭建荣主编《北京大学史料》第 2 卷，北京：北京大学出版社，2000 年，第 502—514 页。

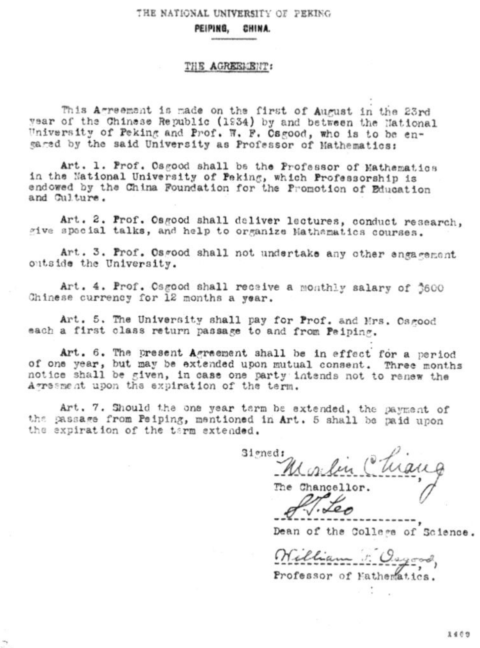

THE NATIONAL UNIVERSITY OF PEKING
PEIPING, CHINA.

THE AGREEMENT:

This Agreement is made on the first of August in the 23rd year of the Chinese Republic (1934) by and between the National University of Peking and Prof. W. F. Osgood, who is to be engaged by the said University as Professor of Mathematics:

Art. 1. Prof. Osgood shall be the Professor of Mathematics in the National University of Peking, which Professorship is endowed by the China Foundation for the Promotion of Education and Culture.

Art. 2. Prof. Osgood shall deliver lectures, conduct research, give special talks, and help to organize Mathematics courses.

Art. 3. Prof. Osgood shall not undertake any other engagement outside the University.

Art. 4. Prof. Osgood shall receive a monthly salary of $600 Chinese currency for 12 months a year.

Art. 5. The University shall pay for the Prof. and Mrs. Osgood each a first class return passage to and from Peiping.

Art. 6. The present Agreement shall be in effect for a period of one year, but may be extended upon mutual consent. Three months notice shall be given, in case one party intends not to renew the Agreement upon the expiration of the term.

Art. 7. Should the one year term be extended, the payment of the passage from Peiping, mentioned in Art. 5 shall be paid upon the expiration of the term extended.

Signed:

The Chancellor.

Dean of the College of Science.

Professor of Mathematics.

图1　1934年8月1日北大与奥斯古德签订的合同

建议按照哈佛大学数学系本科生和研究生一年级课程的精神，分别重新组织北大数学系的初等、高等课程。1934年8月20日，江氏在致哈佛大学数学系教授伯克霍夫（George David Birkhoff，1884—1944）的信中称（图2）：

> 我想你已经知道奥斯古德教授将于本月底到达北平。在我们的大学，不仅没有数学研究生，而且对于数学本科生的训练也不是本应该的那样。几周前，奥斯古德给我们写了一封长信。他建议按照哈佛大学本科生和研究生一年级课程的精神，分别重新组织我们的初等、高等课程。这个想法将于下学年付诸实施，其前景非常看好。[12]

奥氏到北大讲学的第二个意图，是教授函数论及理论力学。其所授课程共5门："实数函数论""函数各论乙""复数函数论""复数函数论（第二部）""理论力学"。[13,14]前4门均属函数论方面课程，是讲学的重点。奥氏专攻函数论，这是其重点教授函数论方面课程的主因之一。

同时应该指出，函数论（主要是实变函数论和复变函数论）是属于分析学的应用广泛的重要基本学科。[15]早在奥氏讲学之前，函数论方面课程在我国已受到一定重视。1904年晚清政府已将"函数论"纳入癸卯学制的格致科大学"算学门"课程。[16]1912

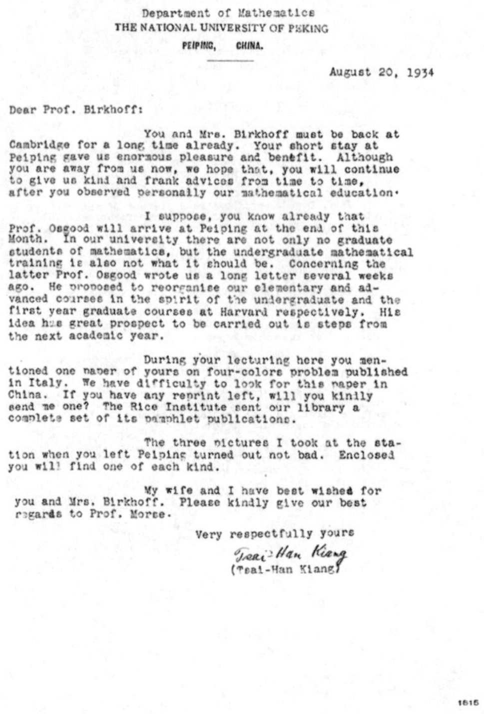

Department of Mathematics
THE NATIONAL UNIVERSITY OF PEKING
PEIPING, CHINA.

August 20, 1934

Dear Prof. Birkhoff:

You and Mrs. Birkhoff must be back at Cambridge for a long time already. Your short stay at Peiping gave us enormous pleasure and benefit. Although you are away from us now, we hope that, you will continue to give us kind and frank advices from time to time, after you observed personally our mathematical education.

I suppose, you know already that Prof. Osgood will arrive at Peiping at the end of this Month. In our university there are not only no graduate students of mathematics, but the undergraduate mathematical training is also not what it should be. Concerning the latter Prof. Osgood wrote us a long letter several weeks ago. He proposed to reorganize our elementary and advanced courses in the spirit of the undergraduate and the first year graduate courses at Harvard respectively. His idea has great prospect to be carried out is steps from the next academic year.

During your lecturing here you mentioned one paper of yours on four-colors problem published in Italy. We have difficulty to look for this paper in China. If you have any reprint left, will you kindly send me one? The Rice Institute sent our library a complete set of its pamphlet publications.

The three pictures I took at the station when you left Peiping turned out not bad. Enclosed you will find one of each kind.

My wife and I have best wished for you and Mrs. Birkhoff. Please kindly give our best regards to Prof. Morse.

Very respectfully yours
Tsai-Han Kiang
(Tsai-Han Kiang)

图2　1934年8月20日江泽涵致伯克霍夫的信

年北大制定新学制时，又将它纳入理科"数学门"课程。[17]在奥氏之前，北大数学系已开设过函数论方面的课程，如：1916年的"函数论""函数各论"[18]，1924—1925[19]、1925—1926[10]、1926—1927[20]年度的"函数通论"，1925—1926年度的"函数各论"[10]，1929—1930年度的"实数函数"[21]，1932—1933年度的"函数通论""函数各论"[22]。但该系从未像奥氏讲学时那样系统开设函数论方面的多种课程，尤其是未专门开设过复变函数论课程。当时除浙江大学[23,24]、武汉大学等校数学系[25,26]外，国内其他大学数学系很少在连续两三个学年度内兼设实变函数论、复变函数论课程。国内也没有专门关于实变函数论、复变函数论的教科书或著作出版。更无国外数学家来华教授这些课程。在这种情况下，奥氏作为一代函数论名家，到北大讲学实开国外数学家来华传播函数论之先河，对推进函数论在中国的传播具有不可轻忽的意义。

2　"实数函数论"课程与《实变函数》

奥氏的"实数函数论"课程开设于1934年度。它属于"高等课程"（另有"基本课程"），由四年级学生选修，课时半年，"上学期每周讲演四小时，四学分"[13]8。《国立北京大学算学系课程指导书（民国二十三年度）》刊有此课纲要：

无穷级数。匀收敛。匀连续与有定积分。隐函数存在定理。微分方程式之存在定理。偏微分方程式。Cauchy 问题。特性曲线（Characteristics）。可和之级数。[13]8

其中，"有定积分"即"定积分"，"特性曲线"即特征曲线。

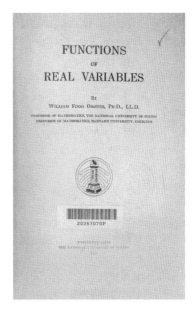

1936 年，奥氏在北大出版部出版的英文著作《实变函数》[1]能够具体反映此课内容（图 3）。据该书《序言》："此书是对 1934 至 1935 年秋冬两季在北京大学所作讲演的详细阐述。"[1]iii "讲演"指奥氏关于此课的讲课，这意味着此书稿本即奥氏此课讲义。1935 年，《国立北京大学研究报告（民国二十三年度上学期）》对奥氏此课讲义将要付印还有说明："学生讲义中关于 *Theory of Functions of Real Variables* 之部分亦拟同时付印①"[27]。

《实变函数》[1]共 12 章，各章分若干小节，各小节后大都配有习题，供学生练习。表 1 所列为各章主要内容。

图 3 《实变函数》书名页

表 1 奥氏《实变函数》[1]各章主要内容

章次	章名	主要内容
1	无穷级数的收敛 (Convergence of Infinite Series)	无穷级数及其收敛的定义、正项级数比较判别法、级数收敛一般判别法、判定级数收敛的柯西积分判别法、关于 $\lim u_{n+1}/u_n = 1$ 例子的判别法、库默尔准则（Kummer's Criterion）、交错级数、带任意正负项的级数、无穷乘积、超几何级数
2	数系 (The Number System)	数的概念问题、分数、负数、无理数、连续性定理、点集收敛序列基本定理、无理数的加法、双变量和的极限、无理数的乘法、根、不等式、引入无理数的正则序列方法
3	点集、极限、连续 (Point Sets，Limits，Continuity)	点集定义、函数、极限、有界函数、极限的三个定理（和、积、商）、连续函数的三个定理、一致连续、覆盖定理、选择公理
4	导数、积分、隐函数 (Derivatives，Integrals，Implicit Functions)	导数定义、没有导数的连续函数、罗尔定理、中值定理、合成函数的微分、带有一个余项的泰勒定理、多变量函数、连续函数的积分、隐函数、存在性定理、联立方程组、逆变换、雅可比行列式的恒等于零
5	一致收敛 (Uniform Convergence)	函数级数、一致收敛、魏尔斯特拉斯 M 判别法、函数级数的连续性、幂级数、阿贝尔引理、二项级数、级数的积分、级数的微分、二重极限和 $s(n,m)$ 定理、级数的微分的应用、奇点的凝聚
6	初等函数 (The Elementary Functions)	三角函数、对数函数、指数函数、无穷乘积

---

① "同时付印"指与奥氏理论力学课程讲义《力学》一起付印。

（续）

章次	章名	主要内容
7	无穷级数的代数变换（Algebraic Transformations of Infinite Series）	无穷级数收敛的初等定理,收敛级数的交换律、结合律,二重级数,级数的级数（Series of Series）,关于幂级数的定理,伯努利数,余切函数的发展,多变量解析函数,正则曲线、约当曲线
8	傅里叶级数（Fourier's Series）	傅里叶级数、贝塞尔不等式、傅里叶系数的估计、傅里叶级数的求和公式、阿贝尔定理、傅里叶级数收敛的证明、傅里叶级数的连续问题、吉布斯效应、傅里叶展开的积分与微分、发散级数、可和的傅里叶级数
9	定积分、线积分（Definite Integrals, Line Integrals）	常义积分、多重积分、莱布尼兹法则、积分的可变极限、带有常数限的累次积分、证明 $\partial^2 u/\partial x\partial y = \partial^2 u/\partial y\partial x$、广义积分、二重极限、积分的一致收敛、瓦莱－普桑 $\mu(x)$ 判则[The de la Vallée－Poussin $\mu(x)$－Test]、有限区间上的广义积分、积分的矩形区域、交错积分的估计、$\int_0^\infty \frac{\sin x}{x}dx$ 的计算、杜哈美尔定理（Duhamel's Theorem）、线积分、积分 $\int_c Pdx + Qdy$
10	Γ 函数（The Gamma Function）	Γ 函数的定义、差分方程、高斯积（Gauss's Product）、斯特林公式
11	傅里叶积分（Fourier's Integral）	傅里叶积分的定义及相关引理,傅里叶积分的收敛、微分法,导出积分（Derived Integrals）,对于多变量函数的傅里叶积分
12	微分方程、存在性定理（Differential Equations, Existence Theorems）	关于微分方程的问题、微分方程的存在性定理、半线性微分方程的例子、对参数的依赖性、隐式积分关系、线性微分方程、高阶微分方程、一阶线性偏微分方程、变量变换、一般一阶偏微分方程、通过特征曲线的积分

显然,上述"实数函数论"课程纲要中的内容基本都在此书中。奥氏在此书《序言》中说:"它是为那些已经学完高等微积分,但还没有开始学习函数论,即实变函数论或复变函数论的学生准备的。"[1]iii 从内容看,此书大都是实变函数论的基础知识和理论,并未纳入勒贝格的测度、可测集、可测函数、勒贝格积分等前沿内容。这些表明此书是学习实变函数论的入门教科书,也反映出奥氏开设的"实数函数论"课程重在为学生打基础。

值得注意的是,奥氏在此书《序言》中就第 3 章的连续函数的 3 个定理的证明问题指出:

> 学生能有希望精通这一学科的唯一方法是写他自己的书。他应该用自己的话陈述每个定理,然后要像作者为满足学生需要那样加以证明。教科书介绍得越清楚,对只依赖阅读的学生越坏。学生自己必须对主要定理给出自己独立的书面证明,再自己反复记忆,这就像他在这个迷人的城市（北平）通过他喜欢而常去的地方,步行去讲演或散步一样。首要的是定理的内容;其次是证明的方法,必须复习,将其溶入肉与血。[1]iv

这些看法是奥氏通过数十年关于函数论的教学和研究,总结的宝贵经验和心得。它们对学生学习实变函数论的知识和理论无疑是重要的。

此书的特点是强调新方法，并以许多不同的应用和大量习题予以说明，也注重初等定理证明的细节。[1]ⅲ同时，正文或脚注时常给学生一些学习的要求或提示，书中有的语言也较为生动。如针对第1章无穷级数的收敛的内容，该章要求学生做如下补充作业："新鲜而仔细地"学习奥氏的《微积分导论》（*Introduction to the Calculus*）[28]的"无穷级数"一章（第14章），也重新学习其《高等微积分》（*Advanced Calculus*）[29]"不定式"一章（第10章）。[1]33关于第2章的正则序列方法，此书强调这是个中间方法，是"一条容易达到山顶的路。旅行者购票、乘坐缆车。许多人喜欢这种旅行方式。但是有些人喜欢攀岩和穿越溪流。如果心脏好，肌肉强壮，这样的登高有其优点"[1]61。再如，第5章第4节介绍函数项级数连续的定理及其证明后，加脚注提示学生："值得花时间学习这个定理和它的几何学上的证明，解释一致收敛的条件：$s_m(x) - \varepsilon < s_n(x) < s_m(x) + \varepsilon$。这个条件意味着全部后来的近似曲线位于以曲线 $y = s_m(x) - \varepsilon$ 和 $y = s_m(x) + \varepsilon$ 为边界的带状区域之中。选择一个新的 $\varepsilon' = \varepsilon$，把这个带状区域变窄，展示几何上的变化。"[1]139

此外，1934年度，奥氏还开设了"函数各论乙"课程。这门课程集中于"势函数""三角级数""球带函数""Bessel函数"，属于高等课程，由该系四年级学生选修，对于三年级学生，"若本系认为成绩优良者可选习此课程"，课时半年，"下学期每周讲演四小时，四学分"。此课将3种欧美数学家的原著列为参考书：①"Pierce"的"Newtonian Potentials"①；②美国数学家拜尔利（William Elwood Byerly，1849—1935）的《傅里叶级数与球谐函数》（*Fourier's Series and Spherical Harmonics*）；③苏格兰数学家格雷（Andrew Gray，1847—1925）和马修斯（George Ballard Mathews，1861—1922）合著的《贝塞尔函数及其对物理的应用》（*A Treatise on Bessel Functions and Their Applications to Physics*）。此课纲要为："吸引物质之牛顿势函数。电磁势函数。Poisson 积分。级数展开。算学的物理学中一次偏微分方程式之解法，及实际计算引起之展开问题。"[13]8-9这反映出此课较为注重数学物理问题及实际应用。

图4　1935年北大图书馆新馆落成，胡适（左）与奥斯古德在楼顶合影

———————————

① 这似指美国数学家皮尔斯（Benjamin Osgood Pierce，1854—1914）的《牛顿势函数理论元素》（*Elements of the Theory of the Newtonian Potential Function*）。

图5　1935年双十节北大数学系部分教师及家属在北海合影

（前排左4江泽涵，后排左2奥斯古德）

3　"复数函数论"课程与《复变函数》

奥氏在哈佛大学数学系执教期间，多年享有教授复变函数课程的特权，并为使学生有效学习在高等分析中排在首位的这门课程，与那里的同事共同付出了努力。[2]ⅲ。他在北大数学系于1935年度开设"复数函数论"课程。它属于"基本课程"，由三年级

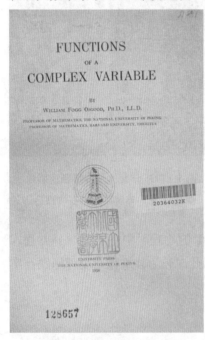

图6　《复变函数》书名页

学生必修，课时半年，"上学期每周五小时，五学分"。其纲要为："一个复变数的线性变换，同形变换，Riemann曲面，Cauchy的函数论的基本定理，代数与周期函数，双周期函数，对数的势函数。"[14] 此课使用3种参考书：①美国数学家柯蒂斯（David Raymond Curtiss，1878—1953）的《复变函数》（*Analytic Functions of a Complex Variable*）；②美国数学家皮尔庞特（James Pierpont，1866—1938）的《复变函数》（*Functions of a Complex Variable*）；③法国数学家古尔萨（Édouard-Jean-Baptiste Goursat，1858—1936）著，美国数学家赫德里克（Earle Raymond Hedrick，1876—1943）翻译的《数学分析教程》（*A Course in Mathematical Analysis*）第2卷第1部分。[14]它们都是关于复变函数或相关领域的经典著作。

1933 年 4 月 1—6 日，国民政府教育部在南京举行天文、数学、物理讨论会。这次讨论会将"复变函数论"列入全国大学数学系最低限度必修课程，议定其内容包括"复数运算，Cauchy Riemann 微分方程式，等角写照，Cauchy 诸基本定理，奇点，剩余定理及其应用，整函数，周期函数，解析的推广"[23]105-107。将奥氏"复数函数论"课程纲要内容与这次讨论会议定的"复变函数论"课程内容相比较，我们发现："同形变换"与"等角写照"相同（两者现译为"同形映射"）；"Cauchy 的函数论的基本定理"与"Cauchy 诸基本定理"，"代数与周期函数""双周期函数"与"周期函数"基本相同。另外，课程纲要没有的"复数运算"作为奥氏"复数函数论"课程的一个最基本的知识点，应该在授课时会涉及。虽然从纲要看，奥氏的课程内容较上述议定的课程内容要少，但笔者认为，实际上奥氏此课内容应远较其内容丰富，通过分析奥氏 1936 年出版的《复变函数》可见端倪（图 6）。

《复变函数》聚焦于单复变函数，旨在给完成高等微积分课程的学生介绍现代分析的最重要方法和结果。[2]ⅲ它共分 9 章，各章亦设若干小节，每小节后也大都配有习题，供学生练习。各章主要内容，如表 2 所示。

表 2 奥氏《复变函数》[2]各章主要内容

章次	章名	主要内容
1	复数 （Complex Numbers）	复变函数论的起源、复数系、复数的运算公式
2	解析函数、线性变换 （Analytic Functions，Linear Transformations）	复变函数的定义、极限、连续性、导数、微分，解析函数，反函数，变换，保角性
3	共形映射 （Conformal Mapping）	复数域上的对数函数、函数 $w = z^{\alpha}$、函数 $w = \sin^{-1}z$、函数 $w = \dfrac{1}{z}$、反演几何、球极平面射影、一般线性变换、无限区域、一般线性变换的运动处理（Kinematic Treatment）
4	黎曼曲面 （Riemann's Surfaces）	黎曼曲面举例、函数 $w = z^{\alpha}$、$w^2 = G(z)$ 函数、关于多值函数、函数 $w^3 - 3w = z$、双棱锥体函数（Functions of the Double Pyramid）、线性变换、代数函数
5	柯西理论 （The Cauchy Theory）	曲线、区域、线积分、复变域上的积分、柯西积分定理及其应用、柯西积分公式、解析函数的导数、调和函数、柯西估计、刘维尔定理（Liouville's Theorem）、代数基本定理、莫雷拉定理（Morera's Theorem）、柯西 – 泰勒展开（The Cauchy-Taylor Development）
6	进一步的展开、魏尔斯特拉斯；黎曼 （The Further Development，Weierstrass；Riemann）	函数级数、幂级数、解析函数的根、孤立奇点、黎曼定理、极点、本性奇点、魏尔斯特拉斯定理、∞ 点、共形映射①、代数基本定理②、罗朗定理（Laurent's Theorem）、有理函数、级数的线性变换、留数、留数定理、对数留数、达布定理（Darboux's Theorem）、圆上矩形的映像（Map of a Rectangle on a Circle）

---

① 此书第 3 章已对"共形映射"有专门介绍。第 6 章"共形映射"内容主要是引入一个新定理。

② 此书第 5 章包括代数基本定理的内容，是通过刘维尔定理证明的。第 6 章的代数基本定理是引入了另一种证明方法。

（续）

章次	章名	主要内容
7	解析延拓 （Analytic Continuation）	解析延拓的定义及相关定理、沿着曲线的解析延拓、单演解析函数及其例子、代数函数、单值化、函数元素、带自然边界的函数、函数关系的不变性、椭圆函数
8	对数位势 （The Logarithmic Potential）	调和函数①、线性方程的基本性质、消没通量定理（The Theorem of Vanishing Flux）、中值定理、最大最小值定理、共轭函数、共形映射②、边界值与线积分、依据边界值表示 μ、格林函数、泊松积分、可去奇点、调和函数的极点、一致收敛、哈纳克定理、调和函数的展开、$u=c$ 的轨迹、唯一性定理、穿越圆弧的连续、（在解析边界值情况下）穿越解析曲线的连续、解析曲线邻域的共形映像、解析延拓③
9	单连通区域的共形映像 （Conformal Map of a Simply Connected Region）	圆上任何单连通区域的共形映像、格林函数的存在性（Existence of a Green's Function）、解析多角形、带尖点的圆弧多角形、圆弧三角形函数、圆弧三角形、自守性、带主圆的三角函数、不变积分、圆弧多角形函数、皮卡定理

由表 2 可知，奥氏《复变函数》基本囊括了课程纲要和上述议定课程的内容，且远较后两者丰富。此书还包括"复数函数论"课程纲要未涉及的奇点、剩余定理等内容。奥氏在书中虽未说明它与"复变函数论"课程的关系，但我们有理由认为其稿本或大部分内容即此课讲义：

首先，在内容编排上，此书 9 章中有 5 章与课程纲要内容一致或大体一致：第 2 章"解析函数、线性变换"与"一个复变数的线性变换"大体一致；第 3 章"共形映射"与"同形变换"一致；第 4 章"黎曼曲面"与"Riemann 曲面"一致；第 5 章"柯西理论"与"Cauchy 的函数论的基本定理"一致；第 8 章"对数位势"与"对数的势函数"大体一致。第 7 章"解析延拓"还包括代数函数的内容。而且上述内容是依次对应，无顺序颠倒的情况。

其次，此书序写于 1936 年 1 月，这是奥氏讲授"复数函数论"课程之后或即将结束之际。讲授此课时，他不用此书稿本或其大部分内容作为讲义，而是抛开它，另编讲义，是不合常理的。

另外，奥氏"复数函数论（第二部）"于 1935 年度开设。它属于"高等课程"，要求预修"复数函数论"，规定四年级学生及研究生选修，为"半年课程"，"上学期每周三小时"。此课包括"数复数的解析函数论专题""代数函数与其积分函数""自形函数"三部分内容。[14]其中，"数复数的解析函数论专题"即多复变函数论专题。1935年，奥氏还担任了北大理科研究所算学部研究生指导教师，负责开设"数复变数函数

---

① 此书第 5 章对调和函数已有介绍。第 6 章介绍调和函数，是由此引入对数位势的内容。
② 第 8 章"共形映射"的内容，主要是引入调和函数在共形映射下不变这个定理。
③ 此书第 7 章对"解析延拓"也有专门介绍。第 8 章的"解析延拓"内容是引入一个新定理。

论"课程,即多复变函数论课程;并与冯祖荀、江泽涵、申又枨分任指导"解析学与几何学专题"研究工作。[30]

4 《实变函数》《复变函数》与《函数论教科书》的关系

1989 年美国数学会出版的《美国数学一百年》(*A Century of Mathematics in America*)第二部中刊有沃尔什所撰《奥斯古德》一文。文中有如下一段文字:

> 1933 年从哈佛大学退休后,奥斯古德花了两年时间(1934—1936)在国立北京大学任教。在那儿,通过他的学生的准备,他的讲演形成了两本英文著作,于 1936 年出版:《实变函数》和《复变函数》。这两本著作大部分内容取材于《函数论教科书》①。[7]

这里所说的《函数论教科书》,即奥斯古德的《函数论教科书》。此书于 1907 年出版,分两卷,是一本系统阐述实变函数论、复变函数论(包括多复变函数论)的教科书。1928 年此书第 1 卷出版至第 5 版。沃尔什所言"这两本著作大部分内容取材于《函数论教科书》"主要指此书第 1 卷第 5 版。因为分别与奥氏《实变函数》《复变函数》有关的实变函数和单复变函数的内容均在《函数论教科书》第 1 卷;而奥氏在《复变函数》序言中说此书常见的参考文献是其《函数论教科书》第 1 卷(1928 年出版的第 5 版)[2]iii - iv;《实变函数》有 5 处②明确提到和引用《函数论教科书》,其中有 2 处③注明参考的是《函数论教科书》第 1 卷第 5 版;另有 2 处注明参考的是此书第 1 卷,仅有 1 处注明参考此书第 2 卷第 1 分册。

据笔者考察,奥氏《实变函数》《复变函数》确有不少内容取材于《函数论教科书》。其中,也不乏基本照搬的情况。如《实变函数》第 4 章的罗尔定理及其证明[1]101 - 102;[31]、隐函数存在性定理及其证明[1]119 - 122;[31]65 - 69、第 5 章一致收敛定义[1]134;[31]94 - 95、魏尔斯特拉斯 M 判别法及其证明[1]136 - 137;[31]100 - 101,《复变函数》第 5 章的柯西积分定理及其证明[1]105 - 106;[31]198 - 299等。

不过,这两本著作取材于《函数论教科书》第 1 卷第 5 版的有些内容经过较大程度的改编。如关于导数定义,《实变函数》与后书的表述即明显不同。两书的表述,如表 3 所示。

---

① 这段文字的英文原文为:After Osgood's retirement from Harvard in 1933 he spent two years(1934 – 1936)teaching at the National University of Peking. Two books in English of his lectures there were prepared by his students and published there in 1936:*Functions of Real Variables* and *Functions of a Complex Variable*. Both books borrowed largely from the *Funktionentheorie*.

② 即《实变函数》第 130、139、241、262、310 页脚注。参见 [1],第 130、139、241、262、310 页。

③ 即《实变函数》第 241、262 页脚注。参见 [1],第 262 页。

表3 《实变函数》与《函数论教科书》第1卷第5版导数定义比较表

《实变函数》的定义 （[1]，第97页）	《函数论教科书》第1卷第5版的定义 （[31]，第19页）
Let a function $f(x)$ be defined in the neighborhood of a point, $x = x_0$. Form the difference-quotient： 1) $\dfrac{f(x_0 + \Delta x) - f(x_0)}{\Delta x}$, where $x_0 + \Delta x$ is a point of the above neighborhood, distinct from x_0. If the quotient approaches a limit as Δx approaches 0, the function is said to have a *derivative*, or be *differentiable*, at the point x_0. We write： 2) $\lim\limits_{\Delta x = 0} \dfrac{f(x_0 + \Delta x) - f(x_0)}{\Delta x} = D_x y = f'(x_0)$. If the ratio 1) approaches a limit when Δx approaches 0 passing only through positive values, $f(x)$ is said to have a *forward derivative*. And similarly for a *backward derivative*. If, and only if, these two are equal, will $f(x)$ have a derivative in the point x_0. But if x_0 is an end point of the domain of definition of $f(x)$, then $f(x)$ is said to have a derivative in the point x_0 if the forward or backward derivative exists. If a function has a derivative in a point, the function is continuous in the point. But the converse is not true, as will presently be shown. If the difference-quotient 1) becomes infinite as Δx approaches 0, the function is said to have an *infinite derivative*. In particular, we may have $\lim\limits_{\Delta x = 0^+} \dfrac{f(x_0 + \Delta x) - f(x_0)}{\Delta x} = +\infty$, or $-\infty$； and similarly for $\lim \Delta x = 0^-$. When, however, we say of a function that it *has a derivative*, we shall use the word only in the sense of a proper derivative, and exclude the case that the difference-quotient becomes infinite. If $f(x)$ has a derivative at every point of an interval, open or not, the function is said to be *differentiable in the interval*.	Sei die Funktion $y = f(x)$ für alle Werte von x in einem Intervalle eindeutig erklärt und seien x_0, $x_0 + \Delta x$ zwei Punkte des Intervalls. Man bilde den Differenzen-quotienten $\dfrac{\Delta y}{\Delta x} = \dfrac{f(x_0 + \Delta x) - f(x_0)}{\Delta x}$. Ist x_0 ein innerer Punkt des Intervalls und konvergiert $\Delta y/\Delta x$ beim Grenzübergange $\lim \Delta x = 0$ gegen einen Grenzwert, so definiert man letzteren als die *Ableitung* der Funktion $f(x)$ im Punkte x_0 und bezeichnet ihn mit $f'(x_0)$： $\lim\limits_{\Delta x = 0} \dfrac{f(x_0 + \Delta x) - f(x_0)}{\Delta x} = f'(x_0)$ Wird $\lim\limits_{\Delta x = 0} \dfrac{f(x_0 + \Delta x) - f(x_0)}{\Delta x} = +\infty, -\infty,$ so sagt man, $f(x)$ hat im Punkte x_0 eine *unendliche Ableitung* und nennt zum Gegensatz die eigentliche Ableitung eine *endliche* Ableitung. Wir warden jedoch unter den Worten："$f(x)$ hat eine Ableitung" verstehen, sofern das Gegenteil nicht ausdrücklich bemerkt ist, daß eine endliche Ableitung, d. h. ein eigentlicher Grenzwert vorliegt.

由表3可见，关于导数定义，《实变函数》的表述较为细致。而且，在自变量的增量的极限方面，《实变函数》与《函数论教科书》第1卷第5版关于无穷大导数的定义的表述也存在细微的差别。《实变函数》是从自变量的增量 Δx 趋于 0^+ 和 0^- 两种情况进行表述的，而《函数论教科书》第1卷第5版仅从 Δx 趋于 0 这一种情况进行表述。

不妨再举一例。《复变函数》第3章"共形映射"中关于函数 $w = z$ 的内容取材于《函数论教科书》第1卷第5版的第6章关于函数 $w = z$ 的内容。两书相关内容的插图完全相同，但内容表述区别较大，如表4所示。

在表4中，由于 a 与 m 均表示正实数，$w = z^\alpha$ 与 $w = z^m$ 实际表示同一函数。从分别对 $w = z^\alpha$ 和 $w = z^m$ 的介绍看，《复变函数》的表述要较《函数论教科书》第1卷第5版的表述简要。这一方面体现于前者对 $w = z^\alpha$ 的引入和条件的陈述；另一方面体现于前者对 R 与 r、Φ 与 φ 关系的表述。不仅如此，通过比较表4左右两栏可知，《复变函数》与《函数论教科书》第1卷第5版关于 R 与 r、Φ 与 φ 关系之后内容的表述区别更大。

表 4　《复变函数》与《函数论教科书》第 1 卷第 5 版关于 $w = z^{\alpha}$ 和 $w = z^{m}$ 内容比较表

《复变函数》关于 $w = z^{\alpha}$ 的内容（[2]，第 51—52 页）	《函数论教科书》第 1 卷第 5 版关于 $w = z^{m}$ 的内容（[31]，第 259—260 页）
Consider the map defined by the function 1）$w = z^{\alpha}$, where α is a positive real number. Let $z = r(\cos\varphi + i\sin\varphi)$, $w = R(\cos\Phi + i\sin\Phi)$. Then $R(\cos\Phi + i\sin\Phi) = r^{\alpha}(\cos\alpha\varphi + i\sin\alpha\varphi)$. Hence 2）$R = r^{\alpha}$, $\Phi = \alpha\varphi + 2k\pi$. Thus a circle about the origin, $z = 0$, goes over into a circle about the origin, $w = 0$. Consider a sector of a circle： 3）$0 \leqslant r \leqslant r_1$, $0 \leqslant \varphi \leqslant \varphi_1$, Let $\Phi = \alpha\varphi$, and assume that $\alpha\varphi_1 = \pi$, $1 < \alpha$, Let $r_1 = 1$; then $R_1 = 1$. Thus a sector of the unit circle in the z-plane, whose angle is $\varphi_1 = \pi/\alpha$, is open out like a fan on a semicircle. And yet, not wholly like a fan, for the points of the z-figure are drawn in toward the centre. If, for example, $\alpha = 2$, the points on the circle $r = \dfrac{1}{2}$ go over into points on the circle $R = \dfrac{1}{4}$.	Ist m eine positive ganze Zahl, so ist die Funktion $f(z) = z^{m}$ in der ganzen z-Ebene eindeutig und analytisch. Da die Ableitung $f'(z) = mz^{m-1}$ im Punkte $z = 0$, sonst aber nirgends, verschwindet, sofern $m > 1$ ist, so erweist sich damit die Abbildung der Umgebung eines beliebigen Punktes $z_0 \neq 0$ auf die w-Ebene als ein-eindeutig und konform. Setzt man $z = r(\cos\varphi + i\sin\varphi)$, $w = R(\cos\Phi + i\sin\Phi)$, So führt die Gleichung $w = z^{m}$ zu den Relationen （1）$\begin{cases} R = r^{m} \\ \Phi = m\varphi, \end{cases}$ $\begin{cases} r = R^{\frac{1}{m}} \\ \varphi = \dfrac{\Phi + 2k\pi}{m}, \end{cases}$ wo $k = 0, 1, \cdots, m - 1$ ist. Wir wollen hier Φ zunächst auf das Intervall $0 \leqslant \Phi \leqslant \pi$ beschränken und zugleich $k = 0$ nehmen. Dadurch wird φ zu einer eindeutigen Funktion von Φ in diesem Intervall. Bei dieser Festsetzung wird eine beliebige innerhalb des Winkels $0 \leqslant \varphi \leqslant \pi/m$ gelegene Figur der z-Ebene ein-eindeutig und konform auf eine Figur der oberen Hälfte der w-Ebene abgebildet. Insbesondere heben wir zwei Bereiche hervor：a）der Sektor des Einheitskreises $0 \leqslant r \leqslant 1$, $0 \leqslant \phi \leqslant \pi/m$ wird auf den Halbkreis $0 \leqslant R \leqslant 1$, $0 \leqslant \Phi \leqslant \pi$ bezogen；b）dem Winkel $0 \leqslant \varphi \leqslant \pi/m$ entspricht die ganze Halbebene $0 \leqslant \Phi \leqslant \pi$.

图 7　1936 年江泽涵（左 1）、樊际昌（左 2）、张景钺（左 4）
与奥斯古德（左 3）在北京大学合影（左后为江泽涵夫人蒋守方）

图8 1936年北京大学数学系全体教授与奥斯古德在北大理学院前合影

（左起：赵淞、冯祖荀、奥斯古德、申又枨、江泽涵）

5 结语

全面抗战前的一二十年是现代数学在中国传播与发展的一个重要历史时期。其间的传播者不仅有本土学者，还有国外数学家。奥斯古德便属于后者。与中国本土学者相比，奥斯古德传播函数论具有明显的优势。首先，在函数论这一重要的基本学科领域，他已是成就卓著并享誉世界的一流专家。而1934至1936年他在北大讲学期间，中国本土学者在这一学科领域还没有世界一流的专家，也没有人在学术成就上能与他比肩。其次，他有在世界著名学府哈佛大学任教43年的经历，专长函数论，尤其复变函数论的教学，并富有教学能力和经验，且著有大部头的系统阐述实变函数论、复变函数论（包括多复变函数论）的《函数论教科书》。这些是当时教授函数论方面课程的中国本土学者所望尘莫及的。

奥斯古德在北大的讲学是全面抗战前国外数学家来华讲学活动的重要组成部分。讲学期间，他为数学系学生较为全面地开设了函数论方面的课程。通过这些课程与在北大出版部出版《实变函数》和《复变函数》，他在中国系统传播了实变函数论、单复变和多复变函数论。这两本著作分别是中国最早出版的实变函数、复变函数教科书。沃尔什所言"这两本著作大部分内容取材于《函数论教科书》"主要指这两部著作的大部分内容取材于《函数论教科书》第1卷第5版。这种取材决非完全照搬，而是对有些内容作了较大的改编。

奥斯古德开设的"实数函数论"课程重在为学生打基础，并不侧重前沿知识和理论，没有讲授勒贝格的测度、可测集、可测函数、勒贝格积分等前沿内容。"实数函数论"课程的讲义即《实变函数》稿本。其《复变函数》与"复数函数论"课程内容密切相关。此书系统介绍了单复变函数的知识和理论，内容远较"复数函数论"课程纲要和1933年教育部天文、数学、物理讨论会议定的"复变函数论"课程内容丰富。关于"函数各论乙""复数函数论""复数函数论（第二部）"等课程，他选用的参考书基本都是欧美数学家的原著。在"复数函数论（第二部）"课程中，他讲授了处于前沿的多复变函数论专题、代数函数与其积分函数、自行函数等内容。

从后来的反响看，奥斯古德的讲学是受到一些学生欢迎的。如1947年一位笔名为本的北大数学系教师[①]说：奥氏在讲课中把分析上用的"ε""δ"，分别说成"易卜西隆"是敌人的、"得而他"是自由我们的。有了自由我们的"得而他"，便克服了敌人的硬性"易卜西隆"。经他这么比喻，学生们便觉得"性灵的活跃，文字公式的呆滞，都变成了光辉的流转"。[32]奥氏的《实变函数》出版后，在美国数学界还引起一些关注。如1937年美国高等研究院（Institute for Advanced Study）的约翰逊（Marie M. Johnson）在《国家数学杂志》（*National Mathematical Magazine*）发表书评，推荐此书。其推荐理由是：此书强调新方法，有许多初等定理的细节是奥氏的德文著作[②]所省略或仅简略提及的，加入了最近的参考资料，完成了奥氏《高等微积分》一书不完整的证明。[33]而且1958年，即奥氏逝世15年后，其《实变函数》与《复变函数》合订为一册由美国切尔西出版公司（Chelsea Publishing Company）重印。[34]这表明这两本著作出版后在美国不无影响。

在笔者看来，奥斯古德的讲学活动对北大数学系和中国数学的发展更具有多方面的影响。其一，他的讲学活动使该系的函数论课程更为专门化，可能对该系教师重视实变函数论和复变函数论这两门大学数学专业的重要课程产生影响[③]，催生了实变函数、复变函数教科书在中国的出版，推进了函数论在中国的传播。其二，他的讲学活动使该系学生受到哈佛训练模式的训练，缩小了他们与国际水平的差距，使学生容易在国际上与国外数学家进行沟通、对话。他讲学期间的该系学生樊㼖、王湘浩等后来出国留学并取得较高的学术成就应该或多或少都与他的讲学有关。其三，他通过讲学为该系师生树立了学者的典范，为该系植下了优良传统的种子。正如在该系受教于他的赵淑玉回忆说：奥氏"虽年事已高，而学识之渊博、紧追潮流不舍与治学做事一丝不苟的精神带动了一

---

①　本可能是曾任奥氏助教的孙树本。

②　这似指奥氏的《函数论教科书》。

③　一个例证是：1937年全面抗战爆发后，北大数学系教授申又枨在北大与清华大学、南开大学合组的西南联合大学的数学系曾开设实变函数论（Ⅰ）（1937—1938年度）、实变函数论（Ⅱ）（1937—1938年度）、复变函数论(1938—1939、1939—1940、1942—1943各年度）课程。详见北京大学，清华大学，南开大学，云南师范大学编《国立西南联合大学史料》第3卷（教学、科研卷）（昆明：云南教育出版社，1998年）第143、156、182、278页。

辈人的优良学风与作风，留下了一批优秀学者、骨干力量"[35]。再如本所说：

奥氏在上一辈数学家中真是成名之士，著作贡献相当大。而他留在中国不到两年的短短岁月里，给我们印象最深的不是他的学问高低和贡献大小，而是他贯彻始终一丝不苟的处事做学问的态度。从他那里我们看不见气焰凌人的骄傲，也看不见小有成就的夸张，只让人觉得平易近人，当时仿佛平凡，今天想来便觉怀念那种高超的学者风格。[32]

对学生成长和学系发展而言，这种精神层面的影响实际相当重要。但据江泽涵晚年的回忆，奥氏通过讲学并未带动该系师生追随其从事相关函数论的研究工作①，这是令人感到遗憾的。

致谢 本文承蒙审稿专家提出宝贵的修改意见、李文林先生提供江泽涵致伯克霍夫信、江丕栋先生提供他父亲江泽涵教授保存的人物照片，谨致谢忱！

参考文献

[1] Osgood W F. Functions of Real Variables [M]. Beijing：University Press，The National University of Peking，1936.

[2] Osgood W F. Functions of a Complex Variable [M]. Beijing：University Press，The National University of Peking，1936.

[3] 李文林. Some Aspects of the Mathematical Exchanges between China and the United States in Modern Times [A]//李文林. 数学的进化——东西方数学史比较研究 [M]. 北京：科学出版社，2005：382－340.

[4] 刘秋华. 二十世纪中外数学思想交流 [M]. 北京：科学出版社，2010：117－118.

[5] 张奠宙. 中国近现代数学的发展 [M]. 石家庄：河北科学技术出版社，2000：61－64.

[6] 胡树铎，王士平. 伯克霍夫和奥斯古德在北京大学授课 [A]//李艳平，王士平编. 远方来的播火者——20世纪上半叶世界著名科学家入华记 [M]. 北京：首都师范大学出版社，2012：142－148.

[7] Walsh J L. William Fogg Osgood [A]//Peter Duren（ed）. A Century of Mathematics in America [C]. Part Ⅱ. Providence，Rhode Island：American Mathematical Society，1989：84.

[8] 江泽涵. 漫谈六十年来学和教拓扑学 [A]//江泽涵先生纪念文集编委会编. 数学泰斗世代宗师 [C]. 北京：北京大学出版社，1998：16.

[9] Koopman B O. William Fogg Osgood—In Memoriam [J]. Bulletin of the American Mathematical Society，

① 江泽涵回忆奥氏讲学活动时说：奥氏"讲多元复变函数论、有关 Abel 积分等问题，惜无师生继续随他作此项研究"（[8]，第16页）。

1944，50（3）：139 – 142.

［10］国立北京大学数学系课程指导书（十四年至十五年度）［A］//国立北京大学八年度至十四年度课程指导书［R］. 北京：北京大学档案，BD1919029.

［11］The Agreement［A］//奥斯古教授合同，国立北京大学研究教授工作报告（第二次）［R］. 北京：北京大学档案，BD1934012.

［12］Letter from T. H. Kiang to G. Birkhof on August 20，1934［R］. Cambridge：Harvard University Archives，HUG4213. 2.

［13］国立北京大学算学系课程指导书（民国二十三年度）［R］. 北京：北京大学自印本，1 – 9.

［14］国立北京大学算学系课程指导书（民国二十四年度）［A］//国立北京大学二十四年度入学试题、课程指导书、二十四至二十五年度文学院课程一览［R］. 北京：北京大学档案，BD1935008.

［15］中国大百科全书总编辑委员会《数学》编辑委员会. 中国大百科全书·数学［Z］. 北京：中国大百科全书出版社，1988：223，579.

［16］奏定大学堂章程（附通儒院章程）［A］//璩鑫圭，唐良炎. 中国近代教育史资料汇编（学制演变）［Z］. 上海：上海教育出版社，1991：361 – 362.

［17］民国元年所订之大学学制及其学科［A］//光绪二十九年、民国元年北大学科设置及课程安排、入北京大学校插班生名单［R］. 北京：北京大学档案，BD1912001.

［18］国立北京大学分科规程［A］//有关政法学会开成立大会请派代表的文书（附宣言和会章各一份）、国立北京大学分科规程［R］. 北京：北京大学档案，BD1916005.

［19］国立北京大学数学系指导书（十三年至十四年度）［N］. 北京大学日刊，1924 – 09 – 06：4.

［20］国立北京大学数学系课程指导书（十五年至十六年度）［A］//北大学术研究会有关文件、北大课程指导书、北大旁听生规则［R］. 北京：北京大学档案，BD1926006.

［21］国立北京大学数学系指导书（十八年至十九年度）［N］. 北大日刊，1929 – 09 – 19（2）.

［22］国立北京大学算学系课程指导书（民国二十一年度至二十二年度）［A］//北京大学入学考试简章、入学试题及1932年录取新生姓名及二十一年度课程指导书［R］. 北京：北京大学档案，BD1932012.

［23］国立编译馆编辑. 教育部天文数学物理讨论会专刊［Z］. 南京：国民政府教育部印行，1933：329 – 330.

［24］国立浙江大学课程大纲. 国立浙江大学要览（二十三年度）. 杭州：浙江大学，23 – 29.

［25］各学院概况学程内容及课程指导书. 国立武汉大学一览（中华民国廿二年度），1933：94 – 96.

［26］各学院概况学程内容及课程指导书. 国立武汉大学一览（中华民国廿三年度），1934：99 – 101.

［27］国立北京大学研究报告（民国二十三年度上学期）［N］. 北京大学周刊，1935 – 03 – 30（3）.

［28］Osgood W F. Introduction to the Calculus［M］. New York：The Macmillan Company，1922.

［29］Osgood W F. Advanced Calculus［M］. New York：The Macmillan Company，1925.

［30］国立北京大学研究院招考章程（二十四年七月）［A］//北京大学学则、规程（民国21—25年）、文学院课程一览（民国12—22年）［R］. 北京：北京大学档案，BD1932009.

［31］Osgood W F. Lehrbuch der Funktionentheorie［M］. erster band. Leipzig und Berlin：Verlag und Druck von B. G. Teubner，1928：23.

［32］本. 北大的数学系［J］. 北大化讯，1947（18、19）：29.

［33］Johnson M M. Functions of Real Variables by William Fogg Osgood［J］. National Mathematics Maga-
zine，1937，12（3）：153 – 154.

［34］Osgood W F. Functions of Real and Complex Variables［M］. New York：Chelsea Publishing Company，
1958.

［35］赵淑玉. 整顿学风赖先生［A］∥江泽涵先生纪念文集编委会编. 数学泰斗世代宗师［C］. 北
京：北京大学出版社，1998：363.

孙承晟 1977 年生，云南宣威人。1997 年毕业于兰州大学地理系，获理学学士学位；2002 年毕业于北京大学科学与社会研究中心，获哲学硕士学位；2005 年毕业于中国科学院自然科学史研究所，获理学博士学位。现为中国科学院自然科学史研究所研究员、《自然科学史研究》副主编。主要研究明清中西科学交流史、民国科学史。曾在德国埃尔朗根大学、法国国家科研中心、英国剑桥大学李约瑟研究所、韩国国立首尔大学等科研机构进行学术访问。2011 年获国际东亚科学技术与医学史学会（ISHEASTM）颁发的"竺可桢青年学者奖"；曾入选为中国科学院青年创新促进会会员（2012—2015）。

明清之际西方"三际说"在中国的流传和影响

□ 孙承晟

明末西方传教士入华，输入大量以亚里士多德学说为基础的西学，气象学是其中一个重要的部分。按照亚里士多德的理论，地表受太阳热烘后，有两种"嘘出物"（exhalation）：从潮湿地表或水面呼出的是蒸汽（vapour），冷而湿；从地球本身产生的是"风气"（亦称烟气，smoke），热而干。蒸汽自潮湿表面嘘出，上升于气圈，逐渐升高而冷凝，在不同的高度或环境形成云雾雨雪、霜露冰雹。呼出的烟气，透过气圈上升进入火圈，成为可点燃物。天球旋转运行生热，自月层天下传入火圈，点燃其中之易燃物质，乃为雷电、彗星、流星等。[1]此一基本理论一直持续到科学革命前夕。

中国传统的气象气候知识肇始于夏商周时期，早在《夏小正》中就有较为丰富的记录。魏晋南北朝时期有较大的发展，如对大气折射、海市蜃楼、风雨雪霜以及信风、台风等的形成已有很深入的认识。隋唐时期则已有天气预测，并产生多种气象仪器，物候知识已经很完备。至宋元时期，人们对气象物候有更为细致的观测、记录。[2]与西方相较，中国古代的气象知识更具经验性质，理论探索较少。因有此区别，明清之际西方气象学传入中国，所引起的冲突与融合便是一个很值得探讨的问题。

在明清之际所传入的西方气象学知识中，三际说①是最为重要的理论。现在，人们通常把大气从下到上依次分为对流层、平流层、中间层、电离层和散逸层。在西方古典自然哲学中，宇宙以月球为界分为月上区和月下区，前者包括月球及以上的世界，由以太（第五元素，非轻非重）构成，是一个永恒不变的区域；月下区则包括地球及月球以下的区域，由土、水、气、火四种元素组成，四种元素的不断转换、组合，导致新事物的产生、旧事物的消亡。产生各种天气现象的气层，即从地表至火元素以下的区域自上而下被分为三个区域，称作三际（three regions, or three strata）。上面因宇宙第一推动导致层层天球旋转向下传导热能，且受太阳持续直射并靠近火，所以是非常热的气

　＊　原载《自然科学史研究》2014 年第 33 卷第 3 期，第 259—271 页。
　①　关于此一术语，明清之际"三域""三际"并用，传教士多采用利玛窦"三域"之译名，而中国士人则多沿用熊三拔所译之"三际"。为避免行文混乱，除引用原文及对相关原文的解释之外，本文均作中国士人所常用的"三际"。但须注意的是，因文化背景之异，对于此一概念，中国士人的理解与传教士的译介已有很大的不同，这正是本文所要探讨的核心问题之一。

域；下面因接近地表，能吸收、储存阳光照射的热量，所以是较暖的部分；而中间则远离热暖，是为冷际。三际说是附属于四元素说下的一个理论，用以解释空中的风云雨露、霜雪雷电、虹霓彗孛等天气现象。[3]

亚里士多德并没有对气圈作出明确的三分。三际说是后来的注释家或翻译家所引申。塞内卡（Seneca，约公元前4—前65）在其《自然问题》（*Quaestiones naturales*）中已明确将空气分为三层，奠定三际说的基础。[4]Themon（活跃于1349—1361年）则在其《关于亚里士多德气象学四书的问题》（*Questions on the Four Books of Aristotle's Meteo-rologica*）一书中则表明当时的经院哲学家已对“气的中域是否一直是冷的？”而产生争论。[5]在中世纪阿拉伯自然哲学中，三际说已是一种很普遍的理论。[6]

1　三际说的传入

利玛窦（Matteo Ricci，1552—1610）1602年刊刻《坤舆万国全图》，其中“九重天图”明确图示气的“三域”，这是现存中文资料中最早记载“三域说”之处。后来《乾坤体义》编纂成书，承袭其说，并专绘“四行本处及气三域图”，进一步说明气行三域：

> 夫气处所又有上、中、下三域。上之因迩火，则常太热；下之因迩水土，而水土恒为太阳所射以光辉，有所发煖，则气并煖；中之上下遐离热者，则常太寒冷，以生霜雪之类也。其三般气又广窄弗等，若南北二极之下，因违远太阳者，阴气盛，则上下热暖处窄而中寒冷处广；若赤道之下，因近太阳者，阴气微，则反然，二热煖处广而寒冷处窄。[7]

利玛窦明确指出气元素所在自上而下分为三层：上面因靠近火，是属于热的区域；下面接近水土，而水土常为太阳所照射，故为暖；中间远离热暖，因此寒冷，是霜雪生成的地方。三个部分广窄不等，南北两极远离太阳照射，阴气盛，因此上下热暖部分窄而中间冷际宽，赤道部分则反之。

《乾坤体义》译自利玛窦老师丁先生（Christoph Clavius，1538—1612）的著作，[8-9]关于三际说亦不例外。丁先生在其《〈天球论〉注解》（*In Sphaeram Joannis de Sacro Bosco Commentarius*）中指出气层被哲学家划分为上、中、下三个部分（tres regiones），接着论述了三际形成的原因，指出在能见到彗星的上层气域，因第一推动所造成的天球持续运动，以及靠近火和持续的阳光照射，所以是热的；下层因阳光的持续照射所以是温暖的；中间的部分因远离火且阳光不能到达而是寒冷的。《〈天球论〉注解》中还解释了三际的厚薄分布在南北极和赤道之不同。（图1）[10]

图1 《乾坤体义》（法国国家图书馆藏）和《〈天球论〉注解》中的三域图

可见在利玛窦的翻译中，气层上部为热之原因，并未提及天球运动和阳光照射两个因素，这种简化处理当是为了使中国读者更易理解。另外，在丁先生的著作中，未见到利玛窦所使用的"阴""阳"等字眼，利玛窦采用中国传统的阴阳理论作辅助解释显然是要顾及中国读者的接受。但他或许没有预料到，后来的中国士人正是用阴阳理论反驳三际说的不确。

熊三拔（Sabatino de Ursis，1575—1620）的《泰西水法》为水法专书，详细论述了取水器械、水库、地下水、水性和各种天气现象，对天气现象的论说在卷五，其中对三际说亦有介绍，且将利玛窦所采用的"三域"改作"三际"："气行三际（略见四元行论），中际甚冷。气升离地，渐近冷际，因于水土本情是冷是湿，结而成云。"[11]此处即以三际说明云的形成。此外，还解释了湿的云升至冷际形成雨、雪花为何是六瓣等气象问题。

傅汎际（Francisco Furtado，1589—1653）译义、李之藻达辞的《寰有诠》是明末一部重要的自然哲学著作。其中对三际说亦有介绍，尤其值得指出的是此书最先对气域的范围作了界定，以彗孛的能见而指出其上限为260余里：

> 论气行，循天文学，其厚二百六十余里。盖土气升至最高以显彗孛之象，彗孛所见即气限也。若使气域更高，则此从土上升之干气当必更腾而高，而孛彗所见亦当更高于今所测者。今测孛彗之所仅高二百六十余里，则当定以此数为气域限。[12]

亚里士多德传统认为，彗星和流星是月下世界的大气现象，源自上层大气中可燃物的燃烧。因测其高度不超过260里，故为气层之上限。

高一志（Alfonso Vagnone，1568/1569—1640）的《空际格致》是当时最为详尽介绍西方气象学的著作，主要译自亚里士多德《气象学》（*Meteorologica*）的科英布拉大学注释本，非常详细地讨论四元素说以及空中的各种大气现象。[3] 在卷上的"气之厚域形动"中，高一志亦以彗字的能见而指出气域的厚度为 250 里，"气之厚按诸名学之论，约有二百五十里"。接着论述了三际说：

> 气厚分有上、中、下三域。上域近火，近火常热。下域近水土，水土常为太阳所射，足以发煖，故气亦煖。中域上远于天，下远于地，则寒。各域之界，由何而分？以绝高山为界，上为上域，风雨所不至，气甚清，人物难居。下为中域，雨雪所结，自此以下为下域矣。第其寒煖之分处，又有厚薄不等，若南北二极之下，因远太阳，则上下煖处薄，中寒处厚；若赤道之下，因近太阳，则上下煖处厚，中寒处薄，以是知气域之不齐也。[13]

这些论说与利玛窦等人基本无异，且采用利玛窦"域"的译法，惟指出上域（热际）与中域（冷际）以绝高山为界，为前人所未提及。高一志进一步分析三域，详于前人，"上域太热者，以其切近火轮，上恒接火星之阴，下恒接干气之升，又被运于宗动，能增其热也"。下域不如上域燥热，"一因土中发出之热气，一因日晕从土反退之力，一因山洞内常有火炎冲上"。中域反为甚冷，"一则上远于天、下远于地，一则所接土水出生之气，既远本所，易失所借之热，而反本情之冷，乃生云雨等所属阴物也。又内生之冷，被上下热情所攻，更加其冷。一因不见其运动于上天，即无生热之端"。

入清，南怀仁（Ferdinand Verbiest，1623—1688）亦在其《坤舆图说》中综合前人论述，介绍三际说，内容与《空际格致》基本无异。①[14] 此外，南怀仁在《坤舆格致略说》《验气图说》《灵台仪象志》等书中亦谈及三际说。

大体来说，他们均以太阳照射下地表产生的气在三域中的变化，来解释各种天气现象。潮湿表面产生的湿气上升，若上升不高，则化为霜露；湿热者升至冷际，则会产生云、雨、雪、雹。地表产生的烟气上升到冷际，为湿冷的云所围迫，便产生霹雳、雷、电；如果上升无阻，在接近火际时，轻微的烟气被点燃成为流星，厚重者则成为彗星。[15]

2 中国士人对三际说的反应

2.1 初识：三际范围的扩大

三际说自明末传入中国后，对当时及后来的士人产生了较大的影响。王英明（？—

---

① 关于《坤舆图说》与《空际格致》的关系，参见徐光宜：《明末耶稣会士与西方自然哲学的传入——以高一志及其著作为中心的研究》，中科院自然科学史研究所 2012 年硕士学位论文。

1614）是明末较早接受西学的士人，其《历体略》是第一部中国士人独立编纂的介绍当时传入西学的著作。以其内容看，作者对西学已有较为深入的认识。书分三卷，前两卷主要关于中国古代的天文、历法，下卷则介绍西学，多采自利玛窦之说，其中关于三际说云：

> 气又有上、中、下三域。上域近火，故大热；下域近水土，而水土为太阳所射，故发煖；中域上下隔绝，故大寒，而霜雪凝于斯。然三域又广狭弗等，南极北极之下，太阳不到，阴气甚盛，其上下热暖之域狭，而中寒冷之域广；若赤道之下，正当太阳，阴气甚微，其上下热暖之域广，而中寒冷之域狭。[16]

王英明对三际说的论述基本上只是转述了利玛窦的说法，采用的还是"三域"之名。而稍后的熊明遇（1579—1649）则已加入了自己的理解。熊明遇对西学怀有浓厚的兴趣和好感，他不仅接受九重天水晶球体系，对三际说也颇为欣赏。与西人以上中下三域名之不同，熊明遇明确地称为温际、冷际和火际，这皆为后来的士人所沿用。此外，在熊明遇看来，火际紧贴着月天（图2），表明他已把整个火元素的区域全部纳入火际，可见他所理解的三际说已经发生了改变。

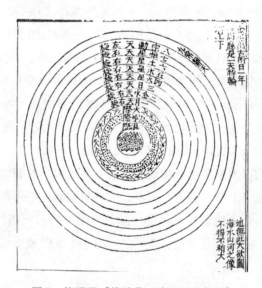

图2 熊明遇《格致草·诸天位分恒论》

不但如此，他在《格致草》中对三际的论说中多有不一致之处。如前所述，三际本来只涵盖四元素说中的气层，但对于熊明遇这样的士人而言，由于深受传统元气论的熏陶，认为气为天地万物的元素和本原、气化生生不息且万物以气为中介并由此而联结成一个整体。[17]因此，原本界限分明的三际在他这里却发生了变化，如他有时说"空中有三际"（"气行变化演说"），有时说"气行三际"（"风云雨露霜雾"），在"雪"一节则又把三际的领域扩展到整个天：

> 天有三际，近地之际，率皆温际，惟温则能生万物。温际以上，则为冷际，无冷际包裹，则温气直散，不复有温，便无雨、雪、霜、露之泽。试在高山，六月可以衣褚，此其理也。冷际以上，复有火际，是为晶宇。凡火皆上腾，由火之本所在上。[18]

熊明遇明确指出"天有三际"，近地为温际，中为冷际，冷际以上的所有的区域均称为"火际"，不仅包括了西人所说的"热际"和火圈，连火元素之上的月上天（即以太所构成的"晶宇"）都全包含在里面了。他对三际说的理解乃是基于传统的元气论，与西方原本的论说已有本质的区别。虽然有这样一些变化，但熊明遇仍多以三际理论来解释天气现象，并以此来批判儒家的一些自然知识，反映了他对西学的热衷。

2.2 误解："三际无定"

熊明遇以传统元气论来理解三际说导致三际范围的扩大，方以智（1611—1671）、揭暄（1613—1695）不仅明确将其扩展至太阳，而且在此"误解"的基础上，进一步借助阴阳理论质疑三际说的合理性，指出"三际无定"。方以智论及三际说及天气现象时说：

> 三际者，近地为温际，近日为热际，空中为冷际也。日光蒸地，火收地中，火必出附天而止。天火同体，水地相比也。一气升降，自为阴阳，气出而冷际过之，和则成雨，如饭蒸之馏，遇盖而水滴焉。阳亢则为风，阳欲入而周旋，亦为风。初起之云，则饭甑之气也，飘散不收，或腾或雾。夜半阴气清肃而上，则为雾，结则为霜。雨上冷凝为霰，霰坠，猛风拍开，成六出片，则为雪。阳气伏阴气之内不得出，爆开则为雷。火气发越，适映云际，其光疾甚，闪烁曰电。夏月火气郁蒸，冲湿气而锐起，升高至冷际之深处，骤冱为雹。[19]

"如饭蒸之馏，遇盖而水滴焉。……则饭甑之气也，飘散不收"来自朱熹（1130—1200）关于雨雾的论说，其余则多采自熊三拔的《泰西水法》。他虽引入三际的概念，但后面对各种天气现象的解释则基本采用阴阳理论，三际仅作为一个若有若无的框架。如果说他对三际还有一点认可的话，他也已把其上限扩展到了太阳，即"近地为温际，近日为热际"。他还认为太阳是所有冷热现象的根源，阴阳之气的相互作用则是大气现象的直接原因，三际只是一种粗略的划分，因为冷热其实并没有定际："日所到则煖，日去则冷，一气为阴阳而自相盘旋者也。三际，概耳。"[19]

方以智之子方中履在其《古今释疑》中亦以三际说解说云雨霜雪雷电等天气现象的成因，但同时也指出："三际之说尚为未确，其云煖际者，谓近地热于天半，以中虚而地承日也。然初际为煖，山上犹煖际也，何以寒于山下乎？若以山上已入冷际，则山半常雨，而山上不知，岂气不及冷际而成雨乎？盖冷际无定者也。天地之间有寒气，有煖气，煖气升而遇寒气，寒气升而遇煖气，皆变雨耳。"[20]刘坚亦将方以智关于三际之论略加改写，收入其《修洁斋闲笔》之"风雨"一节中。[21]

揭暄对三际说进行了更为深入的申论。他在《物理小识》"三际"条所作的注中即已表达了"三际无定"的观念："西国三际之说，未尽然也。向日则煖，背日则寒，故一石一墙之下，皆有阴气。……可知冷无定际，阳隔则冷，阳远则冷，阳死则冷，不必空际也。"[19]

揭暄在方以智的基础之上，采用传统的阴阳说，指出冷暖全在阴阳的变化，所谓的三际并没有明确的界限。"三际无定"在其《璇玑遗述》一书中则有着更为详尽的论述。

揭暄认为靠近太阳即为热际，那么不仅太阳之下为热际，太阳之上也当为热际。他说：

> 以三际论，日为火君，则近日当为热际，日火可下贯于地，极则必出，反其本所，宁不可复贯至日乎？又日居天中位，下彻至地之远，上彻亦复如之，即无星位，亦莫非君火所及，则热际不惟不在月下，且不在日位下矣。[22]

揭暄进一步以"天地统一于气、变化合于阴阳"的自然观反诘三际说："总之，冷温热俱属一气，呵之则热，嘘之则温，吹之则冷；又击之则热，摩之则温，鼓之则冷。所谓一气升降，互为阴阳，瞬息即变，均一气也。"[22]

他以很多例子（亦有西方的）指出冷热并没有定际，如："又冷、温、热俱见于地，凡一墙一石、一草一木，亦俱阴阳，向日则热，背日则冷，不向不背则温。又近日则热，远日则冷，不近不远则温。日月往来，昼夜寒暑，在大地内循环相生，岂分际哉？"[22]总之，一切取决太阳的远近和阴阳的运动，"动法不同，性情各变"。

游艺（1614—1684）对其师熊明遇的学说多有秉持，三际说即为一例。在《天经或问前集》中，游艺明确采纳熊明遇所改造的理论：

> 天地之间皆气也，气贯实中，而克塞虚廓，则一也。而其所出之体，有轻重爽腻之不同，故其变亦有不同耳。湿者为水，燥者为火，火出附天，水浮附地。天地之间分三际焉。有凝形之气，有未凝形之气。水土之块，太阳蒸之，是成温际；真火同天，是名热际；中间通达而冷，是名冷际。[23]①

与熊明遇一样，游艺明确地采用传统的元气理论来理解三际说，指出天地间皆是气，自下至上分为温、冷、热三际。游艺接着说明热气在太阳照耀下上升，与冷湿之气相互作用，形成云雨：

---

① 感谢业师韩琦研究员提供书林大集堂刻本。

> 日为火主，照及下土，以吸动地上之热气，热气炎上，而水土之气随之。是水
> 受阳嘘，渐近冷际，则飘扬飞腾，结而成云。云上隔日气，下隔火气，冷湿之气，
> 在云中旋转，相荡相薄，则旋为千百螺髻，势将变化，而万雨生焉。[23]

这一解释结合了中国传统的元气说和西方的气流升降理论，形象生动。游艺还以大量篇幅用三际说解释风云雨露、雾霜雪雹等天气现象。

游艺与揭暄有着密切的往来与切磋，他的许多理论都受到揭暄的影响，这在其《天经或问后集》中尤为明显。关于天气现象的理论即是如此。在揭暄的影响下，游艺对天气现象的解释发生了很大的变化，阴阳学说成为其理论框架：

> 天地一气而已矣，一理而已矣。天以一气成形，地以一气结象。……然气以阳
> 为主，阳以日为君。日火下降，阳气上升，合而贯之，万里万气始归于一元也。揭
> 子曰：盖阴阳动静，互为之根，阳蒸阴湿成云，云被阴抑成雨，阳被阴激成雷，雷
> 破云出成电，阳逐阴飞成风，阴入重阴成雹，阳冲清气成晕珥虹蜃，冲浊气成烟雾
> 昔霾，冲肥气成彗孛飞陨，灼土臭成火山火地，伏源下成汤泉硫磬，蓄水中成火海
> 火井，淹地面成水影旱浪。……[24]

这一论说在揭暄《璇玑遗述》中"日火下降旸气上升图"中已有阐述，游艺进一步深化，并对其他各种天气现象作了全面的论述，广为后人征引。深受阮元（1764—1849）赞赏的李明徹（1751—1832）即是其中之一，他在其《圜天图说续编》中大量引述了游艺的文字和观点。游艺因此成为明清时期对天气现象有系统论述且最具影响的学者。

事实上，三际说本是附属于四元素说之下，以冷、热、干、湿等属性的混合来解释各种天气现象的理论。其范围仅限于气层，最高不超过 250～260 里。但在大多中国士人眼中，气是世界的惟一本原，阴阳的交互作用则是宇宙的动力。因此自熊明遇开始，方以智、揭暄、游艺等士人以天惟一气和阴阳交互的观念，将三际的范围推至更广，并指出所谓三际并没有明确的分界，甚至指出"三际无定"。三际说仅作为解释各种天气现象的一个框架，但其理论本身则已发生本质的变化。

2.3　周治平对三际说的理解

虽中国士人多对三际说怀有"误解"，但亦有相对准确者。周治平即为一例。周治平精于天算，对西学也有很深入的了解，曾帮助阮元编纂《曾子注释》《畴人传》。对于四元素和三际说，他指出"万物各有本所"，最基本的便是四元素各居其位，土最重居下，水在其上，气居中，火最上。在此基础上，他采用三际说来解释云雨、雷电、霜露、雹霰等各种天气现象，当然，他也没忘记阴阳理论：

> 万物各有本所，故得其所则安，不得其所则强，及其强力已尽，自复居于本所

焉。本所者何？如土最重，重爱卑，性居下；火最轻，轻爱高，性居上；水轻于土，在土之上；气重于火，在火之下。然水比土为轻，较火、气为重，气比火为重，较水、土为轻，以是知水必下而不上，气必上而不下矣。盖水之情为冷湿，火之情为燥热，土之情为燥冷，气之情为湿热，其情皆有偏胜，各随其胜所。……盖气有三际，中际为冷，上近火热，下近地温。冷际正中，乃为极冷。……故雹霰者，皆阴阳专一之气所结而成者也。[25]

此段注实为周氏帮阮元编撰《曾子注释》中关于天气现象一段所作，深得阮元赞赏："周生深于天算，兼习西洋之法，此乃融会中西之说为之，其理甚明，故载用之。"后阮元编撰《畴人传》，在周治平条（附于许桂林）下，将周氏此段关于四元素和三际说全部袭载。[26]此段文字后被刘岳云（1849—1917）《格物中法》卷二"水部"所采纳。[27]王仁俊（1866—1914）亦极推崇周治平之论，并以西学皆出于《曾子·天圆》篇而提倡西学中源说，指出"西人天学诸书及一切寒际温际新说，皆中土圣人之绪余耳"[28]。

2.4 新论：日火下降旸气上升图

一种知识传入到异质文化中，因多有文化误解或知识错位，故常形成新的知识，如西方水晶球宇宙体系传入中国导致揭暄元气漩涡等宇宙模型的产生即是如此。[9]三际说传入中国，士人多以传统的元气说或阴阳理论来看待，导致三际范围的扩大乃至"三际无定"的观念，并最终形成"日火下降旸气上升图"，亦是一显著的例子。

虽然三际说在中国并未获得接受，但此一学说，连同四元素说和地圆说，还是对明清之际的气象理论产生较大影响，最重要的是使中国人形成了分层与气流的观念，进而在此框架下解释各种天气现象。揭暄以元气论和阴阳学说，虽指出"三际不定"，但还是借用了三际的一些分层观念，对风雨雷电、彗孛烟霾等天气现象甚至地下水的循环进行了系统的论述，并创作了"日火下降旸气上升图"。

游艺在《璇玑遗述》卷五"定历十事"中注云："岁庚申（1680），先生再至，又获见其昊天垂象圆球、大地五州圆球、一气旋转与风雨雷电、日火下降阳气上升诸图，曰此于天象地体始得其真，日月风雷蒸变咸得其原，与前代诸刻不同。天学至是而明。"可见此图为揭暄所作，最早出现于其《璇玑遗述》中。①揭暄与游艺此次见面，该图始为游艺所睹，游氏极为称赞。此图后被《天经或问后集》、李明彻《圜天图说续编》，以及《诸葛武侯白猿经风雨占》（无名氏，上海图书馆藏）等著作袭载，有较大的影响。

"日火下降旸气上升图"以图解形式说明了太阳辐射在空气对流中的作用，并对

---

① 王鹏飞曾指出此图的重要性，但认为是熊明遇所创，且未阐明此图与三际学说的关系及其在中西科学交流中的意义。参见王鹏飞：《中国古代气候学史》，《王鹏飞气象学史文选：庆祝王鹏飞教授从事气象教学 57 周年暨八秩华诞》，北京：气象出版社，2001 年，第 130—131 页。

风、云、雨、雷、电、温泉、硫泉、彗孛、陨星、烟霾等的形成原理和过程，作了较合理的解释（图3）。正如图中所概括的："旸蒸湿气成云，云被阴抑成雨，旸被阴激成雷，雷破云出成电，旸逐阴飞成风，无阴则旸气自聚自散矣。"关于雷电的形成，则曰："旸被云夹则成线带，旸为阴抑不得直上，横绕冲击，相敌不胜，顿挫而下，求出不得，每为云泽，旋转震鸣为雷，雷被云出闪光为电。"关于飞流、彗孛及烟霾的形成，则曰："旸气冲土肥气上升，灼为飞流、彗孛，燥为烟沙即为霾。"关于温泉、硫泉的形成，则曰："旸气在泉下过故上成汤泉，日火在地为泉水淹死则成硫泉，水在地位日火久干则成礜，故二者生热泉下硫。"此外，图中还解释山顶不热和山背阴湿是因为旸气斜降或未到。

此处的旸气与阳气有别，后者意为宇宙演化的元素或动力，与阴气相对，为一抽象的哲学范畴。而前者则表示日光散发出来的"气流"（按现代语言来讲，即太阳辐射），为一具体物质，其特殊性在于，它只有与阴气相互作用才能产生各种自然现象，若无阴气便只能自生自灭。揭暄气流演化形成各种天气现象的过程可表示如下：日光斜射下降，旸气入地，被地下水阻隔，经过地表横走，冲破阴出相互作用，便形成风；旸气冲阴湿上升为云，云被阴压降而为雨；旸气被阴气所激成雷，雷破云而出即是闪电；旸气冲土肥气上升，燃烧即成为飞流、彗孛、陨星，留下的灰烬则为烟霾；旸气经过地下水上面形成温泉，日火直接入地被地下水淹死则成为硫磺泉。（图3）

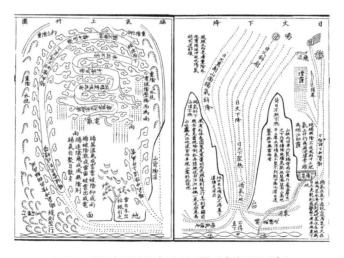

图3 "日火下降旸气上升图"（《璇玑遗述》）

中国虽很早就注意到水汽蒸发与降雨之间的关系，但多泛泛而论，语焉不详。朱熹对此有浅近的比喻："气蒸而为雨，如饭甑盖之，其气蒸郁而淋漓；气蒸而为雾，如饭甑不盖，其气散而不收。"[29]对后来的学者有很大的影响。明代郎瑛（1487—?）更进一步，详细描述水汽、云雨、流水之间相互循环的关系："气自卑而升上，水出于山，气之化也。水自高而趋下，入于大海，水归本也。盖水气一也，气为水之本，水为气之化，气钟而水息矣，水流而气消矣。盈天地间万物，由气以成形，由水以需养，一化一归，一息一消，天地之道耳。"[30]但这与西方以气流和分层来解释天气现象还是有很大的差别。

显而易见，"日火下降昒气上升图"中对各种天气现象的解释与西方的气象理论极为相似，尤多采自《空际格致》。此图是在西学的刺激下，结合中国传统的元气说和阴阳理论而形成的，是科学交流中新知产生的一个范例，亦是我国古代气象理论的一项重要成就。

"日火下降昒气上升图"后亦载于游艺《天经或问后集》，以"日火下降上升诸象图"名之，并绘有"云飞雨降雷鸣电掣之图""阳冲积阴山飞石移图""阳冲湿气盘云成尾图""阳冲阴湿风吹雾卷图""晕珥摩荡摇动芒角图""飞陨彗孛烟霾火地图""阳冲清气天开现象图""阳冲清气映日成虹图""山城海市蜃气楼台图"多图作了扩充（图4），细致地描绘了各种天气现象的形成。

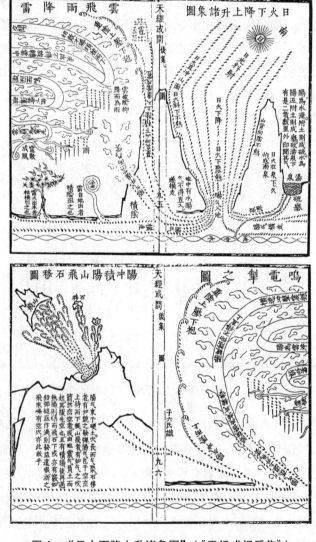

图4　"日火下降上升诸象图"（《天经或问后集》）

李明徹《圜天图说续编》亦对各种天气现象作了详细的论述，内容多采自游艺的《天经或问后集》，并绘有"风云雷雨图"，较"日火下降旸气上升图"多有简化（图5）。[31]

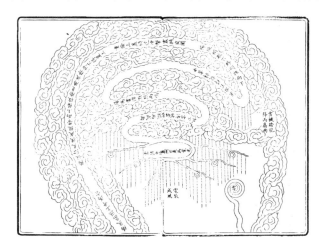

图5 "风云雷雨图"（《圜天图说续编》）

《诸葛武侯白猿经风雨占》为一部晚清关于风雨占候的图书，其中绘云图多幅，篇首则载有"日火下降旸气上升图"（图6）[32]，除局部细节外，图与揭暄、游艺所绘基本无异。

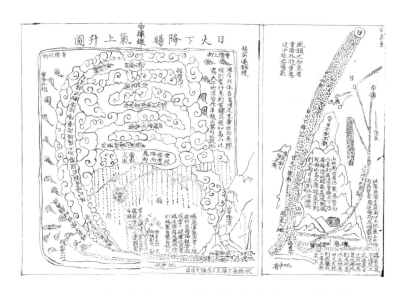

图6 "日火下降旸气上升图"（《诸葛武侯白猿经风雨占》）

3 结语

在西方古典自然哲学中，三际说是附属于四元素说下用来解释天气现象的一个理论，其范围仅限于气层，最高不超过 260 里。明末三际说经由利玛窦、熊三拔、傅汎际、高一志等人传入中国，在翻译过程中，受到不同程度的删节或变化。中国士人面对这样一种新奇的学说，则多结合中国的元气说或阴阳理论加以理解，并用以解释各种天气现象。因受传统元气论的影响，熊明遇、方以智、揭暄、游艺等以天惟一气的观念，将三际的范围扩展到整个天际。同时，基于阴阳相化的理论，中国士人多认为三际之间并没有明确的界限，进而指出"三际无定"。三际说仅作为解释各种天气现象的一个框架，其理论本身则已发生本质的变化。无论是对于传播者还是接受者，变形都是异质文化知识传播中的一种普遍现象。

但三际说还是对明清之际的气象理论产生了较大影响，使中国人形成了分层与气流的观念，天气现象往往都是以此框架进行解释。正是在这一理论的刺激下，揭暄结合中国传统元气说、阴阳理论，创造性地绘制了"日火下降旸气上升图"，形象地说明了空气对流、各种天气现象的形成以及地下水的循环，为科学交流中新知产生的一个范例，后在《天经或问后集》《圜天图说续编》及晚清《诸葛武侯白猿经风雨占》等书中都有流传。游艺则综合各方之说，系统论述了各种天气现象的形成及其原因，堪为中国传统气象知识最完善的代表。西方气象学说的传入，因中西方知识的融合与变异导致了中国气象理论发展的一个高峰。知识传播过程中不同观念的融合往往能导致新知的产生。

致谢　本文据笔者博士学位论文的一部分增补而成。业师韩琦研究员在撰写学位论文以及本文的过程中悉心指导，潘澍原先生帮助释读拉丁文文献，毛志辉先生帮助复制上海图书馆所藏《诸葛武侯白猿经风雨占》一书，审稿人提出不少宝贵建议，谨致谢忱！

参考文献

［1］Aristotle. Meteorologica［M］. Lee H D P（trans）. Cambridge（Mass.）：Harvard University Press, 1952.

［2］唐锡仁, 杨文衡. 中国科学技术史·地学卷［M］. 北京：科学出版社, 2000.

［3］Peterson W J. Western Natural Philosophy Published in Late Ming China［J］. Proceedings of the American Philosophical Society, 1973, 117（4）：295 – 322.

［4］Seneca. Natural Questions［M］. Harry H M（trans）. Chicago/London：The University of Chicago Press, 2010：167 – 168.

［5］Grant E（ed）. A Source Book in Medieval Science［M］. Cambridge（Mass.）：Harvard University Press, 1974：207.

［6］McEvoy J. The Chronology of Robert Grosseteste's Writings on Nature and Natural Philosophy［J］. Speculum, 1983, 58（3）：614 – 655.

［7］利玛窦. 乾坤体义［M］. 卷上, 四元行论. 法国国家图书馆藏本（Chinois 4897）, 14a – 15a.

［8］今井湊. 乾坤體義雜考［C］//藪内清, 吉田光邦. 明清時代の科學技術史：京都大學人文科學

研究所研究报告. 京都：京都大學人文科學研究所，1970：35 – 47.

[9] 孙承晟. 明末传华的水晶球宇宙体系及其影响 [J]. 自然科学史研究，2011，30（2）：170 – 187.

[10] Clavius C. In Sphaeram Joannis de Sacro Bosco Commentarius [M]. Romae，1585：37 – 39.

[11] 熊三拔. 泰西水法 [M]. 卷5. 天学初函本，10a.

[12] 傅汎际，李之藻. 寰有诠 [M]. 卷6，论元行大小. 四库全书存目丛书. 子部第94册. 济南：齐鲁书社，1995：170.

[13] 高一志. 空际格致 [M]. 卷上，气之厚域形动. 明刻本，28a – b.

[14] 南怀仁. 坤舆图说·气行 [M]. 清康熙刻本，24b.

[15] 徐光台. 明末清初中西传统自然哲学的遭遇：以熊明遇论冰雹为例 [C] // 李弘祺. 理性、学术与道德的知识传统. 台北：喜马拉雅基金会，2003：575 – 610.

[16] 王英明. 历体略 [M]. 卷下 // 薄树人. 中国科学技术典籍通汇·天文卷. 第6分册. 郑州：河南教育出版社，1995：39.

[17] 程宜山. 中国古代元气学说 [M]. 武汉：湖北人民出版社，1986：121.

[18] 熊明遇. 格致草 [M]. 函宇通本 // 薄树人. 中国科学技术典籍通汇·天文卷. 第6分册. 郑州：河南教育出版社，1995：107.

[19] 方以智. 物理小识 [M]. 卷1. 康熙三年（1664）刻本.

[20] 方中履. 古今释疑 [M]. 卷12，云雨霜雪雷电之理 // 续修四库全书. 第1145册. 上海：上海古籍出版社，1995：316.

[21] 刘坚. 修洁斋闲笔 [M]. 卷8，风雨 // 续修四库全书. 第1144册. 上海：上海古籍出版社，1995：721.

[22] 揭暄. 璇玑遗述 [M]. 卷5，三际无定. 光绪二十五年（1899）刻鹄斋本.

[23] 游艺. 天经或问前集·风云雨露雾霜 [M]. 书林大集堂刻本，63b – 64a.

[24] 游艺. 天经或问后集·形气变现 [M] // 薄树人. 中国科学技术典籍通汇·天文卷. 第6分册. 郑州：河南教育出版社，1995：267.

[25] 阮元. 曾子注释 [M]. 卷4 // 续修四库全书 [Z]. 第932册. 上海：上海古籍出版社，1995：292 – 293.

[26] 阮元，罗士琳. 畴人传 [A]. 卷51 // 续修四库全书. 第516册. 上海：上海古籍出版社，1995：510 – 511.

[27] 刘岳云. 格物中法 [M]. 卷2. 光绪刊本，53a – 54b.

[28] 王仁俊. 格致古微 [M]. 卷5. 光绪廿二年（1896）刻本，2b – 3b.

[29] 黎靖德，王星贤. 朱子语类 [M]. 卷100. 北京：中华书局，1986：2549.

[30] 郎瑛. 七修类稿 [M]. 卷1，水气天地 // 续修四库全书. 第1123册，上海：上海古籍出版社，1995：16.

[31] 李明彻. 圜天图说续编 [M]. 卷下 // 四库未收书辑刊. 第4辑，第26册. 北京：北京出版社，2000：382 – 388.

[32] 佚名. 诸葛武侯白猿经风雨占 [M]. 上海图书馆藏抄本.

　　陈悦　1977 年生，北京人。2002 年进入中国科学院自然科学史研究所攻读硕士学位，获理学硕士学位。之后继续在本所攻读博士学位，获理学博士学位。2006—2008 年得到"中科院–马普学会联合培养博士生项目"资助赴德国马普科学史研究所留学。2009 年 7 月留所工作至今，现为副研究员。主要研究方向为中西科技交流史、力学史、电力史。曾参与本所与马普科学史所合作小组的研究工作以及所重大项目"科技革命与国家现代化研究"，目前承担"共和国科技史纲"子课题"新中国电力工程的回顾与前瞻"。发表专著《会通与重构——〈璇玑遗述〉研究》，中英文学术论文十余篇。

The Use of Galileo's Theory of the Strength of Materials by the Jesuits in China

□ Chen Yue

The Beijing Observatory, which is situated next to the Chang'an Avenue, was built in 1442. It was used for astronomical observations for a period of nearly 500 years. Today six astronomical instruments are standing on the platform on top of its tower. These six instruments were built by the Belgium Jesuit Ferdinand Verbiest (1623 – 1688) during 1669 and 1673. In 1674, he published his *Xin Zhi Ling Tai Yi Xiang Zhi* 新制灵台仪象志 (*A Record of Newly-built Astronomical Instruments at the Observatory of Beijing*), in the following *Yi Xiang Zhi*, in which he describes these six astronomical instruments and discusses theoretical problems related to them. In particular, the book contains a section on mechanical knowledge with the title "The principles for the strength of new instruments", which is related to Galileo's theory of the stability of materials. The present article focuses on this section.

In the 17th century, western mechanical knowledge was introduced into China together with other western knowledge and technologies concerning the calendar, astronomy and mathematics etc. In particular, *Yuanxi Qiqi Tushuo Luzui* 远西奇器图说录最 (*The Record of the Best Illustrations and Descriptions of Extraordinary Devices of the Far West*) published in 1627 for the first time systematically introduced western mechanical knowledge. Verbiest's book, published half a century later, while mainly dealing with astronomical instruments and stars tables, still introduced European mechanical knowledge not yet covered by earlier Chinese publications. He argued that this would be necessary to give "*principles*" (*li3* 理) for the way he constructed his astronomical instruments. He considered it not to be sufficient to describe these constructions but provided also their theoretical background in western mechanical knowledge. He may have intended to prove in this way that the construction of his instruments was reasonable.

---

* Preprint 313, Berlin: Max Planck Institute for the History of Science, 2006.

1　The section on the strength of materials

The section "The principles for the strength of new instruments" counts about 1700 Chinese characters. This section can sensibly be divided into two parts. The first part, which constitutes about one third of the whole content, is a general introduction to the mechanical knowledge about materials. In the second part, which consists of one long paragraph, five statements, which can be considered propositions, may be discerned. In these five propositions, it is discussed how to deduce the weight that wires or columns in upright or horizontal position can sustain.

The five drawings corresponding to the propositions are reproduced in Figures 1 – 5. They show that only in the first two propositions there are situations of testing hanging wires or upright columns, while the others all focus on testing columns parallel to the horizon. In the following, the contents of the five propositions shall be discussed in more detail.

Figure 1　　　　　　　　　　　　Figure 2

Figure 3　　　　　　　　　Figure 4　　　　　　　　　Figure 5

2　The introductory part of the section

The introductory part of the section on the strength of materials contains the following passage:

夫欲仪制之坚固，不在乎尺寸之加广，铢两之加重，而徒以粗厚名也。大率在于仪径长短之尺寸与仪体轻重之铢两相称而适均，乃为得耳。盖仪之径愈长，则仪愈难承负。仪体既重，若又加铜以图坚固，则径反弱而自下垂。如赤道黄道经纬诸规，两端悬于南北两极之轴。若铢两加倍，则东西两半太重，必自下垂而不合乎天上所当之平面圈矣。若竖立之，则上下两半又下垂，而圆圈又类卵形矣。其长圆之径表两端定处，则中心太重，必自下垂而离南北之径线。

The desired strength of the instrument's construction does not rely on the increase of the *measure* (*chicun* 尺寸) of width [or] the increase of the heaviness of the *weight* (*zhuliang* 铢两), and taking the thickness (粗厚) into consideration is in vain. Generally, [the strength] relies on the measure of the length of the instrument's diameter and the *weight* of the instrument's body being matched and harmonious, only then [the principle] is achieved. The reason is [that] the longer the diameter of an instrument is, the more difficult [it is] to support the instrument. The instrument's body is already heavy, if again copper is added so as to seek strength, then the diameter weakens instead and sags. [For] such various rings of the equatorial and the ecliptic, the two ends are suspended at the axis of the south and north two poles. If the *weight* is doubled, then the eastern and western two halves are too heavy, [and] certainly sag and do not accord with the corresponding celestial plane rings. If they are erected, then the upper and lower two halves also sag and [causing] the circular rings moreover to be an egg shape. The two ends of the oval's *diameter* which has a marker are fixed [in their] places, then the center is too heavy, [and] definitely sags, and deviates from the line of the southern and northern diameter.

In his introduction, Verbiest firstly emphasizes that it was not advisable to strengthen such things as poles and circles merely by adding material, since this would only result in distorting them and making them useless. This kind of opinion was not directly expressed very often in Chinese sources before *Yi Xiang Zhi*, while a special criterion system, which is called a *Caifen system* 材份制, contains information about materials and sizes of timbers in constructing. [1] This

---

① Several sentences being found in chapter 64 in *Jinshu* 晋书, appear the similar meaning to Verbiest's opinion. They are shown as follows: "The saying says: burying [is] hiding. Hiding desires [that] it (the coffin) is deep and firm. The outer coffin is big, as a consequence, [it is] a hard act to be strong and is no good." （语曰：葬者，藏也。藏欲其深而固也。椁大，则难为坚固，无益。）, *Jinshu* 晋书 (*the Book of Jin Dynasty*), was written by a group of scholars including Fang Xuanling 房玄龄 (A. D. 579 – 648) who held the post of the minister of public works, in A. D. 650, *Qinding Siku Quanshu* 钦定四库全书 (*Complete Collection in Four Treasuries*), 256 – 291, 1773.

system was widely used by the 7th century at the latest. [1] Here Verbiest explicitly pointed out the wrong viewpoint that things would be stronger the more material was used.

There are two further key ideas of significance in the introduction. The first of them is expressed in the following sentences which concern the necessary way that showing the stability of an instrument：

> 今更取五金所以坚固之理以明之。夫五金等材坚固之力，必从人之所推移而见，又必从压之以重物而始见之。

Now, [Ⅰ] will further take the principles of the strength of the *five metals* (*wujin* 五金) and elucidate them. The force of the strength of the *five metals* and other materials can certainly be seen from a person's pushing and moving, and also only after pressing it with a heavy object.

According to Verbiest's point of view, the force of strength is a quality of materials which can be described by external forces. If somebody pushes and moves a solid body such as a thing made of one of the *five metals* or even presses a heavy thing on it, he can determine the force of strength, that is to say, the force of strength emerges. This way Verbiest conveys the idea of the "force of the strength of materials" which is quite similar with the one of explanations of the concept *li* 力 in the Chinese tradition. [2]

The second key idea expressed in the introductory part of this section is the general notion of different forces that columes can support and their relation to each other：

> 姑借方、圆柱所承之力以类推焉。凡形之长者，必有纵径、有横径。其纵径之

---

① *Ying Zao Fa Shi* 营造法式, which was written by Li Jie 李诫, was officially issued as an architectural law in 1103. Before this book, criterions of timbers in architecture were established along with the development of human-beings' practical knowledge about timber, material, structure and mechanics. According to researches on the historically remained buildings, most Chinese scholars believe that the *Caifen system* was at the height of its use from the 7th century to the 12th century.

② In *Wai Chu Shuo Zuo Shang* Chapter of *Han Fei Zi*, a Chinese book written in the third century BC, contains following sentences：MO Zi made a wooden glede, which spent him three years to finish it, it flied only one day and damaged. His disciples said："You are so skillful to make a wooden glede fly." Mo Zi said："I am not so skillful as a carriage-crossbar maker is. He can Use only a small piece of wood and spend less than one morning time to finish a carriage-crossbar, which can draw 30 dan load to reach a long distance. It has much *li* 力 and can be used for many years. Now I made a glede, which spent me three years to finish, but flied only one day and damaged." Hui Zi heard it and said：Mo Zi was greatly skillful, he was skillful in making carriage-crossbars but was clumsy in making glede."（《韩非子·外储说左上》：墨子为木鸢，三年而成，蜚一日而败。弟子曰："先生之巧，至能使木鸢飞。"墨子曰："吾不如为车辖者巧也。用咫尺之木，不费一朝之事，而引三十石之任致远，力多，久于岁数。今我为鸢，三年成，蜚一日而败。"惠子闻之曰："墨子大巧，巧为辖，拙为鸢。"）Here, *li* means the force. The great efficiency of the carriage-crossbar is represented by the "much *li*". This indicates that *li* mentioned in above source possesses the meaning similar to the strength of a particular project.

力与横径不同。仪之中，有方柱、圆柱；有长方各梁柱；有长远表。其中有竖立者，有与地平线平行者，有横斜用者。纵径、横径各有说焉。今先论纵径之力以定横径所承之力。

[We will] now consider the force that rectangular and circular columns [can] support and categorically deduce [them]. Those that are long in shape must has *lengthwise diameters* (*zongjing* 纵径) [and] has a *transverse diameters* (*hengjing* 横径). The [resisting] force of the lengthwise diameters is different from [the force of] the transverse diameters. Within an instrument, there are *rectangular columns* (*fangzhu* 方柱) and *circular columns* (*yuanzhu* 圆柱); there are various long *rectangular* (*changfang* 长方) beams [and] columns; there are markers that are long and faraway. Among them, there are those that are upright [and] those that are parallel to the horizon, [and] there are those that are used transversely and obliquely. The *lengthwise diameter* [and] the *transverse diameter* each have their own descriptions. Now [we will] first discuss the force of the *lengthwise diameter* to determine the supporting force of the *transverse diameter*.

In this part, Verbiest deals with the strength of objects with a specific shape such as rectangular columns and circular columns. If we compare this specification with the beginning where he deals with materials of indefinite shape or size, we can conclude that the strength of materials depends on the kind of material as well as on its shape. In particular, the force of strength of an object with a specific shape varies with the direction it is pushed or pressed.

Verbiest's idea that "the force of strength" denotes a general quality of materials and "the force that columns support" denotes a specific force depending on the shape of a material body raises the question of the relation between these two notions. However, this problem will be addressed only after the propositions of the following passages in Verbiest's text have been discussed. But before discussing these propositions, the importance of the last sentence in the text quoted above should be emphasized. This sentence is important not only because it announces that the force in the direction of the width of a column (the *transverse diameter*, see Figure 6) can be deduced from the force in the direction of its length (the *lengthwise diameter*, see Figure 6), but also because it indicates the total scope of these propositions. ①

---

① The *transverse diameter* and the *lengthwise diameter* are not defined in Verbiest's book. The former one is mentioned in the first four propositions and the latter one is mentioned only in the second proposition. According to the usage of these two concepts in the propositions, the *transverse diameter* means the vertical line of a column which parallels to the horizon, or the diameter of a string or a cylinder, while the *lengthwise diameter* means the longest line of a column or the length of a cylinder.

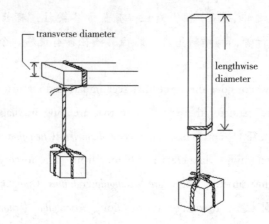

Figure 6　The transverse diameter and the lengthwise diameter

3　The five propositions of the section

3.1　The first proposition

The following text contains implicitly the first proposition：

　　西士嘉理勒之法曰，观于金银铜铁等垂线系起若干斤重。渐次加分两，至本线不能当而断。如金及银之垂线，其横径一厘。试加斤两至二十三斤而断。又同径之铜铁线，试加斤两至十八斤而断。因此法而推论，曰：有金银立柱于此，其横径有六厘，必得八百二十七斤之分两能当之；铜铁柱，必得六百四十七斤之分两能当之；有同径之乌木等材料之立柱，约得一百一十八斤之分两能当之，如十八图。盖凡两柱大小之比例，为其两横径再加之比例，而其坚固之比例，必与之相同。譬如有金线于此，其横径为一厘。若能当二十斤，则一分径之金线必能当二（十）〔千〕斤矣。盖一厘之径与一分之径如一分之径与一寸之径，则一厘之径与一寸之径，如二十斤与二千斤同是再加倍之比例。从此而推方圆等柱以其横径之所当分两若干。

　　The method of the western scholar, Galileo （Jialile 嘉理勒）, says：observe plumb wires ［made］ of gold, silver, copper, iron and other materials which are tied down with a weight of several *jin* 斤. Gradually add weight （*fenliang* 分两）［to the load］ till the wire cannot bear ［it］ and breaks. For example, plumb wires of gold and silver have a *transverse diameter* of one *li2* 厘. Test to add the *weight* to 23 *jin* ［before the wire］ break. ［Likewise］, copper or iron wires of the same diameter, were tested until the added *weight* reached 18 *jin* and broke. ［One can］ deduce from this method and say：Given a gold or silver upright column with a *transverse diameter of* six *li2* , the weight ［of the load］

that it can bear must be 827 *jin*; a copper or iron column [of the same width] must be a-
ble to bear 647 *jin*; Given an upright column of the same width [made] of such materials
as ebony, the load it can bear is approximately 118 *jin*, as in figure 18. The reason is that,
every ratio of two columns' sizes is the duplicate ratio of their two *transverse diameters*, and
the ratio of their strengths must be the same with it. For example, given a gold wire with
a *transverse diameter* of one *li2* . If [the wire] can bear [a load of] 20 *jin*, then a gold wire
with a diameter of one *fen* 分 can definitely bear [a load of] 2000 *jin*. Since [the ratio of]
a diameter of one *li2* to a diameter of one *fen* is proportional to [the ratio of] a diameter
of one *fen* to a diameter of one *cun* 寸, then [the ratio of a maximum load borne by a col-
umn with] a diameter of one *li2* to [a maximum load borne by a column with] a diame-
ter of one *cun* is proportional to the likewise duplicate ratio of 20 *jin* to 2000 *jin*. From this
[one can] deduce the weight [of a maximum load that] a rectangular and circular col-
umns can bear according to their *transverse diameters*. ①

At the beginning of this quotation, Verbiest referred to Galileo's work as the source of his
exposition of a theory on the strength of materials. In fact, the quotation starts in the same way
as Galileo's presentation of the first of his "two new sciences" in the First Day of his
Discorsi: ②

> Salv. I cannot refuse to be of service, provided that memory serves me in bringing
> back what I once learned from our Academician [Galileo] who made many speculations a-
> bout this subject, all geometrically demonstrated, according to be called a new sci-
> ence. For though some of the conclusions have been noted by others, and first of all by
> Aristotle, those are not the prettiest; and what is more important, they were not proved
> by necessary demonstrations from their primary and unquestionable foundations.
>
> Since, as I say, I want to prove these to you demonstratively, and not just persuade
> you of them by probable arguments, I assume that you have that knowledge of the basic
> mechanical conclusions that have been treated by others up to the present which will be
> necessary for our purpose.
>
> First of all, we must consider what effect is at work in the breaking of a stick, or of
> some other solid whose parts are firmly attached together; for this is the primary concept,

---

① *Jin* is a unit of weight, 1 *jin* equals 0. 5 kg. *Li2*, *fen*, *cun* are units of length, 10 *li2* equals 1 *fen*, and 10 *fen* e-
quals 1 *cun*.

② Galileo: *Two New Sciences*, *Including Centers of Gravity and Force of Percussion*, a new translation with introduction
and notes, by Stillman Drake, the University of Wisconsin Press, published in 1974, p. 15.

and it contains the first simple principle that must be assumed as known. To clarify this, let us draw the cylinder or prism AB, of wood or other solid and coherent material, fastened above at A, and hanging plumb; at the other end, B, let the weight C be attached. It is manifest that whatever may be the tenacity and mutual coherence of the parts of this solid, provided only that that is not infinite [ly strong], it can be overcome by the force of the pulling weight C, of which the heaviness [gravità] can be increased as much as we please, and that this solid will finally break, just like a rope. And just as we understand that the resistance of a rope is derived from the multitude of hempen fibers that compose it, so in wood there are seen fibers and filaments stretched out lengthwise which render it even more resistant to breakage than hemp of the same length would be. In a stone or metal cylinder, the coherence of parts seems still greater, and depends on some other cement than that of filaments or fibers. Yet even these [cylinders] are broken by a sufficient pull.

The five propositions of Verbiest's exposition are all taken directly or indirectly (possibly through an author paraphrasing Galileo) from Galileo's theory as it is primarily elaborated in the Second Day of the *Discorsi* either as direct reformulations of Galileo's propositions or as implicit consequences of them.

Verbiest's text quoted above contains the proposition that if you increase a weight hanging at a wire there will come a point so that the wire breaks and that the ratio of the strength of two wires or circular columns with different diameters made of the same material equals the square of the ratio of their diameters.

This proposition says, by using the method of Galileo, the weight borne by wires of different materials can be measured for a specific diameter, and then the weight borne by columns of other diameters can be deduced. Verbiest gives numerical values, possibly empirical ones, of the weight that wires as well as columns of different materials could bear. Thus, he establishes a relation between materials and weights. In this way, a certain kind of column of a certain material corresponds to a certain maximum weight it can bear. That is to say, an external measure conveys a quality of materials and columns, namely "the force of strength" and "the force that columns support" is represented by the maximum weight hung under the wires or column. These relations are illustrated by Figure 7.

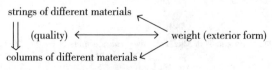

Figure 7

3. 2   The remaining four propositions

The second proposition is contained in the following text:

> 如十九图，有方柱竖立为戊己，其纵径仅足拉断之斤两，即辛系在于己。又有方柱甲乙丙丁于地平线平行。其大小于竖立之方柱戊己相同。其横径仅足拉断之斤两，即壬系在于丙。题曰：辛之斤两于壬之斤两，如戊己柱之纵径于甲丙柱之横半径。盖丙丁线杠杆之类，其支矶在丁，其用力在丙。由此论之，试令本柱之横半径丙庚有其纵径甲乙四分之一。而辛之斤两为四千斤。则壬之斤两不过一千斤。而原柱依其横径必坠断矣。

As in figure 19, there is a rectangular column standing upright as E (*wu* 戊) and F (*ji* 己), that [each] has a *lengthwise diameter* which is only sufficient for a [certain] weight to stretch and break [it], depicted as H (*xin* 辛) tied at F. There is also a rectangular column, ABCD (*jia* 甲 *yi* 乙 *bing* 丙 *ding* 丁), parallels to the horizon. Its *size* (*daxiao* 大小) is the same as the upright rectangular column EF. Its *transverse diameter* is only sufficient for the *weight* [that can] stretch and break [it], depicted as I (*ren* 壬) tied at C. The proposition says: (the ratio of) the *weight* of H to the *weight* of I is proportional to the *lengthwise diameter* of column EF to *half transverse diameter* (*hengbanjing* 横半径) of column AC. This is because the wire CD can be classified as a lever, whose fulcrum is at D, [and whose] exerted force at C. From this (one can) surmise the following: test by setting half the *transverse diameter* CG of the original column to be one forth of its *lengthwise diameter* AB. Let the *weight* at H be 4000 *jin*. Then the *weight* at I can be no more than 1000 *jin*. The said column will definitely break and fall along its *transverse diameter*. [①]

The proposition contained in this text states for a column placed horizontally being fixed to a wall at its one end with a load fixed at its other end that the ratio of the weight that the column can bear if placed horizontally to the weight it can bear if placed vertically equals the ratio of the column's half *transverse diameter* to its *lengthwise diameter*. This proposition is found as the first proposition of Galileo's treatment of the strength of materials in the Second Day of his *Discorsi*. The proposition connects the strength of a column in upright position to its strength in horizontal position. It allows to derive the force of strength of the horizontal column from the force of

---

[①] *Jia* 甲, *yi* 乙, *bing* 丙, *ding* 丁, *wu* 戊, *ji* 己, *geng* 庚, *xin* 辛, *ren* 壬, *gui* 癸, which were used commonly in ancient China, are the ten Heavenly stems to designate marks of order. In *Yi Xiang Zhi*, *ji* 己 is always written as 巳, which may be treated as mistaken writing.

strength of the upright column (see figure 8). The proposition realizes what Verbiest announced in the last sentence of the introductory part quoted at the beginning.

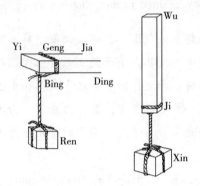

Figure 8

Deducing model in the second proposition:

the upright column → the horizontal column

The last sentence in the introduction:

the force of *lengthwise diameter* → the force of *transverse diameter*

This second proposition concerns the relation between upright columns to horizontal columns, while the remaining three propositions all deal with horizontal columns sustaining weights.

The third proposition is contained in the following text (see Figure 3 and its illustration Figure 9):

> 又有两长方之柱，见二十图甲乙丙丁。而甲乙之厚面及丙丁之宽面，两面于地平线平行。与两柱之一端各有系于本力相称之斤两，如戊与己。若再加之斤两，则两柱必不能当而坠断矣。题曰：甲乙柱厚面之横径于丙丁柱宽面之横径加倍之尺寸若干，则戊之斤两于己之斤两加倍若干。解曰：甲乙柱厚面之横径与丙丁柱宽面之横径如五与一，因而若巳之重一百斤，则戊之重五百斤矣。

Again there are two rectangular columns, see figure 20, [column] AB [and] CD. And [as for] the thick face of [column] AB and the wide face of [column] CD, these two faces are parallel to the horizon. At the end of each of the two columns is separately tied a weight equivalent to the [column's maximum] original force, as in E and F. If more *weight* is added, then the two columns will definitely not be able to bear [it] and will break and fall. Proposition: if the *transverse diameter* of the thick face of column AB [in relation] to the *transverse diameter* of the wide face of column CD is multiplied by a certain measure, then the *weight* of E [in relation] to the *weight* of F is [also] multiplied by the

[same] measure. Explanation: the *transverse diameter* of the thick face of column AB to the *transverse diameter* of the wide face of column CD is 5 to 1. Thus, if the weight at F [is] 100 *jin*, then the weight at E [is] 500 *jin*.

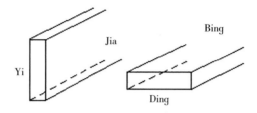

Figure 9

The third proposition states that for a rectangular column fixed to a wall at its one end the ratio of the maximum weights it can bear standing on edge to the maximum weights it can bear lying flat equals the ratio of the width to the thickness. This proposition is found as the second proposition in Galileo's treatment of the strength of materials.

The forth and the fifth propositions are contained in the following text (see Figure 4 and its illustration Figure 10 and Figure 5 and its illustration Figure 11, respectively):

有两柱，见二十一图甲乙丙丁、戊巳庚壬。其长短等，其粗细不等。其粗柱之坚固与细柱之坚固，有巳壬之横径与乙丁之横径三加之比例。如乙丁有巳壬三分之一，而细柱之坚固能当三千斤，则粗柱之坚固能当八万一千斤。

There are two columns, see figure 21, ABCD [and] EFGI (*wu ji geng* 庚 *ren*). Their *length* (*changduan*, 长短) is equal, [and] their *thickness* (*cuxi*, 粗细) is not equal. [The ratio of] the strength of the thick column to the strength of the thin column is the triplicate ratio of the *transverse diameter* of FI to the *transverse diameter* of BD. For example, [if] BD is one third of FI, and the strength of the thin column can bear 3000 *jin*, then the strength of the thick column can bear eighty-one thousand *jin*.

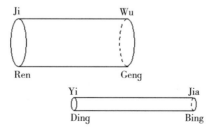

Figure 10

131

因此而推圆柱之长应加若干之尺寸。以知其不能当本体之重，以知其横系于空中时，若钉此一端于壁，则彼一端自弱而重，垂下必横断矣。如甲乙柱，见二十二图，横悬于空中。其长径五尺，于地平线平行。其本体之重有六百斤。若再加一千斤之重，系在于丁，则圆柱坠断。今（球）〔求〕应加若干尺寸，以知其自垂而断之处。依本法之理以论之，若于本柱加一丈五尺，共得二丈，则本柱不能当本体之重，自垂而横断矣。总而论之，甲乙柱之斤两与本柱之斤两并其所系于丁斤两之加倍，如五尺与二丈一尺七寸之比例。今于二丈（乙）〔一〕尺七寸再加本柱之长五尺，而三倍之。其积数共得八丈零（乙）〔一〕寸。若此数并五尺之数中，取中比例数，得二丈，即所求甲乙柱之尺寸矣。从圆或方柱之理可推他类；从五金之柱形可推他形并材料。又筋系麻等绳坚固之力同一比例之理。

Relying on this, [one can] deduce how much *length* should be added to the length of the circular column. Knowing that [the column] is unable to bear the weight of [its] own body, [and] knowing that when it is tied horizontally in the air, if one end is nailed to the wall, then the other end will itself be weak and heavy, [and] will sag and definitely break transversely. For example, column AB, see figure 22, hangs horizontally in the air. Its lengthwise diameter [is] 5 *chi*, [and it] parallels the horizon. The weight of its own body is 600 *jin*. If a weight of 1000 *jin* is added, tied at *ding*, then the circular column will break and fall. Now, [let us] seek how much *length* should be added [to the column], [in order] to know the place where it will itself sag and break. Relying on the principle of this method and discussing it [further], if to the original column is added [a length of] 1 *zhang* 5 *chi*, for a total [length] of 2 *zhang*, then the column will not be able to bear the weight of [its] own body, [and] will sag and break transversely. To sum up, [the ratio of] the *weight* of column AB to the sum of its own *weight* plus two times of the *weight* tied at D, is proportional to the ratio of 5 *chi* to 2 *zhang* 1 *chi* 7 *cun*. Now add 2 *zhang* 1 *chi* 7 *cun* to the column's original length of 5 *chi*, and triple it. Its product comes to a total of 8 *zhang* 1 *cun*. If 5 *chi* is added to this number, [and] the mean proportion [of the sum] is taken, [then] resulting 2 *zhang* is the sought length of the column AB. From the principles of circular and rectangular columns can be deduced other types; from the shapes of columns [made] of the *five metals* can be deduced other shapes and materials. Moreover, the force of strength of cords [made] of tendon, rope, hemp, and other materials [follows] the same principle of ratios.

The two propositions concern columns that are horizontally fixed to a wall under two different conditions. In the first case the diameter of the column to which a weight is attached is varied, in the second case the length is varied. In the second case the length of the column is in-

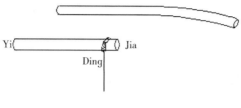

Figure 11

creased to its maximum at which the column breaks due to its own weight. These propositions correspond to propositions four and propositions three and ten in Galileo's treatment of the strength of materials.

After this brief review of the contents of the five propositions, We can summarize their structure, as shown in the following their structure, as shown in the following table.

Proposition 1	Proposition 2	Proposition 3,4,5
upright wires or columns	upright columns ← horizontal columns	horizontal columns

4 Conclusion

As we have seen, *Yi Xiang Zhi*, which is commonly regarded as a book on astronomical instruments, contains some knowledge about mechanics and machines. The mechanical knowledge of materials is mainly introduced in a section whose title *The principles for the strength of new instruments* gives readers the impression that it discusses problems about the strength of instruments. Actually, however, what is mostly presented in this section are basic propositions of Galileo's theory of the strength of materials as it was developed in the First Day and the Second Day of the *Discorsi*. Although it is unclear whether Verbiest really used this mechanical knowledge and its methods in order to design parts of instruments, his work of introducing this kind of knowledge remains a significant achievement. The theoretical mechanical knowledge about the strength of materials and the methods for calculating this strength were completely new to Chinese readers. Although ancient Chinese were good at workmanship in constructing and engineering and the workmanship had a long history, Chinese people rarely measured the strength of materials or studied the relationship between their strengths and the size of objects. Chinese craftsmen always did their work on the basis of experiences, which were handed down from generation to generation. In contrast to the Chinese tradition, Verbiest's presentation of mechanical knowledge concerning the strength of materials was an intellectual outcome of the European Renaissance. It was new to Chinese people. Furthermore, due to the detailed explanation of propositions on the mechanical knowledge concerning the strength of materials, the instruments constructed by Verbiest were seemingly constructed on more reasonable grounds than the Chinese instruments. Verbiest could thus hope that they would be highly estimated and thereby improve his career in China.

As to the origin of the knowledge presented in the section, the first proposition possibly comes from the beginning of the Galileo's *Discorsi*, and the second, the third and the forth proposition separately come from the first, the second and the forth proposition in the Second Day of *Discorsi*, while the fifth proposition probably comes from both the third and the tenth proposition in the Second Day. However, the question whether the mechanical knowledge of materials introduced by Verbiest comes directly from Galileo's *Discorsi* or via some intermediate source available to Verbiest still needs further study. It is also possible that Verbiest read books or texts rewritten or recompiled on the basis of Galileo's work by other Jesuits.

The theory of the strength of materials and the methods of calculation in the five propositions of the section discussed in this article, which combine the theory of the strength of materials with practical aspects of instrument making, should have been taken up by Chinese scholars and circulated among them. Actually, however, the number of readers of *Yi Xiang Zhi* was very limited and the excellent Chinese tradition in workmanship was sufficient for practical construction and engineering, so that theoretical knowledge about the strength of materials was not required urgently and hardly any Chinese scholar did further research on the topic at that time. Thus, the theoretical knowledge about the strength of materials introduced by Verbiest was ignored by Chinese readers and was seldom mentioned by other Jesuits until the next wave of introduction of European knowledge in the latter half of the nineteenth century.

Bibliography

[1] Deng Yuhan 邓玉函 [Johann (Schreck) Terrenz, 1576 – 1630], Wang Zheng 王徵 (1571 – 1644). *Yuanxi qiqi tushuo luzui* 远西奇器图说录最 (The Record of the Best Illustrations and Descriptions of Extraordinary Devices of the Far West). Accomplished in 1627. Published first in 1628. Chendu: Lai lu tang edition, 1830.

[2] Nan Huairen 南怀仁 (Ferdinand Verbiest, 1623 – 1688). *Xinzhi Lingtai Yixiang Zhi* 新制灵台仪象志 (A Record of New-built Astronomical Instruments at the Observatory of Beijing). Published in 1674. *Zhongguo kexue jishu dianji tonghui* 中国科学技术典籍通汇 (General Collection of Sources on Science and Technology in Acient China): Astronomy, volume 7. Edited by Bo Shuren 薄树人. Zhengzhou: Henan Jiaoyu Chubanshe, 1994. [Reprint]

[3] Fang Xuanling 房玄龄, et al. *Jin shu* 晋书 (Book on Jin Dynasty). Written in the Tang Dynasty. *Yingyin wenyuange siku quan shu* 影印文渊阁四库全书. Taibei: Shangwu yinshuguan, 1983.

[4] Li Jie 李诫 (? – 1110). *Yingzao fashi* 营造法式 (Architectural Methods and Patterns). Published first in 1103. First edition. In: Hua Jueming (ed.) *Zhongguo kexue jishu dianji tonghui*, *Jishu juan* 中国科学技术典籍通汇，技术卷二 (General Collection of Works on Science and Technology in Ancient China, Technology Vol. 2). Zhengzhou: Henan Jiaoyu Chubanshe, 1994: 7 – 309. [Reprint]

[5] Chen Qiyou 陈奇猷 (1917 –). *Han Fei Zi xin jiaozhu* 韩非子新校注. (The New Collation and Commentary of Han Fei zi). Shanghai: Shanghai Guji Chubanshe, 2000. (*Han Fei zi* 韩非子 was written in the 3rd century B. C.)

[6] Galileo. Two New Sciences, Including Centers of Gravity and Force of Percussion, translated, with a new introduction and notes, by Stillman Drake. The University of Wisconsin Press, published in 1974.

　　王斌　1979年生，山东威海人。博士，中国科学院自然科学史研究所副研究员，主要从事中国近代铁路技术史研究。出版专著《近代铁路技术向中国的转移——以胶济铁路为例（1898—1914）》。

从胶济铁路的修建看近代对华技术转移中的冲突与适应

□ 王　斌

　　许多人类活动涉及技术转移，如发明、贸易、情报、复制、帝国建设和军事征服等。关于技术转移的定义，学术界有若干种说法。美国学术期刊《比较技术转移与社会》2003 年第一期发表了期刊编者斯里（Bruce E. Seely）撰写的《技术转移研究中的史学模式》一文，文中将技术转移定义为"将技术思想、技巧、流程、硬件和体系迁移越过各种边界——民族的、地理的、社会的和文化的，或组织的和制度的——的过程和结果"。有关技术转移的学术研究，在西方主要兴起于 1960 年以后，美国等国家开始出现大量有关技术转移的研究，例如，关于工业革命由英国向美国传播的案例研究、苏联和日本工业化的案例研究、在发达国家与前欧洲殖民地之间技术转移的案例研究等。这些历史研究都强调了成功的技术转移有赖于人的交流而不只是机器、图纸、专利或其他技术文献，而且要求创造性调整。学者们更加强调技术与社会和文化之间的双向互动，而不是简单的技术对社会的影响[1]。

　　相比之下，在中国史学界，技术转移还是一个比较新的研究主题。引进西方技术是中国实现现代化的主要途径之一。近代西方技术向中国的转移，发生在中西冲突这样一个大的时代背景之下，这种冲突反映在政治、外交、经济、文化等各个层面上，出现各种影响和阻碍技术转移的因素。美国学者布朗（Shannon R. Brown）在 20 世纪 70 年代做了很多关于 19 世纪下半叶对华技术转移的研究，探讨了在西方对华技术转移和中国现代化过程中存在的主要障碍，认为既有经济上的也有政治上的因素[2-4]。台湾学者张瑞德的论文《近代中国的技术转移：以铁路事业为例（1876—1937）》从工程上的"硬件"技术和管理上的"软件"技术两个方面，来考察铁路技术传入中国后出现的问题和部分解决手段[5]。中国科学院自然科学史研究所张柏春研究员等著《苏联技术向中国的转移（1949—1966）》选取三个有代表性的个案，对技术转移做微观的描述分析，探讨了技术与经济、政治、外交、国家安全等因素的互动[6]。张柏春率领的团队近年来做了一系列近代西方对华技术转移研究，分别以火炮、铁路、电报为案例，这些研究也都关注了技术与经济、外交、社会、文化等因素的互动[7-9]。

　　＊　原载《工程研究——跨学科视野中的工程》2013 年第 3 期，第 318—326 页。

在近代中国引进的所有技术中，铁路无疑占据着至关重要的位置。中国铁路建设发端于 19 世纪 70 年代，在激烈的反对声中艰难起步。19 世纪末，帝国主义国家掀起瓜分中国的狂潮，它们主要通过向中国提供铁路贷款索取路权，然后以铁路为基础建立势力范围。胶济铁路是 19 世纪末 20 世纪初德国对华殖民扩张、输出资本和铁路技术的产物，是以德国租借地青岛为起点、横贯山东的铁路。有关胶济铁路的研究，专著为数不多[10-12]，其他则见于中德关系史或关于胶澳租借地的研究专著[13-17]。

笔者主要借助青岛市档案馆从德国复制的"胶澳租借地档案全宗"，对胶济铁路建设史进行深度挖掘，主要考察铁路建设过程中发生的冲突与适应，分析技术转移双方如何发生相互作用，并应对冲突和新技术所带来的变化而进行调整。

1 胶济铁路建设和运营概述

19 世纪后半期，德国经济和军事实力不断增强，产生了对外扩张、争霸世界的要求，而其争夺世界霸权的行动，主要表现为在华活动范围的迅速扩大[18]。随着德国在华利益的增长，德国商界和海军要求建立在华据点。经过长期考察和准备，德国人选定了胶州湾。胶州湾位于山东半岛南侧，德国人认为，胶州湾不仅是优良的港口，更有一个具经济开发价值的腹地，那里有丰富的煤炭等矿产资源，又是潜在的销售市场。德国地质地理学家李希霍芬（Ferdinand Freiherr von Richthofen，1833—1905）在其 1882 年出版的《中国》第二卷里，曾提出修建一条从胶州湾出发、连接山东煤田、经山东省会济南通向北京和河南的铁路[19]。该铁路网计划对德国选择山东作为势力范围有重大影响。

1897 年 11 月，德国借口两名传教士在山东巨野被杀，出兵强占胶州湾。次年 3 月 6 日中德签订《胶澳租界条约》（以下简称《胶澳条约》），清政府将胶州湾租与德国，并许以德国在山东修建铁路和开采矿山等权利。1899 年 6 月 14 日，德国辛迪加成立山东铁路公司，随即筹备青岛—济南铁路（德国人称"山东铁路"，中国人称"胶济铁路"）建设，同年 8 月铁路动工，1904 年 6 月 1 日铁路全线通车。胶济铁路全长 434 公里，其中济南—青岛干线 395 公里，张店—博山支线 39 公里。铁路沿线多平原，间有丘陵，坡度和缓，工程较易。但所经地区河流较多，建有很多桥梁涵洞。铁路的轨道、桥梁、机车车辆和铁路电报等材料设备以及主要工程技术人员都来自德国。由于土方和砌筑工程对技术要求低，胶济铁路的全部土方工程和绝大部分砌筑工程都承包给了中国包工头。桥梁建设委托给了专门的桥梁建筑公司古斯塔夫斯堡公司（Gustavsburg）[20]。在胶济铁路建设的同时，德国人还在山东开展采矿、电报和邮政等业务。

胶济铁路总运营收入从 1905 年的 191 万元增长至 1913 年的 413 万元，总收入的 70% 左右来自货运。运输的货物主要分为三大类：首先是煤炭，占货运总量的 50% 以上；其次是农产品和手工业产品，如大豆、油、棉花、丝绸、陶瓷等；再次是进口的工业产品，如石油、金属和机器、木材、棉制品、石灰、糖、火柴、水泥等[8]51-54。

第一次世界大战爆发后，日本对德宣战，1914 年 11 月占领青岛和胶济铁路。在战后的巴黎和会上，英、法支持日本继承德国在山东的权利，《凡尔赛条约》将这些特权让与日本，直接引发了中国的"五四"爱国运动，中国代表拒绝在对德和约上签字，山东权利问题成为"悬案"。直到 1922 年底华盛顿会议后，中国政府才收回青岛和胶济铁路。

2 筑路初期的冲突

山东人口稠密又多以务农为生，土地是人们赖以生存的基础。在这里修建铁路、穿越农田，必定会激起很多矛盾。历代山东动乱和农民起义之多，可以说名列全国各省区之首，而近代尤甚[21]。德国圣言会传教士在鲁南地区的传教活动激起了当地民众的反洋教斗争，1897 年德国占领胶州湾的军事行动更是在山东引起了强烈反应。胶济铁路建设初期，德国人的野蛮行径又加剧了与当地人的矛盾，导致严重暴力冲突的多次发生。

2.1 第一次筑路冲突与《筑路善后章程》

1899 年 6 月上旬，山东铁路公司在高密姚哥庄等处进行线路勘测，铁路员工在此过程中毁坏大量坟墓。毁人祖坟向来是民间一大忌，德国人的挑衅行为激起当地村民的反抗，发生了数次小规模冲突[22]。6 月 18 日在高密大昌庄，铁路公司雇用的一个小工在集市上公然侮辱一名年轻村妇，由于此类事件"非止一次"，于是立刻"激动众怒"，赶集的村民们"群殴小工，顺便拔杆"，并聚围公司。山东铁路公司青岛总办锡乐巴（Heinrich Hildebrand，1853—1925）闻知消息后，即刻从青岛赶赴高密，要求高密知县葛之覃"补复标杆，查办殴工之人"，葛之覃"置之不理"。锡乐巴遂折回青岛，请求胶澳总督叶世克（Jaeschke, ?—1901）派兵保护路工。6 月 24 日，德军指挥官毛威（Hauptmann Mauve）率 80 名海军和 15 名骑兵抵达高密。德军洗劫了堤东庄、刘戈庄和高密县城，杀害 20 多名村民，伤者无数，离开时还焚毁高密书院的全部书籍[23]32-33。

冲突发生后，山东巡抚毓贤①派官员前往高密查办，并同铁路公司代表和德军代表谈判。同时，毓贤致函胶澳总督叶世克，要求他按《胶澳租界条约》的规定，就路矿

---

① 毓贤（1842—1901），字佐臣。1899 年任山东巡抚，1900 年任山西巡抚。八国联军攻占北京后与清廷议和时，指毓贤为排外仇教的祸首。毓贤随即被革职，发配新疆，次年在兰州被处死。

事宜与总理衙门订立合同章程①。叶世克没有理会毓贤的要求，反而就高密冲突提出赔偿要求。1899 年 7 月 2 日，中德双方商定由中方赔偿德方桩价、兵费共 4500 多两，并暂订《路工办法十一条》。随后，中方与山东铁路公司续订《筑路善后章程》。该章程将帮办和保护铁路之责全部加到地方官身上，却未给中国方面对铁路的控制权，对山东铁路公司也未作出任何限制性规定[23]10,28。从长期来看，这份章程没有取得实质性成果，因为铁路公司仍然独断专行，不考虑风水戒律。一位德国工程师评论道：

> ……要与县令协商单位面积价格，由县专员查明详情并确定每个所有人分得的金额，这种强制征收土地的做法激起了很大的民怨。人们还担心专员和地方官有欺诈行为……此外，土地所有人不是在路堤工程开始后立即就能拿到钱，而是在路堤建成并测定界石以准确确定所需的面积之后。中国人看着这些外来的野蛮人如何占有他们的土地，他们觉得自己被强迫了。[24]42,44

1899 年 6 月底，胶济铁路重新开工。德军在高密待了两周后撤离，有 12 名骑兵留下来保护德国工程师。

2.2 第二次筑路冲突与《胶济铁路章程》

1899 年 12 月，胶济铁路路堤修至高密濠里地区。当地"地势低洼，易受水患"，村民们请铁路公司改道，或"分段多开涵洞，以资宣泄"，而路员"置之不理"[25]，理由是"太费钱"[24]44，村民们"遂以铁路阻水为名，群起而与洋人为难"[26]。1900 年 1 月，高密张家大庄等处再次发生聚众阻工，2 月，民众又袭击了铁路公司高密办事处。工程师不得不撤走，铁路建设完全中断。胶州附近的铁路工程也受到威胁，叶世克向胶州派出军队维持秩序[11]77。

此时的山东巡抚已经换成了袁世凯。他的方针是，不给德国人提供任何向山东内地派兵的口实，为此必须镇压骚乱，重建正常秩序。冲突发生后，山东铁路公司向袁世凯请求军事支援，他立即派出 300 名士兵保护铁路建设，到 2 月底有 1000 名中国士兵值守铁路工地[18]114。同时，袁世凯决定按《胶澳条约》的规定与山东铁路公司签订详细章程，"使彼此均有遵守"，并对德方"设法钳制，以期收回自主之权"[27]。为此，他多次邀请锡乐巴去济南协商章程事宜，但铁路公司柏林管理层不同意锡乐巴去济南谈判。于是袁世凯打出了王牌：在济南举行谈判并签订章程之前，他禁止铁路重新开工。最后，铁路公司被迫接受袁世凯的最后通牒。2 月 19 日，锡乐巴和胶澳总督代表德国上尉布德乐（Hauptmann Buttlar）前往济南谈判。袁世凯得知他们动身后，允许高密以

---

① 《胶澳条约》"第二端铁路矿务等事"规定，关于铁路和矿务，应成立中德股份公司，并由双方另立详细章程，但德国人完全不予理会。

南的工程重新开工；但高密以北的工程取决于济南谈判的情况[11]76-77。

袁世凯与锡乐巴的谈判始于 2 月底，袁世凯奏请调派曾留学德国的记名副都统荫昌①参加谈判。袁世凯事先拟定好交涉路矿各章，然后会同荫昌与德方协商条款。谈判进行得非常激烈，双方"磋商二十余日之久"，"稿凡四五易"[23]171-172。1900 年 3 月 21 日，中德双方签署《胶济铁路章程》（以下简称《铁路章程》）。该章程对中国人参股、土地买卖、铁路建设和保护等方面作出详细规定，规范了铁路公司的行为，理顺了铁路公司与山东省官府的关系，有利于铁路工程的顺利进行。1900 年 4 月，高密濠里一带乡民再次聚众阻止铁路施工，中德双方按《铁路章程》的原则进行协商，较快地解决了纠纷[23]248。

2.3 义和团运动与第三次筑路冲突

1897 年 11 月，大刀会成员在山东巨野杀死两名德国传教士，给德国占领胶州湾提供了借口。1899 年，大刀会改为红拳、义和拳、义和团等，其反洋教斗争得到时任山东巡抚毓贤等人的暗中支持。后来由于继任巡抚袁世凯的镇压，山东境内的义和团于1900 年春向北挺进，6 月义和团运动蔓延至北京，他们放火焚烧教堂、攻击教民、破坏一切与西洋有关的事物。6 月 20 日，德国公使克林德（Klemens von Ketteler，1853—1900）代表各国前去总理衙门要求保护，途中被清军士兵击毙，由此引发八国联军武力干涉。次日，清政府向英、美、法、德、意、日、俄、西、比、荷、奥十一国同时宣战。

此时，山东潍县和高密濠里一带的村民们也秘密组织起来，邀请义和团首领前来传授武术和法术[15]143。1900 年 6 月底胶河至潍县出现骚乱，8 月胶澳边境的城阳爆发大规模冲突，义和团民抢劫铁路工程师并袭击德国人住所。被袭击的对象不仅包括外国人，还有中国铁路工人[28,29]。

袁世凯为确保外国人的安全要求他们从内地撤出，并承诺保护他们丢下的财产[18]132。他要求铁路公司把胶州以西路段上的员工撤回。与此同时，叶世克在铁路公司的强烈要求下，派了一支德军驻守胶澳边界，并要求铁路公司在军队的保护下恢复青岛—胶州段建设[11]82-83。1900 年 10 月，叶世克与袁世凯达成协议，规定铁路 50 公里地带（两侧各 25 公里）以内的工程由胶澳总督保护，以外由中国当局保护。叶世克向高密和胶州各派了 200 人的军队，以确保胶州—高密段恢复建设[30]。德军在高密西南部和东北部与当地村民发生冲突，约有 450 名村民丧生[15]146-147。1900 年冬，山东局势总体上缓和下来。1901 年初，山东省官府同山东铁路公司和山东矿务公司②签署协议，赔

---

① 荫昌（1859—1934），字午楼。毕业于北京同文馆，后公派赴德国军校学习。回国后，任天津武备学堂翻译教习，后升任学堂总办。1900 年 1 月调至山东佐赞军务，在山东巡抚袁世凯麾下任副都统，1901—1905 年任驻柏林公使。

② 山东矿务公司成立于 1899 年 10 月，其发起者与山东铁路公司的发起者为同一个德国辛迪加。

偿两家公司因骚乱造成的损失，共计 12 万两[11]84。所有费用又都摊派到高密地区的农民身上。

3 筑路冲突的起因

引起上述筑路冲突的直接原因是德国人野蛮粗暴的行为方式。若探讨其深层次的根源，则可归因于文化因素（如"风水"和"坟墓文化"）和利益因素（土地产权和农田排水）。

3.1 "风水"和"坟墓文化"

按《现代汉语词典》的解释，"风水"指住宅基地、坟地等的地理形势，如地脉、山水的方向等。风水学认为，风水的好坏可以影响家族、子孙的盛衰吉凶。中国在铁路建设之初，反对铁路的人提出的一个主要理由就是铁路会破坏"风水"，风水破坏了，就会有灾难。在人们看来，轨道的铺设、机车的喧闹和黑烟都会扰乱神灵，对坟墓、田地和房子产生不利影响；尤其铁路线的走向丝毫不顾及坟墓的位置，更是对祖宗的亵渎。一位于 19 世纪晚期在中国生活了 20 年的德国人写道："迷信链条上最强的环节就是叫做'风水'的迷信，按字面意思就是'风'和'水'，或者'风和水的影响'。所有人都受到它（风水）的影响，而且由于它阻碍自由的思维方式，必须把它看作最危险的绊脚石之一，它阻碍中国的文明和进步……风水禁止新事物的输入，因为该地区的安康会因此受到最严重的损害，招致洪水、瘟疫、干旱和类似的不幸。"[24]42-43

山东铁路公司起初没有重视"风水"问题，铁路的走向不考虑坟墓位置，甚至还毁坏坟墓，激起民怨。第一次筑路冲突后签订的《筑路善后章程》规定，有拆屋迁坟之事，公司要与地方官商办。1900 年签订的《铁路章程》进一步规定，铁路应绕避坟墓，"不使因之受伤，至修理众多齐整坟墓，尤当顾惜"，若万不得已，应请地方官提前两个月通知业主，"使其另于他处能照原式修盖，且不使其于钱财上吃亏"。铁路公司为迁坟支付的赔偿费，在土地合同中予以规定。通常每迁一座坟，公司支付 5~6 马克[12]77，或 2~3 元[31]。

在实际操作中，用钱解决迁坟问题看来是可行的。在山东铁路公司撰写的《山东铁路建设史》中有这样一段话："一旦证明了有实在的好处，'风水'即'风和水的灵魂'，就不再成为反对意见；一旦付给其亲属一小笔固定的金额用以迁坟，对死者的表彰（指坟墓——笔者注）就不再是阻碍。"[20]对山东铁路公司而言，坟墓问题没有构成特别严重的障碍，尤其在义和团运动以后，"风水"对于铁路建设不再起很大作用。

3.2 土地产权和农田排水

中国土地细割、土地产权关系复杂，给山东铁路公司的土地征购造成困难。《山东铁路建设史》这样评论：

> 按中国的法律和习俗，很难确定某人是否有权支配一块地产、签订关于这块地产的买卖契约，以及接收为此支付的金额。地契与土地登记册一样少，这毫无疑问会给我们带来所有这些问题。置办地产的个人的权利，与其他作为总产权人和次产权人或难以确定其合理性的产权人的权利，此外还与来自家庭的、宗族的、乡镇的、行会的要求或者指令，相对立。[20]

由于铁路公司难以也不愿费工夫同各个土地所有人谈判土地买卖事宜，于是采取了一种简便的方式：由公司与各县的知县和乡绅代表就整个县签订一份土地购买合同，商定每亩土地的平均价格以及用于补偿迁坟和耕地损失的固定金额。构成土地的平均价格有两个方面，一是土地自身价值，二是给地方官的酬劳。例如在高密县，每亩土地的协定价格是37000 文大钱，其中32000 文是土地价格，另外的5000 文用来补偿知县及随同人员查看土地的费用。测量土地时，由铁路公司职员与各县知县一起进行，随后公司将付款说明交给知县并约定付款地点。公司向知县支付土地钱款后，知县给公司开收据和买地契约[32]。然后由知县召集村庄长恳切开导，分等发给地价，迁坟移屋另偿以迁移费，有果木种植者亦另予赔偿；土地买卖契约均由村庄长承中立保，由知县转行发给[25]24。1900 年5 月，铁路公司先后与胶州、即墨、高密、昌邑、安丘和潍县等县签订了土地合同（如下图）[32]。

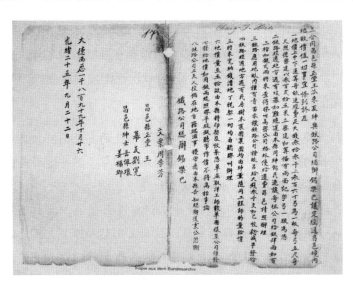

山东铁路公司与昌邑县签订的土地合同

（来源：青岛市档案馆，B1－2－36，39）

然而在实际操作中，铁路公司有时未等土地买卖完结就破土动工，而且公司付给农民的土地价格往往低于实际价值，公司通事（翻译）又"私行诡诈"，"为索人钱财，或吓由房宅，或吓经坟墓，多方凌逼"[33]。此外，铁路公司所招募的铁路工人大都来自北方其他省份，他们的工资收入较当地人要高，经常与当地人发生矛盾，同时又依仗铁路公司的保护，其作奸犯科的行为很少受到惩罚[15]133。铁路公司的这些行为，严重侵犯了当地民众的利益，冲突在所难免。

上文还提到，铁路建设破坏了当地的农田排水系统，这也是农民们向德国人发难的重要原因之一。事实证明，农民们的理由完全正当。1902年夏，高密地区在连降四天大雨之后发生了严重的洪灾。无数房屋被毁，大片田地被淹，许多人无家可归。同年8月，一位德国海军工程师受胶澳总督委托到当地巡视。他在一份秘密报告中断定，洪涝灾害无疑是由铺设铁路引起的[15]149。

4 车站及其周边公路的建设

胶济铁路是山东省的第一条铁路，山东民众对它的接受经历了一个过程。筑路初期的几次暴力冲突增强了人们对它的抵触情绪，对铁路技术的不了解又使人们对其产生畏惧心理。《青岛新报》戏剧性地描述了人们第一次见到火车行驶时的场景：

> 通车日那天，沿铁路路基站立的中国人惊异地打量着这辆崭新壮观的火车，尤其是前端喷火的火厢。当火车向他们驶来，他们大惊失色，在这个轰隆隆的庞然大物面前逃开了。[24]172

筑路初期，人们对铁路的反对导致很多车站被挡在县城城墙之外，因为人们不想让"火龙"靠近[24]172。随着铁路建设的推进，这种状况逐渐发生改变。1906年，锡乐巴在一份关于铁路车站的报告中写道：

> 定线之初，并不是在任何地方都能为铁路运输的发展而将火车站设在紧邻人口稠密和交通繁忙的地方。其原因，一方面是地形困难，另一方面是铁路建设之初民众的反对，他们不希望看到铁路穿过坟墓和庙宇。
>
> 在首段开通运营后①，中国人很快地认识到现代交通工具的优点，在铁路建设的后半段，民众很快改变了以往的想法。胶州火车站和潍县火车站都离城墙差不多1公里远，接下来的周村火车站和济南府火车站都离商业中心很近，近到地形所能允许的限度。在决定省城济南府火车站位置时，开明的山东巡抚周馥甚至要求，将已规划的东西火车站移近济南城，并在省城的西北门增加一站。
>
> 在德国也有这样的事情，今天有些城市就苦于火车站离得远，因为铁路建设时，城市行政当局阻止铁路公司将其车站靠近城市。[34]

---

① 胶济铁路首段青岛—胶州（74公里）1901年4月开通。

铁路车站除了地理位置相对城市中心应近便以外，还需具备良好的通达条件，这里主要指通往车站的公路设施。公路建设属于基础设施建设，中国历代官府在这方面都做得很少，除了官方的驿道，其他道路普遍简陋。19世纪末，山东同其他省份一样，道路都是土路，一到雨天，难以通行。为了减小因天气原因给铁路运输带来的不利影响，方便人们在雨天也能比较顺利地到车站乘车或发货，山东铁路公司决定在几个大城镇，如潍县、青州府等地，修建通往车站的公路。

然而公路建设不属于山东铁路公司职权范围内的事情，铁路公司必须与山东省及地方官府协商。早于1902年6月潍县通车前很久，铁路公司就向潍县知县提出修一条从火车站通往县城的道路，当地土绅和商人也表示出很大的兴趣，于是铁路公司以为在潍县通车前就能完成该段公路的建设。但直到当年11月，潍县知县才同意了铁路公司的提议，可是知县没钱修路，还必须上奏山东巡抚。在铁路公司的请求下，巡抚周馥同意由铁路公司承担公路施工，由潍县县衙承担工程费用。随后，铁路公司与潍县县衙举行会谈，山东巡抚也派了代表参加。会谈过程中，潍县知县始终都不赞同该项工程，说文人们会反对修路，因为它破坏"风水"。铁路公司的人则反驳说，潍县当年通过科举会试的考生多于以往，显然铁路改善了"风水"；官府代表似乎也不得不承认这一点。最终，连接潍县县城与火车站的公路还是建成了。上海《德文新报》（*Der Ostasiatischer Lloyd*）编辑芬克（C. Fink）评论说，"这可能是中国最好的道路。20米宽的路堤从铁路笔直地通向主城门。整个路面铺设了方形花岗岩"[35]。铁路公司在青州府和周村也修建了通往火车站的公路，费用分别由青州府和周村所属的长山县负担。由济南府通往济南府东站和西站的公路，则由山东巡抚衙门负责修建。

5　余论

近代中国社会处于缓慢的转型之中，社会基本方面，如政治制度、社会结构、法律和所有权关系等，仍长期停留在传统状态下，人们对新技术的排斥依然强烈，再加上近代技术往往是伴随西方列强对中国的侵略转移到中国的（即使是由中国主动进行的技术转移也难免受到西方的压榨、欺骗和剥削），这就决定了近代技术向中国转移的复杂和艰难。

本案例中的铁路技术转移发生在殖民地与境下，是由技术转移方强加给技术接受方的。胶济铁路建设以中德国家条约的形式予以确定，由德国殖民者强行实施。但殖民主义决不是一个单方面的、由殖民列强对传统社会进行任意改造和施加影响的活动，而是由发生在两个能够清楚表达自己意见、具有行动能力的社会之间的相互作用所构成[15]490。胶济铁路建设中的冲突与适应正是技术转移双方相互作用的表现和结果。

胶济铁路建设过程受到来自社会、文化、政治、外交等诸多因素的影响，山东铁路公司为保障铁路建设的进行，采取各种手段消除阻碍。铁路建设初期，铁路公司与当地民众之间发生数次严重冲突，德国公使克林德也承认"骚乱是由铁路铺设过程中的粗暴行为引起的。别的国家多年来已经在中国修建了若干条铁路，但都没有受到干扰"[15]133。当出现矛盾和冲突时，德国人没有积极地化解矛盾、顺应当地民众的合理要求，而是采取了残酷的武力镇压，这直接反映了他们的殖民者心态。直到袁世凯借铁路建设因骚乱而中断的契机，与铁路公司谈判签订《铁路章程》，才规范了铁路公司的行为，理顺了铁路公司与山东省官府的关系。

引起筑路冲突的深层次原因主要可以归结为文化因素和利益因素。中国社会特有的"风水""坟墓文化"和复杂的土地产权，给筑路初期的土地征购带来困难，铁路公司除了借助与官府合作之外，还寻求士绅的协助。在中国传统的"四民"社会中，士的地位最高。在普遍教育和群众启蒙实现以前，许多地方有赖于中国社会"中产阶级"，即有功名的士绅的领导。一方面，这个阶级构成地方上的社会精英力量，比人民群众受过较好的教育，能力也较强；另一方面，和官僚们比较，士绅更适合于领导民众，因为他们的社会地位比较接近民众，与民众的关系也较密切[36]。他们在当地拥有广泛的政治影响，可以作为乡村民众的代言人，在关系到地方共同体的许多重要事务上向有关当局施加压力。地方精英力量强大的地区，社会和政治往往比较稳定，并且受精英家族的严格控制[15]53。正因为士绅阶层在中国社会的特殊重要地位，德国人选择了与他们进行合作。

自袁世凯任山东巡抚之后，山东的对德政策开始发生重大变化，由盲目拒斥转为理性抗争。既然铁路的进入既成事实，如何设法能让铁路顺利建成并为我所用，才是明智和务实的态度。由于民众也逐渐认识到铁路的好处，对铁路的反对逐渐减少，铁路车站由最初多建在县城外围变为靠近商业中心。山东省官府还支持铁路公司修建了车站周边的公路。这些都反映了山东官民积极适应铁路所带来的变化。

参考文献

［1］ Bruce E. Seely. Historical Patterns in the Scholarship of Technology Transfer ［J］. Comparative Technology Transfer and Society，2003（1）.

［2］ Shannon R. Brown. The Partially Opened Door：Limitations on Economic Change in China in the 1860s ［J］. Modern Asian Studies，1978（2）.

［3］ Shannon R. Brown. The Transfer of Technology to China in the Nineteenth Century：The Role of Direct Foreign Investment ［J］. The Journal of Economic History，1979（1）.

［4］ Shannon R. Brown. The Ewo Filature：A Study in the Transfer of Technology to China in the 19th Century ［J］. Technology and Culture，1979（3）.

［5］ Chang Jui-Te. Technology Transfer in Modern China：The Case of Railway Enterprise（1876 – 1937）

　　　　［J］. Modern Asian Studies, 1993（2）.

［6］张柏春,等. 苏联技术向中国的转移（1949—1966）［M］. 济南：山东教育出版社, 2005.

［7］孙烈. 德国克虏伯与晚清火炮——贸易—仿制模式下的技术转移［D］. 北京：中国科学院自然科学史研究所, 2011.

［8］王斌. 近代铁路技术向中国的转移——以胶济铁路为例［D］. 北京：中国科学院自然科学史研究所, 2010.

［9］李雪. 19 世纪西方电报技术向中国的转移［D］. 北京：中国科学院自然科学史研究所, 2010.

［10］山东大学历史系,中国科学院山东分院历史研究所. 胶济铁路史［M］. 济南：山东人民出版社, 1961.

［11］Vera Schmidt. Die deutsche Eisenbahnpolitik in Shantung：1898 – 1914；ein Beitrag zur Geschichte des deutschen Imperialismus in China［M］. Wiesbaden：O. Harrassowitz, 1976.

［12］Paul Dost, Werner Hartwig. Deutsch-China Und Die Schantungbahn［M］. Krefeld：Röhr-Verlag für Spezielle Verkehrsliteratur, 1981.

［13］王守中. 德国侵略山东史［M］. 北京：人民出版社, 1988.

［14］Dirk A. Seelemann. The Social and Economic Development of the Kiaochou Leasehold under German Administration, 1897 – 1914［D］. Toronto：University of Toronto, 1982.

［15］（德）余凯思著,孙立新译. 在“模范殖民地”胶州湾的统治与抵抗：1897—1914 年中国与德国的相互作用［M］. 济南：山东大学出版社, 2005.

［16］（德）华纳. 德国建筑艺术在中国［M］. Berlin：Ernst & Sohn, 1994.

［17］Torsten Warner. Die Planung und Entwicklung der deutschen Stadtgründung Qingdao（Tsingtau）in China；Der Umgang mit dem Fremden［D］. Hamburg：Technische Universität Hamburg-Harburg, 1996.

［18］John E. Schrecker. Imperialism and Chinese Nationalism：Germany in Shantung［M］. Cambridge, Massachusetts：Harvard University Press, 1971.

［19］Ferdinand Freiherr von Richthofen. China：Ergebnisse Eigener Reisen und Darauf Gegründeter Studien. Ⅱ.［M］. Berlin：D. Reimer, 1882：266.

［20］Schantung-Eisenbahn-Gesellschaft（以下缩写 SEG）. Baugeschichte der Schantung-Eisenbahn［B］. 青岛市档案馆（以下缩写 QDA）, B1 – 3 – 7：195 – 237.

［21］张玉法. 中国现代化的区域研究：山东省（1860—1916）［M］. 台湾：中央研究院近代史研究所, 1987：102.

［22］刘晓焕. 高密人民的初期抗德斗争［M］//政协山东省高密县文史资料研究委员会. 文史资料选辑（第六辑）, 1986：88 – 89.

［23］中国社会科学院近代史研究所,中国第一历史档案馆. 筹笔偶存——义和团运动史料［G］. 北京：中国社会科学出版社, 1983.

［24］Annette S. Biener. Das deutsche Pachtgebiet Tsingtau in Schantung 1897 – 1914［M］. Bonn, 2001.

［25］袁荣叟,等. 沿革志//胶澳志［M］. 青岛：胶澳商埠局, 1928：25.

［26］廖一中, 罗真容. 袁世凯奏议（上）［G］. 天津：天津古籍出版社, 1987：100 – 101.

［27］王彦威, 王亮. 清季外交史料［G］. 北京：书目文献出版社, 1987. 卷 143, 2.

［28］SEG（Berlin）an Tirpitz（2. 7. 1900）［B］. QDA, B1 - 1 - 359：74.

［29］SEG（Berlin）an Tirpitz（11. 10. 1900）［B］. QDA, B1 - 1 - 359：179 - 180.

［30］SEG（Berlin）an Tirpitz（15. 10. 1900）［B］. QDA, B1 - 1 - 359：191.

［31］Der Ostasiatische Lloyd（16. 10. 1899）［B］. QDA, B1 - 4 - 18：184.

［32］Betriebsdirektion der SEG an die Direction der SEG（5. 5. 1900）［B］. QDA, B1 - 1 - 358：216 - 223.

［33］山东省历史学会. 山东近代史资料（第三分册）［G］. 济南：山东人民出版社, 1961：89.

［34］Betriebsdirektion der SEG an Kaiserlichen Geschäftsträger Legationsrat（26. 5. 1906）［B］. QDA, B1 - 2 - 43：71 - 72.

［35］Fink. Auf der Eisenbahn durch Shantung bis zum Tse-ho（Sonderdruck）［B］. 1903. QDA, B1 - 1 - 366：143 - 171.

［36］［美］费正清, 刘广京. 剑桥中国晚清史（下卷）［M］. 北京：中国社会科学出版社, 2006：289.

郑诚 1982年生,北京人。现为中国科学院自然科学史研究所副研究员。2004年北京林业大学环境科学专业毕业,获理学学士学位。2007年上海交通大学科学技术史专业毕业,获理学硕士学位。2012年中国科学院自然科学史研究所科学史专业毕业,获理学博士学位。目前主要研究方向为明清史、中外交流史、军事技术史。

《祝融佐理》考——明末西法炮学著作之源流

□ 郑　诚

明末西学东渐之时，恰逢满洲崛起，辽东战事愈烈，刺激了知识阶层主动学习、引进欧洲军事技术。天启、崇祯年间，出现了几种介绍西法炮学的编译作品，其中《西法神机》《西洋火攻神器说》《火攻挈要》三书，久为学界关注。焦勖《火攻挈要自序》又提及《祝融佐理》，谓"其中法则规制，悉皆西洋正传"。此前因该书存殁不明，学界向无研究。本文以新发现之《祝融佐理》钞本为中心，考证该书编者事迹，成书背景，探讨明末西法炮学著作之谱系源流、编译底本，《西法神机》与《西洋火攻神器说》的构成亦可随之解明。明末欧洲军事技术传华史事，或可更为清晰。

1　何良焘与《祝融佐理》

崇祯十六年（1643），焦勖自序《火攻挈要》，历数当代火器著作："惟赵氏藏书、海外火攻神器图说、祝融佐理，其中法则规制，悉皆西洋正传。然以事干军机，多有慎密，不详载，不明言。"[①] 崇祯九年，韩霖（约1598—约1649）辑成《守圉全书》，卷首"采证书目"列有"祝融佐理　何良焘"[②]。《守圉全书》卷二《设险篇》引用"筑造卫城台铳说"四百余字，署名何良焘。崇祯十一年，范景文辑《战守全书》，卷一〇"守部"载何良焘《铳台说》两千余字[③]，其中"卫城铳台法"一节与前述"筑造卫城台铳说"内容略同。合观之，《祝融佐理》应是一部有关西式火炮与炮台的军事著作，

　　＊　原载《自然科学史研究》2012年第31卷第4期，第457—483页。现为修订稿。因所庆纪念文集篇幅限制，删去原文第4节"铁炮制造技术"、第5节"防御工程技术"，以及全部附录四种。主要增加西文史料，特别是澳门议事会《译员章程》有关何良焘的记载、《炮学指南》摘译片断，以及 C. R. Boxer 论《西洋火攻神器说》等事。2015年10月至2016年4月，笔者有幸获得首届"发现中国——古代军事工程科技奖学金"资助，访问英国剑桥李约瑟研究所，得以补充上述新资料。

　　① 汤若望授，焦勖述：《火攻挈要》，海山仙馆丛书本，《中国科学技术典籍通汇·技术卷》第5册，第1267页。"赵氏藏书"，孙诒让疑即赵士桢《神器谱》（《温州经籍志》卷一六，12a，民国十年刻本）；"海外火攻神器图说"或即张焘、孙学诗合著之《西洋火攻图说》。考见后文。

　　② 采证书目"何良焘"第三字下版刻漫漶难辨。参见韩霖：《守圉全书》，崇祯九年刻本，《四库禁毁书丛刊补编》第32册影印上海图书馆藏本。这份"采证书目"引书100种，多数为明代兵家类著作及臣工奏疏，不少是明末天主教徒的作品。参见汤开建：《委黎多〈报效始末疏〉笺证》，广州：广东人民出版社，2004年，第211—219页。

　　③ 范景文：《战守全书》卷一〇，22a，崇祯十一年刻本，《四库禁毁书丛刊》子部第36册，第396页。

崇祯九年之前已有流传。然遍检明清间公私书目，未见相关著录。

上海图书馆现藏《祝融佐理》道光钞本一册（以下简称"上图本"）。索书号：线普 535128。全书不分卷，凡四十七叶，约 15700 字。半叶八行，行廿至廿八字，无行格栏线，未标叶码。有目录、无序跋。全书用朱笔点过并校字，朱校与墨钞笔迹一致。卷首大题"祝融佐理"，下书"道光元黓仲秋月钞"①，钤朱文小方印"恪庭"。次行署"仁和何良寿烈侯笔记"。正文内容为 16 世纪欧洲炮学实用知识。原书应有图示，钞本仅存图题 29 条（如"造铳身模""战铳式"等）。书中并未涉及铳台，也没有《守圉全书》《战守全书》内相关引文。

何良焘与何良寿是否一人？古人名与字号，意每多相关，"焘""烈"从火，寓功业之思。"寿"疑即"焘"字形近之误。"笔记"一词，在明末西学著作署名中颇为常见，义同"笔受""笔录"②。《祝融佐理》应是西人与何良焘合作，口授笔录之编译作品。

何良焘生平事迹，零星史料，尚可勾稽③。约在 1627 年，澳门议事会制定了一份《译员章程》（*Regimento da Lingua da Cidade e dos Jurubaças menores e Escrivaens*），规范翻译人员的权利义务④。澳门议事会当时有一五人翻译小组，包括一名首席翻译（língua principal）、两名助理翻译（jurubaças menores）、两名文案（escrivaens），直接处理与明朝地方政府的日常交涉及商务活动。按《译员章程》，首席文案是位华裔天主教徒，教名 Leão，出身杭州（Hamcheu），月薪 10 pardaos，日用纸墨及住房由澳方提供⑤。按《祝融佐理》卷首署名，何良焘乡贯仁和，正是杭州府附郭县。Leão 又与何良焘的表字"烈侯"发音近似。崇祯十年左右，嘉定人沈弘之回顾西洋火炮、筑城技术传华始末，谓徐光启与孙元化"明其说而未见其制"，"唯何良焘居乡山嚣，为其人代笔，习见其铳与台，而悉其事理"。⑥由此可见，1627 年前后，澳门议事会下属首席汉文文案、天主

---

① "元黓"即"壬"，所指年份，有道光二年壬午（1822）、十二年壬辰、二十二年壬寅，三种可能。

② 例如《泰西水法》题熊三拔撰说，徐光启笔记。《表度说》题熊三拔口授，周子愚、卓尔康笔记。《几何原本》则题作利玛窦口译，徐光启笔受。《灵言蠡勺》题毕方济口授、徐光启笔录。均见李之藻辑《天学初函》明刻本。

③ 黄一农已有讨论，但未提及《祝融佐理》及《译员章程》。参阅黄一农：《明清之际红夷大炮在东南沿海的流布及其影响》，《中央研究院历史语言研究所集刊》2010 年第 81 本第 4 分，第 787－788 页。

④ 葡文抄本 *Regimento do Lingua da Cidade，e dos Jurubaças menores，e Escrivaens*，属《耶稣会在亚洲》文献集，藏于里斯本阿儒达图书馆：Biblioteca da Ajuda（BA），Jesuítas na Ásia（JA），Códice 49－V－6，fols. 457v－463v. 感谢金国平先生寄示葡文抄本书影。全文英译及考证，参见 J. M. Braga："Interpreters and Translators in Old Macao"，*International Conference on Asian History at the University of Hong Kong*. Hong Kong，1964，No. 49，pp. 1－11. 本文引据英译本。葡文版本已有整理本，底本据另一抄件 BA，JA 49－V－8，fls. 245－251v. 参见 Miguel Rodrigues Lourenço，Elsa Penalva（eds.）：*Fontes para a história de Macau no século XVII*，Lisboa：Centro Científico e Cultural de Macau，2009，p. 15，378 ff.

⑤ pardao 又称 pagoda，16 世纪后期葡萄牙人在印度南部铸造之金币，一枚约 2.8g。按《译员章程》，首席翻译 Simao Coelho 也是华裔天主教徒。此人当即明末汉文文献中的西满·故禾略，又称徐西满。"在天启、崇祯两朝多次雇募澳门铳师来华的过程中，徐西满以通事或通官的身份几乎全程参与，具体协助双方进行沟通，对西炮入华应有一定贡献。"参见董少新，黄一农：《崇祯年间招募葡兵新考》，《历史研究》2009 年第 5 期，第 70 页。

⑥ 范景文：《战守全书》卷一〇，49a－b，崇祯十一年刻本，《四库禁毁书丛刊》子部第 36 册，第 409 页。沈弘之称徐光启为"徐文定公"（卷一二，28a），写作时间当在崇祯六年徐氏身故赐谥之后，崇祯十一年刻书之前。

教徒 Leão，当即何良焘。天启年间，受荷兰舰队入侵（1622）之刺激，澳门葡人招兵造炮，开设"王家铸炮厂"，同时大兴土木，建造了一系列大小炮台，1632 年前全部完工，形成完整的防御体系。何良焘长住澳门，为议事会效力，观摩铸炮、建台，机会甚多。《祝融佐理》行文流畅，表明何良焘具有可靠的文字功底。编译专书，介绍西洋火炮技术，大概需要经过澳门议事会或当地教会高层的许可。

崇祯八九年间，"赞画何良焘"在温处巡道副使薛邦瑞麾下，于温州沿海，参与清剿海寇刘香残部。叙功题稿称何氏"谋能料敌，技谙火攻"[①]。今中国长城博物馆（八达岭）陈列崇祯十一年三月造"敕赐神威大将军"生铁大炮，炮身阳铸铭文，载录督工监造人员名单，宣大总督卢象升以下各级官员、工匠凡十余人，尚有"阁部提授赞画何良焘监制"字样。[②]

综合上述资料，何良焘，字烈侯，浙江仁和人，天主教徒，教名 Leão。天启间崇祯初，充任澳门议事会首席文案，熟悉造铳、筑台之法，参与编译《祝融佐理》；崇祯八年已任军前赞画，在浙江沿海参与清剿海盗；崇祯十一年驻防蓟镇宣大一带，专长为制造、使用西洋火器。

2 《祝融佐理》与《西法神机》

祝融，传说为上古人物或官名，后世尊为火神，引申为火之代称。用作书名，有火攻、火器的意味。又按裴骃《史记集解》引"虞翻曰：祝，大。融，明也。""祝融佐理"又可暗喻"助我大明"，嵌入国号，不无深意。

上图本《祝融佐理》凡 23 节。首先，简介铜铳、铁铳之特点与制造工艺（2 节）。其次，按战铳、攻铳、守铳之顺序，描述三类火炮之构造比例（7 节）。其中特种火炮，如战铳之大子母战铳，攻铳之虎唬铳、飞彪铳，守铳之虎踞铳，均设独立条目。各类火炮条目后，详细解说配套炮车之构造（7 节）。其中大子母铳用于水战，配备水战铳车。再次，总述炮弹造法，附圆弹、响弹等十种，各具规制（1 节）。再次，总述火药制法，附火药配方十种，后加按语，强调注意事项（1 节）。再次，条列洗铳羊毛帚等十种辅助设备，说明形制用法（1 节）。再次，介绍铳规、矩度两种工具的制作、使用方法，

---

① 中央研究院历史语言研究所编：《明清史料乙编》第八本，上海：商务印书馆，1936 年，702a－b，704a，705a。

② 完整铭文参见成东：《明代后期有铭火炮概述》，《文物》1993 年第 4 期，第 79—86 页；黄一农：《明清之际红夷大炮在东南沿海的流布及其影响》，《中央研究院历史语言研究所集刊》2010 年 12 月第 81 本第 4 分，第 788 页。这门大铁炮系 1958 年自延庆县二道河乡张五堡村东山脚下运到八达岭。参见《延庆县志》编纂委员会编著：《延庆县志》，北京：北京出版社，2006 年，第 639 页。原件今藏中国长城博物馆内（八达岭），詹天佑纪念馆前及八达岭景区入口内陈列者系复制展品。据笔者实测，这门铸铁铳通长 285cm，重 1500kg（据博物馆所设说明牌），口径 10.5cm，铳口至火门 234cm，倍径（铳口至火门距离与口径之比）22.3。炮身前弇后丰，隆起六道铁箍（包括炮口）。铁箍前后铸有莲花纹装饰。自铳口数第三道箍两侧原有炮耳，现已残缺。各关键部位比例，与《祝融佐理》所载体型最大之虎踞铳（铜铸守铳）较为接近。

用以调整炮身仰角、测量射程，进而说明弹药比例需随弹量变化加以调整（1 节）。再次，分战铳、攻铳、守铳三类，条列各种火炮弹药比例、平仰射程（3 节）。要之，这是一部逻辑清晰、结构完整的炮学手册（附录 1）[①]。

表 1 《祝融佐理》所见火炮规制

名称	口径(寸)例	倍径*	弹量(斤)	铳身材质
大小战铳	3，5	33	1～30	铁，铜
大子母战铳	3	25～28	10～15	熟铁
大小攻铳	5	17，18	9～30	生熟铁双层，铜
虎唬铳	7，8，20	23～25	50～100	铜，上号生铁
飞彪铳	20	4，5	＞100	上号生铁
大小守铳	3	17，18	1～6（A），7～25（B）	A 熟铁 B 生熟铁双层
虎踞铳	5，10	18，25	26～50	铜

* 铳口至火门距离与口径之比。

《祝融佐理》与另一部西学火器专著《西法神机》关系密切。上图本《祝融佐理》（约 15700 字）百分之七十的内容与《西法神机》（约 20800 字）基本相同，约占《西法神机》全书之半。

《西法神机》二卷，今惟光绪二十八年（1902）刻本传世，题孙元化著[②]。孙元化（1583—1632），字初阳，号火东，嘉定人，天主教徒，教名 Ignatius，万历四十年（1612）北直举人。师事徐光启，与西洋传教士交游，精算术、火器。天启二年（1622）出任军需赞画，先后在王在晋、孙承宗幕中为参谋，既而入兵部任职。崇祯三年（1630）六月，升授登莱巡抚，募用葡萄牙军士，训练炮兵部队。崇祯五年正月，孔有德率叛军等攻陷登州，孙氏被俘，三月释归，七月因兵变失城之罪于京师弃市。[③]

光绪本《西法神机》附刊金造士（1662）、杨恒福（1902）跋语。综合二人之说，孙元化被处决（1632）后，兵事著作多为家人焚弃，幸而中表王式九预留此书副本，递传至造士。康熙元年，金氏录副"以示同学"。光绪年间，金氏家藏本为同邑葛起鹏（味荃）所得，乃出示杨恒福，并付之梓。按，金造士（1643—1702 后），字民誉，嘉定人，善绘事，与吴历（1632—1718）交厚，亦是天主教徒[④]。杨恒福与葛起鹏，系同治光绪间嘉定知名绅士[⑤]。《西法神机》流传过程中，至少经过王式九、金造士两次重钞。光绪刻本中尚标明金氏注解、补图数处；卷下末尾，正文混入康熙三十五年

① 附录 1，本文省略，参见郑诚：《〈祝融佐理考〉——明末西法炮学著作之源流》，《自然科学史研究》2012 年第 31 卷第 4 期，第 457—483 页。

② 孙元化：《西法神机》，自然科学史研究所藏光绪二十六年刻本，《中国科学技术典籍通汇·技术卷》第 5 册。

③ 孙元化生平，参阅黄一农：《天主教徒孙元化与明末传华的西洋火炮》，《中央研究院历史语言研究所集刊》1996 年第 67 本第 4 分，第 911—966 页。

④ 方豪：《中国天主教史人物传》，上海：天主教上海教区光启社，2003 年，第 402—403 页；吴历著，章文钦笺注：《吴渔山集笺注》，北京：中华书局，2007 年，第 132、494、616、624 页。

⑤ 范钟湘等修：(民国)《嘉定县续志》卷一一，2b－3a，17a，民国十九年铅印本。

（1696）时事，或亦金造士手笔。①

《祝融佐理》《西法神机》两书详加对比，可知《祝融佐理》23节内14节，与《西法神机》章节大体对应，具体叙述文字略有出入。以铸造铜铳之段落为例（表2），二书文句基本相同。然《西法神机》叙述较简，除个别措辞略有更易，尚脱去"则盍不于铳、于弹、于火药，一详审乎""不胜鼓之荡之，激之怒之""何至叹流传讹误，使帑费于无益也"三句，明显不及《祝融佐理》语义清晰，文气完足。似是取其简便，刻意删省。其余对应篇章，文字出入大都类此。

表2　文字对比

《祝融佐理·铸造铜铳说》	《西法神机·造西洋铜铳说》
夫铳之为物虽粗，其理最精，其法最密。今世造铳者，不狃于省费之一言，便失于流传之讹误。椎击铳管，既非一致，生熟夹镕，性实殊绝，则盍不于铳、于弹、于火药，一详审乎。盖药以推弹，铳以管弹，则弹出铳管之际，不胜鼓之荡之，激之怒之。必其铳毫无罅漏，毫无偏曲，而药始不旁泄，而弹始不阻碍也［中略］则一气铸成，既无罅漏偏曲之弊，又省人力风箱之苦。铸一铳实收一铳之用，何至叹流传讹误，使帑费于无益也。	铳之为物虽粗，其理最精，其法最密。今世造者，狃于省费之言，更执流传之讹。椎击铳管，既非一致，生熟夹镕，性更悬绝。盖药以推弹，铳以管弹，则弹出铳管之际，必铳身毫无罅漏，毫无偏曲，而药始不旁泄，弹始无阻碍也［中略］此是一气铸就，既无罅漏偏曲之弊，又且炼铜纯熟，可省人力风煽之劳，铸一铳收一铳之用矣。

《祝融佐理》逐一讲解了七种铳车的构造比例、配件数据，总约5300字。《西法神机》仅载"造铳车说"一节，首先综合叙述将战铳（含大佛郎机）铳车、攻铳（含虎唬铳）铳车，继而略述守铳铳车形制，凡五种，简化为1300字。且缺少《祝融佐理》内飞彪铳（臼炮）炮座、虎踞铳铳车相关内容。此外，《祝融佐理》论述火炮构造各节，均简要说明相应材料、工艺，为《西法神机》相应各节所无。这种体例上的变动，应是有意为之。

通观全书，《祝融佐理》结构完整，条理清晰。《西法神机》则是一部未定稿，拼凑痕迹明显。其中"铳台图说""火药库图说"二篇以及部分无题段落，摘自天启二年孙元化在山海关任职时所作呈文（曾收入《赞辽略稿》）②。《西法神机》的主要素材，应来自《祝融佐理》《赞辽略稿》及其他笔记。孙元化生前未及排比定稿，后世辗转传抄，间有脱漏失次处。如上图本《祝融佐理》所载"虎踞铳尺量法"（约500字）为

---

① 《西法神机》卷下（25b）末节述一火炮事故，谓"丙子年范制台任中曾有此事"。按崇祯丙子（1636），孙元化已去世四年。康熙丙子（1696），两江总督（制台）范承勋（1694—1698在任）恰有造红夷炮之举。参阅康熙三十七年五月十六日工部尚书萨穆哈题本：《题覆［两江总督］范承勋请销造换京口红彝炮位绳索用过麻觔人夫银两比前造浮多应照例逐一核减具题到日再议》。中央研究院历史语言研究所内阁大库档案检索：http://archive.ihp.sinica.edu.tw/mctkm2/index.html。

② 《铳台图说》作于"天启二年八月十一日"，《火药库图说》则是天启二年六月随辽东经略王在晋巡寨时所作。另《西法神机》卷上（21b—22a）"铳有用铜者，有生铁者，有熟铁者"云云，出自《论台铳事宜书》；"佛郎本西洋国名"及"虎蹲铳"（22a—23a）云云，出自《改造火器呈》。《赞辽略稿》原书久佚，《守圉全书》摘录其中九篇。对比《西法神机》所摘四篇，可知光绪本文字有颇多颠倒错漏。《铳台图说》参见韩霖：《守圉全书》，崇祯九年刻本，卷二之一，33a—35b，《四库禁毁书丛刊补编》第32册影印上海图书馆藏本；其余三篇见《守圉全书》卷三之一，99a—105a，傅斯年图书馆藏崇祯九年刻本。上海图书馆藏《守圉全书》缺失卷三之一，承蒙常修铭先生寄示傅斯年图书馆藏本书影。

《西法神机》所无，然《西法神机》卷下"点放大小守铳合用弹药法"（《祝融佐理》略同）尚有虎蹲铳弹药用量数据。可见《西法神机》最初也应有"虎蹲铳尺量法"一节，当是传钞失落。

不过《西法神机》也可帮助辨明上图本《祝融佐理》一二费解之处。《祝融佐理·点放大小铳说》内有两处讹误，颇为蹊跷。该节介绍铳规（仰角测量工具），谓炮口仰角六度（即45°）时，射程为1053步，"以上每度计六尺"。末一句不知所云。检《西法神机》，相应段落但云"以上每步几二尺"。按，明代一步合五尺，约合156cm。"每步几二尺"合62cm，乃是以"步"对应西书长度单位 paso（约58cm）[1]，文通理顺。上图本描述矩度（测距仪器），谓"循规直到规分各十度"。《西法神机》则写作"循规作四分之一，规分十二度，亦如量铳法"。将与规心不相接的两直角边各作十二等分，乃是矩度的常见样式（参见《测量法义》）。上图本明显舛讹不多，以上两处，一涉及单位换算，一涉及工具形制，颇为关键，令人怀疑并非单纯的传抄错误。

《祝融佐理》的成书时间，也需参考《西法神机》推定。二书共有之"点放大小铳说"一节，《西法神机》多出一句，"若推广，则有徐宫詹之《几何编》《测量法》，及李太仆《容圆较义》《同文算指》焉"，或是孙元化加笔[2]。根据徐光启、李之藻二人仕履，可知此语应写于天启二年至七年间[3]。由此推测，《祝融佐理》的成书时间，最晚不迟于天启七年。

3 明末西法炮学著作及其欧洲知识来源

3.1 炮学汉籍

已知明末西法炮学著作凡五种，条列如下：

何良焘《祝融佐理》（天启间成书，存道光间钞本，约15700字）

孙元化《西法神机》（未定稿，编纂止于崇祯四年，存光绪二十八年刻本，约21000字）

张焘、孙学诗《西洋火攻图说》（天启间成书，佚）

---

① 黄一农：《红夷大炮与明清战争——以火炮测准技术之演变为例》，《清华学报》1996年3月新26卷第1期，第44页。

② 《几何编》《测量法》《容圆较义》，当即《几何原本》《测量法义》《圜容较义》。

③ 按，徐光启，万历四十七年十月晋詹事府少詹事，天启元年回籍；天启四年二月授礼部右侍郎，然旨出奄党，徐氏拒绝赴任；次年六月降旨免职；崇祯元年起原官，为礼部右侍郎。故万历四十八年至天启七年间，均可称"宫詹"。李之藻天启二年授太仆寺添注少卿；三年二月改调南京太仆寺少卿，崇祯二年起原任，次年至历局供事，旋病逝。故天启二年以降均可称"太仆"。参见梁家勉：《徐光启年谱》，上海：上海古籍出版社，1981年，第124、150、154、158页。郑诚：《李之藻家世生平补正》，《清华学报》2009年12月新39卷第4期，第653—684页。

何汝宾辑《兵录·西洋火攻神器说》（存崇祯元年刻本、享和二年刻本，约5800字）

汤若望、焦勖《火攻挈要》（崇祯十六年成书，存莫友芝跋清钞本，道光二十一年、二十七年刻本等，约25000字）

明末编译西法炮学作品大都与奉教人士有关。何良焘、孙元化、张焘、孙学诗皆为天主教徒，汤若望更是著名的耶稣会士。何良焘曾为澳门议事会效力，担任汉文文案，继而投笔从戎，出仟军前赞画，先后在浙江沿海、北方前线军中效力。张焘与孙学诗分别是李之藻与徐光启的门生，两次共赴澳门，招募铳师，采购西炮。崇祯三年六月，孙元化出仕登州巡抚，张焘为副总兵，在孙氏麾下任效力，与葡萄牙军官合作训练炮兵部队，共享西炮知识，乃情理中事。①

相比之下，《兵录》的编纂者何汝宾与教会或澳门的关系最为疏远。何氏原任浙江宁绍参将、副总兵，天启六年（1626）三月升授广东总兵官②。《兵录》凡十四卷，约21万字，是一部辑录体综合性兵书，不注引书出处。细绎卷帙，可知《武经总要》《纪效新书》《练兵实纪》《神器谱》等名著均在采辑之列。全书末刊"崇祯元年岁在戊辰仲秋之吉重订于粤之正气堂"，知为1628年广东刻本。《兵录》卷一三前半为《西洋火攻神器说》③，开篇谓"迩者宁远之捷，用西洋炮以挫奴氛"，当写于天启六年正月之后，或是编者按语。《西洋火攻神器说》百分之九十的内容与《祝融佐理》《西法神机》基本相同。由于《兵录》一书流传甚广，《西洋火攻神器说》的影响远超过《祝融佐理》与《西法神机》。东传日本后，尚有享和二年（1802）翻刻本。④

谟区查（Charles Ralph Boxer，1968）提及，和刻本《西洋火攻神器说》（1802）的内容源于柯拉多（Luys Collado）著《实用炮学手册》（*Pratica Manuale di Arteglieria*，1586），但未展开讨论⑤。黄一农（1996）指出，明刻《西洋火攻神器说·西洋装弹用药法》与光绪本《西法神机·点放大小铳说》共有的一组射程数据，出自西班牙人柯

---

① 崇祯五年七月，二人因登州失城之罪，同在北京弃市。行刑前数日，孙元化于刑部大牢手书与王徵交谊始末，张焘于卷末题写狱中同僚姓氏爵里，可谓生死之交。参见徐景贤：《明孙火东先生致王葵心先生手书考释（初稿）》，《圣教杂志》1931 年第 20 卷第 9 期，第 531—538 页。第 520—521 页间插页影印孙元化手书。

② 何汝宾，字寅之，号仲升，直隶苏州卫世袭指挥使，历升山东济宁游击将军。天启二年推升宁绍参将，本年六月十一日到任，至三年十二月内，兵部题覆加升副总兵职衔，四年二月二十五日任。六年三月内兵部会推镇守广东地方总兵官都督佥事。参见何汝宾辑：天启《舟山志》，卷三，9a，影抄天启六年何氏刊本，《中国方志丛书·华中地方》第 499 号。《明熹宗实录》，卷六九，12a（3303），天启六年三月壬子条，中央研究院历史语言研究所影印旧钞本，1962 年。

③ 何汝宾辑：《兵录》卷一三，1a - 26b，崇祯元年刻本，《四库禁毁书丛刊》子部第 9 册，第 695—707 页。《兵录》卷一三后半摘录《神器谱》（27a - 40b）、辑"医药总说"（41a - 76b）。

④ 《西洋火攻神器说》一卷、《国字解》一卷、《国字解补缺》一卷，享和二年（1802）刊本。东京大学、早稻田大学、东北大学、关西大学、东京都立中央图书馆等地见藏。

⑤ C. R. Boxer：*Jan Compagnie in Japan*，1600 - 1817：*an essay on the cultural，artistic and scientific influence exercised by the Hollanders in Japan from the seventeenth to the nineteenth centuries*. Tokyo：Oxford University Press，1968，p. 43.

拉多之《实用炮学手册》（1606），即一门 falconet 发射 3lb 炮弹之实测值（表3）①。尹晓冬（2005）的研究表明，上述射程数据以及《西洋火攻神器说》全部九幅火炮插图，来自《实用炮学手册》1586 年或 1606 年意大利文版②。《实用炮学手册》（1586，50a）的射程单位为 paso（复数 passi）。黄　农谓约自 50cm。汉籍中射程单位为步，按《西洋》《西法》二书定义，"每步计二尺"或"每步几二尺"，约合 64cm。重量单位磅（lb），汉籍直接对应"斤"。"当时中国所行用的斤（597g）约折合 1.32lb，如不明其中的差异，则有可能多填用了 32% 的火药，而增加膛炸的危险。"③

表3　Collado 射程数据（1586，fol. 50r）

仰角（1 = 7.5°）	0	1	2	3	4	5	6
射程（paso）	268	594	794	954	1010	1040	1053

《祝融佐理·点放大小铳说》同样载有这组射程数据，与《西洋火攻神器说》《西法神机》一样，未记录相应火炮名称及用弹量。上图本《祝融佐理》虽无插图，但保存了二十九条图题④，囊括《西洋火攻神器说》全部九图名目。《西法神机》虽然插图标题类似，但版画形象与《西洋火攻神器说》之图差别甚大，或系光绪间刊刻时重绘。

鉴于何汝宾与教会似乎并无渊源，获得西人帮助编译火器著作可能性较低。黄一农认为，《西洋火攻神器说》可能摘抄自名称相近之《西洋火攻图说》⑤。尹晓冬提出，由于《西洋火攻神器说》与《西法神机》文字颇多雷同，甚至整段完全一致，两书应是来源于同一个中文译本，或即《西洋火攻图说》。⑥

这种猜测其实由来已久。享和二年（1802）日本翻刻《西洋火攻神器说》，平山潜（1799）撰书前凡例，略云：

> 《明史·艺文志》兵家所载张焘《西洋火攻图说》者，盖此书欤？《兵录》不录其姓名，故不得取信。而其卷数与此相符，则知其非别书。⑦

---

① 黄一农：《红夷大炮与明清战争——以火炮测准技术之演变为例》，《清华学报》1996 年 3 月新 26 卷第 1 期，第 44 页。

② 1630 年之前，《实用炮学手册》至少有三个版本。西班牙文版（1592 年，第 39 页）平射射程独作 368，另两种意大利文版（1586 年，第 50 页；1606 年，第 117 页）均作 268。从上下文看来，368 应是误排。参阅尹晓冬：《火器论著〈兵录〉的西方知识来源初探》，《自然科学史研究》2005 年第 24 卷第 2 期，第 144—155 页。Matthias Schemmel：*The English Galileo：Thomas Harriot's work on motion as an example of preclassical mechanics*，London：Springer，2008，p. 193.

③ 黄一农：《红夷大炮与明清战争——以火炮测准技术之演变为例》，《清华学报》1996 年 3 月新 26 卷第 1 期，第 45 页。

④ 按《战守全书》（卷一二，27b，30a）载西洋守铳、西洋飞彪铳二图。有可能摹自《祝融佐理》。

⑤ 黄一农：《红夷大炮与明清战争——以火炮测准技术之演变为例》，《清华学报》1996 年 3 月新 26 卷第 1 期，第 42 页。引用《千顷堂书目》卷一三兵家，著录"张焘孙学诗西洋火攻图说一卷"。

⑥ 尹晓冬：《明末清初几本火器著作的初步比较》，《哈尔滨工业大学学报》（社会科学版）2005 年 3 月第 7 卷第 2 期，第 9—18 页。

⑦ 何汝宾辑，平山潜校：《西洋火攻神器说》，早稻田大学图书馆藏，享和二年（1802）刊本。

伯希和（1928）注意到山阴祁承爜（1563—1628）《澹生堂藏书目》（光绪刻本）著录"西洋火攻图说一册一卷 张焘 孙学诗"，推测1625年之前，《西洋火攻图说》已有流传[1]。按，"西洋火攻图说"列在《澹生堂藏书目》兵家"续收"条下，知祁氏获得该书，在1620年初编书目至1628年辞世之间，未详是否刊本。天启年间，何汝宾先后在浙江、广东任职，同样有机会获得此书，收入《兵录》。焦勖《火攻挈要自序》提及的另一种"西洋正传"之书"海外火攻神器图说"，很可能也是这部《西洋火攻图说》。[2]

《祝融佐理》钞本的出现，使我们有机会重新审视明末西法炮学著作的传承谱系。从外部因素看，张焘与孙学诗，万历四十八年（1620）、天启二年（1622），两度赴澳门接洽购募火炮、铳师事宜，寻求汉文炮学手册，原在情理之中。澳门方面，葡萄牙商人与耶稣会高层，同样乐于提供军事援助，博取明廷好感。何良焘与西人合作编译《祝融佐理》，或许正是这一背景下的产物。张焘与孙学诗如能获得何氏译稿，自可再加改编，撰述《西洋火攻图说》[3]。天启二年至七年间，孙元化先后在山海关、兵部任职，力主推行西洋火炮、欧式铳台，同样亟需参考文献，如获闻《祝融佐理》，必通过同教、师友关系加意访求。至于《兵录》（1628）所收《西洋火攻神器说》，则可能摘自已经外传之《西洋火攻图说》[4]。

以上诸书之间的联系大体已可明了，然而追溯知识来源，即底本问题，尚存诸多疑点。前人已考得个别射程数据及插图出自柯拉多《实用炮学手册》，此外出处不明者尚多。

《祝融佐理》涉及定量数据之篇目，可归纳为四组：铳身尺量、铳车尺量、弹药用量及相应射程数据、火药配方。相应内容，三书颇有详略异同，列表对比下（表4）。

---

① 祁承爜：《澹生堂藏书目》卷一〇，17a，光绪十八年徐氏铸学斋刻本。Paul Pelliot："Henri Bosmans, S. J. "，*T'oung Pao*, Second Series, 1928, Vol. 26, No. 2/3, pp. 190－199. 南京图书馆藏《澹生堂藏书目》稿本不分卷，本条内容相同。按稿本徐维则跋，藏书目稿本原藏钱塘丁氏八千卷楼，徐氏借刊之，即铸学斋本底本。又按，清代官修《明史·艺文志》乃据黄虞稷《艺文志稿》削删而成。黄虞稷编《艺文志稿》（后人又加改编，另题作《千顷堂书目》），参考吸收了《澹生堂藏书目》部分条目。因此《明史·艺文志》及《千顷堂书目》著录之"西洋火攻图说"，史源或俱为《澹生堂藏书目》。

② 咸丰三年，安丘刘耀椿编辑一火攻书钞本，误认为该书即《火攻挈要》焦勖序所言之书，遂更名《海外火攻神器图说》刊刻之。是书实为《火龙经》异本，与明末西法炮学无关。参见《海外火攻神器图说·刘耀椿跋》，首都图书馆藏咸丰间刻本。

③ 按，张焘系仁和人，与何良焘同乡。参见刘献廷：《刘继庄先生广阳杂记》卷四，《续修四库全书》子部第1176册影印同治四年周星诒家抄本，第625页。

④ 《兵录》卷十一"火攻杂说"述及舰载红夷炮，谓船体下层左右开铳窗二三十处，铳用"车轮架，便于进退装药"云云，全系欧式战舰制度，或亦本之《西洋火攻图说》。参见何汝宾著：《兵录》卷一一，43a－b；同卷末（45b）又云"近日宁远之捷，止用西洋大炮，使阵上尸积如山。故删其繁而摘其要者录焉"，可见必有所本。

表4　汉籍三书内容对比

	祝融佐理	西洋火攻神器说	西法神机
铳身尺量	详	略	详
铳车尺量	详	无	略
弹药用量－射程数据	详	详	详
火药配方	详	略	详

弹药用量及射程数据部分，为《祝融佐理》（以下表内简称祝）、《西法神机》（以下表内简称西）、《西洋火攻神器说》（以下表内简称火）三书共有，内容大体相同。各书传本均有残缺，通过文本比对，可校订传抄、刻板造成的部分错漏，尽量恢复原貌（表5～表7）。

表5　战铳比较表（Culverin）

祝融佐理	西洋火攻神器说	西法神机	弹量
半蛇铳	半蛇铳	半蛇铳	9～17斤
大蛇铳	大蛇铳	大蛇铳	18～25斤
倍大蛇铳	倍大蛇铳	—	26～30斤（祝）；26～40斤（火）
大子母战铳	—	大佛郎机铳	10斤，15斤
—	佛狼机铳	—	4.8两
—	大佛狼机铳	—	1～4斤
—	鸟铳	—	6～7钱
—	大鸟铳	—	1.2两

表6　攻铳比较表（Cannon）

祝融佐理	西洋火攻神器说	西法神机	弹量（斤）
半鹝铳【应作鹰隼铳】	鹰隼铳	鹰隼铳	9～13
大鹝铳【应作枭啄铳】	枭啄铳	枭喙铳	14～18
倍大鹝铳【应作半鹝铳】	半鹝铳【有题无文】	半鹝铳	19～30（祝）；19～28（西）
—	—	大鹝铳	29～39
—	一【残存后半】	倍大鹝铳	40～60
虎唬铳	虎唬铳	虎唬铳	50～100（祝）；61～100（火、西）
飞彪铳	飞彪铳	飞彪铳	150

表7　守铳比较表（Cannon）

祝融佐理	西洋火攻神器说	西法神机	弹量（斤）
半象铳	半象铳	半象铳	9～12（祝）；6～12（火、西）
大象铳	大象铳	大象铳	13～18（祝、火）；12（西）
倍大象铳	倍大象铳	倍大象铳	19～25
虎踞铳	虎踞铳	虎踞铳	26～50

上表可见，攻铳部分，问题最多（表6）。对比《西法神机》，可知明刻《西洋火攻神器说》存在严重的错简与脱文——半鹝铳题名以下，掺入后文虎唬铳段落。应有内

容，仅存半鸩铳题名、倍大鸩铳数据后半，中间脱文约一百六十字[1]。《祝融佐理》钞本中，半鸩铳、大鸩铳、倍大鸩铳题下文字，实即《西法神机》与《西洋火攻神器说》鹰隼、枭啄、半鸩三铳内容。《祝融佐理》所谓倍大鸩铳（铳弹 19～30 斤）与虎唬铳（铳弹 50～100 斤）用弹量标准差异甚大（表 6），不似《西法神机》弹量连续增加（倍大鸩铳铳弹 40～60 斤；虎唬铳铳弹 61～100 斤）。可知此处上图本《祝融佐理》必有讹夺。《西法神机》亦非全帙，战铳部分缺失倍大蛇铳，可据另二书补足。

3.2　普拉多的炮学著作

汉籍三书战铳、攻铳射程记录，合并重复，凡 25 组[2]。笔者发现，其中 16 组数据与普拉多《炮学指南》（*La obra manual y platica de la artillería*，1603）一书中的射程表（凡 19 组数据）存在对应关系。

普拉多（Diego de Prado y Tovar）系西班牙军事工程师。按《炮学指南》自述，普拉多数次参与管理铸炮厂，包括 1589 年至 1591 年在马拉加（Malaga，西班牙南部城市），以及 1583 年及 1605 年两度在里斯本任职[3]。1605 年至 1608 年，普拉多作为舰队指挥官之一参与南太平洋探险，寻找南方大陆。1605 年 12 月自秘鲁起航，1606 年夏秋间穿越新几内亚与澳大利亚间海峡，继而北折，1607 年 5 月抵达马尼拉。航行途次，1607 年 4 月，普拉多为巩固德那第岛（Ternate，属马鲁古群岛）西班牙要塞据点，绘有设计图。1608 年 7 月，又为马尼拉城设计防御工事——此时距马尼拉屠华事件（1603）不过五年而已。1613 年 12 月，普拉多上书国王菲利普三世（Philip Ⅲ），时身在印度果阿（Goa）。回国年份不详，1621 年已在马德里，晚年归隐修道院[4]。1621 年出版的一部菲律宾事务备忘录提及：普拉多是位出色的铸炮师，曾在里斯本铸造优质大炮；约在 1611—1613 年间，菲律宾总督胡安·德·席尔瓦（Juan de Silva，1609—1616 年在任）扩充军备，在马尼拉大量铸炮，工匠不谙技艺，产品质量低劣；总督对普拉多这样的专业人士反加排斥，令其经印度返回西班牙[5]。普拉多的传世著作，除了《铸炮

---

　　① 李约瑟《中国科学技术史》第五卷第七分册《火药的史诗》已将《兵录·西洋火攻神器说》火炮平仰射程列表（省略个位数字），并指出存在本文错乱。参阅 Joseph Needham，with the collaboration of Ho Ping-Yü，Lu Gwei-Djen and Wang Ling：*Science and Civilisation in China*，Vol. V：*Chemistry and Chemical Technology* Pt. 7：*Military Technology：The Gunpowder Epic*，Cambridge：Cambridge University Press，1986，p. 385.

　　② 守铳部分，三书均未给出射程数据。《祝融佐理·点放大小守铳合用弹药法》云："守铳，弹药猛烈，推步最多。特我乘台施放，以逸待劳。俟贼临近，审定对击，务必糜烂贼寇后止。故不细开平仰步数也。"

　　③ Diego de Prado y Tovar：*La obra manual y platica de la artillería*，Cap. 10，fol. 124v，MS. Cambridge University Library. 承蒙 Javier Lopez Martin 先生译示。

　　④ 关于普拉多的环球航行，参考 Annie Baert："Don Diego de Prado y Tovar dans la mer du Sud"，*Derroteros de la Mar del Sur*，2000，No. 8，pp. 9～20. 在线阅览：http：//derroteros. perucultural. org. pe/nume8. shtml。

　　⑤ Emma Helen Blair and James Alexander Robertson ed.：*The Philippine Islands*，1493–1898，Vol. 19，Cleveland：The Arthur H. Clark Co.，1904，p. 205. 译自 Hernando de los Rios Coronel：*Memorial y relacion para sv magestad*，Madrid：Fernando Correa，1621. 承蒙李庆先生提示本条。

全书》《炮学指南》，另有记录 1605—1608 年间航海经历之《纪行要录》（*Relación sumaria*）①，以及一部戏剧作品②。

《铸炮全书》与《炮学指南》从未出版，剑桥大学图书馆藏有西班牙文钞本一册，系两书合订本，凡三百余页。剑桥钞本与现存《纪行要录》稿本笔迹相似，应是作者手稿③。《铸炮全书》内封题 *Encyclopedia de Fundición de Artilleria y su Platica Manual*，普拉多自序署 1603 年 5 月。正文凡 63 章，从如何制炉炼铜开始，逐步解讲铜炮设计、制模、作范、铸造、旋铣炮膛之全套工艺流程，书末附有总目。《炮学指南》内封题 *La obra manual y platica de la artilleria*，凡三卷。卷一 44 章，主要讲解炮车、炮弹形制造法。卷二 40 章，涉及弹道问题、起重设备、车辕马具等配件。其中第 10 章载一射程表，罗列 19 组射程数据。卷三凡 26 章，独本卷无插图。书末附三卷总目，后记署 1603年。《铸炮全书》与《炮学指南》内容互补，可视为一体。

另据西班牙国家图书馆（Biblioteca Nacional España）《钞本书目》，该馆（马德里）藏有一抄本，亦题作 *La obra manual y platica de la artillería*（《炮学指南》），有普拉多签名，署 1591 年 8 月 10 日于马拉加④。剑桥钞本题署年代较晚（1603），或是此稿之修订本。

3.3 射程表与钻铣图

剑桥钞本内容丰富系统，插图众多，绘制精美，是研究 16 世纪火炮技术的珍贵文献，早已受到研究者注意。《炮学指南》卷二第 10 章之射程表，数据凡 19 组，条列各类火炮发射 2~50lb 炮弹，仰角 0°~45°间，每隔 7.5°之射程。A. R. Hall 所撰《17 世纪

① 《纪行要录》是有关澳洲大陆发现史的重要文献，参阅英译本：Diego de Prado y Tovar: *New Light on the Discovery of Australia: As Revealed by the Journal of Captain Don Diego de Prado y Tovar*, Translated by George F. Barwick, London: Hakluyt Society, 1930; reprinted Millwood, N. Y.: Kraus, 1967. 这份报告 1608 年 6 月在马尼拉完成，文末简单描述了马尼拉的防御工事、城市建筑，也提及城外的华人居住区（第 179 页）。

② Diego Prado y Tovar, edición del manuscrito por John V. Falconieri: *Hir buscando a quien me sigue*, Kassel: Reichenberger, 1992.

③ Cambridge University Library, Manuscripts Reading Room, 索书号 add. 2883。按剑桥大学图书馆档案文献在线目录（janus. lib. cam. ac. uk）著录：*Diego de Prado y Tovar Encyclopaedia de Fundición de Artilleria y su Platica Manual* 1603, Autograph. H. N. Stevens and G. F. Barwich *New Light on the History of Australia*, Hakluyt Soc., 1930, establish that Prado's 'Relacion' is autograph, and the present MS. is in what appears to be the same hand. Presented by Miss Ann Jemima Clough, September, 1888. 承蒙孙承晟先生摄制剑桥钞本书影。《纪行要录》稿本现藏澳大利亚新南威尔士州立图书馆，馆方网站展示全书影像：http://acms. sl. nsw. gov. au/album/albumView. aspx? acmsID=442273&itemID=824242。

④ Biblioteca Nacional España: *Inventario general de manuscritos de la Biblioteca Nacional XIII*（*8500 a 9500*）, Madrid: Biblioteca Nacional, 1995, pp. 174 – 175. No. 9024 完整书名著录作: 1. DIEGO DE PRADO: *La obra manual y platica de la artillería, del capitán Don Diego de Prado, Teniente del Capitán General de la Artillería en Cataluña. Dirigido a Don Juan de Acuña Bela, del Consejo de Guerra del Rey Ntro. Sr. y su Capitán General de la Artillería de España*（p. 1 – 304）. 大致可译为:《炮学指南——Cataluña 炮兵上尉 Prado 敬献兵部大臣、西班牙炮兵总长 Don Juan de Acuña Bela 阁下》。感谢西班牙国家图书馆善本部 María José Rucio Zamorano 女士提示书目信息。

弹道学》（1952）一书，附录收入《炮学指南》剑桥钞本射程表，格式略有改动。[①]

汉籍三书相应射程数据，仅记录平仰步数，即0°与45°仰角射程。《炮学指南》射程表19组数据中的16组，在汉籍中存在对应条目。具体数字间或略有差异，但无法否定明显的同源关系。由此可以推定欧式火炮的中文译名，例如用弹10~15lb之轻型culverin 称半蛇铳（表8），用弹40~50lb之重型 cannon 称倍大鸩铳，用弹12lb之轻型 third-cannon 称鹰隼铳，falcon 则对应大佛狼机铳[②]。笔者参考 Hall 表格，插入汉籍相应数据，对比异同，全部数据详见附录2[③]。射程距离单位，西书为 paso，汉籍为步。按西书之步（paso）有单双之别，双步（geometrical pace）约合139cm[④]，单步（military pace）约70cm。后者与《西洋》《西法》二书定义每步合二尺（64cm）近似。

表8　射程数据对照举例 *

文献出处	火炮名称	弹量	0°	7.5°	15°	22.5°	30°	37.5°	45°
Prado	culverin	15	650	1430	2860	4290	5150	5720	6180
祝融佐理	半蛇铳	15	650						6180
西法神机	半蛇铳	15	650						6180
西洋火攻神器说	半蛇铳	15	650						6180

* 弹量单位为 lb/斤；射程单位为 paso/步。

汉籍三书内仍有部分射程数据不见于《炮学指南》。例如用弹25斤之大蛇铳、用弹30斤之倍大蛇铳，推测当为用弹25lb及30lb之 culverin。

《炮学指南》剑桥钞本有1603年自序，《祝融佐理》成书则在1620年代。射程数据既然同源，大致可能有两种情况。一则《炮学指南》稿本又经修订，增加数据，《祝融佐理》得以直接或间接参考。二则《炮学指南》与《祝融佐理》之数据均来自他书，各有选取。

普拉多自称对弹道学很有兴趣，曾在西西里、威尼斯、阿拉贡（Aragon）等地观摩试炮，管理马拉加及里斯本铸炮厂期间也曾多次亲身试验，检验射程，又尝与研究弹道的数学家 Julian Firrufino 切磋交流[⑤]。由此看来，《炮学指南》的射程数据似乎来自实测。然而也有研究者认为，根据现代弹道学理论，炮口速度均需达到6000英尺每秒，方能出现《炮学指南》所载射程数值。参照19世纪可靠的实测数据，使用黑色火药的

---

① Alfred Rupert Hall：*Ballistics in the seventeenth century：a study in the relations of science and war with reference principally to England*，Cambridge：Cambridge University Press，1952，pp.167－168. Hall 省略了原书射程数据个位以下的分数，且将原表火炮顺序（由轻型而重型）颠倒，炮名拼写改从英文习惯。

② 《炮学指南》射程表内 falcon，当指 culverin 类型的轻型前装炮，而非一般所谓佛郎机（提心式后装炮）。

③ 附录2，本文省略，参见郑诚：《〈祝融佐理考〉——明末西法炮学著作之源流》，《自然科学史研究》2012年第31卷第4期，第457—483页。

④ Francois Cardarelli：*Encyclopaedia of scientific units，weights，and measures：their SI equivalences and origins*，London；New York：Springer，2003，p.89.

⑤ Diego de Prado y Tovar：*La obra manual y platica de la artillería*，Cap.10，fol.124v. 承蒙 Javier Lopez Martin 先生译示。

情况下，炮口速度基本不会超过 1800 英尺每秒。故而《炮学指南》射程表内，数值较大者不太可能出于实测①。《炮学指南》射程表数据究竟源于实测还是推算，抑或兼而有之，仍然有待探索。

除了射程问题，《铸炮全书》所载炼铜炉形制、铸炮工艺、铣膛方式，与《祝融佐理》《西法神机》相当接近。以旋铣炮膛之法为例，《祝融佐理·铸造铜铳说》云：

> 再照铳口空径几何，作六棱钢钻，铁条套之。铳口前架一大轮，中嵌铁条，末段主定钢钻，入铳口内。人力踏转大轮，则钢钻自然旋转，铳内自然光表。然又恐钻之难入也，复于铳尾竖二短柱，架二小轮。用一大木押于大轮之前，捆二绳于横木二端，引绳于小轮架上。是大小三轮，一时并举。大者展转光，小者展转入，钻光铳管，量识铳底。②

《祝融佐理》钞本相应插图不存（仅有图题"造钻铳轮"），上述二小轮如何运转，文字过简，难以理解。自剑桥钞本图式观之，则一目了然（下图）：铳载炮车之上，铳尾后车架竖二短柱，顶端中心开圆孔（所谓"二小轮"），横贯一滚轴（绞盘），上置重物，滚轴两端各系一绳，拉至大轮前"大木"固定。利用绞盘上的重力，形成自动进刀装置，令钢钻深入炮膛，旋铣光滑。由此可以发现，《祝融佐理》的相应描述，或者说译者的理解有欠准确。

水平旋膛图

(*Encyclopedia de Fundición de Artilleria y su Platica Manual*, 1603, 第 55 章)③

尽管如此，记载工艺相似，或反映当时欧洲铸炮常规，并不能证明这段文字必然源于《铸炮全书》。关于《祝融佐理》的知识来源，仍有不少研究空间，特别是有待对《铸炮全书》及《炮学指南》的深入考察。

---

① John Francis Guilmartin：*Gunpowder and Galleys*：*Changing Technology and Mediterranean*：*Warfare at Sea in the Sixteenth Century*，United States Naval Institute，2003，p. 297.

② 《西法神机·造西洋铜铳说》所述略同。

③ 据原书复制。该图曾收入 Charles Singer，E. J. Holmyard，A. R. Hall，Trevor I. Wlliams（eds.）：*A History of Technology*. Volume Ⅲ：*From the Renaissance to the Industrial Revolution*，c 1500 – c 1750，Oxford：Oxford University Press，1957，p. 367.

4 讨论

《祝融佐理》与西班牙系统之炮学文献（Collado，Prado）较有渊源。何以如此？下面提出一种推测性的解释。

1620 年代，葡萄牙仍处于西班牙王室统治下（1580—1640）。澳门与马尼拉则独立运转，相互戒备，澳门葡人尤其不愿西班牙人影响其在中国沿海的特殊地位。传统上受葡萄牙保护的耶稣会也与西班牙支持的多明我、方济各会存在芥蒂。然而，荷兰舰队大举进入东亚海域，澳门与马尼拉有了共同的敌人，转而加强合作。

1620 年，葡人驻日本商站传回消息，荷兰人企图夺取澳门。澳门议事会即派船前往马尼拉，请求支持，购买了 7 门"大口径火炮"[1]。1622 年 5 月 29 日，又有 4 艘马尼拉帆船抵达澳门，运送武器给养，包括 12 门火炮。同年 6 月 23、24 两日，荷兰 - 英国联合舰队攻澳，遭遇顽强抵抗，荷兰登陆部队损失惨重，最后逃离澳门海域[2]。澳门方面唯恐敌军卷土重来，一面在本地募兵加饷，一面派人前往马尼拉求援。菲律宾总督随即派出费尔南多·达·席尔瓦（Fernando da Silva）率领 100 多名军士抵达澳门，襄助防守[3]；同时援助了若干门火炮，并派遣了一名铸炮师[4]。澳方着手开办铸炮场，1623 年 11 月之前建成，即所谓"王家铸炮厂"[5]。1624 年 4 月 30 日，澳门议事会开列支付西班牙人及马尼拉当局款项中，载有"支付马尼拉王室金库大炮和弹药费用 6682.5 比索。支付 Pellajo Fernandes 铸炮费用 1307 比索"[6]。1625 年，著名火炮铸造师博卡罗（Manuel Tavares Bocarro）自果阿抵达澳门，接管铸炮场，此时该地的负责人还是一名来自马尼拉的西班牙人[7]。由此可见，马尼拉派往澳门的铸炮师，很可能便是 Pellajo Fernandes[8]。1632 年之前，澳门共建成八座炮台。1622—1629 年间兴建的妈阁炮台

① 雷戈：《澳门的建立与强大记事》，文化杂志编：《十六和十七世纪伊比利亚文学视野里的中国景观》，郑州：大象出版社，2003 年，第 198 页。

② 汤开建，金国平主编：《澳门编年史·第一卷 明中后期（1494—1644）》，广州：广东人民出版社，2009 年，第 366—370 页。

③ 崇祯元年（1628），葡萄牙军官公沙的西劳（Gonçalo Teixeira Correa）受命领队赶赴北京，六名炮手中的金苔（Pedro do Quintal）曾在马尼拉炮台任职，或即随席尔瓦来澳者。参见董少新，黄一农：《崇祯年间招募葡兵新考》，《历史研究》2009 年第 5 期，第 70 页。

④ E. H. Blair, J. A. Robertson（eds.）：*The Philippine Islands 1493 - 1898*, Vol. 22, Ohio：The Arthur H. Clark Company, 1905, p. 137.

⑤ 雷戈：《澳门的建立与强大记事》，《十六和十七世纪伊比利亚文学视野里的中国景观》，第 200—201 页。

⑥ Miguel Rodrigues Lourenço, Elsa Penalva（eds.）：*Fontes para a história de Macau no seéculo XVII*, Lisboa：Centro Científico e Cultural de Macau, 2009, pp. 88 - 89. 感谢李庆先生译示本条史料。

⑦ 金国平，吴志良：《澳门博卡罗铸炮场之始终》，《早期澳门史论》，广州：广东人民出版社，2007 年，第 257—264 页。

⑧ 汤开建：《天朝异化之角：16—19 世纪西洋文明在澳门》，广州：暨南大学出版社，2016 年，第 777 页。

（Fortress of S. Tiago da Barra）即由西班牙军事工程师 Fernando de Morales 指导建成。[①]

这些线索显示，1620 年代前叶，澳门需要从马尼拉获得军火与技术支持，人员流动频繁。普拉多既是军事工程专家，又曾在马尼拉停留（1607—1608），其著作可能在当地专业人士间流传。十余年后，马尼拉的西班牙军事技术人员当拥有此类专业书籍（包括柯拉多的名作《实用炮学手册》），进而携入澳门。恰逢明朝方面着手引进西洋大炮，急需编译手册，相关文献，或因缘际会，翻为华言。何良焘与 Pellajo Fernandes，Fernando de Morales 等人或有互动，亦未可知。

综上所述，明清战争、西学东渐之时代背景与澳门这块中西文明交汇之地，催生了西法炮学手册《祝融佐理》。《西洋火攻神器说》《西法神机》则可视作该书的改编本。天启年间在澳门担任文案的何良焘参与编译《祝融佐理》。该书反映的欧洲火炮知识，除了源于柯拉多《实用炮学手册》（1586）这样的知名专著，很可能同时参考了普拉多两种未刊作品，即《铸炮全书》与《炮学指南》的抄本。普拉多曾在马尼拉居住，其著作或由马尼拉流入澳门。16—17 世纪，西班牙殖民帝国的全球网络不容忽视。同时，《祝融佐理》并非欧洲作品之单纯翻译，特别有关锻造熟铁炮技术、双层铁炮技术，以及铳台建筑工艺的记载，很可能反映了 16 世纪 20 年代澳门军事工程的实地经验，具有中西技术传统融合之特色[②]。未来的研究，大体可向两方面拓展，一则深入探究《祝融佐理》的知识来源，特别是与普拉多炮学著作的传承关系。二则是进一步考察明末西法炮学著作对后世的影响。在清廷对火器技术的严格控制下，明末传入的西法炮学、筑城知识，多大程度上得到传承利用。

---

① Maria de Lourdes Rodrigues Costa："História da Arquitecura em Macau" in *Revista de Cultura*，N°34（Ⅱ Série），1998，p. 203. 承蒙李庆先生告知本条出处。

② 本文有删节，关于《祝融佐理》相关铁炮制造技术（熟铁炮、生铁神威大将军、双层铁炮与铁心铜体炮）、防御工程技术的详细讨论，参见郑诚：《〈祝融佐理〉考——明末西法炮学著作之源流》，《自然科学史研究》2012 年第 31 卷第 4 期，第 457—483 页。

魏毅 1982 年生，江苏沭阳人。1999 年 9 月—2003 年 7 月就读于四川大学皮革工程系，获工学学士。2004 年 9 月—2008 年 7 月就读于复旦大学历史地理研究所，获历史学硕士。2010 年 9 月—2014 年 7 月就读于复旦大学历史地理研究所，获历史学博士。曾服务于西藏自治区民族宗教事务委员会、《西藏人文地理》杂志社。2014 年 7 月进入中国科学院自然科学史研究所中国古代科技史研究室，研究方向为中国地理学史、藏学，现为副研究员。

《世界广说》（'*Dzam gling rgyas bshad*）
所见藏俄交流史事

□ 魏　毅

　　《世界广说》，全名《大赡部洲广说：情器世界明鉴》（'*Dzam gling chen po'i rgyas bshad snod bcud kun gsal me long*），是藏人以藏文撰写的首部完整的世界地理著作。作者第四世敏珠尔呼图克图降白曲吉丹增赤列（'*Jam dpal chos kyi bstan 'dzin 'phrin las*）（以下简称"敏珠尔四世"）（1789—1839），以其身履藏、汉、印、蒙诸地的丰富阅历，以及对于陌生世界求知若渴的好奇与探索，完成了这部在藏族文化史上风格独特的著作，被誉为藏族"睁眼看世界的第一人"①。

　　学术界对敏珠尔四世及其《世界广说》的关注由来已久，房建昌、陈炜等对敏珠尔活佛世系皆有周详考述②，房建昌、洛桑永丹对敏珠尔四世生平履历颇有发现③，丹·马丁结合《世界广说》欧洲部分文本，对敏珠尔四世的写作思想亦有阐发④。对于《世界广说》的文本研究，学术界对其中藏地部分保有持续热情，迄今至少有三位节译者，分别是达斯（Sarat C. Das）（1881 年，藏译英）、瓦西里耶夫（В. Л. Васильев）（1895 年，藏译俄）和威利（Turrell V. Wylie）（1957 年，藏译英）。作者藏人言藏的知识背景，使该部分内容颇为客观可信，通常被看作该书最有价值的部分⑤；相比之下，其对于西方世界的描述略显荒诞不经⑥。但若以文明交流史的视角观之，该部分内容亦有相当高的文本价值。拙文业已证实，《世界广说》中的新地理知识，其最主要的信息

---

　　*　原载《中国边疆史地研究》2014 年第 3 期，第 159—169 页，今略有修改。

　　①　房建昌：《藏文〈世界广论〉对于中国地理学史的贡献》，《中国历史地理论丛》1995 年第 4 期。

　　②　房建昌：《青海大通县广惠寺的创建历史及活佛考》，《青海社会科学》1990 年第 1 期；陈玮：《色科寺敏珠尔活佛考释》，《中国藏学》2012 年第 1 期。

　　③　房建昌：《清代西藏历史地图的编纂、史料及方法》，中国地理学会历史地理专业委员会《历史地理》编辑委员会：《历史地理》（第二十四辑），上海人民出版社，2010 年；Lobsang Yongdan：*Tibet charts the world：The btsan po no mon han'i detailed description of the world，an early major scientific work in tibet*，Tuttle Gray ed. ，*Mapping the Modern in Tibet*，International Institute for Tibetan and Buddhist Studies，Königswinter，2011，pp. 73 – 134.

　　④　Dan Martin：*Anthropology on the Boundary and the Boundary in Anthropology*，*Hunan Studies*（Boston），April 1990，Vol. 13，No. 2，pp. 119 – 145.

　　⑤　韩儒林：《青海佑宁寺及其名僧》，《穹隆集》，河北教育出版社，2000 年，第 463 页；王尧：《贤者喜宴——吐蕃史译注》序文，中央民族大学出版社，2010 年，第 5 页。

　　⑥　Turrell V. Wylie：*The Tibetan Tradition of Geography*，*Bulletin of Tibetology*，1965，Vol. 12，No. 1，pp. 17 – 25.

来源为意大利耶稣会士艾儒略编纂的《职方外纪》①，但《世界广说》的信息来源具有多重渠道，这其中，俄罗斯东正教驻北京布道团亦有重要的文本贡献，本文即对《世界广说》中的俄罗斯因素进行梳理，并对这一段湮没于文本背后的藏俄交流史事作一钩沉。

1　东方与西方的"驻京喇嘛"

在清王朝的宗教政策中，藏传佛教驻京喇嘛扮演着重要角色，对外，驻京喇嘛维系满、蒙、藏诸地藏传佛教界的往来，强化北京之于蒙藏地区的政治与文化向心力；对内，他们满足清朝王室的宗教需求与精神生活。作为一项制度，驻京喇嘛制度"形成于顺治朝，在康熙、雍正时期得到进一步的发展，到乾隆时期达到成熟"②，驻京喇嘛的内部品第于此亦有明确划分，1712 年，"高宗纯皇帝钦定喇嘛班次，左翼头班章嘉呼图克图，二班敏珠尔呼图克图；右翼头班噶勒丹锡埒图呼图克图，二班济隆呼图克图"③，有清一代，此四位呼图克图皆位高权重，为驻京喇嘛中品第最高者，敏珠尔四世即位居其中的"左翼二班"。

敏珠尔四世生活的嘉、道年间，驻京喇嘛制度已基本定型，以其职官经历观察，敏珠尔四世忠实履行了驻京喇嘛的宗教与政治职能。1799 年，敏珠尔四世依例进京，嘉庆帝钦赐承袭敏珠尔呼图克图名号。1804 年，敏珠尔四世奉旨在北京为圆寂的八世达赖喇嘛诵经④。1808 年，敏珠尔四世赴藏入哲蚌寺学经，参与了在布达拉宫举行的为答谢嘉庆帝钦准九世达赖喇嘛免于金瓶掣签的五供仪式，并于次年藏历新年传召法会期间出任哲蚌寺"磋钦格贵"一职⑤。

敏珠尔四世第二次进京的时间暂不清楚，但最晚不过 1820 年，是年敏珠尔四世被授予多伦诺尔扎萨克达喇嘛一职⑥。派遣驻京喇嘛前往多伦诺尔（今内蒙古自治区多伦县）、五台山和伊犁等地住持教务，旨在"以高僧作为宗教代表实现政府的意志，施加中央的政治影响"⑦。驻京喇嘛夏季住多伦诺尔避暑，原本即为惯例⑧，敏珠尔四世自此

① 魏毅：《〈世界广说〉（'Dzam gling rgyas bshad）与〈职方外纪〉文本关系考》，中国地理学会历史地理专业委员会《历史地理》编辑委员会：《历史地理》（第二十九辑），上海人民出版社，2014 年，第297—316 页。

② 陈晓敏：《清代驻京喇嘛制度的形成与沿革》，《满族研究》2007 年第 4 期。

③ 张羽新：《清朝治藏典章研究》（中），中国藏学出版社，2002 年，第 632 页。

④ 中国藏学研究中心，中国第一历史档案馆等：《元以来西藏地方与中央政府关系档案史料汇编》，中国藏学出版社，1994 年，第 1734 页。

⑤ 第穆·图丹晋美嘉措：《九世达赖喇嘛传》，王维强译，中国藏学出版社，2006 年，第 48、67—68 页。

⑥ 《清实录·宣宗成皇帝实录》卷一一，嘉庆二十五年十二月丁未，中华书局，1986 年，第 220 页。

⑦ 罗文华：《清代驻京喇嘛管理机构考略》，朱诚如，王天有：《明清论丛》（第四辑），紫荆城出版社，2003 年，第252—261 页。

⑧ （日）若松宽：《噶勒丹锡埒图呼图克图考——清代驻京呼图克图研究》，房建昌译，《蒙古学资料与情报》1990 年第 3 期。

往返于北京、多伦诺尔之间，更不待言。《世界广说》的完稿地点即在多伦诺尔，成书时间据其跋文记载，为铁虎年（1830）藏历 8 月 10 日。

这一天，俄罗斯东正教驻北京布道团的新一批成员，正跋涉于前往北京的长旅中，自 1715 年布道团正式成立以来，已是第十一届。1649—1689 年中俄雅克萨战争中，清廷将俄国战俘安置于北京东直门内，拨给庙宇一座，北京民间谓其"罗刹庙"。1689 年《尼布楚条约》签订后，清廷又为来京的俄国使臣和商队在东江米巷（今东交民巷）特设邸舍安置；1727 年《恰克图界约》签订后，于该处兴建"奉献节教堂"。因两座教堂一南一北之位置，被分别称为"南馆"和"北馆"。

将东正教驻北京布道团的神职人员称作"驻京喇嘛"，最早见于《恰克图界约》之第五条："现有驻京喇嘛一人，……于此庙居住，礼佛念经"。对东正教的教士及教堂予以佛教化的描述，最初并非由于清廷之误读，而很可能是俄方的自我掩饰。1712 年，俄方向清廷申请续派神职人员，《异域录》记载其辞曰："倘有不测，则行我鄂罗斯佛教之人必至断绝，若准我国送番僧前来，我即送来等语。"马国贤于 1710—1723 年间曾拜访圣尼古拉教堂，据其记载，俄国人对外称其教堂为"庙"，称天主为"佛"（Fo），称教士为"喇嘛"[1]。对此，旁人未必不知底细，但直至 1860 年《中俄北京条约》签订以前，清廷长从"理藩"的角度将俄国纳入以中国为中心的朝贡体制中，在对俄罗斯布道团的管理上，将其归入理藩院管辖，对其神职人员，与在京藏传佛教转世活佛俱称为"驻京喇嘛"，并授予为首的修士大司祭"达喇嘛"之品第。

相对于耶稣会士在西学东渐过程中扮演的闪亮角色，俄国传教士可谓默默无闻。究其原因，一方面，俄国布道团直至 1860 年之前，不负有向中国人传教之使命，故而如耶稣会士般依附于传教的文化交流亦无足轻重；另一方面，中国人长期将俄人视为藩属体系下之"胡人"，对其文化颇为轻视，1845 年，第十二届布道团曾向清廷进献俄文书籍十箱，时人以为"其技艺逊于英、法、德、美诸国，但译英、法、德、美之书足矣"[2]，终无一册译为汉语。然而具体到敏珠尔四世在北京生活的 19 世纪 20—30 年代，上述两种因素却需重新检视。其一，1818 年，俄皇亚历山大一世批准了对第十届布道团的改组方案，强调布道团今后的首要任务，"不是宗教活动，而是对中国的经济和文化进行全面研究"[3]，同时要求布道团成员学习汉语、满语和蒙古语。因此，与敏珠尔四世具有时间交集的第十届（1821—1830）、第十一届布道团（1830—1840），其成员的知识背景更加丰富，语言能力也大为长进。其二，敏珠尔四世与俄国传教士皆为客居北京的"驻京喇嘛"，共享理藩院之品第、官职和俸禄，彼此原有寄人篱下、声息相通

---

① （意）马国贤：《清廷十三年——马国贤在华回忆录》，李天纲译，上海古籍出版社，2004 年，第 78 页。

② 朱一新：《无邪堂答问》卷四，转引自蔡鸿生：《俄罗斯馆纪事》，第 43 页。

③ （俄）布纳科夫：《十九世纪前期的俄中关系》，《苏联东方学》1956 年第 2 期，第 101 页，转引自中国社会科学院近代史研究所：《沙俄侵华史》（第一卷），人民出版社 1978 年版，第 282 页。

之感；且藏族文化素有"圣地在别处"之地理观，敏珠尔四世既然在《世界广说》中对欧洲褒奖有加，其对俄人之态度，亦迥异于受传统天下观束缚的汉地文人。在此背景下，俄罗斯布道团成为敏珠尔四世撰写《世界广说》重要的信息来源之一。

2 《世界广说》中的俄罗斯布道团人物考

考索《世界广说》中源自俄罗斯布道团的文本信息，首先需要了解敏珠尔四世的交游范围。以下即对《世界广说》涉及布道团成员的内容进行列举，藉此考证具体的人物，并结合各自身份和知识背景还原文本的生产过程。需作说明的是《世界广说》的版本，笔者目前共收集到三个写本的《世界广说》，分别为拉萨本、甘托克本和新德里本[①]，以下引文转写以拉萨本为底本，限于篇幅，对于较明显的文字错误，直接在文中予以订正，不出校注。

2.1 奥西普·巴普洛维奇·沃伊采霍夫斯基（Осип Павлович Войцеховский）

涉及的文本内容有两处：

2.1.1 澳大利亚部分

转写：

> Yul der dus bzhi khar dro zhing rang re'i 'dzam gling 'dir dgun nyi thung ba mthar thug gi dus su gling der dbyar nyi ring ba mthar thug yod pas | rang re'i yul gyi khrung khrung dang byi'u khug rta sogs 'dir dgun byung dus su yul der 'gro gin yod ces mu sig gi yul gyi lha rje yo zhi phu sogs las thos | [②]

译文：

> 其地四季温暖，我们的南赡部洲冬季日照最短之时，正是该岛夏季日照最长之时，因此，我们的地方的丹顶鹤、麻雀和燕子等，于冬季到来时正飞往该地，这是（我）从莫斯科（Mu sig）之地的太医（Lha rje）奥西普（Yo zhi phu）等（人）那里听闻的。

敏珠尔四世将亚欧大陆看作佛教四大部洲中的南赡部洲，将澳大利亚看作东胜身

---

① 拉萨本：'Dzam gling chen po'i rgyas bshad snod bcud kun gsal me long，西藏人民出版社，1986 年；甘托克本：'Dzam gling chen po'i rgyas bshad snod bcud kun gsal me long，published by the Dzongsar Chhentse Labrang，Palace Monastery，Gangtok，Sikkim，1981；新德里本：'Dzam gling rgyas par bshad pa thag ring gsal bar mthong byed durba na or 'dzam gling chen po'i rgyas bshad snod bcud kun gsal me long，New Delhi，1980。

② 《世界广说》（拉萨本）第 167 页。

洲。南北半球季节相反之认识对于当时的藏族知识界可谓天方夜谭，故敏珠尔四世特别标注信息出处。Lha rje yo zhi phu 为何人？Lha rje，意为"太医"。俄罗斯布道团配备随团医生，始于第十届（1821—1830）布道团，与敏珠尔四世同期在北京的随团医生，有第十届布道团的奥西普·巴普洛维奇·沃伊采霍夫斯基（Осип Павлович Войцеховский）和第十一届布道团的波尔菲里·叶夫多基维奇·基里洛夫（П. Е. Кириллов），从藏文译音 Yo zhi phu 判断，所指当为前者。

沃伊采霍夫斯基，出生于乌克兰基辅，从基辅神学院毕业后，进入彼得堡外科医学院深造，后自愿加入第十届东正教驻北京布道团，身份为随团医生。1829 年，沃伊采霍夫斯基成功治愈了礼亲王兄弟全昌的瘰疬症，全昌亲率大批官员随从前往布道团驻地致谢，并以"长桑妙术"匾额相赠，场面轰动一时[1]，敏珠尔四世谓其"太医"，或得名于此。值得留意的是，敏珠尔四世本人在医学方面亦有相当高的造诣，曾著有《教诫珍宝源》（Man ngag rin chen 'byung gnas）一书，又译为《方海》《蒙医金匮》，在藏区和蒙古地区被视为珍贵的医学典籍[2]。《世界广说》以外，二人于医学领域是否有过交流？其各自的医学著作是否留有相关文本印迹？尚待进一步研究。

2.1.2 奥地利部分

转写：

> Yang yul der ri chen po zhig phug pa brgya phrag mang po can yod pa de'i phug pa re rer gzhug na nad sna rer phan zhing ri de'i rtser yang me 'bar gyin yod ces go la'i kha byang las bshad cing | mu sig gi yul gyi lha rje o zhi phu zer ba zhig las kyang dngos su thos la | phug pa de 'dra ba zhig yi li'i sa cha na yang yod | [3]

译文：

> 该地还有一座大山，有数百山洞，进入每一座山洞，皆可治愈一种病，山顶目前正在燃烧，此据《地球书》（Go la'i kha byang）所言。（我）从莫斯科（Mu zig）之地的太医奥西普（O zhi phu）处亲闻，这样的山洞在伊犁（Yi li）境内也有一座。

此处"据《地球书》所言"，即出自《职方外纪》"意大里亚"条[4]。意大利北部在维也纳会议之后陷落于奥地利帝国，敏珠尔四世当有所了解，故将相关内容由"意大利"章节中移至"奥地利"章节。该段所言"太医奥西普"，和上引文一致，皆为奥西

---

① 肖玉秋：《俄国传教团与清代中俄文化交流》，天津人民出版社，2009 年，第218—219 页。

② 强巴赤列：《中国的藏医》，中国藏学出版社，1996 年，第58 页。

③ 《世界广说》（拉萨本），第232 页。

④ 谢方：《职方外纪校释》，中华书局，2000 年，第87 页。

普·巴普洛维奇·沃伊采霍夫斯基。敏珠尔四世从其处听闻的可治疗疾病的山洞，文中并未列举其名，笔者考订其为伊犁火龙洞，该山洞于1814年因山地煤田自燃而形成[①]。19世纪初，俄国商人在伊犁的半公开贸易业已如火如荼[②]，关于火龙洞可治疾病的信息被沃伊采霍夫斯基以医生的职业敏感获悉，亦在情理之中。

2.2 奥西普·米哈伊洛维奇·科瓦列夫斯基（Осип Михайлович Ковалевский）

涉及的文本内容有一处，出现于波兰部分：

转写：

> Yul de nyid du skyes pa'i dpon chung o si phu zer ba rig pa rno la ngag 'jam pa zhi las |
> kho bos pho brang ka lā pa sogs kyi gnas tshul zur tsam thos | [③]

译文：

> 该地出生的小官奥西普（O si phu），聪明且谈吐文雅，我从他那里听说了迦拉巴（Ka lā pa）宫殿等的大致情况。

寥寥语中蕴含的文本意味，后文将作详细分析，在此仅考证涉及的人物。文中所言 O si phu，与前引文中的 O zhi phu 拼写略有差异，所指当不为一人。以"小官""出生于波兰"等信息判断，其人为第十一届布道团的临时差遣人员奥西普·米哈伊洛维奇·科瓦列夫斯基（Осип Михайлович Ковалевский）。科瓦列夫斯基1801年出生于格罗德诺，1824年，因参加反俄秘密团体被捕，后流放喀山，研习蒙古语、阿拉伯语和波斯语[④]。1830年8月，科瓦列夫斯基随第十一届布道团赴北京；次年9月，返回恰克图。

科瓦列夫斯基赴北京前即具备一定的蒙文基础，其与敏珠尔四世交流不必转借"舌人"，或依托"笔谈"。据其日记记载，科氏抵京甫定，即前往"安定门外三华里的黄寺"拜访敏珠尔四世，对其谦虚礼貌留下了深刻印象；三天后，科氏再次前往黄寺，敏珠尔四世向其流露出对于欧洲的浓厚兴趣[⑤]。据科氏回忆，敏珠尔四世经常前往俄罗斯馆，向科氏请教地理、历史及天文学知识，甚至学会了俄语字母；敏珠尔四世则向科氏传授蒙文和藏文，为其编写藏语字母表，将一篇道德内容的满语文章译成藏文，亲手誊

---

① 伊宁市地方志编纂委员会：《伊犁市志》，新疆人民出版社，2002年，第760页。

② 孟宪章：《中苏贸易史资料》，中国对外经济贸易出版社，1991年，第198—205页。

③ 《世界广说》（拉萨本），第237页。

④ 黄长著、孙越生、王祖望：《欧洲中国学》，社会科学文献出版社，2005年，第1067—1068页。

⑤ Р. М. Валеев, И. В. Кульганек: *Россия-Монголия-Китай. Дневники монголоведа О. М. Ковалевского 1830–1831 гг. Подготовка к изданию, предисловие, глоссарий, комментарии и указатели*, Казань – Санкт – Петербург, Издательство《Таглимат》ИЭУП, 2005–2006, стр. 60, 66.

清后交给科氏①。在敏珠尔四世的帮助下，科氏在北京购得大批蒙、藏文书籍②，以致瓦西里耶夫抵京后感叹再无新书可觅。

《世界广说》中明确提及科瓦列夫斯基的文本内容仅前引文一处，却几可破解一段学术公案。瓦西里耶夫（В. Л. Васильев）在《世界广说》俄文节译本 География Тибета 的序言中认为：

> 他（指敏珠尔四世）特别提到一个叫奥士普的俄国人，也就是 1830 年到京、后来成为著名学者的奥希普·米哈伊洛维奇·科瓦列夫斯基教授。应该说，敏珠尔胡图克图《简明世界地理》（即《世界广说》）的手稿确实是在俄国人提供的资料基础之上编纂完成的。③

作为科瓦列夫斯基的得意门生，瓦西里耶夫于此或有"护师"之嫌，《世界广说》中共有三处提及 O zhi phu/O si phu 之名，其中有两处所指并非科瓦列夫斯基，而为沃伊采霍夫斯基。但威利（Turrell V. Wylie）对瓦氏的批评未中靶心，他断言《世界广说》中的新地理知识不可能源自敏珠尔四世与科瓦列夫斯基的亲身接触，原因是威利判定《世界广说》成书于 1820 年，而科瓦列夫斯基 1830 年才到达北京，二者不存在时间交集④。阎国栋亦采威利之说，认为《世界广说》的成书"不排除得到俄罗斯馆帮助的可能，但绝不是奥·科瓦列夫斯基"⑤。

评判此段学术公案的关键线索，在于《世界广说》的成书时间，因其与本文主旨无涉，仅择要略说。笔者所见版本之跋文，有 1820 年和 1830 年两种记载，但诸写本皆有上述引文。从跋文之成书年代判断，二者似不应有科瓦列夫斯基之名，如何解释此种时间矛盾？笔者以为，《世界广说》成书后并未刻版传世，而仅以写本流传，而对于一种写本而言，抄本之跋文并不能作为判断成书年代的排他性证据。《世界广说》甘托克本中含有大量明显为 1820 年以后的地理信息；同样，新德里本和拉萨本也记载从耶稣（Yi su si）出生至今，"据其门徒所言，已有一千八百三十二年"。因此，诸版本跋文所记载的成书年代——1820 年或 1830 年，皆不能否定科瓦列夫斯基对《世界广说》的文本贡献。

① 阎国栋：《科瓦列夫斯基与俄国蒙古学》，阎纯德编：《汉学研究》（第 5 集），中华书局，2000 年，第 161—162 页。

② （俄）В. Л. 乌斯宾斯基：《圣·彼得堡诸图书馆的旧藏文及蒙文收藏品》，沉默译，《蒙古学信息》1997 年第 3 期。

③ 《帝俄科学院论丛》，历史——语言类第二卷，圣彼得堡，1895 年，转引自赵春梅：《瓦西里耶夫与中国》，学苑出版社，2007 年，第 70 页。

④ Turrell V. Wylie：The geography of Tibet, according to the 'Dzam-gling-rgyas-bshad，导言部分，罗马，1962 年。

⑤ 阎国栋：《俄国汉学史》，第 591 页。

2.3 米哈伊尔·瓦西里耶维奇·拉仁德斯基（Михаил Васильевич Ладыженский）

涉及的文本内容有一处，出现于非洲部分：

转写：

> ......de dag gi mi rnams mdog char sprin ltar smug nag la | gos 'dom dkris tsam las med pa de rnams rta dang rnga mong la zhon te yul gzhan du 'gro zhing | gang du phyin pa'i yul de'i mi sogs srog chags phra rags thams cad bsad de zos tshar ba na yul gzhan du spor te 'gro zhing | nang phan tshun yang mthu che bas mthu chung ba bsad de mgos ra ba dang stegs bu sogs byed pa dang | mgo lag sogs mdung dang dbyug pa'i rtser 'phyar ba dang | sha dang khrag rlon pa za bar byed ces go la'i kha byang na bshad 'dug dang | ro si si ya'i dmag dpon me ha wū pa ri sā he pu sogs las kho bos dngos su thos pas......①

译文：

> ......诸地之人，（肤）色如雨层云般紫黑，衣着除了一寻的包裹物之外别无他物；他们骑马和骆驼去其他地方，每至一地，该地之人等大小众生，皆被杀而吃光，继而迁徙他地。（他们）内部相互之间，力弱者被力强者所杀，其头被用以修造墙垣与台架等、头和手悬在矛与杖的尖头上、生的肉和血被食用，如此据《地球书》（Go la'i kha byang）所言，也是我亲耳从俄罗斯（Ro si si ya）的军官 Me ha wū pa ri sā he pu 那里听来的......

查与敏珠尔四世在京时间契合的第十届、第十一届布道团成员名单，皆无读音接近 Me ha wū pa ri sā he pu 之人名。敏珠尔四世称其为"武官"，在布道团的诸职位中，性质类似"武官"的唯有"监护官"（Пристав）一职。第十届布道团监护官为叶戈尔·费奥多洛维奇·季姆科夫斯基，第十一届布道团监护官为米哈伊尔·瓦西里耶维奇·拉仁德斯基。笔者判断《世界广说》中 Me ha wū pa ri sā he pu，当由 Me ha wū 和 Pa ri sā he pu 两个词组成，Me ha wū 源自"米哈伊尔"（Михаил）在藏文中的不准确转写；Pa ri sā he pu 为"监护官"（Пристав）一词的藏文音译转写，其中 he 当为 te 传抄之讹。这种以姓名加职位之组合表述人名的方式在《世界广说》中并非唯一，作者将俄皇尼古拉（一世）称为 Em pha ra tho re'i ni kha lu ye，即源自两个俄语词汇的组合——皇帝（Император）和尼古拉（Николай）。因此，Me ha wū pa ri sā he pu 意即"米哈伊尔监护官"，所指为米哈伊尔·瓦西里耶维奇·拉仁德斯基。以其官职置于姓名之后的称谓方式判断，似转述自汉人之口。拉仁德斯基在京期间结朋交友，曾亲拟《布道团送给北

---

① 《世界广说》（拉萨本），第 175 页。

京高官礼品清单》①。科瓦列夫斯基首次前往黄寺拜访敏珠尔四世，并赠送礼物，即受拉仁德斯基差遣。

前引文之前部分内容出自《职方外纪》卷三"井巴"条②，后部分内容叙述战争杀戮之凶残情景，即当源自拉仁德斯基所述。敏珠尔四世当对其戎马履历有所了解，就此问题向其求教，可谓有的放矢。此外，敏珠尔四世在《世界广说》东欧部分，以较多笔墨描述了俄罗斯和土耳其之间的一场战争③，从其内容判断，当为 1828—1829 年第八次俄土战争，敏珠尔四世在文中只言"这是（我）听说的"，并未指明消息来源。以其细节描述和炫耀口气判断，讲述者似亲身参与了这场战争，而在当届的布道团成员中，唯有拉仁德斯基参与了第八次俄土战争，笔者判断该段文本内容亦当源自拉仁德斯基之讲述。

3　文本所见之交流内涵

以上考证的三位布道团成员，并非敏珠尔四世在京交游俄人之全部，只因诸者与作者交流相对密切，故于书中明载其名；文中尚有一些标注为"据俄罗斯人所言"或未记出处但可推断源自俄人的文本信息。综合以上文本内容，可对敏珠尔四世与俄罗斯布道团成员之间的交流进行内涵分析，笔者以为呈现如下两种特点。

3.1　世俗的而非宗教的

相比于此前和同期的藏族学者，敏珠尔四世对基督教有着卓越认知，在《世界广说》犹太（Yurte ya）部分和欧洲总论部分，作者以相当篇幅叙述了基督教的教义、历史、人物和圣地，这些知识是否来自东正教驻北京布道团，作者并未提供线索，仅在叙述"十诫"之后，说"据 Pharti tri④ 所言"。以其转写判断，Pharti tri 似为葡萄牙遣使会士毕学源（Cayetano Pires Pireira）。考察《世界广说》所述之"十诫"，为天主教"十诫"，与东正教和新教"十诫"略有差异，详见下表。

《世界广说》对十诫的表述源自天主教系统，而非源自俄罗斯布道团所代表的东正教系统；Pharti tri 是否即毕学源，尚待论证，但断不为俄人。文中其他关于基督教的叙述，也未发现源自俄人或俄文文献的证据，而文中反复出现"天"（Lha）与"上帝"（Te'u si）连写的称谓方式，明显为在华耶稣会士的表述形式。笔者初步分析，《世界广说》中关于基督教的文本内容，当与进入中国内地和西藏的天主教诸修会（耶稣会、方济各会、多明我会和遣使会）相关，其具体文本来源待考，但与俄罗斯布道团无涉。

---

① 肖玉秋：《俄罗斯东正教驻北京传教团监护官考略》，《清史研究》2010 年第 2 期。
② 谢方：《职方外纪校释》，第 116 页。
③ 《世界广说》（拉萨本），第 236—237 页。
④ 甘托克本：Phar ti si pā tri；新德里本：Phar ti si pā。

《世界广说》及基督教各宗派之"十诫"

诫命	《世界广说》	基督教		
		东正教	新教	天主教
我是你的上帝	1	1	前言	1
除耶和华外,不可有别神			1	
不可制造偶像、拜偶像		2	2	
不可妄称上帝的名	2	3	3	2
当纪念安息日守为圣日	3	4	4	3
孝敬父母	4	5	5	4
不可杀人	5	6	6	5
不可奸淫	6	7	7	6
不可偷盗	7	8	8	7
不可作假见证陷害人	8	9	9	8
不可贪恋人的妻子	9	10	10	9
不可贪恋人的一切财产	10			10

　　造成此种情形之原因，笔者于前文略有提及，概言有二：其一，俄罗斯布道团虽名为"布道"，但在 1860 年以前，其布道对象仅限于在京俄人。其二，随着 1818 年布道团改组方案的实施，布道团神职人员所占的比例大幅降低。前文所述与敏珠尔四世密切接触的三位布道团成员，皆非神职人员；布道团成员的日记、游记等资料显示，敏珠尔四世的交游者还包括第十届布道团的随团学生列昂季耶夫斯基（З. Ф. Леонтьевский）[1]、第十一届布道团的随团医生基里洛夫（П. Е. Кирилов）和随团画家列加舍夫（А. М. Легашев）[2]，并未发现其与布道团中的大司祭、司祭、辅祭等神职人员有接触交流。

　　交游对象既为无宗教背景之世俗人员，由此获取的新知识自然以世俗内容为主。以语源分析，《世界广说》中藏、汉、印、蒙以外的地名，绝大部分源自俄语，当出自俄罗斯布道团带至北京的俄语地图；科瓦列夫斯基前往东黄寺拜访敏珠尔四世时，即观察到其"居所的墙壁上悬挂着俄国印制的地图"[3]。从《世界广说》中描述的欧洲政区情形判断，这份地图至少反映了 1814—1815 年维也纳会议之后的欧洲疆域政区，个别地理信息（如印度洋中部的三兄弟岛[4]）甚至更新到 1821 年以后。该地图的具体信息尚待进一步考证，但可确定为一份或多份 1820—1830 年代俄国出版并由布道团带至北京的地图（册）。

---

① 列昂季耶夫斯基自称曾教授过敏珠尔四世地理知识，见阎国栋：《俄国汉学史》，第 547 页。
② 肖玉秋：《俄国传教团与清代中俄文化交流》，第 220、227—228、230 页。
③ 阎国栋：《俄国汉学史》，第 591 页。
④ 《南极洲地名辞典》，海洋出版社，1998 年，第 243 页。

交流的世俗性质还体现于对带有基督教神学色彩知识的重新认知。敏珠尔四世《世界广说》阿拉伯部分描述了一种名为 Spes ni si 的鸟，当引自《职方外纪》"度尔格"条之"弗尼斯"鸟。Spes ni si 即不死鸟（Phoenix），不死鸟自焚重生的传说在古埃及和古希腊皆有流传，该传说后来被原始基督教吸收，借以象征基督的复活，成为基督教艺术中一个常见的象征符号①。敏珠尔四世就不死鸟向俄罗斯布道团成员求证，但"据欧洲俄罗斯人说，这是不真实的"②。俄语亦有 Феникс 一词，且即便忽略不死鸟的宗教意味，在俄罗斯民间传说中，也有与不死鸟性质相似的火鸟（жар-птица）③，因此，布道团成员对耶稣会士的否定颇令人费解。但若考虑到敏珠尔四世所交游俄人的职位身份和知识背景，此段看似矛盾的文本即可解读——19 世纪初，科学主义与实证主义思潮正席卷欧洲知识界，面对敏珠尔四世关于不死鸟的疑惑与求教，具备世俗教育背景的布道团成员并未视其为传教契机，而以"子不语怪力乱神"的姿态断然否定。

3.2 平等的而非霸权的

在跨文化交流中，信息的传播者往往将自身的核心价值观裹挟于媒介（包括文字、绘画和器物等）之内加诸于受众，明末入华的耶稣会士即深谙此道，东正教布道团是否如法炮制？仅以《世界广说》文本观之，笔者并未发现此类印迹。敏珠尔四世对俄罗斯的描述，亦未因与俄人亲密接触而有过多赞誉之辞，作者认为，虽然"该地的国王等主尊们，完全由基督徒即贵种担任"，但相对于欧洲其他国家，俄罗斯是欧洲"穆斯林和欧洲人混杂"的两个国家之一；该地之人"生性勇于正直，但不喜欢学习知识"；并且说"该地的军队无所不至……其他欧洲人和穆斯林等都警惕着他们"④。因此，虽然俄罗斯布道团成员对《世界广说》有着深厚的文本影响，但如文本所示，此种影响并未创造出一种旨在宗教传播或者政治扩张的"话语"模式。

在藏传佛教的地理观中，香巴拉（Sham bha la）是一个重要的宗教地理概念，藏人通常将其模糊定位于印度以北某地。自 18 世纪以来，西方社会对于寻找香巴拉抱有持续的热情，基于现实政治层面或个人精神层面的定位层出不穷。对于地理视野骤开的敏珠尔四世而言，"定位香巴拉"是《世界广说》无可回避的重要命题——世界图景既然清晰，继续对香巴拉予以虚幻化的地理描述显然不合时宜。在《世界广说》中，作者将欧洲（乌拉尔山以西）看作一个整体的文化地理单元，定义为香巴拉国，将欧洲人表述为贵种即香巴拉国的国民，将基督教表述为"贵种的宗教"，将马德里表述为香巴拉国的首都迦拉巴（Ka lā pa）。此种创见之缘由，当另撰文专述，笔者在此仅就本文主

---

① 丁光训，金鲁贤：《基督教大辞典》，上海辞书出版社，2010 年，第 183 页。
② 《世界广说》（拉萨本），第 184 页。
③ Garry Jane, Hasan El-Shamy: *Archetypes and Motifs in Folklore and Literature*，M. E. Sharpe，2005，pp. 84 - 87.
④ 《世界广说》（拉萨本），第 239 页。

题探讨一个问题——敏珠尔四世对于香巴拉的定位，俄人是否参与其中？

前文论述敏珠尔四世与科瓦列夫斯基的交往，曾引用《世界广说》中的一段文字——"我从他（即科瓦列夫斯基）那里听说了迦拉巴宫殿等的大致情况"。据《时轮经》记载，迦拉巴宫殿即香巴拉法王的宫殿，位于香巴拉国之中心[1]。敏珠尔四世认为迦拉巴即西班牙首都马德里，对其有两段描述，后一段内容经笔者考证，源自《职方外纪》，在此不表[2]。而第一段内容当来自科氏之引介：

转写：

> Yul kasti li yā'i dbus su brag ri ha cang mtho ba ma yin pa 'dzeg bde ba la brag kha dog phal cher ljong sngon ngos yangs pa zhig yod pa de'i rtser rgyal po'i pho brang ma ti ri ta'm ka lā pa zer ba yod pa der e sa bha ni yā'i yul spyi la dbang ba'i rgyal po rgyun du sdod kyin yod pa las deng sang gi rgyal po khri pa'i mtshan la phe rang dag gis pir ti nan de zer ǀ pho brang de'i dpe ris phe rang ki dag gis shog bu'i ngos su bris pa kho bos dngos su mthong yang ha cang nyams chod po yong gi mi 'dug ǀ grong khyer de yau ru pa'i yul gyi grong khyer rnams kyi khrod nas bkod pa yag shos dang 'byor pa che shos yin zer ǀ [3]

译文：

> 卡斯蒂利亚（Kasti li yā）中部有一座石山，不是很高，可以安舒攀登，岩石的颜色大多为蓝绿色，表面宽阔，山顶有国王的宫殿马德里（Ma ti ri ta）或迦拉巴（Ka lā pa），总领西班牙（E sa bha ni yā）之地的国王至今仍常在此居住；其中，现今的首席国王（Rgyal po khri pa）的名字，欧洲人（Phe rang）称为费迪南德（Pir ti nan de）[4]。我曾亲见欧洲人绘于纸上的该宫殿的图画，极有气势，无可逾越。据说，该城市在欧洲（Yau ru pa）之地所有城市中布局最美、财富最多。

此处所言西班牙国王的宫殿，即腓力五世于 18 世纪修建的马德里王宫，位于曼萨莱斯河左岸的山岗。文中的 Kasti li yā 一词，当源自"卡斯蒂利亚"的俄语 Кастилия；E sa bha ni yā 一词，当源自"西班牙"的俄语 Испания；Pir ti nan de 一词，当源自"斐迪南"的俄语 Фердинанд，从词源亦可窥探其文本来源。值得仔细品味的是《世界广说》中的措辞，敏珠尔四世并未说从科瓦列夫斯基处听闻"马德里"的大致情况，而径直使用"迦拉巴"一词，似乎在将香巴拉国首都定位于何处的过程中，科氏亦有某种程度之介入。

---

① 土观·洛桑确吉尼玛：《土观宗教源流》，刘立千译，西藏人民出版社，1984 年，第 233—234 页。
② 谢方：《职方外纪校释》，第 77 页。
③ 《世界广说》（拉萨本），第 218 页。
④ 即斐迪南七世（1784—1833），1808 年和 1813—1833 年间两度在位。

将香巴拉国首都定位于马德里，在藏文典籍中实为一种破天荒之创见，敏珠尔四世在《世界广说》中并未作出阐释，笔者分析有三个原因，其一是受《职方外纪》叙述顺序的影响，艾儒略将欧洲表述为一个整体性的政治文化单元，又因其底稿为西班牙人庞迪我译著，故将西班牙列于欧洲部分之首；敏珠尔四世继承了耶稣会士整体看待欧洲的地理观，将其表述为香巴拉国，并从《职方外纪》顺序首叙西班牙，故将马德里看做欧洲（即香巴拉国）的首都。其二，《世界广说》从《职方外纪》，言西班牙人"尤精于天文历法，古时曾有一位名为亚丰肃（Ya pham su）① 的国王，编纂了天文历算的论典，如今被全体欧洲人奉为标准"，随后又将埃斯科里亚尔修道院国王庭院内的六位国王像擅改作"七位"，以附会香巴拉国的"七法王"，而此七位法王俱以传授《时轮根本续》闻名，进而又与前文精通历法的西班牙国王作同类联系。其三，科氏对西班牙王宫"位于表面平阔之山顶"的介绍，暗合了六世班禅洛桑·班丹益西在《香巴拉路书》中对迦拉巴的描述——"迦拉巴就在此平阔的山顶"②，故敏珠尔四世作此关联。

科瓦列夫斯基对藏传佛教中"香巴拉"的内涵，当不至于陌生，在其赴北京前，科氏曾在信仰藏传佛教的布里亚特蒙古地区考察。但以其最终定位分析，科氏并未就此观点提出原则性意见，对于科氏而言，无论是身为俄罗斯布道团的成员，抑或丧失家园的波兰"遗民"，还是被流放喀山的政治犯，皆无粉饰西班牙的现实需求。科氏此种印证于文本之"不作为"，较之其后世同胞德尔智、乌里扬诺夫将香巴拉诠释为俄罗斯之举可谓高下立判，这固然源自科氏尊重他者文明的一贯品质，以及身为古典东方学者的客观严谨，但亦为时势与个人境遇所造。因此，当今人赞许科氏不参与香巴拉"话语"建构之时，亦应对德、乌二人给予些许"同情之理解"，与科氏波兰遗民的潜在身份类似，德、乌二人亦为出生布里亚特和卡尔梅克的藏传佛教僧人，当20世纪初藏传佛教风雨飘摇之际，二人祈求香巴拉国的现身，较之敏珠尔四世显然更具现实意义，将二人单纯视为俄国间谍，认为其对香巴拉的定位"纯属对沙皇的阿谀之作"③，恰是另一种脱离语境的"话语"强加。

4 结语

本文以《世界广说》为线索，对敏珠尔四世与俄罗斯东正教驻北京布道团之间的交往进行了爬梳与考索。笔者首先根据藏、俄文对音以及相关文本信息，对《世界广说》中提及的三位布道团成员进行考订，认为其分别为第十届布道团随团医生奥西普·巴普洛维奇·沃伊采霍夫斯基、监护官叶戈尔·费奥多洛维奇·季姆科夫斯基以及第十

---

① 即阿方索十世（Alfonco X，1221—1284），西班牙卡斯蒂利亚和莱昂的国王。

② 索南才让，扎西草：《香巴拉国何处寻》，《西南民族大学学报》（人文社科版）2005 年 3 月号。

③ 王远大：《近代俄国与中国西藏》，生活·读书·新知三联书店，1993 年，第 142 页。

一届布道团临时差遣人员奥西普·米哈伊洛维奇·科瓦列夫斯基。对于学术界认为科瓦列夫斯基对《世界广说》不可能有文本贡献的观点，笔者通过《世界广说》不同版本的对勘以及成书年代的考订，予以驳斥与澄清。

笔者进而透过文本评析了此段交往的性质。其一，文本体现的"对话"集中于地理、历史、社会风俗等世俗知识，而《世界广说》所记载的基督教知识，鲜有源自俄方的文本印迹。究其原因，一方面，俄罗斯布道团在当时未负对外传教职责，另一方面，也与敏珠尔四世接触的第十、十一两届布道团特殊的成员结构有关。其二，在此段交流中，笔者并未发现时人惯以批判的那种"掩藏于交流名义之下的文化霸权主义"，基于《世界广说》的语文学分析可知，布道团成员既未创立一套旨在传播东正教教义或蕴含政治扩张主义的话语模式，亦未参与敏珠尔四世现存"话语"（如"香巴拉"）的建构。在19世纪二三十年代，交流双方同处清王朝理藩院驻京喇嘛体制之下，敏珠尔四世对俄罗斯既无汉地文人之蛮夷偏见，俄方布道团成员对西藏亦未怀"东方主义"想象，双方以一种相对平等的姿态展开对话，探索各自身后悠远而未知的文明。遥想某个冬雪初霁的午后，一个鼻高眼深的"西方喇嘛"，跟随一身绛红色的背影，流连于北京的经厂书肆，在路人的诧异眼光下谈笑风生，勾连起稍晚东、西方因地缘政治挤压而旋起的文明冲突，以及双方由均势遽然转为攻守的窘局，不由使人发出"人生若只如初见"的叹息。

  陈巍 1985 年生，河南长垣人。2007 年在中国科学院自然科学史研究所随邹大海研究员攻读硕士学位（数学史），2010 年随张柏春研究员攻读博士学位（技术史）。现任自然科学史研究所副研究员，主要方向为中国古代技术史。

莫作寻常黹绣看——缂织技术的中华化再讨论

□ 陈　巍

缂是一类纺织工艺的通称，其工艺特点为通经回纬，即经线通贯织物整个幅面，纬线则根据所显示花纹的需要，以手工按轮廓用回纬或断纬的方法逐块织成，而不贯穿全幅。① 缂织工艺在欧亚大陆和美洲各自独立起源，其中欧亚大陆的缂织技术有可能起源于小亚细亚，随后向其他地方扩散。通过适应千差万别的纤维原料，依托于各地区已有近似技术，承载不同地域文化特色的图样花纹，缂织技术逐渐融入到不同文明的技术传统之中，形成稳定的传承结构。由于缂织物以其工艺繁复、外观华丽、表现细腻等特点，常被视为奢侈品和贵重的收藏品，故而为纺织史学者所重视，其传播和发展历程也成为技术传播史中一个重要的研究案例。

本文所讨论的缂丝是缂织技术中国化的产物，很有可能自中国西北地区早已有之的缂毛织物演化而来。以往国内外学者对中国缂丝技术的科技认知、起源和发展、出土遗存和代表性作品已有较多论述，② 而不断增加的考古资料也在很大程度上充实了论述框架。然而已有研究尚存在一些不足，如对缂丝技术本身的讨论较多，但对于其生产组织、消费与社会需求以及所属文化对其发展与扩散的驱动因素考察较少；另一方面论者也多把视线聚焦于某一特定文化区内部（如中原王朝或西域文明）缂织技术的发展状况，而很少对缂织技术在不同文明之间的传播与发展状况进行比较，这使得以往研究往往欠缺全面的通盘考虑，有时把普遍出现的现象视为具有独特性的特征。

---

*　原载姜振寰主编《技术传承与社会认知》，中国科学技术出版社，2015 年，第 195—221 页。

①　缂织物在现代英语中称为 tapestry，该词词源可追溯于古希腊迈锡尼线性文字 B 中的 ta-pe-ja，也有可能源于波斯语 tāftan，意为转动、纺线和编织[1]。从宽泛意义上讲 tapestry 可以指以挂毯为主要形式的各种织物，而不论其是使用编织还是刺绣工艺（例如著名的 Bayeux Tapestry 实际是刺绣）。但严格来说，tapestry 只用于表示纬线显花，通经断纬的织物。

②　和许多其他技术一样，对于缂丝的起源与传播，学界主要有缂丝技术从西亚通过回鹘等民族传入中原地区、缂丝系从西亚传入的缂毛技术华化而来以及缂织技术源于中国三类观点。缂丝技术外来的观点较早由美国学者卡曼系统阐述[2]，他从文献、实物以及语言学等方面论证缂丝源于中亚的缂毛，通过回鹘人向东传播。其说影响很大，多为西方学者所接受[3]，台湾学者索予明的论文也间接征引此观点[4-5]，马拉格又为此观点进行文献和考古资料的补充[6-7]。中国大陆及华裔学者多持缂丝系改造自外来缂毛技术的论点，随着考古发现的材料不断增多，大陆学者的论述不断完善[8-19]。还有一些学者认为缂织技术源于中国本土，如盛余韵认为战国马山楚墓出土的"B 型纬线起花绦"可能是缂工艺的先声[20]。而大村西涯[21]、赵承泽[22]则把缂丝与中国早已有之的"织成"联系起来。王岩[23]认为"织成"与缂丝都是从锦分化出的高级织物。对此问题多有争论[9]，而扬之水[24]则持折中观点，认为"织成"词义在历朝有所变化，早期"织成"特指具有纬线显花效果且按成品设计的织物。

缂织技术作为历史上奢侈品生产技术的代表，自最早出现以来多次极为成功地融入异质文明，其材质从最初的羊毛发展到亚麻、丝绸、棉线乃至金、银箔，各文明的文化符号在缂织物上鲜明而交织地呈现出来。缂丝工艺作为缂织技术与丝织传统融合的产物，是缂织技术在全世界传播的组成部分，其发展过程与缂织技术在世界其他地区、其他时段和其他技术传统中传播的历程具有可比较之处，因此本文首先回顾早期缂织技术传播的过程，总结其特点，并为后半部分缂织技术的中国化提供参照。中国丝织传统接纳缂丝，在诸文明接纳此项技术共有的一般性外，亦具有中国当时历史与境的特殊性，这将在后半部分中详细分析。

1 早期缂织技术的传播与特点

学者们多认同通经回纬的缂织技术发源于小亚细亚，有人把土耳其南部的加泰土丘（Çatal Höyük，约公元前 6000 年）带有类似于基里姆地毯（kilim）风格的壁画作为新石器时代即已出现缂织技术的证据，显然过于乐观[25]41。然而地中海地区遗留下的纺织品数量极少，古埃及新王国时期法老图特摩斯四世（Tuthmosis Ⅳ，死于公元前 1391 或 1388 年）墓葬中发现的三块残片[26]成为目前发现年代最早的通经回纬织物。其中带有墓主人祖父图特摩斯三世（死于公元前 1425 年）的纹样的两块残片被认为年代最古老。由于一方面图特摩斯三世曾远征巴勒斯坦，带回大量纺织品，当时又有不少叙利亚人在神庙里充当工匠，人的交往可能带动了技术的传播；另一方面这几块残片表现出地中海沿岸纺织技术传统向古埃及纺织技术传统渗透的迹象，因此学者们通常认同古埃及的缂织技术由中东地区传播而来①，叙利亚很可能是古代缂织物早期传播的中心②，从这里缂织技术向古埃及、希腊、波斯等地扩散。在中国新疆地区的小河墓地，考古学者们发现了年代较早的使用缂织技术的织物，这里的缂织纹样较为简单，但在新疆地区其他年代较晚的墓葬中发现的纹样则更加繁复，且混合了源自不同文明的文化因素[30]。此外在南美洲安第斯地区，人们也独立发明了缂织技术。根据缂织技术早期传播的历程，可以大致归纳出如下特点。

1.1 同源技术并存

在古代遗存中，广泛存在使用与缂织技术相近，但出现年代可能更早的一类工艺的织物，即以纬线贯穿全幅的平纹织物为地，根据需要以绕纬或回纬的方式织入彩色纬

---

① 实际上古埃及最早的刺绣上的兽纹也和欧亚草原西部、美索不达米亚以及叙利亚等地的装饰风格近似，尤其是叙利亚[27]。

② 第二次世界大战期间在土耳其西北部秘密发掘的 Dorak 墓葬中出土的羊毛毯据说使用了缂织技术，其年代约为公元前 3000 年中期[28]。Barber[29]166说约公元前 1600 年的叙利亚 Terqa 遗址所发现的织物残片可能暗示着当时该地已经掌握缂织技术，但未见正式发表的论述。

线，浮于地纹之上形成花纹。这类工艺在花纹解决思路上较缂织技术为简单，实际是在已经具备较好稳定性的织物结构上妆花。严格意义上的缂织物则没有地子，直接用不同颜色的纬线回绕经线形成图案。为了使绕缂的部分更加坚固和美观，通常使用搭梭、打结等技术来避免不同色块之间裂缝的出现。在地子上使用通经回纬制成的织物，有时会被误认为是刺绣，或被归为缎纹。

在古埃及图特摩斯四世墓葬中发现的残片 no. 46526–46528，均是在白色底上缂出象形文字或花纹，所用颜色多至六种。为避免平行于经线的色块边缘之间产生的裂缝，工匠将毗邻不同色块的相邻纬线绕于同一根经线之上，造成色块之间的锯齿状边界。为避免因此在美观上造成的缺陷，工匠采取使用更纤细紧密的纬线或稍稍松开经线相交处，使得交点变得圆润以减小锯齿的突兀感（no. 46527），或在锯齿处织入一根暗色线来缝补裂口（no. 46526）[29]。① 但同墓中发现的另一块残片（no. 45629），则是把几根粉色和绿色纬线浮于白色麻布的纬线之上，形成纬缎，而不是像缂织那样把不同色块截然分开，这块残片也使用了"通经回纬"，但严格来说不算缂织物。这种技法在古埃及中王国时期第十一王朝（约公元前2130—前2040年）的织物上就已出现，此时埃及织工已经懂得在亚麻平纹底布上打入额外的成束纬线穿绕形成 U 形或 S 形花纹或穗状装饰（图 1a）。此外还有织物将穿入平纹底料的纬线变换方向成为经线，这种工艺在中王国到罗马时期一直存在（图 1b）。但在新王国之前的这类工艺一般都只采用同色纬线，图特摩斯四世墓中的纬缎应是古埃及已有工艺对色彩更加鲜艳的缂织技术进行模仿而织成的。

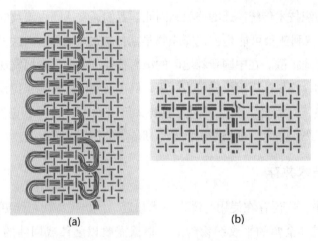

(a)　　　　　　　　(b)

图 1　古埃及中王国时期的绕纬[29]152

（a）中王国第十一王朝时期麻织物；（b）织入的纬线变为经线

---

① 在年代略晚的图坦卡蒙墓中发现的缂织物则放弃了锯齿状边界的处理方式，而只是将不同色块的纬线穿绕于相邻经线，因此形成一定裂纹，这种处理方式一直持续到科普特（Coptic）时期[31]。

与图特摩斯四世出土遗物情况类似的是南美印加文明发现的同源技术却类型相异的通经回纬织物。例如在利马附近的 Huaco de los Muertos 遗址（约公元 6—10 世纪），既发现了图案为祭司人像及其法器的缂毛织物，也发现了以通经回纬工艺叠织于平纹棉布上的鱼头纹织物[32]。

中国新疆若羌小河墓地（距今约 4000 年[33]）出土的大量使用通经回纬工艺的织物，则呈现出另外两种同源技术。其一为绕缂，即把不同色块边缘的彩色纬线环绕于经线，形成纬向条纹，主要用作毛织斗篷的装饰带（如 02XHMC10 等）。另一种为回纬，即在织物纬向末端把纬线从最边缘的由两根合股相并经线处绕回，形成织物的单侧或双侧幅边，其宽度通常少于 1 厘米[34]。其中绕缂应属于缂毛工艺，但小河墓地发现的装饰带没有花纹变化，打入的纬线数量也不多，显得较为原始古朴。在死海北岸的 Jericho 遗址约为稍晚于公元前 2000 年的地层中，也发现了类似与回纬的加固织物幅边的方法。通过基因测定，发现小河人群基因为北亚东部人种与欧洲人种混合[35]①，但目前还没有足够证据表明年代接近的两个地区之间存在技术上的联系。

1.2 作为奢侈品的社会角色

古埃及固有的纺织品以白色平纹麻布为主，色彩丰富且花纹多样的织物几乎是爆发式出现的，这应当与古埃及新王国法老们对近东地区开展掠夺有关，而缂织物及掌握该技术的工匠则成为重要的战利品之一。在图特摩斯四世的墓葬中，人们发现了带有图特摩斯二世称谓的缂织残片（no. 46526），缂织物作为祖传遗物予以传承，显示出当时这类纺织品的贵重价值。对于新王国时期墓葬中缂织物的用途，大部分学者认同发现者 Carter[37] 的观点，即它们是礼服的残片。而 Janssen[38] 则认为这些残片更像是用来遮覆陪葬遗物。不论如何，这些花纹被精心保护的织物在当时都被作为财富的象征。在时代略晚的国王谷里一些墓葬中的发现表明，这些缂织物随后在古埃及蔚成风尚，出现了不少较为廉价的模仿品。如一件残片以埃及传统的弓箭纹为底纹，其上添加的红色和黑色是织上的，而蓝色和绿色则是画上的[29]159。另一方面，追求奢侈的法老们不遗余力地扩大缂织技术的应用范围，在死于公元前 1323 年的图坦卡蒙墓葬里，缂织物已包括有长袍、腰带和手套等[28]，而这些用途也几乎一直保持到公元初年的科普特时期。

生产缂织物所必备的工具较为简单，所需的只是等级社会制度下容易满足的大量手工劳动，缂织技术能够利用最简单的织机织出设计复杂、颜色鲜艳细腻且不必循环或重复的图案，这无疑容易使它向技术基础薄弱但具备一定经济能力的区域传播。例如像地中海东北沿岸的许多地区一样，古希腊主要用简易的悬挂式织机生产缂织挂毯，然而织

---

① 小河文化中流行人偶、面具等特点，与鄂毕河流域、南西伯利亚以及贝加尔湖地区的一些文化遗存相似，这可视为其文化中来自北亚东部的因素[36]。

物在所用材料、颜色、花纹等方面更加复杂多样，并引入当时代表奢华的各类原料。例如公元前 4 世纪的马其顿腓力二世墓葬所发现的长方形挂毯就使用了贝紫（murex purple）染料，并以宽 0.25 毫米的金丝为纬线[39]。众多名贵原料的使用以及耗费浩繁的人工，使得缂织物几乎成为各地区王公贵族的专属物品，这使得缂织物的社会保有量远小于其他种类的织物，同时也促进着缂织技术的跨地区传播。

作为技术传统新元素的缂织技术也促进了生产方式的转变。古埃及中王国时期主要由妇女承担纺织工作，从壁画里可以看到女人纺线和用平织机织布，而男人洗布和拧紧绳子[29]45。而在新王国时期，壁画中逐渐出现男性使用立式织机的场景，表明新的织工群体与新式织机存在紧密联系，而缂织技术也正于此时在埃及出现了。一些人类学家认为这是传统社会中的保守主义倾向于让新的群体来对新技术进行试错，同时旧有生产技术仍能继续维持生产的经济性原则的体现。这些男性织工的生产环境非常恶劣，整日"膝盖顶着胸口，甚至艰于呼吸"[29]290-291。男性与女性织工在纺织业中的位置似乎就此确定下来，从古典时期的希腊记载中我们可以看到更多"女性主要生产家用织物，而男织工则要生产到市场出售的织物"[40]一类的记载。

1.3　图案纹样反映各文明特色

在图特摩斯四世墓中发现的几件缂织物，无不反映着古埃及的文化特色。其中三块残片上用象形文字织有法老的名讳，而在 no. 46526 上还交错缂织着古埃及特色的莲花和莎草图案。作为王室享用之物，缂织品显然要承载所在文明最具特色的文化符号。

古希腊人很早就在小亚细亚建立殖民地，从而逐渐从神话和史诗等古典文化中构建了希腊化风格的纺织传统。在先前流行的几何纹、植物纹和动物纹的基础上，希腊人将其在几何与雕塑上的伟大成就移植到纺织领域，把织物纹样扩展到人物肖像范畴，精确的人体比例，准确反映人物内心的晕色使用，以及恰到好处的几何布局，都使得希腊化风格的缂织物将其随意设计图案的优点发挥得淋漓尽致。①

随着古希腊文化向西亚乃至中亚地区传播，希腊化风格的缂织品也开始与古波斯、古印度等地的文化相融合，创造出更加丰富的图案题材。不少缂毛织物开始反映武士、贵族、妇人等凡人的面貌。例如新疆洛浦山普拉墓葬出土的年代约为公元前 1 世纪的彩色缂毛灯笼裤上的武士人像，该武士手持长矛，高鼻深目，眼珠呈蓝色，身着四瓣花纹服装，而右裤腿上又有缂毛织人首马身纹，可追溯到希腊神话故事中的马人坎陀耳（Centaur），一部分学者认为这幅壁挂具有希腊化风格[42]。而另一部分学者则认为武士人像与乌兹别克斯坦南部的卡尔查延（Kalchayan）出土的陶俑像及钱币头像非常相似，

---

①　希腊化时代晚期的缂织物对人物的表现力到达顶峰，其代表性作品如波士顿博物馆、克利夫兰博物馆等机构收藏的几幅希腊酒神缂毛挂毯等[41]。

加之马人所吹奏笛子不是希腊常见的双管，倒是中亚常见的单管笛，从而认为这件壁挂出于古波斯帕提亚王朝（前247—226）的东北部[19]97-101。从技术角度来看，该壁挂使用24种不同色阶的纬线缂织，有许多条状的晕色，从而使图案极具立体效果。根据所用材料，这件马人武士缂毛主要使用安哥拉山羊毛，系来自西亚的原料。总之，这件出土于中亚东部区域的缂毛显然是多种文化相互融合下的产物。

另一方面，我们也能够发现来自东方的元素向西对地中海沿岸地区的缂织物所呈现内容产生影响，有时这类影响是随着丝绸的向西流动而产生的。从公元前4世纪左右阿尔泰地区的巴泽雷克墓葬中，我们已经能够发现带有战国时期楚地风格的凤鸟纹[43]以及鹿角纹样[44]，而公元前后到公元3世纪，中原风格的菱格对鸟纹、对兽纹则能在克里米亚半岛的刻赤以及叙利亚[45]等地寻到踪迹。不过总体上，作为文化符号的中原文明风格花纹远比作为物质的中国丝绸的传播速度为慢。萨珊波斯作为古代丝绸贸易的中转站，其以对兽纹为代表的丝织品装饰风格对古代西方世界造成冲击，这从它直接影响了晚期科普特缂织风格[46]即可窥见一斑。

1.4　本章小结

根据缂织技术的早期传播，我们能够总结出在后世传播中往往也不时得以显现的几个特点：第一，缂织技术通常只占某一地区所拥有的纺织技术知识的一小部分，与缂织技术相伴的有一系列同源技术，而缂织技术往往在该技术序列中占据成本最高但观赏性最好的显著位置，相对简单的生产条件和优异的图形效果是它易于传播的根本原因，然而缂织技术也往往面临着同源或相近功能的技术的竞争（包括平纹、斜纹、缎纹、刺绣、针织等）。第二，缂织物的使用与当地统治阶层的经济实力有密切关系，从一开始缂织物就带有鲜明的奢侈品标签，这种性质使得它极受贵族阶层的追捧，并被模仿、变型，相对廉价且生产周期较短的刺绣或缎纹常成为缂织的替代技术，缂织物在社会纺织品总保有量中所占比例仍然是很低的。第三，由于缂织技术在呈现花纹方面具有明显优势，因此缂织物的表现内容能够鲜明地反映古代各文化的独特性及文化间的融合，其图案往往取材于当地的文字、传说故事、王公贵族肖像等，织物呈现的内容很早就与当地美术发展史紧密联系了。

基于以上所述种种技术优势，加之羊毛生产与消费在古代世界的扩张，源于地中海沿岸的缂织技术开始向外扩散。与文化的创造性结合给予缂织技术传播极强的生命力，承载着已有文化符号的缂织物通过种种方式进入新的文化区，并与当地文化碰撞交融，形成新的特色。这不仅使缂织物能够以表现力强的特点从众多纺织技术中脱颖而出，而且为研究者追踪缂织技术的传播提供了线索。从考古发现来看，从公元前6世纪到公元前后，以缂毛为主要形式的缂织技术已经在从地中海沿岸到新疆东部的欧亚大陆上都广为传播了。

2 宋代之前中国与缂织技术的相遇

2.1 中国早期的通经回纬工艺

前文已述及中国境内年代最早的通经回纬织物为小河墓地所发现的遗物，但在这里出土的装饰条上难以找到缂织技术与中原文明直接的联系。而在比小河遗址晚一千年左右的巴泽雷克遗址中，则不仅可以看到受中原影响的凤鸟纹和鹿角纹织物，在一块排列方形布块的暗红色毛布上还能看到站在祭台前的两对女子，以及作为边缘纹饰的狮子纹，这些都带有鲜明的波斯风格，因此这块布很可能割裂自来自西亚地区的一整幅壁挂织物，后缝在马具上作为装饰物[47]。巴泽雷克地区显然是早期中西贸易通道上的一个中转站，被称作"公主的嫁妆"的中原风格纺织品[48]，应当是通过贸易从汉地辗转得来的。

西汉张骞凿空西域后，中原王朝与中亚地区的交往更加直接而密切。因此我们能够在蒙古诺音乌拉匈奴墓葬、洛浦山普拉墓葬、楼兰墓葬（约公元1世纪）、营盘汉晋时期墓地等遗址中，都很容易找到织锦、刺绣等具有中原文化元素的丝织品，同时在这些遗址中我们也时常看到缂织物，然而，似乎没有多少迹象表明缂织技术与丝绸原料在此时此地萍水相逢融为一体。同时，中原地区也缺乏与缂织相关的出土遗物。

那么在唐代之前中原地区是否了解通经回纬工艺呢？有学者认为战国时期马山楚墓中出土的"B型纬线起花绦"使用了穿绕织法，把花纬以连续的短浮线形式压在地组织上面，这类工艺与后世缂织中的"绕缂"比较接近，从而为后世缂丝技术的出现提供了技术铺垫[20,48]。对此赵丰持不同观点。马山出土的绦地纬与花纬数量为1∶1，花纬实际是在地纬与经线形成的平纹织物上经过绕纬而显花，赵丰认为这些绦应属于"织、编结合类织物"，从属于起源于中国的锁绣体系[50,51]。

有学者从文字学的角度出发，认为先秦已经出现"缂"字，所以理所当然也就存在缂丝技术[52]。这种观点也存在争议，一些学者认为先秦时期的"缂"字是指"缝制而成之带"[53]或"皮、绢合作绣地的刺绣品"[49]等，还有学者甚至认为所释简牍中的字不是"缂"而应释为"绲"，是"具有带钩、错金银、有佩饰，可以是素色的带"[54]。总之，从文字角度说先秦时期中国即已存在缂织工艺，欠缺可靠依据。

此外前文注释中已提到，"织成"与缂织技术之间的关系仍引起一些学者的争论。特别是赵承泽列举从汉代到唐代对织成的记述，认为织成是使用通经回纬工艺的织物，范畴上包括后来的缂丝，从汉魏到隋唐有从厚重向轻薄转变的趋势[22]。明确以"织成"为名的织物目前仅有日本正仓院所藏年代为8世纪的"七条织成树皮色袈裟"，而亦因技法相近而被归为织成之列。而对于织成袈裟，则因"用一根通梭纬丝作底，结合非通梭织出花纹"而应为妆花绢，但赵丰亦认为妆花是通经回纬，"其真正的影响开始仍是唐代的缂丝和织成"[18]66。

综合前人论述，很明显"织成"与缂织都使用通经回纬，属于同源技术，其不同点在于"织成"是在平纹上用花纬挖梭显花，而缂织物则不用平纹织物作地，直接以回纬形成色块。《北堂书钞》引《魏百官名》中有"黄地织成障泥"，杜甫有《太子张舍人遗织成褥段诗》中将织成归于"段"（即缎），都直接表明织成有地这一性质。"织成"之所以由厚至薄，显然与不同时代用不同厚度的平纹织物作地有关。缂丝技术出现后，织成逐渐分化为采用妆花的各类织物。

前文已经提到在古埃及墓葬、南美洲印加文明遗址以及小河墓地中就同时存在缂织物及其同源技术，相比缂织技术，在平纹织物上穿入颜色或粗细不同的纬线以显现花纹的缎纹或妆花工艺与已有技术传统应当更具连续性，因此更容易为各文明所独立发明。在缂织技术缺席的早期中国，织成也能呈现绝不重复、变化不定的花纹，这使得它越发受到权贵阶层的青睐，南北朝末年已经超过刺绣，被规定为皇帝衮衣的制作工艺。然而织成虽好，比起更加轻薄花纹更无瑕疵的缂丝尚有不如，故缂丝崛起之后，"织成"一词的含义就悄然发生变化，通常指"按照成品样式设计图案"[24]，而在技术上织成则演变为使用妆花的缎、纱、罗等。

尽管织成并不等同于缂织技术，但由于其产品与缂织物有相似之处，因此当古代中国人偶然遭遇缂织物时，容易用织成来统括可能采用缂织的织物，例如《魏略》中说"大秦国以野蚕作织成氍毹，文出黄白黑绿氍毹"[55]3156。此外在文献里我们可以找到名为"氍毹""毾㲪"等毛织物，常出现于域外使臣向中原王朝进行朝贡贸易的记载之中。对于这些名词究竟对应何种毛织物，不少学者们展开过讨论。如马雍认为"氍毹"是佉卢文"kośava"之对音，是西域人对织花粗毛毯的称呼，再向前则可追溯到梵语的kośa，意为"茧"，在古印度这种织物也有可能用野蚕丝织成。梵语中的kauśeya在阿拉伯语中又译为ghàshìyat，意为覆盖在马鞍上的垫子[56]。"氍毹细者谓之毾㲪"，劳弗[57]与张星烺等学者都认为"毾㲪"是波斯语taftan的音译，意为纺织、织毡。贾应逸[58]认为，"毯"可能就是由"毾㲪"演化而来。三国吴人万震在《南州异物志》中记载"毾㲪，以羊毛杂群兽之氄为之，鸟兽、人物、草木、云气、作鹦鹉远望轩若飞也"[55]3157，可见这个时候的中原人已经对当时西亚盛行的科普特风格缂毛有所了解。唐玄宗年间，先后有中亚小国米国（今塔吉克斯坦片治肯特）献上"拓壁舞筵"[59]11238、安国（今乌兹别克斯坦布哈拉）献上"佛菻绣氍毹一，柘必大氍毹二，绣氍毹一"[59]11558。在记载中把"拓壁"或"柘必"、氍毹与"绣氍毹"区分开，表明拓壁应当是和绣毯不同的一类织物。其中"拓壁"或"柘必"应为波斯语ʿattābī的对音，在当时不同作家笔下含义略有不同，其中年代较早的12世纪作家Ḡarnāṭī说它是"带有规则黑白条纹的布"，而年代稍晚的Ebn Jobayr则说这是"用不同颜色的丝线或棉线织成的织物"[60]。几种说法都没有清楚指出该物用了何种技术。由于安国所献氍毹有来自佛蒜（拜占庭）者，则"拓壁大氍毹"也有来自西亚的可能，这一词有可能是拜占庭所用希腊语 tapetos 的对音，意为厚重织物，而西亚毛毯中缂织也是最重要的织作工艺，因此不能排除米国、安国所献毛毯是缂毛织成的可能性。从以上记载可看出，唐代及之前，中国人已经知道来自西亚的平纹毛毯，而其命名多来自 taftan 系统，其途径多经海上。但 taftan 毕竟不是严格意义上的缂丝，因此依靠这些文献记载并不能确定唐代之前缂丝已经在中原地区出现。

总而言之，在唐代及以前，中原地带很难说已经掌握缂织技术，与之接近的有"织成"，即在平纹地上织入彩纬显花。通过海路，一些源自西亚的纺织品来到中原地区，由于光艳的色彩而引人注目，但目前还难以找到实物证据以确定它们是否为缂织物。

2.2 缂丝的出现及早期使用

很显然缂丝技术有两个要素，即掌握缂织技术与获得作为纺织原料的丝绸。在这两个要素长期并存的各个地区，人们都有可能发明缂丝。[①] 例如中世纪拜占庭极为重视丝绸生产和贸易，在其控制下的埃及地区，很早就把来自拜占庭和波斯的丝绸应用到其传统的科普特风格缂织物上，[②] 而现存最早的拜占庭缂丝织物是制于 970 年前后班贝格主教使用的缂丝挂毯，这件挂毯主要图案为骑士及侍女，上下以两层连珠纹为边缘，均符合拜占庭丝织风格[25]350-351。拜占庭风格的缂丝当时影响很大，与伊斯兰宫廷丝织品纹样十分接近[25]327。此外，1993 年在以色列 Jericho 一处年代为公元 9 世纪早期到 13 世纪晚期的洞窟中发现了 9 片缀有缂丝带的亚麻织物，其花纹在 10—11 世纪的埃及织物中常见[62]。而穆斯林在公元 8 世纪前后已经开始控制中亚西部地区，那么缂织技术，与中国后来出现的缂丝有无关系？

缂丝在宋人记述中又作刻丝、尅丝、克丝、刻色作等。由于"缂丝"一词的两个音节都存在文异音同的现象，现代学者们开始追溯这一词属于外来词的音译之可能性。美国学者卡曼提到"缂丝"在宋代应读为 K'o-ssǔ，而与该读音接近的有阿拉伯语词 khazz 和波斯语词 qazz[2]③，南宋初年出使金朝的洪皓从回鹘人那里知道了 K'o-ssǔ 一词，在其《松漠纪闻》中记载回鹘人擅长"以五色线织成袍，名曰尅丝"，这有可能反映了回鹘人借用波斯语 qazz 中"一种丝绸衣服"的义项来指称以丝绸为原料，使用通经回纬技法制成的织物。卡曼认为中原地区的缂丝系由回鹘人传来。卡曼没有注意到在《突厥语大辞典》中也有读音近似的词 kəz，意为"秦的一种丝织品的名称"[63]，很可

---

① 赵丰提到梵蒂冈圣彼得大教堂中藏有公元 100 年左右的缂丝[17]93。
② 例如现藏于波士顿艺术博物馆的骑士水鸟鱼纹缂织，就是在亚麻地上用丝线缂出图案，其年代约为公元 5—6 世纪；柏林 Staatliche 博物馆也藏有一件使用了红色和白色丝线的骑士纹缂带，年代约为公元 8 世纪[61]。
③ 阿拉伯语 khazz 系从波斯语 qazz 借用而来，两词在蒙古入侵前的西亚文献中十分常见，其最早出现年代远远早于中国宋朝，可见并非是从东方向西传过去的词语。两个词的大致含义有：生丝；一种著名的布，由羊毛或丝绸织成，也指一种完全用丝的布；一种丝绸衣服等[60]。

能也是"缂丝"的对音。喀什噶里认为"回鹘人的语言是纯粹的突厥语",因此可见对于回鹘人来说,缂丝也并非本土原产,《突厥语大辞典》称契丹为"秦",称宋朝为"马秦",然而契丹与拜占庭恰好分列于《突厥语大辞典》里世界的东西两极,因此单纯以语言线索来追寻缂丝传播的路径显然远远不够。不过值得注意的是,从中古时期的"拓璧"或"柘必"('attābī)到宋代的"剋丝"(qazz),两种不同的词源反映了从海路到陆路这一缂织技术传播路径的转变。

中国境内出土的早期缂丝均分布于中原文明的边缘地区。西域居民大约于公元3—4世纪学会养蚕缫丝、织造丝绸,有可能在这之后不久缂丝就已出现。在考古发现中,西域缂丝最早发现于阿斯塔那张雄夫妇合葬墓[64]。根据墓志,该墓女主人死于唐垂拱四年(688年),即这件缂丝必然是公元688年之前的产物。这条缂丝被织成绦带用作舞俑的束腰带,幅宽仅1厘米。其所用花纹颜色十分丰富,草绿色地,用大红、橘黄、土黄、海蓝、天青、白色、沉香等八种彩线织成四叶形纹,并使用了分段退晕工艺,具有较好的层次感。此外,经纬线密度较缂毛大幅增加,达到经密度15根/厘米,纬密度116根/厘米。与阿斯塔那墓葬年代相近的有青海都兰吐蕃墓葬群,整体年代从北朝晚期至唐代中期,在其中年代为唐代的墓葬中发现了"蓝地十字花缂丝",这片缂丝纬向宽度为5.5厘米,织造特点是它并不严格按照换彩需要进行刻断,而是即使在同一颜色区域内,也有镂空的情形出现,技艺显得并不熟练[65]。从纹样来看,都兰出土的"蓝地十字花缂丝"的花纹题材也出现于时代相近的敦煌丝织品中。都兰是丝绸之路青海道重镇,出土的丝织品中不乏带有浓厚异域风格的粟特锦、中古波斯人使用的钵罗婆文字锦等[66],这块缂丝是否是都兰本地所产,目前还不能确定。

另一处缂丝集中出现的地方是敦煌。自藏经洞被发现之后,敦煌所藏遗物散落世界各地。赵丰等学者已经较为系统地整理了藏于英、法等国相关机构的缂丝织物。敦煌发现的唐代缂丝织物的时代大约从7世纪下半叶到9世纪,其用途主要是制作经卷系带、幡头包边、经帙饰带。明代张习志在"题朱克柔刻丝牡丹"中说"刻丝作盛于唐贞观开元间,人主崇尚文雅,书画皆以之为褾帙,今所谓包首锦者是也"[67],即认为作为书卷装饰的缂丝出现于公元7世纪晚期至8世纪上半叶之间,这与敦煌所发现缂丝的时间和用途都比较吻合,只是敦煌缂丝所使用的文书更集中于佛教经卷。敦煌发现的这些缂丝织物的共同特点是幅宽很窄,被作为幡头两侧包边的"红地团窠立鸟纹缂丝"的宽度只有2.7厘米,而在经帙中充作装饰带的缂丝宽度仅有1.2~1.3厘米[68]。值得注意的是敦煌所发现的缂丝在使用中全部都与宗教用途有关。一方面是寺院在敦煌经济活动中占据着举足轻重的地位,富有的寺院拥有自己的农田及依附于其上的农户、各种作坊,并且参与经商与借贷等事务。另一方面是人们的佛教信仰虔诚敬重,正如有学者说"佛经乃神圣之物,所以理应受到最高的礼遇"[69],信徒们对供养寺院几乎不遗余力,这些都使得寺院成为当时能够消费缂丝的主要阶层。在花纹方面,英藏的一件绢地彩绘幡头的红地团窠立鸟纹缂丝包边，中心为立鸟纹样，四周装饰有绿色花瓣及花蕾，被认为是属于蜀地锦绫中的陵阳公样[70]。由此可见，敦煌缂丝织品与中原地区纺织传统的关系较阿斯塔纳和都兰等地都更为密切，这与敦煌更靠近中原文明核心区域的地理位置有关。

通过对新疆阿斯塔那、青海都兰和敦煌等地早期缂丝织物的考察，我们发现无论是在地方豪族的墓葬里，还是藏经洞中发现的经幢、系带等，绝大多数缂丝织物仍然以绦带、包边、装饰带等作为主要外在形式，呈窄幅长条形，花纹相对简单，在工艺上以早期缂丝的平缂、绕缂技法为主，而缺乏成整幅的大型织物。这显示出迄至唐代中后期，缂丝技术的发展主要还是受西域早已有之的缂毛传统的影响。缂丝技术于唐代终于在中原文明的边缘地带出现，但从其功能来看，并没有因其图案纹样上的优势脱颖而出，在工艺品中处于陪衬状态，这显然与其在世界其他地区倍受青睐的待遇形成极大反差。为什么此时缂丝没有迅速占据贵重纺织品的核心地位呢？大约可以从以下原因予以解释。

首先，从技术传统方面来说，中国传统织物以经线显花的锦为正宗，其兴盛期一直持续到唐初。而在五胡十六国时期，随着不少汉人为躲避战乱迁移到西域，使得汉地织锦技术与当地纬锦传统相结合，形成质量较有竞争力的丝线纬锦，北朝晚期我们已经能得知在吐鲁番（高昌）及附近地区存在丘慈锦、疏勒锦、高昌锦等织物种类，很显然以地名为命名，应当是因为锦上花纹展现了与中原织物明显不同的当地特征。西域织物于初唐时期随着东西方交往的畅通开始大量进入中原腹地，都兰就是当时东西纺织传统交汇的地区，在这里既出现了努力向汉地经锦外观靠拢的斜纹纬锦，还发现了上有古波斯文纹样的波斯锦。各种纺织传统的交汇促使了缂丝在中原边缘地区的迅速传播和壮大，但纬锦进入中国丝织传统同样需要一个过程，直到晚唐到辽代，中原内地才开始大量生产斜纹纬锦和缎纹纬锦[18]69-71，而缂丝也于此时迎来传播的更好的技术传统和欣赏心态上的接受环境。

第二，需要考虑与缂丝相竞争的其他丝织品种。西域地区丝织品的花纹尽管很有特色，但总体而言仍不如中原纺织发达地区的织物那样精细。缂丝织物的纹样起初主要模仿缂毛织物，色彩主要是平涂的块面，缺乏退晕或晕染的效果[71]143，其细腻程度远逊于中原区域发展历时弥久的刺绣。中国刺绣在战国时期即以成为丝绸之路上极受欢迎的商品，历代又受到统治阶层的赏识，成为制作皇族及文物百官服饰的主要工艺。唐代刺绣处于快速发展阶段，官方也对该项技术投入巨大，如唐代贵妃院中的刺绣工多达700人。可观的生产规模、成熟的技法和纹样都是当时初创不久的缂丝难以望及项背的，加之中原地带还存在织成等同样可以随意设计图案花纹的丝织种类，而提花机技术的成熟也使得相比之下缂丝作为普通显花布料的成本过于高昂，缂丝在一段时间内受到打压是容易理解的。

第三，缂丝在此时尚未拥有利于展示其优势的题材。如前所述，缂织物往往与所属文明紧密结合，成为典型文化符号的载体。但在唐代初年，来自西域且主要以胡人为生产者的缂丝还难以接近中原文明的精英阶层。不过缂丝制造者们很快找到了便捷的进取之道，即唐代盛行的佛教绘画。公元 7 世纪的佛教绘画充斥着本土和外来的混合因素，如当时的著名画家尉迟跋质和尉迟乙僧的作品被评价为"皆是外来物像，非中华之仪"，他们擅长用很厚的颜料涂抹在绢上，以营造突起的立体感[72]154。这类技法在一些石窟壁画中也有展现，而展现立体感正是擅长晕色的缂丝的优势。不过目前还没有发现唐代大尺幅的观赏缂丝，这或许与其耗费不赀有关，在这一点上缂丝又败给了刺绣。在敦煌只发现缂丝绦带的时候，刺绣已经能在这边陲小地创造出诸如《灵鹫山说法图》（7 世纪末）和《释迦如来说法图》（8 世纪）这样气势恢宏的巨制了。

3 宋代缂丝的中国化

3.1 从带到面

前文已经提到日本奈良东大寺正仓院收藏的"七条织成树皮色袈裟"，该袈裟收录于天平胜宝八年（756）圣武皇后向东大寺捐献宝物的账册之中，因此名称与时代都确切无疑。该袈裟长 245 厘米，宽 139 厘米。除这件织成袈裟外，正仓院还收藏有几条缂丝带，其宽度为 2.5～4.3 厘米，花纹多为几何形或十字形花瓣，在技法上比较熟练地使用了勾缂，即用较深的线在纹样外缘清晰地勾出其外轮廓，而且使用了纸背片金的缂金工艺[73]112。纸背片金的出现，表明这几条缂丝带的年代最早为唐代晚期，因为这种工艺是在唐代晚期到辽代人们为了获取更多金箔而把金箔制得越来越薄，以至于过于脆弱难以织入织物，只好用纸或其他背衬来支撑金箔而出现的[17]98。由正仓院的这几件藏品可以略见唐代织成与缂丝规模的反差。另一件大型织成是现藏于辽宁省博物馆的织成金刚经，其年代为后梁贞明二年（916），其幅宽为 29.3 厘米，长 713 厘米，采用蓝地黄字模仿蓝叶泥金的写经方法，共缂有五千余字，按纬线密度 56 根/厘米来计算，需要 4 万余根纬线才能织出。鉴于其尺寸之大，学者们认为织造时应当使用了大花楼束综提花机[74]。仅花本就已经如此浩繁，织成相对于刺绣和缂丝的劣势显露无疑。这时工匠们或许已经开始考虑运用新的技术手段来制作这类花纹绝不重复的织物了。

依托于宗教题材，中国的缂丝似乎终于走入大尺寸的时代。在中原周边的辽、西夏等政权统治地区，宗教始终是缂丝织造的一类重要题材，这种倾向一直持续到元朝仍然存在，"番僧帝师之幡幢缨络，以及装经裹佛之饰"[75]，无不广泛使用缂丝。由于吐蕃曾占领敦煌一带，佛教密宗有可能对敦煌等西北地区的缂丝产生影响，如西夏黑水城遗址中所见的缂丝唐卡中的绿度母形象[76]。另一方面缂丝开始用作极为贵重的服饰材料。如在《辽史》中曾记载皇帝在祭祀时身穿"红克丝龟文袍"[77]，而辽代墓葬中还曾出土缂丝所制的帽、靴，但即使在贵族墓葬中，缂丝织物也出土不多，这表明即使是达官贵人，也只能使用少量缂丝织品。大尺幅的缂丝织物似乎只供皇家使用，如辽宁法库叶茂台出土的缂金山龙，长达 2 米，用于包裹尸体，其纬线密度可达每厘米 100 根[17]93。辽代缂丝主要采用勾、绕、结（在断裂处有时使用纬丝相互搭接）等技法，在技术和纹饰上都与青海都兰联珠纹缂丝接近，赵丰认为两者之间可能存在着传承关系。

3.2　北宋缂丝的生产组织

尽管丝织业极为发达，但缂丝在宋朝出现的时间似乎略晚于周边地域。宋真宗景德二年（1005）辽朝与北宋相互致送的礼单，可以发现只有辽方的礼单中有缂丝花罗等，而在北宋的礼单中，却找不到缂丝的踪影[78]。而目前台北博物院所藏缂丝中，题署年代最早的是宋仁宗景祐二年（1035）春为庆祝皇帝诞辰而作的一幅"万寿图"。不过宋代缂丝产量增长很快。太平兴国三年（978）设立文思院掌"造金银、犀玉工巧之物、金采、绘素装钿之饰，以供舆辇、册宝、法物凡器服之用"，最初有大小 30 个作坊，后又并入后苑造作所的 11 个作坊。其下就有克丝作、绣作等作坊。这一制度一直沿袭到南宋。

除中央设置官营作坊外，北宋还有一些特定产地，如洪皓在《松漠纪闻》[79]中记录迁入秦川一带依附宋朝的回鹘人"又以五色线织成袍，名曰'尅丝'，甚华丽"。洪皓是饶州鄱阳（今江西鄱阳）人，登科后主要在南方做主簿、司录一类的小官，有可能没有见到过缂丝这类奢侈品，该记载未必意味着缂丝对中原人而言还是一种闻所未闻的事物。居住于秦川一带的回鹘人为熟户，所谓"熟户"，是指当时依附于宋朝的各少数民族部落[80]，宋朝对其控制较为松散，没有明确的赋税制度，这些回鹘人生产的尅丝应当主要用来与周边进行贸易。该记载同时说回鹘人常"为商贾于燕"（贸易对象为辽朝及后来的金朝），也与途经的西夏人做买卖。尅丝应当也属于贸易商品之一，从西北地区流入契丹、西夏统治地区。回鹘人"奉释氏最深"，所织的缂丝有可能以宗教题材或他们早已熟悉的传统纹样为主。回鹘人织造的缂丝是什么样子的？我们或许可以从 20 世纪 80 年代在喀什发现的麦盖提绢袍一窥究竟。该绢袍属于在喀什定都的喀喇汗王朝遗物[81]，而喀喇汗王朝正是西迁的回鹘人所建立的伊斯兰化王朝。这件绢袍的前襟、两肩以及袖口处各饰有宽约 6 厘米的花卉纹缂丝缘，所用颜色丰富，晕法熟练，立体感很强。主要使用了齐缂、绕缂等技法。回鹘人也"善捻金线"，应当也生产缂金。

庄绰《鸡肋编》[82]中记载了北宋缂丝的另一个产地定州，该记载已经成为学者们复原古代缂丝工艺的主要依据。定州"刻丝"已不仅局限于"以五色线织成袍"，而是"随所欲作花草禽兽状"，可以"作百花"，表明这里的缂丝在纹样表现上更加复杂。其用途有给贵妇人做衣物，一件衣物需要"终岁可就"。由此可以看到当时定州缂丝生产工艺的几个特点：织机简单（"不用大机"），织造方法原始，花纹自由。但从文献中不易看出这里主要采用家内纺织还是在作坊里互相协作的生产方式。定州位于何处，学者们尚未形成一致结论，主要有河北定州和甘肃武威二说。笔者认为位于河北的可能性更大。首先，直到北宋河北依然是一个重要的丝织中心，也是北宋宫廷用绢的最大来源地，其产量和质量都在全国首屈一指[83]。第二，庄绰《鸡肋编》中，与定州缂丝相并列的地名里，单州成武县（今山东成武）、泾州（今甘肃泾川）、邠州（今陕西邠县）等，都在宋朝境内，而兴州（今宁夏银川）则在文中特别标明是属于西夏统治地区。从时间上看，书中所列织物均是宋朝当时的产品，没有追溯到几百年前的前凉时期的。第三，《三朝北盟会编》记载靖康二年（1127）二月三日癸亥"金人取丝一千万斤，河北剋丝六千八百匹"[84]，由于数量是匹，而不是幅，可见到北宋末年缂丝在河北已经有成批量生产。《鸡肋编》所反映的是北宋后期缂丝生产的状况，如果定州位于河北的话，应当能存有如此数量的缂丝。

尽管我们难以考察缂丝在陕西和河北的生产组织情况，但从以匹论数来看，很可能是由官府组织，以织物充抵税赋的。定州出产的刻丝以花草禽兽为题材，可能来自于官府的特殊需求。而文思院下属的克丝作，其产品又主要用于"舆辇、册宝、法物"等，换句话说，这些缂丝很可能仍属于实用型织物。元代陶宗仪《南村辍耕录》[85]中记载，"锦褾克丝作楼阁，克丝作龙水，克丝作百花攒龙，克丝作龙凤"，表明不少缂丝被用于书画装裱之用。《宋史》中记载官员"告身"（委任官员的凭证）须配以锦褾，花纹有"八答晕""翠毛狮子"等[86]，这里的锦褾实际也可能用缂丝做成。缂丝本身轻薄且易于设计图案，使用得当的话不会对书画本身喧宾夺主。但作为书画装裱的缂丝，必定也要承载与书画相协调的花样纹饰。具体到北宋时期，花鸟、攒龙、楼阁等类似于小品画就成为用于装裱的缂丝纹样的最佳题材。如南宋赵昌《写生蛱蝶图卷》就用缂丝紫鸾鹊谱作裱首，而夏禹王《蜀江晚泊图卷》也用缂丝黄鸾谱装裱[71]153。这就为书画型缂丝的出现铺平了道路，并出现了一批艺术家式的缂丝匠人。缂丝本身演变为美术作品的主角，同时也完全融入了以皇帝为核心的文人精英阶层集团。

3.3 中国文化与境对缂丝技术的内在需求

缂丝于宋代渐成艺术品，这并不仅仅因为缂丝具有豪奢、华贵、便于实现所设计的图样等优点，以及自唐代掼、勾等技法的基础上进一步大幅创新。同时我们从唐代以来的中国文化发展中，也能看到对缂丝这一类丝织产品的内在需求，而这是在之前中国已有的纺织技术传统有所欠缺的。

首先是中国书画长期以绢作为主要载体的特点。尽管中国发明了用于书写的纸张，然而在很长一段时间内，大量书画作品依然在绢上写就。以丝织品作为书画载体，有很多优点，如其自身组织结构为绘画提供了变化多端的肌理效果，丝织品多孔沁水，丝绸发色鲜明准确，色域宽广，便于画家描绘层次丰富细腻的撞色和晕染，尤其有利于院体画家们的发挥。直到元代之后文人画进一步兴起，纸才逐渐成为中国书画的主要载体[72]234。工笔画家在绢上作画，欣赏者（主要是皇帝等权贵阶层）很自然会产生书画内容与作为载体的丝绸融为一体的愿望，而控制大量财富和权力的精英阶层有能力以此作为探索新的丝织技术的导向。唐代以来色彩运用在工艺美术中的涌现[87]同样提示着把丝绸本身变为画作的可能性。在这种需求下，将"作百花，使不相累亦可"的缂丝由装裱材料升格为画面表现的中心，承载书画的核心内容，甚至达到"光彩绚烂，缋如精致，虽绘事所不逮"①"夺天工之巧，极机杼之工"②的程度。

在中国传统书画与境中，作伪和代笔并不受人指责。在模仿前人画作的同时展现作者思想的细微之处，也是中国书画的一项传统，优秀的仿作也能受到后人激赏。宋徽宗作为当时院体画风格的引领者，本人既不打击不同风格的画作，也不排斥在满意的画师作品上署上自己的名字。在这种传统下，用丝织品来模仿画作，似乎比用笔墨来模仿画作，显得更具创新色彩。因此当时区别于寻常匠人的一批缂丝艺人脱颖而出，他们不仅工于缂织技术，同时谙熟书画。在代表性缂丝作品中，我们往往容易发现其展现题材的书画源头。例如在与宋徽宗《瑞鹤图》题材极为接近的《缂丝仙山楼阁》[89]89-92中，织造者精确地计量颜色的使用和线条的走向，缂纹正如严谨的院派画家一般，而在楼阁内的人物尽管尺寸微小（人高2厘米左右），但对于表情和神态的处理极为细致。这与院体画家追求极致工整的心理也是吻合的。致力于在模仿的基础上有所创新的缂丝艺人并没有受到书画家们的歧视，而是被接纳进文人交游圈之中。朱克柔《山茶蛱蝶图》被明代文从简评价为"古澹清雅，有胜国诸名家风韵，洗去脂粉，至其运丝如运笔"③，被视为不亚于书画名家。进入精英文化网络也为缂丝艺人进一步汲取文化素养提供良好的环境。

对于宋代院体画家而言，皇帝作为最大的艺术赞助人的重要意义是无与伦比的，其品味与资助决定着众多画家的作品能否能够流传。为取悦宋徽宗，北宋末年的院体画展现出精心构建画面往往到了略有僵硬的程度，展现出为求工整而不惜一切代价的焦灼心理，这种抑郁而急切的心理在传为宋徽宗所作的《五色鹦鹉图》中展现得淋漓尽致。与此类似的是南宋缂丝大家朱克柔所作《缂丝鹡鸰红蓼》[89]31-35，从红蓼的小枝到树叶，都因鹡鸰的重量而微微弯曲，同水中浑然不知危险的游虾相映衬，给观者带来引人入胜的张力。这必然是受到精妙构图的院体画家们的影响的。另一方面，宋代宫廷花鸟小品画在五代黄筌"黄家富贵"的理念基础上融合"徐熙野逸"的风格，得到快速发展，院体画中花鸟画所占比重几乎达到一半。《宣和画谱》所载，主要为表现富贵、寓意吉祥的题材。院体画风细腻纤巧，且小品画常常尺幅短小，这正适合缂织技术运用于书画的丝绸仿制品，画风细腻便于发扬缂丝立体性强、色彩丰富的优点，尺幅短小便于需要繁重劳动量的缂丝作品达到较高数量。

---

① 张习志题赞朱克柔《牡丹图》[73]117。

② 赵孟頫跋《宋刻丝米芾临唐太宗御笔法帖》[88]。

③ 文从简题朱克柔《山茶蛱蝶图》[73]118-119。

就丝织传统本身而言，缂丝也得到发展的良好机遇。一方面，相比唐代的刺绣，缂丝显然在图像的表现力上更胜一筹，其显花的纬线密度达到每厘米 100 根左右（图2），大大超出唐代刺绣每厘米 20～30 根的密度，这无疑使得宋代缂丝作品能够较前朝刺绣更加细腻地展现墨色的浓淡变化，适应书画的需求。而两宋之际缂丝织造重心的南移，又使得缂丝技艺浸染于深厚的文化底蕴和繁荣的社会经济之中，逐渐被推向顶峰，同时也赢得了宋徽宗"更知应是宣和物，莫作寻常黹绣看"的赞誉。明代吴宽也赞赏宋代缂丝"机中织锦惭秦娥，唐宫刺绣如拙何"[73]130，认为其表现力远胜旧有的织锦与刺绣。不过由于宋代刺绣同样向摹制书画的方向转变，并创造出诸多新技法，缂丝并没有完全取代刺绣在中国丝绸传统中的地位，可以说宋代是缂丝、刺绣两大名贵刺绣技法并行发展，共同繁荣的时期。另一方面，某些种类的织物在宋辽时代的兴起也为缂丝的发展提供了更好的契机。如在辽代贵族墓葬中能够发现一些运用通经回纬技法的妆金锦（由更普遍的形式缎纹纬锦在组织上进行纬插合而成）、妆花绫、妆金绫，北宋末年到南宋时期则出现了色织罗和织金罗[18]286-288,293-296，这些织物有可能是前代"织成"发展的新阶段，同样运用通经回纬技法的妆金织物与缂丝的并行，也与世界上其他地区的普遍情况相符。

图 2　宋代缂丝《富贵长春》局部放大图[89]89-92

4　结论

中国缂丝作为缂织技术与中国丝织传统融合的产物是一个漫长的历程，对这一过程的认识应当把它置于缂织技术在世界范围内传播的脉络之中，就能发现作为技术传播的一个案例，缂丝所具有的普遍性与特殊性。该项技术起源于小亚细亚地区，以羊毛纺织传统及纬线显花织物为技术与境，但由于它在色彩、花纹等方面的显著优势，该项技术很快在亚非欧三洲交界处传播扩散，并赢得统治阶层的青睐。作为奢侈品，缂织技术与社会精英阶层联系紧密，并很容易承载所在文明最有代表性的文化符号。这成为缂织技术传播的一大特点，同时也应当是衡量该项技术在某个文化中传播程度的一个标准。

中国境内很早就出现了通经回纬的缂毛织物，缂织技术与丝织传统的共存时间也很漫长，但与其他文明（如拜占庭文明）相比，中国缂丝出现的时间显然较晚，缂织技术进入中国文化的速度较慢。这与中国传统纺织技术能够满足自身文化需求有关。同时中国以经线显花、亚麻和丝绸为主要纺织原料的传统也与西亚地区有明显差异，加之早期中华文明常以"华夷有别"之类的警戒心态对待外来文明，缂织技术在中原文明的边缘地带逡巡数百年。直到东西方文化相互激荡，不同纺织技术传统共存相互冲击的唐代，缂织技术才进入中国。

然而，在中原地区出现并不等同于技术传播的完成。进入中原文明区的缂毛与缂丝在很长一段时间内并不受文化精英们的青睐，主要用途是作装饰系带、经幢等。但书画装裱这一功能使得缂丝开始与文化精英有所接触，并根据需求调整自身花样纹饰、改进表现技法，最终缂丝展现出自身颜色鲜艳、可以随意设计图案绝不重复等优点，成功变为中国书画传统中的一个重要组成部分，并通过从实用型到艺术型的转变，最终融入中国文化。这并不意味着缂丝取代了中国早已有之的刺绣、织成等技术类型，而是跻入并更加丰富了中国丝绸传统。

由于可获取的古代材料的限制，关于缂丝生产的许多问题显然是不容易解决的。例如缂丝艺术家如朱克柔等，与那些普通缂丝工匠之间的关系；艺术性缂丝是如何组织生产的；缂丝艺术家与赞助人之间互动的细节等。如能在进一步挖掘材料的基础上，形成系统的问题框架，把缂织技术在世界各文明中的生产、认知和消费进行比较，将能给我们带来对于作为一类奢侈品生产工艺的缂织技术传播更加全面、深入的认识。

参考文献

[1] Partridge E. Origins: A Short Etymological Dictionary of Modern English. London and New York: Routledge, 1966: 3371.

[2] Cammann S. Notes on the Origin of Chinese K'o-ssu Tapestry. Artibus Asiae, 1948 (1): 90 – 110.

[3] Grousset R. Chinese Art and Culture. London: A Deutsch, 1961: 276.

[4] 索予明. 缂丝考（上）.（台北）故宫季刊，1979 (2): 51 – 64.

[5] 索予明. 缂丝考（下）.（台北）故宫季刊，1979 (3): 25 – 38.

[6] Malagò A. Kesi. Chinese Literary Sources in the Study of Silk Tapestry. Annali de ca'Foscari, 1991, 30

　　（3）：227 – 261.

［7］Malagò A. The Origin of Kesi, The Chinese Silk Tapestry. Annali di ca'Foscari, 1988, 27(3)：279 – 297.

［8］魏松卿. 略谈中国缂丝的起源. 文物参考资料, 1958（9）：16.

［9］陈娟娟. 缂丝·故宫博物院院刊, 1979（3）：22 – 29.

［10］武敏. 新疆出土汉至唐丝织物概说. 文博, 1991（1）：41 – 46.

［11］武敏. 织绣. 香港：幼狮文化出版社, 1992.

［12］武敏. 从出土文物看唐代以前新疆纺织业的发展. 西域研究, 1996（6）：5 – 14.

［13］孙佩兰. 丝绸之路话刺绣、缂丝. 上海工艺美术, 1994（4）：25 – 27.

［14］孙佩兰. 对缂丝起源研究中几个问题的看法. 丝绸, 1995(7)：47 – 51.

［15］孙佩兰. 丝绸之路上的刺绣与缂丝. 西域研究, 1995（2）：54 – 61.

［16］赵丰. 唐代丝绸与丝绸之路. 西安：三秦出版社, 1992：115 – 117.

［17］赵丰. 辽代丝绸. 香港：沐文堂美术出版社, 2004：93 – 98.

［18］赵丰. 中国丝绸艺术史. 北京：文物出版社, 2005：297 – 300, 359 – 362.

［19］赵丰. 锦程——中国丝绸与丝绸之路. 香港城市大学出版社, 2012：45 – 47.

［20］Sheng A. The Origin of Chinese Tapestry Weave：A New Hypothesis Based on Recent Studies of Archaeo-
　　logical Finds and Chu Material Culture. Textile History, 1995, 26（1）：53 – 74.

［21］朱启钤. 丝绣笔记∥黄宾虹, 等. 美术丛书（第四集第二辑）. 上海神州国光社, 1913.

［22］赵承泽. 从新疆出土的三件织品谈有关"织成"的几个问题∥中国纺织科学技术史编委会. 中
　　国纺织科技史资料（第三辑）. 北京纺织科学研究所, 1980：4 – 37.

［23］王岩. 论"织成". 丝绸, 1991（3）：44 – 46.

［24］扬之水. 技术中的艺术, 或者相反. 读书, 2006（9）：148 – 157.

［25］Jenkins D. The Cambridge History of Western Textiles. Cambridge：Cambridge University Press, 2003.

［26］Carter H, Newberry P. The Tomb of Tuthmosis Ⅳ. Westminster：Archibald Constable and Co, 1904：
　　143 – 144, no. 45626 – 45628.

［27］Crowfoot G, Davies N. The Tunic of Tut'ankhamūn. The Journal of Egyptian Archaeology, 1941：
　　113 – 130.

［28］Mellaart J. The Royal Treasure of Dorak. Illustrated London News, 1959, 11(28)：754.

［29］Barber E. Prehistoric Textile. Princeton：Princeton University Press, 1992.

［30］李文瑛, 康晓静. 新疆青铜时代服饰研究. 艺术设计研究, 2014（1）：69 – 78.

［31］Barber E. New Kingdom Egyptian Textiles：Embroidery vs. Weaving. American Journal of Archaeology,
　　1982（3）：442 – 445.

［32］G. T. Peruvian Textiles. Museum of Fine Arts Bulletin, 1924, 22(Aug)：33 – 35.

［33］新疆文物考古研究所. 2003 年小河墓地发掘简报. 新疆文物, 2007（1）：1 – 55.

［34］新疆文物考古研究所. 2002 年小河墓地考古调查与发掘报告. 边疆考古研究, 2004：338 – 398.

［35］Tan M, et al. Craniometrical evidence for population admixture between Eastern and Western Eurasians
　　in Bronze Age southwest Xinjiang. Chinese Science Bulletin, 2013, 58（3）：299 – 306.

［36］郭物. 通过天山的沟通：从岩画看吉尔吉斯斯坦和中国新疆在早期青铜时代的文化联系. 西域研

究，2011（3）：75－82.

［37］Carter H. Embroidery and Its Probable Evolution. Embroidery，1932（1）：7－10.

［38］Janssen R. The "Ceremonial Garments" of Tuthmosis IV Reconsidered. Studien zur Altaegyptischen Kultur，1992：217－224.

［39］Granger-Taylor H. The Emperor's Clothes：The Fold Lines. The Bulletin of the Cleveland Museum of Art，1987，74（3）：114－123.

［40］Thompson W. Weaving：A Man's Work. Classical World，1982（75）：217－222.

［41］Arensberg S. Dionysos：A Late Antique Tapestry. Boston Museum Bulletin，1977（75）：4－25.

［42］李吟屏. 洛浦县山普拉古墓地出土缂毛裤图案马人考. 文物，1990（11）：72－74.

［43］鲁金科. 论中国与阿尔泰部落的古代关系. 考古学报，1957（2）：37－48.

［44］沈爱凤. 从青金石之路到丝绸之路：西亚、中亚与亚欧草原古代艺术溯源. 济南：山东美术出版社，2009：601－602.

［45］Simmons P. Crosscurrents in Chinese Silk History. The Metropolitan Museum of Art Bulletin，1950，9（3）：87－96.

［46］Kitzinger E. The Horse and Lion Tapestry at Dumbarton Oaks：A Study in Coptic and Sassanian Textile Design. Dumbarton Oaks Papers，1946（3）：3－72.

［47］Lerner J. Some So-Called Achaemenid Objects from Pazyryk. Notes in the History of Art，1991，10（5）：8－15.

［48］Rudenko S. Frozen Tombs of Siberia：The Pazyryk Burials of Iron－Age Horseman. Berkeley and Los Angeles：University of California Press，1：206.

［49］彭浩. 信阳长台关楚简补释. 江汉考古，1984（2）：64－66.

［50］赵丰. 马山一号楚墓所出绦带的织法及其技术渊源. 考古，1989（8）：745－750.

［51］赵丰，樊昌生，钱小萍. 成是贝锦——东周纺织织造技术研究. 上海古籍出版社，2012：104.

［52］张振林. 缂丝史的珍贵资料. 中山大学学报（社会科学版），1980（1）：85－88.

［53］朱德熙，裘锡圭. 信阳楚简考释（五篇）. 考古学报，1973（1）：121－128.

［54］李家浩. 楚墓竹简中的"昆"字及从"昆"之字//著名中年语言学家自选集·李家浩卷. 合肥：安徽教育出版社，2002：306－317.

［55］李昉. 太平御览. 北京：中华书局，2006：3156.

［56］马雍. 新疆佉卢文书中的 kośava 即"氍毹"考——兼论"渠搜"古地名//马雍. 西域史地文物丛考. 北京：文物出版社，1984：112－115.

［57］劳弗. 中国伊朗编. 北京：商务印书馆，1964：321.

［58］贾应逸. 新疆地毯史略. 北京：轻工业出版社，1984：15－19.

［59］王钦若. 册府元龟. 北京：中华书局，2006.

［60］Serjeant R. Material for a History of Islamic Textiles up to the Mongol Conquest. Ars Islamica，1942（9）：54－92.

［61］Lewis S. The Iconography of the Coptic Horseman in Byzantine Egypt. Journal of the American Research Center in Egypt，1973（10）：27－63.

［62］ Shamir O, Baginski A. Textiles' Treasure from Jericho Cave 38 in the Qarantal Cliff Compared to Other Early Medieval Sites in Israel. 13th Biennial Symposium of Textile Society of America, 2012（9）: 19 – 22.

［63］ 喀什噶里. 突厥语大词典. 北京: 民族出版社, 2002: 347.

［64］ 新疆维吾尔自治区博物馆. 1973 年吐鲁番阿斯塔那古墓群发掘简报. 文物, 1975（7）: 8 – 26.

［65］ 许新国, 赵丰. 都兰出土丝织品初探. 中国历史博物馆馆刊, 1992: 63 – 81.

［66］ 霍巍. 吐蕃时代考古新发现及其研究. 北京: 科学出版社, 2012: 238

［67］ 中国美术全集编辑委员会. 中国美术全集·工艺美术编 6·印染织绣. 北京: 文物出版社, 1985: 218.

［68］ 费日·L. 吉美博物馆藏敦煌纺织品概述 // 赵丰. 敦煌丝绸艺术全集·法藏卷. 上海: 东华大学出版社, 2010: 16 – 25.

［69］ 谢和耐. 中国五——十世纪的寺院经济. 兰州: 甘肃人民出版社, 1987: 84 – 219.

［70］ 赵丰. 敦煌丝绸艺术全集·英藏卷. 上海: 东华大学出版社, 2007: 74.

［71］ 陈娟娟. 中国织绣服饰论集. 北京: 紫禁城出版社, 2005: 143.

［72］ 苏立文. 中国艺术史. 上海: 上海世纪出版集团, 2014: 154.

［73］ 朴文英. 缂丝. 苏州: 苏州大学出版社, 2009.

［74］ 国家文物局. 奇迹天工——中国古代发明创造文物展. 北京: 文物出版社, 2008: 63.

［75］ 朱启钤. 存素堂丝绣录. 贵州紫江: 存素堂无冰阁, 1928: 19.

［76］ Wardwell A. The "Kesi Thangka" of Vighnantaka. The Bulletin of the Cleveland Museum of Art, 1993 （80）: 136 – 139.

［77］ 脱脱. 辽史. 北京: 中华书局, 1974: 906.

［78］ 李焘. 续资治通鉴长编. 北京: 中华书局, 1980: 1375.

［79］ 李澍田. 长白丛书（初集）. 长春: 吉林文史出版社, 1986: 15 – 16.

［80］ 李埏. 北宋西北少数民族地区的生熟户. 思想战线, 1992（2）: 60 – 67.

［81］ 赵丰. 大漠联珠——环塔克拉玛干丝绸之路服饰文化考察报告. 上海: 东华大学出版社, 2007: 11.

［82］ 庄绰. 鸡肋编. 北京: 中华书局, 1983: 33.

［83］ 邢铁. 宋代河北的丝织业. 河北学刊, 1990（5）: 69 – 74.

［84］ 徐梦莘. 三朝北盟会编. 上海: 上海古籍出版社, 1987: 588.

［85］ 陶宗仪. 南村辍耕录. 上海: 上海古籍出版社, 2012.

［86］ 脱脱. 宋史. 北京: 中华书局, 1977: 3842 – 3846.

［87］ 尚刚. 古物新知. 北京: 生活·读书·新知三联书店, 2012: 82 – 99.

［88］ 朱启钤. 清内府藏刻丝书画录 // 黄宾虹, 邓实. 美术丛书（第 3 册）. 南京: 江苏古籍出版社, 1997: 1985.

［89］ 童文娥. 缂织风华: 宋代缂丝花鸟展图录. 台北: 故宫博物院, 2009.

刘亮 1985年生，陕西咸阳人。2007年毕业于西南大学制药工程专业，取得工学学士学位。2010年考入中国科学院自然科学史研究所攻读博士学位，2013年毕业并留所工作。主要关注的领域有：生态环境学史、近代西方识华地理环境史等。

近代来华西方人记述中国环境变化文本的传播及影响

□ 刘　亮

近代以来，国门洞开，中西之间在人员、物资等方面的流动不断加深，更多的中国人有机会走出国门，感受欧美各国的文明程度。与此同时，有着悠久历史传统和深厚文化积淀的东方古国也吸引着西方人源源不断地来到中国。这其中既包括各国派出的驻华外交人员、在华工作的职员、高等学校聘请的教习、政府部门聘请的顾问等，也包括探险家（队）、旅行家、商人、军官等。他们或以科学考察、研究、游历为名，或借中西合作交流的契机，深入中国大陆腹地进行各种活动，如动植物标本采集、地理勘测、地质调查、盗掘古物等。他们应用近代自然科学的方法和手段，获取了大量的信息。这其中，有关对沿途自然环境的记录和描述成为西方国家认识中国自然环境的一个非常重要的渠道，也是中国学者认识本国环境的重要信息来源，尤其是对森林植被破坏、野生动物遭到猎杀、土壤侵蚀严重、沙漠南侵等环境恶化的描述引起了诸如美国等国家的警示，而美国以中国为戒的做法反过来又对中国国内保护森林等资源、开展水土保持工作等产生了很大的影响。本文基于对西方人留下的此类文本的解读，来展现近代西方人对中国环境变化的关注，并对其在中国的传播及其影响作出分析。这不仅有助于理解西方人对中国环境整体印象的形成过程，同时也为研究近代西方农林等学科知识在中国的传播提供了不同于以往的视角，对于认识民国时期开展的保存资源、水土保持等工作，也具有重要的意义。

1　相关研究综述

有关来华西方人关注中国环境变化的已有研究并不是很多。较早的有朱宗元的《十八世纪以来欧美学者对我国西北地区的地理环境考察研究》[1]、罗桂环的《20 世纪上半叶西方学者对我国水土保持的促进》[2]、史红帅的《1908—1909 年克拉克探险队在黄土高原地区的考察——基于〈穿越陕甘〉的探讨》[3]。其中，第一篇重于史实的梳理，考证和汇总了从 1700 至 1949 年，50 多位西方学者在西北地区进行实地考察的时间、路线、研究内容及发表的论著等。该文的特点是提供了大量西文文献资料的线索，但对文

＊ 原载《北京林业大学学报》（社会科学版）2015 年第 14 卷第 3 期，第 1—7 页。

本本身的分析并不多，且将地理学和地质学的内容杂糅在一起，后者的比重甚至明显超过前者，其中一些内容也并非是关于地理环境的；第二篇以西方人一次具体的考察活动为中心，详述其取得的考察成果；第三篇则是从来华西方学者的工作促进中国水土保持的角度展开研究。其他如民国地理学家杨曾威的《近世西洋学者对西藏地学之探察》[4]，我国著名地理学家徐近之（1908—1981）于 20 世纪 50 年代编著的《青康藏高原及毗连地区西文文献目录》[5]，郭双林的《晚清外国"探险家"在华活动述论》[6]，王晓伦的《近代西方在中国东半部的地理探险及主要游记》[7]以及《试论游记创作与近代西方全球地理观形成和发展的关系》[8]与本文也有不同程度的关联。

2　西方人关注中国环境变化的背景

近代以来，西方人关注中国环境变化绝非偶然，这既与中国的自然环境特点有直接的关系，也受到了当时世界范围内保护森林和动植物资源运动的影响。

2.1　中国频繁的自然灾害

近代以来，随着人口的激增，南方山地的开发，土壤垦殖的强度加大，以及随之造成的植被尤其是森林的减少，再加上中国自身特殊的地理环境和气候类型，各种自然灾害尤其是水旱灾害之频繁达到空前的境地。几乎无年不灾，非涝即旱，动辄数省同时被灾，或者连续受灾。

2.2　西方人长期以来对世界古代文明中心衰落的关注

自从西方国家在全球建立殖民地以来，就开始关注一些古老文明中心的衰落，并试图对其原因作出解释。恩格斯曾有一段非常著名的论述："美索不达米亚、希腊、小亚细亚以及其他各地的居民，为了想得到耕地，把森林都砍完了，但是他们想不到，这些地方今天竟因此成为荒芜不毛之地……"[9]这是西方人关注古代文明与环境关系的典型代表。而 1955 年出版的《表土与人类文明》更是对近两个世纪以来西方人关注古代文明衰落与土地利用关系的总结性著述[10]。

2.3　西方农、林、水利、土壤等科学的传入

从 20 世纪初期，留学欧美学习农、林、土壤、水利等学科的留学生相继回国。同时，在应对一些重大自然灾害时，中国政府聘请外籍专家，这都使近代科学不断在国内生根发芽。如 1917 年直隶大水，就有水利工程师方维因、法国地理学家桑志华、英国科学家戴乐仁等或参与防水工程，或针对此次水灾提出救治的办法[11]。而与此同时，当时在中国学者的研究中，对西方借助实验科学研究农、林、水利、土壤等科学案例的

引用不遗余力。

2.4 保护天然纪念物运动在世界范围内的兴起

"天然纪念物"这一概念最初由德国博物学家洪堡（A. Humboldt，1769—1859）于19世纪初提出，开始主要针对有价值的动植物，后来逐渐发展成为包括动植物、矿物以及风景名胜等在内的一个概念[12]。

1920年，太平洋沿岸的多个国家和地区联合创办太平洋科学会议，更于1926年成立永久组织太平洋科学协会，其目的之一就是联合太平洋沿岸国家共同保护和开发该地区的自然资源。早在第二次澳洲会议时，议决案第六项即为太平洋物产的保护[13]。而第三次东京会议"正式讨论外，复议定保护太平洋沿岸天然纪念物，及防御病虫害等办法，实为此次会议之大成功，亦太平洋沿岸诸民族之大福音也"[14]。此次会议的东道主日本方面对此项工作更是不遗余力，内务省设立专门机构——天然纪念物保存委员会负责该项工作，由东京帝国大学退休的植物学教授三好学博士主持[15]。显而易见，当时在欧美国家以及日本，政府和学者对保存资源事业非常重视。

虽然中国学者直到1926年才开始正式参加该会议，但是早在1912年，就有国内学者撰文，译介日本三好学博士（Dr. Manabu Miyoshi）所著的《天然纪念物之保存》，介绍德、美等国在保护天然纪念物方面采取的各种措施[16]。此后章锡琛又发表了《欧美天然纪念物之保护》《动植物之保存》等文章，介绍普鲁士保存天然纪念物中央委员会会长康文之博士、日本三好学博士在各自国家开展的资源保护工作。而在成为太平洋科学协会正式会员国后，中国学者积极参加到这项工作中去，著名林学家凌道扬（1887—1993）还在第五次太平洋科学会议上被推为森林资源组委员会主席，主持调查太平洋沿岸国家森林资源。而国民政府中央保管古物委员会于1935年翻译了德国H. Jungmann博士所著的《德国保护纪念物立法概观》，系统介绍了德国通过立法保护纪念物的发展过程[17]。可以说，保护天然纪念物运动的兴起既是来华西方人关注中国环境变化的背景，也是其相关记述得到国内学者关注和传播的内在动力。

3 文本及其传播

有关中国环境变化的内容或出现在西方人记录在华游历行程的游记中，或以考察报告的形式发表。同时，由于当时摄影技术的发展，大量记录中国自然环境的照片也成为不可忽视的内容。这些文本或在西方国家出版，或者在中国发行，然后由中国学者翻译成中文并向国内予以介绍。

3.1 文本的内容

英国植物学家福钧（Robert Fortune，1812—1880）曾关注到东南沿海省份土地裸露并遭受侵蚀；法国传教士谭卫道（Fr Jean Pierre Armand David，1826—1900）描述了中国北方地区森林破坏的现象；德国地理学家李希霍芬（Ferdinand von Richthofen，1833—1905）也有对其他省份类似情况的记载；而英文期刊 *Notes and Queries* 于 1869 年有如下评论："在像中国这样一个人口稠密、耕作发达的国度里，却只能找到一丁点残余的天然林，而这一丁点也是由于附近寺庙的保护才得以幸存。"法国传教士夏鸣雷（Henry Havret，1848—1901）记载了安徽省因太平天国起义造成森林大面积破坏；英国植物学家普当（William Purdom，1880—1921）有对中国北方沙漠南移趋势的记述："……永久缺乏森林，则北面之沙漠，恐难免有侵入之一日。尝游榆林时，见长城以南，水草俱绝，是即沙漠侵入之起点。苟有森林保存土质，微特不致成此现状，且必获利无算。"这一观点对当时的西方人产生了很大的影响，并被广泛传播和接受。而美国林学家 T. Cleveland 则描述了中国东部地区的荒山，雨水沿荒瘠的表土倾泻而下，冲进河谷，毁坏农田和村庄。由于无法涵蓄雨水，以致缺乏灌溉，农业无法进行生产[18]。美国人洛史（Ross）游历中国后，写下关于粤闽、西北各省山土因积久缺乏森林，土壤肥质被雨水冲去的文字。慨叹"继此以往，彼国膏腴大陆之美称，恐不可复得……大地之上，灾患由于森林之不讲，其迹之至显著，未有如中国之甚也"[19]。以上学者的记述并未产生较大的影响，而 20 世纪以来的多位西方学者，其相关著述对当时的中国政府和学者产生了广泛的影响。

供职于美国农业部的植物学家迈耶（Frank N. Meyer，1875—1918）于 1907 年 4 月 14 日在山西所拍摄的水土流失的照片"贫瘠的五台山"，被美国总统西奥多·罗斯福于 1908 年向国会演讲时用到，希望美国避免出现这样的问题[20]。

1912 年，记录美国克拉克探险队考察成果的《穿越陕甘》（*Through Shen-Kan*）一书在伦敦出版。由于对黄土高原腹地的气象、地貌、水文、植被、动物、城镇、商贸、人口、交通等内容进行了深入调查和记述，该书对沿途黄土地貌、黄土原面切割冲蚀、水土流失、野生动物以及植被状况有详细的观察描述，为后人认识和研究当时黄土高原地区的自然环境提供了一个轮廓。关于兰州，书中说："长期居住在这里的欧洲人指出，沙漠正在从北方缓慢而执着地侵袭而来，吞噬着所经过的乡野。关于这一状况的真实性已无可怀疑，如果不是因为有黄河，兰州必将不复存在。"[21]关于沙漠南侵这一观点，得到了当时许多在华西方人的认同和传播。值得注意的是，书中记载陕甘两省在回民起义和"丁戊奇荒"后因人口急剧减少，山地开垦活动减少乃至停顿，使得陕北与甘肃东部、晋陕山地林草植被得到一定程度恢复。这和现代研究中关于减少人为干扰，使植被自然恢复的科学理论是相符的。另外，陕北榆林府因鄂尔多斯沙漠不断南侵，沙丘往往高及城墙。考察队到达榆河堡时即从北城墙外沙堆上直接入城[3]。这样的描述可以说是对当时该地生态环境近于量化的记录。书中有关黄土高原自然环境的照片，后来被多次引用，如下文提到的《中国的森林和木材供应》一书，其许多图片都来自于本书。

著名生物学家周建人（1888—1984）于 1927 年将该书博物学节译，刊登在《自然界》杂志上。

1914 年，供职于中国海关的英国人肖（Norman Shaw）所著《中国的森林和木材供应》（*Chinese Forest Trees and Timber Supply*）一书在伦敦出版。此书主要是关于东北地区森林和木材贸易的简史以及对鸭绿江和松花江上木筏的描述，也有关于其他省份森林状况的简要描述。这本书实质上是对于多种书籍、游记以及官方报告的不加批判的汇编[22]。全书分两部分，共八章。其中第一部分第三章"中国森林问题"是作者对于中国森林资源破坏状况的详细记述。尽管这本书存在大量问题，但是其中有关森林破坏的内容还是引起了中国人的重视。1917 年，有学者在《科学》杂志上发表《中国无森林之惨苦》一文，记述自己在英国剑桥一书店看到《中国的森林和木材供应》一书，迅速购买并向国内予以介绍，并希望政府能够对森林实行有效的管理[23]。1927 年，国内学者杜其垚将该书第二章——森林概况的内容翻译成中文，在《自然界》上连载。

作为克拉克探险队的重要成员，博物学家索尔比（A. de C. Sowerby，1885—1954）于 1922 年定居上海，后创办了英文刊物《中国杂志》（*The China Journal*）[21]。该刊的目的在于"深化在中国的科学研究，鼓励中国文学和艺术的研究"[24]。索尔比本人为该刊物写了大量文章，其主题囊括了工程学、工商业述评，科学札记与评论，教育笔记、资讯、旅行和探险笔记等。其中有关中国自然环境的有《正在向华北逼近的沙漠》（*Approaching Desert Conditions in North China*）、《饥荒、洪水和愚蠢》（*Famine，Flood and Folly*）、《中国的悲哀》（*China's Sorrow*）、《中国的森林》（*Forestry in China*）、《中国、蒙古、西藏东部以及满洲的哺乳动物需要保护》（*Mammals of China，Mongolia，Eastern Tibet and Manchuria Requiring Protection*）等，论述中国北方地区因森林滥伐、植被破坏引起沙漠南侵、黄河泛滥、水灾频繁等问题，其若干配图就取自记录克拉克探险队成果的《穿越陕甘》一书。凭借着多年在中国生活、探险、游历和收集动物标本的经历，索尔比对很多问题总是一语中的。他多次提到了木兰围场遭到破坏。除此而外，《中国杂志》还刊登了一些西方人论述如东陵森林、围场森林被破坏，中国野生动物需要保护等问题的文章，如《中国渔业的保护和发展》《东陵的野生动物》[25]《中国的动物保护》《中国需要什么》《拯救中国的鸟类》《洞庭湖的白鳍豚》《山西省中南部植物考察初步报告》等。

于 1922—1927 年、1943 年先后两次来华的美籍林学家、水土保持专家罗德民（W. C. Lowdermilk，1888—1974）20 世纪 20 年代在晋、陕、豫、皖以及青岛等地进行土壤侵蚀考察和研究，先后写有《黄河流域的侵蚀和洪水》（1924）、《变化中的中国北方蒸发降水周期》（1924）、《一个林学家在中国的森林考察》（1925）、《山西的森林破坏和坡地侵蚀》（1926）、《影响暴雨径流的因子》（1926）、《林业在饱受侵蚀的中国》（1930）、《人造沙漠》（1935）、《五台山土地利用史》（1938）、《西北水土保持考察报告》（1943）等。他详细论述了相关地区因垦殖过度导致植被退化并引起水旱灾害的发生过程，并将人类文明和土壤侵蚀联系起来，认为其存在直接的关联，"文明的历史就是一部关于人类和耕作土地干燥化作斗争的记录"[26]。

德国林学家芬次尔（G. Fenzel，1896—1936）先后两次来华工作，曾在广东各地、海南岛、杭州等地考察森林，写有《中国森林问题》等文章，主要从荒地利用和经济发展需要两个方面来论述中国急需发展林业的必要性。他认为大量荒地的存在造成了土壤损坏、河底淤积，而这些灾害的源头都是毁坏森林。另外，发展工业亦需要木材，而中国因木材缺乏以致利权外溢，国家发展大受打击。解决这些问题的出路就是于荒地上广植森林，而政府必须担负起应当的职责。

3.2　文本的传播及影响

由于上述文本的内容多与农、林、水利、土壤学等相关，因此这些学科的国内学者既是以上记述的主要受众，也是其传播者。

近代早期关注中国环境变化的主要是传教士、植物学家等，大部分集中于对中国东部地区森林毁坏的描述，相关内容散见于一些游记中。对西部地区的关注中，李希霍芬将中国西北地区衰落归因于气候变化的观点引起了较大的反响。1878 年，《纽约时报》（*The New York Times*）曾在一篇报道中引用他的观点："根据李希霍芬男爵、卡尔内博士（Dr. Carne）以及其他等人的证据，中国北方省份在过去两个世纪里，已经经历了一次地球上已被开发和种植地区几乎没有与之相似的气候变化。"[27]这距离他完成在中国的地理考察时间不久，可见他的这一观点已经很快在美国传播开来。与李希霍芬类似，美国地理学家亨廷顿（E. Huntington，1876—1947）亦将中国西北地区的衰落归咎于不利的气候变化[28]。

但是有学者对此持不同观点，这些学者将中国西北地区的衰落归于人为引起的土壤侵蚀，认为"很明显，气候变化曾在过去发生并且仍在进行中。这样的变化随着土地运动的速度，在人类历史时期相对缓慢。而人口数量及其活动的快速增长，以及他们牧群的活动，能够产生与气候变化同等效果的干旱化"[26]。他们的直接证据来自对中国北方地区寺庙林地的考察。"我已在中国北方多次发现，庙宇林地就像绿翡翠一样点缀在难看的受到剥蚀的山上。这些树木数百年来被保护免遭斧斤和耕种破坏，以及山羊、绵羊的啃咬、踩踏。在他们清凉宜人的树荫下，这些树木在目前的季风气候和降水条件下自然更新。这些森林足以证明目前的气候能够支撑相似地区类似的植被。这样，中国北方植被的损失不是由于不断干旱造成的，而是伴随着土壤流失不断的干旱，造成了水分保持的缺乏。"[5]寺庙林地的存在的确有力地反驳了关于气候变化引起中国西北地区衰落的说法，也得到了中国学者的认同，如曾任国民政府立法委员的我国著名林学家、林业教育家姚传法（1893—1959）就曾说："西北退化之原因，西方工程师曾谓由于气候之突变，或谓由于北方沙漠之下移。然经过近年来欧美各国水利专家、森林专家研究考察之结果，方知西北退化之真正原因，在于水土不能保持，而水土之所以冲失，实由于森林之全不存在。"[29]

西奥多·罗斯福总统任期内（1901—1921），美国的森林正在以惊人的速度遭受破坏。总统的科学顾问吉福德·平肖（G. Pinchot，1865—1946）曾向罗斯福总统展示了一幅画，作于 15 世纪，是关于在中国北方一个有森林覆盖的山脚下美丽、人口稠密、灌溉良好的河谷。另有关于这个山谷的一张照片，摄于 1900 年。照片显示山上无树，河床干涸，来自山上的砾石和岩石覆盖了肥沃的河谷地。这个山谷已成为废墟。总统用这些照片向国会传达他的信息并促成了旨在保护林地的美国林业局的成立[26]。虽然无直接证据表明这些照片与迈耶所拍照片之间的关系，但是吉福德·平肖当时任美国农业部林业局局长，迈耶多次来华考察和收集植物标本、种子，正是受美国农业部所派。另据凌道扬所说："美国前森林局局长宾菊德氏曾派人到中国，将各省荒山凄凉之惨状，摄影携回美国，到处讲演，以戒国人。"[30]此处的宾菊德氏即上文提到的吉福德·平肖，由此推之，他给总统展示的照片当为迈耶从中国带回的。

1919 年，《纽约时报》发表了一篇题为《森林被宣布必须得到保护——吸取中国的教训》的报道。报道称"砍伐森林的结果，就如已经在像中国这样的国家所发生的那样，是一件众所周知的事情……当一个国家的森林资源被大多数人视为用之不竭的时候。毫无疑问，从前，这肯定是指中国的森林……'无树的中国'正被美国森林学会视为一个警告，希望激发普通公民关心和斗争的精神，因此森林财富将被视作国家的资产得到保护，无论是出于商业上还是它的气候效应"。[31]很显然，中国当时是被美国作为毁林的反面教材而宣传的，可以想见当时中国破坏森林引起环境灾难的程度。

在美国康奈尔大学获得林学硕士学位、时任清华学校校长的我国著名林学家金邦正（1886—1946），曾发表《美国前总统罗斯福在美国两院演说中国森林情形》一文，向国人介绍美国总统在国会的演讲，以期引起社会的重视[2]。

受到罗德民关于中国数省土壤严重侵蚀状况考察报告的影响，国民政府行政院于1930 年公布《堤防造林及限制倾斜地垦殖办法》。这是"以森林防止灾荒之良好计划"[32]。罗德民于 1943 年在中国进行西北水土保持考察时，也曾说，"美国进行护林，基于中国森林砍伐事例为借镜，若于土壤冲刷严重情形之认识，更系得自于中国研究"[33]。

自从 1912 年《穿越陕甘》一书出版后，关于北方沙漠南侵的观点不断得到传播和强化。索尔比的《正在向华北逼近的沙漠》[34]和恩格莱德的《沙漠的起源长大和它的侵入华北》[35]直接继承和发展了上述观点，在当时的中国学者中引起了极大的震动，被多次翻译和转载，予以警示国人。1926 年地理学家蔡源明，在日本东京帝大看到《东洋学》杂志上日本早坂一郎（Ichiro Hayasaka，1891—1977）博士翻译的索尔比的文章后，将其转译为《我国北方各省将化为沙漠之倾向与实证》一文以告国人[36]。另外，杜其垚的《中国北方森林的缺乏与沙漠状况的侵入》[37]一文，土壤学家黄瑞采（1907—1998）的《中国北部森林之摧残与气候变为沙漠状况之关系》[38]均系对索尔比文章的译介。值得注意的是，这篇文章最初是以英文在中国发表的，但是中国学者最早竟然是在东京看到日本学者翻译的日文版后才发现的，发人深省。《沙漠的起源长大和它的侵入华北》一文的中文版最初见于生物学家周建人于1930年辑译出版的《进化和退化》一书中，亦于同年独立发表在《自然界》杂志上。《进化和退化》一书收录了关于生物科学的文章8篇，周树人（1881—1936）在《进化和退化》小引中认为该书最重要的两篇之一即此文，"沙漠之逐渐南徙，营养之已难支持，都是中国人极重要，极切身的问题，倘不解决，所得的将是一个灭亡的结局。可以解中国古史难以探索的原因，可以破中国人最能耐苦的谬说，还不过是副次的收获罢了。林木伐尽，水泽湮枯，将来的一滴水，将和血液等价，倘这事能为现在和将来的青年所记忆，那么，这书所得的酬报，也就非常之大了"。[39]

1932年，穆懿尔（Raymond T. Moyer）发表《华北的干旱》一文，对之前诸多西方学者的观点进行了综合，并结合有关灾荒和气候的记载，认为森林消失是加剧的干旱的结果，而森林破坏又是干旱加剧的原因[40]。

罗德民的一些文章也被翻译成中文并在国内学者中引起反响，如水土保持学家任承统（1898—1973）翻译的《山西森林之滥伐与山坡土层之剥蚀》、黄瑞采的《森林植物与固障土砂及水源涵养之关系》《淮河上游之现状》《水土保持之重要：历史上各国给我们的几个教训》、林学家李顺卿翻译的《分工合作与土地利用》、黄瑞采与原绍贤合译的《渭北灌溉事业之今昔》等文，均是对罗氏相关记述的介绍。值得注意的是，罗氏在其文章中也多次引用索尔比、肖的观点。

保护动植物方面，索尔比的《论中国猎物急宜保存之理由及方法》由甘作霖翻译并于1914年发表在《东方杂志》上，《山西的气候和植物分布状况》由周建人翻译后发表在《自然界》杂志上。芬次尔的《中国森林问题》一文由其助手齐敬鑫（1900—1973）翻译后于1929年发表在《东方杂志》上。

可以看出，来华西方人关于中国环境变化的记述首先引起了诸如美国等国家的重视，推动了一些国家的保护森林运动。同时，中国政府和学者从中对本国的环境有了更深刻的认识，促使政府采取了一些防止垦殖过度的措施，而学者们也不遗余力地呼吁造林护林，通过发展林业来救国。

凌道扬曾说自己在美国留学时，"外人每引中国山陵荒废之害，为彼国人之戒"，"开会演讲辄曰：中国某省某省某某山如此如此，国遂因贫而弱，民遂被灾而苦，有如今日，可不惧哉!? 可不惧哉!? 余目见之，耳闻之，余心碎矣！"他曾专门就"外人对于中国森林缺乏之评论"作了整理，包括德国森林专家赫司（Hass），英国那孟硕

（Norman Shaw），美国希菲斯（Sherfesee，亦作佘佛西）、威尔逊（Wilson）、格非冷（Cleveland）、堪伯（Campbell）、洛史（Ross）、普当（Purdom）等人对于中国乱砍滥伐、不讲林业以致灾害频发、沙漠南侵状况的担忧和警示[18]。

4 结语

环境变化是近代来华西方人关注中国的一个重要方面。这既与当时中国自然资源损耗严重，以致水旱灾害频发有直接关系，也是西方人在近代自然科学不断取得进步的背景下必然会作出的反应，更是他们长期以来关注世界古代文明中心衰落原因并以此为鉴的一部分。翻译是有关文本在中国得到传播的主要方式，农、林、土壤、水利学家等既是主要受众，也是主要传播者。由于这些文本将一种严峻的形势呈现在中国学者的面前，并且西方学者关于中国无林少林、不讲林业、不知保护天产以致灾害频发的观点，引起了志在通过林业救国的中国学者思想上的共鸣，因此在推动中国积极开展造林防灾、防止土壤侵蚀等方面具有重要的作用。

参考文献

[1] 朱宗元. 十八世纪以来欧美学者对我国西北地区的地理环境考察研究 [J]. 干旱区资源与环境，1999，13（3）：54-64.

[2] 罗桂环. 20世纪上半叶西方学者对我国水土保持的促进 [J]. 中国水土保持科学，2003，1（3）：106-110.

[3] 史红帅. 1908—1909年克拉克探险队在黄土高原地区的考察——基于《穿越陕甘》的探讨 [J]. 中国历史地理论丛，2008，23（4）：129-141，148.

[4] 杨曾威. 近世西洋学者对于西藏地学之探察 [J]. 清华周刊，1930，33（11）：25-38.

[5] 徐近之. 青康藏高原及毗连地区西文文献目录 [M]. 北京：科学出版社，1958.

[6] 郭双林. 晚清外国"探险家"在华活动述论 [J]. 北京社会科学，1999（4）：111-117.

[7] 王晓伦. 近代西方在中国东半部的地理探险及主要游记 [J]. 人文地理，2001（1）：45-50.

[8] 王晓伦. 试论游记创作与近代西方全球地理观形成和发展的关系 [J]. 华东师范大学学报（哲学社会科学版），2000（1）：11-25.

[9] 恩格斯. 马克思恩格斯全集第20卷自然辩证法 [M]. 北京：人民出版社，2009：519.

[10] DALE T，CARTER V G. Topsoil and Civilization [M]. Oklahoma：University of Oklahoma Press，1955.

[11] 凌道扬. 水灾根本救治方法 [J]. 江苏省农学会报，1918（1）：9-22.

[12] 三好学. 欧美天然纪念物之保护 [J]. 章锡琛译. 东方杂志，1915，12（4）：8-10.

[13] 任鸿隽. 泛太平洋学术会议的回顾 [J]. 科学，1927，12（4）：455-464.

[14] 魏嵒寿. 第三届泛太平洋学术会议 [J]. 科学，1927，12（4）：544-549.

[15] 胡先骕. 应该设立保护天然纪念物的机构 [J]. 科学通报，1957（9）：288.

［16］缩章. 天然纪念物之保存［J］. 进步，1912（3）：1-7.

［17］UNGMNN D H. 德国保护纪念物立法概观［J］. 中央保管古物委员会译. 舆论辑要，1935，3（8）：23-26.

［18］SHAW N. Chinese Forest Trees and Timber Supply［M］. London：T Fisher Unwin，1914：15-22，175.

［19］凌道扬. 凌道扬全集［M］. 香港：公元出版有限公司，2009：25-27.

［20］CUNNINGHAM I S，FRANK N Meyer. Plant Hunter in Asia［M］. Iowa：The Iowa Univ. Press，1984：28.

［21］克拉克，等. 穿越陕甘［M］. 史红帅译. 上海：上海科学技术文献出版社，2010：70，258-270.

［22］Forestry and Trees［J］. Nature，1915，95（2386）：556-557.

［23］飒. 中国无森林之惨苦［J］. 科学，1917，3（5）：608-610.

［24］Inception and Aims of the China Journal of Science and Arts［J］. The China Journal of Science and Arts，1923，1（1）：1-3.

［25］WILDER G D. Wild Life Today in the Eastern Tombs Forest［J］. China Journal of Science and Arts，1925，3（5）：276-282.

［26］LOWDERMILK W C. Man-made Deserts［J］. Pacific Affairs，1935，8（4）：409-414.

［27］Seventy Million Starving—The Famine in Northern China［N］. The New York Times，1878-02-24.

［28］LOWDERMILK W C. Forestry and Erosion in China，1922-1927［J］. Forestry History，1972，16（1）：4-15.

［29］姚传法. 森林与建国［J］. 林学杂志，1943（10）：1-11.

［30］凌道扬. 森林与国家之关系［J］. 新民报，1916，3（10）：15-17.

［31］Declares Forests Must Be Conserved，Draws Lesson from China［N］. The New York Times，1919-10-12.

［32］陈嵘. 中国森林史料［M］. 北京：中国林业出版社，1983：113-114.

［33］罗德民. 行政院顾问罗德民考察西北水土保持初步报告［J］. 行政院水利委员会月刊，1944，1（4）：36-48.

［34］SOWERBY A. Approaching desert conditions in North China［J］. China Journal of Science and Arts，1924，2（3）：199-203.

［35］ENGLAENDER A L. The origin and growth of deserts and the encroachment of the desert on North-China［J］. 皇家亚洲文会北华支会会刊，1928（30）：204-226.

［36］蔡源明. 我国北方各省将化为沙漠之倾向与实证［J］. 东方杂志，1926，23（15）：91-94.

［37］杜其垚. 中国北方森林的缺乏与沙漠状况的侵入［J］. 自然界，1926（8）：692-696.

［38］黄瑞采. 中国北部森林之摧残与气候变为沙漠状况之关系［J］. 江苏月报，1935（4）：25-31.

［39］周建人. 进化和退化［M］. 上海：光华书局，1930：10.

［40］MOYER A T. The Aridity of North China［J］. 皇家亚洲文会北华支会会刊，1931（32）：359-380.

  刘烨昕 1987 年生，北京人。助理研究员，研究方向为医学史。2011 年毕业于英国诺桑比亚大学。同年 3 月开始在中国科学院自然科学史研究所实习，8 月正式入职。目前发表的论著有：《顾临与中国近代医学教育》《兰安生来华初期的公共卫生教育活动（1921—1923）》等。

兰安生来华初期的公共卫生教育活动
（1921—1923）

□ 刘烨昕

公共卫生属于医学与卫生范畴，旨在预防疾病、促进健康，主要涵盖流行病学、卫生学、生物统计学、社会医学等领域。现代公共卫生起源于英国，在工业化进程中诞生。英国于 1834 年通过《贫穷法修订法案》，规定由中央政府设立专门机构对穷人的健康和社会福利负责任。这标志着政府主导的有组织的现代公共卫生时期的开始。19 世纪后半叶，微生物学、寄生虫学、细菌学、免疫学等科学的发展促进了公共卫生事业的进步。

19 世纪后半叶以降，西方人开始在中国通商口岸地区，特别是在上海、天津等地开展现代医学与公共卫生活动。美国洛克菲勒基金会（Rockefeller Foundation，RF）在创建初期就致力于在中国发展现代医学和公共卫生事业，资助建立了北京协和医学院（Peking Union Medical College，PUMC）。迄今，国内外学者对北京协和医学院的历史做了许多研究，其中也介绍了协和医学院教师兰安生（John B. Grant，1980—1962）开展的公共卫生教学与实践。[①] 近年来，越来越多的学者开始关注兰安生在华开拓的公共卫生事业，着重阐述他创建的北京第一卫生事务所和开展的乡村卫生工作等医学活动。[②] 兰安生推行的防治相结合的公共卫生教学模式，于 20 世纪 30 年代在一定程度上被美国

---

* 原载《东亚人文》2015 年卷，第 205—208 页。

① 下列著作中有部分章节涉及兰安生在华开展的公共卫生活动：玛丽·布洛克（Mary Bullock）著，张力军、魏柯玲译：《洛克菲勒基金会与协和模式》，中国协和医科大学出版社，2014 年；玛丽·布洛克（Mary Bullock）著，韩邦凯、魏柯玲译：《油王：洛克菲勒在中国》，中国协和医科大学出版社，2014 年；约翰·鲍尔斯（John Bowers）著，蒋育红、张麟、吴东译：《中国宫殿里的西方医学》，中国协和医科大学出版社，2014 年；蠡之：《协和医脉》，中国协和医科大学出版社，2014 年；马秋莎：《改变中国》，广西师范大学出版社，2013 年等。

② 王勇：《兰安生与中国近代公共卫生》，《南京医科大学学报》（社会科学版）2013 年第 1 期，第 13—17 页；Liping Bu：*John B. Grant and Public Health in China*，Rockefeller Archive Center Research Reports Online，2012；Liping Bu：*Beijing First Health Station：Innovative public health education and influence on China's health profession*，in：Liping Bu，Darwin Stapleton，and Ka – che Yip（eds.），*Science，Public Health and the State in Modern Asia*，Routledge，2012；Socrates Litsios：*John Black Grant：A 20ᵗʰ-Century Public Health Giant*，Perspectives in Biology and Medicine，2011，54：4，pp. 532 –549；Shawn X. Foster：*John Black Grant's Public Health Effort in China，1918 – 1937*，Rockefeller Archive Center Research Reports Online，2010；张永刚、杨红星：《近代视野下的定县卫生实验区》，《历史教学》2008 年第 6 期，第 24—28 页；刘中龙：《北平第一示范卫生区公共卫生模式的初步探讨》，硕士论文，复旦大学，2007 年；Annette B. Ramirez de Arellano：*Adaptive Planning：The Work of Dr. John B. Grant in Three Settings*，Rockefeller Archive Center Research Reports Online，2003.

的约翰·霍普金斯大学和哈佛大学所借鉴，而他与其学生极力倡导的乡村卫生工作模式
也被介绍到世界各地，为各国所效仿。本文主要探讨在兰安生创建公共卫生系之前做了
哪些公共卫生教育工作，以期对前人的工作有所补足。

1　20 世纪初期中国的公共卫生及其教育

自古以来，中国人普遍认为保持健康是个人的责任，医书中多录有具保健功效的养
生方和导引术。面对传染病的流行，政府做的主要工作是医药救济、赈灾防疫和疫后收
埋尸体。在环境卫生方面，政府也通过排除污水、清洁水源、清扫街道、清理粪便等措
施管理城市卫生。然而，随着工业革命的到来，西方国家逐渐将自来水系统、抽水马桶
等技术手段应用于卫生管理，并通过立法来管理城市环境和食品卫生等方面。中国的卫
生环境与西方之间差距愈发显著。

1900 年义和团运动之后，清朝决心改革政府体制，实行"新政"。1905 年，清政府
于巡警部警保司内设卫生科，这是我国政府首次设立公共卫生管理机构。卫生科职责包
括考核医学堂设置、医师监管、管理清道、防疫、计划及审定一切卫生、保健章程。
1906 年，清政府将巡警部改为民政部，将卫生科升为卫生司，卫生司下设保健、检疫
和方术三科。辛亥革命后，中华民国政府按照《中华民国临时政府中央行政各部及其权
限法》在内务（政）部下设卫生司。

肺鼠疫于 1910 年由俄罗斯传播到中国东北地区，此事对中国公共卫生事业影响颇
为明显。在伍连德主持下，这场鼠疫在 1911 年基本被扑灭。为持续开展防疫工作，
1912 年 9 月 27 日，北洋政府外交部正式函电黑龙江省都督府，要求在哈尔滨设立东三
省防疫事务总管理处（Manchurian Plague Prevention Service）①，由伍连德任处长兼总医
官。该处隶属外交部，旨在研究、防治东三省爆发的鼠疫疫情。1919 年，北洋政府内
政部正式建立永久性的防疫机构——中央防疫处（Central Epidemic Prevention Bu-
reau）②，其主要职责是从事细菌学研究、血清疫苗制造和指导全国防疫工作。这是我国
第一个国家卫生防疫和血清疫苗生产研究的专门机构。

19 世纪后半叶，在华的不同教会团体与传教士医师数量渐多，不同教会之间缺乏
合作，传教士医师多分散在各地，亟需建立沟通的渠道。在美国圣公会传教医师文恒理
（Henry William Boone）倡导下，中国博医会（China Medical Missionary Association）于
1887 年在上海成立，成立初期只有 30 名会员，至 1913 年会员增到 500 多人。它于 1915

---

①　"东三省防疫事务总管理处"建立初期名为"北满防疫事务管理处"（North Manchurian Plague Prevention
Service），后于 1916 年更名。东三省防疫事务总管理处是当时颇具规模与实力的研究机构。该处主要技术人员多为
早年留学国外的南方人，并聘有德国、奥地利、俄国医学专家参与工作。

②　中央防疫处下设三个科，人员编制为 63 人，北洋政府内政部卫生司司长刘道仁兼任中央防疫处处长。

年建立公共卫生委员会，积极开展公共卫生的宣传与教育。同样在辛亥革命后，接受西医教育的中国医师也开始筹办自己的西医学术团体。1914 年，颜福庆、俞凤宾、伍连德、刁信德等 21 位医师借出席中国博医会年会之机，于 1915 年 2 月 5 日在上海宣布中华医学会（National Medical Association of China）成立，选举颜福庆为会长，伍连德为书记。成立时共有会员 232 名，会址定在上海。中华医学会下设一个专门的公共卫生分部①，由颜福庆、伍连德和刁信德三人负责。

1916 年 3 月，中国博医会联合中华医学会和中华基督教青年会全国协会（The Young Men's Christian Association of China），共同发起成立中华公共卫生教育联合会（Joint Council on Public Health Education）②，由当时在华著名的公共卫生传播者毕德辉（William W. Peter）任总干事，胡宣明③任副总干事。该协会通过举办卫生展览、报纸宣传、讲演等形式，向大众普及公共卫生知识。北洋政府教育总长范源濂对这个协会的公共卫生宣传手册给予了肯定。政府相关教育部门表示要订购这些小册子，以期在全国普及。

1921 年秋，胡宣明领导成立了中国卫生会（National Health Association of China）。它试图代表政府协调全国的公共卫生力量，经常联手中华公共卫生教育联合会，在不同地区开展公共卫生讲座和散发健康宣传册等活动，以唤起大众对公共卫生的关注。一旦某个地区发生疫情，他们就将大量的宣传材料带到疫区，进行大规模的公共卫生宣传，吸引了了当地的大批公众。

2 洛克菲勒基金会在华拓展公共卫生事业

美国标准石油公司总裁洛克菲勒（John D. Rockefeller，1839—1937）在资助慈善事业方面享有盛名。在弗里德里克·盖茨（Frederick T. Gates）的策划下，洛克菲勒于 1890 年资助建立芝加哥大学（The University of Chicago），1901 年资助建立美国第一个医学研究中心——洛克菲勒医学研究所（Rockefeller Institute for Medical Research）④。1905 年 1 月，盖茨曾敦促洛克菲勒将目光转向远东。在盖茨勾画的蓝图中，中国是洛克菲勒慈善事业走向国际、成为国际性慈善组织的重要一步。

---

① 该公共卫生部在 1920 年改为卫生教育委员会。

② 稍后，中华基督教女青年会全国协会（The Young Women's Christian Association of China）、中国基督教教育会（China Christian Educational Association）等也加入到中华公共卫生教育联合会。该会下设总务组、编辑组、婴儿卫生组、学校卫生组、社会卫生组、牙齿卫生组。于 1922 年更名为中华卫生教育会（China Council on Health Education）。1930 年，国民政府已设立卫生部，该董事会认为提倡公共卫生的目的已达到，决议解散此协会。

③ 胡宣明（？—1965），公共卫生专家。曾在上海圣约翰大学、清华学堂读书。在庚款资助下，赴美先后就读于约翰·霍普金斯大学医学专业和哈佛大学公共卫生专业。

④ 洛克菲勒医学研究所是如今洛克菲勒大学（Rockefeller University）的前身。

1913 年 5 月 14 日洛克菲勒基金会在美国纽约州注册成立。它以在全世界推动人类的福祉为己任，致力于推动现代医学及公共卫生在全球的传播与发展。基金会建立之初就对远东地区极为关注，并对中国兴趣尤为浓厚。第二年年初，基金会召开了为期两天的"中国会议"，与会人员一致同意医学教育应该是洛克菲勒基金会最适当的援华项目。因此，基金会于 1914 年 3 月特别派遣"医学考察团"全面考察中国的卫生、医疗以及医学教育等情况。基于此次考察团的报告，洛克菲勒基金会成立了中华医学基金会（China Medical Board，CMB）①，负责北京协和医学院的资助和管理，培养现代医学人才。除此之外，洛克菲勒基金会中还有一个机构与中国的卫生事业息息相关——国际卫生基金会（International Health Board/Division，IHB/IHD）②。它致力于全球公共卫生的调查与建设，为中国公共卫生事业贡献良多。

中华医学基金会于 1915 年组织"第二次医学考察团"，主要针对如何在北京协和医学院开展教育等问题进行调研。1914 年和 1915 年两次考察报告均指出当时中国的社会环境不适宜开展大规模的公共卫生活动。③ 因此，中华医学基金会在初办协和医学院时未对公共卫生教育给予认真的考虑。1919 年洛克菲勒基金会主席乔治·文森特（George Vincent）亲自到中国考察之后，基金会才改变了看法，认为北京协和医学院应当成立公共卫生系。

1920 年，洛克菲勒基金会医学教育部负责人理查德·皮尔斯（Richard M. Pearce）被派往中国一年，参与北京协和医学院的管理。当年 11 月 11 日，皮尔斯在给文森特的信中建议北京协和医学院尽快开展卫生工作，提出了选择负责人的要求：

> 尽管纽约与这里（指北京）的相关人士普遍认为政府间合作发展卫生工作的时机尚不成熟，但我强烈认为我们有必要尽快为这最终的合作发展做好准备。卫生工作必须成为北京协和医学院的重要工作之一，负责这项工作的人必须至少花两年时间学习语言，并熟悉中国人的观点和中国的公共卫生问题。

同时，皮尔斯还希望该人选能够缓解协和医学院病理系的教学任务，开展必要的卫生学本科教学工作。

---

① 该机构原名"罗氏驻华医社"，于 1928 年独立，现名美国中华医学基金会有限责任公司，以下简称中华医学基金会。

② 国际卫生基金会曾三次易名。1913 年洛克菲勒基金会成立后，洛克菲勒卫生委员会并入基金会，命名为国际卫生委员会（International Health Commission）；1916 年，国际卫生委员会更名为国际卫生基金会（International Health Board）；1927 年，洛克菲勒基金会内部调整，国际卫生基金会再度更名为国际卫生部（International Health Division）。

③ 1914 年，第一次医学考察团的报告认为鉴于中国政府的态度以及人才的匮乏，大规模组织公共卫生及其相关工作的时机还不成熟。1915 年，第二次医学考察团的报告认为中国尚未有稳定有效的政府组织，缺乏高素质医师，总体环境恶劣，难以开展行之有效的公共卫生工作。事实上，该报告甚至怀疑北京协和医学院是否有必要开展公共卫生课程。

皮尔斯发现协和医学院内科系的任务过重、压力过大。学校没有专门负责公共卫生的人员与机构，所有检疫工作、师生健康及学校众多雇员的卫生控制等事宜全部交由内科系管理，内科系的正常工作受到严重干扰。皮尔斯还认识到，北京协和医学院作为一个高层次的教研机构，应当在政府层面具有影响力。他认为如果医学院有一位负责公共卫生工作的教员，所有的问题就会迎刃而解。

当时，洛克菲勒基金会的国际卫生基金会在中国做了一些钩虫病调查与全面普查，也察觉到协和医学院开展公共卫生工作的重要性。1919 年 2 月，有人向国际卫生基金会主席罗时（Wickliffe Rose）申请职位时，罗时提供了几个选择，并建议："我们迫切需要有人去北京协和医学院开展公共卫生工作。"

3 兰安生来华

关于协和医学院公共卫生教授的人选，起初有不同的提名。其中，兰安生由中华医学基金会驻华主任顾临（Roger S. Greene）提名。1919 年文森特曾在萍乡煤矿见到过做钩虫病调查的兰安生，注意到此人有中国背景且能讲流利的中文。1920 年 12 月 17 日，他请美国科学医学领军人、兰安生的老师——约翰·霍普金斯大学（John Hopkins University）医学院的韦尔奇（William H. Welch）教授评估兰安生。韦尔奇对兰安生评价极高，认为他"能干、热情、勤奋，且管理能力比研究能力更为出色"，"熟悉中国国情，而且渴望在中国做出一番事业"。"这样的人十分适合去北京协和医学院发展，从这一点来看，该职位非兰安生莫属，无人能及。"至于有人认为兰安生做事有时缺乏精准且过于自信，韦尔奇认为这是年轻人没经验的缘故。1921 年 3 月 29 日，文森特致信罗时，希望兰安生能于第二年前往北京协和医学院，主持那里公共卫生系的筹建工作。罗时赞成这个意见。

1890 年，兰安生出生于宁波，在中国度过了童年。他的父亲是加拿大医学传教士，家庭环境使他从小就对中国的生活环境与病人有所了解。后来，他到加拿大就读阿卡迪亚高中与阿卡迪亚大学（Acadia University），1913 年考入密歇根大学医学院（Michigan Medical School）。1917 年毕业后，经密歇根大学维克多·万高（Victor Vaughan）教授推荐，他接受了国际卫生基金会远东代表海瑟尔（Victor G. Heiser）与国际卫生基金会主席罗时的面试，之后就职于国际卫生基金会。1917 年至 1920 年间，兰安生先后在美国北卡罗来纳州的皮特郡（Pitt County）、美国密西西比州、关岛、中国湖南萍乡煤矿、波多黎各和圣多明各调查钩虫病。从 1920 年下半年开始，他按照国际卫生基金会的安排，就读于约翰·霍普金斯大学公共卫生学院（John Hopkins School of Hygiene and Public Health），进修公共卫生，师从韦尔奇和亚瑟爵士（Sir Arthur Newsholme）。

1921 年 4 月 2 日，文森特致信兰安生，希望商议他第二年的工作去向。4 月 21 日，文森特等人与兰安生进行了商谈。兰安生表示非常希望留在美国完成学业。不过，由于北京协和医学院的一些教员感染上了传染病，他理解为协和医学院教职员工建立学院健康服务部（College Health Service）的重要意义，希望自己能够符合学院的要求。当时协和医学院并无聘任公共卫生教授的预算，因此，文森特建议兰安生的薪金由国际卫生基金会支付，认为兰安生也许可与中华医学基金会和国际卫生基金会保持一种双重关系。也就是说，做田野调查时，他向国际卫生基金会负责；在医学院工作时，他向中华医学基金会负责。除上述任务外，国际卫生基金会告知兰安生，中国的公共卫生事业当时几乎一片空白，他可以将北京作为立足点，未来可能找到发展公共卫生的契机。1921 年 8月，兰安生作为卫生与公共卫生副教授，从美国启程前往北京协和医学院工作。

4　鼓动官员重视现代公共卫生

兰安生了解中国国情，对政治时局敏感，知道政府的频繁更迭、软弱无力和资金匮乏都是制约公共卫生事业健康成长的关键因素。他通过与公共卫生人员接触，发现中国缺乏具有专业素养的公共卫生组织和人员，公共卫生事业步入了一条错误的道路。他对一些相关人员的观点和训练不足感到震惊，曾用中国谚语"坐井观天"来描述这些人眼界的狭隘。兰安生认为当时开展的公共卫生宣传工作虽然具有较强的视觉冲击力，但是缺少后续的措施和政府保障，这样的宣传不过昙花一现，不会产生真正的影响力。

然而，兰安生对在中国开展公共卫生事业还是比较乐观的。1922 年 3 月 25 日，他在写给亚瑟爵士的信中直言：

> 乍一看，中国国情使人绝望，许多对公共卫生感兴趣的中国人和致力于发展公共卫生的外国机构（例如我所代表的国际卫生基金会）都这样认为。……但是我发现，中国的教育事业与工业都在持续发展，虽然或许不像我们所期待的那样发展良好，但却在一直稳健地发展，这最终会带来光明。

早在萍乡煤矿做调查之后，兰安生就在思考，若在中国有效地开展公共卫生事业，就需要在全国开展公共卫生教育，重要的是培养管理者。1921 年来华后，他向上司海瑟尔建议由洛克菲勒基金会提供奖学金，资助中国学生赴美学习公共卫生，学习时间为1 ~ 2 年。这个建议得到顾临的支持。兰安生最终促成基金会在 1922 年至 1949 年期间为中国学生提供了 75 个赴美学习公共卫生的奖学金名额。

兰安生认识到，培养政要的公共卫生意识是非常必要的。他劝说洛克菲勒基金会抓住中国政府要员访美之机，对他们施加影响。1922 年，兰安生积极鼓动韦尔奇教授，请他力促中国外交总长颜惠庆、驻美公使施肇基访问约翰·霍普金斯大学公共卫生学院一事。兰安生认为这样直观的教育更加简单容易，效果更好。范源濂教育总长也于

1922 年访问美国。兰安生建议，如果范先生此行时间充裕，基金会最好能向其展示诸如纽约市的公共卫生活动以及学校开展的卫生教育工作，再花一到两天时间请他参观一下霍普金斯大学和哈佛大学，让范先生对公共卫生能有一个直观认识。这样一来，待范先生回到中国，自己再呈递教育卫生学的有关方案时，会更加容易地获得他的肯定，而不再仅仅是礼节性的支持。

显然，兰安生如此看重让官员做一次简单的参观，不仅着眼于提高官员的公共卫生意识，而是怀有明确的功利目的。他向上级海瑟尔耐心地解释到：

> 我们与其向那些受过不完善培训的医学人员提供出国考察一手情况的机会，不如将此机会提供给中华民国的高官政要们，向他们直观地展示那些他们未曾接触过的公共卫生活动……因为公共卫生活动的开展及其成功的可能性极大地取决于这些高官政要们的支持，但在中国，大多数情况下，这些政要们对公共卫生没有丝毫认识。就拿范先生访美来说，两周的时间可能会将其对公共卫生的认识从 0% 提高至 30%。但是对医科学生来说，即便是那些未达到专业水平的医科学生，他们通过阅读和其他一些经历，对公共卫生的认识基本上能够达到 50%，而这种出国考察的机会不让他们对公共卫生的理解提高至 70%，却会相应地减少他们对公共卫生的工作的热情和渴望。

这些政府官员归国后积极倡导西方医学与公共卫生。中国外交总长颜惠庆、驻美公使施肇基还于 1929 年 4 月成为北京协和医学院的董事会成员。顾临颇为欣赏兰安生的眼光和作为。他在给中华医学基金会副主任富路德（L. Carrington Goodrich）的一封信中曾写道为拥有兰安生这样一位员工感到欣慰和幸运。

5 培训师范教师与教育管理人员

兰安生希望尽快在协和医学院，乃至在全国开展公共卫生的教学工作，培养公共卫生专家。1921 年抵京不久，他就致信洛克菲勒基金会的梅尔（Ernst C. Meyer），希望帮助寻找并提供美国学校使用的卫生学标准教材。但是，兰安生并没有在中国直接开设公共卫生的一般课程。在一封给上司的信中他谈到自己的看法：

> 按照当下的环境，试图在中国开展此类课程是不明智的，因为缺乏实际参与教学的老师。毋庸置疑，在中国某些地方应当开展培训教师的一般课程，这是对预防医学的卓越贡献之一……并会为中国的教育系统带来更广泛的需求和更直接的应用。

美国培养公共卫生教师也只有四年多经验。培养合格的教员教授公共卫生是当时美国最紧迫的问题，兰安生认为这也是中国面临的严峻问题之一。兰安生在《公共卫生杂志》（*Journal of Public Health*）上看到豪尔（Howe）博士阐述了一份为期 3 年、共 180 学时的培养公共卫生教员的教学计划，其中特别提到了在纽约州师范学院（New York State College for Teachers）和奥斯威戈师范学院（Oswego Normal College）的教学工作。1922 年 1 月 4 日，兰安生致函梅尔先生，请求他设法找到豪尔博士提及的那门课程的详细大纲。显然，兰安生想借鉴美国的经验。

兰安生也倾向于在师范院校培养公共卫生教师，建议在国立东南大学师范学院（Teachers College of Southeastern University）开设卫生学与公共卫生课程，而并非北京协和医学院。兰安生认为这比在其他地方开展这一课程更为有效：

> 如果我们致力于培养一批教师，希望他们能够将卫生保健知识扩散并渗透到日常的教育之中，那么，唯一有效的方法就是在人们能够看到其发挥实际作用的地方开展这项教育。师范大学均配有实习学校，师范大学的学生可以在他们的实习学校介绍卫生保健方法。

在兰安生看来，中国公共卫生教育面临的另一个严峻挑战是要让教育工作者们认识到学校有必要传授教育卫生学。初到中国时，他看到师范学校的体育教师们训练有素，非常适合扩展自身的职责，乐于接受任何能扩大体育教育并延伸到社区卫生的提议。他试图与这些教师一同开展公共卫生活动。但是，随着活动的深入，教师们发现很难进一步拓展自己的工作。兰安生觉得，这是因为教育管理者尚未意识到这些活动的价值，因此，有必要为教育监管人员开一门专业课程，以期得到他们的支持与理解。于是，他在 1922 年 1 月 3 日向北京协和医学院校长胡恒德（Henry S. Houghton）提交了一份《试行公共卫生教学大纲》，并计划于同年 9 月开课。

为了编写《试行公共卫生教学大纲》，兰安生参考美国学校使用的资料，包括宾夕法尼亚教育局（Bureau of Education of Pennsylvania）于 1922 年春编成的大纲。他得知哈佛大学前不久开设了一门专门面向教育工作者的健康教育课程，就写信给基金会的梅尔先生，请他帮助在美国搜集该课程的详细教学大纲。梅尔又委托洛克菲勒基金会信息服务部主任威廉姆森（C. C. Williamson）帮助兰安生。威廉姆森联系到哈佛大学讲授这门课的特纳（C. E. Turner）博士[1]，特纳同意将教学大纲寄给兰安生。兰安生还多次求助威廉姆森先生，请他帮助寻找纽约州的卫生学教学大纲、各州教育部出版的卫生学教师手册以及美国出版的与公共卫生相关的文献资料等。当然，兰安生并未完全囿于美国的教学模式，他懂得教育卫生学要适应中国国情，并根据实际情况设计了课程的三部分内容，即健康与疾病、公共卫生科学和关于公共卫生教育的问题。

---

① 特纳博士（C. E. Turner）在麻省理工（M. I. T.）任职。

按照课程设计的初衷，该课程成功与否取决于每位学员在多大程度上在自己管辖的学校中推进公共卫生教学。兰安生将授课对象限定为受过西方训练并具较高学历的各地教育监管者，听课人数限制在 25 人之内，每期授课时间为一个月，每年一期。这门课以英文讲授预防医学与公共卫生的现状、公共卫生教学的理论与实践，并介绍医学与公共卫生领域的研究工作。通过培训，学员们能够了解公共卫生的基本原理，熟悉有关健康与疾病发生的生物学、解剖学、细菌学、寄生虫学和病理学的知识，树立现代教育学中的公共卫生理念以及公共卫生教育的必要性。

学员们在讨论中提出了许多建设性意见，并形成了一些决议，例如，他们决定在自己管辖的学校中开展学校卫生活动，并希望取得出版社的支持，从根本上停止不完善卫生学教材的使用。学员们还讨论如何能使教育卫生学本土化，如何基于国情来设计可行的教育卫生学。兰安生的这门课得到了协和医学院的支持，成为"协和特组补习班"的一部分，第二年在协和继续开办。①

6　设置大学公共卫生学课程

北京协和医学院遵照美国约翰·霍普金斯医学院的教学模式，采用八年制的教学制度。前三年是医学预科，第四年到第七年是本科生医学教育，最后一年为实习。在兰安生抵达协和医学院时，这里还没开设与公共卫生有关的课程。

洛克菲勒基金会派兰安生到协和医学院的直接任务是为教职员工建立学院健康服务部，而职称是公共卫生副教授。多年后，兰安生回忆道："我当时的位置有些尴尬，因为除了学院健康服务部，我没有其他任何职责。"1922 年初，兰安生及其上司海瑟尔都曾分别请求中华医学基金会驻华主任和协和医学院校长开设公共卫生系。顾临和胡恒德未采纳他们二人的建议，理由是此事未纳入学院预算。尽管如此，兰安生继续为协和医学院本科生开设公共卫生课一事不懈地努力。他考虑的是，学生们不知道毕业后将面对怎样的社会环境；如果毕业生想私人行医，那么他们将面对无公共卫生保障的社区。他希望让学生们在毕业之前就建立公共卫生的概念，且对国情有所认识。

1923 年，对兰安生来说是重要的一年。就在这一年 9 月，北京协和医学院开始按照他的构想首次为本科生开公共卫生课程。兰安生仔细分析了协和医学院培养公共卫生人才的优势和劣势：

> 在现有医学教学条件下，培养上述人才各有利也有弊。有利的是：在协和医学院，基础医学知识已在其他课程中讲授，因此，卫生学的学时能够得到更有效地利

---

①　协和特组补习班是协和医学院为已毕业的医士特设的补习班，分为 4 个课程，药物学班、外科班、妇产科班以及兰安生的公共卫生班。

用……不利的是：目前协和医学院的卫生学教学缺少临床机会，无法就社区疾病预防来展示公共卫生原则的应用。

公共卫生实践是卫生学教学发展的必然结果。兰安生以类比的方式做了阐释：

> 恰如治疗医学在发展过程中，讲授解剖学时没有标本，讲授产科学时不接触分娩是一样的。

兰安生为大学三年级和四年级学生设计了一套公共卫生学课程，旨在使学生们具备二十年后做全科医生应具备的素质，还能成为社区健康卫生的"医疗官"。这套课程有120学时，大三课程包括医学史、流行病学、公共卫生组织及其城市健康等6项内容，大四课程包括传染病控制、卫生中心活动、学校卫生以及公共卫生支出等16项内容。兰安生引入西方的城市健康基本原则与公共卫生制度，让学生们讨论如何建立适合国情的社区公共卫生管理方式，以保护人们的健康。他还开设公共卫生支出课[①]，强调根据当地经济实际情况制定社区卫生方案。他要求学生们在大三与大四之间的暑假中撰写一份关于某个城镇的公共卫生调查报告（占20学时）。通过调查，学生们实地了解国内的卫生环境，认识到健康是社区的责任，能为社区提出中肯的建议。

然而，兰安生曾一度感到沮丧，认为预防医学不能只限制在几门"僵死"的课上。他希望尽快建立公共卫生系及其实习机构，使学生们系统地掌握公共卫生学。在他和海瑟尔的努力下，协和医学院公共卫生系最终于1924年6月建成，其实习机构——京师警察厅试办公共卫生事务所[②]于1925年9月建立。1926年起，协和医学院要求全院所有学生到第一卫生事务所进行四周的实习。

按照兰安生的预防与治疗相结合、教学与实践相结合的思路，北京协和医学院成为中国公共卫生人才的培训基地。1924—1933年间学院有116名毕业生，其中公共卫生系毕业生数量排名第二，超越外科、妇科、儿科等科。这些毕业生中有20%进入了公共卫生领域，其中不少人，如姚寻源、李廷安、方颐积、陈志潜等，成为省、市级政府卫生管理人员[③]，在建设国家医疗保健体系与城乡卫生中心等方面发挥了重要作用。

7　结语

受洛克菲勒基金会下属中华医学基金会与国际卫生基金会的选派，兰安生来华投身

---

① 采访兰安生的索尔·贝森（Saul Benison）认为，美国直到1947年左右才开这门课。
② "京师警察厅试办公共卫生事务所"成立后，取得满意效果。1926年，卫生事务所的"试办"二字被拿掉。1928年，北京改为北平，且事务所由卫生部接管，其名称改为"北平特别市第一卫生区事务所"。目前，学者们多将这一机构统一称为"北京第一卫生事务所"。
③ 例如，陈志潜在定县公共卫生活动中，成功实践了农村三级医疗卫生保健体系。1928年国民政府建立卫生部，协和医学院校友作用突出，刘瑞恒校长出任卫生部次长。

发展中国的医学，特别是公共卫生事业。他提倡以"科学医学"（scientific medicine）为基础的现代公共卫生概念，使人们对公共卫生有新的认识，并且希望影响政府机构的重要人物，从上层推动公共卫生事业。他注重将西方公共卫生学与中国国情紧密结合，从两个方面展开工作，一方面在师范学校培养公共卫生教师，另一方面为教育监管者开办教育卫生学培训课程。

现代公共卫生事业通常需要政府支持，而20年代初中国没有一个稳定、有实力的政府。兰安生仍然相信，可以利用北京协和医学院的优势，开展公共卫生精英教育，促进公共卫生事业在中国的发展。他首先为协和医学院开设公共卫生学课程，后来创办中国第一个公共卫生系和卫生事务所，由此为现代公共卫生学科在中国的创建做出了重要贡献。

科技与社会

杜石然 1929 年生，吉林人。历任中国科学院自然科学史研究所助理研究员、副研究员、研究员（1960—1990）。日本东北大学客座教授（1990），日本佛教大学专任教授（1991—2001）。研究领域：中国数学史、中国科技通史、科学思想史、比较文化史。主要著作有：《数学·历史·社会》（数学史论著自选集）、《中国古代数学简史》（与李俨合署，有英译本）、《中国数学史》（钱宝琮主编，有日译本）、《中国科学技术史稿》（主编，有日译本）、《中国科学技术史·通史卷》（主编）等。长年以来还曾致力于多卷本《中国科学技术史》（卢嘉锡主编）的企划、立项、组织、编写等工作。

论元代科学技术和元代社会

□ 杜石然

    1206 年成吉思汗建立"大蒙古国",简称"大朝"。大蒙古国的第五代大汗忽必烈（1215—1294，1260 年即帝位）接受汉人刘秉忠建议，附会《易经·象传》中的"大哉乾元"，改国号为"元"。"元朝"也就是"大朝"。人们对元朝的时间涵盖有着不同的理解：一种是 1271 年以"元"为国号时算起到 1368 年覆亡为止，10 帝，不及百年；另一种是以成吉思汗 1206 年建国时起算到 1368 年覆亡，14 帝，162 年；第三种则是以蒙古灭金（1234）起算，即从开始入主中原时算起；当然如从南宋灭亡（1279）算起，其享国时间就更短了。元代科学技术的发展，如从政权的决策人来考量，关键人物乃是忽必烈汗，因此本文的时间主轴即是围绕着他来进行的。当他还没有即位尚为藩王时即已高度注意吸收汉文化，特别是当他于 1251 年受命总领"漠南汉地军国庶事"（《元史·世祖本纪一》）之后就更是如此。当然，北方辽金时代和金元之际的人文积淀以及南北文化的交汇等等，也拥起并且成就了元代传统科技发展顶峰的形成。

    正如当代元史专家陈高华先生所指出的："对于元代文化，历来评价不一。在相当长的时间内，除了元曲（这得力于王国维先生的研究）之外，元代社会黑暗、元代文化'衰敝'的看法，是颇为流行的。元朝君主多不习汉文化，元朝儒生地位极其低下，甚至有'九儒十丐'之说，是得出上述看法的重要论据。20 世纪下半期以来，随着中外学术界有关研究的不断深入，现在完全可以说，元代是继唐、宋之后我国文化发展的又一个高潮时期。在元代，文化的多数领域都有很好的成就，有些甚至超越了前代。"[1] 按陈先生的理解，科技并不属于其所界定的"窄义"的"文化"范围之内，而本文则拟对元代的科技发展也做一类似的探讨，并试图对元代科技发展的社会原因进行一些讨论。

1　元代堪称宋元时期中国传统科技发展高潮之顶峰

    元代在天文历法、数学、农学、医学、水利、地理，以及技术学科等诸多领域，均

---

* 原载《自然科学史研究》2007 年第 26 卷第 3 期，第 293—302 页。

取得令人注目的成就[2]。

首先让我们来观察元代的天文历法。元代天文历法的成就，集中体现在《授时历》（1280 年颁行）的编制工作之中。学术界公认：《授时历》乃是中国传统历法中最杰出的一部。它是由忽必烈的汉人智囊团领军人物刘秉忠所倡议，由其成员郭守敬（1231—1316）、王恂（1235—1281）具体操持下完成的。参加这一工作的还有同集团的张文谦、张易等人。《授时历》"不用'积年'，不用'日法'，创始用招差法来推算太阳、月球的运动速度，用弧矢割圆术来推算黄道经度和赤道经度、赤道纬度的关系"[3]。《授时历》的编制者们研制改创了观测仪器，从而"采用了一批经由实测而得的较准确的天文数据。该历法是中国古代最精良的历法"[4]。

其次在数学方面，元代有朱世杰所著《算学启蒙》（1299）和《四元玉鉴》（1303）两部杰出的著作。《四元玉鉴》继承并发展了当时在我国北方发展起来的设立、求解一元高次方程的"天元术"，以及设立、求解多元高次方程组的"四元术"，此外还在高阶等差级数求和等方面也都取得了世界数学史上较大的成就。《授时历》表明：这一高阶等差级数求和方面的数学成果，已经在历法计算中得到应用。而《算学启蒙》一书，简明扼要地讲述了从入门的运算知识直到一元高次方程解法等较高层次的数学知识。它除了是一部很好的启蒙性数学教材之外，还继承了当时在我国南方发展起来的商用算术、筹算的各种简捷算法等等。正如清代学者罗士琳所评论的，与宋元数学大家秦九韶、李冶相比，"汉卿（朱世杰）在宋元之间，与秦道古（九韶）、李仁卿（冶）可称鼎足而三，道古正负开方，仁卿天元如积，皆足上下千古，汉卿又兼包众有，充类尽量，神而明之，尤超越乎秦李之上"[5]。因此，"朱世杰的工作，在一定意义上讲，可以看作是宋元数学的代表，可以看作是古代筹算系统发展的顶峰"[6]。

另外同为传统数学宋元四大家之一的李冶（1192—1279）所著《测圆海镜》（1248）、《益古演段》（1259）两书，都是关于"天元术"的代表著作，而且都是在进入蒙元管辖之后发表的。李冶本人也曾作为学界名流数次接受过忽必烈的召见。

再次在农学方面，在宋元时期四大农书之中，元有其三。这四大农书是：

（1）陈旉（1076—?）的《陈旉农书》（1149），它是一部南宋农书。

（2）《农桑辑要》（1273），是元政府"大司农司"组织人力遍求古今农书编写的。该书"博采经史及诸子杂家，益以实验之法，考核详瞻，而一一切于实用，当时绝贵重之"[7]，是我国现存最早由政府编辑出版并在全国推行的一部农书。

（3）王祯编写的《王祯农书》（1313）。"全书包括《农桑通诀》、《农器图谱》和《谷谱》三个部分……《农桑通诀》……屡屡提到南北操作方法的异同，对于必须因地制宜、交流经验、再三致意，仍是言之有物。……《农器图谱》则是作者在传统农学上的突出贡献，在分量上，构成全书的基本组成部分，内容也极为精彩，在传统农学著述中，确可称空前绝后。"[8] "对后魏（《齐民要术》）以来中国南北精耕细作的优良传统经验进行新的总结。"[9]《农器图谱》中除各种农用器械之外还记录了各种利用水力的机械，甚至还包括有纺织机械。在元代，种棉和棉纺技术得到普及，《王祯农书》中的"黄道婆"就是元代棉纺技术发达的一位民间传奇人物。

（4）鲁明善（维吾尔族）所编《农桑衣食撮要》（1314），是一部月令体的农书，比较通俗，还包含有西北少数民族的一些农事活动情况。

在传统医学方面，则有金元四大家的出现。《四库全书总目·子部·医家类·前言》说："儒之门户分于宋，医之门户分于金元。"医学门户、流派的出现，极大地丰富了传统医学的发展。传统医学金元四大家是指：

（1）以刘完素（1110—1200，河间人）为代表的"寒凉派"。

（2）以张从正 [1156—1228，睢州（今兰考）人] 为代表的"攻下派"。

（3）以李杲 [1180—1251，真定（今正定）人] 为代表的"温补派"。

（4）以朱震亨（1281—1358，义乌人）为代表的"养阴派"。

其中张、李二人生活年代可归为金元之际而且都出自北方，而元人朱震亨则出身于统一后的南方，他"兼收并蓄刘完素、张从正、李杲三家之长，提出'阳常有余，阴常不足'的医学理论，并以'补养阴血'为主要治疗原则。撰有医学著作多种。……其说在明初影响很大，师从者众多"[10]。

元代的水利工程也很出色。天文历法学家郭守敬，同时也是一位杰出的水利学家。他曾出任过各种管理政府水利工程的官职，前后向元朝政府提出 20 多项水利工程的建议，治理了大小数百处河渠堤坝等工程，包括南北大运河北段的诸多工程。1291—1293年北京地区通惠河工程的设计与施工完成，可以被看成是郭守敬水利工程的杰出代表。通惠河工程从勘察、选线、闸坝、水门的布局设置都体现了科学性和实用性相结合的原则，是中国传统水利工程的杰出代表。现在的京杭大运河全长 1789 公里，沿途经过 18 个城市，就是以元运河为基础的。意大利人马可·波罗（Marco Polo，1254—1324）的《马可·波罗游记》，详细记载了他经过的运河城市。他说当时的北京城，繁华超过他在其他国家见到的城市，而杭州则是更加繁华的一个城市，令他感到十分震惊。

在地理志书方面的成就，在元代则可以举出《大元一统志》的编纂。《大元一统志》是元代官修各地方志的总志。至元三十一年（1294）开始至大德七年（1303）完成，前后历时 17 年，规模空前。书中按元代各路、州、县，分别记述了各地区的建制沿革、坊郭、乡镇、道里、山川、土产、风俗形势、古迹、官迹、人物、庙宇等门类。书中保存了大量宋、金、元时所修方志书中的大量史料。书中对元代各地的社会经济等人文状况，以及地理、地质、考古等有较多的记述。可惜，此书在明代即已散失，现存仅有后人的辑本。此外，朱思本绘制的《舆地图》、汪大渊的地理学专著《岛夷志略》等也都很有价值。

元代的各种技术学科也比较发达。例如，元代青花瓷器、航海技术、制盐业、兵器制造等都有超过前代的发展。特别是火器制造在南宋和金代已有成就基础上，铜炮（又作"火筒"）的铸造有更大的进步。现存至顺三年（1332）铸造的铜炮（藏中国历史博物馆），长35.3厘米，口径10.5厘米，重6.94公斤。和金代火炮以纸十六重为筒比起来，进步之大是很明显的。另一只至正十一年（1351）铸造的铜火铳长43.5厘米，口径3厘米，重4.75公斤，是一种用于射击的管状火器。前者很可能就是元末杨维桢所描写的"龙井炮"或"铜将军"之类。此外，元代还出现了折叠弩、叠盾等经过改进的武器。

2　元代传统科技发展顶峰的社会原因

从社会因素来看，我们认为辽金元时期北方文化中心的逐渐形成，以及元代政府决策人，特别是与忽必烈汗以及他身边汉人智囊团，与元代传统科技发展顶峰的形成有着十分重大的关系。

2.1　北方文化中心的逐渐形成

从10世纪起，在两宋续存的三百年间（960—1279），在中国的北部地区，陆续出现了少数民族所建立的辽（916—1125）、西夏（1038—1227）、金（1115—1234）等国家，最后还是由蒙古族所建立的元王朝统一了整个的南北中国，结束了南北长期对峙的局面。在南北之间民族、军事、政治长期的冲突、对抗、征服过程中，多民族文化的同化和融合也无时不在进行着。当金兵南下，北南宋交替之际，全国的文化中心，从表面上看，自关洛一线（以张载、二程为代表）南移至杭州（南宋都城临安）、福建（以朱熹为代表）一线。必须注意的是，在北方，由于辽、金、元诸王朝的连续出现，以河北、河南、山西、山东为中心的另一个文化中心逐渐形成，这不但为金元时期科学技术在北方的发展提供了经济、政治、文化氛围，以及人才培养等社会总体发展的平台，而且为北京将在其后的七八百年间持续成为全国的政治中心和首都奠定了基础。例如作为当时文化发展标志之一的出版印刷业：在山西（临汾等地）、河北（燕京）等地，都形成了可与南宋都城临安（杭州）、福建、四川相抗衡的印刷出版中心。佛藏、道藏以及经、史、子、集各个方面书籍，均多有所出版。冶金技术在北方也有所发展，辽金时期就有较发达的冶金业，元代仅燕南、燕北即有铁冶提举司十七所，煽炼户三万余户（元·王恽《秋涧集》卷九〇《省罢冶铁户》）。

两宋时期在北方首先出现的强大国家是由契丹族的贵族所建的辽（916—1125）。辽最盛时的疆域东临日本海，西至天山，朝贡国有六十余个，与北宋对峙的西夏一时亦向辽称藩。辽亡于金的前一年，辽一部分贵族西迁，建立了西辽国（即"哈剌契丹"，"哈剌"是黑色之意）。西辽国在加强中世纪的东西文化交流方面，在历史上曾起过积极的作用。[11]

西夏是党项族贵所族建立的国家，以宁夏的银川为国都。

金是女真族所建立的国家。女真族世居中国的东北地区，活跃于白山黑水之间。12世纪初灭辽和西夏，进兵中原，使北宋覆亡（1127），在北方广大地区享国一百余年，现今的北京当时是金的中都。

元朝是蒙古族所建立的国家。蒙古族本来散居在鄂嫩、克鲁伦、土拉等三条河流上游，即今蒙古人民共和国肯特山以东一带的地方。自元太祖成吉思汗时起，四出征战，除了本民族内部的统一之外，还进入到长城以南的广大中原地区以及中国以西的西亚、中亚、西南亚，甚至跨过亚洲大陆西端而进入到欧洲。在中国，成吉思汗的后继者们，元太宗窝阔台于 1234 年灭金，元世祖忽必烈于 1279 年灭掉南宋，完成了全中国的统一。

元代是我国历史上对内对外都比较开放的时期，多种宗教共存并且能够包容各种思想。中国人可以走出去，外国人也可以走进来。元代也是我国统一的多民族国家形成的重要时期（虽然其过程经历了太多的杀戮和民族压迫）。从 1271 年成吉思汗的孙子忽必烈定国号为大元到 1368 年明朝建立，不过百年时间，强悍、质朴的草原文化（游牧文化）与成熟、丰富的中原文化（农耕文化）相互碰撞、融合，虽常有民族压迫、民族歧视的痛苦相伴，但在历史上却也是特色独具，为中华民族的文化史融汇了许多新鲜的篇章。

西夏、辽、金、元等政权都是由来自北方的骑马民族所创造，可以说他们都是得天下于马背之上，一统天下于战乱之中。但是正如元世祖身边汉人智囊团代表人物之一的刘秉忠所说："以马上取天下，不可以马上治。"[12] 在那个时候谈论"治"，说穿了，都离不开"汉化"一途。随着他们对汉族地区的征服，征服者本身立即被征服者的较高文化所同化，而且是迅速的汉化。其程度之快，在中国历史上是罕见的。金的太祖、太宗是如此，元世祖忽必烈更是如此。

忽必烈早在他尚为藩王时，即对汉人儒生比较亲近。《元史·世祖本纪》中记有："岁甲辰（1244），帝在潜邸，思大有为于天下，延藩邸旧臣及四方文学之士，问以治道"，在这些人之中就有刘秉忠、赵璧、王鹗等人。其后，姚枢、窦默、许衡等汉人儒士也相互援引纷纷加入。忽必烈在"南征"、"避祸"（蒙哥汗曾怀疑其有野心）、"靖难"（与其弟弟争夺皇位）、"登基"等一系列关键时刻，无一不是因为采纳了汉族儒士的正当建言而获得成功。1260 年，忽必烈称帝于开平，汉族谋士，特别是刘秉忠，出力尤多。无论是典章、制度、开国国号、都城兴建、官制章服、朝仪礼制，均肇自这位亦儒亦释亦道的汉族文士。为了以儒治国的政治方针得到贯彻和延续，忽必烈还要求其独生子真金也接受儒学教育。忽必烈在灭金、亡宋以及"立储"等方方面面，所依靠的都是这一汉儒智囊团。

2.2 忽必烈身边的汉人智囊团——紫金山集团

在元代初起，即元世祖忽必烈尚为藩王时，忽必烈的身边就曾经存在过如上所述以刘秉忠为首，包括张文谦（1217—1283）、郝经（1223—1275）、姚枢（1201—1278）、许衡（1209—1281）、窦默（1196—1280）、郭守敬（1231—1316）和王恂（1235—1281）等人为中心的汉人智囊。元代的科学和技术得以持续地发展，也大都得力于这个智囊团。这个智囊团的中心人物是刘秉忠。刘秉忠出仕之前曾在河北紫金山（邢台市西南65公里）隐居讲学，创立了紫金山书院，上述人物大都跟随他在书院中学习过。

刘秉忠（1216—1274），邢州（河北邢台）人。他先入全真教，后又出家为僧，法号子聪，自号藏春散人，隐居紫金山中躲避战乱。他广学博览，潜心研究，博鉴儒、释、道三家，史称他"凿开三室，混为一家"[13]。此外，他还精通天文、历法、水利、算学等等。他创建紫金山书院，弟子中有张文谦、王恂、张易、郭守敬诸人，皆为元代著名学者。刘秉忠于1242年受到北方禅宗临济宗领袖海云的推荐，进入忽必烈王府邸，由于学识渊博，深受忽必烈信任重用，"参帷幄之密谋，定社稷之大计"。忽必烈登基后，曾建议定百官爵禄、减赋税差役、劝农桑、兴学校等。在与忽必烈接触过程中"顾问之际，遂辟用人之路"[14]，1247年经他推荐被忽必烈征聘到王府的就有张文谦、窦默、李德辉等人。而忽必烈也因此慕"唐太宗为秦王时，广延四方文学之士，讲论治道，终致太平"[15]。据《王恂墓志》载："岁己酉（1249），太保刘公自邢北上，取道中山，方求一时之俊，召公（王恂）与语，贤其才，欲为大就之。"[16]王恂也是刘秉忠所推荐的。

以刘秉忠为首的紫金山集团的成员大都通晓天文、数学、水利等各种科学技术，同时又多为元初名臣。刘秉忠本人官拜光禄大夫、太保、参领中书省事，汉人文武官员位居三公者仅刘一人。其他如张文谦曾任枢密副使，官至左丞相；张易累官枢密副使、知秘书监；王恂曾为太子赞善，官至太史令；郭守敬曾任都水监、太史院同知。

2.3 百科全书式人物和他们的用世态度

我们已经注意到，作为一个时代的特征，在宋代就曾经出现了大批的百科全书式的人物，而这种趋向应该被看作是"宋学"得以发展的新的时代精神、新的学习风气[2]。和两宋时代一样，在元代，这种新的风气依然得到继续。战乱频仍，异族间的矛盾，科考断续无常，知识人避乱、逃荒、隐居、迷惘、沉思等等，使得博学、经世、百科全书式人物继续成为社会需要。上述紫金山集团的成员大都就是这样的学者。

例如领军人物刘秉忠就曾是一位凿空儒释道，精通文、史、哲、经、天、数、水利、占卜等多才多艺的人才。有资料说他是"通晓音律，精算数，仰观占候、六壬遁甲、《易经》象数、邵氏《皇极》之书靡不周知"[17]。

再如许衡，他也是"天文、地理、典章、制度、食货、刑法、字学、音韵、医经、数术之说亦靡不该贯，旁而释、老之言，亦洞究其蕴"。而且许衡"博学"的理由竟然和王安石惊人的一致，他曾经说过："学者孰不曰辟异端，苟不深探其隐，而识其所以然，能辨其异同，别其是非也几稀。"[18] 4318，他认为学者如果不"深探其隐"，就不能"识其所以然"，就不能"辨其异同"。还有的资料说：许衡"与（姚）枢、窦默相讲习。凡经、子、史、礼乐、名物、星历、兵刑、食货、水利之类，无所不讲"[18] 3717。而且窦默还通医术[19]。

郝经的经历以及他和他父亲的对话或者可以诠释何以会在当时出现如此的社会风尚。郝经年少时喜好诗文。1238 年，蒙古统治者在中原首次考试儒士。郝经曾有心"决科文"应试。但父亲教导他说，"汝学所以为道，非为艺能也；为修身，非为禄养也"。郝经于是转而以"道德之理，性命之原、经术之本"为其先务[20]。于是他"上溯洙泗，下迨伊洛诸书，经史子集靡不洞究"，为其一生奠定了坚实的学识基础，并树立了"以复兴斯文、道济天下为己任"的远大抱负。他曾自述其志说，"不学无用学，不读非圣书，不为忧患秽，不为利益拘，不务边幅事，不作章句儒"[21]。郝经的治学态度和用世精神很大程度上代表了当时汉族士人们的普遍观念。

再如一般的读书人：金履祥，他也是"凡天文、地形、礼乐、田乘、兵谋、阴阳、律历之书，靡不毕究"[22]。陆文圭，字子方，江阴人。他"博通经史百家，及天文、地理、律历、医药、算术之学"[23]。还有来自西域少数民族的詹思，"邃于经，而易尤深，至于天文、地理、钟律、算术、水利，旁及外国之书，解究极之"[24]。

除开提倡博学多能的学习风气之外，读书人从亲身经历中对战乱以及女真人、蒙古人征服所带来的巨大破坏极为痛心。例如郝经就认为"金元以来纪纲礼义，文物典章皆已坠没"，"天下之器日益弊而生民日益惫"[25]。但他们依然相信"天之所以兴不在于地而在于人，不在于人而在于道，在于必行力为而已矣"[26]。

同时，读书人也清醒地意识到，蒙古人君临中原也是他们必须面对的现实。他相信蒙古人也是可以像元魏、辽、金那样"附会汉法""致治成化"的。而蒙古统治者只要"能用士""能行中国之道"，也便可以为"中国之主"[27]。

郝经之类仕元的读书人期待着能"乘几契会"，"用夏变夷"，以儒家的安邦经国之道去影响较为开明的蒙古统治者，借他们之力"挽回元气，春我诸华"[28]，以便逐步使乱世走向治世。

这种治学态度和用世思想，很大程度上代表了当时大多数（特别是北方）汉族士人们的思想观念。应该认识到，这种思想观念，对金元之际以及后世清代中华民族的大融合，也具有积极的历史意义的一面。

2.4 较宽松的文化氛围以及科举制度的"失常"

科学技术在元代得以持续发展的另一个社会原因，就是元代为人们所提供了一个思想控制相对开明、宽松的文化环境与比较自由的创作空间。人们在元代似乎尚未发现中国历朝历代所常见的文字狱。自唐宋以来文化向平民、向基层倾斜的动向，在元代依然得到继续。与汉赋、唐诗、宋词一并称著的"元曲"，以及《三国演义》《水浒传》之类人们喜闻乐见的文学作品的出现，还有戏剧文学的发展等等，都证明了这一点。

另外，辽金元轮流改朝换代，而且科举考试在元初全面叫停，一般读书人"平步青云"的步入仕途之路，断续"失常"。另外，两宋即已开始的私人讲学、学院制度等等，在金元之际，在北方，得到发展。这一切对"经世致用""博学多能"人才的出现，提供了充分的的社会条件。

至于有些人认为元代有"八娼、九儒、十丐"之说，并以此作为说明元代科技不昌的社会理由，这实在是一个误解。正如元史专家们所指出的："为了巩固自身的统治，元朝统治者推行'汉法'即中原传统的各种制度，尊崇孔子和儒术，兴办儒学，中期以后还推行科举取士制度。过去有元代人分十等、九儒十丐之说，其实这是误传。元朝将全国居民按职业和民族分成各种户，称为诸色户计，儒户是其中之一。按照国家的政策，儒户的主要义务是有人上学读书，却可以免当杂泛差役，地位与僧、道户相近。元朝没有十等户的区分，当然也不存在九儒十丐的问题。从政策规定来说，儒户（元朝士人多数属于儒户，亦有一部分属于其他各种户）和军户、站户、民户等相比，是受优待的。"[1]

元代士人多半承袭宋儒尤其是朱熹的思想[29]。朱熹对元儒的影响颇大。朱熹本人对于科举制度早就有所批评，他说："今郡县之学，官置博士弟子员，皆未尝考其德行道义之素，其所受授，又皆世俗之书，进取之业，使人见利而不见义。"（《衡州石鼓书院记》）他还说："大抵今之学者之病，最是先学作文干禄，使心不宁静，不暇深究义理，故於古今之学，毅力之间，不复察其界限分别之际，而无以知其轻重取舍之所宜。所以诵数虽博，文词虽工，而只以重为此心之害。"（《朱子语类》卷一三）总观朱熹生平大部分时间，都是在个人的"书院"里授徒讲学。朱熹的这类思想和行为，正也是与宋学得以形成的社会风气、学术氛围密切相关。而宋儒们的这种价值观取向，被一部分元代的学人所传承，特别是金元之际，战乱频仍，隐居讲学，学院之风盛行。于是便有了刘秉忠的紫金山讲学和"紫金山智囊团"，于是便也有了数学家李冶的封龙山（河北藁城）讲学，于是便还有了著名数学家朱世杰"以数学名家周游湖海二十余年矣，四方来学者日众"[30]，"周游四方，复游广陵，踵门而学者云集"[31]。

2.5 兴也忽必烈，衰也忽必烈

众所周知，元代传统科学技术发展顶峰的状态并没有得到较长时期的持续，究其原因，应该说和忽必烈这一政权决策人的关系甚大。真可谓：兴也忽必烈，衰也忽必烈。如前已述，元代科学技术的发展是从忽必烈采纳汉化政策开始的，而且与汉人智囊团——紫金山集团关系甚大。但是随着忽必烈地位上升，特别是当他登上皇位之后，情况发生了很大变化，尤其是在中统三年（1262）春发生的李璮－王文统事变之后就更是如此。

王文统（1190？—1262），金大定府（今内蒙古宁城）人，金元之际，以所学权谋之术游说于各地权贵之间，最后依附益都（今山东胶东地方）李璮，被留为幕僚，结交甚厚，并将女儿许配李璮。后又经刘秉忠等介绍，王文统深得忽必烈信任。忽必烈即位（1260）后，即被任命为中书省平章政事，主管中原汉地政务。1263 年，李璮发动叛乱，被忽必烈相机迅速镇压。因与李璮的关联，王文统以同谋罪被处死。

李璮以汉人世侯身份发动叛乱，并有宰相级人物王文统的"内应"，严重地引起了忽必烈对汉人的猜忌。于是他废除了汉人世侯的世袭制度，加强中央集权，严加对汉人的防范。此外，又在各级政权中引用色目人分掌事权，使之与汉人官僚相互制衡。而前此王文统与紫金山智囊团成员（窦默、姚枢、许衡等）汉人官员之间早已进行了较长时间的"窝里斗"，这也加剧了忽必烈的不信任感。

在元代的法理体制之中，为了巩固自身的统治，忽必烈既推行"汉法"即中原传统的各种制度，尊崇孔子和儒术，兴办儒学。但是同时又有"国俗"（蒙古法理），为了民族主义的利益，忽必烈也推行民族压迫和民族歧视的政策，集中表现为将全国居民分为蒙古、色目、汉人、南人四个等级，予以不同的待遇。蒙古人、色目人享受种种特权，汉人、南人则处处受歧视，尤以南人为甚。

李璮－王文统事变之后，忽必烈更加重用色目人阿合马。阿合马是中国历史上罕见的巨贪大奸。由于在财政方面，他能多方搜刮，甚得忽必烈欢心，权势日重，以致独擅朝政。与此同时，忽必烈自身的那些蒙古贵族由于历史原因所形成的嗜利、黩武等性格（与儒家思想格格不入）都有所发展。忽必烈接连派遣军队两次远征日本，还发动了进攻安南、占城、缅甸与爪哇等战争，但都以惨败告终。

虽然医学、水利、建筑、制瓷、造兵等方面仍然不断获得发展，与其他文化领域继续创造共襄大德年间的辉煌之外，天文历法、数学等研究方面几乎停滞不前了。这虽然和紫金山集团成员飘零逐渐退出历史舞台也不无关系。此外，天文历法、数学一类学科自身发展的一些内在的原因，内在的规律性，以及它所呈现出来的发展的阶段性，也都是值得深入探索的问题。正如明末徐光启在论及天文历法其所以在元代以后较长时期停滞不前的理由时所做的推论，也不无道理。他说："元郭守敬兼综前术，时创新意。《授时》既就，以为终古绝伦，后来学者谓守此为足，无复措意。三百五十年来并守敬之书亦皆湮没，即有志之士殚力研求，无能出守敬之藩……则是历象一学，至元而盛，亦至元而衰也。"[32]

参考文献

[1] 陈高华. 元代文化史绪论［J］. 文苑（网刊），2004（4）.

[2] 杜石然. 中国科学技术史・通史卷［M］. 北京：科学出版社, 2003：936 – 946.

[3] 钱宝琮. 授时历法略论［A］//李俨钱宝琮科学史全集［M］. 卷9. 沈阳：辽宁教育出版社, 399 – 425.

[4] 陈美东. 郭守敬［A］//杜石然. 中国古代科学家传记［C］. 下册. 北京：科学出版社, 1993：673 – 677.

[5] (清) 罗士琳. 朱世杰［A］//罗士琳. 畴人传续编［C］. 北京：商务印书馆, 1955.

[6] 杜石然. 朱世杰研究［A］//杜石然. 数学・历史・社会［C］. 沈阳：辽宁教育出版社, 2003.

[7] (清) 永瑢, 纪昀, 等. 四库全书总目提要・农桑辑要［M］. 台北：台湾商务印书馆, 1983. 中华书局, 1965.

[8] 王毓湖. 中国农学书录・王祯农书［M］. 北京：农业出版社, 1964：111.

[9] 郭文韬. 王祯［A］//杜石然. 中国古代科学家传记［C］. 下册. 北京：科学出版社, 1993：713.

[10] 廖育群. 中国古代科学技术史纲・医学卷［M］. 沈阳：辽宁教育出版社, 1996：114 – 115.

[11] 杜石然. 试论宋元时期中国和伊斯兰国家间的数学交流［A］//钱宝琮. 宋元数学史论文集［C］. 北京：科学出版社, 1966：248 – 251.

[12] (明) 许濂, 等. 元史・刘秉忠传［M］. 北京：中华书局, 1976.

[13] (元) 姚枢. 祭文［A］// (元) 刘秉忠. 藏春诗集・附录［M］. 卷6. 北京图书馆古籍珍本丛刊・集部・金元别集.

[14] (元) 张文谦. 刘秉忠行状［A］// (元) 刘秉忠. 藏春诗集・附录［M］. 卷6. 北京图书馆古籍珍本丛刊・集部・金元别集.

[15] (元) 苏天爵. 元朝名臣事略・内翰王文康公［M］. 卷12. 北京：中华书局, 1985.

[16] (元) 苏天爵. 元朝名臣事略・太史王文肃公［M］. 卷9. 北京：中华书局, 1985.

[17] (元) 王磐. 刘秉忠神道碑［A］// (元) 刘秉忠. 藏春诗集・附录［M］. 卷6. 北京图书馆古籍珍本丛刊・集部・金元别集.

[18] (明) 宋濂, 等. 元史・许衡传［M］. 北京：中华书局, 1976：4318.

[19] (明) 宋濂, 等. 元史・窦默传［M］. 北京：中华书局, 1976：3730.

[20] 郝经年谱［A］// (元) 郝经. 陵川集［C］. 卷首. 文渊阁《四库全书》本.

[21] 北风亭记［A］// (元) 郝经. 陵川集［C］. 卷26. 文渊阁《四库全书》本.

[22] (明) 宋濂, 等. 元史・金履祥传［M］. 北京：中华书局, 1976：4316.

[23] (明) 宋濂, 等. 元史・陆文圭传［M］. 北京：中华书局, 1976：4345.

[24] (明) 宋濂, 等. 元史・詹思传［M］. 北京：中华书局, 1976：4353.

[25] 思治论［A］// (元) 郝经. 陵川集［C］. 卷18. 文渊阁《四库全书》本.

[26] 时务［A］// (元) 郝经. 陵川集［C］. 卷19. 文渊阁《四库全书》本.

[27] 立政议［A］// (元) 郝经. 陵川集［C］. 卷32. 文渊阁《四库全书》本.

[28] (元) 苟宗道. 郝公行状［A］// (元). 郝经《陵川集》卷首. 文渊阁《四库全书》本.

[29] (清) 黄宗羲. 宋元学案［M］. 北京：中华书局, 1986.

[30] (元) 莫若. 序［A］// (元) 朱世杰. 四元玉鉴［M］. 中国历代算学集成本. 济南：山东人民出版社, 1994.

［31］（元）祖颐. 后序∥（元）朱世杰. 四元玉鉴［M］. 中国历代算学集成本. 济南：山东人民出版社，1994.

［32］（明）徐光启. 确徐光启集·崇祯历书·历书总目表［M］. 王重民辑校. 北京：中华书局，1963.

  刘祖慰（1922—2005） 上海人，翻译家。1942年上海圣约翰大学肄业后，任英驻华军事代表团口译员，1943—1946年在中央大学学习，1947—1949年在美国哥伦比亚大学读研究生，1956—1979年任新华通讯社对外部英文编辑，1978—1979年在中国科学院自然科学史研究所任译员，1979年调任上海交通大学教授。曾任中国译协理事，是上海科技翻译学会的创办人。译作有李约瑟的《中国科学技术史》第五卷第一分册、《中国古代科技成就》《中国造纸史》和《中国火箭史》。

李约瑟问题和席文的批评

□ 刘祖慰

李约瑟在研究中国古代科学技术与文明时，提出两个问题。他的第一个问题是：为什么为先进技术起步而将自然假说数学化的现代科学只在伽利略的时候崛起于西方？第二个问题是：为什么从公元前 1 世纪到公元 15 世纪中国文明在应用自然知识于人类需要方面大大领先于西方？席文对李约瑟的两个问题做过分析，他指出，第二个问题中的自然知识不是第一个问题中的科学，不能在逻辑上引发第一问题。他说："中国（过去）有各种'科学'；却并没有科学。"有些人只看了席文这后半句就连篇累牍地反驳，但是所举出的事例仍然摆脱不了席文前半句"科学"的窠臼。这些"科学"不能像在欧洲那样形成哲学整合，从而导致与资产阶级革命同步发生科学革命。席文提出，现代科学在发展时留下的欧洲烙印太强，不能认为科学革命在全球别处均有可能。李约瑟也很早（至迟 1956 年，即提出第二个问题之前 14 年）就说出了中国古代"尽管有这些成就也未能使中国科学达到伽利略、哈维和牛顿的水平"这样的话，并且对其原因有所探讨。在探究原因时他对中国思维方式的不同、传统经验技术与纯客观科学的区别、西方资产阶级革命与现代科学不可分割的关系，虽均有提及，但予以淡化，这就使他提出的这个问题引起了席文的批评，在中国更引发了所谓"李约瑟难题"这个无事生非的误会。实际上，这三种因素对于解答他的上述论断很有裨益，下面试做一说明。

（一）中国思维从生命出发，追求道德内省，即牟宗三教授所说的 intensional mentality，儒、道、佛三家都离不了这个范围；而西方思维从自然出发，追求对自然的客观分析认识，即 extensional mentality，基督教义更是除上帝外都一问到底。太注重内省道德思维出不了外延思维的民主政治和科学[①]。席文指出西方思维总问 Is it true？而中国

---

* 原载《上海交通大学学报》（社科版）2002 年第 10 卷第 1 期，第 8—10 页。

① J. Needham：*Science and Civilization in China*（此后简称 SCC），Vol. 11，p. 496。已故港、台牟宗三教授 1983 年在《中国哲学十九讲》第二讲第 42 页上说："中国文化以前两三千年在 intensional truth 这方面表现得多，……extensional truth 出不来，……所以从五四以来一直着重这个问题。……如果你有 extensional mentality，那么科学才能生根。假如我们没有 extensional mentality，那么科学永远进不来，民主政治也永远进不来。学科学还容易点，学民主政治就更难了。"根据李约瑟晚年承认，对某些关键性思想意识因素他未遑研究，而这些思想政治因素可能导致了中国在科学技术成就上赶不上西方国家（George Basalla：*The Evolution of Technology*，p. 175，Reprinted 1995，Cambridge University Press）。李约瑟可能指的中国欠缺 extensional mentality。

终极关怀的是 Is if morally improving?

（二）中国传说远祖无不是工匠，《考工记》说技术是"圣人所为"。这在古文明中是突出的，它可以解释李约瑟的第二个问题。但技术始于打造石器，本与圣人无关，后来在儒家重视生命的思路下，认为民众没有安定生活则无法治国，于是技术便被赋予了强烈的价值取向，与价值中立的纯客观"爱知"自然知识有原则区别。中国古代技术也就在这种价值取向（即李约瑟所说的应用自然知识于人类需要）的驱动下获得了高度发展。这种发展与科学的推动无关。科学推动技术的重大影响始自 19 世纪后半叶的欧洲。① 李约瑟没有澄清两者的区别②，也没有指出中国古代凡是重大技术进展都是中央政权强大的结果，而价值取向淡薄的科学都成就于政权分裂的先秦（甲骨天象记录）、魏晋（刘徽）、宋元时代（四大数学家），或由个别视科学功名如敝屣的人（李时珍、徐霞客、朱载堉）特立独行取得。

（三）16、17 世纪欧洲科学革命以文艺复兴、宗教革命和英国光荣革命为先导，伴随新大陆航线的开通和海上贸易，使新兴资产阶级起非常革命的作用，建立超越国界有法律保障的技术性格，即资金广泛的流通、经理人才不顾人身关系的雇用和技术上之支持因素通盘使用（这些"技术性格"使与李约瑟合作研究资本主义的黄仁宇认为，如能排除资本主义的掠夺侵略及其造成的社会不公正性，则对 20 世纪某些地区而言它还是现代化的同义词③），这令欧洲国家国力大增，许多大学设立从数学上分析自然的新课程，注重实验方法，建立研究院。科学知识的大量普及更为先进技术奠定了基础。它创造的生产力比过去一切世代创造的生产力的总和还要多，还要大。④ 近年来休莫克勒（J. Schmookler）通过大量调查数据说明，推动科学发明最重要的是资本主义市场购买力。他的说法当然也还存在问题，⑤ 但他的观点是富有启发性的。

李约瑟既然在第一个问题中将现代科学限定为"为先进技术而对自然所作的数学假设"，又认为欧洲科学在科学革命后明显地超越了中国科学，然而他对资本主义与科学革命密不可分的关系避而不谈（尽管他很早就强调了中国重视水利农业集权的官僚主义与欧洲沿海城邦重商背景不同⑥），加上他一再强调科学的"世界范围

① George Basalla，同第 240 页脚注①，p. 28。

② SCC 各卷涉及的例子大半是中国传统的 empirical 技术成就，尽管李约瑟在该书 Vol. 11，p. 29 上在引用了胡适一段话后说 "There was no room for science, therefore, only technology. And in these passages Hsun Tzu, though exhibiting Legalist leanings, crystalised the position of all subsequent Confucians"；更明显的例子是李约瑟在《世纪科学的演进》这篇文章图 1 中（《李约瑟文集》，辽宁科学技术出版社，1986 年，第 213 页）画出中国于公元 800 年左右"科学"水平比欧洲高，但他举出的例子却是机械钟等技术。

③ 黄仁宇：《资本主义与二十一世纪》，生活、读书、新知三联书店，1977 年，第 31、33、270、311、493 页。

④ 马克思，恩格斯：《共产党宣言》，人民出版社，第 29—32 页。

⑤ George Basalla，Ibid，p. 113. 虽然在同书第 115 页上 Basalla 也说到市场购买需要并不能完全解释科学发现为什么有规律地连续出现，但是他忽略了科学价值中立，况且现代技术改革往往是跨国、跨学科多项科学发现共同促成，当然不能有规律地回应市场需要。

⑥ SCC，Vol. 11，p. 338，505，543.

起源律"①，就予人假象他可能在对第二个问题的叙述中找到现代科学。事实上他找到的都是否定的意见②，提到否定意见时又零碎低调，就难怪有些未能仔细阅读他著作的人（如牟宗三）产生了误会，指责说："尽管英国那个李约瑟写了那么一大套书讲中国科学，可是它究竟并没有发展成现代的科学。"③

风物长宜放眼量。李约瑟的"世界范围起源律"在几千年人类文明发展史上和今后可持续的发展上可以说是心胸博大的，譬如说中国的四大发明就对欧洲文艺复兴起了很大的作用，中国"天人合一"学说更是今后科学技术可持续发展的指导思想，但是这条"百川汇海"的规律不能单独混淆到近几百年现代科学的发展上。16、17世纪爆发的科学革命既然发源于西方希腊的"爱知"自然哲学，与欧洲整个经济、社会和哲学翻天覆地的革命密不可分，那就不能撇开质变，将其与革命前受到过的 empirical 东方技术影响相混淆，而只能干脆承认科学革命的爆发地是欧洲，现代科学领先的地区是西方。

李约瑟渊博的生物胚胎和化学知识对待有些中国传统科学技术的确独具慧眼，不仅能从 1909 年 A. Windaus 制备类固醇性激素的皂化、升华工序联想到中国公元前 2 世纪就造出了秋石④，而且预见到 21 世纪科学上主要是生物科学世纪，可能最现代的"欧洲"科学有负于古代中国有机自然观者良多⑤。但是历史证明牛顿的机械宇宙观是绕不过去的。中国人还是要老老实实地补这一课。李约瑟也指出没有打下牛顿的基础就瞎捉摸爱因斯坦世界观是不行的，沿这种跨越式道路发展不了科学⑥。

反观中国，历史上何曾有过类似欧洲那样翻天覆地的变化？那些缺乏数学假设和实验、缺乏分析和哲学整合的零星自然知识，大都人文价值取向极强，是被李约瑟归属为"文明"的经验技术。虽然有些客观知识如甲骨星象纪录，还有些做了大量实验及数学

---

① 《〈中国科学技术史〉编写计划的缘起、进展与现状》，《科学技术史通论》第 20 页，《李约瑟文集》，辽宁科学技术出版社，1986 年。

② 例如在 SCC，Vol. 11 第 130 页说到科学与民主不可分的关系，第 496 页说从来没有达到伽利略、哈维和牛顿的水平，第 543 页说这种（中国的）科学只能停止在纯经验的水平上，第 576 页说没有文艺复兴来把中国科学从经验的昏睡唤醒等，都说明中国发展不出现代科学。

③ 牟宗三同书第 14、42 页。牟的指责对李约瑟不公平，那不是李约瑟写作三十几大册 SCC 的原意。李约瑟从来无意写出中国可能在 16、17 世纪独立发展出 Cartesian-Newtonian 现代科学来，而是想表明中国传统的科学对现代科学的影响。并且说明以中国的聪明才智，完全可能发展出适合辩证有机思想的另一种先进科学来（SCC，Vol. 11, p. 583）。席文指出，如果李约瑟第一问题是明知故问的"启发式"（heuristic）问题，那也只在一开始时有用，陷人过深会混不清。对李约瑟猜想中国可以会发展的另一种先进科学的说法，本文作者认为历史有辩证必然性，不能归纳设想另有可能道路。既然欧洲在 16、17 世纪资本主义和科学革命时发展出了 Cartesian-Newtonian 科学，就无法绕过它走另一条道路，只能充分掌握发展它，我们再也不能像李约瑟所说的"让垂死的原始科学理论死揪住未死的道德哲学不放"（SCC，Vol. 11, p. 279）。

④ 《中世纪对性激素的认识》，《李约瑟文集》，辽宁科学技术出版社，1986 年，第 1052—1053 页。

⑤ SCC，Vol. 11, p. 338, 505, 543.

⑥ SCC，Vol. 11, p. 338, 505, 543.

计算①，但谈不上可证伪的理论，更未能推动资本主义技术的发展。因此直到1922年，梁启超旅欧回国时看到的仍然是一片"科盲"，他因而大声疾呼②。他呼吁的实际是：没有"德先生"，就谈不上"赛先生"。③

---

① 1993年，我在京都会议之际问席文，明代朱载堉在乐律上做了那么多实验，计算结果达百余页，算不算科学？他愣了一下，说这不一样。我想他指的那是个别杰出的成就，影响不大，没有从统一的哲学思想出发形成风气引发科学革命。周昌忠《西洋科学方法论史》第359—361页他谈到现代科学发现不是个人行为，而是集体反对现有收敛思维，对之形成发散思维张力的结果。

② 任公的原话是："中国人把科学看得太低，太粗了，太窄了。且不说那些鄙厌科学的人都把它看作器用、末技，就是相对尊重科学的人，还是十个有九个不了解科学的性质。他们只知道科学研究所产生结果的价值，而不知道科学本身的价值。他们只有数学、几何学、物理学、化学等概念，而没有科学的概念。"

③ 李约瑟注意到民主与科学的关系，在上页注③（SCC, Vol. 11, p. 130）谈到过。

　　范楚玉　1932 年生，江苏江阴人。1959 年毕业于北京大学历史系。1963 年考入中国科学院中国自然科学史研究室为研究生，1967 年毕业留室工作，历任助理研究员、副研究员、研究员。主要研究领域为中国农学史。

儒学与中国古代科学技术

□ 范楚玉

儒学作为一种思想体系，二千多年来，中国社会文化现象的各个方面都感受到它的影响作用，科学技术也不能例外。对于这个问题，近年来哲学界和科技史界已开始予以重视。本文也拟谈一些看法。

一

关于儒学对中国古代科学技术发展的影响作用问题，学术界目前主要有两种看法：一是持否定态度，说儒家对中国古代科技的影响作用不大，甚至是起阻碍作用的思想因素。另一种，认为儒学对中国古代科技发展的作用较大，有促进的一面，也有不利的影响。我倾向于后一看法。已发表的文章，从儒学自然观、伦理道德观和政治等方面对科技的影响讨论较多。本文仅从儒家教育思想和治学作风方面所起的作用作一些探讨。

（1）科学本是脑力劳动的产物，劳动人民的技术经验和创造发明也需要知识分子加以记录和总结，才可能流传推广。而知识分子的数量多少和素质好坏则取决于教育事业。儒家有一个优良传统，就是重视教育，并身体力行积极参加这一事业的活动。儒家的开山祖师孔子，是开创"私学"的大教育家。他的"有教无类"教育方针，使先后列于门墙的弟子达三千之多，遍布鲁、卫、吴、陈、齐、宋、楚、晋、秦等诸侯国，几乎相当于春秋战国时中国的全部[1]。孔子的重要继承人——孟子经常是"后车数十乘，从者数百人"（《孟子·滕文公下》）。到汉代，民间设帐授徒的私学仍盛行，郑玄"学徒相随，已数百千人"（《后汉书·郑玄传》）。另外，政府设立的官学有太学以及郡县之学，太学里经常聚会着成千成万的学生。汉以后，私学不断发展。宋代，理学各派为使其学术思想通过教育阵地，由门人弟子加以传播和阐述，纷纷设立书院进行讲学。到明、清时，连乡村中都设有私塾；明末清初著名的"杨园先生"张履祥，就是在家乡以"舌耕"为主要生活来源的塾师。教育事业的繁荣发达，是中国中世纪文化史上的一大特点，也是儒家重视教育思想的成果。同时期的欧洲，教育事业完全由教会掌握，知识分子大多为神职人员，不但老百姓无缘接受教育，甚至连统治阶层的骑士和庄园主

---

* 原载《大自然探索》1991 年第 4 期，第 121—127 页。

很多也不识字，或识字不多[2]。两相比较，当时中国教育面的覆盖率和知识分子的数量要大得多。

科学技术的发展又与人的素质，特别是知识分子的素质有关。在儒家教育思想中，培养博学通才的人才有可取之处。从孔子起，就以礼、乐、射、御、书、数对学生进行"六艺"教育。"数"，就是数学，颜之推的话可为证，"算术亦是六艺要事，自古儒士论天道，定律历者皆学通之"（《颜氏家训·杂艺》）。儒家的"六艺"教育具体附丽于教材，即古代经典中，如《易》，"易道广大，无所不包，旁及天文、地理、乐律、兵法、韵学、算术，以逮方外之炉火"（《四库全书总目·易类小序》）；《诗经》包含有大量虫鱼、鸟兽、草木，以及天文、地理、农业生产等知识；《礼记·月令》中有农业与季节相关的知识；《周礼》中也有许多农业生产知识，其中的《考工记》则是中国第一篇有关于手工业技术的专门著作。汉代一些大儒，既是经学家又是科学家，如刘歆，为古文经学的第一个大师，同时善符命方技，在数学、天文学方面也有一定成就。著名科学家张衡也是一位古文经学家，《后汉书·张衡传》说他"少善属文，游于三辅，因入京师，观太学，遂通五经，贯六气"。杂糅今古文经学的大师郑玄，是两汉经学的集大成人物。他遍注群经，古代经典中保存了大量科学知识，因他能晓《九章算术》和天文历法，而能注解这些古代的科学记录。由于古代经典是中国封建社会里学校的教科书，因而儒学和"六艺"教育得以在群众中扎根。宋代，理学代替了经学，元、明之际又被统治者奉为正宗，规定科举考试专取"四书""五经"命题，应试者必须以朱熹、程颐的注疏为根据，以排偶文为体裁，不能越雷池半步。由此学校教育也以教授所谓的"时文"为主，从而离开了科学。但这种局面只持续了二三百年。明、清之际，儒家学派中出现了一代先进的思想家，他们对理学末流展开了全面的批判。在教育思想上，不但坚持儒家"六艺"教育，而且加以发展，带有新时代的意义。如黄宗羲（1610—1695）对学校教育内容的设置，认为要讲习五经、兵法、历算、医、射等科（《明夷待访录·学校》）。颜元（1635—1704）少时攻读陆王书，后来笃信程朱，最后又走上批判程朱的道路，提倡恢复"周孔正学"。他对"博学于文"的解释，内容已不限于经史，说："博学之，则兵、农、钱、谷、水、火、工、虞、天文、地理无不学也"（《四书正误》卷二）。所述各科，略似近代的军事学和农林、财会、水利、冶炼、工艺、纺织、天文、地理等门科学技术。他晚年主持肥乡漳南书院时，教学内容就包括"水学、火学、工学、文事、武备、经史、艺能诸科"[3]。

总之，中国在中世纪之有相当高度的科学文化，与社会制度和生产水平固然分不开，而儒家重视教育和注意培养学生博学通才的思想促进了教育事业的发达，培养出了数量较多、素质较高的知识分子，也不能不说是一个重要原因。

（2）儒家崇尚务实和"经世致用"思想，对中国古代科学技术发展有较大影响：中国古文化主要是农业社会文化，民族心理的务实精神便是由此导致的一种心理趋向。

儒学充分体现了这一点。孔子认为，一个人是否真"明理"，不仅要"听其言"，还要"观其行"（《论语·公冶长》），即在实际中能否运用这些道理。孟子说："权，然后知轻重；度，然后知长短"（《孟子·梁惠王上》），强调认识来源于实践。荀子说："闻之不若见之，见之不若知之，知之不若行之。学至于行之而止矣"（《荀子·儒效》）；还提出理论要与实际相"符验"（《荀子·性恶》）。理学大师朱熹说："释氏（佛教）虚，吾儒实。"（《朱子语类》卷一二六）以上言论反映出儒家颇为重视理论联系实际。务实精神的另一表现就是"通经致用"。当然，首先重视的是把伦理道德和政治主张用于为当政者服务，孟子说"孔子三月无君，则皇皇如也"（《孟子·滕文公下》），是典型的代表。汉代以董仲舒为代表的今文经学家们，将先秦儒学进行改造，并融合各家学说，创造出适合西汉政治上需要的学说。刘歆《七略》说："儒家者流，盖出于司徒之官，助人君顺阴阳明教化者也。"宋代理学家认为儒者的主要精力应放在"穷天理，明人伦，讲圣言，通世故"（《朱子文集·答陈齐仲》）上，张载的"学贵于有用也"（《二程粹言·论学》）则已不限于为政治服务了。明清之际的先进思想家们把经世致用思想发展到最高潮。在思想领域全面地对程朱理学、陆王心学和佛、道思想体系进行批判；在社会政治方面，抨击时弊，批判封建制度，提出社会改革方案；还有一些思想敏锐、注重实际的学者则把注意力转向对自然科学的探索。

在崇尚务实的经世致用思想影响下，中国古代科技具有强烈的实用性。除了满足人们日常生活使用需要外，更主要的是以国家政治需要为主。历代王朝为改正朔，易服色，"所以明受命于天也"（《汉书·律历志》），需要修订历法。因而制历和天文观察受到统治者的重视，康熙皇帝说："历法乃国家要务，关系匪轻。"（《清圣祖实录》卷三九）自汉以来，历代王朝政府机构中都设有规模不小的天文机构进行研究，即使在大乱的时代，天文学的研究也没有中断过。所以，中国古代天象记录之丰富为世界之冠，历法也备臻精确。数学"夫推历、生律、制器、规园、矩方、权重、衡平、准绳、嘉量、探颐索隐、钩深致远，莫不用焉"（《汉书·律历志》），使实用数学与计算技术在中国古代得到长足的发展。"民以食为天"，要使"黎民不饥不寒"，国家兴旺，实施儒家的"王道"政治（《孟子·梁惠王上》），在中国古代知识分子的心目中，农业这一行的社会地位仅次于士，"士农工商"，"农"在"四民"中排列为第二位。因此，官做不成了就"不仕则农"。亲自钻研农业生产技术，认真总结和记录农民生产经验的知识分子历代都有。这是中国农学取得高度成就的一个基本条件。医术以治病救人为宗旨，与儒学的仁义道德一致；儒家还认为医家治病的道理与治国的道理相一致。韩愈、顾炎武等大儒在他们的著作中多有以医学之事比附天下之政事的（韩愈：《杂说》；顾炎武：《日知录》）。所以医学也为儒家所看重，范仲淹说："不为良相，当为良医。"（《医部全录》第12册）历代知识分子很多兼通医术，他们使中医药学具有完整的理论体系和丰富的实践经验，成为中国优秀民族文化遗产中的一颗璀璨明珠。除天、数、农、医四大学科外，为了统治黎民百姓和社会管理的需要，《汉书·地理志》开创了按行政区划，记述各地山川、物产、户口、贡赋、沿革、古迹等内容的地方志的先声。以后各朝代都重视编修地方志，其内容之广博，数量之庞大，历史之悠久，也居世界之首位。对全世界有影响的"四大发明"则更是国家和人们日用需要的直接和间接产物。

在务实和经世致用思想影响下，有的知识分子对科技深感兴趣，刻苦进行研究和探索；有的为求科学真理而不畏权势；有的甚至放弃科举考试进入仕途的追求。著名南朝科学家祖冲之，具有务实的严谨治学态度。他"不虚推古人"，"亲量圭尺，躬察仪漏，目尽毫厘，心穷筹策"；世人所知他的杰出科学成果为将圆周率准确计算到七位数字。在为历法改革中，他不惧皇帝的宠臣、有权势的反对者——戴法兴，与之进行斗争，写出有名的《驳论》。其中有两句名言："愿闻显据，以窍理实"；"浮词虚贬，窃非所惧"。北魏农学家贾思勰，出身经学世家，做过高阳郡太守。为"要在安民，富而教之"（《齐民要术·序》），他刻苦钻研，博览群书，写出农学名著《齐民要术》。徐光启一生在明朝担任过不少重要官职，《明史》本传说他"雅负经济才、有志用世"。其后半生大半精力用于经世致用的实学，"（专）习天文、兵法、屯、盐、水利诸策，旁及工艺数学，务可施用于世者"[4]。而他一生用力最勤、影响深远的还是对农学和水利的研究。他写作《农政全书》时，不仅重视有关文献研究，还在上海、天津等地建有试验园地。清代康、乾时期的关中农学家杨屾，是理学家李颙（二曲）的学生；他鄙弃科举仕途，而把一生献给家乡的教育事业和蚕桑技术的推广（《豳风广义·刘芳序》）。儒者兼医，宋以来在儒林中广为流行，蔚为风尚，如政治家王安石、文学家苏东坡、科学家沈括、理学大师朱熹，皆通晓医学。因为医术远可以博施济众，近可以医父母、救朋友、爱己身。

在中国历史上，科学技术所以能取得辉煌成就，出现众多的科学家和发明家，无疑，儒家的务实和经世致用思想起了推波助澜的作用。然而科学的历程又揭示出，重大的科学理论的构建并非是以实用为出发点的，它往往基于一种超实用的好奇心。从消极方面看，中国古代科学技术的实用价值趋向局限了人们思维的升华。如天文学仅满足于天象观察，供"观象授时"和预测王朝命运的祸福吉凶之用；而不是致力于探求天空内在的奥秘。数学由于过于重视应用，而忽视对纯数学理论的研究。明末带总结性和集大成的科技名著《本草纲目》《农政全书》《天工开物》等仍是实用性很强而缺乏系统的理论建树。

（3）儒家"述而不作，信而好古"（《论语·述而》）的经学作风对中国古代知识分子的治学也有很大影响，从字面上讲，所谓"述而不作"就是传达陈说而不自立新意；"信而好古"则是信从和喜爱过去的事物。它是儒家政治上的"法先王"思想在学术上的延伸。

历代正统的经学家在解经时，把孔、孟的言论奉为千载不朽的经典，万古不变的真理，一味诠释注疏，不敢有丝毫走样。科学家们受这种治学作风的影响，表现在科学著作上尊重传统，自立新意较少。如古农书，从现存最早最完整，成书于公元 6 世纪的《齐民要术》，到 18 世纪的《授时通考》，这类综合性大农书的共同点就是大量采录经史资料和前人同类著作。《齐民要术》征引的经传和古农书有一百六十多种；元代的《王祯农书》，"农桑通诀"和"百谷谱"两部分材料，主要摘录自《齐民要术》至元初的各种已有农书，新增加的第一手资料不过十几处。明末的《农政全书》所引用的文献达 229 种[5]。《授时通考》引用文献则达到 427 种[6]，但却没有什么新增加的资料，更没有作者们的新意和创见。传统中医学更是染上了尊经、注经、守经，而不敢疑经、问经、难经的习气。现存汗牛充栋的医学古籍，绝大多数以解释《黄帝内经》和《伤寒论》等几部医学经典著作为宗旨。有人还把医经与儒经相比附，说："盖医之有《内经》，犹儒道之六经无所不备。四子（张子和、刘河间、李东垣、朱丹溪）之说，则犹学（大学）、庸（中庸）、语（论语）、孟（孟子），为六经之阶梯，不可缺一者也：……斯医道之大全矣。"（《明医杂著》）数学和地理学著作，也有类似上述情况。北周甄鸾著《五经算术》即采取注解形式，对《易》《诗》《书》《礼》《论语》《左传》中所涉及的数学问题进行了详细讨论，完全是一部数学内容与儒家形式相结合的著作[7]。

对传统的尊重，从积极方面看，大大强化了中国历史和文化的延续力，有促进科学技术发展的一面，但消极的一面大于积极面，它造成了许多知识分子向后看和守成的倾向；同时，重古而轻今，在科学上就会把古代的经典看作终极的真理，使人们不再进一步去探求科学真理，发展科学技术，以《农政全书》而言其内容已包括当时引进的西洋水利法，在研究方法已有许多接近近代的科学实验方法；但是从全书整体来说仍没有脱离中国传统农书的窠臼。医学方面更为保守，隋唐以降，历代中医祖崇《黄帝内经》而无一例外。具体的如人体解剖学，《内经》中已有一定科学性的记载和阐述，由于医家们的保守思想和儒家关于身体发肤受之于父母，不能随意损伤的说教，致使在一千多年长时间中竟没有什么进展。直到清代的王清任（1768—1831），以不怕世人"议余畔经文"（《医林改错·序》）的勇气，到各地刑场野冢进行实地考察。经过二十四年的努力，观察了一百多具尸体，写出《医林改错》一书，才对人体腑脏结构有了比较正确的描述，订正了前人记述中的谬论。然而他这部书的问世所得到的回响，竟是讽刺挖苦和一片沉默。天文学方面较晚近的一个例子，就是当哥白尼学说传入中国后，曾受到阮元和钱大昕两位"乾嘉学派"泰斗的反对，阮元攻击说"其为说至于上下易位，则动静倒置，离经叛道，不可为训，固未有若是甚焉者也"（《畴人传·蒋友仁传论》）。

二

要把儒学对中国科技发展的影响作用问题讨论较深入，评价较切实，很不容易，因为问题复杂，涉及面广。与此同时，结合自己的体会，感到有些问题，在研究过程中须加以注意，慎重处理。

第一，每个民族的文化特征，是由其所处的地理环境、物质生产方式、社会组织形态的综合影响而形成的。作为文化表现形态的哲学、政治、经济和学术思想也离不开其所根植的土壤。因而产生于春秋战国时期的诸子学派，不论儒、墨、道，还是名、法、农，其思想观点因所代表的社会阶层和集团利益不同，虽各有差异，但也有不少共同和相通的地方。以崇尚务实而言，除儒家学派外，道家、法家等学派也多少是崇尚的。特别法家，实为完完全全的功利主义。章太炎在《驳建立孔教议》中说："国民常性，所察在政事常用，所务在工商耕稼，志尽于有生，语绝于无验。"[8]法家重耕战，秦始皇筑长城、修栈道是为了政治上的实用；道家炼丹，探究长生之术则是为了个人的实用。又如重视伦理道德，轻视从事科技工作的观点，不只儒家有，道家也有。儒家认为，凡不属为政治服务，或有碍政治统治的实用科技都为"奇技淫巧"；劳心的"士"只需要学会"治人"之术，不用去从事耕稼和"百工"的劳动（《孟子·滕文公上》），并不排斥所有的科技。道家则认为，科学技术知识对社会不但无用而且有一害，"民多利器，国家滋昏"；"人多技巧，奇物滋起"，应当"常使人无知无欲"（《老子》第三、五十七章）。

其次，儒家学派内部对问题的看法，从一开始就有不同，发展方向也有不同。因此，相互辩难和批判贯穿于儒学发展的二千多年过程中。孔子死后，儒家分为八派，"有子张之儒，有子思之儒，有颜氏之儒，有孟氏之儒，有漆雕氏之儒，有仲良氏之儒，有孙氏之儒，有乐正氏之儒"（《韩非子·显学》）；两汉经学有今古文经学之争，以及王充、张衡、仲长统等对谶纬虚妄之言的批判；魏晋时期，玄学虽风行一世，但反对玄学的各种思想也不断出现；唐代，柳宗元和刘禹锡对"天人感应"和符瑞说作了针锋相对的理论批判；北宋时，"新学"兴起，"至《三经新义》（王安石撰）行，视汉儒之学若土梗"（《困学纪闻》卷八）；北宋中期以后，儒家学者往往抛弃经学传统的训诂、义疏，而直接据经书原文阐释义理性命，形成了新儒学——理学；元、明以降，程朱理学受到封建统治者的大力提倡，成为中国封建社会后期儒学的正统思想，但也不断受到批判和反对，到明、清之际甚至形成了批判程朱理学和陆王心学的高潮。

据上所述，不同学派之间的学说有相同共通之点，同一学派内部也有不同的看法；唯心和唯物的两条路线斗争在儒学内部一直进行着；各学派的言论观点对科学技术的发展都有促进和阻碍作用的两面性。因而我们不能寻章摘句、不顾前后文义，根据一两句话就简单断言：这一学派对中国科技的发展起了促进作用，那一派则起到阻碍的作用。

第二，英国科学史家贝尔纳说，中国"许多世纪以来，一直是人类文明和科学的巨大中心之一"[9]。李约瑟博士说，中国人"在许多重要方面有一些科学技术的发展，走在那些创造出著名的希腊奇迹的传奇式人物的前面，和拥有古代西方世界全部文化财富的阿拉伯人并驾齐驱，并在公元三世纪到十三世纪之间保持一个西方所望尘莫及的科学知识水平"。[10]他们对中国古代科学技术的评价有根据，也比较公允。我们在研究讨论问题时，如果只看到儒学在思想领域里的所谓统治地位和阻碍科技发展的作用；那么，古代中国科学技术的辉煌成就从何而得来的？上述两位英国学者的评价岂不成了虚妄之辞吗？

理论活动的科学与实践活动的技术，既是一种精神现象，又是社会生产力的组成部分，是人类生产力的发展所表现的一种形式。由于它与物质生产相连，因此在文化系统中居于比较重要的基础方位。中国几千年文明持续的发展，造就了上述在古代世界居于先进水平的科学技术，其所释放出来的精神力量和物质力量就是推动中国文化系统其他侧面发展的巨大动力。从中国哲学史上看，自先秦荀子对孟子的批判，直到清代王夫之、颜元、戴震等反宋明理学末流的斗争，批判者都利用了当时的科技成果作为自己立论的依据。如王充批判谶纬图说时就利用了天文学的成就，说万物都是自然存在的，不是天的意志的结果；日食是按一定规律出现的，而不是上天对人间政治得失的警告（《论衡·治期》）。王安石在驳斥"天人感应"论时也说："天地与人事了不相关。薄蚀、震摇皆有常数，不足畏忌。"（《司马温公传家集》卷七五）。

诚然，不能否认，一种思想或学说一旦形成以后，就会反过来起指导社会实践和影响科学技术发展的作用。但不管怎样，归根到底是社会需要决定科学技术的发展，先进的思想只可为科学技术的发展开辟道路。所以，我们考虑问题时要注意分清何者为主导方面和决定性因素。

第三，儒学与中国传统思想，尤其是历代王朝制订的政策应有所区别。任何学派，只有当与政治结合以后才能起强大的作用。以儒学而言，在汉以前它只是许多学派中的一个，到汉武帝时才"罢黜百家，独尊儒术"。因为经董仲舒改造过的儒术不仅符合汉武帝个人雄才大略、好大喜功的政治特点，也符合加强中央集权的社会需要。在中国二千多年的封建社会中，儒家学派颇能根据现实政治的需要而对儒学进行变通和加以改造。所以，比起道教和佛教等，它总是比较容易得到统治者的青睐，除了在唐代曾受到短暂的冷落外，总的说它一直在思想领域中起着主干的作用。各封建王朝所制订的一系列制度和政策，无疑会受到儒家思想的很大影响。不过封建国家制定各种制度和政策是为了加强巩固其统治所用，为了需要不仅采纳儒家思想中对其有用的东西，也兼采其他学派的学说观点。汉武帝虽第一个提出"罢黜百家，独尊儒术"，实际上他还是以法治相配合，儒、法兼施的。以后也没有一个王朝单纯施行过儒家所谓的"王道"仁政，而更多实行的是霸道。有些具体政策，如建立在重农思想基础上的农本政策，并不只是儒家有。夏、商、周三代，中国已是以农立国，农业生产成为一切政治经济活动的基础。战国时出现了专门的农家学派；《管子》一书中有大量篇幅谈到农业生产的重要性和奖励的政策；李悝在魏国实行"尽地力之教"，发展农业生产；商鞅在秦国提出"农战"政策，并因此使秦国富兵强，最终统一了全国。儒家著作中虽也不乏有关农业生产方面的论述，但比起上述各学派就大不如了。因此，我们不能把各王朝政策有利于科技的发展，或起阻碍作用的功罪，全都归之于儒家。

第四，不能根据一两个或几个科学家是道教徒，就说道家对中国的科技发展起促进作用；而儒家起作用不大，甚或起阻碍的作用。这是没有说服力的。历代参加科技活动的知识分子中有儒生，有道教徒，也有佛教徒。由于教育事业基本上为儒家所垄断，从参加科技活动的绝对人数上来说，应该是儒生大大多于道教徒和佛教徒等。20世纪60年代初，中国科学院自然科学史研究室编写的《中国古代科学家》一书，收录了二十九位对科技有贡献的人物，其中除鲁班、扁鹊、李冰、蔡伦四人不能归入任何学派，李春、毕昇、王道婆三人为工匠，一行为佛教徒，葛洪、陶弘景、孙思邈三人为道教徒外，余下的十八人均为儒生。当然这本书所选录的人物还不完全，有许多该收录入书的而没有被选上，但多少是能说明一些问题的。

再就知识分子个人思想来说是复杂的，特别自晋以来，释、儒、道三教合流趋势出现。他们互相采取对方学说中有用的东西，以充实自己的理论体系。因此，纯儒学、纯道教思想、纯佛家思想是没有的。东晋的葛洪，是道教在理论上的有名人物，也是一个有名的科学家。他无书不读，企图采取儒、道、墨、法各家的学说建立自己的道教理论体系。[11]他自己则标榜为儒家，说："其（指《抱朴子》）内篇言神仙方药鬼怪变化养生延年禳邪却祸之事属道教；其外篇言人间得失世事臧否属儒家。"（《抱朴子·自序》）南宋著名理学家朱熹，一方面是洛学的继承者，另一方面又是佛、道两教精神的继承者，三教合流论在他身上得到了定型化[12]。他于学无所不窥，对自然界的万物之理也潜心考察索解，而且常有独到的见解。明末清初，终生生活于民间的思想家张履祥，因崇信程朱理学，而死后被朝廷作为"先儒"之一从祀孔庙。他劝诫门人说："须读有用之书，毋专习制艺，当务经济之学"（《张杨园先生年谱》）；并说："治生以稼穑为先"（《杨园先生全集》卷三六）。他撰著的《补农书》，在中国农学史上占有一定的地位，反映在科学著作里的指导思想，也驳杂多样。中医学思想最为典型，既受儒家伦理道德思想的影响，又不断从道家和《易经》中吸取养料，建立并充实其理论体系。唐代大医学家孙思邈，是个道教学者。他认为要成为一个大医，不仅要熟读医学经典，还须精通五经、三史、诸子、庄老（《千金方·论大医习业》）。南宋时出现的中国第一部论南方水田农业生产的《陈旉农书》，其作者对各项生产技术中所包含的问题和原理的解释，主要指导思想则为儒学、《易》和道家学说。所以，也不能根据某本科学著作中的片段或零星章句说某学派对科技发展起好作用，某一派起坏作用。这同样是无说服力的。

参考文献

［1］范文澜. 中国通史简编. 修订本第一编. 人民出版社，1965.

［2］杜石然，等. 中国科学技术史稿. 下册. 科学出版社，1982.

［3］颜习斋先生年谱. 卷下.

［4］邹漪. 启祯野乘·徐文定传.

［5］康成懿. 农政全书征引文献探源. 农业出版社，1960.

［6］石声汉. 中国古农书评介. 农业出版社，1980.

［7］周瀚光. 传统思想与科学技术. 学林出版社，1989.

［8］章太炎政论选集. 下.

［9］贝尔纳. 历史上的科学. 中译本. 科学出版社，1981.

［10］李约瑟. 中国科学技术史. 中译本. 第一卷. 科学出版社，1957.

［11］杨向奎. 中国古代社会与古代思想研究. 上海人民出版社，1962.

［12］侯外庐. 中国哲学简史. 上册. 中国青年出版社，1963.

宋正海 1938 年生，浙江海宁人。1964 年北京大学地质地理系毕业，分配至中国科学院中国自然科学史研究室，1993 年任研究员。主要从事地学史、海洋学史、科学史理论、历史自然学等研究。发表论文、文章 400 篇，出版专著和主编论文集 20 本，主编丛书 3 套。为团结多学科专家推动整体论科学，1990 年创办全公益的"天地生人学术讲座"，至今办到 1150 讲，快讯 1750 期，主要工作：保卫中医、弘扬传统文化、推动相对论争鸣、揭露科学主义、支持民间科学、复兴自然国学、推动生态文明建设等大交叉新观念成果。

自然国学——竺可桢、李约瑟心目中的中国传统科学认知体系

□ 宋正海

竺可桢是中国科学院自然科学史研究所的创建人。李约瑟是英国剑桥中国科学史研究中心——李约瑟研究所的创建人，撰写了著名的《中国科学技术史》。我们研究这两位前辈的创建思想、研究方法和具体贡献，可以最终得出结论：他们心目中的中国传统科学认知体系与自然国学完全一致。

1 什么是自然国学

国学是中国传统的学问，但国学不只是当前人们熟悉的人文国学，还包括同样精彩同样辉煌的自然国学。"自然国学"名词的提出在 2001 年，是两位前辈生前不知道的，但这不影响自然国学在中国古代的存在，也不能否认两位前辈对自然国学复兴曾作出过巨大贡献。

自然国学名词的出现，有部分人将其与自然科学史名词相混淆。为彻底解决这种情况，深入研究终于发现以往中国的自然科学史的研究方向是对两位前辈真实意图的部分误读，误读又导致研究陷入僵化，违背了前辈的意愿。

自然国学与（中国古代）自然科学史均是研究中国古代科技的学科，这原本没有本质性的区别，因此无论发展路线如何不同，终归会不断取长补短达到最后趋同。但社会需要是推动科学发展，特别是学科创建的最大动力。因而两学科一开始就赋予各自强烈的价值取向，有着不同的发展模式，形成各自的传统力量和排他性。传统是强大的，特点是明显的，因而我们可以用于分析两学科本质性差异。

1.1 两学科创建于不同历史时期，有不同的社会需求，形成不同的传统价值观

自然科学史研究所创建于中华人民共和国成立初期，直接目的是反驳"中国古代无科学"谬论、树中国人志气，所以"发掘整理古代科技成果"是时代的迫切要求。

---

    * 本文为 2015 年在中国中华医学会、中国中医科学院中医基础理论所与英国剑桥李约瑟研究所联合举办的"历史上主要科学体系的认知模式及影响研讨会"（2015 年 8 月 16—17 日）的报告。

自然国学复兴于新的时代，主要是近三十年还原论科学的双刃剑性日渐暴露，资源、能源、生态三大危机严重，人类面临能否持续发展的境地，这些问题均是复杂性问题，于是整体论思维、复杂性探索、系统论科学如雨后春笋般发展起来。中国古代有机论自然观的现代科技创新功能得于显现。中国古代异常丰富的自然史信息宝库开始全面开发，历史自然学崛起。这必然赋予自然国学全新的价值取向，形成新的整体论发展模式。

1.2　两学科分属中西两个大科学体系

在中国，正如属于整体论的中医与属于还原论的西医的长期纠葛，自然国学与自然科学史在自然观、科学观、方法论以及评价标准等方面有着本质性的不同：

（1）自然科学史过分强调分门别类研究，发展科学内史，重考据。自然国学则重视天人合一，重视天地生人横向研究，发展科学文化史、科学社会史、科学思想史。

（2）自然科学史偏向于人定胜天，贬低地理环境决定论。自然国学则敬畏天道，认为地理环境决定论是人类优秀文化遗产。

（3）自然科学史把探索简单性的科学实验、形式逻辑奉为科学性的唯一标准，以致忽视历史上科学认知体系的多样性，虽研究中国古代科技，却又轻视古代客观存在的传统整体论科学认知体系，甚至把《周易》、"河图洛书"、阴阳五行、取象比类等的理论和方法看成"科学性差"而缺乏研究。自然国学虽也重视还原论科学，但更尊重真理，主张科学体系的多样性，重视中国整体论科学认知传统。中国社会曾一度出现"伪科学"帽子、棍子满天飞的局面，妄图一举消灭中医等传统文化。自然国学能在"废伪"和"反伪"的大辩论中敢于站在前沿，不仅保卫了中医，并直接促进了自然国学的复兴。

1.3　两学科内涵大小不同

自然国学是中国古代有关自然的学问，包括探索自然史的历史自然学和探索认识史的自然科学史。研究认识史属人文科学，研究自然史属自然科学，故自然国学是横跨自然与人文两大科学领域的。

这里区分自然国学与自然科学史，无意评述内史与外史、分析与综合、考证与理论等的谁优谁劣，因为这均是科学研究必要的，而只是探求两位前辈的真实目的和深邃理念，以防被长期误读。

2　竺可桢是自然国学复兴的奠基人

过去我们常说，竺可桢是中国科学史事业的奠基人，现在我们可以确切地说，竺可桢是自然国学的奠基人。

2.1 竺可桢创建自然科学史所的目的

竺可桢创建自然科学史所的目的不只是发展自然科学史，还包括历史自然学，也就是说是发展整个自然国学的。创建目的也不只是发挥爱国主义功能，还在于发挥现代科技创新功能。

1954 年 9 月 2 日，竺可桢在《人民日报》发表《为什么要研究我国古代科学史》。此文由四段组成：第一、四段谈自然科学史；第二、三段谈中国古代自然记录的现代科技价值，并流露出激动的心情介绍了两个事例。一是应用古代地震记录确定了大量基本建设工程的地震安全地点的选择。二是古代客星记录帮助发现了超新星与星云及其天空射电源的演化关系。由此可见，他为之激动的两个例子实际均是自然史问题，也均是为现代科技创新服务。1958 年他为《科学史集刊》写的"发刊词"和 1959 年他为《中国地震目录》写的"序言"中也再次阐述这些观点。

2.2 竺可桢认为中国古代的科学体系是与新传入的西方科学体系不同的

还原论科学在近代中国引进时，当时一些科学救国先驱者曾说过有关"中国古代无科学"的话，其中就有竺可桢，他曾发表《中国实验科学不发达的原因》（1935）、《为什么中国古代没有产生自然科学》（1946）两篇文章。

由于当时尚没有科学体系多样性观念，又只把新传入的还原论科学称为"科学"，因而一度引起"科学"定义混乱，这是可以理解的。对于这两篇文章，只要深入分析，就知道文中所指的中国古代没有的"科学"决非指现今公认的广义的科学，而仅指正传入的还原论科学。

在《中国实验科学不发达的原因》一文的开头，竺可桢就指出："中国古代对于天文学、地理学、数学和生物学统有相当的贡献，但是近代的实验科学，中国是没有的。实验科学在欧美亦不过近三百年来的事。意大利的伽里略可称为近代科学的鼻祖，他是和徐光启同时候的人。在徐光启时代，西洋的科学并没有比中国高明多少。"由此可见，竺可桢实际上对"中国古代无科学"谬论是不服是抗争的。其后几十年竺可桢努力创建自然科学史所正是这种抗争的落实。

3 李约瑟是中华自然国学复兴的杰出推动者

过去我们常说李约瑟是中国科学史研究的杰出推动者，现在我们可以确切地说，李约瑟是中华自然国学复兴的杰出推动者。但对李约瑟贡献的评价是前后有差异的。

李约瑟作为从事生物化学、胚胎学学者，英国皇家学会会员，竟改行专攻中国古代科学史，是令人惊讶。1954 年他的《中国科学技术史》第一卷就提出中国古代有二十六项科技发明创造已为世界作出贡献；1956 年，又帮助中国学者参加了第八届国际自然科学史会议（佛罗伦萨、米兰），是令人感动的。所以对李约瑟的评价强调了国际主义精神。

但中科院自然科学史所长期发展学科内史，基本方法是考据，因此也习惯用自己的工作来衡量李约瑟工作，这种评价就不会太高的。又如，李约瑟《中国科学技术史》书的英文名是同时有"科学"和"文化"两词，显然是科学外史。但其书在中国大陆出中文版，书名就删掉了"文化"却又加上"技术"一词，这不仅是内史的理解，还强调了实体成果而淡化了李约瑟最杰出的理论成果。中国学者还对书的第一卷用较大篇幅介绍中国的历史和地理表现出"不理解"；对第二卷的中国古代有机论自然观论述未引起重视，未认真研究。这种状况直到"文革"结束之后。

"文革"结束以后，中国学术界才开始重视李约瑟在中国传统科学认知体系上的巨大理论贡献。这就是从"李约瑟难题"，逐渐进入到"李约瑟猜想"。

3.1 "李约瑟难题"

李约瑟提出，尽管中国古代对人类科技发展作出了很多重要贡献，但为什么科学和工业革命没有在近代的中国发生？1976 年，有学者称之为"李约瑟难题"。后"李约瑟难题"被推广为中国近代科学为什么落后等问题。其实这个问题前人已有不少人提到，但李约瑟进行了深入研究，因而被人称为"李约瑟难题"。李约瑟的学术权威地位，可以促使学术界更关心这个问题。

李约瑟时代，西方还原论科学如日中天，不少学者颂扬这个认知体系，但在西方科学哲学中还有着有机论的传统。李约瑟是倾向于有机论思想的，最推崇怀特海。李约瑟确认，中国传统自然哲学正属于怀特海所推行的有机论哲学，"机械论的世界观在中国思想中简直没有得到发展，中国思想家普遍持有一种有机论的观点"。《中国科学技术史》第二卷以大量篇幅进行溯流探源的阐述。李约瑟特别欣赏道家自然观，因为"道家思想把天地宇宙当作一个有机的整体，成为中国普遍流行的思想潮流"。他还自称"十宿道人"。

李约瑟强调科学社会史研究有利于解决难题，指出："无论是谁要阐明中国社会未能发展近代科学，最好是从说明中国社会未能发展商业和工业的资本主义的原因入手。"认为研究重心应该是分析中国的"社会，社会的模式、社会的推动力、社会的需要和社会的改变"。他相信，"假如在中国社会已经发生了类似欧洲的社会变化和经济变化，那么某种形式的近代科学就会发生"。

3.2 "李约瑟猜想"

李约瑟了解世界科学体系的历史风云更迭大势，不仅指出古代有机论进化到近代还原论"可能是必要的",也接受怀特海有关科学体系又到一个新的历史"转折点"的理论。因此李约瑟作出科学猜想,中国古代曾经存在的有机论科学认知体系辉煌时代会再次到来。他说:"这样的一个时代注定要到来。在这个时代里,知识的增长使人接受一种更为有机的跟原子唯物论一样的自然主义哲学。这就是达尔文、华莱士、巴斯德、弗洛伊德、施培曼、普朗克和爱因斯坦的时代。当这个时代到来的时候,人们发现有一系列的哲人已经铺平了道路——从怀特海上溯到恩格斯和黑格尔,从黑格尔到莱布尼兹——而这种灵感也许完全不属于欧洲人,也许这种最现代的'欧洲'自然科学的理论基础受到庄周、周敦颐和朱熹这类人物的恩惠,比世人已经认识到的多得多";"中国思想,其对欧洲贡献之大,实远逾吾人所知,在通盘检讨之后,恐怕欧洲从中国得到的助益,可以与西方人士传入中国的十七、十八世纪欧洲科技相媲美"。他还认为:"道家思想是中国现代科学的先驱。"鉴于同样理由,这种科学猜想可以称为"李约瑟猜想"。

"李约瑟难题"和"李约瑟猜想"是本质一致、从历史到现代直到未来前后相继的两大问题,将深刻影响着中国和世界科学认知体系的研究。

中华辉煌的古代科技并非只是陈列于历史博物馆的古董,在近代还原论科学观日薄西山、双刃剑性充分暴露的今天,几千年的中华传统科学认知体系的基因、异常丰富的自然史信息库,必将为新世纪科技创新带来灵感,为人与自然协调发展指出一条光明大道。

　　张利华　1951 年生，北京人。1972—1975 年在中国科技大学数学系学习，获学士学位，毕业后留校任教。1985 年调入中国科学院基础局任助理研究员，1991 年调入中国科学院应用数学所，1993 年任副研究员；1993—1996 年在中国科学院研究生院信息工程学院在职读硕士学位，1996 年获硕士学位；同年调入中国科学院政策局任科技战略处处长；1999 年任研究员；2000 年调入中国科学院自然科学史研究所任研究员，同时兼职中国科学院院士工作局学术秘书。主要著作及论文：撰写《科学发展报告》（系列）、《科技人才的任用和评价中的科学道德问题》《中国大陆学者"高影响力论文"分析》《论我国科技跨越式发展战略》等。

关于科学院院士增选制度的剖析

□ 张利华　王义超

1　引言

　　欧洲文艺复兴之后，欧洲大学的保守倾向在相当长的时期内不承认近代科学的独立意义，并严重阻碍了近代科学的发展与信息交流，在这种情况下，近代科学的发展只能寻求大学之外的支持。在科学组织的社会建构方面，具有代表性的人物之一是培根（Francis Bacon，1561—1626）。他强调实验哲学与研究者集体合作的重要性，重视事实的采集和归纳，主张在皇室的资助下，建立一个集体生产知识的机构，提出以团队的方式进行科学研究的构想。当时一些英国的自然哲学家和新科学的爱好者经常自发地聚会讨论培根的设想，定期亲历各种科学试验和观察活动，形成了科学最初的组织形态，同时开始考虑如何给科学组织命名的问题，"为促进科学的伦敦皇家学会"首次以铅字的形式出现是在1661年。受伦敦皇家学会成立的影响，1666年，法国国王路易十四在巴黎成立法国科学院。一般认为，英国皇家学会虽然没有冠名科学院，但皇家学会在英国的科学机构中起着全国科学院的作用。

　　英国皇家学会和法国科学院是世界上最早成立的科学院组织，在世界科学院组织中，享有很高的声誉和地位。科学院的发展历史始终与科学的发展纠缠在一起，并且直接见证了科学的成长与不断壮大的过程。早期成立的科学院组织一般具有三个主要目的：第一，建立科学权威。首先为了争取发展科学的权利与空间，同时，对科研活动进行规范，如论文的评审和发表等；第二，将荣誉赋予那些为科学做出了贡献的人，建立相应的院士制度；第三，促进科学家之间的学术交流与合作。科学院作为促进科学发展的一种社会建构形式，已经具有300多年历史，在这漫长的历史发展进程中，以上所提及的三个目标被不断实现与完善，特别在19世纪之后，科学院体制在全世界迅速并普遍发展起来。科学院院士的头衔对于科学家来说，是一种极高的学术荣誉，同时也受到社会的承认与尊重。因此，各国科学院都有非常严格并且复杂的院士增选制度，以保证这一科学家组织的权威性、代表性，其中代表性主要有两个含义：一是院士代表本土的

＊　原载《自然辩证法通讯》2006年第3期，第57—61页。

最高科学发展水平；二是院士的学科分布代表科学发展的方向或趋势。从而，维护科学院在社会中的科学权威地位。

本文通过对院士增选制度的类型剖析，一方面发现怎样的增选制度更能体现科学院院士的权威性和代表性，以及它们对发展中的中国科学院所具有的借鉴意义；另一方面对近年来中国科学院院士增选产生诸多非议的根源给以一定程度的阐释。

2 科学院院士增选制度的类型分析

在引言中已提到，科学院已经成为一种非常普遍的科学社会建构，据 1986 年版本 *The World of Learning* 统计，世界上大约有 70 个国家、地区有学者团体性质的科学院或学会。在这些科学院组织中，作者选择了几个比较有代表性的科学院组织，它们是，最早成立的科学院组织：英国皇家学会和法国科学院；目前世界上最强大的科学院组织：美国科学院；亚洲国家的科学院组织：日本学士院和印度科学院，后者为发展中国家；从计划经济体制向市场经济体制转型环境下的科学院组织：俄罗斯科学院和中国科学院等。重点对其院士增选制度进行实证研究。增选制度主要包括如下几个方面：①新院士候选人的提名；②新院士候选人的确定；③新院士的选举。

2.1 新院士候选人的提名

各国科学院组织章程中，对新院士候选人的提名权作了明确的规定。英国皇家学会英籍会员的增选已形成固定的制度，只有会员拥有会员候选人的提名权，每位候选人至少要有 6 名会员在提名证书上签字，提名才有效。这 6 名提名人中至少有 3 人熟悉被提名人的情况。如签名者不撤销，本年度未当选的候选人只要符合章程，仍可继续作为下年度的候选人。法国科学院只有科学院院士才有权提名院士候选人，通讯院士和外籍院士候选人提名与院士提名雷同。美国科学院的美籍正式院士候选人提名共有五个渠道：①学部（共分为 31 个学部）：各学部主任在每年的适当时间将科学院院士提出的值得提名的候选人名单向本学部院士提出，并在本学部征询为候选人起草建议书院士。②部际（跨学部）：院士候选人的提名建议书可由任何 5 位院士，或由同类学部的一名主任代表他们，以书面的形式向内务秘书①提出。此类建议应附有被提名者参加学术活动的履历及其所作的主要科学论著一览表，并需说明此项提名应提交的哪些学部。③志愿提名小组：由科学院院士 20 人组成的志愿提名小组可以提名一名候选人，条件是：此类小组的成员中属于同一机构者不得超过 5 人，属于同一学部者不得超过 12 人，每人每年签

---

① 内务秘书负责将所有会议的地点与时间，所有院士的提名事宜以及所有对章程提出的修正案通知全体院士。

署志愿提名小组申请书不得超过一次。每项提名应附有经适当编纂的关于被提名者学术成就的介绍及其科学论著一览表。并建议该次提名应提交哪一学团①的院士委员会，此志愿者提名小组中至少有五名院士属于这一学团。④临时提名小组：理事会在与学部主任和学团主席协商之后，通过将某一学部分为两个或更多小组或另行组织部际或部外小组等办法成立若干临时提名小组。⑤理事会可以直接提名候选人，投票半数通过的候选人，可直送相关学团院士资格审查委员会。日本学士院的新院士候选人的提名分为三个渠道：①日本学士院院士：每个院士只能为他所属得分学部推荐一名新院士候选人。②日本科学委员会成员：如果提名人既是学士院院士，又是科学委员会成员，提名候选人时必须以学士院院士的身份。③学术机构（大学的系和研究所）及学术团体：学术组织与学术团体只能推荐一名候选人。印度科学院只有院士具有新院士候选人的提名权。苏联解体之后，原苏联科学院更名为俄罗斯科学院，并且在制度上作了许多重大的改革，原苏联科学院院士的推荐渠道与中国科学院类似，除了院士具有提名权，大学、科研机构、学术团体、国家机关等都有提名权，俄罗斯科学院 2002 年颁布的《俄罗斯科学院院士选举条例》中规定，俄罗斯科学院学术委员会、俄罗斯科学院正式院士、国家认可的学术机构和高等院校有院士候选人的提名权。

2.2 新院士正式候选人的确定

新院士（会员）正式候选人的确认，指从被提名候选人中确认候选人最后的名单。英国皇家学会分为四个步骤进行。第一步，各学部委员会②开会讨论被提名候选人的情况并提出本学部的候选人名单，委员会开会时，理事会要派人参加。第二步，各委员会把按字母顺序排列的本学部候选人名单提交给理事会③。第三步，物质学科领域和生物学科领域的理事分别开会确定各个领域候选人名单。在同一天，召开理事会全体会议，研究应用科学和综合（GENERAL）方面候选人名单和审定跨学科、跨学部的候选人。第四步，理事会通过无记名投票确定不超过 40 名④候选人的最后名单。法国科学院采取不定期院士选举，每年年初，科学院应主席团的提议，以秘密会议的形式决定是否举行一次院士的选举活动。如果确定举行，则科学院应确定选举名额，并为 60 岁以下的候选人留出名额。根据提名情况，由科学院确定候选人名单和指定一些委员会对候选人进行审查并分级排列，每一委员会把希望推荐给科学院的候选人分两行登记，其余候选人登记在第三行，第一行候选人的数目等于应选院士名额。每一行按年龄从大到小排列。

---

① 美国科学院分为 31 个学部，并分属于 6 个学团。

② 英国皇家学会共分两大学科领域（物质学科领域和生物学科领域），在两大学科领域下设 12 个学部委员会。

③ 英国皇家学会理事会负责学会活动与事务工作的管理与领导，由 21 名成员组成。21 名成员中每年要轮换 10 名，除学会的官员外，其他成员连续任职时间不得超过 2 年。

④ 每次增选名额为 40 名。

美国科学院上述五个渠道的被提名人就是新院士候选人。日本学士院和印度科学院的被提名人还不是候选人，日本学士院要由分学部委员会根据学士院章程的相关规定从被提名人的名单中，通过院士无记名投票方式确定候选人。印度科学院的理事会要从被提名人中挑选正式候选人，挑选的方式采取全体院士不记名投票的方式。俄罗斯科学院学术委员会、科技委员会或主席团举行会议以无记名投票方式进行提名，获简单多数票即成为候选人。同时，俄罗斯科学院院士可以直接提名候选人。

中国科学院院士候选人的来源有两个：①65岁以下，由3位（或以上）院士提名，且有至少2名以上为院士所在学部与候选人被推荐的学部相同，65岁以上，由6位院士提名的被提名人。②国务院各部委、直属机构、办事机构、直属事业单位、部委管理的国家局，中国人民解放军四总部，各省、自治区、直辖市，中国科协为归口初选部门。其所属单位或一级学会均可按组织系统推荐本单位、本学会的候选人。归口初选部门报送的被推荐人年龄不得超过65周岁。

2.3 新院士的选举

关于新院士的选举，比提名和确定候选人的程序相对简单得多。英国皇家学会基本通过一次院士投票完成。出席投票的会员向秘书和监票人交回最后的候选人名单，划掉本人不想选举的候选人，并可改选名单之外的人（指40名之外的其他候选人)①，选票中超过40名者为无效票。法国科学院与英国皇家学会类似，以秘密会议形式对最后登记在前两行的名单进行投票选举，选举以无记名、单名投票的方式进行，凡选举候选人名单之外的选票作废。美国科学院的新院士选举分为预选和终选。预选分为两步：第一，每个学部把非正式选票交本学部全体院士，圈选自己同意的候选人。第二，学部主任向本学部院士发出预选的正式选票，票上注明了候选人在非正式预选中的结果，院士圈选自己要选的候选人。获三分之二票者进入终选。终选分为三步，前两步确定两个终选名单。名单一，将被提名人按个人在预选中得票多少的顺序排列，每一学团的总数不得超过理事会事先分配给该学团的应选名额。名单二，将剩余的被提名人按个人在预选中得票多少的顺序排列。第三，名单交全体院士之后，院长和学部主任在多数院士的赞同下，可在名单一、二之间调换被提名人选，或撤销名单一的被提名人，空出的名额不再补齐。最后出席院士大会的全体院士投票，获三分之二票者当选。日本学士院只有出现空缺时才进行补缺选举，因此，它的选举也是不定期的。选举分为两步进行：第一，由需要补缺的分科全体会员组成分科选考委员会，主要审查候选人的资格和进行预选。第二，由需要补缺的部的各分科全体会员组成部选考委员会②，最终的选举在部选考委

---

① 英国皇家学会的最后候选人名单只有40名。

② 日本学士院分为两个部：人文科学部和自然科学部，两个部下设7个分科。

员会进行。印度科学院把正式候选人名单提交全体院士，以无记名投票方式选出院士。俄罗斯科学院的新院士由院士大会选举产生，中国科学院新院士由各学部院士会议选举产生。

按照院士制度中政府行政部门参与程度分类，上述院士增选制度大体可分为三类，分别称为：自治型、基本自治型和非自治型。第一类典型：英国皇家学会、法国科学院、美国科学院、印度科学院等，他们的院士增选制度中，从院士的提名、正式候选人的确定到院士的选举，都在科学院院士中进行；第二类典型：日本学士院和俄罗斯科学院，非科学院院士（学士院会员）也有提名权，但到了确定候选人阶段，只有会员参与；第三类典型：中国科学院，从提名到候选人的确定都有非科学院院士的行政部门参与。

3　非自治型院士增选制度的分析

科学院组织：如英国皇家学会、法国科学院、美国科学院、印度科学院等都属于自治型科学组织，是非营利的、民间的、科学家荣誉性质的科学组织。早期成立的科学院组织都经历了漫长而曲折的变革过程，随着科学的成长壮大，逐步成为真正的科学组织。如英国皇家学会 1660 年成立，直到 1860 年才真正成为一个名副其实的科学学会，科学家会员数量第一次超过了非科学家会员，大约 1900 年，除了被允许作为特许候选人而直接入会的 20 人外，学会会员都是科学家。[3]自治型科学院组织较基本自治型和非自治型的组织而言，有着更加完善的院士增选制度。从院士候选人的提名、正式候选人的确定到新院士的产生不但具有严格的步骤和规章，而且具有组织机构的保障。非自治型的科学院组织，如中国科学院在院士提名和确定正式候选人的两个步骤中，院士团体和各级行政部门是分别独立运作的两个系统。也就是说，被提名候选人和正式候选人的名单为两套。到了选举阶段，两套名单合在一起为最后的正式候选人名单。基本自治型只有提名是两套名单，但对于被提名人的审查和确定、新院士的选举产生，在科学院组织内部进行。下面重点对非自治型院士增选制度进行分析。

3.1　非自治型院士增选制度产生的种种弊端

中国科学院院士增选制度属于非自治型。院士增选的三个阶段中，前两个阶段都有行政部门参与或起主导作用。从上面对院士增选制度的分析来看，候选人的确定是至关重要的环节，在自治型和基本自治型的增选制度中，院士团体是主动的，而在非自治型的制度中，院士团体是被动的。因为有一部分候选人不是院士团体选择的，因此无法负起责任，也就是说，选择院士候选人的过程中，当然的责任者有缺位的现象，由此产生了制度上的种种弊端：第一，行政部门为了抢夺资源或政绩对候选人进行包装。一些高等院校和研究机构为了抢夺资源（国家项目的申请，争取进入以国家名义设置的各种工程：如211工程、知识创新工程等），对院士候选人进行包装，甚至做广告有愈演愈烈的趋势。推荐院士候选人或当选院士已经成为某些行政部门或官员政绩的体现，如某省有多少院士、某校有多少院士等，为了院士数量的增加，不惜重金招揽院士或留住院士的现象非常普遍。第二，高官参选。高官在非自治型院士增选体制中占有绝对优势地位。第三，严重铺张浪费。全国具有资格评选院士候选人（增选文件中称初评单位）的行政部门有一百多家，经过层层评审，平均一个候选人耗资十几万、几十万，甚至上百万不等，而每两年只有至多60人当选为院士。

3.2　非自治型院士增选制度恶化学术环境的发生机制

由非自治型院士增选制度产生的种种弊端，不仅影响到院士增选的质量，并且破坏了公平、公正的学术环境，而后者比前者更严重。非自治型院士增选制度恶化学术环境的发生机制如下：由于科学具有功利性和有效性，同时，科学家在社会上受到普遍的尊重和重视。政府、企业等非学术机构开始有目的地扶持、利用，以至控制科学，一方面，从事科学研究的人，特别是当选院士之后有利可图；另一方面，对于科学家的评价（候选人的确定），部分掌握在行政主管部门手中，由此产生的后果是：被提名人是否符合院士的增选条件得不到有效的判定，许多情况下，是非学术因素在起作用，例如学术包装、广告，甚至贿选。齐曼曾经指出："当研究成为一种'责任'和'职业'，显然是在为雇主和薪金出力时，就难以保持一种献身的精神了。科学家对高尚目标的献身，保持了他的纯粹，捍卫了他个人的正直。当研究成为'同其他任务职业一样'时，对科学上杰出成就的追求会被奢望、虚荣和权术所代替。"

科学院组织的非社会性或超社会性特征可以有效避免上述发生机制的生成，但非自治型的科学院组织和增选制度不具有非社会性或超社会性。它的增选体制只是社会体制的一部分，对社会体制具有很强的依存性。

3.3　非自治型院士增选体制存在的根源

非自治型的科学院组织，它的增选体制分为两部分，一部分依赖社会的行政体制运行，这一部分体制已作了分析，剩余的一部分虽在科学院组织内部，但不会具有自治型科学院组织增选院士体制的完善性和组织保障。院士增选工作往往处于被动地位，因此，无法有效承担起增选院士的工作。尽管如此，从非自治走向自治绝非一蹴而就之事。在管理学的范畴内，社会管理从低到高分为三个层次：人治、法治、自治。由于种种原因，中国社会的发展正处于从人治到法治的发展阶段，社会自治的程度很低，即便是科学组织也不是自治组织。在这种情况下，不可能存在自治型的院士增选制度。自治性组织一般为民间的、独立于政府与市场的非营利的、从事公共事业的组织，是对市场和政府体制的补充。自治型社会并非不要法治，而是需要比法治社会更加健全的法制体系——社会法。所谓社会法，广义的社会法即为解决各种社会问题而制定的具有公法与私法相融合特点的第三法律领域，包括社会保障法、经济法、劳动法、环境法、公共事业法、科学法、技术法、教育法、公共卫生法、居住法、农业法等。狭义的社会法指劳动法和社会保障法，如中国立法机构所设计的法律体系中的"社会法"。

4　自治是科学院院士增选制度的发展趋势

由于目前中国的社会结构和政治体制所限，目前，中国科学院是国务院直属事业单位，既不是政府行政部门，也不是自治型的社会团体。但按照国际惯例——科学组织的自治、独立性原则，中国科学院应拥有独立、自治的法律地位，至少，中国科学院学部组织应如此。首先，自治应成为中科院院士增选制度的发展趋势。

4.1　院士团体是自治型院士增选制度的主体

自治型院士增选制度的主要特征是充分发挥科学共同体的作用，院士团体是院士增选制度的主体，拥有完全的主动权，在某种意义上强化了科学共同体超社会性的社会功能。科学共同体的超社会性能够有效地抵制来自社会的非学术因素的干扰，使院士增选回归到学术和科学精神的定位，从而减弱目前增选院士的各种利益的冲突与诉求，使真正对科学做出杰出贡献的人成为新院士的候选人。有人会认为，现在经过层层筛选和各级行政组织的监督尚且如此，自治之后岂不更糟？事实上，非自治型院士增选制度的监督仅仅流于形式，不可能具有实质性的内容。道理非常简单，如同法官就是本案件的被告人。

科学共同体的超社会性增强了其开放性，当中国科学家与世界科学界融为一体时，要想在某个国家保留所谓"特色"的东西作为当选院士的潜条件就十分困难了。同时，自治型管理组织为寻求自身的长远利益，必须调动其内部的积极性，在其内部形成自我约束与治理的机制，按照科学本身的规范与要求，形成良好的公平竞争的学术环境，淘汰"伪"与"假"的东西，在这个意义上，自治型的院士增选制度从体制上消灭了滋生学术腐败的土壤。

然而，从非自治型到自治型的院士增选制度绝非一步之遥。它涉及院士团体内部自治管理意识和能力的不断增长与完善，以及与之相关的、需要协调或协作的方方面面，尤其是各级政府及部门。

4.2　政府应成为自治型院士增选制度的最初推动力

早期建立的科学院组织，如英国皇家学会与法国科学院为了摆脱宗教压制科学的保守势力，在很大程度上依附于皇室这一当时唯一可与宗教抗衡的力量，但随着科学的生长与壮大，世界各国的科学院组织基本都是自治型的科学组织，这已成国际惯例。中国目前的社会结构中，在政府和市场之外，非营利的、民间的、自治型社会团体在体制上尚未形成。一般，社会的自治程度标志着社会成熟的程度，社会自治意味着具有自我治理能力的团体拥有相对独立于政府的地位，并且能够自主地根据自治团体的共同意愿管理自身事物，在自治社会形成的最初阶段，政府从社会日常生活领域退出的程度，决定社会自治形成空间的程度。政府在培育社会自治精神、创建社会自治体制方面具有不可替代的作用。因此，在中国科学院推行自治型的院士增选制度，政府仍是最初的推动力，当然，院士团体也要做出适应社会走向成熟、自治的积极选择。

参考文献

［1］T. S. 库恩. 科学革命的结构. 李宝恒，纪树立译. 商务印书馆，1962.

［3］Henry Lyons，F. R. S.. The Royal Society 1660 – 1940. Cambridge at the University press，1944：272.

［4］（英）约翰·齐曼. 知识的力量——科学的社会范畴. 许立达，等译. 上海：上海科学技术出版社，1985：310.

［5］NAS-Constitution and bylaws. http：//www. nasonline. org/site/PageServer? pagename = ABOUT_ constitution#Preamble. http：//www. nasonline. org/site/PageServer? pagename = ABOUT_ bylaws.

［6］Statutes of the Royal Society. http：//www. royalsoc. ac. uk/page. asp? id = 2226.

［7］The Academy of Sciences of Paris. http：//www. academie-sciences. fr/presentation/generalites_ gb. htm.

［8］原中国科学院学部联合办公室监印. 日本学士院（Japan Academy）简介. 1991：70 – 79.

  王佩琼 1958 年生，山西太原人。1982 年毕业于郑州工学院机械系，获工学学士学位。2000 年在山西大学科学与社会研究中心学习，获哲学硕士学位。2005 年毕业于中国科学院自然科学史研究所，获理学博士学位。2009 年至今，在中国科学院大学工作，编审、博士生导师。研究方向为工程技术哲学及工程技术史。出版专著《技术异化研究——环境适应中技术功能的考察》，发表学术论文 30 余篇。

"过去"的性质与"信古""疑古"
两种史学态度的扬弃

□ 王佩琼

1 问题的提出:"信古"乎?"疑古"乎?

20世纪20年代,在"五四"运动和新文化运动的思想解放潮流中,产生了一个以顾颉刚为代表的、以疑古辨伪为特征的史学派别——古史辨派。它以打破传统的圣贤崇拜、廓清附会杜撰的古史迷雾为宗旨,辨伪古史而震动了当时的学术界,对20世纪乃至今天的史学发展产生了深刻的影响。古史辨派的疑古史学态度与其时的信古、释古的史学态度形成了当时史学研究的三种趋势。对此,1937年冯友兰在为《古史辨》第六册所作的《冯序》中说道:"我曾说过,中国现在之史学界有三种趋势,即信古、疑古及释古。就中信古一派,与其说是一种趋势,毋宁说是一种抱残守缺的人的残余势力,大概不久就要消灭;即不消灭,对于中国将来的史学也是没有什么影响的。真正的史学家,对于史料,没有不加以审查而即直信其票面价值。疑古一派的人,所作的工夫即是审查史料。释古一派的人所做的工作,即是将史料融会贯通。就整个的史学说,一个历史的完成,必须经过审查史料及融会贯通两个阶段,而且必须到融会贯通的阶段,历史方能完成。"[1]

何为信古呢?所谓"信古"者,即奉古书中对于言论、事件的文字记载、描述为圭臬,不加怀疑地认古书所记为事实。

在信古者的历史研究中,一个理论假定是不言而喻的,即存在着一个本体论意义的、与研究者的主观认识无关的原子事实。这一原子事实即是史学研究应当追求的"真"。虽然这一事实已成"过去",但它存在着,尘封于某一无何有之乡,散落于大量的史料之中,等待着人们的开掘。对于存在着的关于同一事件前后不同的矛盾历史陈述,信古者作如下解释:历史研究过程乃是还原历史事实的逼近过程,因此,一般而言,后出的结论较之先前的结论更为可信。

---

  * 原载《山西大学学报》(哲学社会科学版)2008年第31卷第1期,第44—49页;2008年第31卷第2期,第32—38页。

信古者们认这一假定为无须证明的公理似乎是有道理的，难道已经发生的事件会发生变化甚或消失吗？如果不会变化，也不会消失，那么，确定的、真实的事实不就存在于某处，等待着历史学家们去回忆，去还原吗？

基于这样一个理论假定，"求真"就成为诸多信古历史学家们的研究目的与逻辑起点。对于信古者而言，史学研究的根本问题是澄清所谓的"事实"问题。孔子是春秋末期的大历史学家，他的最重要的史学贡献是根据鲁史删修而成的《春秋》，是为我国第一部编年体史著。"求真"是孔子的重要史学目的论，强调"多闻阙疑，慎言其余""详近略远"等编史原则。同样，司马迁主张直笔著史，强调求是存真，"疑则传疑，盖其慎也"[2]，反对"誉者或讨其实，毁者或损其真"[3]。刘勰则提出信史的概念："文疑则阙，贵信史也。"所谓信史者，即有充分依据可凭的、符合历史上已发生事件之实际过程的语言或文字陈述——符合事实的陈述。

问题是：事实确如古书所记那样吗？为什么对于同样一件发生在过去的事件，不同的人会有不同甚至矛盾的陈述？为什么史学研究可以不断地进行下去，而不能毕其功于一役，成"史家之绝唱"？

对于上述问题，信古者们不能给出令人满意的回答，由此，成就了史学研究中的"疑古"一派。他们认为，古书中所记并非金科玉律，有许多记载是作者出于多种原因、多种动机的伪造。正是因为后人的伪造，就产生了"层累的古史"的现象。在"所求是否为真"这一问题上，以顾颉刚为代表的古史辨派，提出"层累地造成的古史"这一疑古命题，与信古的史学家们分道扬镳。虽然顾颉刚的层累说专指古史而言，但对于整个历史研究均具有普遍意义。也就是说，在历史研究中层累现象是普遍存在的。

早在先秦时期，荀子就注意到了史学研究中"求真难"这一现象，并对之作出如下解释："五帝之外无传人，非无贤人也，久故也。五帝之中无传政，非无善政也，久故也。禹汤有传政，而不若周之察也，久故也。传者久，则论略，近则论详。略则举大，详则举小。愚者闻其略而不知其详，闻其细而不知其大也，故文久而灭，节族久而绝。"[4]这里，荀子将事实不易澄清的原因归结为"文久而灭"，至于为什么会产生"文久而灭"的现象，荀子没有论及。现代信息学家则将此现象概括为，信息传递过程中不可避免的信息损失、信息衰减，或者说，信息失真。

察"疑古"的史学态度，则易知其怀疑古书所记之内容是否为真实，而究其宗旨，则仍在"求真"两字。就宗旨而言，"信古"与"疑古"并无二致，殊途同归于求真目的论。信古者认定，有一个本体论式的原子事实，认为古书所记乃此一事实的反映，从而反对古史为"层累"的指责，不承认层累历史现象的存在。疑古者认定，古书中关于历史事实的记述有许多系伪造，结果造成了不可信其为真的、层累的历史陈述。应当另辟新径去求得符合事实之真的历史陈述。古史辨派的始作俑者之一胡适就整理国故提出了还原论的原则："必须以汉还汉，以魏、晋还魏、晋，以唐还唐，以宋还宋，以明还明，以清还清；以古文还古文家，以今文还今文家；以程、朱还程、朱，以陆、王还陆、王"，"各还他一个本来面目，然后评判各代各家各人的义理的是非……但不先弄明白他们的本来面目，我们决不配评判他们的是非"[5]。以去伪求真作为历史研究的目的与逻辑起点，信古与疑古两派均对层累历史的现象持价值否定的态度，而相信有一个本体论式的事实的存在，所异者求真之道也。对于信古一派而言，直认史书所记为真，从方法上看，简单一些罢了。对于疑古一派而言，由疑古而达真古，从方法上看，似乎更"科学"一些。两者殊途同归于"求真"。

问题是，如何解释荀子所揭示的"文久而灭"的规律呢？如果说，"文久而灭"，或者信息衰减是不可避免的，那么，对于以求事实之"真"为宗旨的历史学家而言，历史研究还有什么意义呢？由此是否会导致历史虚无主义呢？

这里首要的任务是澄清所谓的"事实"问题。

"历史范围极其广博。凡过去人类一切活动的记载都是历史。"[6]历史是对于发生于过去的人类活动的记载，对于历史事实的表述要靠文字，所谓史实的研究是对于历史事实的文字记载——史料及遗留实物记载的研究。而所谓"文久"无非是指记载历史事实的史料及实物已经消失，已成久远的"过去"，"文久而灭"则意味着遥远的"过去"已经消失，对于"过去"的考察成为不可能。

如此事实问题就可归结为"过去"的问题。所谓的事实问题，与过去的性质有关。史学研究所要澄清的事实不是关于正在发生的事情，而是关于发生在过去的事情。史学研究中的事实已然是一个"过去"，此一"过去"既不是一个不可移易的原子事实，也不是一个海市蜃楼般的虚幻存在者，而是一个有着特殊性质的存在。如果将此存在称之为"真"，则其性质有待澄清。

本文的意图即是依据存在主义哲学对于"过去"（即历史）问题的看法，尝试揭示这样一个道理：所谓事实只不过是人们对于历史事件的解释，而这种解释是由将来所规定的。不同处境中的人，有不同的将来，故对于同样的历史事件自有其不同的解释，因而就产生了不同的历史事实；不同时代的人有着不同的处境，故而也自有其不同的"事实"解释。所谓历史的真实是一个变动不居而对于人类将来目的之设立有着强烈信赖性的存在者；从而揭示出史学研究的一个潜在性质：无论知觉与否，"求真"之真乃出于当代人对于其"将来"的谋划。进而从此一性质出发，用"基于将来的释古"的史学态度，去扬弃"信古"与"疑古"两种史学态度，并说明"层累历史"现象的合理性与必然性，肯定"层累历史"的价值。在结语部分则提出"基于将来的释古"的史学研究命题。

2 "过去"的性质

一般的，人们在两种意义上使用"过去"一词。其一，是其名词意义：前此发生的事件（events that occurred before just now）。如人们常说："过去了的就让其过去吧！""那已经是过去的事情了""老人常常回忆过去"等等。其二，是其动词意义：消逝（elapse）。如人们常说："让烦恼早点过去吧！""一年过去了"等等。两种用法共同的潜在含义是，一个已经发生了的事件，或者已经离开了现在，变成了一个存在于以前的存在者，或者正在离开现在即将变成一个存在于以前的存在者；无论是其名词义还是其动词义，均有作为"过去"已"不再对现在发生效力"的涵义。对于常识意义上"过去"的涵义，萨特说道："对某一事件而言，成为过去，这可能就仅仅是已经引退，而且是在不失存在的情况下失去了效力。"问题是：一个事件的消逝就真的意味着与现在无关了吗？如果是这样，那么，它又怎么能够通过各种渠道（比如回忆）再次呈现于人们的脑海中呢？"过去"真的消失了吗？非也。当我们说："有一个过去"时，这一矛盾的陈述恰恰反映了"过去"并未消失这一事实。

"过去"已经发生，因而是一个"不失存在的"存在者，或者曾经是一个存在者。存在问题是存在主义哲学的核心问题。存在主义哲学家们认为，所谓存在问题即是存在的意义问题："任何存在论，如果它不曾首先充分考虑澄清存在的意义，并把存在的意义理解为自己的基本任务，那么，无论它具有多么丰富多么紧凑的范畴体系，归根到底它仍然是盲目的，并背离了它最本己的意图。"[7]13讨论"过去"的问题，最为重要的莫过于讨论"过去"的意义。作为存在，"过去"的性质，可以同义反复为"过去"的意义。

2.1　失落世界的表征性

人才有过去，这固然是因为人的存在是时间性的，是向着将来的生存过程，也因为人是有记忆的。已经发生而又不再现成（当下）存在的东西，当其在记忆中复现时即是已经过去了的东西。发生在过去的事件在记忆中的复现就构成了其"曾是"。当我们探讨"过去"的性质时，首要的问题是："过去"了的东西是什么？其答案只能是人们曾是的"现在"。"过去"由现在演化而成，因而依赖现在。对此，萨特说道："现在的存在因而就是它自己过去的基础；这一基础的特点是由'曾是'表现出来的。"[8]163人们的"过去"是由人们曾是的"现在"演化而成的，而人们曾是的"现在"也只不过是人们的活动，人们的存在方式。因此，欲明了"过去"的性质，就要先明了人们的存在方式。

存在（being）问题是西方哲学传统中的核心问题。在存在主义哲学中，理解人的存在方式成为理解存在问题的关键。

对此，海德格尔论证道："明确提出存在的意义、意求获得存在的概念，这些都是从对存在的某种领会中生发出来的"。[7]7这就是说，发问者（人）的领会生发出并最终规定着存在的意义，所谓存在的意义是由发问者——即人的存在所规定的。因此，海德格尔着重考察人的存在，并将人的存在称为"此在"："诸种科学都是人的活动，因而都包含有这种存在者（人）的存在方式。我们用此在来表示这种存在者。"[7]14存在问题可归结为存在者的意义问题，而这种意义也只是对于人的意义。与人不发生意义关系的存在者，我们无法知道其存在与否。

海德格尔认为，人的存在方式即是生存："此在无论如何总要以某种方式与之发生交涉的那个存在，我们称之为生存。"而生存的含义则是："它所包含的存在向来就是它有待去是的那个存在。"[7]15也就是说，人的存在方式就是不断地去取得自己的存在内容，去生发出、创造出自己的存在内容。除此而外，人再无其他存在方式，"生存规定着此在"。[7]15人们如何生存呢？海德格尔认为，人们生存的基础手段即是"寻视着的组建"。海德格尔认为，人的生存过程就是在目的的导引下，借助于"上手事物"（即工具）的指引联络而建立起属于自己的世界。"上手事物的联络本质上已经随着它的存在揭示出来了。只要此在存在，它就已经把自己指派向一个来照面的'世界'了。"[7]102"指引联络作为意蕴组建着世界之为世界的东西。"[7]103意蕴即筹划，人的存在方式就是筹划、组建世界的方式。组建而成的世界即是人们通过生存活动而取得的存在内容，其内容并不仅是抽象的思想，还包括作为世界物质符号在内的各种创造物及其关系，比如，书籍、工具等。因此，人的存在就是一个由各种创造物（包括思想、物质成果）及其关系纠结在一起的整体。

我们现在可以回答"什么东西过去了"这一问题了。我们可以将"过去了的东西"称为一个事件，一个事件也就是人们的一种生存方式。一个事件过去了，就是人们曾拥有的世界，曾经拥有的各种关系的整体，以及创造所有这些的活动不再由人们正在经历了。人的存在是在时间中的存在，是不断地向将来开展自己的存在，当人们向着将来开展着自己、组建新的世界时，旧的世界、旧的关系、旧的生存方式整体瓦解了，"现在"就不可避免地成为"过去"。海德格尔说道："什么物件过去曾存在而现在不再存在？……什么'过去'了？无非是那个它们曾在其内来照面的世界。"[7]431

然而，事件整体的瓦解并不意味着其曾有过的全部内容的消失。关系消失了，而其物质节点却遗留了下来。由人们的生存活动所创造的世界的物质符号作为曾经世界关系的节点留存了下来，成为"过去"整体的表征物。后人可以认知的"过去"只是这些表征物。"过去"作为失落世界的表征物，因人之不断的回忆而出现在知觉之中不会消失。由于人类不断地向将来开展的、活动着的生存方式，作为关系世界的事件整体瓦解了。也由于人类记忆能力方面的先天缺陷，瓦解了的世界不能永久地保留在记忆中。所能留存的只能是这样一个失落世界的表征物，这些表征物已然失去了其所曾拥有的全部关系，从而也就失去了其所曾有的全部意义，而变成了一个内容之意义有待明确的充实存在。

曾是世界的表征性，是记忆中"过去"的重要性质之一，或者说是"过去"的重要意义之一。

2.2 意义未定的自在性

当现在演化为过去时，曾是的世界整体只遗留着表征物标志着"过去"的存在。任何存在者都是有着充实内容的、自我同一的自在。所谓"自在"是指与它物无任何关联的存在者。虽然其内容充实，但内容的具体规定却不确定，与不同的它物发生不同的关系，则产生不同的内容规定。如，一块石头（称其为石头，已经给出了一个规定。称之为一团坚硬的物块，更接近准确）就是一个自在，当其被制为雕像时，就是雕塑材料；当其用于房屋基础时，就是建筑材料；当其用于杀人时，就是凶器。其本身是一个内容充实的存在，但其内容的具体规定由与它物的关系确定。自在的这一性质用萨特的话来说就是："它就是它自己。它是不能自己实现的内在性，是不能肯定自己的肯定，不能活动的能动性，因为它是自身充实的……存在是自在的。"[8]25 内容的充实性与内容具体规定的不确定性是自在的含义。

任何存在者都是一个自在存在。"过去"作为失落世界整体的表征性存在，也有其充实的内容。是一个存在者，当然也是一个自在存在。人们曾是的"现在"的所作所为及其结果当然是一个存在者，这些存在者不断地由时间性的人之活动固定为"过去"，它变成为一个自在。人们的活动，不断地创造着自己的自在，即不断地从一种自在中超脱出来，而创造着另一个自在。

过去之事件的物质表征已然发生，那就是一种无法消除、无法改变的存在者。这种存在虽然不主动与它物发生意义关系，但确有着由能动的人使其产生新意义的可能性。萨特说道："我们将继续保留着改变过去之意义的可能性，因为过去是具有某种前途的一种先——现在。"[8]166 自在的、表征性的"过去"，随着曾是世界的瓦解而生成，当与它物产生关系时，生发出新的意义。新关系的产生及其性质取决于为生存而活动着的人之目的，与不同处境的人发生不同的意义关系，好像这一"过去"是一个可以具有多种面目的存在物一样。在过去发生的事件，其意义并不固定，在不同的世界中演变成具有不同新意义的新事物。世界为何会发生变化？这是因为，任何世界均是由特定的时期之特定的人组建起来的，均是人的世界，而人的存在（此在）是自为的活动，活动本身即意味着变化。任何处境均不可避免地时过境迁，随之，事件连同其世界永久地过去了。

然而，人类需要过去，人类的现在只是一个瞬间，而人类的将来又尚在意蕴之中，尚不现实地属于人类，过去了的事件的表征者是人类所能把握的唯一内容。"对于人的实在而言，它显露出来的只是某种过去的存在，因为过去的确立，决定了人的实在将要是的和现在所是的东西"。[8]163 从这一角度来说，我们生活在过去之中。而且人类向着将来的生存活动需要过去的自在内容作为工具。也正是因为如此，人们为了留住过去（也就是留住自己的自在）颇费心机，采用了各种技术手段：口口相传、文字记录、摄影、录像等等。然而，所有这些手段均不能完全保留事件所在的全部世界。所能留下来的只是从特定角度（由其全部经历决定的价值观）观察到的作为自在的表征物（一个故事、一段文字、一段录影）。这些表征物是否能够进入人们的视野，完全取决于人们基于需要的活动。

过去是一个自在。过去的是世界，留下的是表征物，而这些表征物虽然已经失去了其所曾有的意义，但人们的向着将来的生存活动又会赋予其新的意义。

2.3 从"基于将来的解释"中获得意义的可塑性

"历史的本质重心就既不在过去之事中，也不在今天以及今天与过去之事的'联系'，而在生存的本真演历中，而这种本真的演历则源自此在的将来。历史作为此在的存在方式，如此本质地扎根在将来中。"[7]437说人存在是时间中的存在，意味着人的日常活动是向着将来的开展。此一开展着的活动包含两个方面的内容：其一，使现在的世界固定化为一个过去；其二，谋划（包括实现活动）自己的将来。谋划自己的将来，是此在——人的存在之最为重要的内容。对于人的存在而言，将来意味着什么呢？答案是：可能性。将来对于特定处境中的人们而言是一种"能在"。活动着的人的存在被不断地抛向它自己的将来。海德格尔说道："此在以被抛的方式委托给它本身及其能在。"[7]434虽然人的存在是向着将来的开展，但是将来是一个尚未实现的存在，是一个谋划中的存在。它不能为此在提供任何可能性。那么，此在之向着将来的可能性从何而来呢？从它的现在："它借以领会自己的诸种生存可能性，就是那些'流行'在总是现今的、公众对此在的'通常'解释之中的生存可能性。这些可能性多半由于两可而难脱出自身，它倒向来是从这些解释之中、为了反对这些解释同时也是为了赞同这些解释才下决心把选择出来的可能性加以掌握。"[7]434此在是现实中的存在，这种存在有其现实内容，这个内容即是其所处的世界。从对所处世界的解释中，此在获得其可能的开展方向。然而，任何一个此在所处的世界，均是一个现成的世界，而现成的世界不会突然闪出，而是预存，是一个由表征失落世界整体的"过去"自在物组成的延续存在。世界本身即是一个历史，而沉沦于世界中的此在因而也是一个历史性的存在。换言之，此在作为历史性的存在，从自己的（包括其他人的）"过去"中获得其向将来开展的诸种可能性。"但在此在的时间性中而且只有在此在的时间性中，才有可能明确地从承传下来的此在之领会中取得此在向之筹划自身的生存上的能在。那么，这种回到自身的、承传自身的决心就变成一种流传下来的生存可能性的重演了。这种重演就是明确的承传，亦即回到曾在此的此在的种种可能性。"[7]436表征性的"过去"之所以是重要的，就在于其具有为此在向将来开展的本真生存，或说现实生存，提供可能性的功能，而此在也正是由过去所提供的可能性来组建自己向着将来的生存，组建新的世界。

但是,"过去"并不自动地为人们谋划着的生存活动提供可能性,而是人们从对于过去的解释中,从"过去"中开发出自己将来的可能性:"此在当下就是而且在一定范围之内总是从这种此在解释中来领会自身。这种领会开展着它的各种可能性并即调整着这些可能性。它自己的过去——而这总是说它的同代人的过去——并不是跟在此在后面,而是向来已经走在它的前面。"[8]637

也正是在这种解释活动中,"过去"焕发了青春,重新获得了其意义。

对此,萨特说道:"因此,存在的东西只有当它向着将来被超越时才能获得其意义。因此存在的东西是过去。人们同时看到,过去作为'应该被改变的东西',对于将来的选择是多么的必不可少,因此,任何自由的超越若不是从过去出发将如何地不可能形成,——另一方面,人们又看到过去的这种本性本身又是如何地从一种对将来的原始选择中来到过去。"人们从历史中为自己创造了难以计数的"过去",选择何种作为自己的可能性,并非完全取决于人的主观任意,而是由人们所处的具体处境所决定的。具体地说是由处境中的人们所面临着的问题所决定的。人们所面临着的问题决定人们的需要,需要决定人们的目的。在目的的导引下,过去的意义被确定了:"然而,过去的意义紧密地依赖我现在的谋划,这丝毫不意味着我能随心所欲地改变我以前活动的意义;而是相反,这意味着我所是的基本谋划绝对地决定我应该是过去对于我和别人来说所能拥有的意义。事实上,只有单独的我才能每时每刻决定过去的意义:不是在任何情况下讨论、磋商和评价以前这样或那样的事件的重要性时,而是在我谋划我的目的时,我拯救了过去和我,并且通过行动决定它的意义。"[8]639集体的"过去"是通过集体回忆及对于此回忆的解释来到现在的,而回忆内容的取舍则取决于将来。诚如个体之回忆内容取决于其基于将来的需要一样。

"过去"的意义总是其现实意义,因为其在已经过去了的世界中所具有的意义已经一去不复返。而过去的现实意义正是其为人们谋划将来提供可能性。"过去"的意义取决于"将来"。这就意味着不同的对于将来的规划,"过去"就有不同的意义。人类必然地有一个自在的"过去",但这一"过去"是一个由将来规定其意义的可塑性存在。

海德格尔说得对:"积极地回溯过去即创造性地占有过去。"[7]26人们的生存即是向将来索取存在内容的活动,而过去是人们向将来开展的根据地,是将来可能性的唯一来源。过去在为将来提供可能性的同时,也从将来获得了其存在的意义。此在的过去、现在及将来就构成了此在的历史性,人的历史性。

2.4 "过去"与历史性

此在,人的生存活动,不断地向将来开展,同时不断地瓦解已经形成的世界,而使之变为表征性存在者。作为"过去"的这些表征性存在者并非变得与现在完全无关,而是纠缠着此在的生存活动,影响着人们对于将来可能性的选择。用萨特的话来说就是："过去是不可触及的东西，它在一段距离外纠缠着我们，我们甚至不能回头面对面地考察它。即使它不决定我们的行动，至少它是我们不从它出发就不能做出新决定的东西。"[8]638从将来到现在，又到过去；从过去到现在，再到将来，人的存在呈现出固有的时间性。正是时间性使人们的存在形成一个流动的整体，也就是呈现为历史性。唯人类才有时间意识，因而才有历史，历史性是人的独特存在方式，也是人类的独特存在方式。

对此海德格尔说道："此在的存在在时间性中有其意义。然而时间性也就是历史性之所以可能的条件，而历史性则是此在本身的时间性的存在方式。"[7]23人的存在就是形成自己历史的活动过程。在通常的意识中，成为历史的事件只属于过去。而真正的历史性存在却不是如此，而是集过去的积淀、向将来的谋划于一身的现在。时间也不是由可以分割的过去、现在和将来组成的，而是一个过去、现在及将来你中有我，我中有你的、互相规定又互相包含的整体。将来作为目的，作为可能性，是由过去提供、由现在谋划的；现在是由过去的积淀及将来的谋划构成其内容的；过去的意义则在于将来，而将来则存在于现在的谋划活动之中。

与常识中的"历史"一词的含义——已经过去，不再对现在发生效力——不同，历史性存在的特征恰恰是"过去"对现在及将来发生效力，没有过去的贡献，就不会有对于将来的谋划，也就不会有人之存在的新的内容的获得，就不会有不断形成的、流动的历史。"在这里，历史仍意指过去之事，然而却是有后效的东西。无论如何，历史之为过去之事总是就其对'当前'的积极的或阙失的效用关联得以领会的。"[8]428那种与现在完全无关的过去存在只能是一种想象中的存在。诚如萨特所言："我的过去若孤立于它的'过去性'，它就永不会显现。"[8]158从而，我们也就无从知道"过去"的存在了。事实上，由于人的存在的历史性，人就不可能摆脱过去："事实上，我们已经说过，只成其为'过去'的'过去'将跌入一种名义上的存在，在这种名义上的存在中，它会失去和现实的一切联系。为使我们'拥有'一个过去，我们就应该通过我们对将来的谋划本身将它保持为存在。我们不是接受我们的过去，而是我们的偶然性的必然性意味着我们不可能不选择它。"[8]638

人类不能摆脱其过去，正因为人类不得不开展自己的将来："正是将来决定过去是活着不是死去。"[8]640

3　信古、疑古两种史学态度的扬弃及层累历史的合理性

3.1　今古文之争与信古史学态度的辩证

李学勤先生在一篇谈话中讲道："'信古、疑古、释古'之说，涉及中国学术史上的一大公案。'信古'一名之生，是由于疑古思潮的兴起，在疑古出现以前并无其说；

而'释古'一名的提出，又是为了与疑古有所区别。"[9]李先生所说固然有其道理，但信古之名与信古之实应当区别开来。信古之说在疑古思潮之后，并不能说信古的史学态度也当在疑古的史学态度之后。就出现时间顺序而言，信古当在疑古之前。道理是明显的，古之学者必有师，师不信古则不传古，人非生而疑之者，未有不知古而疑古者。学而后知，知而后疑，疑古在学古而知古之后才能发生。信古在前，疑古在后，当是符合常识的时间顺序。

发生在两汉时期的今古文之争，是中国史学上一桩公案。

清末经学家皮锡瑞在其《经学历史》一书中，对于今古文之争的缘起有如下描述："今文者，今所谓隶书。古文者，今所谓籀书。隶书汉世通行，故当时谓之今文。籀书汉已不通行，故当时谓之古文。许慎谓孔子写定六经皆用古文。然则孔子与伏生所藏书，亦必是古文。汉初发藏以授生徒，必改为通行之今文，乃便学者诵习。故汉立十四博士，皆今文家。而当古文未兴之前，未尝别立今文之名。《史记·儒林传》云：'孔氏有《古文尚书》，安国以今文读之。'乃就《尚书》之今古文而言。而'鲁、齐、韩诗'、《公羊春秋》《史记》不云今文家也。至刘歆始增置《古文尚书》《毛诗》《周官》《左氏春秋》。既立学官，必创说解，后汉卫宏、曾逐、马融又递相增补以行于世，遂与今文家分道扬镳。"[10]86

经过秦始皇焚书坑儒，先秦时期的儒家经典著作绝大部分已被销毁了。西汉建立后，这些典籍的先秦古文旧本大都没有传下来，它们主要是由战国以来的学者们通过口传心授，传诵下来的。对此，钱穆说道："考古文书籍，自秦廷一火，不绝如缕。汉兴，残简朽编，出于山崖屋壁之中，一二大师，流落人间，私相传授，遂传于后。"[10]86当西汉社会生活稳定下来以后，人们便用当时通行的隶书把这些儒家经典一一抄录下来，写成定本，当时人称它们为今文经。另一方面，西汉时期人们又多次从民间和孔子旧宅墙壁中发现了一些先秦时用六国古文字书写的儒家典籍，被称为古文经。《汉书·艺文志》说："《古文尚书》者，出孔子壁中。武帝末，鲁共王坏孔子宅，欲以广其宫，而得《古文尚书》及《礼记》《论语》《孝经》凡数十篇，皆古字也。"无论是今文经还是古文经，原只是治经家们所持依据之记载文字的不同，但是后来却由此文字上的差别而形成了两个学术上对立的派别：今文经学派和古文经学派。

今文古文虽异流而同源，其思想内容均来自古典学说。在今天看来，两个学派之间本可求同存异，各行其道。然而在西汉末年却发生了一场震动当时朝野，流波所及达二千多年的争论。

两者所争者何事呢？从现象上来看是争立已学于学官，是争博士之位。

西汉时期，今文经学受到封建统治者的承认，在思想学术领域占据着统治地位。今文经学立于学官，在朝廷设立了五经博士。这些博士都是对某一经有着专门研究的今文经学家。就时间顺序而言，今文经学早于古文经学。随着古文的陆续发现与传播，治古文者渐多而形成能与今文家分庭抗礼的学派，时与日移，两派的争斗也渐趋激烈。古文经学派在开始时处于被贬斥的地位，未能立于学官。古文经虽有传本，也只藏于朝廷秘府或在民间流传。直到西汉末代皇帝汉平帝时，以古文经为治经依据的古文经学派才由于王莽一派政治势力的支持，在学者刘歆的建议下将古文经学立于学官，以与今文经博士相抗衡。

然而，立于学官的前提条件是所治之学为"真"学问。如此，争论的焦点就转而为真假问题，此于争立《左氏春秋》于学官案最为著明。

史书有关《左传》最早的正式记载，见于《史记·十二诸侯年表序》："孔子明王道，干七十余君，莫能用，故西观周室，论史记旧闻，兴于鲁而次《春秋》……七十子之徒口受其传指，为其所刺讥褒讳挹损之文辞不可以书见也。鲁君子左丘明惧弟子人人异端，各安其意，失其真，故因孔子史记，具论其语，成《左氏春秋》。"[11]

然而，自《左氏春秋》著成之日，至秦汉之际的张苍，其间约250年，文本却隐晦不显。

刘歆在整理皇宫藏书的过程中，发现古文《春秋左氏传》这本书。《汉书·刘歆传》记载："及歆校秘书，见古文《春秋左氏传》，歆大好之。时丞相史尹咸以能治《左氏》，与歆共校经传。歆略从咸及丞相翟方进受，质问大义。"刘歆发现了《左氏》，又对之进行研究整理，"引传文以解经，转相发明，由是章句义理备焉"。这时属于今文的"春秋传"共有公羊、谷梁、邹、夹四家，能被立于学官的是公羊、谷梁。汉哀帝时，刘歆提出将《左氏春秋》《毛诗》《逸礼》《古文尚书》等源于古文的经典立于学官。于时，爆发了今古文之争第一案："及歆亲近，欲建立《左氏春秋》及《毛诗》《逸礼》《古文尚书》，皆立于学官。哀帝令歆与五经博士讲论其义，诸博士或不肯置对。歆因移书太常博士责让之，其言甚切。诸儒皆怨恨，师丹为大司空，奏歆改乱旧章，非毁先帝所立。上曰：'歆欲广道术，亦何以为非毁哉？'"[12]

刘歆立《左传》于学官的理由是什么呢？汉代今古文的争论的焦点在《春秋》三传，而三传之间的门户之争又都集中在《左传》是否得圣人真意而"传《春秋》"这一问题上。所争者，何者为孔子真义是载。刘歆之所以要立《左氏春秋》，在于认为"左丘明好恶与圣人同，亲见夫子，而公羊、谷梁在七十子后，传闻之与亲见之其详略不同"。[12]据此，他认为，就可信性而言，《左氏》的价值远在其他二传之上。为此他还向作为"谷梁"大师的父亲刘向问难，对有些问题刘向也不能很圆满地予以回答。《汉书·刘歆传》曰："歆及向始皆治易，宣帝时，诏向受《谷梁春秋》，十余年，大明习。及歆校秘书，见古文《春秋左氏传》，歆大好之，数以难向，向不能非间也……"[12]在刘歆看来，三传中唯《左传》堪称得孔子真传，故最有资格立于学官。今文学家们持论则与此相反。

这就是汉代今古文之争的本质。所争者在当事者看来在一"真"字。两者争而相持不下，而在相信自己所传为古之真义这一点上却是一致的。两派均为信古者，均宣称己学与古相合，为真；彼学与古不合，为假。

从今天的视角看，当如何评论这场争论呢？

信古者之信古，自有其合理性。不能简单地归之为愚昧，或动机不良。

疑古一派指斥信古者所信为造伪的历史。而造伪的涵义当是凭空虚构。我们说，造伪一说只说对了一半，造者造矣，伪则不然。不可否认，许多历史学家们在陈述及解释历史时，附会了许多前人未述及的东西。然而这种附会并非毫无根据，而是有着历史遗留下来的表征物作为依凭。对于今文学派而言，其依据是口口相传的材料，而口传材料并非空穴来风，是失落世界的表征性存在。对于古文学派而言，其依据则是新近发现的古文字材料，古文字材料无疑亦为失落世界的表征性存在。信古史学态度的合理性，就在于其所信之古，自有其"过去"之表征物作为依据。

后人认为古文经学是刘歆造伪的结果。如康有为就认为："始作伪，乱圣制者，自刘歆；布行伪经，篡孔统者，成于郑玄。阅二千年岁月日时之绵暖，……咸奉伪经为圣法，诵读尊信，奉持施行。"[13]13

钱穆则对此持反对意见。他根据所编《刘向歆父子年表》认为，一方面，刘歆没有作伪的时间。刘向死于汉成帝绥和元年（前8年），刘歆复领校五经在绥和二年（前7年），争立古文经博士在哀帝建平元年（前6年），此离刘向死不到两年，离刘歆领校五经才数月。若说在刘向死前刘歆已遍伪群经，但经钱氏爬梳从刘向生到死的言论及行事，作为父亲的刘向并不知晓。钱穆按语说："歆窥中秘，其父犹在，古人竹简繁重，岂有积年作伪而其父不知之理？"于是刘歆造伪只可能在刘向死后，但此时刘歆领校五经才几个月，刘歆"何得遍伪群经"？"在数月之间，欲伪撰《左氏传》《毛诗》《古文尚书》《逸礼》诸经，固为不可能。"[14]106另一方面，从刘歆个人的精力及同时代人的言论上判断，古代的书籍由繁重的竹简制成，以刘歆一人之力难以伪造出群经。若说是众人所为，那么与刘歆同时代的学者，有的还与刘歆共同参加整理五经的工作，为什么没有一人泄露其秘密说刘歆伪造诸经？

我们说，刘歆并非造伪，而是基于所掌握过去的表征性存在，合理地对历史进行了重新解释。康有为造伪说的错误在于忽视了刘歆学派所持依据的正当性。

当然，刘歆持论并非完全正确。刘歆的错误在于将对于历史的重新解释当作求真，表述为求真，而将其结论作为过去的真实。而这正是信古史学态度谬误之所在。

我们说，用文字写成的，或用口头语言表述的历史是对于曾是的过去的描述，这种描述本身就是创造。它只是曾是世界的表征而非曾是世界本身。从开端上，历史就是造成的。信古者之信古的谬误就在于不能明了此理。信古者将从古书中看到的关于过去的陈述认作不可怀疑的真事实，而不知书中所记只不过是失落的曾是世界的表征物。这种表征物并不与失落世界完全相合，也不可能相合，而是一种基于需要的创造。本来就不是普遍"真"的曾是的世界已然消逝，一去不复返了。今文学派所奉经典，来源于不同人的口口相传，焉有口口相传数百年而不失其真之理？焉有不同人传授同一真理之事？古文学派所奉经典，来源于发壁之古文，似乎无失真之虞。殊不知，发壁之古文，只是曾是世界全部关系中的节点，并非曾是世界的全部，于其被发现之时，已与其曾在世界脱离。无论今文家还是古文家，均是在进行着创造历史的工作。

信古史学态度的合理性及谬误皆出于不知"过去"的性质。尽管浑然不觉，今文家们及古文家们实际上，是为了一个向将来的谋划而释古。

《汉书·董仲舒传》云："武帝即位，仲舒以贤良对策。制曰：'盖闻五帝三王之道，改制作乐，而天下洽合，百王同之。夫五百年之间，守文之君，当涂之士，欲则先王之法，以戴翼其世者甚众，然犹不能反，是以仆灭。凡所为屑屑夙兴夜寐务法上古者，又将无补矣？子大夫明先圣之业，习俗化之变，终始之序，讲闻高谊之日久矣，其明以谕朕。'"对于此制，钱穆先生的评论可谓一针见血："即此制文而观，可悟当时儒术之兴，乃由汉室承平既久，国力充盈，在上者不甘卑近，而追慕前古盛治，借以粉饰太平，夸炫耳目；而三代古事，载在《诗》《书》古文，自有专业，儒者应机而起。"[10]88董仲舒是汉代今文经学的大家，其之所以治今文《公羊春秋》并推崇之，乃是为武帝谋划将来而托古。

至于刘歆推崇古文经学，更有其深层用意，即意在用之于将来。刘歆就曾批评今文家说："至于国家将有大事，若立辟雍、封禅、巡狩之仪，则幽冥而莫知其原。"[12]至于刘歆托古以为王莽改制张目，是早有此论的。

既然问古是为了将来，则其价值标准就不应求之于过去，而应验之于将来。一时代有时代之处境，因而就有一时代之向将来的谋划；一人有一人之处境，故有一人之向将来的谋划。因之，就有了对于"过去"的不同态度、不同看法。董仲舒与刘歆异代不同时，面临着不同的向将来谋划的任务。两者对古经所持不同态度，持不同观点是再正常不过的事了。两者对于古经的不同解释，契合于其时代要求，至于是非判断的标准，则应验之于其对于将来的谋划实现程度，而非其他。欲于两者之中用同一标准断一是非，实乃"风，马牛不相及"而强及之。以已经永远消失的曾在世界作为判断真伪的依据，而争今古文之是非，乃缘木求鱼也。

信古一派的信古态度，即有其合理性，也有其谬误性。我们不应当否定而应当扬弃之。应当相信有从古代而来的失落世界的表征物之存在，将这些存在作为证据来重新解释历史是合理的。但宣称这些表征物是真实的曾是世界就是错误的。重新将这些自在的表征物拉回到现在，重新把握这些自在的表征性存在，也只是为了对于将来的谋划。

3.2 "古史辨"与疑古史学态度的辩证

20世纪20年代，在"五四"反封建思想与科学观念和方法的激荡下，以顾颉刚为代表的一批学者掀起了一场以疑古为特征的古史辨运动。

传统经书的观点认为:夏、商、周三代就形成了统一国家,甚至认为尧、舜时代已经是统一国家,唐尧、虞舜是至圣之君,上古是黄金时代,以后世道浇薄,国家难治。遂形成千古流传的复古思想。从尧、舜这些古圣王起,经过禹、商汤、周文王、周武王、周公、孔子、孟子,一脉相承,成为神圣的"道统"。对于记载这些"道统"的经书只能顶礼膜拜,不能有所怀疑。在胡适提倡的存疑主义的诱发下,顾颉刚等人对经书中的一切结论都持怀疑态度,经常讨论如何审理古史和古书中的真伪问题,由此形成了"层累地造成的中国古史"说。

"层累地造成的中国古史"说是顾颉刚疑古思想的核心。他系统地考察了传说中古史的演变过程。为了阐释"层累说"的涵义,顾颉刚通过对上古帝王世系的考证进行说明。他在《诗经》中发现,自西周至春秋初年人们对古代没有太悠久的推测,一个民族有其本民族的始祖,而没有许多民族公认的始祖。除了自己的始祖,他们只知道一个最古的人王"禹",而这时的禹和"夏"没有什么关系。人们认为禹是开天辟地的人,夏桀是被汤征伐的人,两者漠不相干。他又从《论语》上看,发现东周的末年才有了尧舜。在《论语》中,两次连称尧、舜,一次连称舜、禹,又接连赞美尧、舜、禹,可见当时在禹之前有了更古的尧、舜。孔子还说舜"无为而治",但此时尧、舜、禹之间的关系还没有被提起。《论语》之后,尧、舜的事迹编造得完备了,《尧典》《皋陶谟》《禹贡》等篇的出现,使尧与舜有了翁婿关系,舜与禹有了君臣关系,尧、舜的德行政事也粲然大备了,而此前尧舜的观念还是空洞的。从战国到西汉,伪史被充分地创造,在尧、舜之前更加上了许多古皇帝。如秦灵公祭黄帝,把黄帝立在尧、舜之前;许行等人抬出了神农,将其立于黄帝之前;《易·系辞》抬出庖羲氏,又立于神农之前;李斯等人更把天皇、地皇、泰皇立在庖羲氏之前。而《世本》的出现,硬替古代名人造了世系,使中华民族都成了黄帝的子孙。自从汉代与苗族有了交通联系,便把苗族的始祖传过来,于是盘古成了开天辟地的人,更在天皇之前了。经过此番精到严谨的考证,顾颉刚用汲黯的"譬如积薪,后来居上"来总结人为造史的情状,即"时代越后,知道的古史越前;文籍越无征,知道的古史越多"。[15]65由此可以看出,传说中的古帝王从原本唯一可知的人王"禹",逐步一层层累积叠加出现了三皇五帝,最终构建出一个上古帝王体系:从开天辟地的盘古开始,先后是天皇、地皇、泰皇、庖羲、神农、黄帝、尧、舜、禹。在这一体系中,"禹"从最古的人王被置于最末位的人王,这不能不令人怀疑该体系的真实性。顾颉刚由此认定这是人为造史的例证,"古史是层累地造成的,发生的次序和排列的系统恰是一个反背",[16]52"层累说"由此诞生了。根据其"层累说",顾氏断言,中国传统经书中的古史系统是造伪的结果,并非所谓的信史。

疑古者之疑古自有其合理性。

历史的写作只是对于作为过程的曾是事件之若干环节加以描述,只是对于事件中人物的若干行为、言语加以描述。绝不能将这些描述等同于曾是事件或人物的全部，这些事件或人物已经一去不返了。即使曾是的世界在其未消失时，由于视角不同，对于不同的人也具有不同的感受、不同的意义。不存在能够使身临其境之所有人产生一致感受的所谓的本"真"世界。"真"是属人的，是一种主观感受，亦即所谓的真理。究"真理"之本质涵义，乃是主观感受与对象间的符合。① 因之，真理是对象与个体间的特定意义关系，真理是特定的，而非普遍的。从开端上，不同的人就有不同的历史感受。曾是的世界在其曾是时，就是一个多重意义的存在者。曾是的世界本来就不是普遍本"真"的，可由不同的人从不同的角度进行多重解读。今之所谓事实者，不过是"实事求是"之"是"。对于此一"是"字，戴震弟子凌廷堪在其《东原先生事略状》中所做解释堪称精到："昔河间献王实事求是，夫实事在前，吾所谓是者，人不能强辞而非之；吾所谓非者，人不能强辞而是之也。"[10]288 如此，所谓"是"者不过是特定时空范围内的"意见一致"而已。然而，此一时，彼一时，一致之意见不是一成不变而是与时俱进的。爱因斯坦的狭义相对论所具有的哲学意义也就在这里。历史的写作过程是一个创作过程，而且是由不同处境中人所作出的多样性创作，历史作品是创作，而且是一个不断的再创作过程。历史是层累的，也就是创造的，疑古者指斥许多历史陈述是造伪，其正确之处只在一个"造"字，在于其指出了历史是创造的这一事实。

疑古者也有其谬误之处。

其一，用文字写成的历史并非完全虚构，而有失落世界之意义待定的自在的表征物作为依据。在晚清近代，章炳麟、刘师培、梁启超等人都曾着重指出了上古史官之制的重要性，胡堇人在与顾颉刚的论辩中也强调了这一点，提出："我以为古史虽然庞杂，但只限在尧舜以前。若尧舜以后的史料，似乎比较稍近事实。我且把我依据的理由写在下面：一、古史官是世传的，他们父传子，子传孙，容易把史料保存。就是突遭兵火，他们因职务上关系，不能不尽法搜辑。况列国有史官，一国失传，还有别国可以参互考订，决不能各国同时间对于某时代造出一色的假货。例如司马氏在烧书以后，还能保全一部分史料，作成《史记》。他所叙商朝事实，和新近出土的龟甲文大致差不多相同。商代如此，夏代便也可知。可见那尧舜禹绝不是完全杜撰了。"[17]95 胡适阐述造伪历史现象产生的原因时说道："古人言必称尧舜，只因为尧舜年代久远，可以由我们任意把我们理想中的制度一概推到尧舜的时代。即如《黄帝内经》假托黄帝，《周髀算经》假托周公，都是这个道理……正因为古人死无对证，故人多可随意托古改制。"[18]13 胡适之论恰恰说明古人及古人之言是一个意义待定的自在，也正是这种自在的存在，为人们谋划未来提供了可能性。自在不能杜撰，却能赋予其新的意义。

由于古史辨派摧毁了伪造的古史，影响所及，国人论史多以三千年前的殷商为"信

---

① 关于"符合论"的真理观，海德格尔在其《论真理》一文中有透彻的分析。

史"时代的开端,而将商以前的历史视为神话或传说。实际上,每一个民族都有自己的神话传说古史体系,古代希腊的荷马史诗就是其中最有名的之一。这些传说经过历代人的口耳相传,后被记载下来,便成为史诗,其中蕴含着十分重要的史实。这是因为古代一个民族关于本身先世的传说,绝不是凭空虚构的故事,它在古人心目中具有重大的意义。1982年底,尹达为《史前研究》杂志的创刊写了一篇《衷心的愿望》,也对古代的神话传说有新的看法。他问道:"我国古代社会的传说里究竟是否全属伪造?在这些疑说纷纭、似是而非的神话般的古史传说中是否有真正的社会历史的素材?我们能不能因此而对祖国的远古社会采取虚无主义的态度?……从考古发掘中还发现有些'传疑时代'的某些部族里的可能有相当关系的各种不同的新石器时代的文化类型。从地望上,从绝对年代上,从不同文化遗存的差异上,都可以充分证明这些神话的传说自有真正的史实素材,切不可一概抹杀。"[19]450不可否认,神话传说总不免一些夸饰的成分,即使这些夸饰成分也并非是无稽之谈,也不能一概抹杀。就其所具有的特殊功能——为谋划中的将来提供可能性而言,它们与所谓的信史等价。

疑古者的谬误之处在于,他们不知历史陈述的创造并非出于恶的动机,而是出于谋划将来的现实需要。汉武帝需要大一统,儒家就出来创造一个符合此需要的帝国古史系统。而顾氏身处封建帝制崩溃的时代,处于一个需要民主的时代,当然就需要一个中华文化多元起源的古史。

其二,疑古者们在指斥造伪历史行为的同时,希望获得真正的历史事实。疑古者们同样不知,所谓本体论意义上的、真实的历史事实是不存在的。任何历史均是人类基于需要的创造,被创造的历史当然可以合法地加以再创造,正是这种再创造导致了层累的历史。传统经书中的中国古史系统是由其时或其后之人用口头或文字创造出来的,这并不奇怪,而是合理的甚至是必然发生的现象。

3.3 层累历史的合理性与必然性

我们应当扬弃疑古一派对于中国古史的破坏,而承认层累历史现象的合理性与必然性。顾氏认为,历史是不能仿造的,层累的历史是仿造的历史,仿造的历史是不可信的,历史学家的任务是求得有可靠依据的信史。我们说,历史的层累现象是合理的,而且是必然的。

其一,人类必须谋划其将来,而谋划将来的依据只能从过去产生,从而人类必然地依赖其"过去"。其二,不同时代、不同处境中人,面临着不同的谋划需要。只要需要,同一个事件,即同一个"过去",必然地进入现在的视野,而被不断地重新加以解释。这正是胡适强调哲学研究要重视"时势",[18]22-24钱穆感慨"学术之随世运而转变"[10]49的真正原因所在。其三,新的观察,使同一个"过去"处于新的世界,故而产生新的意义。如此,同一个事件,同一个"过去"就有可能生长出、叠加上不同的意义及不同的符号。"过去"作为失落世界的表征物，以自在的方式存在着，后来者无法消除这种自在物，只能出于其处境的需要而将新的意义附加在它的身上。后来者对于"过去"的依赖使得"过去"在新的处境中产生新的意义。由此，就造成了层累的历史。"过去"的意义是对于现在人的意义。现在的人对于历史的看法、解释是"自为"的。从历代史学家们对于历史人物（如孔子）及其学说、事迹的解说、评价的演变，即可看出这一点。

至于在自在的"过去"身上累加何种内容，附加何种意义则取决于历史学家对于人类将来的设计。人类创造历史乃通过两种方式。其一，谋划将来，并实现之，从而创造出一个世界，或者说，创造出一个满足人类需要的符号体系。从开端起，历史就是造成的。其二，基于谋划将来的需要，对于已失落世界之符号体系进行再解释、再创造，使之产生新的意义。如此，在原有表征物的基础上，累加了新的意义，从而使历史呈现出层累的特性。层累历史并非是出于恶意的伪造历史，而是基于需要对于历史的再创造，只要人类生存着，人类就必须从对历史的再解释中获得生存的可能性。对于历史的再解释、再创造、再建构，亦即层累历史是人类生存方式的必然要求，因而是合理的现象。顾氏之疑古，其本质是对由层累而来的古史持价值否定态度。他认为，不可信之古史，则不足以征引。殊不知对于古史的层累，正是向将来谋划的依据，层累历史的价值是不可磨灭的。

顾颉刚先生之所以能够提出摧毁传统古史系统的"层累说"，一个重要的原因，是其所处时代是一个破坏旧世界、旧秩序、旧观念的时代。那个时代需要一个对于新的世界的谋划，为了使新的世界、新的秩序、新的观念立足，必须先将旧的世界打破。由此，顾氏理论应运而生。尽管浑然不觉，疑古者们并不是为了求得所谓过去的真实而疑古，而是为了一个向将来的谋划而疑古。

4 结语："基于将来的释古"

李学勤先生曾说："最近这些年，学术界非常注意新出土的战国秦汉时期的简帛书籍。大量发现的这种真正的'珍本秘籍'，使我们有可能对过去古书辨伪的成果进行客观的检验。事实证明，辨伪工作中造成的一些'冤假错案'，有必要予以平反。更重要的是，通过整理、研究出土佚籍，能够进一步了解古书在历史上是怎样形成的。我们还体会到，汉晋时期的学者整理、传流先秦古书，会碰到怎样复杂的问题，作出多么艰辛的努力，后人所不满意的种种缺点和失误又是如何造成的。我曾经说过，疑古思潮是对古书的一次大反思，今天我们应该摆脱疑古的若干局限，对古书进行第二次大反思。这就是我大胆提出'走出疑古时代'的原因。"[9]李先生提出"走出疑古时代"的命题，而对于如何走出疑古时代，李先生没有说，大概是说要以考古资料为依据重建中国的古史系统。然而，考古发现，只是过去的表征性存在，依此进行古史系统的重建当然可以，如此重建的古史却不能得到所谓的信史，因为，所追求的本体论意义上的历史的真实——信史是不存在的。

依据过去的性质，我们应当提倡"基于谋划将来的释古"，走出疑古时代，而步入释古时代。用"基于谋划将来的释古"的史学态度，来扬弃信古与疑古的史学态度。

所谓"基于谋划将来的释古"，乃是基于对于将来的设计，将遗留下来的失落世界之关系的节点——"过去"的表征物重新编织成一个关系网。由于此一关系网的可见部分只是"过去"遗留下来的节点，所以，从形式上看，此一关系网属于"过去"，因而是历史。然而，这一关系网的中心却位于将来，它的使命是为人类未来的生存活动提供可能性。编织此一关系网的过程，即是历史的重构过程，一如孔子删定六经以及后世儒学大家不断地对六经再加注释是对历史的重构一样。如果将以"求真"、求"信史"的史学概括为"为了过去而过去"的话，则"基于将来的释古"的史学则是"为了将来而过去"。

"基于谋划将来的释古"有别于传统意义上的释古。后者的目的是追求所谓的信史，而前者的目的则是为人类设计将来而释古。后者为释古而释古，为"过去"而解释"过去"。而事实上这是做不到的，因为，唯有一个涉及将来的谋划存在时，"过去"才会进入现在的视野。

"基于谋划将来的释古"拒绝追求历史真实、追求历史事实的还原论，因为曾是的世界的全部已经消失，没有一个等待揭示的事实真相可以经过史学家的努力而得到。这种释古承认改造古史的合理性，因为，"过去"是一个可塑性自在，而人类的未来需要这些经过改造的自在。

"基于谋划将来的释古"拒绝因疑古过度而导致的历史虚无主义，而承认曾是世界——"过去"的表征性存在对于人类的重要性。它作为人类规划将来的基础，对于人类价值、目的的设置具有重要的启发意义，是实现人类将来目的、价值的可能性来源。在"基于谋划将来的释古"的历史态度面前，传说、文献、考古材料具有相同的地位，均为人类谋划将来的历史工具。

"基于谋划将来的释古"与"实用主义"有一个共同之处，即强调历史的效用。"基于谋划将来的释古"与"实用主义"还有重要的不同，后者着眼于当下，着眼于现在；而前者则着眼于将来。

"基于谋划将来的释古"接受疑古态度的谨慎，对于"过去"遗留下来的难以计数的自在的表征性存在——史料、考古发现及口头传说，将依据对于将来设计的价值、目的进行取舍，进行解释。这种取舍、解释过程即是"过去"意义的确定过程，也就是历史的重构过程。对于"过去"的表征性存在的求索过程，是确定其对于将来的意义过程。面向将来而求索过去，才是历史性的真实涵义。

"基于谋划将来的释古"首先要求善意，出于善意而设定的、关于将来的价值及目的，能够产生对于历史的善意重构。对于历史研究而言，善意的价值观具有特别重要的意义。

人类有无限的将来，因而就有无限的历史层累任务或者说历史重构任务，史学工作者们使命重重，任重道远而无穷期。

现以梁启超先生的一段话结束本文的讨论："什么是历史的目的？简单一句话，在将过去的真事实予以新意义或新价值，以供现代人活动之借鉴。假如不是有此种目的，则过去的历史如此之多，已经足够了。在中国他种书籍尚不敢说，若说历史书籍，除二十四史以外，还有九通及九种记事本末等，真是汗牛充栋，吾人做历史而无新目的，大大可以不做。历史所以要常常去研究，历史所以值得研究，就是因为要不断地予以新意义及新价值以供吾人活动的借鉴。譬如电影，由许多呆板的影片凑合成一个活动的电影，一定有他的意义及价值，合拢看，是活的，分开看，是死的。吾人将许多死的影片组织好，通上电流，使之活动，活动的结果，就是使人感动。研究历史也同做电影一样：吾人将许多死的事实组织好，予以意义及价值，使之活动，活动的结果，就是供给现代人应用。再把这个目的分段细细解释，必定要先有真事实，才能说到意义，有意义才能说到价值，有意义及价值才可说到活动。"[6]363 对于上述，除"过去的真事实"一语不能苟同外，其余全部接受。

参考文献

[1]《古史辨》第六册，《冯序》，第 1 页。

[2]《史记》卷十三，《三代世表》。

[3]《史记》卷六十七，《仲尼弟子列传》

[4] 荀子：《非相》。

[5] 胡适：《〈国学季刊〉发刊宣言》，见《胡适文存》二集，第 3 页。

[6] 梁启超：《中国历史研究法补编》，见刘梦溪主编：《中国现代学术经典——梁启超卷》，河北教育出版社，1996 年。

[7] 海德格尔：《存在与时间》，三联书店，2000 年。

[8] 萨特：《存在与虚无》，三联书店，1987 年。

[9] 李学勤："谈'信古、疑古、释古'"。

[10] 钱穆：《国学概论》，商务印书馆，2002 年。

[11]《史记》卷十四。

[12]《汉书·刘歆传》卷三十六。

[13] 康有为：《新学伪经考》，三联书店，1998 年版。

[14] 钱穆：《刘向歆父子年谱》，见《古史辨》第五册。

［15］顾颉刚：《与钱玄同先生论古史书》，见《古史辨》第一册中编。

［16］顾颉刚：《自序》，见《古史辨》第一册。

［17］胡堇人：《读顾颉刚先生论古史书以后》，见《古史辨》第一册。

［18］胡适：《中国哲学史大纲》，上海古籍出版社，1997 年。

［19］尹达：《〈衷心的愿望〉——为〈史前研究〉的创刊而作》，见《尹达史学论著选集》，人民出版社，1989 年版。

刘益东 1961 年生，北京人。中国科学院自然科学史研究所研究员，博士生导师。1984 年毕业于清华大学电机系，获学士学位。1987 年毕业于中国电力科学研究院研究生部，获硕士学位。2006—2007 年伦敦政治经济学院（LSE）管理系访问学者，研究领域为科技战略、人才战略、科技管理、科技与社会、科技史。长期自主研究的中心主题是"科技知识增长与可持续创新和发展"，主要对科技知识增长的最不利和最有利两个方面进行深入研究。前者是科技负面效应和科技巨风险，后者是科技革命和可持续创新与发展，两者又相辅相成，紧密结合。两项工作也许都可视为突破性研究成果，均特征鲜明地符合突破点四要素的要求。前者的核心是提出致毁知识概念并以其为研究对象开展对科技巨风险的专门研究，填补了该领域的研究空白，通过提出并解决一个重要问题（在科技知识增长的同时，能否阻止其中一类破坏力极大的科技知识——致毁知识——的增长与扩散？）发现致毁知识不可逆增长引发的科技危机是人类面临的最大危机与挑战。并以此突破了双刃剑思维模式这一主流的共识与思维模式和乐观派与悲观派互不相让的学术僵局；后者的核心是提出并解决一个重要问题：在学术领域外行评价何以可能？需要何种条件？因此提出开放式评价法和外行评价法、AI 评价法，使消费者成为懂行的用户，首次尝试建立真正的学术市场，重新定义大学和科研机构，促使人文社会科学崛起。两项工作的结合也许能够为可持续创新与发展这一当代头等大事的解决提供新思路和新方案。两项突破性工作相应发表了两个系列的研究成果，各有一部个人专著出版：《智业革命——致毁知识不可逆增长逼迫下的科技转型、产业转型与社会转型》和《云科学革命——人类创造力的第二次大解放》。国内外发表论文 50 余篇，合著专著 5 部，科普图书 1 部，完成多部研究报告。培养科技战略方向的硕士、博士研究生和博士后多名。

对不准原理与动车困境：人类已经
丧失纠正重大错误的能力

□ 刘益东

人类有两个最为重要的能力：目标确立及实现能力和知错纠错能力。然而纵观人类发展的历史和现状，笔者发现实际上人类在重大目标的实现和重大错误的纠正方面几乎鲜有获得过完全真正的成功，这种状况的最严峻的结果是目前人类已经丧失了纠正重大错误的能力。造成这种状况和结果的具体原因很多，但是共同之处有两点：一是在实现重大目标的行动过程中难以对准目标，几乎总是偏离目标；二是在认识和纠正重大错误过程中往往不是先暂停产生错误的活动，然后进行查错和纠错，而是"边继续、边纠错"，结果是重大错误难以得到纠正。为此，笔者提出"目标对不准原理"或"目标瞄不准原理"（简称"对不准原理""瞄不准原理"）、"动车困境"和"纠错纠不准原理"（简称"纠不准原理"），发现目前社会已经形成了"恐怖实现系统"和"个人恐怖实现系统"，并以此论证了目前人类已经丧失了纠正重大错误的能力，人类已经进入危变社会和危变时代，指出致毁知识的不可逆增长、积累及扩散与"（个人）恐怖实现系统"的结合是当今世界面临的最大危机和挑战。本文包括三部分内容：一是对这四个新概念进行阐述，二是结合具体事例进行说明与解释，三是基于上面的研究提出人类已经丧失纠正重大错误的能力、人类社会已经进入危变社会这一判断，确定实现从"产销优先"向"安全优先""解危优先"的转型是当务之急。

1 对不准原理与动车困境

1.1 目标对不准原理

"目标对不准原理"或"目标瞄不准原理"（简称"对不准原理""瞄不准原理"），包括五层含义：一是目标对不准需求，对需求理解和分析的不全面、不透彻，目标的内涵不准确，容易让人产生歧义，也可能造成人们各取所需地进行理解的局面，以致所确定的目标不能准确体现真实的需求和意图；二是计划对不准目标。因为重大计划往往是平衡各方利益的产物，很难以实现目标为唯一考量，所以即使计划完全实现也不能完全

---

* 原载《未来与发展》2011 年第 12 期，第 2—6 页。有所增补，少量增补内容来自此后笔者发表的论文。

实现目标；三是计划执行对不准计划。因为对于许多人而言，并不把执行和实施一项重大计划首先看作是要完成的任务，而是把它首先看作是一个获取个人利益的机会，在竞争环境中的人们，把握机会总是最重要的，即使计划执行的带头人深明大义，真心实意地想执行计划，其手下人与合作者仍然会上有政策、下有对策，上有大目标、下有小算盘，在主观为自己、客观为计划的过程中，很难完全实现计划；四是监控、反馈、调节与评估对不准目标和计划及实施。监控、反馈、调节与评估同样受到上述的需求分析不准、利益平衡制约、主观为自己、客观为计划等因素的影响，同时还受到信息与知识的不对称、不充分和时间限制等，而无法对准目标、计划及实施，无法发挥应有的作用；五是各个环节都对不准。各方合力与各种因素的作用及影响的结果是在目标确立、计划制定、计划实施、监控调节等各个环节，应该对准的都对不准。也就是说，重大目标的确定和重大计划的制订、实施与监控调节要考虑多方利益、需要多方的合作且执行时间较长，其结果因认识、理解、利益、能力、限制条件、环境与条件变化等多种因素，造成各方合力既对不准需求、对不准目标、对不准计划，也对不准计划实施和监控调节。因此，权宜之计、取上得中的情况屡屡发生。"对不准原理"丰富了"决策偏差"分析。

人们往往想当然地认为计划能够充分实现就能实现目标，实现目标就能满足需求，实际情况却要复杂得多。目标对不准需求、计划对不准目标、执行对不准计划等各个环节的对不准的事经常发生。"目标对不准原理"主要适用于大的目标、大的计划，对于小目标、小计划来说，因涉及人员少、涉及因素少、所需时间短等而有可能对得准。显然，对于大目标、大计划来说不存在歪打正着而实现的情况，因为需要最佳配合、最佳状态才可能做到的事，不会碰巧做到。

1.2　纠错纠不准原理

纠错也是一种目标，"目标对不准"也包括了纠错纠不准，但是由于纠错能力是人类生存与发展的最重要的能力之一，所以笔者单独将其列出讨论，称之为"纠错纠不准原理"，简称"纠不准原理"，它除了具有"目标对不准原理"的各项内容之外，还有自己的特点需要强调。从对历史和现实的观察，笔者认为从总体上看：迄今为止实行的"边继续、边纠错"的模式只能对纠正较小的错误有效，对纠正重大错误则很难奏效。而在很多情况下，又是不可能实行"先暂停、后纠错""先暂停、再纠错"的。笔者认为，小的错误可以通过获得正确的认识来纠正，但是大的错误，特别是关乎国家和社会发展的大错，仅有正确的认识是远不足以纠正的，通常需要具备四项条件才可能纠正重大错误：一是有正确的认识并达成共识；二是能够在利益上形成共赢的行动预期；三是能够采取有效的共同行动；四是其他有关条件同时具备。因此纠正大错是极不容易的，在大错发生之前给予纠正就更是难上加难了，能够吃一堑长一智就已经相当不错了。从历史上看，几乎都是如此，在重大问题上一错再错的事例屡见不鲜，例如反恐、环境危机、科技负面作用等。这四项条件也就是纠正重大错误的四道门槛：能否达成共识、能否预期共赢、能否共同行动、能否同时具备各有关条件。显然，能够迈过四道门槛、同时具备这四项条件，是极不容易的，因此纠错是纠不准、纠不成的。

显然，对不准原理可以成为战略管理学中的一个新原理，它提醒战略制定者与执行者，在涉及较大目标和规划时，存在着需求、目标、计划、执行、监控调节等对不准的情况，因此要制定对策，把偏差限制到最小，把损失限制到最少。更重要的是，要以对不准原理为前提，补充或重构战略管理学中相应的内容，据此可提出容错战略管理或容偏战略管理、容错战略规划或容偏战略规划等。

1.3 动车困境

在目标对不准、纠错纠不准的情况下，有时会使人们深深地陷入困境。比如，在关于科技负面作用方面的认识，就是至今也没有达成共识，关于环境和反恐问题上虽然在认识上达成共识，但是没有在利益协调上形成共赢的行动预期，就更不用说采取有效的共同行动了。这里的关键在于纠正重大错误时并不是把造成灾难后果的有关活动停下来之后，进行统一认识、协调利益、组织共同行动、备齐各有关条件，而是现行的有关活动仍然继续，在各个利益集团的驱动下按既定道路继续前行，就像多轮驱动的动车一样。人们在继续行驶的动车上争论、争吵，只有迈过"达成共识、预期共赢、共同行动、条件齐备"这四道门槛，才可能使动车改变运行状态：或停运、或变速、或转向，所以要纠正重大错误极其困难，笔者将这种快慢与对错两难的困境，称之为"动车困境"。"动车困境"包括六点涵义：1）多轮驱动：某种活动或事业在多种因素（多人或多个利益集团、经济竞争、科技探索、教育投资等）的驱动下运行、发展。2）既有道路：有了一个既定、既有的运行、发展的道路，沿着这条道路发展最符合当下的主导利益集团的既得利益和利益预期。3）边运行、边纠错：当活动或事业的运行或发展出现错误时，由于多种原因不能先暂停运行，然后再进行纠错，而是采取边运行、边争论、边纠错的方式纠正错误，这种方式增加了纠正错误的难度，而在绝大多数情况下是不可能为了纠正错误先叫暂停的。4）纠错不对称：在边运行、边争论、边纠错的方式下，实际上当不能达成共识的情况下，显然对主张以现有方式或以接近现有方式继续运行的一方有利，即使达成共识但是不能形成共赢的行动预期时也是如此，达成共识、形成共赢行动预期但是尚未采取有效的共同行动等也都是如此。所以这种纠错不对称对既得利益者有利、对顺延既有发展道路者有利、对维护既有运行模式者有利，而重大错误恰恰是既有模式出现了大问题，因此纠错不对称对纠正重大错误极为不利，这种情况令人陷入左右为难、将错就错的困境。5）纠小错靠认识，纠大错靠条件齐备：小的错误可以通过对错误的正确认识予以纠正，而大的错误则往往需要具备四项条件才可能获得纠正，这四项条件是：①有正确的认识并达成共识；②能够在利益上形成共赢的行动预期；③能够采取有效的共同行动；④其他有关条件同时具备。而要同时具备这四项条件是极为困难的，在边运行、边争论、边纠错的方式下更是如此。6）纠错纠不准：小错能纠准、大错纠不准，对小的错误只要正确认识到错误及其原因，就有可能准确地纠正它，而对于大错，则需要具备四项条件才可能纠正它，而现实中往往不能同时具备这四项条件。对个人和利益集团来说，通常不是把纠错（特别是纠大错）首先看作是任务，而是首先视为获利的机会，名实两分、借机行事，所以往往不能对准纠错目标进行纠错，而是醉翁之意不在酒。打着反恐的幌子掠夺他国的石油资源就是明证。更糟糕的是，即使有人、有利益集团的头领深明大义，真心实意地想纠正错误，但是他的手下和他的合作者也仍然把这项任务看作是实现自己目标的机会，而不可能齐心协力地去纠错。

"对不准原理""纠不准原理"和"动车困境"之所以被人们长期忽视，可能是由于以往的重大目标的实现与否、重大错误的纠正与否，都没关乎人类的生死存亡，因此目标没有完全实现、错误没有完全纠正的后果也不是很严重，能够"望其高、取其中"就可以满意了。但是在能否实现重大目标、能否纠正重大错误直接关乎人类的生死存亡的情况下，就不能"望其高、取其中"，而是要"望其高、取其高"了，此时，"对不准原理"和"纠不准原理"就必须受到最高度的重视，"动车困境"更是把问题的严峻性和紧迫性揭示出来。关于"对不准原理"和"动车困境"的进一步讨论与模型建构笔者有另文详述。

2 以反恐问题和科技负面作用问题为例说明"对不准原理"与"动车困境"

2.1 对不准原理：以反恐为例

自从 2001 年"9·11"事件发生之后，反恐就是一个旗帜鲜明的目标，以致美国时任总统小布什在国会讲话时申明："每一个国家，每一个区域，都得做出一个决定。要么，站在我们这边，要不，与恐怖分子一道。"以此宣告一场反恐战争展开了。但是在反恐旗帜之下，真正的计划却不是对准反恐，而是为了石油资源的争夺。在反恐战争经历了近十周年之际，美国《基督教科学箴言报》（2011 年 5 月 2 日）刊登了波士顿大学历史学与国际关系学教授安德鲁·巴切维奇的题为"拉登已去，但是美国在中东的战争将持续下去"的文章，明确指出反恐战争的重点不在拉登而在石油。文章说美国是从 1980 年开始参与今天这场"确保美国生活方式的战争"的，只要美国的生活方式依然依赖对大量外国石油的获取，那么美国决定大中东地区命运的努力就将继续。因此，那些反对西方建立一个服务于西方目的的新中东的伊斯兰极端主义者也将继续战斗下去。[1] 由于"名实两分、借机行事"的事情屡见不鲜，所以"对不准原理"的例子不胜枚举。

2.2　动车困境：以批判和减少科技负面作用为例

长期以来关于科技负面作用的讨论就没有停止过，广岛原子弹爆炸之后，传统的科学进步观遭到质疑。技术批判理论、科技伦理、科技与社会、科学技术学、科技哲学、科技管理、科技政策与科技战略、科技法学、环境科学、社会风险理论、负责任创新、社会学和经济学等有关领域开展了对科技负面作用的研究。进入 21 世纪，又出现了新的情况：以往批评科技的人士主要是人文社科学者和不知名的科技专家，而今著名的科技专家也加入到批评者的行列，如硅谷的技术大师、UNIX 之父比尔·乔伊（Bill Joy）和英国皇家天文学家、剑桥大学教授马丁·里斯（Martin Rees）。乔伊认为未来 20 年很有可能发生一次"颠覆文明的事件"，其概率高达 50%。[2] 里斯预言到 2020 年之前，只要发生一次生物恐怖袭击或生物工程方面的错误，上百万人类的生命就可能迅速灰飞烟灭。[3] 这些批评虽然很严厉、预言的事态也极危险，这些警告也引起强烈关注，如当时的美国总统克林顿的办公室也把乔伊的长篇文章《为什么未来不需要我们？》要去一份加以研究，在欧美发达国家也陆续出台一些加强生物实验室管理之类的措施，出现了不少笔者称之为"维护性伦理研究"和"辩护性伦理研究"的工作，其特点是在不影响高科技发展和希望继续加大科技投入的前提下进行一些伦理考量，通过广泛的科普工作，免除公众的困扰和担忧，为高科技健康快速的发展扫清障碍。但是科技发展的总体态势和格局并没有改变，尖端科技照样获得大量投资，照样在争议中快速发展，人们仍然一味地认为科技创新是提升竞争力的核心要素。

那么为什么警告再多、再严厉，警告的科技负面效应再多、再可怕，也不能够引起真正的重视和行动？是因为发出的警告高深难懂、曲高和寡？或者是言过其实、危言耸听？笔者认为警告的发出者、科技负面效应的研究者、对科技持批评乃至反对态度的人士，几乎都没有做出正确分析和判断，几乎都没有正确地发出预警，因为他们并没有真正发现科技负面效应是人类面临的最大危机和挑战。笔者把预言分为两类：文学预言和科学预言，文学预言只给出结果（或也包括推断过程，但是不严谨），往往不能令人信服，也不能因此引起重视和行动；科学预言则不仅给出结果，而且还正确揭示出引发结果的机制和条件，给出严格的论证。比如，在原子弹发明之前许多年，就有人预言一种威力巨大的炸弹，一颗就可以毁灭一座城市，而这只是文学预言，直到核裂变和自持链式反应被发现之后，关于发明原子弹的预言才是科学预言。

笔者认为许多关于科技负面作用的警告只是文学预言而非科学预言，声称科技负面作用将毁灭人类的结论也过于笼统，因此这样的警告和预警再多、再严厉也无法真正说服决策者、科学家、技术专家与公众，更无法说服反对者，造成了公说公有理、婆说婆有理的局面，陷入了"动车困境"，即：在科技界、企业界、政府及公众等多方的认识和利益的驱动下，科技事业快速发展，而关于科技负面作用有各种认识与看法，争论不休，远没有达成共识（笔者将其概括为存在着包括"双刃剑思维陷阱"在内的十大误区[4]），在这种情况下，科技发展的动车是不会停下来，等争论有了结果、达成共识之后，再决定是按原路线行驶，还是减速或转向，因此只要不能达成真正的共识，科技动车就会按照目前的方向和方式一如既往地继续行进（这显然对支持科技以现行模式继续发展的一方有利），即使是驶向毁灭也无法改变。实际上，即使达成了共识，但是不能形成共赢的行动预期、不能采取有效的共同行动，就不可能把科技动车转向安全、正确的道路。这一学术僵局使得众多关于科技发展的反思、批评和变革等研究及建设性建议都收效甚微。有鉴于此，笔者在剖析关于科技负面作用研究的诸多误区和偏见的基础上，区分尖端科技的巨风险与普通科技的风险，独辟蹊径地提出"致毁知识"概念和"致毁知识研究模式"的研究思路和框架，取代"双刃剑研究模式"，以突破研究科技负面作用的学术僵局。明确"尖端科技知识正负效应不可抵消、科技知识增长不可逆、知识与应用具有连锁效应"这三个前提，提出"在科技知识增长的同时，能否阻止其中一类破坏力极大的科技知识——致毁知识——的增长与扩散？"这一重要问题。其主要发现和结论是致毁知识增长与扩散是不可逆和不可抵消的，在市场经济这一目前世界主流社会发展模式下，致毁知识的增长与扩散又是不可阻止的，科技知识增长已经失控，这意味着人类面临毁灭的危险是不断累加和递增的，达到一定程度必然会发生毁灭性灾难。鉴于目前科技发展的速度和态势，新一轮科技革命即将或者已经爆发，致毁知识即将大量涌现，毁灭性灾难因此频发，可谓恶兆当头，这就是人类面临的最大危机与挑战。再考虑到当前恐怖和个人恐怖主义泛滥，黑客和极端分子大行其道，致毁知识将助纣为虐，就可知人类的处境有多凶险了，如不采取断然有力的措施，在中短期（5年至20年）内爆发危机的可能性极大，而且这种不可逆增长的危险累进方式，使得毁灭性灾难发生的几率越来越大，直到爆发。也就是说，知识危机和科技危机是世界最大的危机，其核心是致毁知识不可逆、不可抵消、不可阻止的增长、积累与扩散[4-7]。这一重要发现和结论也许是迄今为止关于人类面临最大危机和挑战的最为严峻、最为准确的阐述，它与那些认为科技将要失控、将要毁灭人类的预言并不相同，那些预言只是文学预言，只是预言了一个大致的结果，并没有发现和阐述导致结果的机制和条件，因此缺乏说服力；而笔者做出的是科学预言，不仅给出了更加具体的结果，而且比较精确地揭示了导致结果的机制和条件。为世界"体检"，发现和确诊人类社会"最大的病患"与最大的危机，并提出可行的对策，是知识分子最重要的职责之一。笔者希望也能够为此尽绵薄之力。

3 人类已经丧失纠正重大错误的能力，人类已经进入危变社会和危变时代

知错和纠错能力是人类赖以生存的最重要的能力，如上分析，小的错误可以纠正，

而大的错误极难纠正，关系人类生存与发展的重大错误，从目前的情况看不可能得到纠正，因为同时具备四项条件几乎是不可能的。无论从道理上分析、还是从实际情况上看，都可以得出这样一个结论：在现行的条件下，目前人类已经丧失了纠正重大错误的能力，之所以尚未发生重大灾难，仅仅因为重大错误的发展还没有达到灾难爆发的程度，这就像虽然刹车已经失灵，但是失控的列车不一定马上就出轨翻车。本文的主要结论如下。

3.1 "囚车剑魔"：人类面临的四大困境

那么，目前人类所犯的最大错误和面临的最大危机与挑战是什么？这个问题是关心和思考社会发展与人类命运的专家学者与有识之士必须要回答的问题，可以说，以看护人类为己任的思想家、学术大师、哲人智者们往往都会探究人类面临的最大危机与挑战；看护人类、为世界体检看病，首先关注的也是最严重的病患。那么谁能够最先、最准确、最深刻地发现人类面临的最大困境、危机与挑战，谁就揭示了关乎人类命运的头等重要的奥秘，显然这在无形之中就形成了争相探究危机真相的智力竞赛。常见的是对人类面临的各种困境的判断，其难点在于如何对人类面临的各种困境做出深刻、准确、完整的揭示与概括，不多不少，且在同一层次、最好在基础层次。迄今为止出现的关于人类面临三大困境、五大困境、N 种困境等说法，要么没有发现最大困境，要么所涉及的困境不在同一层次，要么是不分轻重缓急的罗列，要么不完整，对主要困境有所遗漏。因此，对人类面临困境的揭示与概括既有巨大的现实意义，也是极为严峻的智力挑战。

除上述关于致毁知识的研究外，笔者对人类面临的困境做了更基础、更一般化的分析，提出以人类能否犯重大错误，重大错误能否被纠正、能否被抵消，重大错误是否容易发生，何为重中之重的最大错误为主线来揭示这一关乎人类命运的最大奥秘。笔者将著名的囚徒困境和自己提出来的动车困境、双刃剑困境、魔戒困境与科技危机合称"四大困境与最大危机"，将其认定为目前人类面临的最大威胁和挑战，目前风起云涌的大IT 革命与科技的快速发展正全面加剧这种困境与危机。四大困境是指人类在是否犯重大错误和能否认清与纠正重大错误的问题上陷入一系列困境，简称"囚车剑魔"（PTSR）四大困境。囚徒困境表明重大错误不可避免，甚至争先恐后地犯错（个人理性和集体理性两难）；动车困境表明重大错误难以纠正，任由重大错误在争议中继续发生发展、继续危害社会（快慢与对错两难。边运行、边分析、边争论、边纠错的方式难以纠正重大错误）；双刃剑困境表明正负效应不可分割、重大错误无法抵消，甚至对此人们浑然不知（正面效应大与负面效应小两难。一方面完全忽视了尖端科技的正负效应不可抵消，比如核电站、核医学再好也抵消不了核灾难、核事故，是一"坏"遮百"好"，另一方面却总是一厢情愿地强调扬长避短，而不深思"短"能否避免，还想当然地认为是人决定了科技的使用，实际上许多情况下是科技诱使或迫使人们来使用，面对科技身不由己，连锁效应无法阻止。正负效应无法分割、尖端科技正负效应无法抵消就表明做不到扬长避短）；魔戒困境表明犯重大错误的门槛越来越低，个人能力越来越强，甚至可以发动战争和制造毁灭性灾难，小人物可以犯大错误（理性与行善两难。电脑病毒的泛滥就是魔戒困境的一个预演和体现，人有理性所以经不住诱惑）。四大困境表明人类不断犯大错、大错误又难以纠正、无法抵消、不可分割，而且犯大错误的门槛越来越低，小人物也能犯大错误，这就是人类面临的最严峻的四大困境。这一"四大困境说"也许是迄今为止对人类面临的根本性困境所做出的最为深刻、准确、精炼而完整的揭示与概括。[8]

3.2 科技危机：人类面临的最大错误与挑战

"囚车剑魔"四大困境是针对重大错误而言，在各种错误中最致命、最严重的错误就是在科技发展与应用问题上犯的重大错误，其核心是如上所述的致毁知识不可逆、不可抵消、不可阻止地增长与扩散，并因此导致科技危机。人类文明的出现和发展主要依靠两大基本条件：一是自然条件，二是知识条件。对前者的滥用、破坏造成了环境危机，引发了环境保护与可持续发展的概念、思潮、理论、研究领域及相关行动；对后者的误用、滥用，特别是对后者中影响最大、持续增长的科技知识的误用、滥用，已经造成了知识危机和科技危机，但是至今却远没有引起足够的重视，也没有确立起有效的分析框架、政策指南和行动纲领，直观而粗糙的"双刃剑思维模式"一直作为思考科技风险的主流思维模式就足以说明这个研究领域的薄弱和低效[6]。知识危机的种类很多，比如有知识体系的危机（引发科学革命）、信仰的危机、世界观的危机等，但是只有能够导致大规模毁灭性灾难的致毁知识产生的危机才是最大的知识危机。可以说，对科技知识的误用、错用、滥用并缺乏深刻反思与有效对策，其精确表述是致毁知识不可逆、不可抵消、不可阻止地增长、积累与扩散，这是人类犯下的最严重的错误，它导致了目前人类面临的最大危机（也是最大的知识危机）——科技危机，加之目前社会已经形成了恐怖实现系统和个人恐怖实现系统，黑客与极端分子大行其道，缺乏监管的基因玩家等尖端科技创客，急功近利的企业研发系统等，人工智能突飞猛进，这些要么与致毁知识结合，要么促进致毁知识增长与扩散，因此更加突出了最大危机的严峻性和危险性。可以说，恐怖实现系统的建构和个人恐怖主义是科技负面效应的最危险的体现，小人物犯大错误，甚至小人物可以毁灭人类。

在众多的科技负面效应当中，尖端科技制成的致毁武器或致毁产品（本文统称为致毁武器）的危害最大，如核武器、超级病毒、基因武器、纳米炸弹、AI 武器等，而且随着尖端科技和新型研发方式的发展（如 3D 打印、DNA 合成仪、大数据、云计算、人工智能、众包、创客、公共研发平台等），个人和小型组织更容易制造和获取致毁武器，个人将获得前所未有的巨大杀伤力，一个人的火力可以相当于传统意义上的一个师、一个军团。众所周知，个人恐怖主义（独狼）的危害越来越严重，因为比起国家恐怖和有组织恐怖，个人恐怖实施的门槛更低、任意性更大、数量更多，也更难以控制。更为可怕的是，随着可供个人使用的致毁武器的数量与品种的增多和威力的提高，个人恐怖不仅成为极为有效的破坏、报复的手段，而且将成为实现许多目的的便捷手段，特别是成为敲诈、绑架、谋财和操纵的有效手段。环境灾难的受害者主要是大众，富人可利用金钱规避环境危害，但是富人却是个人恐怖攻击的首选目标。致毁、致死、致残、致愚、致病等各种产品在网上都可方便地买到，可以想象到那时，犯罪成本极低，无风险敲诈、无风险绑架、无风险报复、无风险谋杀将会频繁发生，社会将无安宁之日，社会将"江湖化""电子游戏化"。笔者将利用致毁等武器从事恐怖活动的人称为"恐客"或"极端黑客"，其活动定义为"超级个人恐怖"或"恐客恐怖""独狼恐怖""极端黑客恐怖"，其活跃的时代称为"个人恐怖时代"或"恐客恐怖时代""独狼恐怖时代""黑客恐怖时代"，甚至专门以恐怖行动为牟利手段的"恐客"成为社会的统治者，使得人类社会历经农业时代的"君王社会"、工业时代的"老板社会"之后进入知识时代的"黑客社会""恐客社会"。恐怖组织的恐怖活动也可以以个人恐怖的方式进行（当然，有组织的恐怖活动造成的灾难会更大）。可以说，人类社会进入知识时代的最大特征是创造或拥有重要的新知识的个人拥有空前的权力，所谓"创意为王"，这就使社会发展面临着一个分叉：向正面发展进入可持续发展的"专家社会"，向负面发展就进入"游戏致死"的"黑客社会""恐客社会"。当然，黑客和恐客也是专家，只是他们是发明、利用黑客技术和致毁知识的专家，因其负面作用而单独列出。

更加糟糕的是，笔者发现科技发展与应用、电子商务及金融系统等在客观上（或有意无意地）与军火黑市结合发展出了一整套"恐怖实现系统"或称"恐怖实现网络"，包括"个人恐怖实现系统""个人恐怖实现网络"。它由致毁知识源、致毁武器源、武器获取及采购网络、国际金融系统、洗钱网络、媒体和人肉搜索及互联网等组成。这些要素相互结合、相互支撑，让恐怖组织和恐怖分子如鱼得水。例如，存在着被称之为"深网"（Deep Web）的深层网络，这是些能匿名进行活动的网站，普通搜索引擎搜索不到，它们用"比特币"结算，非常隐蔽，里面有大量的非法交易，有悬赏暗杀和职业杀手网站，有毒品、武器、伪造证件的网站等，其中一家名为"丝绸之路"的网站，全球有一百万顾客，全年营业额在十二亿美元以上。[9]实际上，在笔者看来，电脑病毒的泛滥就是黑客社会的一个预演和"测试版"，是"个人恐怖时代"的预演和序幕。毫无疑问，人是最危险的，在未来可以想见的各种危机和挑战中，最大的危机和挑战莫过于致毁知识不可逆增长与扩散造成的"个人恐怖"，莫过于"恐怖实现系统"所强化和倍增的"个人恐怖"，莫过于进入小人物也能够发动战争、也能够制造毁灭性灾难的"个人恐怖时代"！

更为严峻的是，迄今为止，人们对于迫在眉睫的危机和威胁浑然不知，有所察觉者也没有给予应有的重视，给予重视者也束手无策或听之任之。面对可能的毁灭性灾难居然没有采取宁可信其有的态度，更没有采取宁可信其有的措施。众所周知，在日常生活中人们在面对可能死亡的灾难时一定会采取宁可信其有的措施，比如，民航飞机的失事率如果达到十万分之一（世界日均航班数超过十万，2014 年统计），就意味着世界连续每天要报道一架飞机失事，很多人就不会再乘坐飞机；如果是万分之一失事率，则连续每天要坠毁十架飞机，必然引起极大恐慌，民航业就得倒闭，几乎不会再有人选乘飞机。匪夷所思的是，在科技风险造成毁灭性灾难这个问题上，其发生的概率远高于万分之一，但是人们无动于衷。这种延续已久的人类盲目乐观、从众惯性和解危惰性才是最令人担忧的，"通过对玛雅、高棉和罗马帝国兴衰史的研究，表明人类在面临严重的社会问题时，往往满足于权宜之计，而不是寻找治本之道。这种'鸵鸟政策'代代相沿，浪费了问题解决的最佳时机。当全社会的问题恶化到无法解决时，文明的崩溃指日可待"[10]。

3.3 从"建设优先""产销优先"向"安全优先""解危优先"的转型是当务之急

凡事都是在特定条件下发生的，上述的判断与结论（包括人类已经丧失纠正重大错误的能力等）是指在目前的社会发展模式及各种条件下做出的，若发展模式转变、条件更新则可以避免悲剧发生。笔者提出"科技的总体安全观"和从"建设优先"向"安全优先""解危优先"转型，指出目前人类社会急需发生两大观念上的转变：一是科技重大安全的一票否决，强调科技从实验室—产品—用户—社会—环境的全程安全、总体安全。它包括底线安全、人类安全、可持续安全。底线安全就是即使恶意应用和军事应用也能避免或也能承受的科技才是可以接受的科技。对于一项技术，强调它有多少好处是不够的，强调为它做了多少安全措施也是不够的，关键是它能否避免被恶用、被误用，社会能否承受、能否化解它被恶用、误用的后果。即，科技如何发展首先不取决于其正面效应，而是首先取决于科技的负面效应，取决于社会能否承受、能否化解、能否克服科技的负面效应，实现科技转型与产业转型，创建底线安全（致毁知识零增长）的绿色科技是当务之急；二是人类已经进入危机决定的社会，未来首先不取决于建设和发展得如何而取决于对危机解决得如何，实现从"建设优先""发展优先""产销优先"向"安全优先""解危优先"转型是重中之重和当务之急。这两大观念转变也是笔者提出的两项新思想，前者称之为"安全优先的科技发展观"（简称"科技的安全优先观""科技的安全优先思想"），是科技的总体安全观的核心思想；后者称之为"安全优先的社会发展观"（简称"社会的安全优先观""社会的安全优先思想"），据此可以形成新的科技发展观与新的社会发展观，是实现科技可持续发展的发展观和实现社会可持续发展的发展观，以两者为基础可以形成"安全优先的发展观"或"安全优先观"。它们与现在的可持续发展理论的最大区别在于，迄今为止人们普遍认为是资源耗费与环境破坏限制了社会永续发展，而"安全优先观"则认为人类社会发展的首要制约因素是知识危机、科技风险和科技危机，所以知识安全和科技安全是必须优先保障的。也就是说，当前世界的最大威胁与挑战并非能源资源快耗尽，而是致毁性"负废"增长太快要装满，即世界最大威胁与挑战不是"正能量"消耗殆尽，而是"负能量"越积越多，而且正负能量不能抵消！[11]

安全优先的科技发展观改变了研究与制定科技战略、科技规划和科技政策的思路、规则和原则，改变了进行技术预见的思路、规则和原则。那些只考虑或只主要考虑科技正面效应的规划、战略、政策和预见，都是不切实际的一厢情愿，必然会误导科技发展，乃至万劫不复；安全优先的社会发展观改变长期以来的以经济发展优先、眼前利益优先的经济社会发展模式，改变仅把资源、环境、气候问题视为人类面临的最大挑战的可持续发展观，主张"低危"比"低碳"更紧迫、也更重要，只有发动分配的革命，建立起激励均衡的贡献－分配制度，让满足人们可持续发展需要者与满足人们眼前需要者获得大致相当的激励和收益，让以知识分子为核心的公共利益集团崛起才能从根本上解决可持续发展问题。当前的任务就是从目前的建设优先、产销优先转变为安全优先、科技安全优先、解危优先。笔者界定新思想产生于实证研究的新突破，而不是简单的构思和说法（否则"出思想"也太容易了），即是因为在学术研究中做出突破性进展并产生新观念、新思维、新思想。因此，将以上两者称之为新思想，并非仅仅由于观点新颖，更是由于两项新思想的提出是来自笔者在事关科技发展和社会发展的重大问题及对策研究领域取得的突破性成果（因符合"突破点四要素"而可称之为突破性成果），这两项新思想是一系列深入、系统、突破性的研究成果的一部分，并在创新性的系统研究的支撑下获得解释和传播（即使字面上已经有接近的提法，也不影响将它们称之为"新思想"），可谓产出新思想，解决大问题。

4　主要结论与政策建议

本文提出"目标对不准原理""纠错纠不准原理"和"动车困境"，指出产生大错误的活动在纠正错误时，不是叫停活动，而是边运行、边争论、边纠错。在此情况下要迈过四道门槛（达成正确共识、预期共赢、共同有效行动、有关条件齐备）才可能纠正错误，而这极其困难。据此论证了在目前条件下人类已经丧失了纠正重大错误的能力。发现错误，却难以纠正错误，越是重大错误，越是如此。"想到但是做不到"，不仅是个人的悲剧，也是人类的悲剧。笔者将著名的囚徒困境和自己提出来的动车困境、双刃剑困境、魔戒困境与科技危机合称"四大困境与最大危机"，四大困境表明人类不断犯大错、大错误又难以纠正、无法抵消、不可分割，而且犯大错误的门槛越来越低，小人物也能犯大错误，这就是人类面临的最严峻的四大困境。在各种大错误中最大的错误就是科技知识的错用和滥用，由此引发科技危机，科技危机是最大的危机，其核心是致毁知识不可逆、不可抵消、不可阻止地增长、积累与扩散。发现目前社会已经形成了"恐怖实现系统"，它与致毁知识的增长、积累和扩散的结合是当今世界面临的最大威胁和挑战，人类已经进入危变社会和危变时代。当然这也是最大的机遇，如果我国能够率先开展科技巨风险与知识安全学[11]、低危科技与低危经济[12]、可持续创新与发展等新兴领域的研究与践行，从改变观念入手，践行"安全优先的科技发展观"和"安全优先的社会发展观"，构建可持续研究与创新范式，从目前的建设优先、产销优先转变为安全优先、科技安全优先、解危优先，实现科技发展模式与社会发展模式的转型，更新有关条件，大幅提升纠正重大错误的能力，创造性地建立和运行"规定时间内达成正确共识、预期共赢、实现共同行动"的社会知行系统，则可以带领世界走上可持续发展道路。曾经成功应对自然灾害与战争灾害这一农业时代最大挑战的中国，完全可以抓住新机遇，在世界上率先创建安全优先的可持续发展的科技模式与社会模式，不仅是和平崛起，而且是创新崛起，在创造可持续创新与发展的新模式的过程中崛起！

参考文献

[1] 2011年5月2日文章，拉登已去，但是美国在中东的战争将持续下去. 基督教科学箴言报，2011 – 05 – 02. http：//world. people. com. cn/GB/14564498. html.

[2] Bill Joy. Why the future doesn't need us. www. wired. com/wired/archive/8. 04/joy. html，2000（4）.

[3] Martin Rees. Our Final Century，William Heinemann. London，2003.

[4] 刘益东. 智业革命——致毁知识不可逆增长逼迫下的科技转型、产业转型和社会转型. 北京：当代中国出版社，2007.

[5] 刘益东. 科学的目的是追求真理吗？//宋正海，等. 边缘地带——来自学术前沿的报告. 北京：学苑出版社，1999.

[6] 刘益东. 人类面临的最大挑战与科学转型. 自然辩证法研究，2000（4）.

[7] 刘益东. 试论科学技术知识增长的失控. 自然辩证法研究，2002（4/5）.

[8] 刘益东. 大IT革命：从思维到社会的深刻变革. 学术前沿，2015（8）.

[9] 长侠. 隐匿之地：深网TOR揭秘. http：//www. 8btc. com/deep-web.

[10]（美）丽贝卡·科斯塔. 即将崩溃的文明——我们的绝境与出路. 李亦敏译. 北京：中信出版社，2013.

[11] 刘益东. 试论粗放式创新、致毁创新、可持续创新理论与知识安全学. 科技资讯，2014（9）.

[12] 郝伟. 刘益东首倡"低危技术、低危经济"理念带动粗放式创新向可持续创新转变. 市场信息报，2014 – 10 – 14.

  屈宝坤 1963 年生，北京人。毕业于南开大学哲学系，中国科学院自然科学史研究所副编审，《自然科学史研究》副主编，主要从事科学思想史、科学文化史方面研究。发表有《晚清社会对科学技术的几点认识的演变》《中国古代著名科学典籍》等论著。

晚清社会对科学技术的几点认识的演变

□ 屈宝坤

1840 年的鸦片战争，揭开了中国近代历史的篇章，从这一时期开始，中国社会的政治、经济和思想文化都发生了巨大变化。在鸦片战争中，中国科学技术的落后是战争失败的直接原因之一。这一明显的事实率先在士大夫中引起了极大的震动。而在中国近代史上，先进的中国人向西方寻求强兵富国的真理，首先也就是以学习西方科学技术为起点的。因此，考察晚清社会对科学技术认识的转变，无论是在近代思想史上，还是在近代科技史上，都是一个重要的课题。本文即对这一问题作一尝试性研究。

1 对科学技术作用和地位认识的提高

和古希腊重视自然因果关系的探讨而鄙薄技术应用不同，中国古代科学技术在天人合一思想影响下，始终有着以人为中心、以应用为目的的特点，即所谓"备物致用，立功成器，以为天下利"①。中国古代称有所发明创造、为社会造福的人为"圣人"，而大多数科学家都有富国安民的思想②，把是否"有裨于民生日用"③ 作为自己科学研究的标准，足见其影响之深。然而，以对现实生活的作用大小作为科学技术的取舍标准亦有其局限性。略过中国古代科技本身重视技术应用，忽略理论研究的缺欠不论，就其社会地位来说，它在漫长的封建社会中，从属于封建伦理道德学说，服务于封建统治的政务，其存在的合理性取决于封建伦理道德的要求，因而随着封建道德伦理思想体系的日趋僵化，封建专制政治的日渐加强，科学技术在社会生活中的作用也越来越为人所忽视。鸦片战争前的中国社会思想就充分反映了这种状况。当时为清政府所提倡、高踞堂庙的宋学空谈性理，"名理之儒士苴天下之实事"④。而汉学家在封建专制的禁锢下，把科学技术当成了经学之附庸，为"儒林之实学""治经之本"，直到 1844 年邹伯奇在研

---

* 原载《自然科学史研究》1991 年第 10 卷第 3 期，第 211—222 页。

① 《周易·系辞上》。

② 陈美东，范楚玉，金秋鹏，林文照：《略论中国古代科学的思想特点》，《科技史文集》第 15 辑，上海科技出版社，1985 年。

③ 梅文鼎：《勿菴历算书目》，"奇器补注"。

④ 《同文算指》，徐光启序。

究中西算法时还说其目的是"尽取而释之，以为治经之助"①。嘉道间异军突起的今文学派，虽然在更高的层次上重提"经世致用"的口号，但其着重点在改革当时的腐败政治，科学技术的作用依然没有引起足够的重视。正如魏源在编《皇朝经世文编》时所说："朝廷为出治之原"，"用以纲维庶政"，"星历掌之专官，律吕只成聚讼，务非当急，人难尽通，则天文乐律之属，可略焉勿详"②。可以看出，除农政和水利外，连历来为封建王朝所重视的天文律吕都被略去，遑论其他了。这种状况在鸦片战争之后才开始发生变化。

1.1 科学技术为强兵御侮之手段

鸦片战争中，外国侵略者的坚船利炮打开了中国的大门，同时也震动了中国的士大夫阶层。当时关心国计民生，抱有"经世"之志的士大夫们几乎都直接或间接地投入了这场反对外国侵略的斗争，因此当中国人开始放眼看世界时，最先看到的是先进的科学技术在战争中的作用。实际上龚自珍、林则徐等人在战争初期和期间就已经开始注意到先进武器的作用。撰写《瀛环志略》时对"格物之学未暇及"③的徐继畬，亦在书中极口称赞其"火器之精妙"，"铸造之工，施放之敏，殆所独擅"，其"造舟尤极奥妙，蓬索器具无一不精，测量海道处处志其深浅，不失尺寸，越七万里而通于中土，非偶然也"④。这些有识之士中影响最巨的当属魏源。他提出"师夷之长技以制夷"的口号，并在《海国图志》中介绍了一些西方的科学技术，在当时士大夫思想中引起极大震动，其意义的深远，影响之广泛，专论甚多，兹不赘述。

那么，从鸦片战争前科学技术为经学附庸，或"略焉勿详"，到鸦片战争后注重科学技术在战争中的应用，甚至提出要向西方学习科学技术，这种对科学技术看法的前后截然相反、完全矛盾的变化，是否说明科学技术在士大夫思想中的根本地位也发生了变化呢？当然不是。可以说中国传统的以是否能服务于现实政治生活作为科学技术取舍标准的价值尺度根本没变。众所周知，鸦片战争后，反对西方的侵略成了中国社会的主要矛盾，举国一片"驭夷""制夷"之声。随着社会主要矛盾的变化，士大夫阶层，特别是有着"经世致用"思想的如魏源等人，也自然将注意力从改革腐败政治转到抵御外国侵略上来。那么，在侵略者坚船利炮的外部刺激下，科学技术由"务非当急"变为"当务之急"则是顺理成章的，并不和传统思想相矛盾。在鸦片战争后相当长的时间里，"有裨实用"，"利于国计民生"，一直都是士大夫热衷谈论的话题。

也正是以能否"致用"作为科学技术的取舍标准，使得林、魏等人的注意力集中

---

① 邹伯奇：《学计一得》序。
② 魏源：《魏源集·皇朝经世文编五例》，中华书局，1976 年，第 158 页。
③ 徐继畬：《格物入门》序。
④ 徐继畬：《瀛环志略》卷四。

在军工技术上，实际上他们是将科学技术看成强兵御侮的措施和手段。这一思想在洋务运动初期依然左右着洋务派官员。曾国藩将购买船炮看作"近以剿办发逆，远以巡哨重洋""长驾远驭"的"第一要务"。[①] 左宗棠认为学习西方科学技术，可以使"彼族无可挟以傲我，一切皆自将敛抑"。[②] 李善兰在《重学序》中也说"今欧逻巴各国日强盛，为中国边患，推原其故，制器精也，推原制器之精，算学明也"，希望"异日人人习算，制器日精，以威海外各国，令震慑奉朝贡"。这些言论皆立足于科学技术能起到抵御外侮、重振国威、巩固封建统治的作用这一基础上。对于这种"致用"思想，董恂《格物入门》序中说，西方科学技术"其要则内而析理，外而利用，非空言也"。

1.2 科学技术为封建统治中必不可少的富强之本

科学技术当然不仅仅具有强兵御侮的作用，它于整个社会生活无处不在。随着发展近代军事工业的迫切需要，以及对近代民用技术功效认识的逐步深入，洋务派从19世纪70年代起开始了近代民用技术的移植和应用[③]，从而使中国社会引进西方科学技术的出发点由"求强"过渡到兼而"求富"，认识到"言强必先富"。科学技术成为富强之术，使得中国士大夫对科学技术在社会生活中的作用有了一个较为全面的认识，从而提高了科学技术在封建统治中的地位。1886年格致书院出考题"中国近日讲求富强之术当以何者为先论"，几乎所有答卷中都把科学技术提到显要位置，甚至有人认为"欲求富强，必先格致"，把科学技术放到了首位[④]。

对科学技术在社会生活中作用认识的深入，必然引起了封建统治思想的混乱。我们知道，以伦理纲常为准绳调节社会关系，以修齐治平为最高原则形成了中国封建社会的统治思想。在这个统治思想中，忽视了科学技术的作用。而今士大夫对科学技术在社会生活中的巨大作用以及中国封建统治中"轻艺"的缺欠都有所认识，那么势必启人怀疑，以修齐治平为原则的整个封建统治思想是否还具有其优越性。与此同时，一些出访国外的学者和清廷官员，如王韬、志刚、李圭、曾纪泽等，也认识到西方不仅在科学技术方面领先于中国，与之相应，"其为政教必有斐然可观者"[⑤]。那么，中国封建政治与西方资本主义政治相比，能否有自己的存在价值？在当时特定的历史条件下，中国士大夫不可能一下子接受西方社会政治优于中国封建政治这一事实，于是用"道器""本末""体用"等传统哲学范畴来阐述科学技术与封建纲常伦理制度之间关系的方式就应运而生了。

① 《曾文正公全集·奏稿》卷二一，第15页。
② 《左文襄公全集·书牍》卷九，第59页。
③ 张晨曦：《洋务运动期间中国社会对西方近代科技态度的转变》，《自然科学史研究》1990年第1期，第14页。
④ 《格致书院课艺》（丙戌秋）。
⑤ 《曾纪泽遗集》，第346页。

较早用"道器"范畴说明科学技术地位的是刘锡鸿，他在 1876 年参观格致书院后说："大学言格致，所以为道也，非所以为器也。"[1] 他是从一技一艺无关于修齐治平的顽固保守立场出发的。而当时一些先进的士大夫却认为科学技术在封建统治中占有重要地位。如 1876 年李圭就幼童赴美留学驳斥顽固派言论时说："道德纲常者，体也；兼及西人事为者，用也。必体用皆备，而后可备国家器使。"[2] 这当是"中体西用"口号的雏形。又如 1889 年士子蒋同寅在格致书院考课中答道："古昔大儒以格致为开物之资，故形上为道，而务求其本；西人以格致为阐物之源，故形下为器，但求其末。如欲本末兼赅，当以中学为纲，而以西学为目，二者兼资而并用之……"[3] 1892 年郑观应在《盛世危言》中一方面称"道"，"弥纶宇宙，涵盖古今，成人成物，生天生地"，非"后天形器之学所可等量而现"，同时又强调"道器"的统一，并试图以此说明我国科学技术落后的原因。他说："自大学亡格致一篇，周礼阙冬官一册，古人名物象数之学，流徙而入于泰西，其工艺之精，遂远非中国所及。……秦汉以还，中原板荡，文物无存，学人莫窥制作之原，循空文而高谈性理，于是我坠于虚，彼征诸实，不知虚中有实，实者道也，实中有虚，虚者器也，合之则本末兼赅，分之则放卷无具矣。"[4]

无论是用"道器""本末"，还是用"体用"范畴来说明科学技术与封建纲常伦理之间的关系，其反映的思想是一致的，即认为纲常伦理是封建统治的根本，同时又认为科学技术是封建统治中不可缺少的一部分，特别是薛福成、王韬提出的"变器卫道""假器以通道"等思想，更加强调了"器"对"道"的作用。因此，应该说用"道器""本末""体用"说明科学技术与封建纲常伦理思想的关系，在当时引进西方科学技术过程中起到了推动作用，同时也是晚清士大夫关于科学技术地位认识的近代化的一个过渡阶段。而在戊戌变法时期，新的、更加进步的思想产生之后，以张之洞为代表的洋务派继续坚持"中体西用"，就落后于时代，成为科学技术发展的障碍了。

1.3　科学技术为政教之基础

1894 年甲午战争的惨败，标志着洋务运动的失败，同时也是资产阶级变法运动的开始。变法运动的领袖们在总结洋务运动的经验教训时，对科学技术在社会生活中的地位也进行了认真的思索。当时变法运动的领袖们几乎都广泛涉猎了西方科技知识，也几乎都曾于科学知识中去寻找变法的思想基础。如谭嗣同于傅兰雅处见到万年前生物化石，从而悟出"天地以日新，生物无一瞬不新也"；康有为从"显微千里之镜"的神奇效用中得到启发，感叹"器之为用大矣哉！"严复的《天演论》也在变法思想的形成中

---

① 刘锡鸿：《英轺私记》，《走向世界丛书》，岳麓出版社，1986 年，第 50 页。
② 李圭：《环游地球新录》，《走向世界丛书》，岳麓出版社，1986 年，第 300 页。
③ 《格致书院课艺》（己丑春）。
④ 《盛世危言·道器》。

起了巨大作用。正因为科学知识与变法思想有着如许深的渊源，所以这一时期对科学技术地位的认识才能有一个新的、唯物主义的思想基础。康有为认为"器亦足以变道"①，谭嗣同则更进一步，认为"无其器则无其道"，"道，用也，器，体也。体立而用行，器存而道不亡"②。唐才常也说："器之不存，道将安傅。"③ 在这种"器体道用"的唯物思想指导下，科学技术被提到"政教之基础"这一前所未有的高度。

其实，早在1886年秋格致书院考课中，有人就曾指出西国"凡兵、农、礼、乐、政、刑、教化，皆以格致为基"④，甲午战争之后，这一思想得到充分发挥。1895年，严复在介绍达尔文《物种探原》一书时说："自其书出，欧美二洲几于家有其书，而泰西之学术政教，一时斐变。"⑤ 1890年，梁启超的《西学书目表》中在格致诸学之外，又分列兵政、工政、船政、矿政、农政、商政等类目，体现了其所说的"凡一切政皆出于学，则政与学不能分"的思想。谭嗣同在《仁学》中对科学技术与政治思想的关系论述得较为全面⑥。他认为"进学之次第，则以格致为下学之始基，次及政务，次始可窥见教务之精微。"谭嗣同认为"以格致为实际"的"学"，对政治思想有着巨大的作用，可以收"保国之急效"，民有此"学"，"凡已失之权，无不可因此而胥复也"。"学"的作用在于可以使"才智日聪，谋虑日宏，声气日通，生计日丰，进无求于人，退无困于己，上而在朝，下而在野，济济盈延，穆穆列列，皆同于学，即皆为学之所慑。发政施令，直举而措之可也"。甚至说："民而有学，国虽亡亦可也。无论易何人为君，必无敢虐之。"将科学与兴民权联系起来。同时他又说："以言其衰也，则教不行而政敝，政敝而学亡。"阐明了科学发展对社会进步的要求，以及政教对科技发展的反作用。这一点直接为变法革新的必要性提供证据。当然，这一时期，这一思想尚停留在学术研究上，到1902年严复在驳"中体西用"说时，其观点就更加明确了。他认为科学是西政之基础，"赫胥黎氏有言：'西国之政，尚未能悉准科学而出之也；使其能之，其政治且不止此。' 中国之政所以日形其绌不足争存者，亦坐不本科学，而与公例通理违行故耳。是故以科学为艺，则西艺实西政之本。设谓艺非科学，则政艺二者乃并出于科学……"⑦

从上述科学技术地位的变化看，在清末，士大夫思想中已基本完成了科学技术与社会生活关系的西化过程，为"五四"时期提出"科学""民主"的口号打下了思想基础。

---

① 《日本书目志》卷七。
② 《谭嗣同全集》，中华书局，1981年，第197页。
③ 《唐才常集》，中华书局，1980年，第228页。
④ 《格致书院课艺》（丙戌秋）：《中国近日讲求富强之术以何为先论》。
⑤ 《严复诗文选注》，江苏人民出版社，1975年，第18—19页。
⑥ 《谭嗣同全集》，第354—355页。
⑦ 《与〈外交报〉主人论教育书》。

2 关于科学技术源流的争论

正如前文所说，对于中国士大夫来说，并不排斥某些为现实生活服务的科学理论和技术，然而，何以在魏源提"师夷之长技以制夷"口号之后的十数年间，其影响只存在于部分士大夫思想中，而没有变成实际效应，其中最大障碍是"夷夏之防""华夷之辨"。如梁廷枏在《夷氛纪闻》中亦主张抗战，主张利用科学技术，但在"师夷"问题上却认为"求胜夷之道于夷"，"古今无是理"，而且"失体孰甚"。又如顽固派代表倭仁在洋务运动初期的论战中，由"立国之道，尚礼义不尚权谋；根本之图，在人心不在技艺"，退至"数为六艺之一，为儒者所当知，非歧途可比"，然而在"何必师夷人"的最后防线上却一再陈说，终不肯退①。因此，鸦片战争后，中国士大夫面临两个任务，即一方面要放下泱泱大国的架子，引进西方先进科学技术，以富国强兵；另一方面又要维护中华民族的自尊心与自信力，抵御西方侵略。晚清士大夫在扮演引进西方科技的先锋和捍卫国家民族的卫士这一双重角色时，曾使用"西学中源"说作为武器，由此引起了在中西科学源流上的一场争论。

应当指出，虽然"西学中源"说产生于明末清初，发展于乾嘉之间，但那时这一思想集中在天算等有限学科中和少数学有专长的经学大师身上，真正泛滥于整个士大夫阶层乃至整个社会，却是在鸦片战争之后。当时"西学中源"说不仅强调西方科学技术源于中国，而且和中学优于西学相辅相成。梁廷枏说道："彼之火炮，始自明初，大率因中国地雷飞炮之旧而推广之；夹板舟，亦郑和所图而予之者。即其算学所称东来之借根法，亦得诸中国。但能实事求是，先为不可胜，夷将如我何。"② 在梁看来，西方科技皆由中土而来，因此只要认真学习发展我国的传统科技，就可以抵御西方侵略。邹伯奇也认为西法皆中国古代所有，他说："梅勿菴言和仲宅西，畴人子弟散处西域，遂为西法之本。伯奇则谓西人天学未必本之和仲，然尽其伎俩，犹不出《墨子》范围。……故曰西学源出《墨子》可也。"③ 这些思想在士大夫中有相当影响，包世臣称当时流传情况为，"又言西法本出于中而加精密，或又谓中法胜于西而人不加察"。④

1850 年后，西方近代科学开始传入中国，李善兰、张福僖等人相继与西方传教士合作，翻译西方科学技术著作，中国士大夫开始逐步了解西方科学技术。而在第二次鸦片战争中，洋务派官员又深切地体会到近代军事技术的先进性、实用性和有效性。在这种历史背景下，"西学中源"说转而成为洋务派驳斥顽固派"夷夏之防"的理论依据，

① 《中国近代学制史料》第 1 辑上册，华东师范大学出版社，1983 年，第 552 页。
② 梁廷枏：《夷氛纪闻》。
③ 邹伯奇：《论西法皆古所有》，《学计一得》。
④ 包世臣：《费隐与知序》，《费隐与知录》，上海科学技术出版社影印本。

为引进西方科学技术张本。1867 年 1 月 28 日，奕䜣在奏折中说："至以舍中法而从西人为非，亦臆说也。查西术之借根，实本于中术之天元，彼西土目为东来法。特其人性情缜密，善于运思，遂能推陈出新，擅名海外耳，其实法固中国之法也。天文算学如此，其余亦无不如此。中国创其法，西人袭之，中国倘能驾而上之，则在我即已洞悉根原，遇事不必外求，其利益正非浅鲜。"① 王之春也说："攻彼之盾，即藉彼之矛，谁谓西学可废哉？又况西学者，非仅西人之学也。名为西学，则儒者以非类为耻，知其本出于中国之学，则儒者当以不知为耻。"②

"西学中源"说在洋务运动中有深远的影响。左宗棠、郭嵩焘、李鸿章、王韬、王先谦、郑观应、曾纪泽等人都有这种思想。当时一些人爬梳经、史、子、集，寻找"西学中源"的证据，非特有梅启照、曾纪鸿等的随时随地阐述，还有刘嶽云《格致中法》那样的集中论述，乃至甲午战争后，洋务运动已宣告失败，尚有王仁俊的《格致古徵》和江标的《格致精华录》等部头宏大的专著问世。努力的结果，使"西学中源"说不仅扩大到科学技术的各个领域，甚至涉及政治思想文化领域，即"中国天下之宗邦也，不独为文字之始祖，即礼乐制度天算器艺，无不由中国而流传及外"③。

然而，与明末清初的耶稣会士不同，鸦片战争后的不平等条约为新教传教士传播西方文化提供了便利条件。清廷的刑部大堂不会再令他们毛骨悚然，对于中西学的差异，也不必像耶稣会士那样唯唯诺诺，模棱两可，迁就中国人的自大心理，而尽可显示其先进文化所有者的优越感。因此，新教传教士在传播西方科学文化的同时，坚决反对"西学中源"说。他们反对"西学中源"的主要手段是介绍西学的源流，以示西学有其自身的发生和发展。如慕维廉的《西国天学源流》（《六合丛谈》），包尔腾的《星学源流》，艾约瑟的《火轮船源流考》《希腊数学考》《阿尔热巴喇源流考》《阿尔热巴喇源流附考》（皆见《中西闻见录》），及丁韪良的《西学考略》等。西方传教士首先对准的目标是中国士大夫热衷的"东来法"问题。伟烈亚力在《代数学》序中指出："……借根方，西国名阿尔热巴拉，系天方语，言补足相消也，昔人译作东来法者非。其创自何国何人，莫可考已，当中国六朝时，希腊有丢番都者传其法。"他认为中西方科学技术上的相似之处，是由于"此心同，此理同"。艾约瑟、丁韪良等也都有类似的言论。这当然会引起主张"西学中源"的人反对。如陈维祺所说："西人谓是术（借根方）前于天元四百余年，岂以为若是遂不特为东来法证乎。"④ 甚至有人认为"西人存心叵测，恨不尽灭古籍，以自炫所长"⑤。

---

① 《中国近代学制史料》第一辑上册，第 15 页。
② 王之春：《清朝柔远记》，中华书局，1989 年，第 367 页。
③ 王韬：《原学》，《弢园文录外编》。
④ 陈维祺：《中西算学大成》序。
⑤ 《格致精华录》卷三。

　　介绍西学源流，在传教士来说，固然有在中国推行西方文化的目的，但对中国士大夫，却起着加深对西方科学技术的认识的客观效果。在洋务运动后期，许多人都基本知道西方科学技术自有其发展与继承。1887 年赵元益在"中西格致异同论"中就接受了伟烈亚力等人的观点，承认借根方并不是从中国传去的①。1889 年，李鸿章为格致书院所出的考题中认为，"西学格致，始于希腊阿庐力土托尔德，至英人贝根出，尽变前说，其学始精。逮达文、施本思二家之书行，其学益备"，并要求学子们广泛讨论其源流。在中国人认识西方科学技术的过程中，王韬功不可没。他撰有《西国天学源流》《西学原始考》等著作，在晚清士大夫认识西方科学的历史沿革，综合性地究原究委中，堪称第一人。而他自己也在介绍西学源流中，不断发展其观点，由主张"西学中源"转向批判"西学中源"。1889 年王韬在《西学辑存》的《西国天学源流》之后，对"西学中源"进行了批判，认为"此何异攘人之美据为己有也。西国历法虽始于周末，而递加更改，历代以还，岂无可考。其转精于中国者，由用心密而测器审也。其所云东来法者，乃欧洲之东天方国耳，非指中国言之也。"甲午之后，更多的人开始怀疑以至批判"西学中源"说，认为"凭空立说，欲与西人争胜"，是"不求实用，徒托空言"②。

　　洋务运动后期开始的对"西学中源"的批判，其立足点在于"人无论中西，心理大同"，而中国"不自强之敝"，正由于"不知思也"③。即科学规律是天下之公理，而中国人的智力，又决不与西人相悬，中国科技落后的原因在于非不能也，是不为也！王韬、谭嗣同等人更把这种观念扩大到东西文化上。王韬说："所谓东方有圣人焉，此心同此理同也；西方有圣人焉，此心同此理同也。虽东西之异辙，实一道而同风。……若夫历学则其小焉者也。"④ 谭嗣同《报见元徵》中也说："说者谓周衰，畴人子弟相率而西，故西人得窃中国之余绪而精之，反以陵驾中国之上。此犹粗浅之论，……同生于覆载之中，性无不同，即性无不善。彼即无中国之圣人，固不乏才士也。积千百年才士之思与力，其创制显庸，卒能及夫中国之圣人，非性善而能欤？"⑤ 这场关于中西科学源流的争论，使中国士大夫认识到科学规律在自然界普遍存在，并且能为中西人所共同发现和认识。

3　引进西方科学技术的内容和方法的演变

　　与科学技术地位的提高和对西方科学技术认识的深入几乎同步，晚清士大夫在如何

---

① 《格致书院课艺》。
② 夏锡畴：《识时务在化成见论》，《皇朝经世文三编》卷四。
③ 《格致书院课艺》：《西法测量绘图即晋裴秀制图体解》（辛卯春）。
④ 王韬：《西国天学源流》，《西学辑存六种》。
⑤ 《谭嗣同全集》，第 202 页。

引进西方科学技术、引进的重点和引进方法等问题上，同样有着一个发展变化的过程。且在每一发展中，都有其显著特点。

3.1 因时所需，因己所需，务期实用的被动引进

鸦片战争后，特别是洋务运动初期，中国士大夫在引进西方科学技术时，有着明确的标准，那就是务期实用。就个人而言，往往以自身科学实践的需要和兴趣为标准。李善兰之所以首先翻译《几何原本》后九卷，是因为"善兰年十五时，读旧译六卷，通其义。窃思后九卷必更深微，欲见不可得"①。徐寿则因为有建造轮船的经历，就把造船技术放在引进西方科技的首位，"惟泰西格致之学，天文地理算数而外，原以制器为纲领，而制器之中又以轮船为首务。故新译《汽机发轫》以明汽机之用……"② 而在洋务派思想中，则围绕强兵御侮这一主题，以引进军工技术为主，强调江南制造总局翻译馆的工作是"特译紧用之书"。

这种引进方式必然导致科技引进的被动性和不系统性。洋务运动初期，洋务派只留意于枪炮，关心的是购买造枪炮的机器，故当容闳向曾国藩倡议建"有制造机器之机器的制造厂"时，再三声明："予所注意之机器厂，非专为制造枪炮者，乃能造成制枪炮之各种机械者也。枪炮之各部，配合至为复杂；而以今日之时势言之，枪炮之于中国，较他物尤为重要，故于此三致意焉。"③ 不但他的教育计划被搁置起来，就是较全面的引进机器，也必须和枪炮联系起来。在机器厂取得一定实效后，他才进一步建议旁设兵工学校，"授以机器工程上之理论与实验"，得到批准。由枪炮，而机器，而算学，而格致，这不仅是洋务派被动引进西方科学技术的过程，同时也是士大夫认识西方科学技术作用的过程。正像志刚观机器而知科学之重要所表达的那样，"习机器而不习算法，犹之能食而不能种也。然则九章之学之设，其当亟亟乎"④。到1874年，华蘅芳的《代数术》序认为代数"乃为数学中钩深索隐之用，非为浅近之算法而设也。若米盐零杂之事而概欲以代数施之，未有不为市侩所笑者也"，方才认识到算学不仅服务于日用和机器制造，亦有其自身的发展。与日本明治维新后，振兴教育，造就科技骨干力量，制定"殖产兴业"方针，全面掌握西方近代科学技术的情形相比，洋务运动无论在科学技术的引进，还是在发展大机器工业上都缺乏系统性。正如傅兰雅在总结江南制造总局翻译馆早期工作时所说："所译者多零件新书，不以西国门类分列，平常选书法为西人与华士择其合已紧用者，不论其书与他书配否。"⑤ 由于清政府强调译紧用之书，傅兰

---

① 李善兰：《几何原本》序。

② 徐寿：《格致汇编》序。

③ 容闳：《西学东渐记》，《走向世界丛书》，第76页。

④ 志刚：《初使泰西记》，《走向世界丛书》，第5页。

⑤ 傅兰雅：《江南制造总局翻译西书事略》。

雅全面系统介绍西方科技成果的计划也成为泡影。应当说，当时引进西方科学技术的被动性和不系统性是当时中国士大夫对西方近代科学缺乏了解和注重科学技术在强兵御侮中的实用性的必然结果。

3.2 西方近代科学技术的普及

随着中国士大夫对西方近代科学技术认识的加深，特别是近代民用技术的移植和应用，使科学技术在现实生活中的地位得到提高。1874 年徐寿上李鸿章书中指出，只有江南制造总局内少数人学习科学技术，"而局外仍未尽知"，有"目前学艺者能之，而后日未必能尽"的缺欠，认为科学技术"诚尽人所宜讲求"，方"不虞日久废弛"。[①] 在这里，徐寿首先提出了科学技术的普及问题。此后，学习科学知识，争做"通儒"，逐渐在士大夫中形成一股思想潮流。"士当为有用之学。有用者何，不托诸空言而必见诸实效者是也。数为六艺之一，古之士无不通者，……而制造之学西人所矜为独得者，更不难发其局而辟其奥，而所谓一事不知，儒者之耻，其少可免夫。"[②] 在为《西学略述》所作的序中，曾纪泽和李鸿章几乎都用"通天地人乃谓之儒"来说明科学技术是读书人必备的知识。李鸿章甚至对"民可使由之，不可使知之"进行重新解释，认为民不可不知学，"若元晦所训是，圣人欲民之愚矣，是老氏之旨也，非圣人意也"。学士既有学习科学知识的欲望，然当时"已译成之书大半深奥，能通晓之者少，而不明之者多"[③]，且多为技术书籍。因此，急需一些可供士大夫学习科技知识的入门读物。与此同时，西方教会为了扩大西方文化在中国的影响，迎合时尚，由益智书会出面组织一批人翻译西学科学技术普及读物。由于这两方面因素，所以在晚清科技引进进程中出现了一个翻译出版科学技术普及和启蒙读物的高峰。自 1874 年开始，特别是在 1886 年，光以"启蒙"命名的科技译著就有《西学启蒙》（十六种）、《格致启蒙》《数学启蒙》《西算启蒙》《心算启蒙》《化学启蒙》等多种，其他以"须知""初学""汇编""入门"命名的就更多了。这些普及读物程度都不深，这和士大夫主要肄业经史而又初涉西方科学技术有关，所谓"吾人而有志于西学，则虽以《尔雅》《急就章》视此编可也"[④]。但这些普及读物却使中国士大夫对西方近代科学的理论系统有了一个大致的了解。

3.3 中西学的第二次会通及科学研究方法的引进

早在明末清初，徐光启、梅文鼎、薛凤祚等人就进行过会通中西学的工作。迨至鸦

---

① 《申报》第 780 号，第 6322 页，同治十三年十月初三日刊。
② 吴嘉善：《学疆恕斋笔算》序。
③ 傅兰雅：《江南制造总局翻译西书事略》。
④ 曾纪泽：《西学略述》序。

片战争后，西学第二次输入，其科学技术领先中国的程度几令中国学者为之目眩，再加上当时中国学者对其没有系统的了解，因而会通一举没有提到日程上来。然而，当时接受西方科学的学者们大都对中国传统科学有着极高的素养，当他们接受西方近代科学时，自觉不自觉地将二者进行比较。比较的结果是中西科技"法"虽不同，但"理"却相同。如李善兰在《尖锥变法解》中说明西洋人所说"双曲线与渐近线中间之积即对数积"与他在《对数探源》中所用尖锥求积术殊途同归，理无二致①。此"理"既不同于"西学中源"说的为中国所独得，亦不同于徐光启《同文算指》序中所说，为西洋人擅专，此"理"乃"天下之公理"。左潜曾说："方圆之理乃天地自然之数，吾之宗中宗西不必分其畛域，直以为自得新法也可。"② 华衡芳则认为"算学之理，为人心所自有"，"一切算法其初皆从算理而出"③。不论这个"理"是唯物的还是唯心的，亦不论其眼光能否分辨微积分与"缀求"的优劣，他们都认识到了这个"理"是中西人所共有的。心同理同，是鸦片战争后中西学第二次会通的思想基础，所谓"非其理以萃之，而术不能通也；非其术以御之，而理不能融也"④。

　　鸦片战争后最早明确提出中西会通思想的是徐寿。1876 年，他在《医学论》中说："余尝谓中西之学，无不可通，前人所已通者惟算学而已。异日者，傅（兰雅）、赵（元益）两君将西医诸书译成而会通之，则中国医学必有突过前人者，余将拭目视之。"⑤ 值得注意的是，徐寿把会通的范围扩大到算学以外的各个领域，特别是中西医的会通，这比通常认为最先提出的李鸿章（1890）⑥ 要早十几年。然而会通思想真正繁荣当在 80 年代末至戊戌变法前的这段时间。其时，凡致力西学的人，几无不讲会通，"融贯中西"四字是对当时学者的最高评价。"中西会通"之所以流行一时，原因有二：一方面是对西方科学技术的认识更加深刻，恐怕世人震于西人的科学技术而对传统文化丧失信心，故有发扬传统科技的倾向；另一方面，许多人认为"会通"是使中国科学技术驾西人之上的唯一途径。1881 年，潘学祖著《会通机器图说》，学习西方机器之法，而取材中土之木石金革，被称"跋其精"而"会其通"；1889 年，邹代钧上书建言在重修《会典》中兼采中西地图测绘法；继 1890 年李鸿章在《万国药方》序中再提中西医会通之后，1892 年唐如川、朱沛文等着手中西医会通实践，分别著有《中西汇通医经精义》和《华洋脏腑图象约纂》，至于算学，则有《中西算学大成》等著作。然而，由于当时中国科学已远远落后于西方，而实践中又只重视"法"的会通，忽视"理"的会通，因此除中西医会通有较深远的影响外，在其他学科领域会通很快夭折，

---

　　① 钱宝琮：《中国数学史》，科学出版社，1981 年，第 325 页。

　　② 曾纪鸿：《缀术释明》序。

　　③ 华蘅芳：《总论算法之理》，《学算笔谈》。

　　④ 《格致书院课艺》：《周髀经与西法平弧三角相近说》（辛卯春）。

　　⑤ 《格致汇编》第一年，第三卷。

　　⑥ 赵洪钧：《近代中西医论争史》，安徽科学技术出版社，1989 年，第 62 页。

取而代之的是全盘西化。

与中西科技全面会通的同时，中国士大夫也注意到西方近代科学方法论的引进。1873 年，王韬在《瓮牖余谈》中最早向中国人介绍了培根的生平及学说①，但只是简单介绍，而没有和中国引进西方科技相联系。1886 年，士子瞿昂来在格致书院考课中道："致知格物，大学仅列其目。朱子补之，辞意浑融，后之学者不易得门而入。惟其所补之说，与泰西格致家穷理之法相同。泰西格致之法，虽不创于英国宰相贝根，实赖贝根之新法，祛其误而辟其途。故西人言格致者多重贝根，亦数典不忘之意也。中国则失传已久，或谓格物之物，即物有本末之物，或谓一草一木亦须去格，而终不言格之法，即与物穷理穷之之法，幸有泰西格致之学出，其法备，其理明，而使中国数千年绝学复得见于今日。"② 这是目前所见将西方科学方法论与中国格致之法比较，并明确引进西方科学方法的第一例。其后，培根的学说风行于有志于西学的人士中。仅培根的《新工具》一书就有《格物穷理新法》《格致实义》《格学新法》和《新机器论》等多种译名。当时普遍认为培根是继亚里士多德之后西方科学发展的里程碑。然而，我们知道，在西方近代科学发展中，培根和笛卡尔的学说都起了重大作用，何以中国士大夫最早注意培根，而笛卡尔的学说只是较晚的时候在郭嵩焘那里个人有所认识③。这同样有两方面原因：一方面是西方人的介绍中强调了培根的地位。如丁韪良称培根为"亘古以来各国最有功于格致之学者无能逾之"④，而慕维康在《格致新法》中批判以"猜议"为起点的亚里士多德的旧三段论逻辑学，认为培根的学说可以纠正"无信""执拗"的缺欠⑤。另一方面，中国士大夫对其"事事求其实际，滴滴为其本源"的以实验为基础的归纳法很感兴趣，认为是医治"拘牵经义，妄生议论"的良药。直到 1910 年，梁启超还说："虚理非不可贵，然必藉实验而后得其真，我国学术迟滞不进之由，未始不坐是矣。"⑥ 然而，有实验，有观察，有推理，才是完整的近代科学方法论。1901 年，蔡元培在《化学定性分析》序中指出，《大学》"格物致知"实为"科学之大法"，他说："科学大法有二：曰归纳法，曰演绎法。归纳者，致曲而会其通，格物是也。演绎者，结一而毕万事，致知是也。二者互相为资，而独辟之智必取径于归纳。"⑦ 这是对西方近代科学方法的第一次全面系统的阐述。

3.4 科学的专业化与社会化

如怀海特在《科学与近代世界》中所说，西方直到 19 世纪才完全有意识地认识到

① 张江华：《最早在中国介绍培根生平及其学说的文献》，《中国科技史科》1990 年第 4 期，第 93 页。
② 《格致书院深艺》：《中国近日讲富强之术当以何者为先》（丙戌秋）。
③ 钟叔河：《西方文明对郭嵩焘的影响》，《走向世界丛书》，第 451 页。
④ 《西学考略》卷六。
⑤ 《格致汇编》第二年。
⑥ 梁启超：《格致之学沿革考略》，《饮冰室合集·文集》（四）。
⑦ 《蔡元培论科学技术》，河北科学技术出版社，1985 年，第 3 页。

知识在其一切部门中专业化的力量，找到了培养专家的方法，科学研究实现了由兼业工作者向专业工作者的转变过程。而中国士大夫在 19 世纪末也具有了同样的认识。对一向以政治伦理为中心、科学技术为辅助手段的中国士大夫来说，这一思想的出现，就更具有革命性意义。这一思想萌发于早期改良主义者中，他们看到科举取士重时文、轻技艺的弊病，造成西学"习之者多，精之者少"的局面，认为"人之聪明材力有限，岂能兼赅并贯，旁鹜曲通"，① 90 年代，这种思想发展为科学专业化思想。唐才常在《尊专》② 一文中认为，"学问之道，不专不成，古今之通病，天地之达忧也"，经史词章还可靠质性聪颖，偶涉藩篱，"袭其华以盗名欺世"，而"惟泰西格致之学，及一切公法律例专科，则断不能剽窃绪余，卤莽灭裂，蕲为世用，故往往攻一艺终其身焉；且师弟相传，子孙世守，靡明靡晦，极巧研机。无他，专故也"。梁启超在总结洋务运动失败原因时说："一曰科举之制不改，就学乏才也；二曰师范学堂不立，教习非人也；三曰专门之业不分，致精无自也。"③ 科学研究的非专业化被看作三大病根之一，而其他两项亦与此相关联。科学的专业化认识是与科学成为政教基础这一思想相对应的，只有打破科学技术从属于封建纲常伦理的地位，科学技术的研究才可能成为士大夫全部身心投入的唯一目标。随科学研究专业化而来的是科学研究的社会化问题，即"合人人之专，以强其国力，保其国权"。这要求有一个适合科学发展的政治体制，否则"上之人固不予以可专之业而尊之，而谁则掷其身于无用哉"④。戊戌变法的领导人希望通过政治手段解决问题，提出建学堂、兴学会、办学报、保护专利权等措施。其中只有办学堂的目的算达到了，从而使翻译的教科书骤增，如华世芳认为西方算书约分专门家、辑录家、教授家三家，"今中国设立学堂，宜多译教授之书，则事半而功倍"⑤。然而变法领导人希望通过学会切磋观摩，学报传播，使"专精其业，神明其法"，取得科研成果的目的却远未达到。如谭嗣同对《算学报》的只限于普及知识表示不满。但是，尽管如此，科学的专业化和社会化思想却为中国以后赶上西方科技发展开辟了一条必由之径。

　　以上所述，是鸦片战争后，晚清士大夫在西学东渐和救亡图存的过程中，对科学技术认识发展的三个基本轨迹。这三个轨迹互为因果，相互影响，共同决定了中国士大夫思想变化的方向和速度。文化的变迁，不同于政治革命，是一个渐变的过程，对于有着几千年传统文化负载的中国士大夫来说，在半个世纪的时间内，科技思想发生了天翻地覆的变化，应该说，这一历史进程并不缓慢。比较日本，我们没有自 1720 年德川吉宗

① 《格致书院课艺》，庚寅卷，王韬序。
② 《唐才常集》，第 37 页。
③ 梁启超：《论学校》，《时务报》。
④ 《唐才常集》，第 33 页。
⑤ 华世芳：《代数启蒙》序。

解除对洋书的禁令后，长达一百多年不间断的兰学发展，及由此所形成的立足于科学世界观的近代思想；也没有其易于吸收外来文化的多元价值观；更没有其他国家类似中国鸦片战争和洋务运动那样的先例可资借鉴。然而在 1850 年后西方近代科学开始传入中国，立即在中国士大夫思想中引起如此巨大的变化，除了鸦片战争西方入侵的外来刺激外，难道不说明中国传统文化中也自有其应付挑战和调节自身以适应新环境的机制吗？我认为晚清士大夫的"致用"思想，维护中华民族自尊，不甘落后于西人的强烈责任感，及一些学者"见简即用，无分畛域"的科学精神，是民族危亡时刻，挽狂澜于既倒，奋起直追先进文化的中国传统文化的神韵所在。梁启超曾认为"致用"思想是晚清"新学"失败的根源之一[①]。但"致用"思想却恰恰是中国学习西方科学技术的起点，可惜的是它没有像日本那样迅速扩大到社会文化和政治思想中去。

致谢　本文撰写过程中，得到林文照教授的悉心指导，谨致衷心感谢。

---

① 《梁启超论清学史二种》，复旦大学出版社，1985 年，第 80 页。

　　张藜　1966 年生，云南昆明人。1989—2015 年就职于中国科学院自然科学史研究所。现任中国科学院大学教授、博士生导师。研究方向为中国现代科学史、中国科学院院史、现代化学史、口述历史。代表性论著有《科学家的经济生活与社会声望：1949—1966 年——以中国科学院为例》《新中国与新科学：高分子科学在现代中国的建立》《中国科学院教育发展史》等。目前担任中国科协"老科学家学术成长资料采集工程"首席专家，联络组织国内同仁，致力于抢救、挖掘、整理和研究近百年来记录中国科学发展历程的珍贵史料。

科学的国家化：20 世纪 50 年代国家与科学的关系

□ 张　藜

1949 年，中华人民共和国成立之后，恢复遭受战争破坏的国民经济，制止国民党时代遗留下来的恶性通货膨胀，为第一个五年计划时期的制度变革打好基础，是中央政府的主要目标。作为实现这个目标的手段之一，现代科学技术被大规模地运用于国家建设之中，科学在这一时期的快速发展因而具有了客观的必然性。

为此，建国仅一个月，就以前中央研究院和北平研究院等国内高水平研究机构为基础，重新组建了中国科学院，作为全国最高科学机构。为了"调查全国科学人才，作有计划的分配与补充；号召并协助留学国外的科学研究人才回国服务"，自 1949 年 12 月至次年 4 月，科学院对全国自然科学专家进行了调查。这次调查分为两个阶段：第一阶段以前中央研究院 81 位院士为基础，请他们推荐本领域有科学成就的专家，共得 233人；第二阶段的调查对象为前一次被推荐的专家，再请他们推荐本专业专家。这样，两次调查共得 865 位专家，他们中既有卓有成就的科坛名宿，也有刚刚崭露头角的后起之秀（如杨振宁、李政道等）。两次调查的结果最终汇编为《专家调查综合报告》[1]。1950 年夏，中国科学院从中聘任 113 人为专门委员，而且建院初期一些研究所的负责人和研究人员也是从中遴选的[2]。

《专家调查综合报告》所列 865 位专家，涵盖了数学、近代物理学、应用物理学、物理化学、有机化学、生物物理、实验生物学、水生生物学、植物分类学、心理学、地球物理学、地质学、地理学和天文学等 14 个学科。它充分反映了解放初期中国科学家的基本状况。由此可以看出，中华人民共和国成立时，与人口总数相比，科学家只占有一个微乎其微的比例。而无论是在人员上还是在研究内容上，都在一定程度上存留着旧的科研体制的深深印记。

为了集中、有效地利用和控制学术资源，以服务于国家建设，科学活动被完全纳入了国家的计划体制。"服务于工业农业和国防建设"的目标，相对集中的人力资源和研究内容，单一的科研经费来源以及由此形成的政府对科学研究的管理与支持的垄断地位，行政化的科研组织形式和管理制度，以这些为特征的"国家化"科学在 20 世纪 50年代初到 20 世纪 60 年代中期的中国社会中扮演着极其重要的角色，构成了一个使所有

---

* 原载《社会科学论坛》2005 年 12 月期（上半月刊），第 5—18 页。

的研究单位都归属于庞大的国家机构的体系。这种科学国家化的进程，体现出 20 世纪下半叶中国科学技术事业发展的基本模式。

1 科学研究、教育机构的全面"国有化"

民国时期，中国的科研、教育机构呈多元化的局面，有国立机构中央研究院、北平研究院以及国立大学如国立武汉大学、清华大学、中央大学、中山大学、北京大学等，也有各种非国有性的，如由民族资本家创办的黄海化学工业研究社、中国西部科学院，由日本人在华设立的大陆科学院，以及由负责保管和支配美国第二次退还的庚子赔款余额的中华教育文化事业基金会与尚志学会合办的静生生物调查所，还有各种私立大学，如由教会创办和掌握的燕京大学等教会大学，由中国人自办的南开大学等等。这些性质迥异、业绩也各有高下的机构，在 20 世纪上半叶中国科学逐步体制化的进程中，均做出了各自不同的贡献。

中华人民共和国成立后，随着社会主义改造等各种运动的进行，民国时期遗留下来的各种非国有机构逐渐销声匿迹，或被完全撤消，或被新政府接收后加以改造，科学研究、教育机构全部以由国家支持和管理的方式运行。

1949—1950 年，这是新政府考虑如何将旧的国家科学机构经改造后纳入新的国家体制的时期。为中国共产党最高领导层就建立中国科学院问题进行决策时提供建议，钱三强①等人于 1949 年秋受命起草《建立人民科学院草案》[3]（以下简称《草案》）。《草案》指出："在过去国民党反动统治之下的国家科学研究机构，尽管是作为派系的地盘和政府的装饰品来办理的，但是，由于二十多年来的积累，无论在所团结的人才方面、图书和设备方面和所表现的所谓研究工作方面，都还是有相当的规模的，尽管这点规模是还存在着不少严重的缺点，但要是听其自生自灭，不唯足以打击一般科学界的希望和情绪，实际说起来，也实在是国家的一项严重的损失。"[4] 人民科学院的基本任务既然是"有计划地利用近代科学成就以服务于工业、农业和国防的建设，组织并指导全国的科学研究，以提高我国科学研究水平"[4]333，就必然要利用已有的科研资源。

中国科学院以前国立中央研究院和北平研究院为基础而组建，并完全接收或部分接收了其他一些私立科研机构和殖民地机构，它成为新的国家最高学术机关和全国科学研究的中心。各种私立的、教会的大学或被撤消，或被合并后逐步过渡为公办；并以苏联为模式，在各大学中建立起了各种教研室，它们成为开展教学、研究活动的基层组织，而且与科学院各研究所中的研究室一样，也是教学、科研人员按不同职称、职务级别接

---

① 钱三强（1913—1992），核物理学家。新中国一成立，就参与了中国科学院的筹建与改组工作，1949 年 12 月出任中国科学院计划局副局长。

受管理并接受各种任务、福利分配的基层行政单元。通过这种以统一、固定的行政编制为基础的组织形式，国家建立起了对科学研究事业的严格的管理体系。

这样，到 20 世纪 50 年代初，已逐步形成了一个由中国科学院的研究所、各高等学校的教研室以及各产业部门的研究机构三个部分组成的中国现代科研体制，研究工作集中在这三个性质截然不同的部门里面，每个部门在指定的预算范围内管理各自的工作，"科学院主要是研究基本的科学理论问题和解决对于国民经济具有重要意义的关键性的科学问题。生产部门的科学研究机构主要是解决生产中的实际技术问题，高等学校则视具体条件研究基础的科学理论或实际生产中的科学问题"①。尽管有过几次小的调整，但所具有的基本组织特色始终不变。其中，中国科学院最初直属政务院，是政府的组成机构之一；1954 年，新的中华人民共和国宪法和国务院组织法颁布后，科学院不再列为政府部门，而是"在国务院领导下的国家最高的学术机关"和"全国科学研究的中心"，"负有领导和推进全国科学事业的重大任务"[5]。这意味着科学院除从事具体的科学研究之外，仍具有组织、协调全国科学活动的行政职能；而高等学校和产业部门的研究机构在科学研究中担负起了更大的责任。

除了组织性质上的以上特征之外，科学研究和教育机构成为国家体系组成部分的另一个表现形式，就是由国家对整个机构大宗拨款的制度。机构已属于国家所有，接受国内外基金会或企业、私人资助等经费来源形式已不复存在，各个研究、教育机构的经费完全由国家财政统一拨给。这种制度使得科学活动完全依赖于政府拨款、而不是靠同行评议和研究资助来组织，因而使科研机构与国家之间的联系更为密切，强化了国家对于科研机构和科学活动的控制。

在国家对科学事务的管理体系中，科学活动的运行是以"集体工作"为特征。为数不多的高级研究人员集中在上述三类部门之中，并将自己的研究工作纳入部门的发展方向，以集体主义的精神从事科学研究，研究机构的技术成果无偿地提供给生产部门，而"追求个人名利"的思想和行为则遭到批判。这种科研活动的组织形式是封闭的、缺少流动的，在物质与人力资源都相对匮乏、国家实行统一拨款的单一经费制度的情况下，它使得部门利益成为科学活动中一个不容忽视的影响因素。为部门的生存和发展而作的许多努力，在某些时候构成了科学发展的障垒。

1950 年，"中华全国自然科学专门学会联合会"的成立，标志着推动现代科学发展的社会支撑体系在中国的结束。自 1915 年中国科学社在美国康乃尔大学由几位中国留学生创建以来，由科学家按一定规则组织起来、旨在通过学术交流推动学科发展的科学社团在中国大地蜂拥而起，中国工程师学会、中国化学会等等相继成立。一个国家科学

---

① 《中央对科学院党组报告的批示》，王少丁、王忠俊编：《中国科学院史料汇编·1954 年》，中国科学院院史文物资料征集委员会办公室，1996 年，第 44 页。

事业发展的水平，是与科学社团的成熟程度密切相关的，这些科学社团在中国社会中的大量存在和活跃，也反映出科学家及其科学活动被社会认同的程度，反映出科学家的社会地位、作用等。上述"科联"成立后，原有的自然科学综合性学会如中国科学社、中华自然科学社等纷纷宣告解散，而各种专门性学会如化学会、物理学会等，虽得以继续存在，但其性质和工作范围都出现了本质性的变异，民间性的学术社团实际上已不复存在，取而代之的是在党领导下的科学组织。在很多时候，应由科学家自治、能够表达科学共同体声音的学术社团成为了花瓶，成为了统战或是政治奖励的手段。

与此同时，在 20 世纪 50—60 年代，政府还设立了各种各样的委员会，试图以此协调部门之间的利益，对学术资源进行更好的控制和利用。这些"官方的"委员会都有合法的权限，是对于国家负有一定责任的组织机构，它们要使中国的科学协调成一个整体，要为科学与更广泛范围的国家利益之间的有效整合做准备。由于学术资源的分配权与管理权完全由政府掌握，以及意识形态的影响，致使在科学活动的管理机制中学术权威不断弱化和官僚体制不断强化。

推行一种有组织的、有计划的、公有的、具有协作精神的科研体制，由此建立起国家对科学研究、教育事业的管理。这是新政权成立后，科学走向国家化的一个显著特征，它奠定了在以后的半个多世纪里中国科学发展的路径，同时也掩盖了弊病，埋下了隐患。

2 作为国家干部的科学家

1949 年以前，中国的科学家主要集中于各大学之中，是以为下一代从事或应用科学研究的人提供基本的科学训练为主，他们所获得的薪俸是对其所承担的教学工作的酬劳。在授课之余，教授们根据个人的受教育背景和兴趣，或是接受政府、工业界以及民间社团或基金会的资助从事科学研究，并以此作为加强学生科学训练的一种手段。这一时期，虽然已经有了一些国立的科学研究机构如中央研究院、北平研究院，和部门性、地方性的以应用研究为主体的机构如各种工业试验所等，但专门从事科学研究的职位并不多；而且，除了一些资源调查、地质调查等专门工作之外，谈不上大规模、有组织的科学研究活动。

新政权成立之后，随着科学机构和大学等全部由国家支持并管理，科学家作为一个群体，已隶属于国家机构，是以某个单位的成员的身份工作，由此便具有了对于国家和政府的契约性义务。一方面，根据科学家们的学术能力和政治表现，国家给予他们相应的学术荣誉以及政治待遇和生活待遇；另一方面，作为国家干部，他们被要求要接受党组织在意识形态上的训导，服从行政部门的管理，并在国家科技规划的框架下，确定个人的研究目标和方案。

为了使科学家完成这个从自由研究走向接受计划管理的集体研究的转变，党首先以进行思想改造的方式，来促使科学家们接受党的思想与行为准则，服从党组织的安排。对于经历了政权更替之后的共产党政府而言，科学是国家实力的主要源泉，国家要实现工业化，显然需要依靠科技人员才能达到它的目标，因此科学家的经验与才能是需要的，但他们是在 1949 年以前的旧制度之下培养的，因而在政治上不是可靠的。基于这样一种对于中国科学家的认识，有戒备的信赖，就成为 20 世纪 50 年代政府与科学家关系的主要模式。

对科学家进行思想改造，目的之一就是要消灭同资产阶级意识形态联系在一起的科学中的"个人主义"，使个人目标与国家目标相一致；要让科学家将"理论联系实际"的方针贯彻到具体的研究工作之中，使资产阶级科学家的专业素质以及他们的工作同国家的需要更相适应。而这些目的只能通过以政治学习为特色的运动，通过科学家之间的批评与自我批评来达到。因此，在 20 世纪 50 年代，作为从思想上对科学家进行改造、控制的手段，各种政治运动此起彼伏，从未间断。

在这里，让我们来看一看 1961 年在中国科学院化学研究所作为整风运动试点期间，由化学所党组织向科学院有关部门提交的一份报告中关于著名高分子合成和有机合成化学家、中国科学院学部委员王葆仁（1907—1986）的部分内容①，以此观察 20 世纪 50 年代中国科学家所承受的来自于政治和意识形态的压力及其对科学活动的影响：

"三反"时，有材料从王葆仁曾任职的浙江大学转至有机所，其中提及他可能有政治、历史问题。于是，"将王（葆仁）从'三反'运动核心组中撤去，并追问他有否贪污问题以及政治历史问题等，让积极分子暗示他辞职"。在这种情况下，王葆仁辞去了副所长职务；

1955 年，"对王（葆仁）曾写过长篇材料，大意为王（葆仁）最好离开科学院，因为他在科学研究方面是障碍"；

"双反时，将王（葆仁）过去在国内外发表的文章，都用大字报贴出，最后对它下了两个结论，说王（葆仁）的论文，一是为名为利，二是没有什么内容，没有什么了不起"；

"大跃进"时，针对研究人员接受任务过多、过杂的现象，王葆仁提出"任务学科化"②，"有人贴他大字报，说他不想做任务，当时党组织也没有制止这样做"；

双反后，"认为王（葆仁）在有机硅组有抢地盘的思想，因此从各方面说服他，让离开有机硅组。当时退出时他是很勉强的，思想上愿搞有机硅。虽然当时王（葆仁）

---

① 中国科学院档案：1961 - 1 - 44。

② 他认为接受任务过多，研究人员疲于奔命，造成每个任务完成的质量都不高，并没有真正带起学科来。因此提出每个室、每个组甚至每个人都应该有自己的研究方向，要根据方向来接受任务，这样才有利于积累知识、经验、数据；而且研究所不是工业试验所，要依靠不断发明来丰富科学，要解决长远的、普遍性的生产问题。

为四室室主任，但具体只管尼龙 9 及耐高温纤维工作。后来尼龙 9 推广出去了，耐高温纤维的工作逐渐保密起来，甚至不能让他了解工作内容。这样跟他做实验的只留下一个见习员了"。

从这些文字中，我们看到的是由于失去了政治上的信任而使科学家陷入了难以自主进行科学研究的困境。

事实上，这种困境自新政权成立伊始就始终存在，它是建立在政权更替之后共产党政府对于包括科学家在内的中国所有知识分子的基本评价上，即知识分子是从旧社会走过来的，因此需要不断学习，肃清落后的和反动的思想，改变自己的立场，站到人民、工人阶级一边，"思想改造，首先是各种知识分子的思想改造，是中国在各方面彻底实现民主改革和逐步实行工业化的重要条件之一"[6]。而另一方面，作为共产党政府的科学意识的一部分，充分发挥并利用科学的实用性，成为在中国发展科学的主要目标，要使科学服务于国家政治的、经济的目标，就需要利用科学家的才能，使社会获益。因此，这一时期，尽管科学家们在政治上一直处于被改造、被领导的地位，但他们的学术成就与学术地位又使他们在新制度下能够拥有一定的活动空间。

这些运动以及政治上的控制，严重伤害了科学家的感情和自尊，消耗了太多本该投入科学研究的时间和精力，使科学家在科学活动中的自主性受到阻碍甚至损害。一贯不过问政治而又身为中国科学院数学物理学化学部副主任、上海有机化学研究所所长的庄长恭（1894—1962）"常因细小的人事纠纷而终夜失眠"①；中国高分子科学奠基人之一王葆仁满腹牢骚和不满，郁郁不得志。然而，我们不能否认的是，它们在一定意义上也的确促成了中国科学家社会价值观的转变，尽管这种转变在某种程度上来看是表面的。不断被告诫要自觉地将个人的研究与国家的建设需要结合起来，要利用集体的工作方法来研究、解决问题，许多人放弃了被视为狭窄的、意义不大的研究课题，把精力集中在具有更大社会效益的课题上，努力寻找个人研究兴趣与社会利益之间的结合点，根据社会的标准来检验自己的工作，开展自我批评，自愿地改正错误，为追求科研工作中的集体主义与协作精神做好了思想上的准备。

与思想改造同步进行的，是党和政府为使科学家最大程度地服务于社会、服务于国家而采取的激励措施。这些措施有物质性的，如较高的薪水、较好的研究条件，以及国家对科技成就所给予的奖励，同时更有精神的、荣誉的，包括强调"为人民服务"、给红色科学家以较高的政治地位。虽然某些个人仍因各种各样的政治原因受到批判，但对于科学家群体来说，有才能的非党员科学家能够被允许参与国家任务，同样也成为了一种激励，促使他们努力地为实现国家目标而工作。在谈到因各种任务而多次调整个人的研究方向时，一位中国科学院院士说："当时我想，所里看得上你，要你做这些任务，

---

① 中国科学院上海有机化学研究所档案：庄长恭。

还是觉得很高兴的，因为你没有条件就做不了。所以变来变去，今天要你做这个，明天要你做那个，什么都做过。"① 可以推测，这样一种对待国家任务的态度，在当时的科研人员中无疑具有一定的代表性。

活跃于 20 世纪 50 年代的中国科学家大都曾留学欧美，留学经历给他们以敏锐的学术判断力和厚重的学术积累，中国知识分子的传统给他们以服务国家、服务社会的信念，而来自于国家建设的需要，则给了他们一个新的发展机会。科学家要寻求已有研究积累与现实条件的更好结合与发挥。对于科学家而言，新的研究领域的开拓，不但取决于个人的研究兴趣，也同样取决于现实条件所提供的可能性。在 20 世纪 50—60 年代的中国，研究经费是实行政府统一拨给制度，研究成果只能在国内发表，而且对于科学家成就的评价，在很多时候也是以解决或有助于解决生产中的实际问题来作为标准，加之经过各种政治运动之后，"理论联系实际"的方针在学术界早已深入人心，这一现状无形之中构成了一种促使科学家按照国家需要选择科学研究方向的激励机制。

国家干部，这个在中华人民共和国成立以后便赋予了科学家的政治角色，使科学家在担负起对于国家的责任和义务的同时，也承受着在政治的干预下是否继续维持内心完整与独立人格的巨大压力。

3 科学活动的计划性与科技发展规划

在实行计划性体制的新中国，每一种社会活动都应纳入中央政府可直接控制的范围之内，以便对所有活动施加有效的影响。由国家支持并管理科学机构，实现了国家对科技资源的绝对控制，使按照国家需要来规划科学发展以适应经济、社会体制成为可能。事实上，将科研活动完全纳入计划体制，实现科学活动的计划性，是新政权成立后将科技活动置于国家管辖之下的一个重要手段。因此，在国民经济建设的第一个五年计划即将开始的时候，科研体系中最基本的结构单元——研究所，乃至科学工作者个人，在"理论联系实际"的方针指导下，在树立起"科学为人民服务"的意识之后，也进入了计划科学、发展科学的阶段。

首先，它要求科学家以社会和国家的需要为自己的工作目标，然后通过制定出相应的年度工作计划、五年发展计划等，将这一思想准则体现在对具体的科学研究方案的选择上。在这个计划中，科学家必须提供以下信息：问题提出的依据，及其对于国民经济和科学发展的意义；进行工作所必需的条件；进行工作的步骤、办法、需要和与外单位的合作联系；预期达到的目的，工作开始与完成时间的估计；力量的组织；等等，甚至包括相当明细的计划执行时间表。

---

① 黄志镗先生访谈，2001 年 11 月 29 日，北京。

以下文字详细记录了1951年底中国科学院上海有机化学研究所制订1952年工作计划的整个过程：

时间：自10月9日至12月10日，共63日。

步骤及过程：分四个阶段进行。

第一阶段：启发报告与学习文件，10月9日—10月31日。

第二阶段：酝酿时期，11月1日至11月15日。首先由各同志联系过去工作及思想情况，进行批判。再就国家建设的情况，初步提出各种研究小组……

第三阶段：决定时期，11月16日—11月30日。仍根据自觉自愿的原则，已取消的小组成员分配入决定成立的小组内，经深入讨论并详细检查文献，做出各研究问题的具体内容、进行步骤及各季进度等项，并根据经费掌握数字，计划所需要添置之仪器药品及材料。

第四阶段：完成时期，12月1日—9日。12月2日由副所长召集研究工作委员会及本所经费小组联系会议，讨论决定研究计划，并对各组经费，取得一致之分配意见。6日各组初稿完成，由副所长审定后，分别发动全所同志抄写，于10日送上海办事处，转送院方审核。①

尽管在此仅记录了一个研究所制订工作计划的过程，但我们不难想象，在这一时期，毫无疑问全中国的科研机构都在以完全相同或相似的方式制订着各种各样大同小异的工作计划，即"采取自上而下、自下而上的反复研究讨论，充分发挥群众的智慧，并有组织有领导地得出具体结论，为将来工作中发挥积极性集体性打下基础"②。

这样的科研工作计划，依照执行者的类别而分为不同的层次。科学家先根据自己的实际情况制定出个人工作计划或其领导的研究小组工作计划；其所在的研究室再根据若干份这样的计划，组合成研究室的计划，并上报给研究所内负责科研工作管理的部门。每个研究所又要以各研究室的计划为基础，制定研究所总的科研计划，呈送科学院的主管部门。这些计划，有的短到为一个季度而定，长的则多为年度计划。但制定好的计划常常因政治运动而停顿，或因突击任务而更改。既然计划一再修订，原有的计划也就失去了意义。由于不断受到各种运动或各种临时任务的冲击，工作也就变得不那么有序了。中国科学院上海有机化学研究所对1952年度工作计划的制订与修改，无疑说明了这一点：

我所本年度工作计划，经于1951年11月拟就……订立工作步骤和进度，列表呈院在案。惟自本年1月间开始，沪区各单位举行三反学习，工作完全停顿。三反

---

① 中国科学院上海有机化学研究所档案：1952-1-1。
② 中国科学院上海有机化学研究所档案：1952-1-1。

结束、编制财产目录、订立工作制度后，曾因原定之工作进度未能如期实现，故呈请将本所工作计划一概移后一季度，即完成本年度全部工作的四分之三。4 月底沪区各单位进行思想改造学习及思想建设学习至 8 月中始告一段落，在后两次学习中，我所工作人员批判了旧思想，检查了过去工作对于理论实际与科学为国家建设服务的意义，有了更明确的认识，迫切要求重新考虑本年度工作计划。因此在学习后举行业务讨论会议，对于本年度工作计划重加商榷并确立今后工作方向及奋斗目标，以贯彻数月来的学习收获于业务工作上。①

全所上上下下花了两个多月的时间制订出的 1952 年工作计划，几乎还没有执行便需重新修改，我们由此可以观察到这一时期科研工作的非常态运行。从科学家个人的研究计划，到研究室、研究所的工作计划，一级级的计划虽有层次上的不同，但其实质都是要将研究内容按阶段细化，最终便于在计划框架内对科研工作的进度进行评估，而这种评估往往是根据有关的行政评价标准来进行的。大量的科学研究，甚至应用研究，在进行研究之前很难做出详细描述，而按年度、甚至季度为指标做出计划则更难。强调科学活动的计划性，也就是要通过行政手段，加强对科学活动的目的与过程的控制，却往往不能与科学研究自身的规律相协调。而且过于强调科学研究的计划性，便在客观上等同于鼓励研究者虚报计划、报高计划，使计划多无法完成，与实际工作产生很大的差距，也使计划在制订时就处于一个尴尬的境地。

在 20 世纪 50—60 年代的中国，科学活动的计划性，除了表现为上述通过科研工作计划对科学活动实施行政性评估和管理之外，还有一个更高层面上的体现，即制订国家的科技发展规划，在科技事业中推行统一的国家计划。

1955 年初，中共中央制订了《1956—1967 年全国农业发展纲要（草案）》，自此拉开了全面制订国家十二年发展规划的序幕。为了迅速制订发展全国科学事业的长远规划，1956 年 3 月国务院专门成立了科学规划委员会，调集几百名各种门类和学科的科学家参加编制规划的工作，并邀请 16 名苏联各学科的著名科学家来华短期讲学，帮助中国科学家及时了解当代世界科学技术的水平和发展趋势。来自各方面 23 个单位的 787 名科技人员提出了初步的规划内容。然后以中国科学院各自然科学学部为基础，集中了 400 多名科学家进行讨论。经过 7 个多月的时间，完成了《1956—1967 年科学技术发展远景规划纲要（草案）》。科学规划委员会召开扩大会议，对纲要草案进行研究，着重讨论规划制订中出现的一些争论较大的问题，提出修改补充意见[7]。最终形成的《1956—1967 年科学技术发展远景规划纲要》，以"重点发展，迎头赶上"为方针，确定了 57 项科学技术任务；还对 1956、1957 年的工作做了具体安排，并提出实施四项紧急措施，即发展计算技术、半导体技术、无线电电子学和自动化这四个在现代科学技术

① 中国科学院上海有机化学研究所档案：1952 - 1 - 1。

发展中具有关键作用的新学科领域。

由于资源有限，新生的人民政府不得不集中精力首先解决一些最根本最迫切的问题，不得不在为国民经济所需要的各种项目中，分清轻重缓急，以缓解主观需要和客观可能之间的矛盾。因此，对科学技术发展的长远规划，真正体现出国家需要，而将一个学科的发展列入国家规划，也就意味着它具有了战略地位并得到了制度的保障，意味着它将能得到来自于国家的持续不断的支持。一些具有巨大应用前景的学科门类，如计算机、电子学等正是因此而获得了加速度的发展。

科学技术发展长期规划的编制，为国家在一个时期内科学技术事业的总体发展提供了一个蓝图，为全国科学研究与开发活动的安排提供了总框架。而且，作为政府文件颁布的科技规划，具有广泛的政治激励和宣传作用，使科学家和科学管理者能够全面地了解国家的科技发展战略、重点科技任务和优先发展领域、主要科研课题或关键技术，以及政府为发展科技事业所安排的重点建设项目和配套政策措施等。这使得在科学研究方案的选择上，由国家需求起着导向的作用，这种需求通过科学发展规划体现出来。

因此，计划的职能就是反映国家的需要。在不同的层面上制订各种中短期科学活动计划和科学技术长远发展规划，是新政权建立后政府分配科技资源、组织科学活动的主要工作方式。在科技事业中引入计划管理，目的就是要将科学活动集中在一个统一的框架之下，使之服务于社会需要和国家发展的需要。这种管理方式，可以使主管部门为少数最优先的科研任务迅速调集资源，也可以为少数出色的基础研究领域提供支持，而同时，也可能使另一些领域面临着生存的危机，使科学的整体增长失衡。

4　党对科学活动的领导

在新政权科学事业管理体系的建立过程中，有一个起着决定性作用、但却缺乏对其进行学术性探讨的重要因素，即党对于科学活动的领导。自中国共产党成立以来，无论是延安时期的科技思想，还是新政权初期的科技思想，都是以辩证唯物主义的认识论为其理论基础，力求理论和实践相结合，并由此衍生出科学必须为生产服务的观点，强调发展科学技术为现实需要和国家建设服务[8]。

政党是代表某个阶级、阶层或集团并为实现其利益而进行斗争的政治组织；而政府是国家权利机构的执行机关，即国家行政机关。在中国，党与政府融为一体，不可分割。因此，党对于科学和科学家的认识，以及党在科学活动中作用的不断强化，决定了中国科学发展的进程。

新政权建立之初，基层科研、教育机构的管理是实行"一长制"，即由院长、所长、系主任负责学术事务和行政事务，而这些机构的最高领导人，全部由资深科学家担任。在 1950 年 5 月 19 日政务院第 33 次政务会议通过批准的中国科学院近代物理研究所等 15 个机构负责人名单[9] 中，15 位所长中有 10 位、12 位副所长中有 3 位为原中央研究院院士；而以北京大学化学系来看，各研究室主任也是由资历深、成就卓著的化学家担任。学术权威在这一时期的作用由此可见一斑。与此同时，党为新的国家描绘的发展蓝图，也在科学家中产生了巨大的感召力。在笔者的访谈中，中国科学院院士钱人元先生（1917—2003）曾谈到 1940 年代末在美国读书时，因受西方共产党的影响、向往新中国的社会主义而回国。毋庸置疑，这是新政权成立后很多科学家回国的重要原因之一。精神的召唤与制度的保障，调动了科学家们的积极性，使他们充满希望地投身于祖国的建设事业中。

然而，党对于科学事业的影响并未仅仅停留在这一步上，而是随着政权的巩固逐渐渗透和强化。在华东地区，中国科学院各研究所建所之初很少有党员，各次政治学习或运动都是由科学院华东办事处的党组织统一组织。有机所是在思想改造运动之后才分配来了 2 个年轻的党员大学生做助理研究员①。1956 年，党中央为加强科学院党的领导力量，先后两次发出通知为科学院抽调 95 名司、局级党员领导干部。至 1957 年，有 24 人到职，其中 2 人被分配从事科学研究工作，22 人担负政治思想工作。同年 8 月，科学院党组再次提出报告，申请调配 50 名处级党员干部，以"充实各单位的中级干部"。②从此，作为科学活动基本结构单元的各研究所，都有了党的组织和党的负责人。

党在科研机构中作用的增强引起了管理上的相应变化，20 世纪 50 年代初期的一长制逐步让位于党的干部起主要作用的集体领导。尽管行政领导和党的领导分工负责，但是承认党的领导的首要性和最高权威，强调党的作用以及党在人的行为和思想意识方面的引导能力。与此同时，党的领导也涉及了学术事务，研究所的学术委员会规定必须有党的负责人作为成员，科学家在决策方面的影响大大缩小；大学中的系、教研室规定由具有一定学术基础的年轻党员教师担任学术秘书，出现了被称为"秘书专政"的格局。科研工作的传统模式被打破了，带有思想强制色彩的政策出现了，这使科学家在科学活动中的作用和权威更多的时候仅体现在他所拥有的专业知识和经验上。

这种强调在科学活动中服从党的领导，并从组织上、思想上加强对科学家的控制的管理模式，成为科学国家化的有力保障。但同时，我们不能忽视的是，尽管有政治和意识形态的控制，尽管在某些特定的阶段如"大跃进"时期也曾出现了极端的表现，这一时期中国科学家在科学活动中仍拥有一定的地位和空间，如科学院 1950 年始、1953 年止的注重依靠国内高水平科学家参与学术领导的专门委员制度，1954 年开始酝酿的学部委员制度，以及 1955 年以后在各研究所普遍建立的学术委员会制度等，均是强调加强学术领导，从而在一定程度上保障了中国科学在研究焦点和方法上仍然得以追循国

---

① 黄志镗先生访谈，2001 年 11 月 29 日。

② 《中国科学院党组关于请求中央调配党员干部的报告》，薛攀皋等编：《中国科学院史料汇编·1957 年》，中国科学院院史文物资料征集委员会办公室，1998 年，第 293 页。

际学术范式，为中国科学的发展保存了一个科学内部的传统和驱动力。

通过上述资源的分配、科学活动的组织与管理等方式，科学成为了一种有组织的、集体的活动，成为了国家行为，国家需要成为科学增长与传播的原动力，政策制定者强调科学与国家发展需要之间的密切联系，并为此建立了庞大的科学管理机构，由此实现了国家对科学资源与人力的集中控制，最大限度地保障了国家对科学的利用。

作为20世纪科学发展的一个重要特征，早在中华人民共和国之前，科学的国家化进程便已在世界许多国家发生，比如大科学的出现，即是这一进程的表现。在中国，科学的国家化与政治体制、经济体制的一元化共生，使社会主义制度的优越性，即计划管理和资源动员，发挥到了极致，进而对中国现代科学的发展历程与机制产生了深刻的影响。科学的国家化，以及由此形成的科学活动的组织形式，成为现代科学在20世纪50年代的中国社会曲折发展的前提条件。

在这一时期，各种军事的、民用的需求始终是中国科学发展的外在动力和保障。即便是对于一些基础研究的支持，也是建立在这样一个信念之上，即在不大长的时间内，这些基础研究将会有益于实用，国家与社会的需要，是科学发展的动力。科学的实用性与国家发展需要的高度一致，在一定程度上可以缓解意识形态对科学家所产生的压力，于是才有了中国科学院化学研究所党委提出仅靠不多的党员难以完成国家任务因而要求放宽对老科学家的政治审查，北京大学化学系高分子教研室为赶任务可以不参加在那个时代本该人人都必须参加的政治运动。在一个政治风波频繁、人人自危的年代，科学家可以通过为完成国家任务所做的研究工作而获得相对的安全感和职业满足感。虽然某些个人仍因各种各样的政治原因受到批判，但对于科学家群体来说，有才能的非党员科学家能够被允许参与国家任务，则成为了一种激励。相对于社会科学而言自然科学研究所具有的中立性，以及它作为国家实力源泉的重要性，在一定程度上为科学家的自主性提供了保护，使科学家即使在"反右"和"大跃进"之后也有一定的活动空间。这是科研领域不同于其他领域的所在之一，也是科学活动得以在这一时期的中国社会中运行的重要原因。

科学家的自主性是科学得以增长的条件之一，而自主性的适用空间则决定了学科建制化过程以及未来发展的速度。来自于国家建设的需要，与政府对于科学家的认识结合在一起，为这个空间划定了边界。借助于国家需要，接受过西方专业训练的中国科学家逐步建立起了学科领域，并始终在为人民服务和科学的自主性之间寻找着结合点和平衡点。在一元化的政治体制之下，当某些技术、物质层面上的国家需求，与科学共同体自身的发展需求不可避免地产生冲突时，科学家往往是借助于科学的实用性，为自己、为科学寻找一片发展的空间。

科学的国家化，使科学的发展受到国家利益和发展战略的极大制约，进而影响了科学增长所必需的稳定性和连续性。当来自于国家的需求成为科学研究的目的和主导方向时，科学便走入了不均衡状态，一些领域可能取得超速发展，而另一些领域则可能面临生存危机。从总体上看，由于上述原因，在 20 世纪 50 年代，科学发展是极为迅速的，但是，若比较各个分支领域之间的发展规模与速度，则可清楚地看出，这一时期围绕直接或间接地解决生产建设中的实际问题而做的科研成果，远远多于理论性的研究。这在短时期内无疑是成就卓然的，但却不能为长期的持续发展奠定坚实的基础。

科学的国家化，还导致了中国社会中科研组织的一元化倾向。在政府对科学家和科学活动的控制与干预下，自近代以来科学发展的必要组织条件，即由科学家自治的学术团体——学会——在中国始终没有真正形成，而是代之以由政府任命的官方机构来组织、协调科学活动，或是建立起了所谓的"学会"，但仍是强调在党的领导下将职业标准和行政标准结合起来运行。一旦科学共同体不能完全遵从学术规范来处理自身的内部事务、而是依赖于政府的扶持和裁决时，共同体的有效性和创造性就在很大程度上受到制约。

综上所述，在科学国家化的背景之下，现代科学在中国走过了一个在许多学术的、非学术的因素影响之下而带有明显缺陷的不完全建制化过程。至此，我们是否可以期待，未来政治、经济体制的改革所带来的科学活动组织与管理模式的多元化，将有可能缓解中国科学发展进程中由于科学国家化而导致的种种矛盾与冲突？

参考文献

［1］中国科学院 1949—1950 年全国科学专家调查综合报告. 中国科技史料，2004（3）：228 - 249.

［2］关于《中国科学院 1949—1950 年全国科学专家调查综合报告》的一点说明. 中国科技史料，2004（4）：373.

［3］樊洪业.《建立人民科学院草案》的来龙去脉. 中国科技史料，2000（4）：324 - 332.

［4］建立人民科学院草案. 中国科技史料，2000（4）：333.

［5］加强科学工作领导的重要步骤.《人民日报》社论，1955 - 06 - 03.

［6］三大运动的伟大胜利//毛泽东选集. 第 5 卷. 北京：人民出版社，1979：49.

［7］苑广增. 中国科学技术发展规划与计划. 北京：国防工业出版社，1992.

［8］杨丽凡. 发展科技的指导思想：从延安时期到建国初期. 自然科学史研究，2001（1）：21 - 32.

［9］樊洪业. 中国科学院编年史·1949—1999. 上海：科技教育出版社，1999：12 - 14.

　　杨丽凡　1966 年生，甘肃临夏人。1989 年毕业于清华大学工程物理系，获工学学士学位。随后在天津核工业理化工程研究院工作四年。1997 年 7 月获中国科学院自然科学史研究所理学硕士学位，并留所工作，曾为研究所副研究员。2015 年调入中国科学院大学人文学院，任副教授。

发展科技的指导思想：从延安时期到建国初期

□ 杨丽凡

由于中国共产党在新中国的领导地位，中国共产党的科技思想一直深刻地影响着中国 50 年来的科技发展，这应当是不言而喻的。董光璧曾以"科学目标的功利偏向""科学活动的合作精神""科学思想的唯物主义"来概括其科技思想，并称之为中国共产党的"科技意识"[1]104-120。这种功利主义的"偏向"在于中国共产党直言不讳地宣称，发展科学事业，为经济建设服务，为国防建设服务，为社会文化建设服务。严格说来，这一目标并非"科学目标"，而是发展科学的目标，并成为发展科学技术的指导思想的出发点。董光璧将其追溯到延安时期共产党的科技思想[1]78，本文则更具体地讨论延安时期这一科技思想成熟的背景，以及它在建国初期又是如何完善并指导科技发展的。

1 延安时期发展科技的指导思想

1.1 延安的科学技术组织机构及工作

1939 年，国民党对共产党领导的陕甘宁边区实行经济封锁，使边区的财政和人民生活发生了困难。1939 年 5 月，延安自然科学研究院成立。中共中央决定成立延安自然科学研究院的目的很明确，希望将科技力量也利用起来战胜困难，促使"延安自然科学专门家和有科学基础的大学或专校毕业生，共同研究，去改善和计划当前迫切需要的一切工业建设"[2]。1939 年底，自然科学研究院院长李富春主持召开自然科学讨论会，出席会议的有 100 多名各方面的专家，讨论了边区建设、国防工业建设等方面的问题。由于科技人员不足，会议建议将自然科学研究院改为自然科学院，侧重培养边区急需的科学技术人才，并建议成立陕甘宁边区自然科学研究会，以此团结边区各部门、各行业的科学技术人员为边区建设服务[3]401。

1940—1942 年，国民党停发八路军薪饷，封锁边区，边区要靠自给自足来解决军政开支、支援前线和积累建设资金。陕甘宁地区地广人稀，贫穷落后，以当地的人力和物力，实现这一艰巨的任务是十分困难的，几乎是不可能的。早在 1939 年 2 月，中共

＊ 原载《自然科学史研究》2002 年第 21 卷第 1 期，第 21—32 页。

中央就在延安召开了生产动员大会，毛泽东、洛甫、陈云、李富春以及各机关代表 700 多人出席了大会。在这次大会上，毛泽东做了重要讲话，他在讲明了当时所遇到的巨大困难之后指出：饿死呢？解散呢？还是自己动手呢？……还是自己动手吧！为此，中共中央和边区政府发出号召，开展经济自给的大生产运动。仅在短短的几年里，从无到有建立起轻重工业，改造了低产、多灾的农业、林业、畜牧业，创办了高等、中等教育，开展了破除迷信、讲究卫生、反对落后愚昧的轰轰烈烈的科学普及运动。以工业为例，据 1938 年的统计，当时边区各厂的职工总数仅 270 人。1939 年 4 月，陕甘宁边区政府公布《陕甘宁边区抗战时期施政纲领》规定，"发展手工业及其它可能开办之工业"，边区建立了一批工厂。1942 年 1 月公布的《陕甘宁边区施政纲领》进一步提出，"发展工业生产和商品流通，奖励私人企业，保护私有财产……同时发展人民合作事业，扶助手工业发展"，边区的工业、手工业、合作事业因此得到蓬勃的发展。仅以边区政府系统的职工人数统计看，1942 年已增加到的 4000 人，比原先的 270 人增长了 15 倍[3]176-178。

上述成绩的取得，是与当时在延安的科技人员的努力分不开的，同时也表明延安时期共产党根据环境和需求制定了适宜的发展科技的指导方针。

1.2 科技指导思想的表述

中国共产党从自然科学研究院成立伊始，就明确了发展科技的指导思想是，以解决边区生产和国防的实际应用为主要目的。成立自然科学研究院的目的也正在于此。关于这一点，毛泽东在自然科学研究会成立大会上的讲话中也有体现："今天开自然科学研究会成立大会我是很赞成的，因为自然科学是很好的东西，它能解决衣、食、住、行等生活问题，所以每一个人都要赞成它，每一个人都要研究自然科学。""人们为着要在社会上得到自由，就要用社会科学来了解社会，改造社会，进行社会革命。人们为着要在自然界里得到自由，就要用自然科学来了解自然，克服自然和改造自然，自然里得到自由。自然科学要在社会科学指挥下，去改造自然界。"[4]

延安自然科学院第二任院长徐特立在其《怎样进行自然科学的研究》一文中，详细地阐述了在延安的自然科学研究的任务："首先要提出的就是研究的任务问题，就总的方面来说，我们的科学应该替抗战建国服务。无论是一般的研究，专门的研究，理论的研究和技术的研究，其总的任务只一个：即在物质上加强和扩大我们的抗战建国力量。我们不是为科学而研究科学，不是企图在科学上争取地位造成特殊的科学家，因为目前还是处在全面战争的时期，还是技术落后于敌人的时期，还是处在后方区域狭小和经济落后的地区。财力、人力和一切经济力量还十分赶不上抗战建国的需要。我们的国力和敌人的对比，敌人是技术超过精神，我们是精神超过技术。我们的军事技术较'七七'事变开始时虽已大大的提高，而生产运动虽已大大的注意，但达到应有的自给程度还差很远。因此我们对于自然科学的研究，无论在高深的学理方面或粗浅的技术方面，总的任务是为着生产，为着解决抗战的物质问题。"[5]

如果我们联想到在延安自然科学院曾于1940年底召开全体大会，讨论解决棉衣问题，并决定除依照规定"有棉衣者不领棉衣""有钱者自制棉衣"，并发起互助运动，有钱或棉衣多的，自愿捐助，女同志则自愿帮助男同志缝补旧棉衣[6]，当时边区生活的困苦可见一斑。的确，在这种形势下，就不难理解延安时期的发展科技的基本指导思想是运用科技来服务于生产，以保证军事经济建设的急需，而"不是为科学而研究科学，不是企图在科学上争取地位造成特殊的科学家"。因此，作为第一任延安自然科学院院长的李富春在1943年给自然科学研究会提出的一些生产中急待解决的实际问题就非常实际："如梢山的柳根水，人吃了成'拐子'，以致有许多土地不能去耕种；如南泥湾冷湿，不能牧羊，羊要生癞；如每年牛瘟羊瘟死了很多牛羊，而无更有效办法对付；……诸如此类的事，信手写来不知有多少！但另一方面，自然科学会未闻研究讨论这些问题，自然科学院也未闻讨论这些问题，科学副刊也很少解说这些问题，却以很大的篇幅去解说宇宙、地球，这又是什么原因呢？"[7]

美国中国科技政策研究专家萨特米尔（R. P. Suttmeier）指出："'为科学而科学'的思想在中国过去的一百年时间里简直不是一个有意义的文化主题。相反，无论科学还是技术都必须为实现国家目标，为增加国家经济和军事力量服务，到本世纪20年代之后，它们还必须为打倒儒家思想，创立现代科学文化服务。"[8]他的这一观点，不仅在解放后的中国科技政策中得到印证，其实从上文中也不难看出延安时期的科技思想也不例外。甚至可以说，也许因为形势所迫，延安时期这种科技的功利主义倾向更是被毫不掩饰地表现出来了。当然，在当时生存都成问题的情形下，这应是不难理解的。

1.3 延安时期的科技成果

抗日战争时期，陕甘宁边区大约只有不足400名科学技术人员，他们绝大多数是旧中国高等学校的毕业生或尚未毕业的学生，只有少数人资历较深，从事过科学技术工作。但正是他们，在共产党倡导的科技思想指导下，完成了一批科研成果，解决了当时抗战和边区建设的急需。

由于国民党的严密封锁，边区缺少军火，自然科学院化工系的师生就在简陋的木棚里开办工厂，自制硫酸、硝酸，研制出黄色炸药，供应八路军的急需。

机械工程系的师生和实习工厂，精心制造了医院缺少的镊子等医疗器械和造纸厂用的容量达万斤的大蒸煮锅，以及制造了纺织机械配件、轧花机上的滚子、日常生活用品和数以万计的棉军装铜扣等。

经过1942年的大生产运动，工业有了一定基础之后，中共中央提出"半自给"的口号；到了1944年，经过艰苦的创业，工业基础初步建立起来了，又培养了一批技术骨干，提出"争取工业品全部自给"的任务。边区生产的肥皂、火柴、香烟、牙刷、牙粉等都能自给或半自给。

在边区植棉，几乎是从无到有。生物系的学生深入农村，找出了在边区种植棉花的合理办法，经过短短几年的努力，棉田扩大到 30 多万亩，产棉花 300 万斤，已满足边区需要的三分之二，对发展边区棉花生产、解决当时缺棉少布的困难起了很大的作用。

边区农民生活困苦，原有的蔬菜瓜果种类很少，边区政府和光华农场先后从国内其他地区引进西红柿、葱头、球茎甘蓝、菜豆、油菜、雪里红、冬瓜、苦瓜、甜玉米，甘露西瓜，国光、红玉、黄元帅等品种的苹果以及葡萄和梨等，进行了试种和推广。这些蔬菜水果的引进及推广成功，大大丰富了边区人民食品的种类，取得了经济效益，改善了人民生活。

上述种种成果，在技术上多不是先进的，但在当时边区那样艰苦困难的条件下，能有这些创造，也是难能可贵的。

1.4　延安时期积累的经验

1.4.1　坚持理论联系实际

在 1944 年 5 月 24 日的延安大学开学典礼上，朱德号召大家把学与用联系起来，要自己动手，要参加生产工作，在生产中学习，学工科的与工厂结合，学农科的与农场结合。边区政府副主席李鼎铭说：中国过去教育多系抄袭外国，脱离实际、脱离民众。延大今后的方针是做什么，学什么。适合我们需要的东西就学，不适用的就不学[9]。

边区的科技人员过去所学的科学技术知识，一般难以原封不动地应用到边区落后的经济生活中去，必须因地制宜，因时制宜，结合实际，创造性地开展工作。不然就会感到"英雄无用武之地"，就会在困难面前低头，丧失信心。当时边区的科技人员有一部分人开始不安心工作，不愿做经济技术工作，原因就在这里。但是当他们一旦深入到实际中去，就深深感到人民群众对科学技术的迫切需要，哪怕是一点一滴的进步，都可以使落后的生产突飞猛进，落后的经济面貌迅速改观，不再是"无用武之地"，而是可以大显身手了。

1.4.2　团结、重视知识分子的政策

当时在陕甘宁边区的科技人员，绝大多数是从国民党统治区冲破反动派的封锁到延安来的，他们怀着抗日救国和实现共产主义理想的激情，投笔从戎。到边区后，他们又响应共产党的号召，重操旧业，为发展边区经济，重新翻开书本、拿起计算尺，在一张白纸上建立起边区的自给工业。

一般地说，举凡当时边区科技人员提出的意见或建议，无不受到共产党和边区政府的重视，当然在边区的条件下，科技人员建议的意见和深度，以及被采纳和实施的可能都受到一定限制，但是相信科学技术可以提高生产、改进生产，这一条是坚定不移的。之所以能做到这一点，首先是共产党的党政领导具有尊重知识、尊重科学技术人员的意

识，其次是科技人员实事求是地把自己的知识应用于当时的实际工作中去，理论联系实际，十分注意以群众路线的方式方法开展工作，全心全意为人民服务。

在陕甘宁边区物质条件极端困难的条件下，中共中央和边区政府对于在边区工作的科学技术、文化艺术、医药卫生等方面的科技人员和知识分子给予了适当的优待和照顾。例如，1941 年中央书记处批准，决定当年给文化技术干部另做干部服装（区别于一般战士的服装），增加津贴三分之一；伙食则另办小厨房，增加菜金 5 元；对文艺作家，另发 12 元的纸张费。

对文化技术干部的优厚待遇，不仅改善了他们的生活，更重要的是温暖了他们的心，使他们亲身体会到国民党统治区和共产党解放区两种截然不同的对待知识分子的态度，从而甘心情愿地为抗战建国发挥更大的作用。

1.4.3 对知识分子的改造

既然"自然科学要在社会科学的指挥下，去改造自然界"（前引毛泽东语），按照这一逻辑科学家就应顺理成章地接受马克思主义，并以辩证唯物主义的认识论来指导自己的科学实践。但是，实际情况是，共产党对于知识分子能否自觉地完成这一思想上的重要转变一直持怀疑态度，所以运用多种方式对知识分子进行思想改造，希望将其改造得更接近人民群众，彻底粉碎他们资产阶级的私心杂念，使其全心全意地为工农服务，自觉地运用他们掌握的知识为生产活动服务。其实，这一条，无论是延安时期，还是建国初期都是贯穿始终的。

在延安时期，共产党就非常重视知识分子思想方法的改造，要求知识分子理论联系实际，克服教条主义、学用脱节的毛病。譬如，中共中央 1941 年 12 月发布的《关于延安干部学校的决定》中规定政治课课时应占 20%，专门课课时应占 80%。在此之前，政治课的课时更多。对知识分子来说，思想方法得以转变，一方面是由于理论的学习和当时反对教条主义的整风运动，另一方面由于科学技术工作的实践经验。

八路军总政治部于 1942 年发布的《关于对待部队中知识分子干部问题的指示》，体现了中国共产党关于改造知识分子的基本方针。《指示》认为，在军队中对待知识分子有三个方面的内容："容""化""用"。"容"，就是争取知识分子加入革命队伍，使他们成为优秀的干部；"化"，就是转变知识分子小资产阶级的思想意识，使他们革命化、无产阶级化；"用"，就是正确分配他们的工作，使他们有相当的发展前途。要教育现有的知识分子，吸收新的知识分子加入军队。要加强对知识分子的教育，在思想上实行革命化，确立革命的人生观，为工农服务，还要培养其集体主义精神，扫除无组织、无政府主义与个人主义。

1.4.4 强调各部门科技人员的协作和科学技术的统一领导

陕甘宁边区仅有的几百名科技人员，由于工作关系，分布在各系统、各单位工作，有的在政府机关，有的在工厂、学校，有的在农村、农场，有的在医院，还有的在部队，但是每解决一个技术问题，往往需要有关单位配合，需要各学科协作。当时在边区各机关的科技人员几乎是不论隶属于什么系统，都能通力合作，共同为解决某一问题而努力奋斗，各单位所有的设备仪器也都不分彼此地以完成任务为重，互相支援，这种大力协作的精神和作风，是当时取得成功的重要条件之一。

从延安时代起，就非常强调建立对科学技术的统一领导。时任延安自然科学院的教务长，解放后任大连工学院院长的屈伯传在 1941 年就写文章呼吁："各部门各系统联系与合作是十分必要的，而且只有如此，才能充分发挥我们现有的人力与物力，才能有计划地发展我们的事业。"他认为，应该建立科学技术的统一领导，负责"研究、计划、调整、指导、检查并监督各方面的科学技术工作，推动并组织全面性的及较繁巨的非个别部门所能举办的科学技术事业，促进中央、军委、政府各系统及研究、教育、事业各部门间在科学技术上进一步的联系与合作"[10]。

如果说延安时期已经有协力合作的科学实践，但这种大科学的规划思想才初露端倪，到了解放初期，由于有了社会主义这一计划经济体制，并有苏联通过规划使其科学技术得到迅速发展的经验，才开始有了制定、实施科技规划的基础和条件。

1.5 延安时期的科技管理干部和培养的科技人才在建国后对科技政策的影响

陕甘宁边区用很大的力量开展干部教育工作，边区政府林伯渠在 1941 年 4 月所做的政府报告中指出，边区的军费开支，主要是军费和教育费，再次是经济建设的投资，教育经费占第二位。在陕甘宁边区培养的大批的党、政、军和经济技术干部，后来也在新中国发展科技的思想实践和政策制定方面起了重要的作用。自然科学院虽然创办的时间不长，但为抗战建国做出了重要的贡献，尤其是培育了一批科技干部。进入自然科学院学习的人，前后约有 500 余人。这批当年的青年学生，经过共产党的教育、学校学习以及后来的实际工作锻炼，建国后绝大多数都成为业务专家和领导骨干，有些成为中央、省、市、自治区的党政领导干部，有些成为教授、工程师或研究员，他们都具有延安传统和作风，为抗战的胜利、全国的解放做出了不可磨灭的贡献。这批科技干部的成长，对新中国成立后我国经济建设和科学技术的发展都起了重要作用。在延安自然科学院工作过并在解放后继续在科技教育等领域任重要职位的人有不少。例如，自然科学院的创始人李富春，解放后曾任重工业部部长、国家计划委员会副主任、主任，国务院副总理等职；还有曾任延安自然科学院院长的徐特立，建国后担任中央宣传部副部长，主要从事教育研究；曾任延安自然科学院的副院长和院长的陈康白，解放后任中华全国自然科学专门学会联合会副主席、东北人民政府文化部副部长、哈尔滨工业大学校长、中国科学院秘书长；曾任延安自然科学研究会驻会干事的于光远，建国后当选哲学社会科学部学部委员，并成为中央宣传部科学处处长，具体负责实施党的科技政策。

可以说，正是由于这批延安时期培养的科技干部既掌握了基本的理论知识，又有到工厂、农村实习的经验，才能在全国解放初期给大量从旧社会过来的知识分子起带头和示范作用。所以说，这批科学技术干部在新中国的建设中成为领导和骨干并不是偶然的，延安时期从事科技管理工作时所取得的经验会在他们建国后的工作岗位上产生极大的影响。如果研究建国初期的科技思想，不难发现建国初期的科技思想从某种程度上讲是延安时期的科技思想的一种延续和完善。

2 建国初期发展科技的指导思想

2.1 建国初期面临的问题及发展科技的基本思想

建国初期，中国共产党和全国人民面临着严重的困难和许多严峻的考验。由于帝国主义的长期侵略与掠夺，国民党政府的腐朽统治，加上日本帝国主义侵华战争和三年内战的破坏，工农业生产受到极大影响，整个国民经济是一个极其落后的千疮百孔的烂摊子。

1949年与解放前的最高年份相比，农业总产值下降20%以上，工业总产值下降一半。1949年，在工农业总产值中，农业总产值占70%，工业总产值占30%，而现代工业产值只占17%。旧中国的工业不但比重小，而且基础薄弱，门类残缺不全，技术落后，生产水平低，没有形成独立的完整的工业体系[11]。

与工业体系相似，刚解放时旧中国留下来的科学基础是很薄弱的，科学人员不多，水平参差不齐，各学科发展也不平衡。新中国成立后，中国科学院为配合调整旧有研究所和建立新研究所，以及为以后在计划和研究方面与院外专家联系做准备，1949年12月和1950年3月对国内及尚在国外的专家情况进行了两次调查，由数学、物理、化学、生物、地质、地理、天文等学科的200多位专家投票人投票推荐专家。两次投票的结果为：被推荐的专家共865人，得票过半数者仅160人，尚在国外者171人[12]。可以说，新中国成立后，科研机构、科技人员的数量和水平远非延安的情况可比，但从国内面临的百业待兴、各种资源短缺，国外敌对势力的重重封锁的情况来看，新中国面对的严峻形势并不亚于受国民党封锁的延安边区。如何在短期内解决人民的生计，恢复工农业生产是摆在共产党面前的一大考验。于是，共产党基于形势的需要和延安时期积累的经验，提出了努力发展科学的任务。《共同纲领》上的规定反映了建国初期发展科技的指导思想："努力发展自然科学，以服务于工业、农业和国防的建设。奖励科学的发现和发明，普及科学知识。"

为了增强科技力量，人民政府积极招募知识分子回国效力。中国科学院为争取并协助在国外的科学家回国参加建设，做了多方面的努力。由于政府有关部门的支持，研究所和国内科学家积极配合，许多旅外科学家排除艰难险阻，回国工作。到科学院工作后即担任研究员的科学家，1949年底—1950年有李四光、赵忠尧、葛庭燧、高怡生、曹日昌等，1951—1957 年陆续来院的有李薰、张沛霖、殷宏章、吴文俊、徐仁、钱学森、郭永怀、汪德昭、张文裕、张香桐、熊庆来、陆元九、林兰英、程茂兰等。据不完全统计，1950—1956 年的 7 年间，回国到院属生物研究部门工作的副研究员以上的科学家达36 人，占当时生物学部门高级研究人员总数五分之一以上。又如，回国从事原子核科学研究的近代物理所工作的科学家，1950—1953 年有 13 人，1955 年以后又有十几位。海外学子的回归，加强了研究所的学术领导力量，许多新兴学科得以建立，空白薄弱领域得以填补或充实。中国科学院成立不久新组建了许多研究所，到 1952 年中科院已拥有包括多学科的 31 个研究所。这些研究所在不长时间里得到迅速发展，成为国内各有关学科领域的重要研究基地或中心之一，为国家建设和推动科学发展做出了贡献。

2.2 关于知识分子思想改造

与延安时期相比，建国后中国共产党面临着领导全国的经济发展和科技事业的全新任务。新中国的领导人对科学技术在国家经济和国防建设中的作用寄以厚望，对科学家在其中的作用自然十分重视。如何领导他们，并充分调动他们的积极性，为社会主义经济建设和国防建设服务，日益成为领导科技工作的一个重要方面。可以说，从延安时期开始，共产党就致力于探索对知识分子加强领导和利用的有效方法，在建国后的实践中，通过不断地对科技政策和知识分子政策的调整，来寻找改造和利用知识分子的途径（关于这个主题，有待进行更深入、系统的研究，本文仅涉及知识分子的改造与发展科技的指导思想相关联的部分内容）。

建国后，新中国的领导人不仅号召科学工作者为国防和民生服务，同时号召学习苏联科学界的经验：把理论和实践密切地配合起来；利用集体的工作方法来研究、解决问题[13]。事实上，共产党和政府一直向科学工作者强调认识理论与实际结合的重要性，引导他们结合国家的经济建设开展科学研究工作。从他们在不同场合所强调的内容看，他们不断告诫受过西方文化教育的科学家要自觉地将其研究与新中国的建设需要结合起来。

作为新中国科学工作者的知识分子，他们绝大多数在旧中国深受帝国主义、封建主义和官僚资本主义的压迫，怀有"科学救国""科学报国"的愿望。全国解放前后，大多数学有所成的知识分子不愿跟国民党反动派逃亡而留在大陆迎接解放；有的在共产党的帮助下，经过香港转辗到解放区；还有大批以李四光、老舍为代表的著名知识分子，在共产党的精心安排下，克服重重阻挠，从海外回国参加建设。

当然，解放后，知识分子中也有不少人由于家庭和历史的原因，或受其他思想的影响，不能适应新社会的需要。中国共产党对知识分子采取了团结、教育、改造的政策，目的是帮助他们逐步成为工人阶级知识分子。一方面组织他们学习马克思主义理论、中国共产党的历史和方针政策，一方面让他们参加抗美援朝、土地改革和镇压反革命运动，在实际斗争中接受教育；还通过他们的业务实践，不断提高思想认识。1951 年 9 月，北京大学 12 位著名教授响应党的号召，发起北大教员政治学习运动，以此为开端，首先在北京、天津各高校教师中开展了一个比较集中的思想改造学习运动。9 月 29 日，周恩来向两市高校教师学习会做了《关于知识分子的改造问题》的报告，这个报告树立了一个严于解剖自己的榜样，给广大知识分子以极大的鼓励。11 月 30 日，中共中央总结了京津高校教师学习经验，发出《关于在学校中进行思想改造和组织清理工作的指示》，要求在全国大中小学校教职员和高中以上学生中普遍推广，并且逐步扩展到文艺界和整个知识界。在广大知识分子自我教育和自我改造有初步成效的基础上，又组织开展了忠诚老实交代清楚个人历史的运动，进行组织清理。到 1952 年秋，思想改造运动基本结束。通过这一运动，知识分子在一定程度上批判了资产阶级思想，开始树立了在共产党领导下为人民服务的观点。但运动中有些问题是非界限不清，做法粗糙，因而伤害了一些知识分子的感情，亦难免产生消极的影响。

2.3 科学研究计划的制定

到了 1952 年，工农业总产值 810 亿元，比 1949 年增长 77.5%，比建国前最高水平的 1936 年增长 20%，3 年中平均递增率为 21.1%。主要工农业产品的产量已超过建国前最高年产量，钢产量 134.9 万吨，比建国前最高水平增长 46.2%；发电量 72.6 亿度，增长 21.9%；原煤 6649 万吨，增长 7.4%；粮食 3278 亿斤，增长 11.3%；棉花 2607.4 万担，增长 53.6%。随着工农业生产的恢复和发展，国家财政收支平衡，金融物价稳定，标志着国家财政经济状况已获得根本好转。文化、教育、卫生事业也得到相应发展。与此同时，新中国社会经济结构也发生了深刻的变化。国营经济、私人资本主义经济、个体经济、国家资本主义经济和合作经济等 5 种经济成分都得到发展，而国营经济发展得更快，领导地位更加巩固。1952 年，国营工业产值占全国工业总产值的比重，由 1949 年 34.7% 上升为 56%。国营商业的零售额占全国零售额的比重由 14.9% 上升为 42.6%。另一方面，工业（包括手工业）总产值在全国工农业总产值中的比重从 1949 年的 30% 上升为 41.5%，现代工业总产值的比重由 17% 上升为 26.6%。土改后，农民的个体经济已成为广大农村中的主要经济形态，并已组织了一些互助组和合作社。此外，私人资本主义经济和国家资本主义经济也有了相当的发展。所有这些变化表明，新中国已是一个比较典型的新民主主义社会了，并强大地掌握着国家经济命脉的国营经济的存在和发展，决定了中国经济发展的社会主义方向，为向社会主义转变打下了物质基础。

为了迅速发展生产力，从 1953 年开始执行发展国民经济的第一个五年计划（1953—1957），这标志着我国大规模的有计划的社会主义建设的开始。为了配合国家建设计划，科学研究工作也逐渐地纳入有计划地进行研究的轨道上，这是科学研究工作的重大改变。1953 年 9 月，武衡在《科学通报》上把苏联制定科学发展计划的经验介绍给中国的科学工作者。中国科学院从 1953 年 10 月 14 日起到 11 月 7 日召开了各研究所的所长会议。这次会议的目的主要是根据国家过渡时期的总路线的精神，讨论各研究所今后数年内的发展方向和 1954 年的工作重点。

1954 年，中国科学院院长在《关于中国科学院的基本情况和今后工作任务的报告》中进一步强调了理论必须与实际结合。他指出："今后必须结合制订研究计划的工作，具体地规定各所的研究方向和业务重点，来贯彻理论结合实际的方针。同时，科学院今后应加强产业部门的联系，促进科学研究与生产建设的创造性合作，这是解决理论联系实际问题的一个重要环节。"[14]

1955 年 10 月起，中国科学院决定开始进行 15 年发展远景计划的讨论与制定，并向各学部、各研究单位发出《关于制订中国科学院十五年发展远景计划的指示》。

正是从这个时候起，对制定科学计划的认识又更进了一步："我们的长远计划是我国社会主义建设计划中不可缺少的重要组成部分；讨论与制订中国科学院十五年发展远景计划所必须遵循的一个总的原则，就是从国家需要出发。"并且明确提出在制定中国科学院 15 年发展远景规划的过程中，"必须认真地研究苏联、各人民民主国家和其他国家在发展科学中所走过的道路，研究他们克服困难的办法，学习他们组织和规划工作的经验"[15]。

2.4 开始关注科学本身的发展

早在 1951 年，郭沫若就呼吁对于科学研究工作眼光要看得远一点，他在《科学通报》1 月号上发表题为《光荣属于科学研究者》一文，文中指出：科学研究自然是应该和实际配合的，但其中有种种不同的历程。有的研究和实用的历程很短，成果立即可见诸实用；有的却有相当长远的历程，一时看不出成效来。例如原子能、宇宙线及其他纯理论的科学研究，不能期待今天从事研究，明天就见诸实用。一件重要的发明发现，不知道要费多少年月、多少人的心血才能完成。而各种科学部门的研究都是有机地联系的，某一部门中的发明发现，也必须有其他部门的同一水平的成就以为条件，才能获得。对于科学研究，无论内外行，怀着急躁的心情期待是不妥当的。眼光要看得远一点，算计要打得长一点。科学家自己要成功一门研究，有时要经过许多迂回曲折的道路，要把自己的生命放进科学研究里去。国家的科学行政也应该把比较长远的算计放进科学研究里去。中国科学家们逐步由个人主义走向集体主义，一方面渴想和实际配合，另一方面也渴想把水平提高。这可以说是一年多来，中国科学界的一项重要的收获。但无可讳言，对于科学和科学研究，无论内外行，都还不够十分重视。眼光有时太短，而算计有时打得太紧。

到了 1954 年，我国的科学事业也进入了一个新的历史时期。科学事业已成为人民事业的不可缺少的一部分：以服务于人民，服务于国家建设作为自己的行动指针与发展方向；以辩证唯物主义与历史唯物主义作为自己的指导思想；以苏联先进科学作为自己的学习榜样。随着新中国建设的进程，一切似乎越来越正规了，这五年中国科学事业获得了空前的发展。1954年9月21日全国人大一次会议通过《中华人民共和国国务院组织法》，其中不再把科学院列为政府部门。同年11月10日，国务院发出《关于设立、调整中央和地方国家行政机关及其有关事项的通知》中称：原政务院所属的中国科学院，不再作为国务院的组成部分，但工作仍受国务院指导，有关工作与第二办公室（简称"国务院二办"）联系。

随着新中国建设的进程，科学研究的正规性，也表现在科学发展的规划思想上。科学发展的规划思想出现了与以往不同的特点：这时候，除一如既往地强调科学为国家建设做贡献之外，第一次提到了科学本身的发展。"新中国的科学工作已在广泛的基础上逐渐与国家建设联系起来了。1953年及1954年的科学研究题目中有60%是由政府各部和生产部门提出来的。与上述工作任务进行的同时，还必须相应地发展自然科学基本理论问题的研究，使我们的理论研究能成为不断支援国家建设与不断提高科学水平的有力保证。在物理学、数学、化学、生物学、地质学等方面都应加强研究，逐步充实薄弱环节，并认真研究在国家建设中具有关键性的科学问题。"[16]

这一变化在《中国科学院关于制订中国科学院十五年发展远景计划的指示》中也有所体现："首先应发展与国家工业建设，特别与重工业建设密切相关的科学，围绕工业基地的建立、资源的开发利用、工农业生产的提高等方面的重大的问题进行工作。其他科学也必须相应地发展；必须注意综合性科学问题的研究和边缘科学的发展。对于各门科学的基本理论部门要争取在十五年内逐步建立起来。"[17]

3　结论

建国初期的科技发展的指导方针与延安时期的科技发展的指导方针可以说是一脉相承的，即强调科技为现实服务。

这种承袭性从表面上看有两个原因：其一，共产党对延安时期科学给解放区的建设和生活带来的显而易见的好处记忆犹新，作为经验，自然会在解放初期百废待兴的历史条件下，继续强调科学为国家建设服务这一基本科技发展的指导思想；其二，那些在延安自然科学院担任管理职务的领导人在解放初期仍然身居要职，有利于延安时期的科技发展的指导思想的继续贯彻，同时自然科学院培养的大批学员在解放初期也活跃在各个建设岗位，同样也会对科技思想的承袭和贯彻起到积极的作用。建国初期的科技发展指导方针对我国科技的发展影响更深远，所涉及的面更宽泛，而且从实施的程序上讲，也更有组织性和计划性。国家建设对科技的依赖也更加明显，科技发展对国家各方面建设的推动力更大。从延安时期就已萌发了对科技工作的统一规划和管理的思想，到了建国初期又吸收了苏联的科技规划工作经验，制定科技发展计划变成了仅次于制定国民经济发展计划的重要规划活动。同时，随着经济状况的恢复和好转，终于出现了关注科技本身的发展的新迹象。

但如果对中国共产党的科技思想基础进行深入分析就会发现，无论是延安时期的科技思想，还是建国初期的科技思想，都是以辩证唯物主义的认识论为其理论基础，即理论和实践相结合的理论，并由此衍生出科学必须为生产服务的观点，正如毛泽东所说，"自然科学要在社会科学指挥下，去改造自然界"。理论只有运用于生产实践才能检验其正确性，才能得到提高；实践的主体是人民群众，而知识分子只有经过改造变成人民群众的一分子，才能更好地进行生产实践。从这里，我们不但能理解为什么共产党要强调科学为生产服务的"功利主义"倾向，同时也明白了共产党为何一直致力于对知识分子的改造。谈到科学规划，由于共产党领导的社会主义国家，实行计划经济，强调共产主义思想，提倡集体主义精神，反对个人主义，在这种氛围下，科学研究不再是一种个人活动，而是集体实践的一种。任何企图远离社会，关起门来进行孤立的研究，都将脱离人民群众的生产实践，因此是遭到反对的。集体的、合作的科学研究应服务于计划经济，相应地，制定能为实现国家建设计划服务的科学规划不但是必须而且也是不言而喻的事情。

当然，为什么产生上述的延安和建国初期的科技思想，从中国共产党一贯的主张和追求上讲是顺理成章，易于理解的。但在实践中，由于过分强调科学的功利性，从长远讲，对于科学的发展有一定的负面作用。谈到对于知识分子的改造，政策的目的和力度不仅要确当，而且依赖于政策执行者的贯彻方式，政策思想实际上是要通过具体执行过程来体现的。从效果上看，对知识分子"教育、改造"有余，重视、团结不够，不少知识分子在"抢救运动"中遭受严重打击，阻碍了他们工作积极性的发挥，并且给许多人的心灵带来很大的伤害，对整个国家的建设和科学事业的发展带来的损害是显而易见的。

致谢　在写作过程中曾得到王扬宗、胡维佳、刘益东等先生的很多指导和帮助，在此深表谢意。

参考文献

[1] 董光璧. 中国近现代科学技术史论纲. 长沙：湖南教育出版社，1992.

[2] 中共中央决定成立延安自然科学研究院. 新中华报，1939-05-30//《延安自然科学院史料》编辑委员会. 延安自然科学院史料. 北京：中共党史资料出版社，北京工业学院出版社，

1986：23.

[3] 武衡. 延安时代科技史. 北京：中国学术出版社，1988：401.

[4] 新中华报，1940 - 03 - 15//《延安自然科学院史料》编辑委员会. 延安自然科学院史料. 北京：中共党史资料出版社，北京工业学院出版社，1986：32.

[5] 中国文化，2（4），1940 - 12 - 25//《延安自然科学院史料》编辑委员会. 延安自然科学院史料. 北京：中共党史资料出版社，北京工业学院出版社，1986：43.

[6] 新中华日报，1940 - 10 - 06//《延安自然科学院史料》编辑委员会. 延安自然科学院史料. 北京：中共党史资料出版社，北京工业学院出版社，1986：23.

[7] 李富春同志给自然科学研究会的一封信. 解放日报，1943 - 01 - 30//《延安自然科学院史料》编辑委员会. 延安自然科学院史料. 北京：中共党史资料出版社，北京工业学院出版社，1986：41.

[8] （美）萨特米尔. 科研与革命. 袁南生，等译. 长沙：国防科技大学出版社，1989：39.

[9] 毛泽东、朱德同志在延安大学开学典礼上作重要讲话（1944年5月24日）. 解放日报，1944 - 05 - 31；新华日报，1944 - 08 - 03//《延安自然科学院史料》编辑委员会. 延安自然科学院史料. 北京：中共党史资料出版社，北京工业学院出版社，1986：71 - 73.

[10] 屈伯传. 建立科学和技术的统一领导. 解放日报，1941 - 11 - 10//《延安自然科学院史料》编辑委员会. 延安自然科学院史料. 北京：中共党史资料出版社，北京工业学院出版社，1986：103.

[11] 周鸿. 中华人民共和国国史通鉴·第一卷（1949—1956）. 北京：红旗出版社，1993：14.

[12] 本院计划局四个月来的工作. 科学通报，1950，1（1）：10 - 11.

[13] 李济深副主席在中华全国自然科学工作者代表会议上的讲话. 中华全国自然科学工作者代表会议纪念集. 北京：人民出版社，1951//中国科学技术团体. 上海：上海科学普及出版社，1990：476.

[14] 郭沫若. 关于中国科学院的基本情况和今后工作任务的报告. 科学通报，1954（4）：1 - 6.

[15] 《科学通报》社论. 订好中国科学院十五年发展远景计划. 科学通报，1955（11）：13 - 15.

[16] 郭沫若. 新中国的科学研究工作. 科学通报，1954（10）：13 - 17.

[17] 中国科学院关于制订中国科学院十五年发展远景计划的指示. 科学通报，1955（11）：16 - 18.

　　孙显斌　1975 年生，黑龙江哈尔滨人。副研究馆员，北京大学中文系古典文献学专业博士。研究方向：古文献学、古籍数字化、科技史典籍整理研究等。发表论文有《谈"中国科技典籍选刊"的整理实践与思考——以〈王祯农书〉为例》《古籍引书目录浅说》《〈七略〉〈别录〉编撰考》《东汉之前的道书叙录》《历代目录对道书的著录与分类》《谈人文研究中人脑与电脑的合作》《古籍数据库化工作浅谈》《写刻之间：〈汉书〉文本面貌之嬗变浅议》等，合作主编《中国科技典籍选刊》，个人负责整理《王祯农书》《物理小识》等。

写刻之间：《汉书》文本面貌之嬗变浅议

□ 孙显斌

众所周知，古书的形态面貌由古书的载体、记录的文字以及记录方式所决定，实际上，这些技术层面的因素也同样深刻影响着古书的文本面貌，而古书的文本面貌最终呈现其内容。这一启示来源于对《汉书》文本面貌的研究，在对比《汉书》传世刻本与现存写本的文本差异后，我们发现，写本所呈现出的纷繁面貌，到了刻本时代逐渐趋同，虽然差异仍然存在。

传世的《汉书》刻本几乎清一色是颜师古注本，这来源于宋代以来对《汉书》的传刻，当时颜注本已经确立了统治地位，其文本面貌可参考中华书局标点整理本。[1] 而宋以前的写本甚为罕见，只有敦煌吐鲁番写本残卷共十二件，另外已知日本藏写本残卷六件。这些写本抄写于印刷术产生之前，或者其来源为古写本，与来源于刻本的抄本不同，它们为我们展现了《汉书》在写本时代的面貌与流传情况。为讨论方便，将已知《汉书》写本的情况罗列如下（表1，表2）：

表 1 《汉书》写本存世情况汇总表

出　处	卷　次	情况说明	出版情况
法藏 P. 3557、3669	卷二十三刑法志	残卷	《法国国家图书馆藏敦煌西域文献》[2] 第 25 册第 262—263 页、第 26 册第 278—279 页
俄藏 дх. 3131	卷二十六天文志	残叶	《俄罗斯科学院东方研究所圣彼得堡分所藏敦煌文献》[3] 第 10 册第 192 页
法藏 P. 5009	卷三十一项籍传	残叶	《法国国家图书馆藏敦煌西域文献》第 34 册第 13 页
法藏 P. 2973B	卷三十九萧何曹参、卷四十张良传	节选本残卷	《法国国家图书馆藏敦煌西域文献》第 20 册第 293—294 页
德藏 Ch. 938、大谷文书	卷四十张良传	残叶	新疆师范大学学报 2004 第 1 期载荣新江《〈史记〉与〈汉书〉——吐鲁番出土文献札记之一》
法藏 P. 2485	卷七十八萧望之传	残卷	《法国国家图书馆藏敦煌西域文献》第 14 册第 267—268 页
英藏 S. 2053	卷七十八萧望之传	残卷	《英藏敦煌文献 汉文佛经以外部分》[4] 第 3 册第 212—217 页
罗振玉《敦煌石室碎金》	卷八十一匡衡张禹孔光传	残卷	《敦煌石室碎金》，东方学会,1925 年

＊ 原载《济南大学学报》（社会科学版）2013 年第 5 期，第 27—30 页。

（续）

出　处	卷　次	情况说明	出版情况
英藏 S. 20	卷八十一匡衡传	残叶	《英藏敦煌文献 汉文佛经以外部分》第 1 册第 17 页
英藏 S. 10591	卷八十二王商史丹傅喜传	只存尾题	《英藏敦煌文献 汉文佛经以外部分》第 13 册第 70 页
吐鲁番文书 80TBI：001［a］	卷九十六西域传	残叶	《新出吐鲁番文书及其研究》[5]录文：第 127 页，图版第 473 页
法藏 P. 2513	卷九十九王莽传	残卷	《法国国家图书馆藏敦煌西域文献》第 15 册第 40—41 页
石山寺藏（滋贺）	卷一高帝纪、卷三十四韩彭英卢吴传		未见
名古屋宝生院藏（爱知）1	卷二十四食货志		《古逸丛书》第十一种
名古屋宝生院藏（爱知）2	卷二十八地理志		东京古典保存会影印"古典保存会复制书"1，1928 年，未见
大明王院藏（和歌山）	卷四十张陈王周传		未见
不忍文库藏	卷四十二申屠嘉传		附于《古逸丛书》第十一种
景西宫武居氏藏	卷八十七扬雄传		京都帝国大学文学部影印钞本第 2 集，1935 年

表2　《汉书》写本面貌情况汇总表①

编　号	卷情况	注本情况	抄写时代	内容完整与行款
吐鲁番文书 80TBI：001［a］	卷九十六西域传	白文	晋	节抄本，行十九字左右
法藏 P. 2973B	卷三十九萧何曹参传、卷四十张良传	蔡谟注本	唐高宗以前	节抄本，行三十二字左右
英藏 S. 2053	卷七十八萧望之传	蔡谟注本	唐高祖至太宗时期	行十六字左右
英藏 S. 20	卷八十一匡衡传			
罗振玉敦煌石室碎金	卷八十一匡衡张禹孔光传	蔡谟注本	唐高宗至武后时期	行款不详
法藏 P. 3557、3669	卷二十三刑法志	蔡谟注本	唐高宗以后	行二十字左右
不忍文库藏	卷四十二申屠嘉传	旧注本	不详	行十四字
法藏 P. 5009	卷三十一项籍传	旧注或白文本	不详	节抄本，不详
景西宫武居氏藏	卷八十七上扬雄传	颜注本	唐太宗时期	行十六字左右
法藏 P. 2485	卷七十八萧望之传	颜注本	唐太宗至武后时期	行十五字左右
法藏 P. 2513	卷九十九王莽传			
名古屋宝生院藏	卷二十四下食货志	颜注本	唐高宗至武后时期	行十三字左右
英藏 S. 10591	卷八十二王商史丹傅喜传	不详	不详	不详
德藏 Ch. 938、大谷文书	卷四十张良传	白文本	不详	行三十六字左右
俄藏 дx. 3131	卷二十六天文志	不详	不详	节抄本，行三十三字

---

① 诸写本具体情况的讨论参见孙显斌：《〈汉书〉颜师古注研究》，北京大学中国古典文献学专业博士论文，2011 年，第 128—146 页。

从上表可以看出，我们今天能看到的《汉书》写本呈现众多形态，有节抄本也有完整抄本，有白文无注本也有注本，还有注本的节抄本。

在现存写本中最主要的还是蔡谟和颜师古两种注本，这是因为古书流传的首要目的是为了阅读和研习，注本显然更方便理解，同时也是重要的学术研究资料。另外，我们看到一些《汉书》写本为节抄本，可见当时流传不少《汉书》的节抄本，这是因为其篇幅太大，不方便流传，魏晋以来多有节抄的行为，如东晋葛洪作《汉书钞》三十卷，[①] 南朝梁袁峻抄《史记》《汉书》各为二十卷。[②] 同样是葛洪，还节抄过《史记》和《后汉书》，[③] 可见限于当时的书写技术条件，无论是简帛还是后来流行的纸张，抄写长篇幅的古书都受到限制，在印刷术流行以后，古书在流传中节抄现象便大大减少了。

上述《汉书》各写本都不同程度的使用俗体字，如"苐、畱、衳（冠）、坐、礼、迁（廷）、觧、蹓（嚣）、惌（怨）、暜（稽）"等等，大量使用俗字是先唐写本的一个特点，肖瑜统计《三国志》六种古写本使用俗字的平均比例为 43.2%，[6]8 这是一个相当大的比例，而《汉书》的写本一样存在不少俗字。相比之下，颜注本所用俗字较蔡注本为少，应是颜师古对写本俗字进行勘正的结果。冯靓云也指出古写本《群书治要》抄录《汉书》部分所保留的"这些异文材料中能反映文字发展的还有两种材料：一是从古今字的角度而言，一大批《汉书》中的'古字'，在《群》中被抄为'后起本字'，例如：表示'喜悦'义的'说'多作'悦'、表示'悬挂'义的'县'写作'悬'、表示'坠落'义的'队'写作'坠'、表示'引导'义的'道'多作'导'、表示'积蓄'义的'畜'写作'蓄'等等。第二是《群》中出现了许多俗文字，与《汉》中的'正字'形成佚文，例如：'禮'字有时写作'礼'、'鄧通'写作'邓通'、'災害'写作'灾害'等等"[7]121。也就是说各种古写本所改用的俗字或通用字，在传世刻本中大都保留了原始的文本面貌。

另外，蔡注本中所用的"今字"，在颜注本中多被改回"古字"，并加以注释，我们以英藏 S.2053 卷七十八《萧望之传》为例，王重民已指出"是籀于《汉书》本文，曾考核众本，改从古作，如有难识，再加音读，故史文与蔡本多异。卷子本：'导民不可不慎也'，颜本导作道，师古曰：'道读作导'。'虽有周邵之佐'，颜本邵作召，师古曰：'召读曰邵'。'永惟边境之不赡'，颜本境作竟，师古曰：'竟读曰境'。'望之仰天叹曰'，颜本仰作卬，师古曰：'卬读曰仰'。卷子本盖即颜氏诋为'弥更浅俗'之本也。颜本'归其真正'，又'从而释之'，今持两本对阅，师古未免多事矣"[8]80。相比之下，法藏 P.2485 为颜注本，其作"卬天叹曰"。又如"踞慢不逊让"，今颜本作攘，师古曰："攘，古让字。"冯靓云还指出西周早期的《大盂鼎》通假字比率约 24%，西

① 见《隋书·经籍志》史部著录。
② 《梁书·袁峻传》称袁峻"抄《史记》《汉书》各为二十卷"。
③ 亦见《隋书·经籍志》史部著录。

周晚期的《毛公鼎》约16%，先秦早期传世文献中《诗经》18%左右，《尚书》6%左右，而战国晚期的《荀子》1.16%左右。因此，冯氏指出，"通假字比例的相对减少，是汉代通假字发展的主要演变轨迹之一，也是整个通假史的发展轨迹"[7]53-54。而据冯氏统计《汉书》通假字比率为0.61%，而成书早于它的《史记》通假字约为0.35%，[7]137当然这个数据是依据经过历代传写流传至今的本子统计的，但仍可以看出今本《汉书》用通假字的反常现象。另外，冯氏还给出两个例子："从沿用旧有的通假字来看，《汉书》中无论使用频率还是使用数量，都相对高于其它文献。例如：表示'闲暇'义的'遑'，《汉书》全部借用'皇'，《史记》却偶尔用'遑'；表示'示意'义的'示'，《汉书》常借'视'，而《史记》则多用'示'等等。"[7]53-54同时冯氏指出"《汉书》中的通假字，在《群书治要》中大多被改抄为本字"[7]122。

《汉书》这些用字特点当然有班固崇古的原因，但恐怕颜师古"曲核古本，归其真正"的行为是更重要的原因。然而并非如王重民所言颜氏"未免多事"，颜师古曾校定《五经定本》，又作《颜氏字样》，在汉字使用方面有很强的崇古心理和规范意识，对《汉书》文本的刊定正是颜氏这一思想的体现。裘锡圭对《汉书》多使用古字的问题做了如下的论述："一般人都认为司马迁作《史记》多用今字，班固作《汉书》多用古字。《汉书》的确有用古字的地方。但是，有些人举出来的《史记》用今字《汉书》用古字的例子，如《史记》用'烹'《汉书》用'亨'，《史记》用'早'《汉书》用'蚤'等，却是有问题的。从我们现有的关于古代用字情况的知识来看，在司马迁和班固的时代，从'火'的'烹'根本还没有出现；把早晚的｛早｝写作'蚤'，在班固的时代是很常见的，在司马迁的时代更是普遍现象。《史记》原来一定也跟《汉书》一样，是以'亨'表｛烹｝，以'蚤'表｛早｝的，后来才被传抄、刊刻的人改成了'烹'和'早'。就这两个例子来说，《史记》《汉书》都用了当时的通行字，根本不存在一古一今的问题，只不过《史记》所用的字被后人改成了他们所用的今字而已。《汉书》里被后人改成今字的字，要比《史记》少得多。人们所以会产生《史记》多用今字《汉书》多用古字的印象，这是一个重要的原因。"[9]271-272因此颜氏的刊定在一定程度上恢复了《汉书》的原貌，称得上是班氏功臣。而相比于《汉书》，《史记》则没有人做这种刊定，我们今天所见之本已远非其本来面貌，司马迁当时所用之字大都被替换为后世的通用字了。

根据上文的分析，我们虽然不能忽略传世《汉书》文本构成的两个层次，即班固的撰作和后世的传抄，然而综合今本《史记》《汉书》用字的差别，以及《汉书》诸写本以及《群书治要》古写本所节抄《汉书》部分的用字情况来看，传世刻本《汉书》基本上继承了颜注写本的文本面貌，保留了更多《汉书》原始的用字风貌，与其他古写本形成显著的差异。所以说在《汉书》的传抄刊刻中，颜师古的刊定尤为特殊和重要。

产生这种现象的原因正是写刻技术的差别。具体来说，写本时代的记录方式为抄写，抄写的行为是非常个人化的，理论上讲，古书在经过每次抄写后就生成了一种新版本,因为抄写者往往根据实用原则,按照自己的用字习惯来抄写古书,这样古书的原始文本面貌就在不断地变化,以致在各种写本中呈现得纷繁各异。当然不能排除部分抄写者按照古书的原始文本面貌抄写,但即使如此,古书写本的文本面貌仍是各种各样的。考虑到抄写者的用字习惯多根据实用原则,因此用字往往使用俗字或通行字,又由于抄写者学术素养的参差不齐以及态度认真程度的不同,抄写产生的错误必然也是各种各样的。因此,在写本时代古书的文本面貌具有多样性的特点就不难理解了。这种情况在印刷术流行以后发生了巨大的变化,刻本时代的记录方式为刻印,与抄写最大的不同之处在于刻印可以保证多次复制之后的一致性,也就是说通过同一版刻印出来的古书文本面貌是完全相同的。并且正因为这一特点,每次刻板都会异常慎重,选择善本作为底本,经过校勘,一般初次刻印后还要经过校改再进行大量印刷,这就大大降低了古书在传播过程中的个人化和随意性,因此古书的文本面貌不再像写本时代那样纷繁各异。再进一步讲,刻印的数量可以非常庞大,传播范围就非常广,影响当然非写本可比,一种刻本得到的推崇和模仿可以进一步扩展其影响,甚至逐渐遏制其他刻本系统的再流传,从而达到一种统治性的地位。因此,印刷术流行以后,古书的文本面貌从纷繁各异状态中迅速收敛,逐渐趋同。在此过程中,善本得到垂青,拙劣的本子迅速淘汰,但一些有其价值的写本系统也不可避免地在这一进程中逐渐消亡,虽然它们部分有价值的异文可能已被最终胜出的刻本系统吸收。

总之,《汉书》写本和刻本文本面貌的差别颇具代表性,推而言之,古书在流传过程中,写本时代往往面貌多样,并有从俗从众的特点,而进入刻本时代,由于其精校精刻之善本被推崇和追捧,写本时代的众多面貌则迅速趋同。这正是古书从其写本时代发展到刻本时代文本面貌变化的总趋势。

参考文献

[1] 班固. 汉书 [M]. 北京:中华书局,1962.

[2] 上海古籍出版社,法国国家图书馆. 法国国家图书馆藏敦煌西域文献 [M]. 上海:上海古籍出版社,1994.

[3] 孟列夫,钱伯城. 俄罗斯科学院东方研究所圣彼得堡分所藏敦煌文献 [M]. 上海:上海古籍出版社,1992.

[4] 宁可. 英藏敦煌文献 汉文佛经以外部分 [M]. 成都:四川人民出版社,1992.

[5] 柳洪亮. 新出吐鲁番文书及其研究 [M]. 乌鲁木齐:新疆人民出版社,1997.

[6] 肖瑜.《三国志》古写本用字研究 [D]. 复旦大学汉语言文字学专业博士毕业论文,2006.

[7] 冯靓云.《汉书》通假研究 [D]. 复旦大学汉语言文字学专业博士毕业论文,2006.

[8] 王重民. 敦煌古籍叙录 [M]. 北京:商务印书馆,1958.

[9] 裘锡圭. 文字学概要 [M]. 北京:商务印书馆,1988.

　　刘晓 1978 年生，山东费县人。2007 年毕业于中国科学院自然科学史研究所，理学博士。2008 年在法国科研中心做博士后研究，2014 年在英国剑桥李约瑟研究所访问。曾任中国科学院自然科学史研究所副研究员，现为中国科学院大学人文学院副教授，兼任《科学文化评论》编辑。研究方向为中国近现代科学史、法国的科学与文化、核物理发展史等。出版专著《卷舒开合任天真——何泽慧传》《国立北平研究院简史》，发表《世界社与辛亥革命》《李石曾与中华民国大学院》《宇宙线研究在中国》等论文、报告十余篇，科普文章近十篇。

北平研究院的学术会议及会员制度

□ 刘 晓

　　研究机构与学术评议机制的建立，是一个国家科学建制化成熟的重要标志。各国国立性质的科学院，一般都选举院士（Academician，或 Member），只有在学术界享有崇高声誉的学者才能当选，并获得国家的认可。20 世纪 20 年代末，中央研究院和北平研究院相继成立，却没有立即进行院士选举，而是成立实体的研究所。这是因为现代科学事业处于起步阶段，重大学术成就不多，在国际崭露头角的学者很少，难以选举。另一重要原因是，两院在筹备时期主要借鉴了法国高等院校的研究院模式以及德国威廉皇帝学会的研究所制度，极为重视学术研究的蔡元培和李石曾力图借助大学区教育改革，分别在大学院和北平大学区内筹备研究院。由于这一教育改革遭遇挫折，加之学术界派系对立，以留美学者为主体的中央研究院和以留法学者为主体的北平研究院被迫脱离高校系统，分别在蔡元培和李石曾的领导下建成实体的研究机构。下设研究所并开展具体的科学研究，是我国两大最高科研机构成立初期的突出特点。

　　抗战胜利在望之际，为促进战后我国科学事业的发展，完善学术交流、评议机制，中央研究院和北平研究院分别建立院士制度和学术会议制度，二者性质相近，但组织过程迥异，既相互借鉴，也不免竞争。目前，学界对中央研究院的院士选举、院士会议等关注较多，其制度方面的重要性也得到了充分的肯定。[1-3]但北平研究院建立的学术评议制度尚未引起足够的注意。北平研究院的创建者和院长李石曾是学术会议制度的主要领导和设计者，有许多独到的理解和创新。学术会议既突出北方学界和留法学者群体，又着眼全国，力求学术评价的公正。分析这一制度的得失，并与中央研究院院士制度相对照，对我们理解我国学术评议体系的建立和完善具有重要意义。

1　北平研究院的研究所和研究会体制

　　中央研究院和北平研究院在采取务实建院策略的同时，并未忽略院士制度方面的建设。中央研究院计划设立评议会，北平研究院则拟议成立"学会"，作为学术评议机构。随着各研究所的次第设立，1935 年中央研究院成立"评议会"，选聘评议员，以

---

　　* 原载《中国科技史杂志》2010 年第 1 期，第 36—52 页。

"指导、联络、奖励学术之研究"。

北平研究院在李石曾的主持下，制度方面则颇有创新。李石曾早年留法，曾在巴黎大学和巴斯德研究所学习，对法国的科研和教育体制十分熟悉和推崇。但他不愿照搬，而是按自己的理念和实际情况加以改造。受百科全书派思想的影响，李石曾在北平研究院的设计上延续其"无所不包"的风格，计划设立天算、理化、生物、人地、群治、国学、文艺等7个部，部下设立研究所和研究会①。

研究会与研究所并列，是北平研究院的一个重要特点。李石曾解释说：

> 本院中设立研究所与研究会两种组织，研究所与研究会之区别，各有不同。盖研究所有机关性质，有研究员及办事人，每日办公。研究会则仅集多数专门人才，于私人研究之余，在一定时间，共同集合，以交换心得及讨论进行方法。研究所有如外国大学博士实验组及各学院之性质。研究会则与外国大学博士会、学会、研究会等机构相似，此二者本系两种组织，在本院合二为一，实为各国所无，亦为新环境使有新结果之定例。②

李石曾按早年在巴黎参加各类研究会的体会，认为这类研究会各国"随时皆有，足以因之发明新理，获益良非浅鲜"。北平研究院1929年10月制定的《组织规程》第5条规定：

> 研究院设若干研究会，或以之替代未经成立之研究所之职务，或以之扶助其他研究所之不足。各研究会由院长聘请会员若干人。各研究会各设常务会员及干事各一人或数人，均由院长聘任。有关系研究所之研究员，均为当然会员。③

北平研究院研究会中规模最大、运行最为成功的是史学研究会。常务会员为吴稚晖和李宗侗（兼干事）。1936年升格为史学研究所，所长由徐炳昶担任。水利研究会由副院长李书华负责，成员多来自华北水利委员会。这两个研究会均聘有多名会员，数次召开会议。

而经济研究会、字体研究会、海外人地研究会更像是微型的研究所，各只有1~3名会员从事研究。除史学研究会（每月经费1800元，与研究所相近，远高于其他研究会的每月500元）外，各研究会的运行并未达到预期效果。水利研究会在1932年后就基本停止了活动，经济研究会1934年后才正式开始工作。而且，随着各研究所工作的不断扩展，研究院的经费日益紧张，研究会的经费被削减。1937年抗战全面爆发，北

① 限于经费和人员，实际成立的只有理化部、生物部和人地部，至1932年，共下设物理学、化学等8个研究所，史学、水利等5个研究会。
② 李石曾：《史学研究会第一次全体会议记录（1930.1.7）》，《院务汇报》1930年第1卷第1期，第21页。
③ 北平研究院总办事处编：《国立北平研究院五周年工作报告》，1934年，第1页。

平研究院迁昆明，这些研究会和其他附属机关全部关闭，仅保留了包括史学研究所在内的 8 个研究所①。北平研究院初期还打算组织"学会"，分别延聘院内外专家定期开会，研讨各自领域的学术问题，惜未实行。

另外，北平研究院各所早期聘有特约研究员。"特约研究员"系荣誉性质，不支薪，均为国内外该领域权威人士。如物理研究所聘有吴有训、叶企孙、胡刚复等，化学研究所聘侯德榜、吴宪等。北平研究院还聘有多名外籍特约研究员，如雁月飞（P. Lejay）、铎尔孟（A. D'Hormon）等，他们大部分来自法语国家，显示了北平研究院与法国科学界的紧密联系。1930 年法国著名物理学家朗之万（Paul Langevin）被聘为名誉研究员，这也是北平研究院历史上唯一的名誉研究员。

2 学术会议第一次会议

抗战胜利前夕，我国学术界对战后科学事业的前景抱有极为乐观的态度。经过近 20 年的积累，学术界对外交流日益频繁，在"院士"制度方面与国际接轨，几乎同时被中央研究院和北平研究院提上日程。北平研究院经过多年经营，除北平外，在上海、陕西、昆明等地均有机构，已不满足于"地方研究院"的形象，因此在制度建设方面也不甘居中央研究院之后。借鉴中央研究院以及国外综合研究机构的相关制度，1945 年春，北平研究院即筹备改组各"研究会"，并将拟议中的"学会"定名为"学术会议"，准备推举学术专家为会员；开会时将进行学术讨论、宣读研究论文、研究有关北平研究院的若干重大问题。[4]159 但在 1945 年夏送交立法院的《国立北平研究院组织条例草案》中，并无"学术会议"的设置，仅规定"得设通信研究员并得聘请国内外有重要发明或贡献之学术专家为名誉研究员"②。1946 年初，李石曾从美国经法国回国，在重庆即召集了有关"学术会议"的首次筹备会③。

因忙于国际事务，抗战期间李石曾长期在国外，院务一直由副院长李书华负责。1946 年 3 月 17 日，李石曾从重庆到昆明，特主持召开学术会议。18—19 日，在昆明北郊黑龙潭北平研究院总办事处，开预备会，出席者均为院内人士，有徐炳昶、纪育沣、钟盛标、顾功叙、刘为涛、周发岐、张玺、严济慈、刘慎谔等各所所长及少数研究员。20 日，"学术会议第一次大会"即宣告开幕。相比中央研究院仅"Member of Academia Sinica"的翻译问题就拖了两年之久，"学术会议"召开的速度之快，令人瞠目。而此时学术会议既未制定规程，也未推举会员，时李书华去英国参加讨论创设"联合国教育文化组织"的"伦敦会议"，并赴美国考察甫归，未能出席此会议。

---

① 抗战开始后北平研究院停止了对地质学研究所的资助，故不计入。
② 《北平研究院组织条例》，南京：中国第二历史档案馆，全宗号 394，卷宗号 2。
③ 《国立北平研究院学术会议记录》，南京：中国第二历史档案馆，全宗号 394，卷宗号 45。

在 18 日第一次预备会议上，李石曾讲述了组织学术会议的经过和意义：

> 现复员在即，此种学术研究会，有从新组织之必要：（一）为国际之需要；（二）为国内之需要。以国际方面言，吾人研究所得，大可发表，以与外国学者交换意见。以国内方面言，吾人研究所得，既可报告政府，又可将研究尚未十分成熟之问题先行发表，以引起社会人士之注意。犹有进者，既有学术研究会，则常可以请院外之人到会讲演。学术会议与院务会议不相同，前者侧重学术报告，后者侧重行政事项。①

徐炳昶认为，学术会议应分组举行，学理和实用要紧密联系，并建议学术会议出版的刊物用中文印刷。同时他还从呼吁重视历史研究讲到中国学术独立问题：

> 外国学者在外国社会中所寻得之社会现象定律，决不能完全以之看作我国社会现象定律。总之，吾人须力求学术独立。若常跟踪泰西，人云亦云，则学术始终落伍。②

这次会议对学术会议的规程起草、会员资格和人数进行了讨论。如严济慈提到"谁人可作学术会议之会员"的问题，李石曾回答："所长皆学术优良之人，故应为会员。"

19 日，召开第二次预备会③，讨论了修正研究院组织法的问题，并决定了次日大会的报告顺序。下午李石曾等会议人员参观各所。晚上继续开会，讨论复员搬迁等问题。

20 日，学术会议在黑龙潭北平研究院礼堂正式召开。主席原定吴稚晖，因吴在重庆开会，故由李石曾任主席。院内在昆明研究人员及通讯研究员出席者包括严济慈、周发岐、张玺、刘慎谔、纪育沣、顾功叙、钟盛标、齐钟彦、李光亮、张济舟、黄有莘、张忠胤、纪庆娥、胡媄、凌育宸、李莲塘、刘师锡、张志三、尚爱松、成庆泰、林友苞、程溯洛、夏武平、喻焘、童寿生、王文田、孙云铸、姚从吾、王序、简焯坡、叶企孙、黄子卿、刘为涛（下午出席）等，李书华的夫人王文田女士也出席了会议。

李石曾致词中称：

> 本院原有地方性。最初吾人主张我国设立中央研究院及地方研究院。中央者总其大成，地方者求其普遍。地方研究院原有在浙江及北平各设一处之拟议。但浙江研究院迄今未成立。政府所承认而辅助成立之地方研究院只有本院。本院研究范

① 《国立北平研究院学术会议昆明第一次预备会会议记录》，南京：中国第二历史档案馆，全宗号394，卷宗号45。

② 《国立北平研究院学术会议昆明第一次预备会会议记录》，南京：中国第二历史档案馆，全宗号394，卷宗号45。

③ 《国立北平研究院学术会议昆明第二次预备会会议记录》，南京：中国第二历史档案馆，全宗号394，卷宗号45。

围，原限于北平、河北，以至华北。但战前已分设机关于上海。抗战时期，在云南展开工作，四川、贵州亦均涉及。事实的演进，已非地方性的了……早先本院有学会，由院内外学术人员组织之；又有学术会，由院内人员组织之。其性质，都同于学术会议……今天这个会与其说是正式学术会议，毋宁说仍是预备会。将来复员以后，当将本院人员聚齐，再开正式学术会议。法国、德国均有研究院。但其研究人员不在研究机关内工作。我国的两个研究院，研究人员在机关内，作具体工作。此为许多外国学者所赞许。但学术界之交换意见亦极重要！吾人应成立一个学术会议章程起草委员会，以巩固本院此种会议的基础，并为其进展的依据。①

随后，物理研究所所长严济慈、化学研究所所长周发岐、药物研究所纪育沣、动物研究所所长张玺、植物研究所所长刘慎谔分别报告了各所的研究成绩和现状。当张玺讲到动物学研究所注重滇池水产养殖动物研究时，一贯主张素食、视肉食为"弱肉强食"之象征的李石曾提出"吾人可以经营水产，但可不以动物为对象，如盐，即水产之一"②，明确表示不赞成渔业。但滇池渔业是艰苦时期食物的重要来源，此论可堪发噱。如今我们看到这些史料，也仍对前辈学人认真而迂阔的态度风神颇感兴味。

北平研究院的通讯研究员叶企孙、黄子卿等也相继发言，均提及复员后各学术机关和各学科之间的合作问题。并特别注意食物革命，阐明素食与和平之关系。此外，研究员孙云铸、姚从吾两先生及王文田女士亦先后讲演。③

20 日下午召开的第二次会议主要讨论了学术会议的性质和起草学术会议规程的问题。

李石曾提出，学术会议规程可由院内若干人起草。草成寄诸位通信研究员交换意见，以三个月左右时间完成此项工作。可设起草委员会专办此事。关于学术会议的内容，则包括探讨各国学术机关的报告及讨论具体科学研究等问题。

叶企孙认为，学术会议范围可扩大，使之具有全国性。北平研究院的学术会议可与中央研究院合作，其组织序列可列入院组织条例中。其组织之人员可称院员。④

刘为涛提议，因有些问题涉及哲学，故在会员构成方面，也应当包括哲学家。

李石曾、严济慈和周发岐等均表示，学术会议应当多延请有学问的人参加，研究问题的范围不妨宽泛，对社会上一些作假和错误的说法，不宜置之不理，而应予以研究，加以批判。李石曾还讲到与郎之万的一次谈话，郎之万认为"人类应当做的科学工作已经很多，哪有工夫顾及许多闲事"，李石曾则不赞成这种态度。

---

① 《国立北平研究院学术会议记录》，南京：中国第二历史档案馆，全宗号 394，卷宗号 45。
② 《国立北平研究院学术会议记录》，南京：中国第二历史档案馆，全宗号 394，卷宗号 45。
③ 《国立北平研究院学术会议开会志盛》，南京：中国第二历史档案馆，全宗号 394，卷宗号 45。
④ 这是沿用中央研究院的译名。1944 年 3 月 8—10 日的中央研究院评议会第二次年会上，Member of Academia Sinica 的译名暂称"院员"，直到 1946 年 10 月第三次年会投票决定译为"院士"。详见参考文献 [2]。

对于本次会议，中央通讯社、中央日报、云南日报、朝报、正义报、国民日报、和平日报等媒体于 20 日、21 日曾予以报道。

3　学术会议制度的建立和会员的产生

昆明会议决定，北平研究院将于 1947 年在北平召开第二次学术会议，但因为复员工作迟至年底才完成，故未能举行。1948 年 1 月，北平研究院成立了学术会议第二次大会筹备委员会。筹委会由委员 13 人组成，在上海和北平数次召开会议，通过学术会议暂行规程，决议委托院务会议推举本院学术会议第一次会员，由院长聘任之，并决定于 1948 年 9 月 9 日即研究院成立 19 周年纪念日在北平召开学术会议第二次大会。[①]

1948 年 3 月 18 日，在北平召开的第二次学术会议筹备会第三次会议通过了《国立北平研究院学术会议暂行规程草案》，内容如下：

　　第一条　本会议定名为国立北平研究院学术会议

　　第二条　本会议会员分左列两种

　　　甲　当然会员　本院历任正副院长与现任各研究所所长

　　　乙　选任会员　选任会员之资格如下

　　1. 国内外有重要发明或著作之学术专家。

　　2. 国内主持学术机关满十年以上者。

　　第三条　本会议除当然会员外其选任会员第一次不超过九十人，经北平研究院院务会议推举后由院长聘任之。第二次及以后之会员由本会议自行选举。

　　本会议自行选举初次所选之会员不超过六十人，以后每年所选举之会员不超过二十人，至全体会员满足三百人时，非会员出缺，不得选补新会员。

　　选任会员为终身名誉职。

　　第四条　本院研究员及通信研究员均得参加本会议。

　　第五条　本会议设主席一人，副主席二人，均由大会推选之，任期三年。本会议设执行秘书一人，由大会推举之，任期三年。

　　第六条　本会议暂分下列各组：

　　（一）天算组（二）理化组（三）生物组（四）地学组（五）历史科学组（六）社会科学组（七）农学组（八）工学组（九）医药组（十）文艺组

　　每组设主任一人由大会推选之，任期三年。

　　第七条　本会议每年举行大会一次，必要时得开临时大会。大会开会时讨论有关学术问题，宣读论文

---

① 国立北平研究院总办事处编印：《国立北平研究院概况》，1948 年，第 11 页。

会员除宣读其个人研究论文外，并得介绍其他国内外学者来宣读研究论文或代为宣读。

不能到会之会员得委托其他会员代表，并得用书面提出意见或将其论文托其他会员代为宣读。

第八条　本会议常会由主席、副主席、秘书、各组主任组织之，每年至少开会两次，必要时得开临时会。常会讨论各组工作联系并处理日常会务。

第九条　本规程由筹备委员会通过施行，如有未尽事宜，得由本会议大会修改之。①

1948 年 7 月，李石曾携新夫人林素珊到北平，不久住到女儿李亚梅（字允修）和朱广才夫妇的"广修堂"中，筹备研究院十九周年纪念大会及学术会议第二次会议。李在这里会见了很多学界人士（有些人非科学界），如李书华、严济慈、吴有训、马士修、曾昭抡、熊庆来、陈省身、朱洗、翁文灏、李四光、袁复礼、尹赞勋、竺可桢、李书田、陈垣、沈尹默、顾孟余、王宠惠、陶孟和、费孝通、吴克刚、罗喜闻和钱三强等。

第二次学术会议的一项重要内容是推举首届会员。8 月 13 日召开的复员后第五次院务会议对初次会员名单进行商定。该次会议也是李书华主持的最后一次院务会议，严济慈、刘慎谔、徐炳昶、张玺、周发岐、杨光弼出席会议。

在此次会议记录中，保存有一份关于会员名单的讨论稿。从笔迹分析看，该稿最初将会员分为天算、理化、地学、历史、社会科学、生物六组，继而增加农工医、文艺两组，最后又将农工医分为农学、工程、医药三组，这样，学术会议由十组组成。该稿先是一份初定名单，然后会上增加提名，同时圈掉被否决者。

天算组初定熊庆来、李珩、陈省身、赵进义，此次会议增加提名江泽涵、张云，6人均获通过。

理化组初定吴有训、李书华、严济慈、叶企孙、饶毓泰、钱三强、李卓皓、马士修、庄长恭、赵承嘏、李麟玉、纪育沣、周发岐等 13 人；增加提名林世谨、吴宪、陆学善、高济宇、曾昭抡、吴学周、高崇熙、袁翰青、杨石先、黄子卿等 10 人；讨论通过李书华、严济慈、吴有训、叶企孙、饶毓泰、马士修、周发岐、吴宪、庄长恭、吴学周、曾昭抡、杨石先、黄子卿、林世谨等 14 人。

地学组初定翁文灏、杨钟健、李四光、竺可桢、黄国璋、裴文中 6 人；会议增加提名袁复礼、孙云铸、尹赞勋、李士林、张印堂 5 人，11 人均获通过。

历史组初定徐炳昶、陈寅恪、陈垣、汤用彤等 4 人；增加提名李俨、顾颉刚、张星烺、张政烺、姚从吾、韩儒林、董作宾等 7 人；除韩儒林、张政烺外，其他 9 人获

①　《国立北平研究院学术会议暂行规程草案》，南京：中国第二历史档案馆，全宗号 394，卷宗号 45。

通过。

社会科学组初定王宠惠、吴敬恒、胡适、费孝通4人；增加提名陶孟和、杨端六、陈序经、何基鸿、罗喜闻、吴克刚、顾孟余7人；吴敬恒、胡适调整至文艺组，在定审时又加入崔敬伯，共确定10人。

生物组初定李石曾、刘慎谔、张玺、朱洗、张景钺、陈桢、李惠林、胡先骕、周太玄等9人；会议增加提名胡经甫、戴芳澜、秉志、童第周、沈同5人；结果除李惠林和沈同，其他12人获通过。

农学组原为农工医组，初定林可胜；会议专设农学组，另提名刘大悲、戴松恩、汤佩松、俞大绂、冯泽芳等5人，获通过。林可胜改医药组。

文艺组提名吴敬恒、胡适、朱光潜、谢寿康、魏建功、陆志韦等6人，均获通过。

医药组提名赵承嘏、陈克恢、汤飞凡、李宗恩、朱恒璧、林可胜、戚寿南、朱广相等8人，均获通过。

工学组提名魏寿昆、李书田、刘仙洲、朱物华、侯德榜、张克忠、顾毓珍等7人，均获通过。

在该份档案的右侧，有铅笔注明"石曾先生抬举杨家骆、毕修勺、郑麟、吴克刚、罗喜闻、林世谨"。按李石曾早年即信奉无政府主义，杨家骆和毕修勺都是多年追随李石曾的人。杨家骆以李石曾名义出版《四库全书学典》（1948），帮李石曾成就"中国狄德罗"的梦想，毕修勺是无政府主义者，抗战前即受李派遣到法与无政府主义者邵可侣（Paul Reclus）一起翻译《人与地》。吴克刚和罗喜闻均是留法的经济学家，吴学刚亦信奉无政府主义，著有《一个合作主义者见闻录》《生存互助论》《法国合作运动史》等，而罗喜闻是留法勤工俭学生，抗战时期曾在昆明任中法大学训导长和文学院院长。林世谨是法国里昂大学毕业的化学博士，且为李石曾夫人林素珊之弟。本次会议上，吴克刚、罗喜闻和林世谨获得通过。值得注意的是，留法派的干将，北平研究院创建者之一、中法大学校长李麟玉，虽经提名但未获通过；曾担任过研究会常务会员或干事且为李石曾亲属的朱广才和李宗侗，则未获提名。

此次会议确定的88人名单中，院内学者9人，即院长、副院长和各所现任所长等当然会员，他们是李石曾、李书华、严济慈、周发岐、刘慎谔、张玺、朱洗、赵承嘏和徐炳昶。除此之外，院内在任研究员无一入选。该名单只有文艺部后来增加张元济和沈尹默2人①，经过8月21日学术会议筹备会讨论，全部通过；90人名单正式确定并印发各会员②。研究院还函告吴有训等被推举为会员的原通信研究员，不必再兼任通信研究员。

① 《复员后第五次院务会议记录》，南京：中国第二历史档案馆，全宗号394，卷宗号43。

② 国立北平研究院总办事处编：《国立北平研究院学术会议会员录（1948年8月）》，南京：中国第二历史档案馆，全宗号394，卷宗号44。

与中央研究院院士选举在全国范围内公开提名、评议会选举等程序相比，直接由院务会议拟定名单的做法实在过于简单化。院务会议由清一色的留法学者组成，几人的研究领域只涉及理化、生物和历史，本身就带有浓厚的地方色彩和派系、学科方面的局限性，加之名单讨论过程中没有要求明确会员的入选依据，一些入选者的学术成就乏善可陈，其科学性和权威性不免令人质疑。当然，由于中央研究院首届院士选举已成功完成，北平研究院在拟定名单时自然可以参照，并突出自己的特点。

4 学术会议第二次会议

1948 年 9 月 9 日上午 9 时，北平研究院在北平中海怀仁堂举行成立十九周年纪念大会及学术会议第二次会议开幕式①。出席会议的学术会议会员有戴松恩、李士林、马士修、徐炳昶、李书田、胡经甫、戴芳澜、刘仙洲、费孝通、陈桢、张玺、魏寿昆、李石曾、李书华、李麟玉、张克忠、杨石先、严济慈、周发岐、朱广相、何基鸿、李宗恩、汤佩松、张景钺、胡适、陈垣、刘大悲、朱光潜、黄国璋、顾毓珍、魏建功、俞大绂、张星烺、刘慎谔、袁复礼等 35 人。在此之前，北平研究院已致函平津以外各学术会员②，寄上聘书、会员录和学术会议暂行规程，并称因近来交通不便、旅费开支太大，碍难约请平津以外各地会员出席，所撰论文请托付在平会员代为宣读。故出席者不足应到会人数之一半。会员赵进义、杨端六、裴文中、杨钟健、吴学周、尹赞勋、谢寿康、李文邦、李俨等则向会议致电、致信或寄论文。

为表明学术会议的非地方性，李石曾在致词中又抬出吴稚晖，称自己并非以院长资格与会，而是以代理主席的身份，代吴参加会议。③ 为什么李石曾一再让吴稚晖担任学术会议主席，并曾在吴稚晖家中召开学术会议筹备会呢？原来早在大学院改革时，吴稚晖、蔡元培、张静江、李石曾等筹设中央研究院和各地方研究院，议定中央研究院由蔡元培负责筹备，浙江研究院由张静江负责，北平研究院由李石曾负责，而由吴稚晖总其成。吴虽不担任任何名义，但参与各研究院之事务。④ 因此学术会议由在政界、学界均具资望的吴稚晖任主席，就有超越北平研究院地方性的意味。而且，李石曾也认为自己作为院长，不宜再兼任会议性质机构的主席，在制度构建方面二者必须分立。

随后，李书华报告北平研究院工作概况，北大校长胡适代表会员、严济慈代表研究

---

① 《国立北平研究院举行十九周年纪念大会及学术会议第二次会议开幕式记录》，南京：中国第二历史档案馆，全宗号 394，卷宗号 413。

② 《函平津以外各学术会议会员》，南京：中国第二历史档案馆，全宗号 394，卷宗号 45。

③ 《国立北平研究院举行十九周年纪念大会及学术会议第二次会议开幕式记录》，南京：中国第二历史档案馆，全宗号 394，卷宗号 413。

④ 《国立北平研究院举行十九周年纪念大会及学术会议第二次会议开幕式记录》，南京：中国第二历史档案馆，全宗号 394，卷宗号 413。

国立北平研究院十九周年纪念及学术会议第二次大会开幕摄影

（1948 年 9 月）

员分别致词。其中胡适还提出，北平研究院与中央研究院应招收学生并给学位。

下午 3 时，北平研究院在中海怀仁堂召开学术会议第二次大会第一次会议，李书华任主席，出席会员包括胡先骕、张玺、马士修、张克忠、戴松恩、袁复礼、陈桢、何基鸿、费孝通、陈垣、刘大悲、朱光潜、李书华、黄国璋、严济慈、刘仙洲、杨石先、李士林、李宗恩、李书田、李石曾、魏建功、汤用彤、徐炳昶、刘慎谔、周发岐、顾毓珍、魏寿昆等 28 人，杨光弼列席。李石曾提议对研究院方针及制度等问题进行讨论。他说自己正在写一本书，叫做《世界研究院的中国研究院》①，其中讲到"研究院"三个字的历史和意义，并比较了法国、德国的研究院；说明"学会"的研究院与"研究所"的研究院应当联合，研究院既应重视研究所的设立，也不能忽略学会的建设。同时，他还阐述了学术与教育、学术与社会之间的关系，提出"学术应社会化，社会应学术化"等主张。② 这里"学会"的研究院即荣誉性机构，如法兰西学士院、美国国家科学院；"研究所"的研究院即中央研究院、俄罗斯科学院等实体研究机构。

本次会议修正通过了《学术会议暂行规程》，重要修正之处包括：增加"本会议讨论有关学术问题，及有关本院重大问题，开会时并宣读研究论文"为第二条，其他各条依次顺延。原第二条中选任会员资格下，增加一项为："3. 对于有关学术事业有重大贡献者"。原第四条列席本会议者增加本院"总干事、秘书"。原第六条"每组设主任一人由大会推选之，任期三年"改为"每组设召集人一人，秘书一人，由大会推选之，

---

① 李石曾早年即成立"世界社"，向以实现世界联合为理想，故中国的研究院，不过是世界联合研究院的一部分。

② 《北平研究院学术会议第二次大会第一次会议记录》，南京：中国第二历史档案馆，全宗号 394，卷宗号 413。

任期一年，必要时秘书得代理召集人"。① 原第八条首句改为"本会议常会由主席、副主席、执行秘书、各组召集人及秘书组织之"。会议还推选吴稚晖为会议主席，李石曾、李书华为副主席，叶企孙为执行秘书。②

10日上午和下午分别召开第二次大会第二、三次会议，会员宣读研究论文，并进行专题讨论。其中顾毓珍的《大豆研究计划纲要》引起了李石曾的兴趣。李早年研究大豆，故在致词中大讲大豆的好处。宣读论文环节体现了学术会议在学术交流方面的功能，中央研究院的院士会议也作了这方面的规定，但在首届院士会议上并未实现。

在本日的会员大会上，还选定了学术会议各组召集人及秘书。

学术会议各组召集人及秘书名单[1]

组　别	召集人	秘　书
天算组	熊庆来	江泽涵
理化组	严济慈	周发岐
生物组	刘慎谔	张　玺
地学组	袁复礼	黄国璋
农学组	刘大悲	汤佩松
工学组	张克忠	李书田
医药组	朱广相	汤飞凡
史学组	陈　垣	徐炳昶
文艺组	陆志韦	朱光潜
社会科学组	何基鸿	费孝通

1)《本院学术会议各组召集人及秘书名单》，南京：中国第二历史档案馆，全宗号394，卷宗号45。

大会结束后，11日上午召开学术会议常会第一次会议，出席者为李石曾、何基鸿、徐炳昶、李书田、严济慈、李麟玉（列席）、周发岐、张玺、黄国璋、李书华、刘大悲、刘慎谔、袁复礼等13人。议决成立论文整理委员会，由叶企孙（召集人）、朱光潜、袁复礼、刘慎谔、徐炳昶5人为委员，将所有宣读论文分类整理后付印。

常会第一次会议决定成立选举办法起草委员会，聘李书华（召集人）、叶企孙、何基鸿为委员，研究新会员选举方式办法。③ 该委员会起草的《国立北平研究院学术会议第三次大会会员选举办法草案》，是有案可稽的北平研究院学术会议最后一份文件，全文如下：

国立北平研究院学术会议第三次大会会员选举办法草案

第一条　本办法依据国立北平研究院学术会议暂行规程第四条之规定订定之

---

① 《国立北平研究院学术会议暂行规程》，南京：中国第二历史档案馆，全宗号394，卷宗号45。
② 《北平研究院学术会议第二次大会第一次会议记录》，南京：中国第二历史档案馆，全宗号394，卷宗号413。
③ 《国立北平研究院学术会议常会第一次会议》，南京：中国第二历史档案馆，全宗号394，卷宗号413。

第二条　第三次学术会议选举之会员人数不得超过四十人

第三条　第三次学术会议选举会员提名以左列方法推选之

甲　学术会议各组每组得推举候选人四人至八人，依各组会员过半数之通过推选之。

乙　会员五人联名得推举候选人一人，但每一会员签名推选候选人不得超过二次。

第四条　依前条办法推选之候选人，应提交本会议常会审查核定之。

第五条　第三次大会开会时就常会提出之候选人名单投票选举新会员，以得票过半数者为当选，但每组之当选人不得超过六人。

第六条　第一次投票结果当选人未满四十人时应举行第二次投票。第二次投票应就第一次投票未当选候补人中之得票较多者，提出未足额之加倍人数为第二次投票之候选人，以得票较多者为当选。

第七条　本办法由本会常会议决施行之。①

学术会议刚刚落幕，深谙时局的李石曾即离开北平到上海，旋抵台湾。1948 年 12 月 24 日，李石曾在台湾发表了《召开国立北平研究院学术会议第三次会议启事》，筹备于次年在台湾召开第三次会议。但国民党政权的迅速溃败以及知识分子的人心所向，绝大部分会员和北平研究院的科学家，如他倚重的严济慈等各所所长，以及朱广相、李麟玉等人，都选择留在大陆，"第三次会议"也就成了泡影。

第二次学术会议的召开，是北平研究院落日前的最后余晖。经历了八年的艰苦抗战，北平研究院上下正满怀信心，李石曾也比以往倾注了更多的心血。然而，复员后的条件更加恶劣，战争和通货膨胀使得正常科研几乎无法进行。在这种条件下，中央研究院和北平研究院仍分别召开学术会议和院士会议，这不仅表达了科技工作者希望健全国家科研体制、投入战后建设的心愿，同时也是他们为争取科研权利、呼吁国家和社会重视科技发展而作出的努力。学术会议和院士会议的召开，标志着院士（会员）制度在中国正式确立。李书华在第二次学术会议报告中认为，经过二十年的发展，中国科学已经实现了从无到有。他宣称："以后以学术会议为研究的主体，以各研究所为实行科学研究的中心。此后如无特别事故，北平研究院的前途当更光明。"[4]156

但仅仅数月之后，北平研究院的"光明前途"就画上了句号。1949 年 1 月北平解放，4 月南京解放，北平研究院和中央研究院相继停止活动。后来成立的中国科学院，继承了两院的各个研究所，却没有延续两院的院士（会员）制度，而是实行学部制。

---

① 《国立北平研究院学术会议第三次大会会员选举办法草案》，南京：中国第二历史档案馆，全宗号 394，卷宗号 413。

5　北平研究院学术会议与中央研究院的院士会议

中央研究院和北平研究院以研究所为主体的组织形式，使我国科研水平迅速提高，尽快实现了西方科学本土化。经过近 20 年的积累，中国科学家队伍日益发展壮大，并在许多领域取得了令人瞩目的成绩。这样，国内外学术交流的需要，以及研究院追求学术自主、制度完善的需要，终于促成了我国院士（会员）制度的正式建立。

在评议会制度的基础上，中央研究院建立了院士制度，第一届院士的提名和选举工作于 1947 年 5 月至 1948 年 3 月进行，1948 年 4 月 1 日中央研究院正式公布当选院士名单，9 月 23 日举行中央研究院成立二十周年纪念会暨第一次院士会议。从此由院士选举评议会和院士，评议会则成为院士会议的常设评议机关，保留选举院长、增设研究所等重要权利。院长、评议会和院士会议形成一定的制衡关系，其制度设计经过多人长期、广泛的讨论，至今仍不乏借鉴意义。

北平研究院的学术会议和会员制度则由李石曾一手促成，因而能克服战后种种困难，短期内召开学术会议、推举会员。不过在制度设计上不及中央研究院的院士制度精巧。如名称和学科划分方面，李石曾沿用了建院初期制定的规划，不免陈旧。在制度设计理念上，李石曾坚持他所推崇的"分工合作"而非"竞争制衡"。"学术会议"与"院务会议"只是分工不同，一个负责学术，一个负责行政。学术会议虽设有"常会"，但无论学术会议还是"常会"，并没有明确的监督制约或推举院长、所长的权力，而是突出学术交流功能，如规定宣读论文，介绍国内外科技成就，常会讨论各组工作联系等。按李石曾在北平研究院具有超然之地位，但因忙于社会事务，院务一直由副院长李书华主持，整个抗战期间仅到过昆明一次。战后李石曾回北平研究院即召开"学术会议"，而由李书华召开"院务会议"，都表明自己无意过问院务，"学术会议"评议权的缺失，与之不无关系。在学术会议的召开程序上，李石曾率性而为的行事风格则显露无遗。"第一次学术会议"既未通过任何规程，也无正式会员，仅经过两天的筹备会即宣布召开，从会议的内容和形式看，不过相当于一次筹备会。学术会议的首届会员由院务会议推举并由院长聘任，因此显得不够开放，受主事者的主观影响较大。

从院士（会员）会议组织规程看，院士与会员的产生方式、评价标准、组织形式等方面大致相当而又略有区别。人数方面，首届院士人数规定为 81～100 人，嗣后每年选举不超过 15 人，结果首届院士实际当选 81 人。而首届会员人数规定选任会员至多 90 人，以后每年增选 20 人，会员还包括由院长、所长组成的当然会员。结果实际推举会员也为 81 人，加上当然会员共 90 人。在院士（会员）构成上，院士会议分为数理、生物和人文三组，学术会议则分为天算、理化、生物、地学、农学、工学、医学、史学、文艺、社会科学十组。资格方面，都主要按照科研成果和对科学事业的贡献进行评选。

院士和会员在职能方面则稍有区别，院士会议有"议定国家学术之方针"及"讨论政府委托事项"①的任务，为学术会议所无。

同时当选首届院士和会员的有 36 人，他们是陈省身、李书华、严济慈、吴有训、叶企孙、饶毓泰、庄长恭、吴宪、曾昭抡、吴学周、陈桢、秉志、胡先骕、戴芳澜、张景钺、童第周、翁文灏、李四光、杨钟健、竺可桢、汤佩松、俞大绂、侯德榜、林可胜、陈克恢、李宗恩、陈垣、陈寅恪、顾颉刚、董作宾、汤用彤、吴敬恒、张元济、胡适、王宠惠、陶孟和。会员张云、赵承嘏和胡经甫虽非院士，但都曾担任过中央研究院评议会评议员。说明这些人的学术成就得到了不同学术机关的公认。

同时，两个名单也存在着显著的差异。造成这些差异的原因主要有：①产生方式尤其是北平研究院"当然会员"制度造成的差异。中央研究院的院长、总干事和各所所长虽为当然评议员，但并未保留"当然院士"的资格，院士完全通过公开选举进行，而北平研究院的首届"会员"由院务会议推举，将院长、副院长和各所所长都列为当然会员。9 名当然会员中仅有 2 名被选为院士（李书华、严济慈）。②学科划分造成的差异。院士初选时划分了 20 多个学科，几乎涵盖当时我国所有的学科，而学术会议仍坚持李石曾在建院初期固有的学科划分理念，并有"文艺组"这样与我国学科体系较为脱节的分组。③北平研究院仍未摆脱地方和派系色彩。过于偏重北方高校和科研机构（在北平的会员占到 44 名）以及具有留法背景的学者（23 名）。④学术会议由李石曾一手推动，会员名单中存在较多诸如机构、亲友、学术派别等私人关系方面的考虑。如刘大悲在华法教育会，沈尹默在北平大学区，何基鸿在北平大学，罗喜闻在中法大学，崔敬伯在早期平研院，皆是李石曾倚重之人。亲属关系则例如李书田为李书华之弟，马士修为李麟玉之婿，朱广相为李石曾之婿朱广才的兄长，林世谨更是李石曾的妻弟。虽然也说明了这些科学事业的开创者不少来自"学术世家"，但推举程序的不完善容易导致这种做法授人以柄。

因第二次学术会议闭幕后仅一个月国民党即在北方溃败，学术会议并未举行过会员的选举。不过北平研究院参与了两次中央研究院的院士候选人推举工作。1947 年的首次院士选举，北平研究院推举李书华、严济慈、赵承嘏、庄长恭、周发岐、纪育沣、张玺、沈嘉瑞、刘慎谔、林镕、朱洗、徐炳昶等 12 人为候选人②，结果李书华、严济慈、庄长恭当选。1948 年 11 月北平研究院提名徐炳昶、周发岐、纪育沣、张玺、沈嘉瑞、朱洗、刘慎谔、林镕等 8 人为 1949 年度院士候选人。在提名公布时，刘慎谔还致信北平研究院秘书杨光弼，称"本人既为本院学术会议会员，已足情愿放弃中院院士候选人之资格，谨提请改推林镕先生为该项候选人，以示公正③。当然北平研究院未从其请，乃将二人同时上报。

---

① 《中央研究院院士会议规程》，《中央研究院法规》，中央研究院编印，1975 年，第 13 页。
② 《北平研究院院士选举规程及候选人提名者》，南京：中国第二历史档案馆，全宗号 394，卷宗号 21。
③ 《北平研究院院士选举规程及候选人提名者》，南京：中国第二历史档案馆，全宗号 394，卷宗号 21。

参考文献

［1］樊洪业. 前中央研究院的创立及其首届院士选举［J］. 近代史研究, 1990 (3)：218 - 231.

［2］郭金海. 中央研究院的第一次院士会议［J］. 中国科技史杂志, 2007, 28 (1)：1 - 19.

［3］郭金海. 1948 年中央研究院第一届院士的选举［J］. 自然科学史研究, 2006, 25 (1)：33 - 49.

［4］李书华. 碣庐集［M］. 台北：传记文学出版社, 1967.

　　王丽娜　1979 年生，河南许昌人。2008 年获中国人民大学历史学博士学位，同年进入中国科学院自然科学史研究所做博士后研究。2011 年留所工作，从事中国近代科学史、中国科学院院史研究，历任助理研究员、副研究员。2015 年调入中国科学院大学，副教授。曾发表论文《20 世纪 80 年代拨款制度改革与中国科学院科研活动分类问题》《光绪三十二年（1906）江皖水灾与粮食危机研究》等。2015 年调入中国科学院大学人文学院，任副教授。

改革开放初期中国科学院"办院方针"之争

□ 王丽娜

中国科学院在1981年正式提出"侧重基础、侧重提高,为国民经济和国防建设服务"的办院方针后,旋即遭到中央领导人的质疑,由此引发了关于科学院办院方针的大讨论。对于这个办院方针,改,还是不改,成了当时的科学院必须面对和解决的棘手问题。

1 遭到质疑的科学院"办院方针"

1.1 中国科学院第一次明确提出"办院方针"

在中国科学院的早期发展史上,虽然曾有多次对其主要任务和发展方向问题做出过描述和规定,但直至20世纪80年代初,科学院才正式将其主要任务和发展目标问题用"办院方针"这个名词归纳和表述出来。

"文革"结束后,为了更好地推动科学事业的恢复和发展,政府对科技体系中的"五路大军"进行了重新部署和规划。在1978年3月召开的全国科学大会上,根据新的科学技术发展规划纲要,中国科学院作为全国自然科学研究的综合中心,其主要任务被界定为:研究和发展自然科学的新理论新技术,配合有关部门解决国民经济建设中综合性的重大的科学技术问题,侧重基础、侧重提高。[①] 根据这一界定,在1979年的中国科学院院务扩大会议上,科学院领导将工作方针总结概括为"侧重基础、侧重提高,为国民经济和国防建设服务"。

1981年1月29日,科学院向中央书记处进行了工作汇报,提交了《关于中国科学院工作的汇报提纲》(以下简称《汇报提纲》)。《汇报提纲》明确提出了科学院的办院方针,即侧重基础、侧重提高,为国民经济和国防建设服务。其具体内容包括:一、主要从事基础科学和若干技术科学领域的研究。按研究工作分类来讲,主要承担基础研究和应用研究任务,也承担少量发展研究;在整个研究工作中,加强基础性的工作,即基础研究和应用基础研究。二、在为国民经济和国防建设服务方面,主要是参与或承担经

---

* 原载《科学文化评论》2010 年第 7 卷第 6 期,第 5—22 页,略有删节。

① 《1978—1985 年全国科学技术发展规划纲要》,《中国科学院年报 1977 1978》,第 80 页。

济建设和国防建设需要的重大的、综合性的科学技术任务，解决技术发展中关键性、开拓性的问题等。①

科学院所拟定的办院方针，在汇报会议上得到了中央领导人的肯定。出席会议的胡耀邦以及出席此次会议的其他领导人也对科学院拟定的工作方针表示赞同。根据当时的会议记录，时任国务院总理的赵紫阳未出席此次会议。

1981 年 3 月 6 日，在转发科学院的文件中，中央明确指出："中国科学院是国家自然科学的最高学术机构和综合研究中心"，其关于"侧重基础、侧重提高，为国民建设和国防建设服务"的办院方针，是完全正确的。②

得到中央的正式肯定后，科学院第四次学部委员大会在 1981 年 5 月 18 日通过的《中国科学院试行章程》中，将科学院的办院方针简明地描述为："侧重基础、侧重提高，为国民经济和国防建设服务。中国科学院主要承担基础研究和应用研究（包括应用基础和新技术等）任务，也承担适当的发展研究，要在科学研究工作中，丰富和发展自然科学的理论、方法或技术，协同有关部门，解决国家建设中重大的、综合性的科学技术问题。"③至此，中国科学院第一次正式确立了自己的办院方针。

1.2　中央领导人对于科学院"办院方针"的质疑

1981 年 12 月 25 日，赵紫阳致信中央领导胡耀邦和邓小平，提出中国科学院的工作方针有问题。赵紫阳在信中称："文革"前科学院的方针是侧重应用，而不是侧重基础；目前科学院的方针并不是这样定的；他同意杨振宁的看法，即我国科技界（包括科学院系统）应该把更多的人力、物力、财力集中到技术开发和产品研究上，而不是在基础研究方面。信中提到，科学家田长霖在北京的一个演讲中，也是主张中国的科技力量应当主要放在应用上。信中还谈到，关于这些问题，科技界在认识上有分歧，而这个问题不解决，对科技为四化服务会有影响。④

信中提及的杨振宁对于我国科研工作的看法，指的是 1981 年 12 月 1 日杨振宁写给国务院副总理方毅的信中所谈到的意见。杨振宁在信中将科学研究分为原理的研究、发展性的研究和产品的研究。其中原理的研究属于长期的投资，发展性的研究属于中期的投资，产品的研究属于短期的投资。他认为发展性研究投资在中国科技研究系统中是十分脆弱的一环，建议中国集中科技力量发展技术开发和产品研究。⑤

至于田长霖在北京的演讲，指的是田长霖于 1981 年 6 月在中国科学院工程热物理

①　《关于中国科学院工作的汇报提纲》，《中国科学院年报 1981》，第 8—9 页。

②　《中共中央转发中国科学院党组〈关于中国科学院工作的汇报提纲〉》，《中国科学院年报 1981》，第 1 页。

③　《中国科学院试行章程》，《中国科学院年报 1981》，第 245 页。

④　中国科学院档案，案卷号 1982—1—1。

⑤　中国科学院档案，案卷号 1982—1—1。

研究所所作的演讲。田长霖在此次演讲中着重指出了技术科学的重要性，并建议中国参考日本的发展经验，重视和加强技术科学研究，发展民生经济。①

实际上，关于中国应当发展应用科学的意见，早在 1978 年，美籍科学家林家翘就曾向邓小平同志建议过。而中央领导人之所以会对科学院"侧重基础，侧重提高"的办院方针提出疑问，除了上文中所提到的华裔科学家们向中国政府领导人频频建言加强应用科学研究这一诱因外，与当时的时代背景有着莫大的关系。

1.3　科学院"办院方针"遭到质疑的背景

始于 20 世纪 40 年代末的第三次科技革命，尤其是 70 年代之后以微电子技术、生物工程技术、新型材料技术为标志的新技术革命，几乎使得各科学技术领域都发生了深刻变化。科技成果的迅速推广应用，带来了社会生产力的巨大变革，大大加快了经济发展速度。在新技术革命的浪潮中，一些国家开始利用科学技术发展国民经济，提升国家综合竞争能力。尤其是战后日本和西德经济的飞速发展，引起了世界各国的高度关注和重视，也激起了各国政府和学者分析、探究其发展经验的普遍热情。在 20 世纪七八十年代，如何依靠科学技术促进经济的发展和提高综合国力，俨然成了世界各国的重要议题，大多数国家都将发展科学技术提到了国家发展战略的高度来考虑。国与国之间的竞争已经由单一的军事竞争、经济竞争逐渐转向了以科学技术为核心的综合国力的竞争。面对国际发展格局的变化，许多国家开始重新研究本国的科技体制、科技政策，以及科研与生产之间的关系问题，逐步进行科技发展战略、科研体制以及相关政策的调整。"文革"结束后，当中国领导人重新审视世界发展局势时，世界各国普遍由建立在国防 - 科研二元结构向工业 - 科研结构的调整，给中国领导人带来了新的思考。

"文革"结束之后，国家确立了"以经济建设为中心"的发展战略，提出到 20 世纪末，实现工业、农业、国防和科学技术现代化的国家发展目标。并特别强调：实现四个现代化的关键是科学技术的现代化。1981 年 4 月 16 日，中央和国务院发布了《关于我国科学技术发展方针的汇报提纲》，提出"发展国民经济必须依靠科学技术，科学技术工作必须为发展国民经济服务"。新的科技发展方针遂成为之后科技体制改革的价值基础。

当时，对于中国科学院在国民经济建设中的作用，社会上也存在着有不少议论。甚至有一些部委认为科学院在直接推动国民经济发展中的作用不够明显，怀疑中国科学院存在的价值。媒体也在呼吁，科学研究工作要走出象牙塔，要为国民经济建设服务。②关于中国科学院的工作任务和发展问题，当时的科技界也存在着不同意见。一些人主张

---

① 中国科学院档案，案卷号 1982—1—8。

② 徐冠华主编：《我们认识的光召同志——周光召科学思想科学精神论集》，科学出版社，2010 年，第 190 页。

科学院主要从事基础研究，把应用研究和发展研究交给产业部门；也有一部分人主张，科学院主要从事应用研究，把基础研究交给高等院校。①

如上所述，国际国内关于科学技术问题的讨论、科技体制的调整、科技政策的变动，以及社会上关于科学院的议论等种种情形，都使得科学院的工作面临着被调整的可能。至于科学院的办院方针会遭到中央领导人的质疑，被要求修改，不过是科学院所面临的诸多问题中的一个。

2　科学院工作会议关于"办院方针"的讨论

2.1　中央领导人的批示和意见

在赵紫阳总理发出关于科学院工作方针问题的信件三天后，即1981年12月28日，邓小平同志批示由相关部门进行讨论。当天，胡耀邦也批示，建议科学院组织科学家和科研管理领导人员就这一问题进行讨论，拟出新方案。②

1982年2月6日，中央领导人胡耀邦在约见中国科学院党组书记李昌时，就科学院的工作提出了几点意见：首先肯定了基础研究不能削弱，但同时指出最主要的是要加强应用科学和技术的研究；并要求科学院呼吁科学家和各方面技术专家，大力搞好应用科学和技术的研究，努力为经济建设服务，同时表示："如果科学院在这方面不抓紧，搞不好，对四化建设贡献很少，成了四化建设的旁观者，那就得不到人民的支持。"③在这里，中央领导人给科学院的工作指出了具体的发展方向。

2.2　科学院工作会议上关于"办院方针"的讨论

根据中央领导人的指示，中国科学院党组决定尽快组织会议对办院方针进行讨论。1982年2月20日，科学院的工作讨论会正式开始，参会人员包括科学院、相关国家部委、部分高校和研究机构的科研管理干部和科学家，与会人员多达一百余人，会议持续了七天。根据当时的会议材料，科学家和科研管理干部们讨论的问题和所持观点主要集中在以下几个方面。

2.2.1　"办院方针"不宜变动

对于科学院所提出的办院方针，不少人在讨论中认为是合适的，不宜变动。如黄昆（半导体所所长、固体物理学家）④在发言中表示："两侧重、两服务"的方针是合适

---

① 《关于中国科学院工作的汇报提纲》，《中国科学院年报1981》，第7页。
② 中国科学院档案，案卷号1982—1—1。
③ 《胡耀邦同志对科学院工作的五点意见》，《中国科学院年报1982》，第6页。
④ 文中标注均为当事人在讨论时的身份。

的。① 王淦昌（二机部副部长、核物理学家）也指出："'两侧重、两服务'的方针很对，应该如此。"②

一些科学家希望办院方针能够稳定，担心政策的反复会对科研事业产生不利影响。伍献文（武汉分院院长、水生所所长）表示："方针刚刚定下来就改，恐怕影响不好。"③ 黄昆认为：如果要修改办院方针，"势必震动会大，应十分慎重"④。

关于科学院的办院方针，也有不少科学家认为，如果要修改，可以在表述上完善一些，但原有方针的基本意思和内容不要修改。

2.2.2 关于"侧重基础"的理解

在讨论中，不少人发现，对于"侧重基础"中的"基础"如何理解，实际上关系到办院方针的整体解读问题，这也是导致许多人对科学院办院方针理解有误的关键所在。正如汪德昭（声学所所长、水声学专家）所说：关于方针的四句话，存在着"一个如何解释的问题"。⑤ 钱人元（化学所所长、化学家）在发言中同样强调了这一问题，他"认为'两侧重、两服务'的方针还是正确的，问题出现在分类上，大家概念不一样，带来了混乱"⑥。

与会者大多表示，"侧重基础"中的"基础"，并不仅仅指的是纯基础科学研究，同时包括应用基础研究。如陈芳允（技术科学部副主任、国防科委测量通信总体所副所长、无线电电子学家）所言："基础包括基础研究和应用基础研究两个方面，这并不是象有的人认为基础仅仅指的基础科学方面的研究。"⑦

一些科学家对科学院"侧重基础"的研究工作做了进一步解释和澄清。高庆狮（学部委员）讲："侧重基础，既包括纯科研这样的基础研究，又包括应用基础研究"，科学院的"大部分同志是搞应用研究和发展工作的"。⑧ 鲍汉琛（山西煤化所副所长、煤炭化学专家）也认为，"侧重基础并不等于把大部分人力、物力投入基础，侧重是指比产业部门的研究单位更加重视一些就是了。基础是包括应用基础在内的"⑨。

2.2.3 关于科研工作分类问题的讨论

在对"基础研究"的概念进行讨论时，科研工作究竟该如何分类，也成了一个重要的会议议题。之所以会出现关于"基础研究"与"应用研究"概念不清的问题，实际上与中国科学院早期对科研工作的分类方法有关。

---

① 《中国科学院工作讨论会简报》(21)。
② 《中国科学院工作讨论会简报》(14)。
③ 《中国科学院工作讨论会简报》(17)。
④ 《中国科学院工作讨论会简报》(21)。
⑤ 《中国科学院工作讨论会简报》(27)。
⑥ 《中国科学院工作讨论会简报》(18)。
⑦ 《中国科学院工作讨论会简报》(24)。
⑧ 《中国科学院工作讨论会简报》(9)。
⑨ 《中国科学院工作讨论会简报》(23)。

在 20 世纪 60 年代，中国科学院曾将科研工作分为四类，即基础研究、应用基础研究、应用研究和推广研究。此后科学院一直采用这种分类方法。直到 80 年代初，科学院才决定采用国际通行的分类方法来划分科研工作。1980 年 6 月 30 日，李昌在院务会议上表示，决定按照当时国际通常使用的分类方法，将科学院的研究工作分为三类，即基础研究、应用研究和发展研究。① 由于此前长期使用的分类方法还留有一定影响，故而在实际的工作中存在着一些认识上的混乱。有鉴于此，不少与会者建议彻底厘清基础研究、应用研究的具体含义和关系。

会场发言的科学家们大都提议采用联合国教科文组织关于科研工作的分类法，来划分科学院的研究工作。根据联合国教科文组织的定义，科学研究与实验发展可定义为：任何为增加科学、技术知识储备和发明新的应用所从事的系统的、创造性的活动。这种活动可分为三类，即基础研究、应用研究、实验发展。

2.2.4 关于基础研究的重要性及所占比例的讨论

在此次工作会议上，不少与会者一再强调，基础研究对于科研事业和国家发展具有极为重要的意义，基础研究不能削弱。钱学森（科学院主席团成员、国防科委副主任、应用力学家）在发言中引用钱三强（科学院党组成员、副院长、核物理专家）等人的言论，再次表达了基础科学研究的重要性。② 吴征镒（科学院主席团成员、昆明分院院长、植物分类学家）更是在发言中指出了当时国内的基础研究尚且不能令人满意的状况，他说："按联合国固定定义来看，我们的基础研究是太少了，太不受重视，除个别学科外，水平一般也很低，而且不平衡，缺门甚多。"③因此，更是不宜削弱基础研究。

对于科学家们一直强调的基础研究问题，胡克实在最后的会议总结发言中再次做了澄清，即基础研究不能削弱，要坚决保护，稳定发展；并表示中央领导丝毫没有要砍基础研究的意思。④

会议上大多数科学家都认为基础研究非常重要。那么，科学院实际工作中的基础研究与应用研究的比例究竟如何，是否合理？也有不少人从科学院的经费使用、科研工作的具体情况出发做了详细分析。

根据吴明瑜的分析：当时全国民口的科研经费每年在 28 亿到 30 亿元，全国基础研究经费大概在 1.1 亿元、1.2 亿元以下，占民口科研经费的比重不到 5%。在中国科学院，用于应用研究和开发研究的大约占 85% 到 90%，基础研究约占 10% 至 15%，大约为 5000 万～6000 万元。从全国科研经费的使用情况看，科学院的基础研究所占比重大

① 中国科学院档案，案卷号 1982—1—8。
② 《中国科学院工作会议讨论简报》（11）。
③ 《中国科学院工作讨论会简报》（22）。
④ 中国科学院档案，案卷号 1982—1—1。

体还是合适的，绝对数额也不算多。① 张光斗（学部委员、主席团成员、清华大学副校长、水利工程学家）则称："中科院基础科学研究比重约为10%，是偏低的。"② 胡克实也表示："就全国来说，用于基础研究的经费和人力约占民用科研经费的5%左右，科学院基础研究的经费和人力占全院科研的比例也不过是百分之十几。应该说，这个比例不算大。"③ 综观整个会议讨论，与会者普遍认为科学院的基础研究经费并不占太大的比例，甚至还存在着偏小的问题。

2.2.5 科学院的"问题"不在"办院方针"

有不少科学家认为，只谈科学院的方针问题，难以把问题讲清楚，科学院之所以给社会以成效不大的印象，其实涉及很多问题，其中的原因极为复杂。

如邓述慧（科学院党组成员）在发言中讲到："只谈科学院的办院方针是难于把问题讲清楚的，因为这是整个科学技术与国民经济的关系问题，是科学院在整个科技系统中的地位和作用问题。"④ 王之江也表示："开创很少、效益太小的原因也许是体制、管理、政策等方面有毛病，而且其中有些也不是科学院本身能解决问题的。"他指出的问题包括评价政策的滞后、课题分派模式所造成的科研力量的分散、人员制度的僵化以及历史上政策的偏颇所造成的遗留问题等。⑤ 根据吴明瑜的分析，外界感到科学院对经济建设所作的贡献不能令人满意的原因包括宣传的问题、科学成果的评价问题、人才考核办法等等。其中，有三个原因至为重要：一是科学院未能很好地实现从军用向民用的转变；二是在为经济建设服务方面，不少单位缺乏经验；三是国家在计划、财政税收、价格等一系列制度和政策上都存在着缺陷。⑥

不少与会者提出，科学院的科技队伍也存在一些问题，例如队伍老化，结构不合理，各类人员比例失调，人员不能自由流动，等等。⑦ 也有发言者认为科学院院所两级都要改进成果管理工作，其中不仅包括成果的鉴定评价和登记，而且还要抓好成果的宣传和推广应用。也有不少人认为科学院陷入"被动"的尴尬局面，主要的问题在于"文革"后科学院对承担经济建设中的重大科技问题抓得不够准、不够多，课题零碎，力量分散。

总之，科学院所存在的"问题"，并非源于办院方针，其中涉及方方面面的因素。

2.3 科学院工作讨论会的结果

科学院工作会议持续了一周，认为科学院办院方针的基本内容需要修改者，寥寥无

---

① 中国科学院档案，案卷号1982—1—9。
② 《中国科学院工作讨论会简报》（33）。
③ 中国科学院档案，案卷号1982—1—1。
④ 《中国科学院工作讨论会简报》（55）。
⑤ 《中国科学院工作讨论会简报》（45）。
⑥ 中国科学院档案，案卷号1982—1—9。
⑦ 中国科学院档案，案卷号1982—1—1。

几。大多数人都倾向于科学院的方针不宜修改，即使要修改，也只需在原方针基础上，略作说明和解释，或修订一下文字即可。不少参会者认为，科学院给人以成效不显著的问题，牵涉面极广，并非是科学院办院方针的问题，它与科学院的科研体制、管理制度等都有关系；也不仅仅是科学院的问题，它与当时国家的科研体系、政治体制、经济政策等也有一定的关系。但是，修改科学院办院方针这个议题，并没有因为会议讨论中大多数人不建议修改而作罢。

3 修改"办院方针"的建议与新"办院方针"的出台

3.1 发展科技工作的新形势

1982 年 9 月，党的"十二大"明确提出了到 20 世纪末，我国工农业年产总值比 1980 年翻两番的经济发展目标，并将科学技术列为国民经济发展的战略重点，高度强调了科学技术对于促进经济发展的巨大作用。"十二大"报告在提升了科技作为促进国民经济增长要素的地位的同时，也宣告了政府对于依靠科学技术推动经济快速增长的极大期望。

1982 年 10 月，在全国科学技术奖励大会上，国务院总理赵紫阳在讲话中指出：科学技术工作必须面向经济建设，经济建设必须依靠科学技术。这是一个基本的战略方针。

1982 年 11 月底，赵紫阳在全国五届人大五次会议上强调：不论是应用研究还是基础研究，都应该按照学科特点尽可能地面向经济建设，为生产的发展服务。要把科学研究成果的推广应用提高到同科学研究本身同等重要的地位。[1]

1983 年 1 月 5 日，胡耀邦在参观科学院科研成果展览时，对科学院的工作人员再次谈到："要提倡科学研究工作和科研人员面向四化建设，面向生产力的提高。基础科学的研究应当重视，但是，当前整个科研工作的重点，应当放在加强应用研究上。不论基础研究或应用研究，都要按照各自学科的特点，尽可能地紧密结合四化建设，为生产的发展服务。"[2]

从"十二大"开始，短短的几个月中，国家领导人就科学技术在四化建设中的地位、作用，以及发展问题，做出了一系列决策和指示，进一步表明了政府要依靠科学技术促进国民经济快速发展的态度和决心。在这种形势下，科学院的办院方针，也就成为了政府和科学院必须加以解决的问题。

① 《努力开创科学院工作的新局面——卢嘉锡在院工作会议上的报告》，《中国科学院年报 1983》，第 8 页。
② 《胡耀邦等党和国家领导人参观科学院科研成果展览交流会时的谈话》，《中国科学院年报 1983》，第 1 页。

3.2 修改科学院"办院方针"的建议

"十二大"会议结束后，李昌（1982 年 4 月从科学院退居二线当顾问，9 月调入中央纪委）于 1982 年 10 月 21 日致信科学院和中央领导，详细阐述了他对科学院工作的意见。李昌表示："侧重基础，侧重提高，为国民经济和国防建设服务"的表达是不完善的，对于这一方针，近几年在科学院内实际存在着两种不同的理解和实践。一种是认为科学院以应用研究为主，同时重视基础科学研究；在主动配合有关部门解决国民经济建设中综合性的重大科学技术问题时，进行基础性提高性的研究工作。另一种理解是以基础研究（基础科学和应用基础）为主，即侧重基础，侧重提高，而把为国民经济和国防建设服务放在次要的地位。而后一种认识和实践，在科学院的组织和领导工作中占主要地位。所以，1981 年所提出的办院方针，实际上是以基础研究为主，而不是以应用为主的方针。因此，李昌认为，随着四化建设的进展，这个方针是不适合四化建设的要求和党的科学政策的，应该坚决、明确地改变。①

对于科学院的"办院方针"究竟改还是不改这一问题，1982 年 10 月 22 日，在与科学院工作人员的一次谈话中，方毅同志谈了他的看法，他认为办院方针问题牵涉到科学院的前途，希望科学院的同志能够慎重考虑，尽量彰显科学院的工作成效，扭转社会舆论中认为科学院"只花钱不办事"的被动局面，努力为科学院的发展争取更好的外部环境。

面对新的科技工作方针和政策，以及领导人对科学院多次提出的要求，在 1983 年 1 月份的工作会议上，中国科学院院长卢嘉锡郑重地提出了"科学院怎么办"这个严肃的命题，即究竟要办成一个什么样的科学院，科学院应当在国家经济、社会和科技发展中起什么样的作用？② 不过，办院方针究竟该如何拟定，此时尚无答案。

就在科学院面临要不要修改"办院方针"之际，国家的科技体制改革工作已经开始推进。为了推动科学院的机构改革，"中央和国家机关机构改革工作小组"于 1983 年 3 月份正式进入科学院进行调查，并于 8 月 6 日向中央和国务院呈报了调研报告。报告声称科学院原来所提出的"侧重基础、侧重提高"的方针应当加以修订，科学院的科研工作应当贯彻党和国家制定的发展科学技术的总方针，面向经济建设，着重加强应用研究，积极参加开发研究，同时以一定力量继续搞好基础理论研究。

在 1983 年，到科学院开展工作调查的还有另外一个小组，即"国务院科技领导小组"。这个调查组最后撰写了《国务院科技领导小组调查组关于中国科学院几个问题的调查报告》。在这份报告中，同样得出了科学院的"办院方针"需要修改的结论。

---

① 中国科学院档案，案卷号 1982—2—3。
② 《卢嘉锡在院规划专题组组长会议上的讲话》，《中国科学院年报 1983》，第 319 页。

3.3　最终的定调与新"办院方针"的出台

1983 年 12 月 15 日，国家领导人与中国科学院的领导再次围坐在一起，讨论科学院的办院方针问题。在此次会议上，赵紫阳表示：关于科学院的任务，他同意两个调查报告中的提法，即"必须大力加强应用研究，积极地有选择地参加开发或发展工作，继续重视基础研究。中心点是加强应用研究"。并且"完全同意，不搞基础研究，光搞应用研究是不行的"，认为"大力加强应用研究，积极地有选择地参加开发、发展工作，继续重视基础研究，这三句话调个顺序也可以"。此外还表示他将调查报告中所写的"认真"重视基础研究，改为了"继续"重视基础研究。① 对于会议上所形成的科学院"办院方针"的修改意见，方毅、卢嘉锡、严东生（科学院副院长、党组成员）等都表示赞成。

随即，中央书记处第 103 次会议正式决定："中国科学院工作的方针和任务，应明确规定为：大力加强应用科学研究，积极而有选择地参加开发、发展工作，继续重视基础科学研究。中心是加强应用科学研究，这是关键所在。"②

根据中央的决定，1984 年 1 月，在第五次学部委员大会上，中国科学院正式公布了新的办院方针，即：大力加强应用研究，积极而有选择地参加发展工作，继续重视基础研究。③ 这一方针明确地对科学院所进行的三种类型的研究工作做了不同定位。至此，长达两年多的科学院的"办院方针之争"终于落下了帷幕。

4　结语

中国科学院的工作任务和发展方向，在历史上曾有多次变更。"文革"中，科学院的科研事业受到严重摧残。在 1978 年的科学大会上，国家在重新部署全国科技体系的工作时，对科学院提出：研究和发展自然科学的新理论新技术，配合有关部门解决国民经济建设中综合性的重大的科学技术问题，要侧重基础、侧重提高。这一界定要求相对于其他方面军的研发活动而言，科学院的工作要更侧重于基础和尖端。

根据国家新的科技规划和要求，科学院在 1981 年正式确定了"侧重基础、侧重提高，为国民经济和国防建设服务"的工作方针。不过，这个方针正式确立几个月后，便遭到了质疑。因为随着国家经济振兴方略的制定以及科技发展方针的改变，政府和国家领导人希望科学院的工作能够更明确地体现国家的战略步骤。在 1984 年，"大力加强应用研究，积极而有选择地参加发展工作，继续重视基础研究"这个办院方针的最终确

---

① 中国科学院档案，案卷号 1984—2—72。
② 中国科学院档案，案卷号 1983—1—2。
③ 《在中国科学院第五次学部委员大会上的工作报告》，《中国科学院年报 1984》，第 24 页。

立，就更清楚地表达了国家重视应用研究和发展工作的态度和决心。

不过，1984 年所确立的办院方针并未真正解决科学院的"问题"，因此并没有取得更为持久的稳定。此次方针的调整，只是揭开了 20 世纪 80—90 年代中国科学院的办院方针不断向"科学技术必须与经济建设相结合"的科技指导方针逐步靠拢的序幕，从这种意义上来讲，科学院的办院方针从 1981 年到 1984 年的调整，可以说是一次颇具转折意义的调整。此后，中国科学院的办院方针在 1987 年以及 1992 年的调整，也都是对 1984 年办院方针的进一步发展和强化。在国家科技工作的总体要求下，中国科学院的办院方针也被一次次地打上了新时期国家科技发展政策的烙印。此后科学院办院方针的不断修改，也使得办院方针问题成为了上世纪 80 至 90 年代科学院历史上一个持续颇久和颇具争议性的问题。

科学院办院方针的修改，实质上也就是关于科学院的工作任务和发展方向的调整问题。纵观科学院的发展，在某种程度上可以说，一部中国科学院的发展史，就是一部工作任务和重点不断变化和调整的历史。当然，中国科学院自诞生之日起，从作为政府的一个部门，到定位为"国家自然科学的最高学术机构，全国自然科学的综合研究中心"，科学院逐渐转变为一个单纯的科学技术研究机构，这种定位的变化也是科学院的工作任务曾经发生调整的原因之一。但在历史上，更多的是随着国家发展战略的调整、科技政策的变动以及科技体制的变革等，科学院的工作重心和任务也屡屡进行相应的变动。在科学院的发展史上，国家对科学院曾几次提出迫切要求，其中包括"两弹一星"的研制。而 20 世纪 80 年代的科学院办院方针之争，就是在改革初期政府提出科技要为经济建设做贡献的迫切要求下发生的。

这场关于科学院办院方针的争论，不仅仅是科学院如何处理基础研究与应用研究工作的问题，在更深层次上，它触及的是国家科技发展战略的选择和转型问题，即国家的科研发展战略从科研–国防二元制向科研–工业或经济二元制的转型问题。

此外，在此次办院方针的修改过程中，思路相异的科学家与政府领导人之间的张力，科学院在修改办院方针事件上的选择空间问题也随之突显了出来。由科学院办院方针问题所引发的讨论和决策，也展现了改革初期科学家和领导人对于科学技术与经济发展问题的思考和认识水平，这也是研究中国现代科技史的一个重要案例。

致谢 罗伟与方新两位先生及王扬宗研究员对本文写作给予了指导，并提出了宝贵的修改建议，谨致谢忱！

参考文献

[1] 樊洪业. 对办院方针的历史回顾. 中国科学院院刊. 2002 (2).

［2］李真真. 科技体制改革的背景与分析//中国科技体制改革十五年政策评估课题分报告（未刊稿）.

［3］罗伟. 中国科学院在中国科研体制中的地位和作用. 自然辩证法通讯，1981，3（3）.

［4］徐冠华. 我们认识的光召同志——周光召科学思想科学精神论集. 北京：科学出版社，2010.

　　苏湛　1980 年生，辽宁海城人。2002 年毕业于北京师范大学物理系。后转攻科学哲学与科学史方向，2009 年毕业于北京师范大学哲学与社会学学院，获哲学博士学位。曾在中国科学院自然科学史研究所任副研究员，现为中国科学院大学人文学院副教授。主要研究领域包括物理学史、自然科学中的哲学问题、科学文化，近期的主要工作集中在科学文化和 19 世纪中叶英国电磁学史方面。

宋人科技兴趣的计量研究

□ 苏 湛

北宋是中国科技史上的一个重要时代。李约瑟（J. Needham，1900—1995）曾指出："每当人们在中国的文献中查考任何一种具体的科技史料时，往往会发现它的主焦点就在宋代。不管在应用科学方面或在纯粹科学方面都是如此。"[1]287另一方面，中国传统科技在北宋以后的迅速衰落①同样引人注目，以至于对这种衰落及其原因的探究甚至形成了被称为"李约瑟问题"的专门问题域。[2]

美国科学社会学家罗伯特·金·默顿（R. K. Merton，1910—2003）在研究17世纪英国科学的异军突起时曾指出，17世纪英国科学的加速发展与当时英格兰社会精英们的职业兴趣转移之间存在着关联。当时对科学产生兴趣的人数明显增加，而诗歌、宗教等领域所吸引的人数则明显减少。[3]42-63如果这一发现具有普遍意义，那么同样有理由相信，在宋代科技的兴衰与宋人职业兴趣的变化之间，也可能存在类似的关联。本文将模仿默顿的研究方法，对这一猜测进行验证。

1 资料来源

本文选用的资料来源是商务印书馆1921年出版的《中国人名大辞典》[4]（以下简称《大辞典》）。该书可以视作英国《国民传记辞典》（*Dictionary of National Biography*）在中国的对应物。它是中国第一部专门的人物传记词典，并且至今仍是关于中国历史人物的最全面和最优秀的传记词典之一。与更晚出版的一些人物传记辞典相比，这部辞典更忠实地引用了原始史料上的记载和评论，最大限度地体现了人物所处时代的主流价值观。在某种意义上可以说，它所收录的人物代表了历史上各个时代，中国社会精英阶层的面貌。

当然，瑕疵是不可避免的：

＊ 原载《中国科技史杂志》2011年第3期，第347—359页。

① 对此历来存在不同的观点，比如，有很多文献主张中国传统科技的发展高峰一直持续到元代。不过，在特定的意义上，认为传统科技在北宋以后开始衰落并非完全没有依据。比如，金观涛等人曾根据研究指出："中国历史上出现过科学技术发展的两个高峰，一在东汉，一在北宋。其中，北宋的高峰尤其令人瞩目，它象一座高临四围的孤峰，在它上面似乎有一道无形的屏障，后来的增长速度远比北宋低而难以逾越。"[2]

首先是某些内容上的讹误是存在的。此类错误通常是由于原始记录本身模糊不清、后世传抄中发生讹误脱漏等原因造成的。针对这一问题，笔者参照《宋史》[5]《隆平集》[6]《续资治通鉴长编》[7]（以下简称《长编》）、各种墓志、行状、答和诗文①等原始文献对所涉及的记录进行了逐条考证，同时参考了《宋人传记资料索引》[8]等今人研究成果，以最大限度地确保史实的准确性。

其次，正如默顿曾经遇到的[3]41，《大辞典》在人物的收录上不可避免地存在着一定的倾向性。尽管《大辞典》的编者力求做到"无论贤奸，悉为甄录""轶事流传，咸资刊载"[4]，但他们所能得到的原始史料本身就带来了倾向性。总有一些职业、一些年代，由于种种原因，会获得更多的关注，留下更多地记录。关于这一问题的处理，将在下文中进行进一步讨论。

最后需要指出，尽管《大辞典》对历史人物的收录相对比较全面，但还是有一些在今天被认为是比较重要的人物被排斥在外，特别是我们所关注的科技人物，如卫朴、韩公廉等。这一定程度上可以视为《大辞典》的职业倾向性的一个直接后果。但主观地将这些"重要人物"补入记录同样是不恰当的。事实上，《大辞典》对人物的取舍在绝大多数情况下恰恰是与这个人物在当时的真实社会地位和所受到的真实社会评价相符的。当然，也不排除存在偶然性失误造成的对人物的遗漏。不过对于一项统计研究而言，有理由期望这种误差在各个年代、各个领域中的分布是统计均匀的。只要这一假设成立，那么这种误差就不会对统计结果产生决定性影响。

2 数据处理

2.1 基本处理

《大辞典》的正文和补遗共收录中国历史人物4万5千余位，我们从中筛选出在1001年至1120年之间步入职业领域的2920人②，建立数据库，以每10年为单位划分为12组，并根据当时的分类习惯，将入选者的职业兴趣划分为政治、军事、经术、史地、文学、艺术、宗教、方技八个领域，统计出每个10年中涉足过各领域的人数。对于涉足过不止一个兴趣领域的人物，都遵循默顿的处理方式，将其同时记入所涉足过的每一个领域。另外将其中参与过各种科学技术相关活动的人物单列为一表，并根据各项活动在现代科学技术体系中的位置进行分组。同样，对于不止参与过一种科学技术活动的人物，都将其同时记入所涉足过的每一个领域。此外，对于一些不足以被称为"职业兴

① 此类资料由于数目众多，此处不便一一列举，请参见《宋人传记资料索引》[8]。
② 在《十七世纪英格兰的科学、技术与社会》中，默顿以每个人"初始兴趣发生的大致时间"作为时间划分的依据。但对于本文而言，这种资料几乎是不可获得的，相反，本文涉及的大部分人物步入自己职业领域的初始时间（以下简称"入职时间"）都是可知的。

趣"，但在很大程度上反映着宋代社会风气变迁的事迹，如积聚财富（或者按照古人的说法称为"治生"）、教育、各种美德，以及一些自称或被认为的超自然事件，也分别进行了统计。（附表1～附表3，附图1）

2.2　分组依据

本文划分职业兴趣领域的主要依据是《宋史》的列传分类、传统"四部"分类法（以宋仁宗《崇文总目》[9]和清《四库全书总目》[10]为参考），和南宋郑樵的"十二类"分类法[11]59-62。比如，某人的作品在"四部"或"十二类"分科法中被列入经部，或其人按照当时的标准在此领域中有所贡献，则将其作为经术领域中的一员。其他领域以此类推。

当然也有特殊情况，如《营造法式》，虽然被《四库全书》列入史部，但根据其书原叙，该书最初显然并非是作为历史著作出现的，而是具有明确的工程技术方面的目的。像这种情况，就不应归入历史类，而应与其他工程技术著作一样归入方技类。

又如文学领域。从广义上说，所有诗文创作一类的活动都可以算作"文学活动"，但它们的文学价值却有天壤之别。显然，将所有写过诗或写过文章的人都称为"文学家"是不恰当的。但"文学价值"这一概念本身的不精确性又使我们很难用它作为一个严格的判决标准，来决定该把谁视为文学家。为此，本文引入《中国文学家大辞典·宋代卷》[12]（以下简称《文学家辞典》）作为判断依据，将入选《文学家辞典》视为其文学成就得到公认的证明。此外，虽然未被《文学家辞典》收录，但相关资料中有关于其文学活动的明确且具体的记载的人物，也列入文学家名单。

另外需要说明，本文列作兴趣领域的"艺术"，并不是今天狭义的审美意义上的"艺术"，而是四部分类法中被归入子部的"艺术"。其概念并不仅限于金石书法、绘画音乐等今人熟悉的典型"艺术活动"，还包括体育博弈、宠物和花卉的饲养驯化等其他以陶冶性情、愉悦身心为目的的非直接实用性的知识和技艺，其具体范围基本上以《崇文总目》和《四库全书》为准。不过其中骑射、武术等科目，虽然被《崇文总目》归入艺术类，但由于其显著的军事实用意义，并且在《汉书·艺文志》等目录文献中也曾列入兵家类（[13]，卷三〇），因此本文将其从艺术中剔除出来，归入军事领域。

相对于一般职业兴趣领域的划分，科学技术活动的认定和分类要困难得多。甚至在讨论古代问题时，是否能够使用"科学技术"这一指称，都是备受质疑的。然而无法否认的是，在古代，确实存在着一些与现代科学技术有关的东西，归纳起来大致有以下四种情况：

（1）一些学说，其观点与现代科学观点具有某些一致性（或曰"正确"）。比如被认为包含了近代天文学中无限宇宙理论的"宣夜说"天文理论。

（2）对某种自然现象的正确记录和描述。比如中国古代著名的超新星和日全食记录。

（3）与现代科学活动有着相同旨趣，即以了解自然、理解自然、解释自然为目的而进行的活动。如沈括针对雁荡山、磁针等自然界对象进行的研究。

（4）与现代科学有相同研究对象或使用某些相同的手段、工具的活动。比如与现代天文学有着千丝万缕联系的古代占星学。

以上四种知识或活动，就是本文在使用"科学技术"一词时所描述的概念范畴。使用这个词并不意味着笔者不理解它与现代"科学技术"之间的区别，而是为了强调这种古代"科学技术"在人类知识积累过程中的位置。诚然，现代科学诞生于欧洲，但欧洲科学也并非从天而降，它同样建立在希腊、罗马以及中世纪学者们遗留下来的以上四类知识的积累之上。在一定意义上，这四类知识的积累程度，以及相关活动的繁荣程度（至少是其中某类或某几类），直接影响了欧洲近代科学的产生。而中国人对这四类活动的态度有何不同，这正是本文所要讨论的。

另一种合理的质疑可能来自本文划分科技活动领域的方法。实际上在中国古代的科学技术知识（在上述四种意义上）中，除"天、算、农、医"以外，其他知识都很难被冠以"××学"之名被作为独立的对象来对待。但对于本文而言，这实在无法完全涵盖我们将要涉及的所有（上述四种意义上的）科学技术活动。鉴于以上困难，本文只能采用一种可能遭受严厉批评的方式，根据各种活动与现代科学知识之间的继承关系，把这些活动划分到现代学科体系的分类中去。① 根据归纳，这些活动分别可以归入天文、地理、生物、物理、农学、技术、工程、化学、数学、医学和气象学等领域。其中：

天文学包括历算步推、天象观测（无论是以占星还是以编修历法为目的）、天文仪器等设计制造等，凡参与过此类活动，或在这些方面发表过看法的人物，都记为天文学参与者。

地理学包括地志、地图的编纂、测绘以及相关理论探索［如讨论军事地图制作方法的《聚米图经》（［14］，卷一三）］；对海外地理或奇特地理现象的记述［如王曾的《契丹志》（［14］，卷一六）］；以及矿物学相关活动［如唐询著《砚录》[15]345、米芾的奇石收藏（［5］，卷四四四）、药学中的矿物部分］，乃至与地质测绘有关的风水、堪舆之学。

生物学包括有关动植物的记载或专门著作（如艺术类的《禽经》《蟹谱》等[16]），以及生物学相关技术［如宋用臣的"截柳法"（［17］，卷四）、尤叔保种楝成城等[18]］。

物理学包括所有与今天的物理学研究范畴有关的活动，包括声学［如胡瑗关于乐律的研究（［14］，卷一〇五）］、力学[19]、光学［如史沆用水晶作透镜（［17］，卷四）］、

---

① 这种权宜之计并非首创，而是借鉴了包括李约瑟的《中国科学技术史》在内的很多著作的实际做法。

计量［如高若讷对古尺的考证（［5］，卷二八八）、水运仪象台［计时］（［14］，卷四）等］，以及其他与物理学有关的内容。

化学主要包括道家的炼丹（外丹）、炼金活动，以及各种涉及化学变化的手工艺技术，如制墨、制颜料、酿酒等。

农学（含畜牧学）包括一切发明、记载和推广先进的农业技术、农业知识、农用工具和良种作物、牲畜的活动［如苏轼作《秧马歌》《马眼糯说》（［20］，卷六八，卷七三）、秦观著《蚕书》[21]、宋真宗主持推广占城稻（［14］，卷七七）］，以及各种农田水利工作；从广义上说，涉及玩赏性、景观性动植物的饲养、种植的内容［如孔文仲《扬州芍药谱》（［22］，卷一八）、李诫《马经》（［23］，卷三三）］也列入这一范畴。

气象学包括所有涉及大气和地球物理的内容，如潮汐、地震、旱灾等。虽然宋人对相关问题的讨论大多建立在《洪范》五行、天人感应理论上，但就理解自然、解释自然这一目的而言，还是不能抹煞它们在人类自然观发展过程中曾起到的作用。

技术和工程是两个像"科学"一样容易引起争论的范畴，但为了后面的讨论，本文不得不借用它们区分以下两类活动：将那些单项的、具体的、操作较复杂、需要较多专业知识和技能的制造、建造、设计、发明等归为技术（如指南车、活字印刷、灌钢工艺）；那些大规模、综合性、有组织的建造活动归为工程（如水利、城建、采矿等）。当然，如果某项工程涉及比较复杂的、创新性的工艺或发明（如水利工程中的新型斗门、船闸，房屋、桥梁中使用的新技术、新结构），则除了将其记入工程范畴外，也同时记入技术范畴；而一般技术含量不高的建造要塞、修护堤防等活动，则只记入工程范畴。后面的讨论将证明，这种区分是有必要的。

数学和医学是宋代时就已经独立存在并初具规模的学科，其研究内容也与今天差别不大。需要补充的是，虽然混杂了神秘主义思想，古代占卜术中的某些方法，特别是北宋《易经》研究中象数派的工作，在很大程度上与现代数学的某些内容具有重合性，因此本文将它们包括在数学活动中。而医学——鉴于其目的、实践方式以及实践主体上的一致性——则包括了养生术和内丹学。

最后，诸如百科全书（如《册府元龟》）的编纂、自然哲学讨论等难以划分具体学科但又与科学有关的内容，别作一类，附于最后。

2.3 对误差的讨论和修正

如前所述，资料来源中的倾向性可能影响计量结果的准确性。为了增强结果的说服力，必须尽可能地对各种倾向性进行规避。

我们面对的倾向性主要来自职业、年代两方面。其中职业倾向性是默顿曾经讨论过的。他谨慎地将比较严格限定在每一个兴趣领域内部，而避免各领域间的横向比较。因为"这样一种倾向性会破坏对十七世纪间不同领域的相对重要性进行比较的可能性。可是，这绝不会影响对该世纪里统一领域内的起伏情况加以比较的可能性"。[3]41 但是鉴于一人"身兼数职"的情况在我们的研究中远比在默顿的研究中普遍,这一倾向可能会带来另一种质疑:我们的计量结果最终反映的会不会仅仅是某一类人,比如官员,价值取向的改变呢?

这当然很有可能,但即便如此,这并不妨碍这一结果对于北宋社会精英阶层职业兴趣变化情况的指示意义——无论构成这一阶层的主体是什么,他们都是他们所处社会的主流价值观的最直接的代表。从这个角度说,即便考虑到职业倾向带来的不利影响,统计结果也仍然是有意义的。

年代倾向性的问题在默顿的研究中没有提及,但在本文中却不容忽视。事实上入选《大辞典》的人数随着年代推移一直在迅速增加。这有可能部分与人口的自然增长有关,但更可能与历史学的发展和史料档案的自然损耗有关——越靠近现代,历史学越发达、史料散佚越少,留下历史记录的人物就越多。针对这一问题,本文采用百分比修正法,计算每十年内进入某领域的人数在同时代入选者中的百分比①,这就显示出了该职业领域在社会中相对社会地位的变化情况。

除了以上两种倾向性,还有一个问题来自针对科学技术活动的统计:参与过工程活动的人物在全体科技活动参与者中所占的比例实在太高了,远远超出其他科技活动数倍。这必然导致这样的质疑:本文对宋人科技兴趣增减情况的描述,是否仅仅反映了宋人对工程建设的热情?

因此本文进行了如下验证:将那些仅仅因为参与过工程建设项目而被记录在案的人物从科技活动的名单中剔除,对剩余的数据重新统计(附图2)。经过验证,可以看到,修正后科技兴趣指标的起伏情况不但与修正前完全一致,而且有趣的是,它与工程兴趣指标的起伏情况也高度一致。这说明,我们测到的宋人科技兴趣的变化情况,并非是由工程活动这一个领域单方面决定的。但他们对科技活动的热情,与对工程活动的热情,在时间分布上确实具有高度的一致性。

3 结论与分析

3.1 基本结论:宋人科技兴趣的下降

统计结果显示了一个出人意料的结论:宋人对科技活动所表现出的兴趣自从在11世纪20年代短暂地达到最高值以后,就开始了迅速且持续的下降过程。而且在大部分时间里,这种下降已不仅仅是比例上的,甚至在绝对数量上也出现了明显的下降——特别值得注意的是,这是在统计样本的总数迅速上升的情况下发生的。只是到了12世纪的头20年,这一情况才有所好转。通过分析相关科技活动参与者的事迹,可以看出,

---

① 需要强调的是,这个百分比数与默顿论文中的百分比数含义是完全不同的。

这 20 年中科技活动参与者数量和比例的回升显然与宋徽宗大兴土木和提高医学、算学地位的政策，以及这一两代人职业生涯的后半段（即宋室南渡后）百废待兴的社会环境所提供的发展机会有关。但即便在这种双重作用下，这 20 年间的科技人才产出率（无论从数量上还是从比例上）也仍然没有恢复到 1071—1080 年以前的水平。

3.2　结论的可靠性

作为一项基于不完全归纳的研究方法，如本文所使用的这种统计方法可能带来的谬误是显而易见的。特别是在经历了千年的朝代更迭，很多必不可少的信息已不可逆转地丢失了的情况下。

可能影响本文结论可靠性的因素首先来自资料来源本身。正如前人指出的："在历史上留存下来的资料中，主要是关于有身份、有地位的人们（即'精英'们）的记录，在社会系统中，身份和地位越低的人，文献记录就越不完整。"[24] 因此，正如本文一开始就指出的，《大辞典》收录的人物，仅仅是中国各个时代社会精英阶层的代表，而并不是对整个社会各个阶层的全景式展现。这也就解释了为什么基于《大辞典》统计出的北宋精英阶层的科技兴趣自 11 世纪 20 年代起就一直在降低，而《中国科学技术史·年表卷》记载的北宋科技成果数量在 70 年代才到达高峰[25]41-42。这一事实最好地证明了大量无名的科技工作者（尤其是技术工人）的存在。

其次，生活在一千年前的编史家们对记录对象的选择也在很大程度上影响着我们的统计结果。默顿曾经假设，对于固定的编纂者，我们"没有理由猜测"他们"在不同职业领域的相对重要性方面的态度上会有任何可察觉的变化"。[3]41 然而问题在于，《大辞典》所收录的人物并不是由同一批固定的编纂者所决定的，而是根据这些编纂者所能找到的史料所决定的，而这些史料则来自前后相隔一个世纪的好几代信奉不同学术观点和价值风尚的历史学家的记录。因此，我们的统计结果所反映的就很可能并不是北宋社会精英的职业兴趣变化，而仅仅是北宋历史学家们的兴趣变化。

这两种质疑都在很大程度上是正确的，但即便如此，作为北宋社会主流价值观变化的一个指标，我们的统计结果仍然是具有参考意义的。正如我们所知，一个社会的主流价值观乃是由这个社会中精英阶层的价值观所引领的。而在中国古代社会中，历史学家这一群体本身作为社会精英阶层的成员，更是社会主流价值观的最重要的代表。因此，即使统计中所显示出的变化真的主要是由历史学家导致的，这种变化所折射出的社会价值观方面的改变也是真实的。

更何况，精英阶层的兴趣转移对整个社会的影响绝对不会仅限于心理层面。在一定程度上，社会精英阶层本身必然是一个社会中最聪明、最优秀人物的聚集之所。因此社会精英阶层的兴趣转移很大程度上意味着这个社会中最优质的智力资源的转移。对于任何一个领域来说，如统计所示的这样剧烈且持续的智力流失，对其可持续发展能力所造成的打击都将是沉重的。事实上，这一推论同样可以得到某些统计数据的支持。①

当然，足以对本文的结论构成质疑的理由还不止于此。比如我们在时间上和职业领域上的分组方式，以及与史料散佚等因素有关的偶然性问题。但需要指出的是，我们并不是根据任何微弱的变化来作出结论的，而是一种非常令人印象深刻的显著变化。很难假设这样一种显著的变化是偶然发生的，而没有其他可理解原因。至于改变时间分组方式是否会导致计量结果的改变这样的质疑，我想统计中所显示出来的变化的持续性，本身已经提供了一个很好的回应。

3.3　宋人科技兴趣下降的可能原因

默顿在其《十七世纪英格兰的科学、技术与社会》一书中，将 17 世纪英国科学技术的发展与宗教、经济和军事三大社会因素联系在一起。不过默顿命题中的后两个显然无法为 11 世纪在北宋发生的刚好相反的情况提供合理的解释。从经济角度说，北宋不但没有出现过大的经济萧条（即使在靖康前后），而且还是中国历史上为数不多的商品经济可以相对自由的发展的时代。在军事上，尽管北宋国内一直相对和平，但在西北战场上，宋军与西夏间的相互攻伐自宋仁宗以来几乎从未停止。而宋军武器的科技含量之高，北宋朝廷在武器研发上投入的力量之大，也足以给人留下深刻的印象。事实上，《中国科学技术史·年表卷》中所记载的宋人在 11 世纪中期以后所取得的成就中，有相当一部分都要归功于军事活动和民间工商业活动。

那么，默顿所提出的宗教或意识形态变革影响科技兴趣和科技发展的理论是否能够解释宋人科技兴趣的衰落呢？

11 世纪 40 年代是回答这一问题的一个关键点。假设我们划一条横线穿过标识宋人科技兴趣的百分比曲线的顶端，当我们慢慢地把这条线向下移，我们会发现，当移到某个位置的时候，横线与曲线之间刚好只有一个交点。而这个唯一的交叉点首次出现的地方，恰恰是在 11 世纪 40 年代的位置上。它把整个变化曲线一分为二，在 40 年代以前，是科技参与者比例一直高于水平线的时代，而在 40 年代以后，是科技参与者比例一直低于水平线的时代。而且这一现象不仅仅存在于科技活动领域，在关于教育活动参与者比例的统计中也存在同样的现象。而在军事领域，到 1110 年为止，所有统计数据也符合这一情况（只是在 1111—1120 年之间，军事兴趣百分比数才勉强回升到水平线之上，而这显然与"靖康之难"有关）。唯一与它们刚好相反的是关于美德的记载。在 1040 年以前，除了 1001—1010 年间的相关记载比例较高，其他 3 个 10 年中仅仅因为美德而

---

① 根据金观涛等人的研究，将中国古代所有科技成果按重要性加权评分后进行计量，发现这一计分值在 11 世纪上半叶达到整个中国古代史上的最高值 2000 分，而 11 世纪后半叶的计分值只有前者的一半左右。[2] 尽管从《中国科学技术史·年表卷》看，这后 50 年的科技成果在数量上要更多些。显然，尽管宋人的创新能力在 1020 年以后没有立刻发生下降，甚至还略有提高，但做出重大创新的能力却下降了。

被载入史籍的人物比例没有超过 4%，而在 1040 年以后，则从未低过这一数字。

那么在 11 世纪 40 年代发生了什么呢？在这十年间确实发生了宋史上最重要的事件之一——庆历新政。而不容忽视的是，这同时也是历来被公认的"宋学"正式形成的时间点。[26]291-299

关于宋学精神的特征及其与前代儒学之异趣，前辈学者多有论述，归纳起来，主要包括怀疑主义、经世精神、性理之学和崇尚秩序等项。[26]8-16;[27] 乍看之下似乎令人有些费解，因为很难看出宋学的这些精神气质对科学技术会有什么破坏性。怀疑主义历来是知识发展的动力；经世精神则似与新教的功利主义有相通之处；宋学对心性、义理的强调也似乎符合清教伦理崇尚清苦、勤奋的价值取向。事实上，有学者恰恰根据宋学的这些精神，断言宋学对科技所起的作用是积极的。[28]

然而我们的调查却提供了对宋学不利的证词。除了宋人科技兴趣的下降与宋学兴起这两个事件在时间上的一致性，对北宋各大儒学学派的调查同样支持了这一结论。在北宋中后期最著名的四个相互竞争的儒学派别——司马光朔学、王安石新学、三苏蜀学和二程洛学中，参与过科技活动的人物的比例分别是 27.27%、23.53%、30.00%、17.86%，洛学最低，新学其次。而后期宋学正是以这两个学派为主要基础发展起来的。[26]7

那么导致宋学精神与新教伦理在科技态度上分歧的根本原因是什么呢？这种差别很可能植根在二者更深层次的教义里。比如，科学史家霍伊卡曾经指出，基督教教义为手工劳动赋予的神圣性在现代科学的兴起中起到了重要作用。[29]100-102,111-117 由于手工劳动被认同为一种"赞颂上帝"的可取手段，因此对于新教徒而言，相关的各种活动，包括科学实验、技术发明等等，就都成了值得付出刻苦和努力的活动，得到认同。

而儒学对手工劳动的态度恰恰相反。著名的"樊迟学稼"的故事充分说明了儒家的这一态度：

> 樊迟请学稼……子曰："小人哉，樊须也。上好礼，则民莫敢不敬；上好义，则民莫敢不服；上好信，则民莫敢不用情。……焉用稼？"（[30]，第十三）

单就这段论述本身而言，孔子敏锐地指出了国家强盛的根本不在于技术因素，而在于统治者对待人民的态度，直指人心，发人深省。然而当这种教条渗透到价值观中，它所表现出的对劳动的鄙视就开始显示出副作用了。经世是目的，但直接去从事具体的工作却是不可取的，因为这种方法是有局限性的，且不能治本。通过"向身上做功夫"，解决道德这个根本问题，这才是唯一值得努力的。这就是宋学家们的逻辑。有人将这种倾向的一系列外部表现总结为"唐宋变革中的道德至上倾向"。[31] 这也解释了 1040 年以后，有关美德的记载增多的原因。

因此，古代的中国与 17 世纪的英国存在着完全不同的情况。在英国，清教的勤奋刻苦精神可以成为将身心奉献于科学的动力；而中国的情况恰恰相反，科学惨淡的萌芽只有在贵族与文人的闲情逸致中才能幸存，而那些正统的学者们，他们的刻苦只是让科学离他们越来越远。

表1　1001—1120 年间北宋社会精英职业兴趣领域的转移（一般领域）

年份	政治		军事**		经术		史地	
	人数	比例*	人数	比例	人数	比例	人数	比例
1000s	73	59.35%	39	31.71%	24	19.51%	20	16.26%
1010s	96	62.34%	63	40.91%	36	23.38%	17	11.04%
1020s	142	65.44%	73	33.64%	57	26.27%	43	19.82%
1030s	142	65.74%	87	40.28%	50	23.15%	27	12.50%
1040s	134	52.76%	64	25.20%	62	24.41%	22	8.66%
1050s	130	55.32%	53	22.55%	69	29.36%	24	10.21%
1060s	145	53.51%	49	18.08%	81	29.89%	34	12.55%
1070s	130	50.19%	48	18.53%	66	25.48%	26	10.04%
1080s	130	49.43%	46	17.49%	66	25.10%	19	7.22%
1090s	169	55.05%	66	21.50%	62	20.20%	31	10.10%
1100s	172	53.92%	91	28.53%	63	19.75%	36	11.29%
1110s	176	58.28%	107	35.43%	72	23.84%	38	12.58%

年份	文学		艺术		方技***		宗教	
	人数	比例	人数	比例	人数	比例	人数	比例
1000s	38	30.89%	24	19.51%	9	7.32%	15	12.20%
1010s	50	32.47%	27	17.53%	13	8.44%	12	7.79%
1020s	79	36.41%	50	23.04%	20	9.22%	25	11.52%
1030s	66	30.56%	42	19.44%	17	7.87%	21	9.72%
1040s	83	32.68%	45	17.72%	15	5.91%	22	8.66%
1050s	87	37.02%	50	21.28%	21	8.94%	24	10.21%
1060s	95	35.06%	67	24.72%	18	6.64%	36	13.28%
1070s	83	32.05%	51	19.69%	19	7.34%	24	9.27%
1080s	79	30.04%	60	22.81%	13	4.94%	23	8.75%
1090s	87	28.34%	74	24.10%	13	4.23%	27	8.79%
1100s	97	30.41%	65	20.38%	12	3.76%	34	10.66%
1110s	90	29.80%	56	18.54%	10	3.31%	18	5.96%

注：* 表中的"比例"指各时段中进入此领域的人数与《大辞典》中属于这个时段的总人数之比。

　　** 既包括职业军人，也包括管理过军务的文官，以及在军事理论上有建树的人物。

　　*** 包括天文步推、医药炼丹等，参见《宋史·方技传》。

表2　1001—1120 年间北宋社会精英职业兴趣领域的转移（科技领域）

年代	科技（全部参与者）		各学科参与者人数				
	人数	比例	天文	地理	生物	物理	农学
1000s	36	29.27%	4	9	1	5	4
1010s	54	35.06%	4	4	1	7	9
1020s	77	35.48%	7	13	4	14	13
1030s	75	34.72%	8	8	1	7	13
1040s	67	26.38%	8	10	4	2	16
1050s	65	27.66%	5	7	7	7	14

（续）

年代	科技（全部参与者）		各学科参与者人数				
	人数	比例	天文	地理	生物	物理	农学
1060s	56	20.66%	5	4	2	5	4
1070s	53	20.46%	3	4	3	6	10
1080s	39	14.83%	1	8	2	1	5
1090s	41	13.36%	6	7	3	4	6
1100s	49	15.36%	2	6	3	1	7
1110s	49	16.23%	4	8	3	2	9
总计	661		57	88	34	61	110

年代	各学科参与者人数						
	技术	工程	化学	数学	医学	气象	其他
1000s	5	18	2	3	5	1	1
1010s	11	34	—	4	9	4	9
1020s	15	51	1	3	8	4	9
1030s	14	45	2	5	12	2	8
1040s	13	42	1	4	9	2	2
1050s	10	40	3		13		3
1060s	11	30	3	4	8		1
1070s	8	26	1	4	13	2	2
1080s	10	11	3	3	10		
1090s	10	19	2	5	4	1	
1100s	14	27		3	9		
1110s	10	21	1	3	4		4
总计	131	364	20	45	104	16	40

表3 1001—1120 年间北宋社会精英职业兴趣领域的转移（特殊事迹）

年代	治生		教育		美德*		超自然	
	人数	比例	人数	比例	人数	比例	人数	比例
1000s	4	3.25%	7	5.69%	7	5.69%	3	2.44%
1010s	3	1.95%	9	5.84%	6	3.90%	4	2.60%
1020s	2	0.92%	15	6.91%	8	3.69%	4	1.84%
1030s	—	—	16	7.41%	5	2.31%	5	2.31%
1040s	3	1.18%	12	4.72%	13	5.12%	9	3.54%
1050s	5	2.13%	10	4.26%	12	5.11%	3	1.28%
1060s	1	0.37%	15	5.54%	17	6.27%	4	1.48%
1070s	4	1.54%	8	3.09%	15	5.79%	1	0.39%
1080s	1	0.38%	13	4.94%	13	4.94%	3	1.14%
1090s	—	—	9	2.93%	15	4.89%	3	0.98%
1100s	3	0.94%	8	2.51%	19	5.96%	5	1.57%
1110s	4	1.32%	6	1.99%	13	4.30%	—	—

注：* 对一般政治人物或文人的程式化的溢美之词不计算在内。只计算那些单纯因美德事迹（如孝行、诚信）而入选《大辞典》的人物。

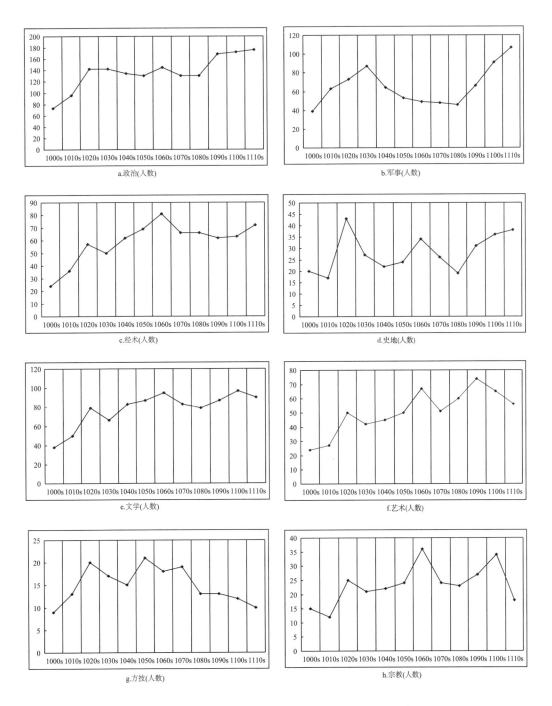

图1　1001—1120 年间北宋社会精英职业兴趣领域的转移

（图中所绘为涉足各领域的人数增减曲线）

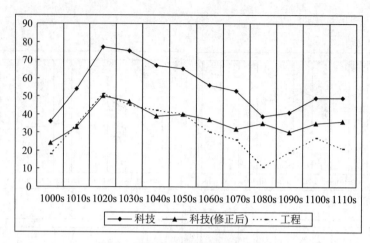

图2　科技兴趣指标修正前后比较

（为说明工程兴趣指标与修正前后的科技兴趣指标间的关系，我们将1001—
1120年间参与过工程建设工作的人数变化用虚线在图中标出）

参考文献

[1] （英）李约瑟. 中国科学技术史·第一卷［M］. 北京：科学出版社，1975.

[2] 金观涛，樊洪业，刘青峰. 文化背景与科学技术结构的演变［A］∥刘钝，王扬宗. 中国科学与
科学革命：李约瑟难题及其相关问题研究论著选［C］. 沈阳：辽宁教育出版社，2002：326－393.

[3] （美）罗伯特·默顿. 十七世纪英格兰的科学、技术与社会［M］. 范岱年，吴忠，蒋效东译. 北
京：商务印书馆，2000.

[4] 臧励和，等. 中国人名大辞典［Z］. 上海：商务印书馆，1921.

[5] （元）脱脱，等. 宋史［M］. 北京：中华书局，1977.

[6] （宋）曾巩. 隆平集［A］∥文渊阁四库全书［Z］.

[7] （宋）李焘. 续资治通鉴长编［A］∥文渊阁四库全书［Z］.

[8] 昌彼德，王德毅，程元敏，等. 宋人传记资料索引［Z］. 台北：鼎文书局，1986.

[9] （宋）王尧臣，等. 崇文总目［A］∥文渊阁四库全书［Z］.

[10] （清）纪昀，等. 四库全书总目［A］∥文渊阁四库全书［Z］.

[11] 左玉河. 从四部之学到七科之学——学术分科与近代中国知识系统之创建［M］. 上海：上海书
店出版社，2004.

[12] 曾枣庄. 中国文学家大辞典·宋代卷［Z］. 北京：中华书局，2004.

[13] （汉）班固. 汉书［M］. 北京：中华书局，1962.

[14] （宋）王应麟. 玉海（合璧本）［Z］. 京都：中文出版社，1977.

[15] 艾素珍，宋正海. 中国科学技术史·年表卷［M］. 北京：科学出版社，2006.

[16] 罗桂环. 宋代的"鸟兽草木之学"［J］. 自然科学史研究，2001，20（2）：151－162.

[17] （明）陶宗仪. 说郛（涵芬楼本）［Z］. 北京：中国书店，1986.

［18］（宋）尤玘. 万柳溪边旧话［M］∥（清）鲍廷博. 知不足斋丛书·第十集［Z］. 上海：古书流通处，1921.

［19］戴念祖. 中国力学史［M］. 石家庄：河北教育出版社，1988.

［20］（宋）苏轼. 苏轼文集［M］. 北京：中华书局，1986.

［21］黄世瑞. 秦观《蚕书》小考［A］∥农史研究（第五辑）［C］. 北京：农业出版社，1985：251－252.

［22］（宋）孔文仲，孔武仲，孔平仲. 清江三孔集［A］∥文渊阁四库全书［Z］.

［23］（宋）程俱. 北山集［A］∥文渊阁四库全书［Z］.

［24］刘兵. 关于科学史研究中的集体传记方法［J］. 自然辩证法通讯，1996，18（3）：49－54.

［25］苏湛. 11世纪中国的科学、技术与社会［D］. 北京：北京师范大学哲学与社会学学院，2009.

［26］漆侠. 宋学的发展和演变［M］. 石家庄：河北人民出版社，2002.

［27］宋晞. 论宋代学术之精神［A］∥张其凡，范立舟. 宋代历史文化研究（续编）［C］. 北京：人民出版社，2003：109－119.

［28］乐爱国. 宋代的儒学与科学［M］. 北京：中国科学技术出版社，2007.

［29］（荷）霍伊卡. 宗教与现代科学的兴起（第2版）［M］. 邱仲辉，钱福庭，许列民译. 成都：四川人民出版社，1999.

［30］（春秋）孔子. 论语章句集注［M］∥四书五经［Z］. 北京：中国书店，1985.

［31］严耀中. 唐宋变革中的道德至上倾向［J］. 江汉论坛，2006（3）：104－106.

　　张志会　1982 年生，河北保定人。中国科学院自然科学史研究所副研究员，隶属于中国近现代科技史研究室、科学与社会研究中心。主要研究方向为当代中国水利工程史、水利工程技术哲学与水利工程伦理研究。

刘家峡水电站工程建设的若干历史反思

□ 张志会

刘家峡水电站位于黄河上游，20 世纪 50 年代与三门峡工程几乎同期开工建设。近些年来，国内围绕水电站工程的争议不断。在三门峡水电站被作为失败的水利工程典型备受诟病之时，刘家峡水电站却少有社会学和工程史方面的学术关注。事实上，刘家峡水电站作为"大跃进"运动和"文革"中幸存不多的工程之一，在当代中国水电事业发展历程中占据重要地位，是中国在"独立自主、自力更生"的方针下，自行勘测、设计、施工、进行设备制造和安装的第一座百万千瓦级以上的水电站。在众多相关文献和资料中，刘家峡水电站一直作为中华人民共和国成立之后"第一座自己勘测、设计、施工的百万千瓦级以上的水电站"被广为宣传，苏联专家在水电站规划、设计和建设中的作用却甚少提及。此外，因一系列政治运动的冲击，在刘家峡水电站的建设上曾经走过弯路，这其中的经验教训值得反思。

1 苏联专家对刘家峡水电站的贡献

中华人民共和国在成立初期曾借鉴苏联的发展模式，采取"优先发展重工业"的战略，重新开始工业化进程。当时中国电力短缺，而改善工农业生产基础设施和提高人民生活水平都亟须廉价和稳定的电力供应。考虑到中国水能资源丰富的特点，在将煤电与水电各自的优劣势进行比较的基础上，国家确立了"水主火从"的电力工业长远方针，水电发展得到重视[1]18。同时，国家水患灾害频繁，亟须变水害为水利。为此国家大兴水利事业，决定在发展农田水利（包括小水电）的同时，结合江河治理方略，兴建几座大型水电站。由于黄河水害的波及范围尤为广泛且水能资源充沛，黄河治理及水电开发的构想被提上国家议事日程。

苏联在 20 世纪 50 年代对中国水电事业的发展影响深远。除了整体性的黄河流域规划有苏联参与外，丰满水电站和三门峡水利枢纽作为苏联援建中国的"156 工程"（含25 个电力项目）中仅有的两个水电项目，在设计和施工过程中很大程度上依赖苏联的

---

* 原载《工程研究——跨学科视野中的工程》2013 年第 5 卷第 1 期，第 58—70 页。

援助。为了解苏联水电开发的经验教训，1954 年 12 月，燃料工业部专门派出电站访苏团，前往苏联学习有关电力工业，包括水火电建设的组织、领导经验[2]。

毛泽东一开始就注意到中苏关系的不确定性，因此，在水电和其他各项工业的发展战略上，中共中央一开始就确定了"两条腿走路"的方针，即在接受苏联援助的同时，通过"独立自主、自力更生"，建设几座中国人自主设计的水电站，其中就包括刘家峡水电站。

1.1 苏联专家参与黄河流域规划

20 世纪 50 年代初，针对黄河水患，时任水利部黄河水利委员会主任的王化云提出黄河下游要"宽河固堤"、上中游则要"蓄水拦沙"、使黄河水变清的治黄思想。在当时特殊的政治背景下，这一治黄思想暗合"黄河清，圣人出，圣人出而天下治"的寓意。后来这一方略又被听取治黄报告的国务院副总理邓子恢归纳为"节节蓄水，分段拦泥"[3]。1952 年，毛泽东乘专列沿途视察黄河，听取了王化云关于"蓄水拦沙"的想法，即用大水库拦截黄河，除害兴利，之后毛泽东发出了"要把黄河的事情办好"的指示。随后，中国开始聘请苏联专家来帮助进行黄河治理。

1952 年秋至 1953 年，北京水力发电建设总局和黄河水利委员会联合对龙羊峡至青铜峡河段进行勘察，初步拟定在刘家峡筑坝。1954 年 1 月，以苏联电站部列宁格勒水电设计院副总工程师 A. A. 柯洛略夫为组长的苏联专家组来华考察，帮助中国制定治理和开发黄河的规划。1954 年 3 月，由黄河研究组（当年 4 月在黄河研究组的基础上成立黄河规划委员会）主持，有关部门负责人与以苏联电站部专家 A. A. 柯洛略夫为首的 9 位苏联专家，以及中国有关专家、工程技术人员共 120 余人组成黄河查勘团，李棵华、刘澜波分别任正、副团长，赵明甫、张铁挣分别任正、副秘书长。该查勘团再次对黄河干、支流进行大规模查勘，自下而上，直至刘家峡，结合工业中心的建设规划选择坝址。经过研究，苏联专家认为兰州附近能满足综合开发任务的最好坝址是刘家峡。1954 年 10 月始，黄河规划委员会在前述勘测工作基础上，仅用了 6 个月的时间就完成了《黄河综合利用规划技术经济报告》[4]15，确定刘家峡水电站工程为第一期开发重点工程之一，并选址于洮河口。

1955 年 7 月 30 日，以"除害兴利、蓄水拦沙"为主要内容的《关于根治黄河水害和开发黄河水利的综合规划的决议》（以下简称《黄河规划决议》）在第一届全国人民代表大会第二次会议上通过。根据这个规划，在 15 年内要在黄河干流上修建 46 座大坝和相应的梯级电站，还要在支流上修建众多水库（图 1）。人们乐观地估计，不出几年，黄河水将变清。在黄河治理思想上，"苏联老大哥"也倾向于王化云的"高坝、大库、蓄水、拦沙"的方案。黄河干流上一系列电站（包括设计发电量较大的三门峡等大中型水电站）均按照这一方略设计，而苏联专家的这一方案很难说没有受到王化云等国内人士的影响。为了组建西北大型电力系统，给西北部多个重工业基地和苏联援建工程项目提供电力供应，刘家峡水电站的建设进入落实阶段。

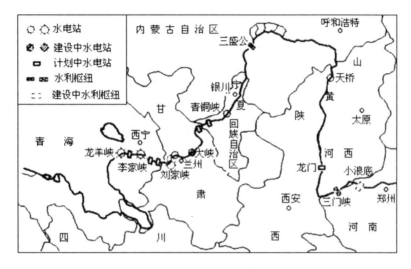

图1 黄河水系主要水利工程分布图

（图片来源：文献［5］）

1.2 苏联专家参与刘家峡水电站的选坝工作

1955 年 6 月在苏联专家的帮助下，通过对刘家峡的地质进行详细查勘，在刘家峡峡谷内自上而下选出马六沟、洮河口、苏州崖、红柳沟四个比较坝址，由设计人员对各坝址的优缺点进行比较和论证，主要包括工程量、水能与地质条件等。

1955 年 7 月通过的《黄河规划决议》要求采取措施尽快完成刘家峡水电站工程的勘测、设计工作，保证工程及时施工[6]61-62。一年后，考虑到已经完成的勘测和设计资料足够用来选择最合理的水利枢纽和坝址，1956 年 9 月 14—19 日，电力部、国家建设委员会、北京地质学院、清华大学和甘肃省人民委员会等有关单位组成的刘家峡水电站选坝委员会召开选坝会议，苏联专家（7 人）、当地专家及工地负责同志共 40 余人到会[7]。

中苏双方的专家就坝址选择出现不同意见，中方支持选址红柳沟，苏联专家则力挺选址马六沟。选坝委员会听取刘家峡水电站设计总工程师和地质工程师的报告，审阅各个方案的资料、图纸，并组织对各个备选坝址进行踏勘，到现场反复比较。根据当时担任刘家峡水电站设计总工程师的陈益坤的回忆，当时中方以工程地质、施工条件、建造成本和预期发电量为主要标准，对上述四个备选坝址进行了如下选定（表1）：坝址选择采用分级淘汰制。马六沟位于洮河上游，地质条件较好，工程量也较低，但因不能利用洮河水来发电，发电量不高。因此只有当洮河上游不能选出有利坝址时，才将其作为后备坝址。后来经考察，确定洮河下游的苏州崖、红柳沟和洮河口这三座坝址可用来建坝，马六沟坝址方案遂被搁置起来。

表1　刘家峡水电站四个备选坝址的比较

比较坝址	地质条件	水　能	比较结果
马六沟	地形和地质条件较好,可以建高坝	位于洮河入黄口以上,不能利用洮河水量发电;在正常高水位时的发电量较红柳沟坝址减少25%;水库水位低,电站所在区域的灌溉和航运亦受影响	工程量低;对外交通不便;作为备选坝址,只有当洮河口以下不能选出有利坝址时才启用
洮河口	优点:断层较多,但胶结良好,可修筑高坝; 缺点:坝址附近地质结构复杂,施工中可能遭遇意外困难	位于洮河下游,能利用洮河径流来发电	工程量低,但泥沙问题较大
苏州崖	地质条件很差,坝址顺河断层多,两岸岸岩不稳定,右岸坡度较平缓,需大规模边坡开挖	同上	地质条件差,工程量与造价最大,首先被排除
红柳沟	优点:总体地质条件好,断层较多,但胶结良好,可修筑高坝; 缺点:主坝及厂房工程造价低于洮河口,但因右岸基岩较低,需修筑20~30m高、800m长的附坝,增加了工程量	同上,且水头高出洮河口坝址2m	工程量高于洮河口,地质问题需要进一步研究

资料来源:文献[8],第23—25页。

　　上述三处坝址均位于洮河下游,可利用洮河之水来发电。相比较而言,苏州崖因地质条件较差、工程量最大、建设成本也较高而首先被排除。红柳沟坝址的右岸基岩较低,需修筑20~30m高、800m长的附坝,增加了工程量,不过该处有宽阔的施工场地。洮河口坝址的工程量较低,但是附近地质结构复杂,施工中可能遭遇意外困难,泥沙问题也更大。综合权衡利弊后,中方倾向于选择红柳沟坝址。

　　在选坝会议上中苏双方争论的焦点是马六沟和红柳沟,核心是洮河泥沙问题（洮河是黄河一大支流,水少沙多,在红柳沟上游1.5km处汇入黄河干流）。现在来看,两者各有利弊。苏联专家主张在马六沟处建坝,虽然避开了洮河的泥沙问题,但也放弃了洮河可供发电的水量。而中方专家选择在红柳沟处建坝,可利用洮河的水量来发电,但同时也拦截了洮河的泥沙[9],有可能造成水库泥沙淤积。与中方专家更注重水电站的发电效益相比,苏方则更担心泥沙隐患。三门峡水利枢纽初步设计审查会到1957年初才召开,很难确定在刘家峡水电站的坝址选择过程中苏联专家对泥沙问题的忧虑是否受到三门峡工程的影响。

　　经充分讨论、研究,刘家峡水电站选坝委员会选定了红柳沟坝址,提出要在洮河流域加紧水土保持工作,并采取其他措施,杜绝泥沙来源和阻拦泥沙并行;同时也谨慎地指出,针对红柳沟坝址的一些地质问题应继续进行勘探研究工作。

苏联专家们认为将刘家峡水电站的坝址选在红柳沟是正确的,但也要着重指出解决洮河泥沙问题对刘家峡水电站的安全运行至关重要[8]25。坝址选定后,1957 年 5 月,水电总局王鲁南副局长和朱宝复、陈益焜会同苏联专家组到红柳沟工地选定坝线和坝型[6]62。

1.3 选坝会议之后中苏专家就刘家峡水电站的坝址问题再掀"红马之争"

后来,刘家峡水电站的坝址选择又生波澜。1957 年 8—10 月,苏联地质专家古里也夫和沙金在现场查勘后,对已经选定的红柳沟坝址的地质问题产生疑问,他们认为 F69 断层在第四纪时还有复活性的断裂运动,按苏联的工程规范,不能建高坝,提出另选坝址。故刘家峡水电站选坝委员会决定再对马六沟坝址作进一步的勘测和地质研究工作,并重新召开选坝会议,进一步讨论坝址选择问题。

为了解决这一争议问题,1958 年 4 月,刘家峡水电站选坝委员会邀请中、苏有关专家到工地对红柳沟坝址的地质资料进行详细审查。同年 5 月,由水电总局在北京召开刘家峡水电站坝址讨论会。会上,水电部苏联专家组派来的几个地质专家多数都反对在红柳沟建坝,中方则持不同意见,双方进行了公开辩论,具体分歧详见表 2。

表 2　刘家峡水电站坝址讨论会上中苏双方的不同意见

序号	不同意见指向	苏联专家	中方技术人员
1	红柳沟坝址的河床地质条件	河床部位有一条尚未被探明的顺河向大断层,其形成年代应为第四纪,属于新构造,因此不能修建拟定中的混凝土高拱坝	河床部位并不存在至今未被发现的大的顺河断层,有较为详细的勘探资料可以为佐证(后在大坝基坑开挖时,证明确实无顺河大断层)
2	坝址右岸岩体	右岸岩体背斜轴通过坝址,岩体可能已被切割成"小块体",难以建成大跨度地下厂房	虽有背斜轴通过,但在变质过程中热效应作用下岩体是完整的,绝不是外国专家理论推测的被切割成"小块体"
3	水电站规模	西北地区的电网预计发展并不快,刘家峡水电站的建设规模应缩小。马六沟坝址的装机容量约为红柳沟坝址的 2/3 较为合适	红柳沟水电站的技术经济指标优越
4	施工条件	无	马六沟坝址的地质资料不足,尚需 2～3 年的勘探方能确定此处有无地质缺陷、能否开工。红柳沟坝址的地质勘探已完成,施工条件优于马六沟坝址

资料来源:文献[10]。

1958 年"反右"运动兴起,一些人因批判苏联专家而被划成"右派",这股风潮也波及了水利建设领域。但因为"当时水电部的几位部长,敢于支持正确的、实事求是的、切合实际的、符合国情的意见,积极地进行思想工作和诱导",中国专家在选坝会议上与苏联专家针锋相对地进行了辩论[10]233。

会后,水电部根据地质资料,认为红柳沟处虽然地质结构复杂,但其强度仍可承受高坝建设，经研究确定红柳沟为最终选定坝址。同时尊重苏联专家意见，将原来红柳沟建设拱坝的方案改为建设重力坝。

1.4　苏联专家在刘家峡水电站设计方案和具体技术问题上的贡献

与刘家峡水电站同时期决策上马和开工建设的三门峡水电站，是当时黄河干流上最重要的水电站，由苏联专家直接设计和担任工程总设计师。国内水利工程界盲从苏联专家，忽视了从河口镇到三门峡水库的黄河河段是中国水土流失最为严重的区域这样一个事实，也忽视了黄万里等专家的不同意见和建议。1957 年 4 月 13 日，三门峡工程在一片争论声中坚持开工。1960 年 9 月，三门峡工程开始蓄水，泥沙淤积问题随即暴露，后来被迫多次改建，并降低水位运行。这是工程设计思想的失误，教训极其深刻。

1958 年 4 月，刘家峡水电站的坝址最终确定后，如何在刘家峡这样深而窄的峡谷中进行枢纽方案布置是一个综合性的复杂技术难题。与三门峡水电站不同，刘家峡水电站是由中方专家担任设计总工程师，其枢纽布置方案也主要由中方水利技术人员完成，并做出相关技术决策。1956 年，一批水利专业毕业的大学生被分配到名义上的刘家峡工程局（其实当时该机构还未正式成立）。大学毕业生们到燃料工业部报到后，就在北京与勘测设计员一起设计大坝和发电厂。

遵循苏联水电站的工程规范，刘家峡水电站的设计者们曾先后研究过 13 个枢纽布置比较方案，最终采用了目前的整体式混凝土重力坝、岸边溢洪道、坝后地下混合式引水发电厂房。整体式混凝土重力坝作为主坝，最大坝高 147m，主坝长 204m，顶宽 16m，底宽 117.5m。"这些都是我们自己一点一点勘测设计出来的。"当时毕业后即被分配去参与刘家峡水电站建设的陆佑楣院士这样回忆说[11]。

然而，根据水电部北京勘测设计院水工处副处长、在工程后期担任刘家峡水电站总设计师的石瑞芳回忆，刘家峡水电站在建设初期"完全由苏联专家指导"[12]。在水电站枢纽的布局、地下厂房方案的可行性以及黄土坝的建造等具体问题上，苏联专家对刘家峡水电站工程的影响是不能忽视的。

围绕刘家峡水电站采用岸边窑洞式的地下厂房方案是否应服从苏联的工程规范等问题，中苏专家之间曾经发生过激烈争论。由于窑洞式地下厂房紧挨右岸边坡，施工时要从右岸岩石边坡表面开挖跨度为 31m、高达 59m 的地下厂房。按照苏联工程规范的标准，洞室开挖的进口段岩石的坚固系数 $f=0$ 的情况下难以保障工程安全，且设计和施工难度大，因此苏联专家认为这一方案比较冒险。然而，中方专家通过对地下厂房进口段进行岩性分析和测试，同时在设计、施工中采取分块开挖和锚杆等相应技术措施，终于建成 31m 的地下厂房[13]。

刘家峡水电站高 30～40m 的黄土坝，一度被认为是世界级水平的难题而列入"中苏技术合作条款"。中国专门邀请苏联专家来协助解决此问题。值得一提的是，同黄河流域规划和三门峡工程"蓄水拦沙"的方略如出一辙，苏联专家在指导刘家峡水电站的设计时，同样没在坝内设置排沙底孔，而仅仅提出水土保持和在上游筑坝拦沙的方案。虽然刘家峡地处黄河干流上游，泥沙含量较低，但时间一长，泥沙淤积，仍能导致严重后患。为了避免刘家峡水电站遭遇跟三门峡同样的境况，工程设计人员高度重视这一问题。在中苏关系恶化、苏联专家陆续撤出中国的情况下，国内设计人员通过模型试验和讨论研究，采用了在坝内专门设置排沙底孔的方案，在较长时间内缓解了泥沙淤积问题。

2 "双反"运动、"大跃进"运动及"技术革命"运动对刘家峡水电站工程建设的影响

2.1 "双反"运动对刘家峡水电站工程设计的影响

1957 年，党中央、国务院对水利建设提出"必须切实贯彻执行小型为主、中型为辅、必要和可能的条件下兴修大型工程"的水利建设方针，并提出"必须注意掌握巩固与发展并重、兴建与管理并重、数量与质量并重"的原则[14]。当时刘家峡水电站工程的地质勘测、设计均严格遵守来自苏联的工程规范。

"双反"运动（"反贪污、反浪费"运动的简称）是大范围的全民整风运动的一部分。1958 年 2 月 18 日，《人民日报》发表社论《反浪费反保守是当前整风运动的中心任务》，提出"大跃进"的号召。1958 年 3 月 3 日，中共中央发布了《关于开展反浪费、反保守运动的指示》，在"大跃进"的形势下，全国掀起大规模"双反"运动，要求水利勘测和设计工作人员要敢想敢干。1958 年 5 月，中国共产党第八次全国代表大会第二次会议确立"鼓足干劲、力争上游、多快好省地建设社会主义"的总路线。6 月21 日，《人民日报》发表《力争高速度》的社论，强调"速度是总路线的灵魂"[15]。全国很快掀起"大跃进"运动，水利工程建设随即处于失控状态。按照以往的工程规范，水电站的勘测和设计工作需要两三年的时间，这远远赶不上施工要求，阻碍"多快好省"目标的实现。根据 1958 年全国中型水利水电工程交流会的记录，全国各地水利工程的勘测设计工作都出现以提高速度、节约投资为主要目标的"大跃进"[16]，高指标、瞎指挥、违反自然规律、急于求成的现象屡见不鲜，为后来水电站工程遭遇的曲折和隐患埋下了伏笔。

刘家峡水电站由北京勘测设计院进行设计。北京勘测设计院组织设计人员召开了"跃进辩论大会"，要求"政治挂帅"，"拔白旗、插红旗"，进行"两条路线"的斗争，进而引发了关于苏联工程规范和保守思想的大批判。批判的核心是提倡工程设计要简化数据分析和设计程序，走"多快好省"路线，走出办公室。辩论会上，与会者纷纷揭

发刘家峡水电站设计中存在的浪费现象及保守思想，前后贴出大字报 320 余张。辩论的结果是将电站总投资从 5.4 亿元降为 2.64 亿元；单位千瓦造价由 540 元降为 264 元，降低 51%；施工期限亦由原来设计的 5 年缩短为 2.5 ~ 3.0 年①[17]，采用"三同时"制度，设计可以与勘测、施工同时进行，并保证在 1961 年发电[18]7。

刘家峡水电站于 1958 年 6 月完成初步设计，1958 年 9 月 27 日开始动工兴建，到 1960 年 6 月才完成技术设计（表3）。所幸的是，之前的勘测工作较为扎实，在"大跃进"初期，工程设计几乎全部完成，这也是刘家峡水电站虽建设过程曲折而最终成功建成的重要因素之一。

2.2 "大跃进"时期刘家峡水电站的"技术革命"

"技术革命"运动和"大跃进"运动有着千丝万缕的联系。1958 年 6 月 3 日和 6 月 24 日，《人民日报》相继发表社论《向技术革命进军》和《技术革命一定要发动群众》。在"大跃进"的氛围中，群众性的"技术革命"运动在全国兴起。1959 年展开的"水利运动"又简化成"建库修坝运动"。1959 年庐山会议继续"反右"以后，大中型水电站建设也持续"跃进"。

表 3   "双反"运动前后刘家峡水电站的设计指标的变化

序　号	项　　目	"双反"运动前指标	1958 年初步设计指标
1	水利枢纽总投资/万元	58000	30000
	1）水库部分	3400	330
	2）土建部分	19500	8570
	3）施工准备工程、施工机械交通运输及附属工程等	14000	9040
	4）机电设备及安装	15400	9700
	5）其他工程及不可预见工程	5700	1360
	6）资金回收	4000	3600
2	水利枢纽总造价/万元	54000	26400
3	单位千瓦造价/元	540	264
4	施工期限/年	5	2.5 ~ 3.0
5	初步设计竣工时间	1958 年底	1958 年 6 月

资料来源：文献[18]，第9页。

"技术革命"运动作为"大跃进"运动的内在引擎，是党在技术、机械装备等各项条件都不具备的条件下，依靠"政治挂帅"和大搞群众运动的方式进行的。这些在刘家峡水电站建设中也有生动的体现：大中型水电站的工程量大，要求也高；建设周期往往比较长，至少需要五年以上，这显然不符合人们"多快好省地建设社会主义"的急

---

① 根据 1976 年决算，刘家峡水电站的总投资为 6.38 亿元，总造价为 5.15 亿元，折合单位千瓦投资为 506 元、单位千瓦造价 420 元。

切心理。刘家峡水电站开工建设不久，就提出了在 1959 年的第一个枯水季节打通三道关的目标——修通导流隧洞、截流和开挖大坝基坑。由于施工准备期过短，材料和设备均不充分。在这种情况下，刘家峡水电工程局党委深入发动群众，大搞"技术革命"，提出了"土法先上马、方法多样化、土洋相结合、逐步机械化"的方针，"有条件要上，没有条件也要上"。

刘家峡水电站的导流隧洞长 675m，直径 14m，即使与世界上同类工程相比，规模也较大。一般只能采取高度机械化施工，才有可能实现在 5 个月内修通的目标。而当时刘家峡水电站隧洞施工的石方队机械很少，只能用人力辅助机械，这就很大程度上增加了工人的劳动强度。为了争取时间，就多找几个工人，多开几个支洞，增加工作面；各洞明挖部分都用人力开挖；通风设备不足，就先打通导洞，以后再扩大和补砌；没有高速卷扬机，就用汽车上的绞车水泵加马达代替[19]。1960 年 1 月 1 日，刘家峡水电站在七小时之内胜利截流，从 1958 年 9 月底算起仅历时一年零三个月时间。由此不难看出，"技术革命"主要是使用人力代替机械，将生产工具简单化，一些粗制滥造的所谓创新还大量浪费了人力和物力。同时，在"技术革命"的实施过程中，过度重视"扫清思想障碍"，多次组织设计人员和施工队伍学习《实践论》和《矛盾论》，对资产阶级"技术权威"和"专家治厂"的局面进行所谓的"革命大批判"，造成了蔑视知识、轻视知识分子的现象，打击了技术人才的积极性。

2.3 "大跃进"时期刘家峡水电站的主要工程质量问题

先进的施工机械和严格的工程管理是保障大坝混凝土浇筑质量的基础。"大跃进"运动中，通过开展群众性的"技术革命"，盲目缩短建设工期，必然导致工程质量不过关，工程事故也在所难免。1960 年 7 月 6 日上游围堰发生管涌；同年 7 月 25 日上游流量超过 2000 m³/s，洪水漫过堰顶，围堰冲毁，基坑全面过水，严重影响了工程建设的进度。

图 2 刘家峡大坝第一块混凝土开始浇筑
（图片来源：文献［21］）

当时刘家峡水电站建设工程中最严重的问题莫过于混凝土浇筑（图 2）。当时大坝施工尚不具备砂石料、混凝土搅拌系统和缆机系统等机械化施工条件。大坝混凝土浇筑需要用高功率的振捣器，而当时配置符合要求的振捣器只能从国外进口。由于中苏关系恶化，振捣器的进口受到限制；国产的振捣器不仅数量少，功率也不够。无奈之下，在建设工地上就出现了当今看来非常滑稽的场景——"干部和工人们都穿着胶鞋，像跳舞一样在大坝上面踩踏，用人力去振捣。结果当然是混凝土振捣得不密实，整个坝都不牢固，大坝内的石子都是松散的"[20]。

此外，为了节约材料和缩短工期，在拌和混凝土时过分节约水泥，使混凝土性能低下。在没有任何温控措施的情况下，决定大坝混凝土采用长条高块（长达 45~50m，每块一次浇筑高达 15m 左右）的浇筑办法，致使已浇筑的三四十米高的混凝土出现严重孔洞、蜂窝、麻面和裂缝。

1960 年 7 月，苏联撤走援建刘家峡水电站的专家，带走图纸和资料，迫使刘家峡水电站工程暂时停工[22]22。中苏决裂后，中国日益强调政治和依靠自力更生实现赶超，工程建设中的急促冒进趋势有增无减。

1961 年 1 月，中国共产党第八届中央委员会第九次全体会议要求按照"农、轻、重"的次序安排经济；强调贯彻执行国民经济以农业为基础的方针，适当压缩基本建设战线和降低重工业发展的速度[23]76；会议正式通过了对国民经济实行"调整、巩固、充实、提高"的"八字方针"。之后全国基建计划调整，刘家峡水电站从 1961 年起停工缓建。

从 1960 年工程截流到 1961 年工程停工，不合格的混凝土浇筑体已达 12 万 m^3，其中主坝 7 万 $m^{3[6]61-62,77}$。1962 年水利电力部检查团要求施工方采取补救措施。后来虽经灌浆处理，仍达不到设计标准。

1960 年 3 月 22 日，毛泽东在中共鞍山市委上报的《关于工业战线上的技术革新和技术革命运动开展情况的报告》上做出长篇批示。刘家峡水电站的施工方也积极参加"技术革新"和"技术革命"（简称"双革"）运动，组建以工人为主体、由领导干部和技术人员参加的"三结合"的技术革新小组，进行专题研究和试验，同时提倡人人提建议、处处搞革新，力图使机械操作、半机械操作和必要的手工劳动结合起来。从后来的实践来看，"三结合"虽然密切了领导干部和技术人员与工人之间的联系，但是也造成了企业生产管理的混乱，总体来看是不成功的。

"技术革新"运动还与"工业学大庆"运动搅在一起，起到鼓舞士气的作用。"工业学大庆"运动一度受"文革"影响而中止，1971 年后，又继续进行。在"技术革新"运动中还树立了一些典型，如在刘家峡峡谷右岸导流洞掘进中表现突出的开挖队钻工组组长王进先等，通过宣传这些模范，来带动整个工程建设者的士气。

3 "设计革命"运动对刘家峡水电站工程建设的影响

1964 年刘家峡水电站工程复工时，正赶上毛泽东发动"设计革命"运动，其目标直指中国已经实行十余年的仿照苏联建立起来的设计体制。"设计革命"运动认为从事设计工作的知识分子，大多数是从"家门"到"校门"再到"机关门"的"三门干部"，这种干部存在着"脱离政治""脱离实际""脱离群众"的"三脱离倾向"。对应的解决措施是发动群众的创造力，使其"敢想敢干，破除迷信"，打破现代修正主义和教条主义的影响。[23]78

1963 年中共中央制定"三五"计划时，原本设想解决"吃穿用"问题。1964 年 8 月，美国轰炸北越的事件和苏联对中国的威胁使毛泽东和中央不得不把国家战略重点转到战备问题上来，提出搞"三线建设"。"三线建设"是做两手准备的，即兼顾战备和改变内地落后工业交通布局。作为西线新建设的工矿企业的重要能源供应之一，根据"靠山、分散、隐蔽"的工程布局方针，在刘家峡水电站修改设计的过程中，加重了对防空安全因素的考虑。

1964 年 9 月，北京勘测设计院响应"设计要革命"的指示精神，成立刘家峡设计组，践行"下楼出院""三结合""现场设计"等具体措施[24]275-276, 291。设计人员常驻工地，在现场与施工、科研"三结合"，对技术设计进行补充。

此时，负责工程设计的设计组组长为石瑞芳，副组长为杨德晔，总设计师为陈益坤、陈道周，设计人员达 180 多人。为了加快施工进度，"三结合"的设计小组集中大家的意见，提出在右岸增开一条导流隧洞，从而保证汛期由两条隧洞同时泄水；将上游围堰改为混凝土拱形围堰，高 46m，按 20 年一遇洪水的标准设计，并按 50 年一遇洪水的标准校核；改原设计枯水期施工的方案为全年施工，在洪水期，使高拱围堰挡住洪水，让洪水全从导流隧洞中流走，避免三进三出基坑的局面，为整个工程至少抢回一年的工期。1962 年三门峡工程因泥沙淤积问题而第一次改建，给刘家峡水电站敲响了警钟。因此，在"设计革命"中，水利部北京水利科学研究院负责对刘家峡水电站进行了水力学、结构、泥沙等各项试验研究工作。

1964 年 10 月，水电部会同有关单位，在刘家峡水电站的施工现场对工程防空安全、泥沙淤积和工程地质三个关键问题进行审查、研究。为提高水电站性能，提出增设排沙孔，水轮机叶片制造采用耐磨材料，在洮河流域 7000km² 内开展水土保持工作。工程地质问题也被再次确认，建设高坝的方案得到认可。工程于 1965 年底完成技术设计文件。经水电部 1966 年 3 月审查批复后，编制施工详图（图3）。1965 年 6 月 14 日，中共中央批转了国家基本建设委员会主任谷牧《关于设计革命运动的报告》。该报告提出："设计革命的核心是采用和发展新技术。进行设计，一定要采用国内外最新的科学技术成就，不能老是照抄照搬一些陈旧的东西。""设计工作的任务，设计工作革命化的目的，都是为了

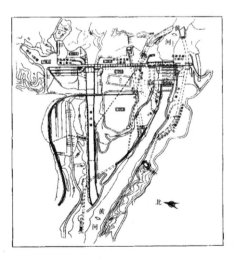

图 3　刘家峡水电站平面布置图

（图片来源：文献［6］，第60页）

做出好的设计。"[24]

1965 年 10 月 1 日，刘家峡铁路专用线建成通车，全长 49km[22]24。1966 年 6 月"文化大革命"初期，刘家峡工地的广大设计人员继续开展"设计革命"。在当时中共"四清"（清政治、清经济、清组织、清思想）工作团党委和中共刘家峡工程局委员会领导下，实行设计、施工、科研、安装、制造内外"五结合"。经过广泛讨论，认为溢洪道目标太大，不符合防空袭的要求，确定对已批准的技术文件中的泄洪建筑物、主坝、主结线和开关站等进行修改，并经水电部水利水电建设总局同意，但未发文。

此后，所有施工详图及设计均按上述修改原则编制。水电站的全部施工详图于 1969 年底基本完成。"设计革命"运动尽管因受当时政治环境的影响，效果不那么明显，但毕竟在工程防空安全、泥沙淤积和工程地质方面对改进和完善工程设计有一定的促进作用[25]。"设计革命"重视实际调查，可以帮助设计人员更翔实地占有材料；通过倡导"设计人员必须眼睛向下，虚心向群众学习"，敦促设计人员请教一线施工人员的意见，有利于在工程内部"发扬技术民主"[26]；有利于克服设计工作中科研与生产脱节、设计方法繁琐、周期长、效率低的弊病；但客观上又使设计力量分散，工作条件恶化，眼光狭隘。

4 "文革"期间刘家峡水电站的工程建设

4.1 "文革"时期的工程管理事故

混凝土质量问题是 1964 年刘家峡水电站在工程复工后需面对的首要问题。当时对于已建混凝土坝体的去留，存在争议：倘若保存下来，会给工程留下隐患；而炸掉则会使国家已投入的宝贵资金付诸东流。经反复调查研究，并经水电部决定，为了确保工程质量，全部炸除已经浇筑的不合格的混凝土坝体，重新予以浇筑，这无疑给工程造成了很大损失。

1966 年 4 月 20 日，主坝重新开始浇筑第一块混凝土。工程局认真吸取"大跃进"时期的教训，尽力使用大型施工机械，严把混凝土浇筑的质量关。在全国大协作下，刘家峡工地上建成了自动化、机械化的作业线，从开采砂石料、拌和和输送混凝土一直到浇筑坝体，都是机械化操作，还注意适时地改进施工方法[1]19。主坝基础的开挖和处理、主坝和副坝的混凝土浇筑与心墙堆石坝的坝体填筑都采取了严格的质量控制。设计人员进行了各种情况下的大坝混凝土温度应力分析，改进混凝土配合比，防止大坝产生裂缝。同时改善施工工艺，合理安排施工程序，采用柱状浇筑和人工降温技术，在坝体内埋设冷却水管，通过向管内灌注冷水降温。混凝土的最高月浇筑强度达 10 万 m³，同时保证其质量技术性能达到设计要求。1969 年 8 月混凝土浇筑全部完成，混凝土、坝体接缝灌浆、预埋件及止水、排水系统施工质量良好。

1966 年 5 月，在刘家峡水电站刚刚恢复建设一年多的时候，"文化大革命"开始了。工地上出现了所谓的刘少奇的"专家治厂""洋奴哲学""爬行主义"等"修正主义路线"和"独立自主、自力更生""艰苦奋斗、勤俭建国"的"无产阶级革命路线"的斗争。工程技术人员石瑞芳等被当作"反动学术权威"和"走资本主义道路的当权派"进行批斗，被剥夺了参与工程决策的权力。

随着"文革"斗争形势的激化，工地上的正常秩序难以为继。1967 年 3 月 5 日刘家峡工程局实行军管。之后，由于外行指导内行，管理混乱，规章制度废弛，发生了几次比较严重的工程事故。

1967 年 10 月 28 日，上游来水 1800m³/s，左岸导流洞开始下闸蓄水。当时在未弄清左岸导流洞闸门是否全关闭（实际上未完全关闭，还差 0.7m）的情况下，指挥人员决定关闭右岸导流洞闸门，导致左岸导流洞漏水严重。为了堵住漏洞，采取了抛投混凝土块等多种措施，但均未奏效。在此期间，黄河在宁夏中宁一带形成冰坝，相关部门试图用飞机轰炸和炸药爆破等手段破除冰坝，但均未达到目的。受刘家峡水电站漏水事故和黄河冰坝导致的凌洪影响，5 个公社、1566 户、9840 人受灾，17155 亩土地、364 间房屋被淹[6]77。水电部决定，于 1968 年 2 月 4 日打开右岸导流洞闸门泄水，以便堵塞左岸导流洞。1968 年 2 月 8 日，周恩来总理主持召开国务院业务小组会议，研究解决刘家峡水电站的工程问题，指示要"依靠群众，把洞口堵牢靠"[6]78，并指示钱正英和杜星垣前往刘家峡工地领导完成堵漏工程。会后，钱、杜二人前往工地，同专家、工人研究堵漏的有效措施。同年 3 月 1 日，将悬空浇筑在左岸导流洞进口上方的一块重 1200 余吨的混凝土块抛向洞口，进行截沉闭气；3 月 20 日完成进口临时堵塞工程；10 月 14 日全部封堵完毕；10 月 15 日右岸导流洞再次关闭，水库正式蓄水[6]77-78。

1967 年 12 月 15 日，刘家峡水电站革命委员会成立，危局才得到控制。1969 年"'工宣队'进驻现场工程设计组，并规定工程施工中有困难问题，'工人阶级领导'有权对原设计提出修改，对溢洪道底板取消了止水和排水，这对刘家峡来讲又是一场灾难"[12]。1974 年之后又进行了"批林批孔"运动和批判大会，这进一步扰乱了工程的正常建设。

4.2 1968 年之后的"技术革新"与机电安装

刘家峡水电站的机组安装自 1968 年 6 月开始，1974 年 12 月 18 日 5 台机组全部投入运行，至此工程竣工。

从 1969 年以来，刘家峡水电厂的"技术革新"人员同制造厂和其他单位密切配合，完成大小革新项目 620 多项，其中的重大技术革新有大型水轮机导向轴承、晶体管保护、可控硅自动励磁装置等 65 项[27]。

当时刘家峡水电站的一系列机电设备处于国内最高水平，具体包括：由哈尔滨电机厂制造的电站水轮发电机组，机组容量不断增大并陆续投产；220kV 及 330kV 主变压器由沈阳变压器厂制造；5 号机组单机容量 30 万 kW，为当时国内最大双水内冷水轮机组；26 万 kW 和 36 万 kW 的主变压器、320kV、330kV 的超高压配电设备、330kV 的防潮消音空气开关、高压充油电缆等，是 20 世纪 60 年代末国内首批研制成功的新产品[6]75。

在安装过程中，由于 4 号机组座的环碟形边过渡段因材料质量问题出现裂纹，不得不从浇筑好的机窝内将其挖出，运回厂家加工，从而影响了 3 个月的安装进度。为抢回工期，水电站采取了机坑悬挑式混凝土回填、水涡轮一次焊接、发电机定子坑外组装等措施，并作耐压试验和整体吊运等革新，使 4 号机组按期投产发电。

在刘家峡水电站的设备安装过程中也曾出现过重大事故。1971 年 3 月 18 日，刘家峡水电站的电厂主厂房施工中，在安装吊运 330kV 联络变压器时，因钢丝绳断裂，变压器前部落地，后部砸向 1 号水轮发电机组，330kV 联络变压器和正在运行的 1 号水轮发电机组均受损，1 号水轮发电机组被迫停止运行。该事故不仅使工期延长，而且造成重大经济损失。在当时被称为"国内容量最大的变压器，砸坏了国内容量最大的发电机"，损失电力 1000 余万 kW·h。周恩来总理闻讯后对这次事故做出批示："请予以极大注意，并研讨事故的内因何在。"[4]47 事后查明事故是工程管理混乱、吊装措施不当造成的，并对责任者进行了处理。1974 年刘家峡水电站胜利建成，产生较为广泛的综合社会效益。1975 年 2 月 5 日，《人民日报》和全国各大报刊均以头版头条位置刊登刘家峡水电站开始发电的消息，这是 1960 年之后刘家峡水电站第一次在全国媒体上曝光。

5　小结

刘家峡水电站是中国水电事业发展的重要里程碑。与全面由苏联专家设计、决策和建设的三门峡水电站相比，刘家峡水电站是在中苏关系破裂之后，坚持"独立自主、自力更生"的方针，自行勘测、设计、施工的第一座百万千瓦级水电站。但是，工程在规划、选址和设计阶段曾得到苏联专家的帮助。在"反右"的大背景下和主流意识形态的影响下，中方水利部门的领导能够支持工程技术专家自由发表言论，在中苏不同意见的争论中坚持己见，从而保障了工程决策的科学性和民主性。

在"双反""大跃进"和"文革"等政治运动中，出现了"反对走'白专'道路""打倒反动学术权威""外行可以领导内行""政治压倒一切"等闹剧，工程技术专家被排挤出技术决策的范围，在工程设计和建设等相关的工程技术决策问题上盲目实施"群众路线"，导致工程在设计和施工过程中走了很长一段弯路，工程规范被篡改，工期被迫延长，造价也相应提高。这些都是特定历史条件下政治影响工程的不良后果。同一时期开工建设的丹江口水电站、三门峡水电站在水库建设上也出现了类似的问题。

但是，与"大跃进"和"文革"时期数以万计受影响的农田水利工程相比，刘家峡水电站基本达到了设计目标，建成后安全运行近 40 年，持续发挥电力、防洪、灌溉、防凌等综合效益。地质勘探等前期工作较为充分，工程设计核心问题符合工程规范，关键时刻保证水利专家在重要技术问题上的决策权，这些都是该工程最终胜利完成的重要因素。总体来讲，刘家峡水电站的建设为中国黄河综合治理积累了经验，在各方面取得了良好的效益。2009 年，刘家峡水电站与云南鲁布革水电站、黄河公伯峡水电站、广州抽水蓄能电站等水电工程一同入选"新中国成立 60 周年'百项经典暨精品工程'"[28]。

致谢　在本文写作过程中，中国科学院自然科学史研究所王扬宗研究员、熊卫民副研究员曾多次给予指点和帮助，本人对此表示衷心的感谢！

参考文献

[1] 李文，刘昭. 黄河上第一座大型水电站——刘家峡水电站诞生记 [J]. 党史文汇，1999（5）.

[2] 李锐. 苏联水力发电建设的基本情况和主要经验 [J]. 水力发电，1955（12）：5.

[3] 赵炜，王化云. 在黄河治理方略上的探索与实践 [J]. 中国水利，2009（15）：4－5.

[4] 《刘家峡水电厂志》编纂委员会. 刘家峡水电厂志 [M]. 甘肃人民出版社，1999.

[5] 湖北水电网. 黄河流域水电站分布 [EB/OL]. [2013－01－18]. http：//www. hbhp. net/sdz/hhdzf-bt. html.

[6] 黄河水利委员会勘测规划设计院. 黄河志·卷九：黄河水利水电工程志 [M]. 河南人民出版社，1996.

[7] 张国维. 刘家峡水电站坝址选择委员会选定了刘家峡水电站坝址 [J]. 人民黄河，1956（4）：67.

[8] 陈益坤. 刘家峡水电站坝址区的选定 [J]. 水力发电，1957（1）.

[9] 荣在书. 刘家峡水电站的坝址是如何选定的 [M]//政协甘肃省委员会文史资料和学习委员会，甘肃省水利厅. 甘肃文史资料选辑第 57 辑：甘肃水利的开发与利用. 甘肃人民出版社，2002：305.

[10] 焜陈益，石瑞芳. 刘家峡水电站若干决策的回顾 [M]//国家能源局. 中国水电 100 年（1910—2010）. 中国电力出版社，2010.

[11] 网易. 刘家峡的弯路：原国家水电部副部长陆佑楣回忆修建过程 [EB/OL]. [2012－12－10]. http：//news. 163. com/09/0826/15/5HLFPCUA00013LN4. html.

[12] 陕西建设网. "一项成功的设计不靠个人，是集体智慧的结晶"（图）：专访中国工程设计大师石瑞芳 [EB/OL]. (2008－02－03) [2012－12－10]. http：//www. shaanxijs. gov. cn/web/main/ShowDetail. aspx? fid＝af1dffe0－f33d－469d－be9f－1c807d5e8a4e&type＝1109.

[13] 石瑞芳，甘维义. 刘家峡、龙羊峡等水电站建设中的技术发展 [J]. 水力发电，1986（12）：56.

[14] 张岳. 新中国水利 50 年 [J]. 水利经济，2000（3）：1.

［15］有林，郑新立，王瑞璞. 力争高速度（《人民日报》社论1958年6月21日）［M］//中华人民共和国国史通鉴（第2卷）（1956—1966）当代中国出版社，1993：359.

［16］湖北省水利厅勘测设计院. 水利工程勘测设计工作的改革与跃进：全国中型水利水电工程经验交流会议丛书［M］. 水利电力出版社，1958：1.

［17］黄开继，王雄斌. 刘家峡水电站水力机械的设计及运行［J］. 水力发电，1987（2）：33.

［18］石瑞芳. 从刘家峡水电站的设计看设计思想问题［J］. 水力发电，1958（16）.

［19］刘家峡水电站主要工程全面铺开盐锅峡水电站部分机组年内发电［J］. 人民黄河，1959（2）：63.

［20］朱淑莲. 刘家峡水电站光耀九曲黄河四十春［N］. 国家电网报，2009 - 09 - 03.

［21］水利电力部第四工程局. 刘家峡水电站：图片集［M］. 人民美术出版社，1977：28.

［22］永靖县志编纂委员会. 永靖县志［M］. 兰州大学出版，1995.

［23］邹德侬，戴路，张向炜. "文革"从设计革命始：中国现代建筑史［M］. 中国建筑工业出版社，2010.

［24］中共中央文献研究室. 建国以来重要文献选编：第20册［M］. 中央文献出版社，1998.

［25］武力. 中华人民共和国经济史（上）［M］. 中国时代经济出版社，2010：440.

［26］石瑞芳. 把眼睛转向实际转向群众［J］. 中国水利，1965（6）：30.

［27］以阶级斗争为纲，坚持党的基本路线：刘家峡水电厂连续六年超额完成发电计划［N］. 人民日报，1975 - 12 - 23.

［28］新中国成立60周年"百项经典暨精品工程"［J］. 四川水力发电，2009（6）：108.

李萌　1982 年生，四川成都人。中国科学院自然科学史研究所副研究员。2009—2012 年，中国科学院科技政策与管理科学研究所，管理科学与工程博士；2003—2006 年，首都师范大学，发展与教育心理学硕士；1999—2003 年，西南大学，基础心理学学士。研究方向为科技人才、科研管理、科研制度。发表论文《中国科学院青年科学家奖历程（1989—2001 年）》《中国科学院职称改革二十年（1980—2000 年）》《我国科技人才队伍建设的三个问题》等。

中国科学院青年科学家奖历程
（1989—2001）

□ 李 萌

20 世纪 80 年代初，中国科学院迅速恢复和新建了一大批科研机构，固定职工总数也逐渐攀升。至 80 年代末，全院专业技术人员已近 6 万人，人才队伍结构和水平得到一定改善。但由于历史原因形成的人才断层问题仍未解决，活跃在科研一线的骨干人员年龄层次仍然较高。"六五"期间（1980—1985）全院 5000 多名课题组负责人中，50 岁上下的中年科技人员占 80% 以上。

为应对当时青年人员的"出国潮"，稳定优秀青年人才在国内、院内工作，鼓励他们开拓创新、勇担重任，中国科学院于 1989 年开始设立"中国科学院青年科学家奖"，希望通过树立典范的形式，奖励立足国内，在科学研究中做出优异成绩的青年科技人员。该奖项每两年评选一次①，获奖者可享受奖金、科研经费资助、破格晋升职务、出国进修资助以及生活照顾等多项待遇。

本文将从奖励制度的变迁和历届颁奖情况入手，对 1989—2001 年前七届"中国科学院青年科学家奖"进行系统梳理，以期勾画该奖项的发展历程。

1 奖励制度概述

1989 年 3 月 29 日发布的《中国科学院青年科学家奖暂行条例》（科发干字〔1989〕0478 号），是"中国科学院青年科学家奖"的第一份正式文件，评奖流程、入选条件、奖励待遇等均在此文件有明确规定。此后，各届评选条例均以此为依据，仅在细节方面略有修订。

1.1 奖项设置与名额

根据科学院学科布局发展和实际需求，奖励的名额和学科比例在不同年份有所调整。前两届（即 1989 年和 1991 年）的奖项设置为：一等奖 5 名，不分学科；二等奖 20 名，并按学科分配名额：数理化学 7 名，生物科学与农学 4 名，地学 4 名，技术科学 5

---

① 1989—2001 年为每两年评选一次，2001 年后评奖中断，2011 年恢复评选并改为每年评选一次。

14

名。1993 年开始，将获奖名额扩大为 40 名，一等奖 10 名，二等奖 30 名，各等次均按学科分配名额，并将学科进一步细分；1995 年，又在 1993 年的基础上将大学科拆分为具体学科，并对个别学科的名额做了微调，详见表 1 和表 2。

1997 年印发《中国科学院青年科学家奖条例》（修订稿），进一步将奖励分设为"基础性研究奖"和"高新技术开发奖"两类，前者奖励名额为 30 名（一等奖 7 名，二等奖 23 名），后者奖励名额为 10 名（一等奖 3 名，二等奖 7 名）。"基础性研究奖"名额分配的学科分类略有调整；"高新技术开发奖"名额则不按学科分配，每次评奖只能小于或等于规定名额。1997 年和 1999 年两届均按此方案执行（表 3）。

表 1　中国科学院青年科学家奖名额分配（1993）

学　科	一等奖	二等奖
数理化学	3	10
生物科学与农业	2	6
地学	2	6
技术科学	3	8

表 2　中国科学院青年科学家奖名额分配（1995）

学　科	一等奖	二等奖
数学	1	3
物理	1	4
化学	1	3
天文	1	2
生物科学与农业	2	6
地学	1	4
技术科学	3	8

表 3　中国科学院青年科学家奖基础性研究奖名额分配概况（1997）

学　科	一等奖	二等奖
数、理、天文	2	6
化学	1	2
生命科学	1	5
地学、生态环境	1	4
技术科学	3	6

2000 年，结合知识创新工程试点工作的要求，中国科学院再次修订了奖励条例。据此，新的"中国科学院青年科学家奖"分设科学创新奖 37 名、技术创新奖 8 名和科学管理奖 5 名。其中，科学创新奖的名额按各业务局分配，技术创新奖和科学管理将按符合条件即可推荐的原则，只控制名额上限。奖项统一，不再分为一等奖和二等奖（表 4）。

表4　中国科学院青年科学家奖名额分配概况（2000）

类　型	业务局	名　额
科学创新奖	基础科学局	12
	生命科学与生物技术局	7
	资源环境科学与技术局	8
	高技术研究与发展局	10
技术创新奖	—	8
科学管理奖	—	5

1.2　推荐与评选

"中国科学院青年科学家奖"采用所内遴选、院内推选的方式进行，每两年评选一次，逢奇数年评选。奖励的评选组织机构为评奖委员会及其下设的评奖办公室。前者由院长聘任的各学科专家组成，负责对经过所、院初审和同行专家评审后推选的候选人进行集中评议。后者则挂靠干部局，其成员为由院长指定的干部局、教育局和各业务局的有关人员，负责在评选过程中的各种组织工作。最终获奖者名单在报院长审批后，由院长发布公告，统一颁奖。

由于各届的奖项设置不同，评选委员会的构成也略有区别。1989、1991、1993和1995年这四届的评审委员会由院长聘任的十一名各学科专家组成。1997和1999年的评审委员会则改称"评奖小组"，各学科评奖小组由5～7位专家组成。2001年，又改回"评审委员会"的称呼，且由于奖项分为科学创新奖、技术创新奖和科学管理奖三类，前者由5～7名专家组成，后两者则分别由7～9名专家组成。

前两届的推荐较为简单，只要两名研究员（教授）或所在单位作书面推荐，详细介绍被推荐人的思想品质和科学研究成果即可。从1993年开始，对所内遴选环节做了更为严格的规定：由所层面的学术委员会或专家小组遴选或推荐首轮人员；首轮被推荐人选经过三位同行专家评议并提出书面推荐意见后，再经所长、党委书记联系会议审定后上报院里。在院内推选环节，各业务局主要负责将各所提交的推荐书交由同行专家评审，初审合格后再交由评奖委员会，通过举行评审委员会，采用无记名投票的方式，确定最终获奖名单。值得注意的是，前几届的最终入选标准为"获半数以上选票和既定名额原则"，而2001年的标准调整为"在充分评议的基础上和不超过设奖名额的前提下"，"以获三分之二以上投票为通过"。

1.3　入选条件

"中国科学院青年科学家奖"的入选条件包括学术成绩和年龄两方面规定。

前四届奖励的入选标准基本一致。对于一等奖，年龄限制控制在40岁以下（有特殊贡献者不超过45岁），要求候选人在科学研究中有重大发现或提出新学术思想，并受到学术界高度评价；或者是有重大的发明创造，解决了经济建设与社会发展中的关键问题，取得了明显的社会和经济效益。二等奖的入选年龄控制在 35 岁以下，主要强调候选人的知识基础、学术成果的意义和创造性。此外，学术成绩主要以国内获得的成果为主，国外所获得的成果作为评价参考。

1997 年，根据新设置的奖项分类，分别对基础研究和高新技术开发领域的入选标准作了更为细致的规定，并将一等奖的年龄上限严格控制在 40 岁。

由于不再设置一等奖和二等奖的等级区别，且将奖项分设为科学创新奖、技术创新奖和科学管理奖三类，2001 年的评选标准又做了适当修改：除前两类奖项基本不变外，在科学院的管理工作者（具有大学本科以上学历）如果"在各类管理工作中，提出创新型思想、方法和措施，建立了新的管理体制、运行机制和文化氛围，对提高管理水平和效率，促进科技创新、调动科技人员的积极性起到了重要作用"，可被推荐为科学管理奖的候选人；此外，三类奖项的年龄上限又上升到 45 岁。

前两届的候选人限定为在中国科学院工作的正式在编人员①，从 1993 年起，除在编人员外，又增加了"或在我院博士后流动站工作满一年以上者"和"或在我院研究所工作满一年的客座研究人员"等条件，将奖励候选人的范围由固定人员扩大到流动人员，使得更多优秀青年得以参与竞争。1995 年起，这一限定又被模糊为"我院科技人员"。2001 年还针对科学管理奖增加了"我院管理工作者"的候选条件。

1.4　奖励与激励

获奖者除获得由中国科学院院长颁发的获奖证书外，还被颁发相应金额的奖金。1989—1999 年，各届奖金额度相等，即一等奖三千元，二等奖一千元。2001 年，该奖金统一提升为两万元。

此外，获奖者还将获得科研经费、出国进修、参加学术会议等方面的资助，并可不受任职年限限制破格晋升专业技术职务，在住房、配偶和子女随迁等方面也有优先权。1989 年 11 月 20 日下发的《关于中科院青年科学家奖获得者有关奖励待遇问题的说明》（干字〔1989〕272 号）中对上述方面做了具体规定：

（1）获奖人员的科研课题，经论证通过后，可优先获得一次性专项科研经费资助。因此，获奖者可根据开展科研项目和工作的需要，申请院长基金。

（2）在获奖后的五年内，为其提供一次公费出国进修和开展研究工作一年的机会。对此，各单位可根据获得者科研任务的需要，为其做出计划安排，进行外语准备，经 PETS 考试达到出国线，并按正常院公费出国进修、访问、合作研究的手续审核。

---

① 根据 1991 年中国科学院人事局发给王佛松的请示，提及为扩大影响，体现科学院的改革开放，建议将中国科学院青年科学家奖的评选范围扩大到全国，因此修改条例。

（3）在获奖后的五年内，可为其提供 1～2 次参加国际学术会议的经费资助。

（4）获奖者被破格晋升专业技术职务后，各单位领导即可聘任并办理兑现工资的手续。

从 2001 年开始，获奖者将只获得证书和奖金，不再享有上述优惠待遇。

2 历届获奖情况

第一届：1989 年

首届中国科学院青年科学家奖于 1989 年 12 月 8 日正式公布，实际评选出 21 位获奖者，其中一等奖 4 名，二等奖 17 名。这 21 名青年科学家的平均年龄为 33 岁，大多数人在国内获得博士或硕士学位。

此前，1989 年 10 月 6 日，时任中共中央总书记江泽民即在中科院高能物理所同获奖青年科学家进行了座谈。会上，获奖青年科学家纷纷发言，表达自己的荣耀感和为科学事业奋斗的决心。江泽民总书记肯定了青年科学家所取得的成就，赞扬他们"是祖国的希望所在，是中国未来的曙光"，并结合老一辈科学家的事例勉励大家"树立远大理想"，"植根祖国大地为科技发展贡献聪明才智"。《中国科学报》头版报道了此新闻，并发表评论文章，在祝贺获奖青年科学家的同时号召年轻一代的科研人员在祖国的科研一线努力奋斗。

1990 年 12 月 24—28 日，中国科学院青年工作会议在北京召开，王佛松在大会上做开幕报告，在分析院内青年人才队伍的现状、问题和未来的发展方向之余，提出要"大力宣传和表彰青年中的先进典型"，并再次肯定了首批获得青年科学家奖的 21 名同志的成绩。

第二届：1991 年

第二届中国科学院青年科学家奖满额评选出 25 名优秀青年科学家，其中，一等奖 5 名，二等奖 20 名。此届获奖者的平均年龄仅为 31.6 岁，在国内获得博士或硕士学位的仍然占大多数。

1991 年 7 月 25 日，中国科学院人事局就颁奖事宜等请示王佛松，请示指出，1991 年度中国科学院青年科学家奖已评选完毕，为了扩大影响、鼓励和促进更多的年轻人立足国土、艰苦创业做贡献，建议颁奖仪式可邀请中央领导接见、并请各新闻单位（报纸、电台）发布消息并宣传获奖者的业绩；邀请 25 位获奖者来京后，由院领导出面举行新闻发布会，借此机会宣传业绩，号召全院青年向他们学习。在请示中，还设想从第三届（1993 年）开始，将评奖范围扩大到全国，以扩大影响、体现中国科学院的开放性。时任人事局局长张永庆在批示中肯定了前述建议，并提议在 1992 年的全院工作会议或 1991 年底讨论研究评奖面向全国的利弊。

据此，1991 年 12 月 3 日，中国科学院请示中央办公厅，拟邀中共中央书记处候补书记温家宝和国务委员、国家科委主任宋健于 12 月下旬接见本年度 25 位获奖者，向他们颁奖并举行座谈。当年 12 月 28 日，中国科学院青年科学家颁奖大会在北京举行，温家宝和宋健为李振宇、何天白、庞根弟、郭雷、穆穆等 25 位获奖人颁奖并作了讲话。第二天的《光明日报》对这次颁奖和个别获奖者做了介绍。《人民日报》也发表名为《植根国土　励志创业　25 名科技英才获青年科学家奖》的文章，对颁奖仪式进行报道，并引用温家宝的发言，称赞获奖者"是全国优秀青年科学家的代表，是青年科技工作者学习的榜样"，寄望"全社会都要关心青年人才的成长，努力为他们创造更好的成长环境"。

第三届：1993 年

1993 年 5 月 25 日，中国科学院发文启动第三届中国科学院青年科学家奖评选活动。此届获奖者的入选条件正如前一届的建议，范围扩大到在科学院工作的科研人员、在科学院博士后流动站工作一年以上者和在院属研究所工作满一年的客座教授。同时，经过前两届的评选实践，中国科学院人事局认为该奖项评选制度已经趋于完善，奖项得到院内外认可且有一定知名度，推荐和申报的候选人也较多且质量很好，因此，于 8 月 11 日向院内申请增加评选名额，预设由原来的 25 名（一等奖 5 名，二等奖 20 名）扩大到 40 名（一等奖 10 名，二等奖 30 名）。中国科学院很快批准了名额增加和分配方案，并组建由王佛松等 26 位专家组成的评选委员会。

1993 年 9 月 16 日，第三届中国科学院青年科学家奖评审会议在中关村外专公寓召开，从推荐的 143 名候选人中评选出 40 名获奖者。同年 10 月 18 日，中国科学院发文公布。11 月 26 日，中国科学院院长周光召、副院长王佛松和胡启恒为获奖者颁奖；次日，温家宝和宋健与获奖者座谈，勉励"青年科学家要有为祖国、为人民、为科学献身的精神，有甘于寂寞的人生追求"。《中国科学报》《人民日报》发表文章对此次颁奖和座谈进行了报道。

第四届：1995 年

1995 年 2 月 10 日，第四届中国科学院青年科学家奖的候选人推荐工作开始启动。同年 8 月 31 日，中国科学院发布《关于组建 1995 年度中国科学院青年科学家奖评选委员会的决定》（科发人字〔1995〕0393 号），组建由胡启恒等 25 位专家组成的评选委员会。9 月 22 日，专家评审会如期进行，经由院士、各领域资深研究员及前几届获奖者组成的评选委员会认真评议，最终在 57 位一等奖候选人中确定了 10 名获奖者，在 66 位二等奖候选人中确定了 29 名获奖者。

1995 年 9 月 25 日，人事局做了对下届奖励条例进行修订的建议，具体包括：增加各等奖名额，如一等奖 15～20 名、二等奖 25～30 名；可分类型评奖，加入高技术等专业领域等。同年 11 月初，人事局还提出邀请当时分管跨世纪人才培养的中共中央政治局常委胡锦涛参会的建议，并拟定了请示初稿。中国科学院副院长路甬祥于 1995 年 11 月 27 日为此事致信胡锦涛，中国科学院也专门发文邀请中共中央政治局常委胡锦涛同志，中共中央政治局候补委员、书记处书记温家宝同志，国家科委主任宋健等中央领导接见获奖者并进行座谈。

1996 年 1 月 18—19 日，第四届中国科学院青年科学家奖颁奖及座谈会在中国科学院高能物理研究所北京正负对撞机学术报告厅举行。会上，获奖青年科学家做了介绍和发言，中央书记处书记温家宝、国务委员宋健到会同青年科学家座谈。当年的《中国科学院院刊》对 1995 年度的一等奖获得者做了简介。

第五届：1997 年

根据 1995 年的建议，中国科学院再次修订了《中国科学院青年科学家奖条例》，开始分设基础性研究奖和高新技术开发奖，并于 1997 年 4 月 11 日启动当年评选。此届评选委员会由陈宜瑜任主任，白春礼任副主任，共计 32 位专家组成。1997 年 10 月 4 日，经评选委员会评审，从 149 名候选人中评选出 41 名获奖者，其中，基础性研究奖 31 名，高新技术开发奖 10 名。

1997 年 10 月 13 日，经院领导批准，第五届中国科学院青年科学家奖正式公布。同年 12 月 30 日，"1997 年度中国科学院青年科学家奖发奖暨座谈会"在北京举行，路甬祥、陈宜瑜、王景川等院领导为获奖者颁奖并讲话。

次年，《中国科学院院刊》也专文对 1997 年度中国科学院青年科学家奖一等奖获得者做了简介。

第六届：1999 年

1999 年度中国科学院青年科学家奖推选工作于当年 1 月 8 日即开始。1999 年 4 月 8—9 日，由 32 名专家组成、白春礼任主任的评选委员会在 123 名基础研究奖候选人和 22 名新技术开发奖候选人中足额评选出 40 位最终获奖者。

1999 年 5 月 7 日，中国科学院人教局向院内发文公布获奖结果。为彰显对优秀人才的表彰和鼓励，1999 年 6 月 10 日，中国科学院院长路甬祥等亲自为第六届获奖的青年科学家颁奖并与青年科学家代表展开座谈。

第七届：2001 年

根据 2000 年修改的奖励条例，2001 年度中国科学院青年科学家奖分设科学创新奖、技术创新奖和科学管理奖，奖项统一，不做一、二等奖区分。同时，奖金提升为 2 万元。

经过严格的评审，评选委员会从来自 64 个单位的 129 位候选人中，评选出 38 位获奖者，其中科学创新奖 31 名，技术创新奖 5 名，科学管理奖 2 名。2001 年 9 月 28 日，获奖结果正式颁布。在颁奖仪式中，侯祥麟院士做了《人生与追求》的报告，获奖青年科学家也纷纷发言，中国科学院副院长白春礼在总结中提出要"坚定自己的爱国主义信念"，"把于理想的追求与脚踏实地的工作作风紧密联系在一起，要把自己对理想的追求，能够和国家的发展紧密结合在一起"，并鼓励大家"努力进取，勇于创新"。《科技日报》以"中科院为英才培土 38 位青年科学家获奖"为题，对本届评奖做了介绍。

2001 年以后，由于中国青年科学家奖、中国青年科技奖等奖项逐渐推行，院内针对青年科学家的激励政策也逐步完善，中国科学院青年科学家奖暂停评选。2011 年，为表彰在科技创新活动中涌现出的先进典型和做出突出贡献的青年科技人才，在全院形成鼓励创新、激励进取的人才发展氛围，中国科学院决定恢复中国科学院青年科学家奖。此后，该奖每年评选一次，每次表彰院属单位各学科领域的优秀青年科学家共10 名。

3 成效与影响

从制度设计的角度来看，中国科学院青年科学家奖的设置表现出灵活应变、视野广阔的特点。中国科学院青年科学家奖的第一份成文条例于 1989 年发布，此后，在不同时间和背景下，中国科学院结合实际情况几次对条例进行微调。奖项的类别由最初的按学科分设一、二等奖，逐渐过渡为"基础性研究奖"和"高新技术开发奖"，最后又打破等次按类别细分为"科学创新奖""技术创新奖"和"科学管理奖"，奖励名额也经历了"25 – 40 – 50"的变化，这些变化与科学院当时的需求、学科布局等皆有密切联系。奖励的评选范围还曾一度从院内扩大到全国，展现了中国科学院立足自身兼顾国家整体科技事业的胸襟。作为为青年科技人员设立的奖项，它从青年人员职业发展需求和规律的角度设计奖励待遇，着重在为他们的科研事业创造有利条件。

从影响和成效来看，中国科学院青年科学家奖符合设置初衷，较好地实现了其历史使命。从 1989 年设奖到 2001 年，中国科学院青年科学家奖共评选 7 届，先后有 245 位优秀青年科学家获奖。这些获奖者中，有的成为我国科技界的高层领导者和省部级领导，有的当选两院院士，一批人成为科技领域的中流砥柱和领军人才。历届获奖者大多得到了国家、院领导的接见，人民日报、光明日报、科技日报等媒体也对获奖情况予以报道，中国科学院还组织了大量相关宣传和交流活动，由此，中国科学院青年科学家奖的示范效应得以建立，在一定程度上实现了激励和稳定优秀青年人才为国、为院服务的初衷。

中国科学院青年科学家奖是国家部委层面较早实行的专门针对青年科技人员的奖项，其定位明确、目标清晰，制度规范、操作严谨。在该奖项的影响下，"中国青年科学家奖"等一系列指向青年科技人员的奖项和资助在我国逐渐建立，重视青年人才培养和激励的政策体系不断完善。

参考文献

[1] 中国科学院综合计划局. 中国科学院统计年鉴 2000. 北京：科学出版社, 2000：28.

[2] 李和风. 中国科学院五十五年人才工作实践. 中国科学院院刊, 2004, 19（2）：131 - 135.

[3] 走进中国科学院 院史所史 编年史 1989. http：//www. cas. cn/jzzky/ysss/bns/200909/t20090928_
2529272. shtml.

[4] 江泽民总书记同中科院获奖青年科学家座谈，勉励大家扎根祖国大地为科技发展贡献聪明才智.
中国科学报, 1989 - 10 - 10.

[5] 有作为的年轻一代. 中国科学报, 1989 - 10 - 10.

[6] 为加速培养新一代科技人才而奋斗——在中国科学院青年工作会议上的报告. 王佛松, 1990.12.25.

[7] 关于举行颁发一九九一年度中国科学院青年科学家奖仪式的请示. 中国科学院人事局. （档案号：
91 - 2 - 19）

[8] 关于举行颁发一九九一年度中国科学院青年科学家奖仪式的请示 批文. 中国科学院人事局. （档
案号：91 - 2 - 19）

[9] 关于请中央领导同志接见一九九一年度中国科学院青年科学家奖获得者的请示. 〔91〕科发办字
1546 号. （档案号：91 - 2 - 19）

[10] 中国科学院 1991 年科技大事记. 本刊编辑部. 中国科学院院刊, 1992（1）：89 - 94.

[11] 中科院颁发青年科学家奖二十五位成就卓越的新秀荣获. 光明日报, 19991 - 12 - 29.

[12] 植根国土立志创业 25 名科技英才获青年科学家奖. 人民日报, 1991 - 12 - 29.

[13] 关于增加中科院青年科学家奖评选名额的请示. （档案号：93 - 10 - 59）

[14] 关于同意组建一九九三年中国科学院青年科学家奖评选委员会的通知. 〔93〕科发人字 0765 号.

[15] 中国科学院 1993 年科技大事记. 本刊编辑部. 中国科学院院刊, 1994（1）：809 - 894.

[16] 温家宝在青年科学家奖颁奖座谈会上强调 基础研究要确定战略重点 统筹规划努力办成几件大
事. 人民日报, 1993 - 11 - 28.

[17] 关于推荐 1995 年度中国科学院青年科学家奖候选人的通知. 科发人字〔1995〕0060 号. （档案
号：90 - 10 - 50）

[18] 关于召开 1995 年度中国科学院青年科学家评审会议的通知. 人字〔1995〕259 号. （档案号：
95 - 10 - 50）

[19] 关于邀请胡锦涛等中央领导同志接见中科院 1995 年度青年科学家奖获奖者并进行座谈的请示.
科发人字〔1995〕0537 号. （档案号：95 - 10 - 50）

[20] 1995 年度中国科学院青年科学家奖一等奖获得者简介. 中国科学院院刊, 1996（2）：138 - 143.

[21] 关于印发《中国科学院青年科学家奖条例》（修订稿）并做好 1997 年度院青年科学家奖候选人
推荐工作的通知. 科发人字〔1997〕0170 号. （档案号：97 - 10 - 40）

[22] 关于组建 1997 年度中国科学院青年科学家奖评选委员会的通知. 科发人字〔1997〕0397 号.
（档案号：97 - 10 - 40）

[23] 关于召开 1997 年度中国科学院青年科学家奖评审会议的通知. 人字〔1997〕266 号. （档案号：

97 – 10 – 40）

［24］关于公布 1997 年度中国科学院青年科学家奖评审结果的通知．科发人字〔1997〕0442 号．（档案号：97 – 10 – 40）

［25］中国科学院 1997 年科技大事记．中国科学院院刊，1998（2）：154 – 160.

［26］1997 度中国科学院青年科学家奖一等奖获得者简介．中国科学院院刊，1998（1）：69 – 73.

［27］关于推荐 1999 年度中国科学院青年科学家奖候选人的通知．人字〔1999〕012 号.

［28］关于 1999 年度中国科学院青年科学家奖评选委员会组成人员的通知．科发人字〔1999〕0125 号.

［29］关于公布 1999 年度中国科学院青年科学家奖评审结果的通知．科发人教字〔1999〕0205 号.

［30］中国科学院办公厅．中国科学院年报，1999：478.

［31］中科院为英才培土　38 位青年科学家获奖．科技日报，2001 – 10 – 08.

［32］祖国昌盛是青年科学家义不容辞的职责——2001 年度中国科学院青年科学家奖颁奖会侧记．王为．科学新闻周刊，2001（40）：3.

［33］关于印发《中国科学院青年科学家奖管理办法》的通知．科发人教字〔2011〕58 号.

［34］李萌．中国科学院青年科学家奖历程（1989—2001 年）［J］．院史资料与研究，2015，1.

　　王彦雨　1982 年生，山东巨野人。研究领域为科学技术哲学、科学技术政策，现为中国科学院自然科学史研究所副研究员。2009 年毕业于山东大学文史哲研究院，2011 年和 2013 年分别在清华大学科学技术与社会研究中心和中国科学院自然科学史研究所从事博士后研究，2013 年 11 月进入中国科学院自然科学史研究所工作。研究场点主要为科学知识社会学的话语分析模式研究、STS 政策转向分析，以及美国氢能研究，在《自然辩证法研究》《自然辩证法通讯》《科学技术哲学研究》《科学学研究》等期刊发表论文十余篇。

作为公共知识分子的 STS（PSTS）：
一个亟待开拓的研究场域

□ 王彦雨

20 世纪八九十年代起，西方及中国学术界掀起了一股公共知识分子（Public Intellectual）研究思潮。"公共知识分子"概念由早期的"知识分子"（Intellectual）一词演化而来。① 依据通俗看法，"知识分子"主要指那些具有思想独立性和社会正义感且敢于向社会公众表达自身观点的知识人，在 20 世纪五六十年代美国和欧洲的社会及文化运动中，涌现出了一大批被人们称之为知识分子的人，如美国的玛丽·麦卡锡（Mary McCarthy）等，他们对社会热点问题进行评论，并将之发表于《纽约书评》等发行量较大的通俗刊物上。通常看来，知识分子的特征主要包括以下三个层面：①道德层面：被认为是普适价值观（如正义等）的坚守者，[1]负载着很多的道德元素；②公共化层面：包括议题的公共化、语言的公共化、行动的公共化及听众的公共化；③知识层面：能够透析社会现象背后的本质，与一般的流言或通俗性知识区分开来。② 而"公共知识分子"概念由美国哲学家雅各比于 1987 年提出，[2]相比"知识分子"概念，其内涵并没有太多变化，之所以在"知识分子"概念提出近百年之后重新加上"公共"二字，主要是因为随着大学的成长，知识分子被日益吸纳到科层化的知识生产、评估及奖励体系之中，"专门化推动他沉没于学术圈中"。[3]这使得传统的知识分子逐步丧失了对公共社会问题的感知、分辨以及问题解决能力，甚至于在现代社会构建理念及构建实践中被抛弃，因此社会希望体制内研究人员更多地恢复其知识分子的精神品质，生产更多具备"公共性"特征的知识。

1 STS 作为公共知识分子（PSTS）的呼声

进入 21 世纪，STS 领域中兴起了一股呼吁 STS 强化公共知识分子角色（以下称

---

① 一般看来，西方的"知识分子"（Intellectuals）一词始于 19 世纪末法国的德雷福斯（Alfred Dreyfus）事件，1894 年，法国陆军上尉犹太人德雷福斯受人诬陷被判入狱，当时一些具有正义感的作家、教授如爱弥尔·左拉（Émile Zola）以"知识分子宣言"（Manifesto of Intellectuals）的名义发表了反对监禁德雷福斯的抗议书，"知识分子"一词由此诞生。

② 以下三种情况便不能被视为公共知识分子：（1）仅专注于研究自然现象、不关注公共议题的那部分科学家，因为知识仅仅是成为公共知识分子的必要但不充分条件；（2）一些有影响力、关注公共性社会或政治议题，但写作对象主要是专业人士的思想家，如约翰·罗尔斯及其《正义论》；（3）服务于特定社会利益群体的专业性智囊。

PSTS）的呼声，如比克（Wiebe E. Bijker）在 2001 年的 4S 会议上，呼吁 STS 学者成为公共知识分子，"21 世纪需要新一代公共知识分子，而 STS 研究者则可以填补这一空白"。[4]史蒂文森（Sharon McKenzie Stevens）认为 "STS 能够超越单纯的学术性研究范式……STS 及人类学研究需要学习面向公共听众的新研究方式"。[5] 731-732 何谓 PSTS？PSTS 是与学术型 STS（以下称 ASTS）相对而言的，后者将自己的任务限于对（科学和技术）知识具体内容进行社会学分析，学术创新和同行认同是其关注焦点；而 PSTS 则试图打破这样一种传统观念——学术性角色难以与其公共角色有效地整合在一起，[6] 积极关注社会及公共科技议题，基于公共知识分子的精神品质并用 STS 的相关研究方法来解释这些现象，或参与到事件之中，并积极掌握与社会公众进行有效对话的语言形式和相关技巧（两者区别如图 1 所示）。

	ASTS	PSTS
功能导向	学术创新	社会影响力
关注点	科学知识生产	社会议题或公共科技事件
语言特征	专业性术语	通俗性语言
知识特征	内行性/非即时性	公共可理解性/即时性
评估方式	同行评议	社会评估
自我定位	道德、价值无涉	强调公共伦理责任
传播方式	专业学术媒介	公共传播媒介

图 1　ASTS 与 PSTS 之间的差异性

1.1　比克的"民主化之路"

比克认为，当前 STS 应突破传统的认识论之栅，走向更为广阔的社会生活空间，"当前所出现的社会问题需要一个具有更广泛特征的 STS 议程，一些重要的社会议题，如社会秩序、国际和平、地方及社会安全、民族及宗教认知，以及民主等应该被 STS 所重新提及"。[7]445比克主张 21 世纪 STS 应采取"民主化之路"，认为 STS 不仅在理解科学和技术文化过程中发挥着关键性作用，同时还应该在发展民主政治过程中扮演重要角色，"STS 研究者应该更进一步，在技术文化的民主化过程做出积极贡献，向更广泛的听众——政治家、工程师、科学家及普通公众——表明：科学和技术是价值负荷的，现代文化的各个层面都渗透着科学和技术的影响，科学和技术在保持社会统一方面发挥着关键性作用，同样科学和技术在危害社会的稳定性方面也起着重要作用"，比克认为，对科学和技术的分析应与政治讨论结合在一起，"无论是以明确的形式，还是通过含蓄的方式"。[7]444

1.2 库依曼（Ellen Cushman）的"行动主义方案"

库依曼提出了 STS 的"行动主义方案"，在他看来，STS 不仅要学习面向公众的新言说方式，还要积极走进社会实践，缺乏行动力的研究难以仅仅通过思想启蒙而保持持续的生命力。库依曼主张将研究、教育、服务等责任相互衔接起来，"推进服务学生及当地性的社区成员的目标"。[8] 330 库依曼希望 STS 研究者积极成为当地性共同体中的成员，而不是与他们保持距离，通过与当地性成员的直接互动来改变现状、启发公共智慧，"公共知识分子可以利用他们的服务、教育、研究为那些处于大学内/外的人提供智慧，使他们的知识能够在超越大学的与境中产生政治影响"。[8] 335 库依曼的这种观点与富勒（Steve Fuller）相似，后者也重视"观点与行动之间的关系"，以寻求观念、知识及行动的新的可能性。[9]

1.3 里纳（Rayne）的"公民权益模型"

里纳的"公民权益模型"赋予了 STS 更多的道德责任，认为 STS 可以通过对"认知正义"（cognitive justice）的追求来促进正在出现的社会团结。公民权益模型主要包括以下观点：①将知识分子的"求真"目标与"求善"结合在一起，突出对社会正义的追寻与维护；②将知识视为一种特定的生活方式，STS 应使公众明白：拥有足够的知识是实现社会民主的重要工具，用知识武装自身才能够更好地维护自己的权益，使公众认识到"基于知识的民主"的重要性；③强调对社会实践的参与，"鼓励学术研究者反思如何运用他们自身的智力活动来支持特定的参与实践，并参与其中而不是从理论层面来思考'参与'"。[5]735

2 我们是否需要 PSTS

STS 是否需要强化自身的公共知识分子角色呢？对于这一问题，不能仅仅从道德层面进行解读，还应从社会的知识需求结构变化、STS 内在发展逻辑，以及两者所形成的张力空间来加以分析。波斯纳（Richard Posner）曾用市场供需关系来分析公共知识分子的发展，认为规模较为合理的公共知识分子市场（M）的形成，应在"社会对特定类型公共知识的需求（D）"与"此类知识的供给量（P）"之间形成契合关系，即 D≤P。对于 STS 来讲，当前 STS 尚没有担负起向社会贡献其所需要的公共知识的责任，D 与 P 之间出现一定程度的失衡。

从社会需求层面看，随着后常规科学空间的不断扩大，一个不断扩大的"S2/S3 类公共知识"①需求空间已经形成。当代科学的重要特征是：科学的"不确定性将激增"，[10] 这

---

① 在这里，我们将与科学和技术活动相关的知识分为三类：一是科学和技术知识（简称 S1 类知识），是由科学家和技术专家所掌握的专业性科学和技术知识；二是关于科学和技术生产过程的知识（简称 S2 类知识），它打开了科学、技术知识生产过程的黑箱，进入到科学知识和技术知识生产现场；三是科学技术与社会互动型知识（简称 S3 类知识），如科技与伦理、健康、安全等，它源于科学技术系统与社会系统之间的互动，也可称之为后常规科学空间中的知识。

一方面源于科学家在特定时间段内往往难以对特定的科学问题做出准确判断，另一方面在于"研究"活动所导致的社会后果往往不可控，特别是创新性规范的激励下科学家往往从事一些具有广泛争议的研究活动（如私人性的克隆人实验等）。因此，无论是决策者还是公众，均希望获得更多、更优质的 S2/S3 类知识——决策者希望借此提升决策的合理性程度，而公众需要了解科学技术的最新发展及其对自身生产和生活的影响。此外，当前科学与政治、经济在很多情况下会形成"共谋"关系，科学家或决策者的论断并非完全客观，因此公众需要更多所谓"权威消息"之外的"第三方"知识，而PSTS 具有担负起此类职责的能力。

从公共知识供给层面看，当前 STS 在很多情况下徘徊于社会公共事务之外。一直以来存在一种观点，即学术研究是为了追求真理而非社会应用，"学术研究者最好是适应其学科内的研究目标"[11]。STS 在兴起之时非常关注各种公共社会议题，而随着 STS 事业的建制化，它逐步转向认识论领域，解释"科学和技术是如何被各种形式的社会互动所形塑的"[12]。其后果是，STS 逐渐远离了公共社会空间。这种研究模式自上世纪 90 年代受到了广泛批判，如科岑斯（E. Cozzens）认为在一系列社会运动中，STS 并没有发出自己的声音，"在当时代的社会民权运动中，STS 能否找到自己的根源？STS 在那里吗，参与了吗？"[13] 马丁（Brian Marti）也认为，STS 的学术化倾向使得那些试图从STS 相关理论中获取变革社会启发的人来说，"沮丧是显而易见的，因为力图通过扩展现有的分析来创造社会变革是不可能的"[14] 依拉贝格（J. Ilerbaig）则发现 STS 的两种文化（行动者文化和学术性文化）间存在明显隔膜，如在 4S 会议上，来自爱丁堡和牛津的 STS 学者（学术性文化）与来自澳大利亚和德国的 STS 研究者（主要是行动主义）"甚至不愿穿越走廊到另一方的会场去与之进行见面或阐释自己的思想"[15]。

从知识供给类型层面看，STS 可提供 S2 类知识，且强调"对称性"分析方法，这有助于科学文化与其他文化之间的互动与理解。虽然我们一直强调科学文化与其他文化之间进行建设性对话，但对话往往不彻底，因为科学活动拥有较强内行性特质的理论、实验及方法系统，而信息不对称现象的存在往往导致不同文化间的隔膜与冲突：不同文化之间的沟通往往是基于自己的价值观来审视其他文化（如伦理学家往往单纯地用伦理原则来要求科学），使得沟通以"不可通约"方式进行，并往往陷入要么妖魔化、要么盲信科学的两极态势之中。科学与社会合理关系的构建需要 S2 类知识——打开知识生产黑箱，真正走进、理解科学，在相互了解和尊重的基础上展开互动，而非单纯的诋毁或盲目崇拜。

此外，强化 STS 的公共知识分子身份，可以为 STS 的未来发展提供更多可能性。STS，特别是传统的建构论研究传统，在经历了 20 世纪 60—80 年代的辉煌之后面临着越来越多的挑战，如合法性危机（反身性危机）、思想解放能力的弱化（"so what"质疑）、方法创新乏力等，对此学界已经进行了新探索，如唐纳德·麦肯齐呼吁"不要把

STS 做小了"，[16]要将 STS 相关理论运用到新领域（如经济、法律等）中去。而强化 STS 的公共知识分子角色则是从"功能层面"来反思 STS 的未来发展路径，积极扩展 STS 的功能空间，对于 STS 来讲，这是摆脱当前发展困局的一种新思路。

3 我们需要什么样的 PSTS

从 ASTS 转为 PSTS，意味着 STS 在一定程度上重构自己的研究主题、写作方式、行为规范以及听众结构。我们强调一个具有社会担当、具备专业性和公共性品质，具有自身独特精神气质的 PSTS 的存在。

3.1 问题域层面的 IPRC 原则

IPRC 意在塑造一个"有社会担当"的 PSTS 形象：①界面性（Interface）：PSTS 所关注的问题往往处于科学技术与社会之间的交界面，这些问题源起于科学技术演进与社会发展之间所形成的各种紧张关系；②公共性（Public）：PSTS 强化了对公共科技事件的反思与研究，这些事件往往引发公众的广泛关注或焦虑，同时能够将特定历史与境中与科技相关的潜在社会困扰提升为显在的"可讨论的公共议题"；③即时回应性（Response）：对公共科技事件做出即时性评论，在公共科技事件暴发之初或之后的较短时间内较快地提出观点及建议，"事后诸葛亮"式的回溯式分析模式虽然重要但并不足够；④关键性（Criticality）：优秀的 PSTS 不会回避"将社会及文化结构体系中较深层次的问题揭示出来"这一历史任务，应聚焦于重要、关键而非细枝末节的议题。

3.2 知识供给层面的 NFP 原则

NFP 强调一个具有专业性和公共性可理解性特征的 PSTS 的存在：①规范性（Normative）：PSTS 不拘泥于传统的描述功能，而是积极向人们提供更多具有行动导引性的知识，能够告诉人们"我们面临着什么""我们能够做出何种选择"，以及"我们的选择将会带来何种后果"，这些知识有助于人们对当前与境的判断及未来行动路径的选择；②基于证据且通俗（Falsifiability and Popularity）：PSTS 所做出判断必须是专业性的，具备可验证性特征，与一般的谣传、世俗断言区分开来，同时 PSTS 应该是懂科学、拥有基本的科学素养的，否则很难应对科学家的质疑，也难以承担起为公众解惑答疑的社会责任；另外，PSTS 反对过度使用晦涩的专业性术语，知识的公共性是 PSTS 的核心特征。

3.3 知识评估层面的"开放式评价"（OV）原则

"开放式评估"强调 PSTS 所提供的知识不仅需要接受学术同行的评估，还需要接受社会公众的评估，因此除了运用同行评议形式之外，还会涉及诸如网络评估、公众调查、大众传媒评估等新型知识评价方式，这是一场新的学术冒险运动。

3.4　精神气质层面的 PPTDU 体系

PSTS 是 STS 共同体中的世俗者，他需要考虑社会事件，但 PSTS 也是世俗世界里的理想主义者，怀有一颗捍卫社会道德良知的心，基于这一核心特征，PSTS 的精神气质主要表现为以下几方面：

（1）积极入世原则（Participation）。是指 PSTS 积极参与公共科技争论，并努力推动事件的解决，在 PSTS 看来，凭空想象的理论往往会偏离实际，PSTS 不应是一个独善其身的外在观察者，他努力介入现实社会并在行动中提升自身的理解能力。

（2）遵循实用主义哲学（Pragmatism）。PSTS 强调务实态度，遵循比克所言的"实用主义哲学"（pragmatist philosophy），[5]732 既不应愤世嫉俗、加入到"解构科学"的后现代狂欢阵营之中，亦不应过于理想化而陷入乌托邦式的空想，需立足于当下，对当前科学技术发展过程中所引发的各种社会问题进行深刻反思，并基于 STS 相关理论和方法提出自己的解决方案。

（3）第三方原则（Third party）。PSTS 不因经济或政治利益而放弃立场，不攀附特定的经济和政治利益集团，反感被贴上"利益代理人"这一标签，在更多的情况下，PSTS 重视广泛的社会公众的意愿与利益，而不是与特定的小利益集团结盟。

（4）非自利原则（Disinterestedness）。对于 PSTS 来讲，"公共知识分子"从来都不是一个固定的身份标签，更不是一种获取社会资源的头衔，所谓的"公共知识分子"形象是通过 PSTS 研究者自身的思想被更多的人接受而"被赋予"的，PSTS 仅将之视为额外的惊喜而非最终目标。

（5）非实在论（Unrealism）。PSTS 反对将自己的观点视为"真理"，注重将科学知识社会学的反身性原则运用到自己身上，时刻检视自己并乐意接受来自学术及社会的各种批评，PSTS 将绝对的实在论视为不断提升自身能力的拦路虎。

4　PSTS 应遵循何种发展逻辑

21 世纪，科学与社会之间的关系日益复杂化，使得人们对于"如何行动"的规范性知识的需求更为强烈，且在当前公共知识分子理念引发诸多批评的情况下（公共知识分子的泛化，异化为媒体知识分子），未来 PSTS 发展应采取如下策略：

首先，弱化道德层面的自我虚妄性，PSTS 不过多纠缠于"能否占领公共道德高地"这一问题。对于 PSTS 来说，他应放弃追求虚妄的道德高地，并对这种所谓的"道德高地"进行了"过程"与"目的"的二元区分：PSTS 会以理想化的道德规范来约束自己的行为，但他无意于主动占领这一高地、并以胜利者的姿态向他人发号道德施令，PSTS 应将道德评估的权力赋予广泛的听众。

其次，PSTS 应更多地回归"知识"本性，一个谦逊且能够贡献有效知识的 PSTS 远比张口必"道德捍卫者"的 PSTS 更为可贵，我们强调一个能够提供"认知扩展型知识"的 PSTS 的存在。"认知扩展型知识"是能够为人们展示更多可能性，但却又不妄加评判的知识。PSTS 所应做的是扩展人们的认识空间并整合相应的权责结构，告诉人们"我们所处的整体与境是什么、我们面临哪些困境、可做出哪些选择、不同选择会面临哪些困境和机遇、又需要承担何种责任"，"认知扩展型知识"力图将各个参与者从单纯的自我利益中解脱出来，使他们置于一个利益多元、视角多样、责任共担的综合场景中。

最后，当前 PSTS 应积极招募自己的听众，缺少了"公共影响力"的 PSTS 是不合格的，PSTS 无需绝对排斥"媒体公共知识分子"这一称谓，只是需要基于无私利品质。扩展 PSTS 在社会的影响力，应注重写作方式的公共性、传播渠道的公共性、行动能力的公共性等：第一，发展新的写作策略，鼓励运用通俗性语言，可以采取伍德豪斯（Edward Woodhouse）的"双重文本"（double texts）模式，或是鲁（E. Roe）的地方性语言写作方法；[17] 第二，扩展知识流通渠道、增加文本流量，使用受众范围更广、具有更强即时性特征的知识传播媒介，丰富知识表现形式；第三，强化与公众或社会运动者之间的对话并积极参与他们的行动；第四，推进 STS 学术奖励体制的改革，适度强化对 STS 研究工作的公共问责程度，将 STS 研究者为社会公众提供新知识等纳入学术评估体系之中，缓解学术专业化所带来的压力。

强调 PSTS 理念，并非是要求 STS 回避学术研究，两者不是替代而是相互促进、相互转化的关系。我们希望通过类似美国智库的"旋转门机制"，实现 ASTS 之间与 PSTS 之间的智力转换：ASTS 研究者通过持续地关注公共科技事件、并贡献具有公众可理解性的知识，而演变为 PSTS，而当 PSTS 将关注点重新放之于学术性问题，或是将社会场中的新经验材料进行重新的学术整合与凝练时，PSTS 又会重新恢复其学术研究者的身份，我们希望更多的 STS 研究者参与到这种"旋转门机制"里面。

5 PSTS 理念对我国自然辩证法界的启示

中国的 STS 研究属于自然辩证法，20 世纪 90 年代以来，学界针对中国自然辩证法的学科定位、社会责任等问题进行了大量争论，其焦点主要在学科结构层面，如吴国盛等强调用"科学技术哲学"来取代"自然辩证法"，[18] 张明国、曾国屏等则提出"科学技术学"概念，要扩展自然辩证法的学科规模。[19] 以上争论为我们提供了新思路，但自然辩证法事业的发展不仅需要学科结构重构，还需学科功能的适度变化，无目的的学科整合难以形成聚合力。"PSTS"理念的启发是：近年来我国公共科技事件频发，因此可以尝试适度扩展自然辩证法的功能范围（如表"公共服务功能"项），聚焦公共科技事件，在"缓解公共科技焦虑、探索更优科技治理模式"目标的引导下聚合力量，这将有助于打造中国自然辩证法界的"品牌"性研究场点。

我国自然辩证法事业的功能类型及特征

功能类型	学术功能	政治功能	智囊功能	公共服务功能
功能目标	完成体制内的学术研究目标	服务国家政治目标（我国自然辩证法初期阶段）	为特定阶层或团体决策进行咨询服务	分析公众所关注的科技事件，探索合理的治理模式
知识评估主体	学术同行	政府	决策者	社会公众或决策者
主要关注点	具有创新性的学术研究方向	批判"唯心主义"科学等	决策者所关心的话题	公共科技事件
独立性程度	强	弱	中	强（第三方原则）
语言特征	专业性学术语言	专业性学术语言	专业性程度适中的学术语言	通俗性语言
知识传播路径	学术期刊、著作、学术会议等，较强封闭性，限于学术圈	学术期刊等，学术圈及政治圈	多采用内部资料阅读方式，传播范围限于决策圈	大众传播媒介，如网络、报纸、电视等，开放程度高

5.1 自然辩证法界在我国公共科技事件中的角色选择

借鉴小罗杰·皮尔克（Roger A. Pielk）关于科学家在决策场中理想化角色的划分理念，[20] 将自然辩证法界在公共科技事件中所可能扮演的理想角色划分为"学术人""仲裁者""知识转译者"和"观点辩护者"四种（图2）。

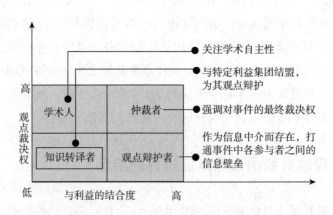

图2　PSTS在公共科技事件中所可能扮演的四种理想角色及其特征

我们认为，自然辩证法界应更多地扮演"知识转译者"角色，将公共科技事件中各参与者所拥有的知识转化为彼此可交流的语言形式，降低不同参与者之间相互理解、相互认识的成本。为何是"转译者"？首先，自然辩证法界无法成为公共科技事件的

"仲裁者"，这是由我国当前的决策体制（以政府及科学共同体为主导性决策群体）及公共科技事件性质本身（利益及价值的多元性）所决定的。其次，尽量避免成为特定利益集团的"观点辩护者"，这会削弱其知识的客观性及说服力。再次，"知识转译者"有助于缓解公共科技事件治理过程中的关键性问题——信息不对称问题，公共科技事件往往源起于公众、科学家、决策者等之间由于信息对流不充分所造成的紧张关系：科学家往往忽视对科技成果潜在社会影响的反思与宣传，且其专业性语言往往将普通公众拒之门外；伦理学家或哲学家往往放大科技负效应，而善用传媒往往使其观点得以广泛传播；当决策过程缺乏必要的民主程序时，其决定往往饱受不必要质疑；公众往往缺乏专业辨别力，在纷繁复杂的信息流中往往随大流式的盲信。合理的公共科技事件治理方式，应基于各参与者间正常且充分的信息对流，我们虽然并不奢望这可以使事件得以"最终解决"，但至少可以使各方保持理性品质。

5.2　角色实现路径

作为知识转译者的中国自然辩证法界，应积极推动两种知识转译形式——外部知识转译和内部知识转译，同时强调构建基于公共传媒的新型信息互动模式（图3）。

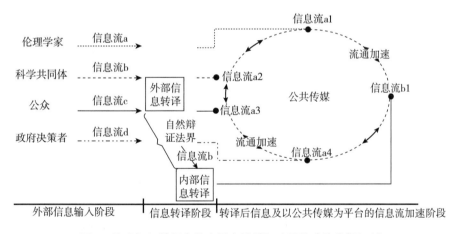

图3　作为知识转译者的中国自然辩证法界的功能发挥机制

"外部知识转译"主要是强化"科学共同体—公众""决策者—公众""伦理学家及媒体—科学共同体""伦理学家及媒体—公众"这四条信息流的运转速度和效率，如将公众的急切但却难以有效表达的焦虑转译为可与其他参与者进行交流的信息流，将科学共同体的专业性知识转译为具有公共可理解性的知识形式等，在转译过程中，自然辩证法界应尽量保持转译的客观性，避免过多的意识形态负载。"内部知识转译"即自然辩证法界将专业性术语转译为具有通俗性特征的语言形式，并努力将之整合到上述几个信息流中。

"知识转译"不是目的而是手段，最终是要通过知识转译建构一个能够使公共科技事件中各参与者进行有效对话的平台。对当下的中国自然辩证法界来讲，与公共媒体之间的合作与对话显得尤为迫切，以突破学科限制或领域限制。自然辩证法界应积极推进学科结构整合进程，强化自然辩证法内部各学科、社会科学相关学科之间，以及科学共同体之间的合作，联系报纸、电视、网络媒体，针对正在发生或刚发生的公共科技事件，定期或不定期地举办研讨会并向社会公开发表观点，形成自己的舆论阵地。当然，在与公共传媒合作过程中，自然辩证法界应保持理性反思态度，不哗众取宠、不盲目跟风，一些媒体往往会过度夸大科技成果的负效应，自然辩证法界应对公共传媒中的不实或不严肃论断进行积极的批判。

参考文献

［1］米歇尔·福柯. 福柯访谈录——权力的眼睛［M］. 严锋译. 上海：上海人民出版社，1997：147.

［2］拉塞尔·雅各比. 最后的知识分子［M］. 洪洁译. 南京：江苏人民出版社，2002：4.

［3］理查德·A·波斯纳. 公共知识分子——衰落之研究［M］. 徐昕译. 北京：中国政法大学出版社，2002：64.

［4］Gattone C. The Social Scientist As Public Intellectual：Critical Reflections in a Changing World［M］. Maryland：Rowman & Littlefield Press，2006：44 – 47.

［5］Stevens S M. Speaking Out：Toward an Institutional Agenda for Refashioning STS［J］. Science, Technology & Human Values，2008（33）.

［6］Hammersley M. Should Social Science Be Critical?［J］. Philosophy of the Social Sciences，2002（2）：175 – 195.

［7］Bijker W E. The Need for Public Intellectuals：A Space for STS：Pre-Presidential Address［J］. Science, Technology & Human Values，2003（28）.

［8］Cushman E. The Public Intellectual, Service Learning, and Activist Research［J］. College English，1999（3）.

［9］Fuller S. The Public Intellectual as an Agent of Justice：In Search of a Regime［J］. Philosophy and Rhetoric，2006（2）：147.

［10］海尔格·诺沃特尼，彼得·斯科特，迈克尔·吉本斯. 反思科学［M］. 冷民，徐秋慧，何希志，张洁译. 上海：上海交通大学出版社，2011：280.

［11］Crick N. Rhetoric, Philosophy, and the Public Intellectual［J］. Philosophy and Rhetoric，2006（2）：127 – 139.

［12］Winner L. Upon Opening the Black Box and Finding It Empty：Social Constructivism and the Philosophy of Technology［J］. Science, Technology & Human Values，1993（3）：368.

［13］Cozzens S E. Whose Movement? STS and Social Justice［J］. Science, Technology & Human Values，1993（18）：275.

［14］Martin B. The Critique of Science Becomes Academic［J］. Science Technology & Human Values，1993

（18）：255.

［15］Waks L J. STS As an Academic Field and a Social Movement ［J］. Technology in Society，1993（15）：401.

［16］唐纳德·麦肯齐. 别把 STS 做小了——唐纳德·麦肯齐访谈录［J］. 黄之栋，高璐，缪航，等译. 山东科技大学学报（社会科学版），2013（8）：23.

［17］Roe E. Narrative Policy Analysis：Theory and Practice ［M］. Durham，NC：Duke University Press，1994：162.

［18］吴国盛. 把"科学技术哲学"作为哲学学科来建设［J］. 自然辩证法研究，1999（10）：65.

［19］张明国. 从"科学技术哲学"到"科学技术学"——实现自然辩证法学科建设的第二次调整［J］. 科学技术与辩证法，2003（2）：11.

［20］Pielke R A. The Honest Broker：Making Sense of Science in Policy and Politics ［M］. Cambridge：Cambridge University Press，2007：10 - 30.

高璐　1983 年生，黑龙江大庆人。副研究员，毕业于清华大学科学技术与社会研究所，获得哲学博士学位。自 2011 年起就职于中国科学院自然科学史研究所学科发展战略研究中心，研究兴趣集中在 STS 理论与新兴技术治理、技术的社会史与科技政策研究。

建构主义思想的践行者：麦肯齐学术思想演进及其意义

□ 高璐　李正风

作为爱丁堡学派第二代中最负盛名的学者，唐纳德·麦肯齐（Donald Mackenzie）的研究在 STS 领域独树一帜，获得了多项学术殊荣。与麦肯齐教授在国际 STS 领域中的巨大影响相比，我国学者对其工作的了解甚少，不能不说是国内学界的遗憾。然而，不能简单地将其归咎为对麦肯齐工作的忽略，或许，想要深入地理解麦肯齐的思想存在着两方面的困难。首先，麦肯齐的研究往往涉及精深的技术细节，他用历史社会学的分析触碰到了现代科学最"硬"的部分——数学知识。麦肯齐认为数学运算将规则强加于世界之上，尽管这是一组有用的规则，却并非放诸四海而皆准。因此，数学是一种惯例（conventional），而麦肯齐所做的就是澄清数学给我们带来的"误解"。他经常将自己的研究轨迹描述成"围绕数学展开的"，这一特征无疑成为对数学不熟悉的读者理解其工作的"障碍"之一。其次，麦肯齐研究的主题广泛，从优生运动与统计学[1]到"冷战"与核导弹精确度[2]，再到金融危机与经济数学模型[3]，他选择了"影响人类的生活，并不狭隘的学术研究主题"，同时他希望通过这些"有界限的科技问题帮助我们把更大的问题看清楚"。[4]在他的研究中，数学知识、科学技术总是与复杂、重要的社会问题交织在一起，这些问题又常常具有较强的政治性与实效性，新颖多变又让人难以驾驭，这或许是麦肯齐的工作让我们望而却步的第二个原因。本文将尝试追寻麦肯齐的学术生涯，探讨他是如何完成了这些既有学术价值又饱含现实关怀的研究的。同时，通过麦肯齐研究的总结与分析得出对中国 STS 发展的一些建议。

1　科学知识社会学：爱丁堡的薪火相传

1978 年，麦肯齐在爱丁堡大学科学研究部（Science Studies Unit）获得了他的社会学博士学位。20 世纪 70 年代，作为科学知识社会学（Sociology of Scientific Knowledge, SSK）的思想重镇，爱丁堡学派（Edinburgh School）正值鼎盛。"科学知识社会学的强

---

* 原载《自然辩证法通讯》2014 年第 1 期，第 79—86 页。

纲领"[5-7]的四信条（four tenets）体现了对待科学和科学知识的自然主义态度。在强纲领的视野中，社会学不仅仅可以解释科学的谬误，也可以解释理性与科学知识本身。然而，强纲领却并未区分内在主义与外在主义①在解释上的优先地位，尽管布鲁尔曾主张强纲领要同时涵盖外在主义和内在主义的研究，但是早期的 SSK 研究更多地走向了外在主义。麦肯齐的导师巴恩斯（Barry Barnes）教授便是坚定的外在主义者（externalism），尽管他自己并不这样认为[8]。

巴恩斯在剑桥大学获得化学学位后继续研读了社会学，于 1967 年来到爱丁堡大学的科学研究部，成为这个群体中唯一受到正式社会学训练的学者（其"外在"倾向也并不令人意外）。在 1974 年出版的《科学知识与社会学理论》一书中，巴恩斯指出知识只是被群体共同接受的信念，而非"正确"的信念[9]。他吸收了库恩对于科学共同体与范式的理念，对知识的合法性进行了"社会偶然性"的解释。他将科学看作一种文化形式，并利用分析其他文化的社会学方法展开对科学知识的分析。如此一来，科学家成为一个特定文化群体，他们对自然世界的观察与其所处的亚文化环境紧密联系在一起，教育、知识背景、意识形态、普遍社会文化都影响着科学家的行为。也正是基于这种影响，"物理学家观察云的时候，所看到既不是小水滴的形成，也不是出现了一些白色的线，而是一些粒子从这边走到那边。遗传学家观察细胞时会看到 40 多个染色体，而外行人只能看到罗尔沙赫痕迹"。[9]26巴恩斯的工作成功地将科学拉下了神坛，使其成为社会学研究的对象之一。[10]

在导师的影响下，麦肯齐在爱丁堡的研究自然而然地走向了社会学进路，稍有不同的是，麦肯齐倾向用一种"历史社会学"（historical sociology）的方法。当然，这一时期也是科学史家围绕内史与外史争论不休的年代。著名的科学史家福曼[11]在 1971 年的一篇重要的文章中探讨了物理学家与魏玛德国意识形态的对抗如何催生了当代量子力学。在爱丁堡，这种主张在科学史学家夏平[7]的研究中体现得淋漓尽致②。他将科学争论与双方的理念冲突、社会利益联系在一起，并以此来探讨争论结果与社会因素之间的联系，这种利益解释视角成为该时期典型的分析模型。麦肯齐的第一篇独立发表的论文[12]便遵循这种分析路径。③

麦肯齐在 1976 年的这篇文章所关注的数学要素是统计学。他开篇便指出英国 20 世纪初的优生学运动（eugenics movement）是分析科学理念与社会群体的利益关系的重要案例。麦肯齐在这篇文章中，大量的使用了"意识形态"与"社会利益"作为解释这

---

① 内在主义解释侧重于科学技术共同体特有的特质及其与知识生产的关系；外在主义的解释则侧重遍布科学共同体之外的社会力量和意识形态。

② 夏平认为 19 世纪 20 年代的爱丁堡，对颅相学（Phrenology）兴趣的增长与风起云涌的阶级斗争有关。

③ 麦肯齐在与作者的邮件中回答道，对其学术生涯产生影响的人很多，其中最重要的四位都来自爱丁堡，他们是他的导师巴恩斯、布鲁尔，以及两位历史学家，夏平和沃克齐（Gary Werksey）。

段历史的核心概念。他认为优生学作为一门学问，吸收了已有的生物遗传学以及社会科学的知识，同时也对英国 20 世纪知识传统的塑造起到重要影响。更有趣的是，优生学作为一种意识形态，成为了一个新兴阶层寻求社会学合法性的精神支撑。优生认为社会地位影响着个人素质（如脑力如何、是否容易生病、道德倾向等），而个人素质很大程度上来自于遗传，因此社会地位与遗传价值之间被划上了等号。优生主义者（eugenists）持有"科学"的社会理论，他们认为提高上层社会生育率，同时降低下层百姓的生育率能够促进社会进步。为何这一看似不"合理"的科学理论在 20 世纪初的英国发扬光大？麦肯齐认为这与英国职业中产阶级（professional middle class）的崛起密不可分。英国社会由两大稳固的社会阶层组成，资本家与贵族组成的统治阶级，以及体力劳动者组成的劳动阶层。19 世纪末一些重要的中间阶层开始出现，其中引人注目的是新兴的知识分子（如学校教师、科学家与工程师等），这些新兴职业者与传统的法律、医学精英一起构成了职业中产阶级。很快，优生学被中产阶级认可，成为了他们的标志性意识形态。这一方面是由于职业中产阶级受到更好的教育，接受了时髦的遗传学、进化论、统计学知识，拥护优生学是科学上进步的体现；另一方面，这一阶层也在寻求上层社会的认可，强调生物优越性（biology superiority）的理念使得职业中产阶级与统治阶级站在了一边。麦肯齐用一种联系的视角看待学科发展的历史，找到了优生学与统计学、遗传学等现代学科之间此起彼伏的关系；另一方面，他的利益解释框架又独具特色，将这段历史与英国的社会阶层变革联系在一起，更好地解释了为什么在英国优生学成为中产阶级意识形态的标签，而没有走向与德国和美国相似的种族主义。

随着"统计学与优生学"研究的深入，1981 年麦肯齐的博士论文《统计学在英国 1865—1930：科学知识的社会建构》[1]出版，这个时候他已经在爱丁堡大学拿起教鞭了。正如这本书标题中所阐述的，这并不是一本干巴巴的英国现代统计学史，而是一个关于生物统计学诞生过程中多种社会因素作用的深刻讨论。社会力量并不会决定科学思想的发展方向，但是麦肯其认为，一些科学理论之所以被选择，是因为它能够更好地服务于决策者的政策和社会利益。19 世纪初，统计学还是一种社会科学，一种国家主义者的科学（science for the statists）。20 世纪初，优生学在英国的快速发展需要统计学知识来证明优生理论中代际关系的可靠性，优生学对于现代统计学的"科学化"起到了至关重要的推动作用。麦肯齐选择了弗朗西斯·高尔顿（Francis Galton）、卡尔·皮尔森（Karl Pearson）和罗纳德·费雪（R. A. Fisher）这三个现代统计学的奠基人作为对象，并探讨了他们的社会立场如何影响了其统计学研究的兴趣，从而也证明了统计学形成之初如何受到了来自优生学、进化论以及其他一些社会思潮的影响（见下表）。

现代统计学代表人物与优生学的关系

人物	主要观点及其与优生学、进化论学说的关系
高尔顿	拒绝进化论,发展出相关性研究(correlation)来描述不同代际(generations)之间遗传变化的关系,但由于其统计学不是为了描述自然进化,因此其统计方法不能对类似的问题做出有效反应
皮尔森	达尔文主义者,通过对生物数据的统计分析为优生学提供了证据,他的非连续变量的相关性研究证实了优生学已经染指科学问题
费 雪	优生主义者,他对简单的统计学与人口参数进行了区分,相信孟德尔遗传学,开辟实验设计法来测量遗传强度,讨论了孟德尔的遗传模型与优生学的关系

麦肯齐这一阶段中致力于寻找建立科学与意识形态之间的联系，来证明知识本身的社会属性。尽管有人批评麦肯齐的书中缺少对于英国统计学更全面的历史框架的分析，并且将统计学描述为以分析数据为目标的工具，而非对自然的一种表达[13]，但不可否认的是麦肯齐对于统计学历史的分析与传统的学科史视角大不相同。这种问题导向的案例研究不仅描述了历史过程，更丰富了我们对于科学知识内涵的认识。麦肯齐谨慎地通过细致的历史分析支持着爱丁堡的知识社会学，并为此后将 SSK 的分析对象拓展到了技术和数学领域积蓄着力量。

2 技术的社会形塑：发明精度

麦肯齐出生在苏格兰高地的首府——茵佛尼斯（Inverness），在爱丁堡度过了四十余年的学习与工作时光。他会很骄傲地在人前提起，"我是地道的苏格兰人，从我名字你就能猜出来了"。他的双颊微微发红，操着有特点的苏格兰口音，总是对年轻人谦逊、诚恳地笑着。80 年代爱丁堡学派在 STS 领域已经成为了一面旗帜，社会建构（social construction）这个词已经在这一领域中变得越来越常见[14]。强纲领的对称性法则被应用到对技术的分析上，催生了技术的社会建构论（Social Construction of Technology，简称 SCOT）。SCOT 也是苏格兰（Scotland）的简写，此后，技术的社会形塑（Social Shaping of Technology，简称 SST）也在爱丁堡开花结果，从 SSK 到 SCOT，再到后来的 SST 都刻上了浓重的苏格兰印迹。

1985 年麦肯齐开始了技术的社会形塑的研究，他与瓦克曼（Judy Wajcman）合编的名为《技术的社会形塑》（*The Social Shaping of Technology*）的论文集是第一本该领域的著作。80 年代，关于技术与社会关系的讨论被一种"天真"的技术决定论所主导，麦肯齐与书中的作者们都反对这种简单化的解释框架，对于技术建构论者来说，技术为何被社会选择？并非因为它是"最好的"，应该回答的问题是："最好"的标准如何被不同的利益相关者所定义？[15] 这本论文集不仅收录了一些如休斯（Thomas Hughes）、温纳（Langdon Winner）、哈拉维（Donna Haraway）、平齐（Trevor Pinch）、拉图尔（ Bruno Latour）等新锐学者的关于技术论、女性主义、军事技术的文章，还囊括了从布洛克（Marc Bloch）到马克思（Karl Marx）等关于技术与社会的经典文献。麦肯齐与瓦克曼在前言中指出了建构技术的三个要素——人工物、知识与实践，而这一论文集的目标便是打开技术的"黑箱"，以暴露和分析深植于技术内容和创新过程之中的社会–经济模式。论文集两次再版，重复印刷达 11 次之多，足以体现本书在学术界受到的重视。

在《技术的社会形塑》的第 2 版，麦肯齐贡献了一篇文章，即第 30 章《技术论与核武器的废除》（*Theories of Technology and the Abolition of Nuclear Weapon*）。这篇文章试图用四种流行的技术理论做一场思想实验：该如何回答一位首相提出关于废除核武器的问题？满嘴专业术语的技术论学者能为决策提供哪些洞见呢？麦肯齐列举了休斯的技术系统理论、科林斯的默会知识（tacit knowledge）、马克思主义的社会前提（social pre-condition）以及卡隆与拉图尔的行动者网络（actor-network theory）等四个理论来进行这场思想实验，从不同的角度阐释了技术论在分析技术问题时的适用性及其局限。① 麦肯齐用他的思想实验为全书画下句号，也点明了主题：如果说技术的社会形塑与技术论能够帮助我们打开技术的黑箱，那么就应该充分地认识每种分析框架的优势与局限，技术论不仅是关于技术的理论，更是一种社会理论。

这一时期，麦肯齐将具有苏格兰特色（SCOTish；也可理解为技术的社会建构论）的技术论应用到军事技术②的研究中，他对核导弹制导系统和导弹精度的社会形塑问题的研究成为该领域的经典。《发明精度：核导弹制导系统的历史社会学研究》（*Inventing Accuracy：A Historical Sociology of Nuclear Missile Guidance*）出版于 1990 年，不仅在 STS、技术史领域赢得好评，在社会学、国际政治等领域也收获了无数赞誉。③ 英国科学史专家埃杰顿（David Edgerton）认为这本书代表了 SCOT 研究同时期的最高水平，"麦肯齐的苏格兰特色的（SCOTish）进路成为技术社会建构论（SCOT）最好的注脚"。[16]

《发明精度》这本书关注了冷战时期最重要的战略技术——洲际弹道导弹（ICBMs）的制导系统，这一系统使得导弹在经历上千公里的飞行后还能够在 100 米误差内击中目标。麦肯齐的问题是：导弹精度是如何得到提高的？他通过 140 余个访谈与深入的历史分析回答道：精度提高不是技术进步累积的结果，而是不同的行动者通过异质工

---

① 麦肯齐认为技术系统理论能够提供系统的视角，核武器既可以被看作是技术系统的产品，也可以作为技术系统的组成部分。技术系统使得更多的因素（如化学爆炸物、核燃料、反射器、发射装置、工程师、政客、发射地点与导弹等）被拉入到分析框架中来，这些都将影响废除核武器的过程与措施。行动者网络理论强调社会–技术网络的动态性，因此核导专家有可能绕过任何我们为阻止这项技术发展而设立的障碍。麦肯齐认为行动者网络能够更好地解释新技术带来的社会可能性，如建立新的社会技术网络——即一种反网络（counter-network）才能对核大国的行为方式产生制约与影响，他还举例道，60 年代侦查卫星的出现使得如火如荼的核军备竞争趋于平静。

② 从 1984 年到 1987 年，麦肯齐获得了 Nuffield Foundation 关于战略核导弹技术的研究经费，1988 年到 1989 年，获得了关于苏联内置导弹制导技术与导航技术发展的研究资助。

③ 1993 年，《发明精度》一举获得美国社会学协会"默顿奖"和科学的社会研究学会（4S）"福莱克奖"（Ludwik Fleck Prize）。

程（heterogeneous engineering）协商互动的结果。惯性制导系统技术并非源自于新的科学发现①，也不是天才发明家的灵机一动，而是被军方、政府、赞成螺旋文化（gyro-culture）的科学家与工程师、国际军备竞争环境、环保与人道主义者等共同塑造而成的。因此，精度是"发明"出来的。麦肯齐希望通过这一历史社会学研究回应那些技术决定论者，技术并没有其"自然"的轨迹，它们只是有时候看起来很"自然"而已。

对导弹精度的提高产生重要影响的因素之一便是国际作战模式的转变。弹道导弹所应用的高性能惯性制导（inertial guidance）技术的核心为测量角运动参数的陀螺仪（gy-roscope）和测量平移运动加速度的加速度计（accelerometer），这种制导方式在二战期间便已经开始使用，虽然其精度更高，但由于其可靠性较差，战后大多数导弹的制导系统为无线电制导（radio guidance）。1962 年，美国空军提出由传统的确保互毁模式（Mu-tually Assured Destruction）②转变为反作用力战斗模式（counter-force strategy）③，这一转变使得精度成为衡量导弹制导系统的重要标准。然而，这并不意味代表高精度的惯性制导技术是战略转变后的技术成果。很多分析家认为，MX（Missile-eXperimental）导弹④之所以一开始选择激光制导（laser guidance）系统，是因为激光是最新的技术成就。麦肯齐的案例很好地反驳了这样一种观点，他认为技术的胜出并非源于其技术的优越性。实际上，麻省理工大学（MIT）仪器实验室（Instrumentation Laboratory）的德雷珀⑤（Draper）团队一直在通过实验不断地提高陀螺仪技术，使得惯性制导的精度不断提高（实际上其精度水准高于同时期的激光导航系统，只是显得更加不稳定，并且价格昂贵）。直到德雷珀学生们——同时也是军方的官员在不同军种竞赛中不断地强调惯性制导技术的优越性与新战略的关系，才使得这一技术在美军的全面支持下发展起来。麦肯齐在结论中提出了确定性低谷（certainty trough）的概念，指技术的用户或管理者比研发者对技术更有信心。这一概念很好地阐释了麦肯齐发明精度的故事，技术官僚通过定义惯性制导技术的价值推动了"精度"的发展。

精度不仅仅是数学概念，多元行动者共同发明了精度，并提高着精度，精度更是一个社会技术概念。与技术决定论或是制度决定论不同，STS 的技术理论强调技术与社会的整体性，他们的互动共同塑造了技术，也塑造着社会。

---

① 事实上，在 20 世纪 40 年代，已经有理论物理学家宣布根据广义相对论，惯性制导技术的应用是不可能实现的。

② 以打击城市为主的军事战略。

③ 以毁灭对方核武器库、发射装置等为目标的作战战略。

④ MX 导弹是美国第三代洲际弹道导弹，从 20 世纪 70 年代初开始研制，其投掷重量大、生存能力强、命中精度高，于 1983 年第一次进行飞行试验，1986 年开始服役。MX 最终决定应用浮球平台惯性制导系统，能够将圆周误差率控制在 30～130 米。

⑤ 德雷珀扮演了异质工程师的角色，承担起说服、获取合同以及将实验室的陀螺仪研究工作与武装力量的关键利益绑定起来的工作，才使实验室内部的研究人员认为自己的工作仅仅是技术事务。

3 有限论与操演性：数理经济模型如何塑造金融世界

在 20 世纪 90 年代的爱丁堡，信息与通信技术（ICT）成为研究的热点①。麦肯齐的注意力被吸引到这一改变了现代社会行为与组织方式的新技术上。信息社会中，计算机软件被应用到各种与经济、生产、生活相关的领域中，甚至货币与金融系统被信息系统所掌管。信息化带来便利的同时，是否也会带来我们始料未及的问题呢？

在此，有必要讨论有限论（finitism）与操演性（performativity）两个问题。有限论在当代的表述源于维特根斯坦（Ludwig Wittgenstein），他的语言哲学认为词汇、分类和规则的每一次使用都是对规则转译的过程。② 维特根斯坦的有限论将认识论的中心问题引向经验问题，巴恩斯与布鲁尔则使得有限论成为解释知识的工具。巴恩斯在 1982 年提出了"社会学有限论"，指出知识符合有限论，概念的意义是在使用中形成的，由情境的、偶然的因素决定[17]。次年，布鲁尔[18]在维特根斯坦的基础上发展了有限论，给予知识增长的过程一种有限论意义上的说明。操演性概念也源于语言学，用来说明以话语（discourse）为形式的语言并不仅仅是被动的描述事实，它同时构成了它所描述的内容③。在 STS 领域，卡隆[19]最先借用了这一概念，用以说明"市场（或金融）是如何被建构的"。卡隆认为，作为话语的经济学理论和模型并不仅仅是对现实的一种描述，而且也帮助创造了这种现实。④常识告诉我们，成功的理论都兼具解释与预测功能。然而当我们发现了有限论与操演性的秘密时，应该继续追问的便是：理论对未来的预测能力来自于什么？

麦肯齐最早的一篇关于金融系统的研究发表于 2001 年，在这篇题为"物理与金融"[20]的论文中，麦肯齐试图以其深厚的数学功底来回答一个重要的问题，即：数理模型与经济理论在金融市场中所扮演了什么角色？麦肯齐认为现代金融应该成为 STS 研究的重要对象，对金融的研究可以在经济学学科边界的变化、私有知识与公共知识的划分等方面进行。在这篇文章中，麦肯齐选择了期权定价模型⑤与对冲基金的案例来说明金

---

① 1986 年，爱丁堡大学获得了英国经济与社会研究理事会（ESRC）资助的项目——信息与通信科技研究项目（Programme on Information and Communications Technologies，PICT），成为英国信息技术与社会研究的先锋。信息技术成为了爱丁堡 SST 研究在 90 年代的标签，而生物与基因组学则成为了其在 21 世纪的新的时髦话题（INNO-GEN，ESRC Genomics Network）。

② 究竟如何遵守某规则？维特根斯坦认为一个规则的口头阐述不能决定这一规则下一次的应用，通过援引更多规则来决定规则在未来的新例证中的应用，是毫无意义的。经验与规则的关系就如同是实验与科学理论的关系一样。

③ 对此，语言学家奥斯丁（Austin，1970）给出了很多很有趣的例子，比如当一个人说"我很抱歉"或者"我将这艘船命名为伊丽莎白皇后号"，或者"我和你赌六便士明天会下雨"等等——其实就是想说明"在表述我将要做什么的同时，我也实际上正在履行该行动"（P235）。

④ 卡隆是用行动者网络的符号互动论来解释操演性概念的。

⑤ 默顿与斯科尔斯的期权定价模型获得 1997 年的诺贝尔经济学奖，其理论被应用到对冲基金操作中。由于理论的操演性造成的 S 循环极度夸大了衍生产品的收益，整个系统对于资产负债表逐渐超于临界点的风险越发不敏感，最终造成了系统崩溃。

融理论的自我指涉问题。金融理论影响着市场行为与判断，这使得经验与理论不断循环、自我加强，因此，理论的操演性并不会增强稳定性，而会带来整个金融体系的崩溃。从这个意义上来看，经济学并不仅仅是描述已有的外部"经济"，同时也更是让经济呈现出其所描述出的状态，即经济学操演着经济，"创造"了其所言说之现实[21]。

麦肯齐对金融市场与操演性的探索不断深化，2006 年出版了《是引擎，不是照相机》（*An Engine*，*not Camera*：*How Financial Model Shape Market*）[6]一书，在金融危机之前细致地分析了金融模型的运行机制与风险。2008 年，该书获得了美国社会学协会的经济社会学维维安娜·泽利泽奖①。麦肯齐考察了从 20 世纪 50 年代到 2001 年期间，金融经济学理论与期货（future）、期权（option）与金融衍生品（derivatives）市场之间的联系。那些以复杂的数学模型为基础的诺贝尔经济学奖的理论，不是对经济过程的简单外部描述，经济理论是一台能够再造经验事实的市场引擎，而不是记录经济活动的照相机。更重要的是，权威理论的产生会根本地改变金融市场。麦肯齐最具说服力的案例便是布莱克 - 斯科尔斯期权价格模型（Black-Scholes option-pricing model）。在 20 世纪 70 年代，几乎不存在期货的金融衍生品的交易，到了 2004 年，世界范围内的金融衍生品交易合同达到 273 万亿美元。尽管经济发展会促生金融市场的繁荣，但其发展模式依赖于银行家对金融理论的选择。B - S 期权价格理论完成了从理论到现实的操演性循环（performative loop），这使得这一模型的"合理对冲"与"准确评估风险"的假设被打破。然而当整个金融运算法则都依照这一理论构建时，一丝改变都将产生放大的蝴蝶效应。麦肯齐细致的历史社会学分析涵盖了 1987 年及 1998 年的金融危机，2008 年爆发的因对冲基金与循环信息累计而成的金融危机可以看作是麦肯齐工作的一个预测。

如果将金融理论比喻为我们交流的语言，那么今天复杂的金融系统的语言不仅由复杂的词汇和数据组成，还包含了若干技术系统。当今金融危机则将金融语言的力量与局限显示得一览无余。2008 年后，麦肯齐的研究受到越来越多经济界人士的关注，他的文章也频频在《金融时报》（*Financial Times*）上刊登[22]。麦肯齐对按揭证券与其背后的数据库的分析细致入微，不仅分析了按揭证券的机制，还将其背后最重要的语言——因泰克斯（Intex）系统及其包括的标的资产池（underlying asset pools）的可靠性纳入分析框架。② 由于金融机构对运算系统成本的控制使得其依赖有限的语言，对金融理论与计算法则的选择就意味着对金融世界信息的屏蔽，这种体系的建立就使金融风险被累

---

① 这一奖项颁给世界范围内在过去两年中最佳经济社会学类书籍或文章。麦肯齐两次获得该奖项，另一次为 2005 年与 Millo 合作的 *Constructing a Market*，*Performing Theory*：*The Historical Sociology of a Financial Derivatives Exchange* 一文。

② Intex 系统非常昂贵，一个银行每年为该系统支付 150 万美元，但由于金融产品复杂性增加了标的资产池的数值，使得运算时间增加到数个小时。因此，许多银行家选择减少运算量，他们选择了不同的数学语言，这种语言只处理一个债务抵押债券的组成部分。而这些券商也形成了评价的分工与组织，他们高度地依赖彼此对不同产品的评价与测算。

加，最终酿成严重的风险误判与信贷危机。在经济危机中，高曼（Goldman）公司一直采用高成本、大数据、多分析员组合的分析方法，这使得他在 2006 年末做出了对冲债务抵押贷款的决定，并帮助他们在经济危机中几乎毫发无伤。因此，麦肯齐认为在金融世界中，有限的语言（金融数学工具）意味着危险的有限世界[22]。

2009 年后，麦肯齐的研究从金融市场转扩展到碳排放市场。2012 年，在哥本哈根的 4S 会议上，他告诉笔者他将沿着数学这条路去解释"市场"的操演性。麦肯齐对有限论与操演性理论的应用与扩展使 STS 理论在历史学、经济社会学、金融学等领域获得认可，我们期待着见证麦肯齐的市场研究的操演性所产生的影响。

4　从解释世界到改造世界：建构主义思想的践行者

在《费尔巴哈的哲学提纲》中，马克思曾经这样写道："哲学家们只是用不同的方式解释世界，而问题在于改变世界。"当科学知识社会学的思想先驱提出建构主义的思想纲领时，他们颠覆了理解科学和科学知识的传统观点，改变了解释科学知识及其生产过程与方法的思路，但大多数建构主义者并没有跳出马克思所说的"解释世界"的窠臼，他们的贡献更突出地体现为破坏旧的解释模式，形成新的解释框架。

麦肯齐无疑在确立并推进这种解释框架的过程中做出了重要的贡献。麦肯齐的相关研究多与对数学思想的历史和社会学分析相关。科学史学家科瓦雷（A. Koyré）曾认为自然的数学化过程是近代早期科学的关键，数学的应用与世界的机械化使我们把自然界理解为精确的宇宙[23]，也使数学化的科学知识成为不受历史、社会因素影响的知识范例。麦肯齐的研究击破了笼罩在数学知识之上的光环，还原了"神圣的"数学理论的世俗面目，无疑对科学知识社会学研究纲领和解释科学知识的新框架提供了极其重要的支持。

然而，仅仅揭开科学知识的神秘面纱，还原了科学知识的世俗根源，并不能代表建构主义思想的全部精髓。仅仅通过一个又一个案例来不断地表白科学知识是受社会因素影响的这样一个断言，科学的社会研究的丰富内涵将会被新的教条所掩盖。建构主义视野下的研究如果在打破了科学知识—技术发明单向度地决定社会进程的迷梦之后，只是简单地宣布已把科学和技术拉下了神坛，或者无奈地陷入"相对主义"的泥沼，不但过于虎头蛇尾了，而且有掩耳盗铃之嫌。因为尽管已经不再能够把科学知识视为恒久不易的铁律，但也绝不能否定科学知识和技术发明对社会进程的深刻影响。既然不能把这种深刻影响简单地理解为听命超越于人类社会之上的"铁律"，那么就必须在人间的世俗世界中发现这种深刻影响何以发生的秘密。这样，打破自然与社会泾渭分明的边界，把科学研究的活动，以及科学知识的生产与再生产，纳入到人与自然、科学与社会交互作用的复杂场景中进行考察，以发现科学知识与各种自然、社会因素相互建构的复杂网络关系，便成为 STS 研究的重要任务。正是因为如此，麦肯齐在接受 STS 学者的访谈时，郑重地告诫人们：别把 STS 做小了！[4]

对科学知识与各种自然、社会因素相互建构的复杂网络的分析，以及对科学知识如何影响社会进程的探究，使建构主义的思想不能停留在 SSK 的阶段，技术的社会建构、科学知识与社会规则的变迁之间的关系，将成为展现自然、科学与社会交互建构的复杂关系难以回避的重要问题。可以说，从科学知识社会学，到技术的社会建构，再到对经济理论与数理模型如何影响金融世界的研究，麦肯齐的学术研究体现了这种内在变迁的脉络。

从这种建构主义的思想出发，不论是社会因素对科学知识的影响，还是科学知识对社会进程的影响，都不再是寻找一经发现便法力无限的"魔杖"的智力游戏。研究者需要介入到自然、科学与社会交互建构的具体的历史进程之中，这种交互建构有多种发展的可能性，更重要的是，STS 研究者对这些可能性的揭示、评判、选择和实践，将成为影响并改变科学、也改变社会历史进程的重要参与方式。麦肯齐关于发明精度、数理模型影响金融世界的研究，显然介入到人类具体实践的进程之中，并在这个过程中不同程度地发挥着变革现实社会的作用。

2010 年麦肯齐荣获了 4S 学会颁发的最高奖——贝尔纳奖（John Desmond Bernal Prize）①。能够获此殊荣，不仅因为麦肯齐的精细研究不断地开拓出 STS 探索的新空间，同时其学术探索体现了改造世界的追求。可以说，麦肯齐不但是建构主义思想的倡导者，而且是一位颇具代表性的践行者。对于中国 STS 事业而言，新一代的爱丁堡学派带给我们的启示是如何做一名践行者，如何将理论与方法创造性地"用"到解释中国实践中去，因为适应于中国的科技与社会理论将必然产生于具有中国历史与文化特征的经验研究之中。

参考文献

［1］ Mackenzie D. Statistics in Britain，1865－1930：The Social Construction of Scientific Knowledge ［M］. Edinburgh：Edinburgh University Press，1981.

［2］ MacKenzie D. Inventing Accuracy：A Historical Sociology of Nuclear Missile Guidance ［M］. Cambridge，Mass. ：MIT Press，1990.

［3］ MacKenzie D. An Engine，Not a Camera：How Financial Models Shape Markets ［M］. Cambridge，

---

① 这是 STS 领域最高终身荣誉，奖励给那些为 STS 领域做出突出贡献的个人。回顾 1981 年至今，贝尔纳奖共颁奖给了 32 位学者，这其中包括普赖斯（Derek Price，1981）、默顿（Robert Merton，1982）、库恩（Thomas Kuhn，1983）、李约瑟（Joseph Needham，1984）等学科的开拓者，还有像弗里曼（Christopher Freeman，1987）、休斯（Thomas Hughes，1990）、拉图尔（Bruno Latour，1992）、布鲁尔（David Bloor，1996）、科林斯（H. Collins，1997）、巴恩斯（B. Barnes，1998）等这些理论先锋。

Mass.：MIT Press，2006.

［4］唐纳德·麦肯齐，黄之栋，高璐，缪航. 别把 STS 做小了!：唐纳德·麦肯齐访谈录［J］. 山东科技大学学报（社科版），2013，15（4）：23 – 29.

［5］Bloor D. Knowledge and Social Imagery［M］. 2nd ed. Chicago：University of Chicago Press，1991.

［6］Barnes B，Bloor D，Henry J. Scientific Knowledge：A Sociological Analysis［M］. Chicago：University of Chicago Press，1996.

［7］Shapin S. Phrenological Knowledge and the Social Construct of Early Nineteenth-century Edinburgh［J］. Annuals of Science，1975（32）：219 – 243.

［8］Shapin S. Discipline and Bounding：The History and Sociology of Science as Seen Through the Externalism-internalism Debate［J］. History of Science，1992，30（90）：333 – 369.

［9］巴里·巴恩斯. 科学知识与社会学理论［M］. 鲁旭东译. 北京：东方出版社，2001.

［10］段静. 巴里·巴恩斯的科学知识社会学理论初探［D］. 科技哲学硕士学位论文，2011.

［11］Forman P. Weimar Culture，Causality，and Quantum Theory：Adaptation by German Physicists and Mathematicians to a Hostile Environment［J］. Historical Studies in the Physical Sciences，1971（3）：1 – 115.

［12］MacKenzie D. Eugenics in Britain［J］. Social Studies of Science，1976（6）：499 – 532.

［13］Porter T M. Review：Social Interests and Statistical Theory，Statistics in Britain，1865 – 1930 by Donald A. MacKenzie［J］. Science，1984，214（4522）：784.

［14］西斯蒙多. 科学技术学导论［M］. 许为民，等译. 上海：上海科技教育出版社，2007：66.

［15］MacKenzie D，Wajcman J. The Social Shaping of Technology［M］. Milton Keynes：Open University Press，1999（first edition 1985）：xv.

［16］Edgerton D. Tilting at Paper Tigers，Inventing Accuracy：A Historical Sociology of Nuclear Missile Guidance by Donald MacKenzie［J］. The British Journal for the History of Science，1993，26（1）：67 – 75.

［17］Barnes B. On the Extensions of Concepts and the Growth of Knowledge［J］. The Sociological Review，1982（30）：23 – 44.

［18］Bloor D. Wittgenstein：A Social Theory of Knowledge［M］. London：Macmillan，1983.

［19］Callon M. The Laws of the Markets［M］. Oxford：Malden，MA：Blackwell，1998.

［20］MacKenzie D. Physics and Finance：S-Terms and Modern Finance as a Topic for Science Studies，Science［J］. Technology & Human Values，2001，26（2）：115 – 144.

［21］MacKenzie D，Millo Y. Constructing a Market，Performing Theory：The Historical Sociology of a Financial Derivatives Exchange［J］. American Journal of Sociology，2003（109）：107 – 145.

［22］MacKenzie D. Unlocking the Language of Structured Securities［N］. Financial Times，19 August 2010.

［23］科恩. 科学革命的编史学研究［M］. 张卜天译. 长沙：湖南科学技术出版，2012：73.

编　后

　　2017 年 1 月 1 日，中国科学院自然科学史研究所迎来 60 华诞。为了纪念建所一甲子，所务会决定编辑建所以来我所研究人员论文选集《科学技术史研究六十年——中国科学院自然科学史研究所论文选》。该论文选以数学史、天文学史、物理学史、化学史、地学史、生物学史、医学史、农学史、技术史、科技交流史、科技与社会、世界科技史等 12 个部分为顺序编排，共计 5 卷，大致反映我所同仁在科学技术史学科建设以及科学技术史各领域的耕耘和业绩，即科学技术史学科 60 年发展的缩影。前瞻未来，自然科学史研究所将继续追求学术卓越，为科学技术史及相关学科的研究和知识传播作出更多更大的贡献。

　　论文选在筹划和编选过程中得到了所内同仁以及作者们的多方支持和大力帮助。张柏春所长、袁萍书记、韩琦副所长等所领导多次听取工作汇报，并提出推进建议。邹大海、孙承晟、姚立澄、樊小龙、杜新豪、郭园园、孙显斌、关晓武、屈宝坤、鲍宁参与联络作者、编选论文和校对清样等工作。徐凤先、李亮、任丛丛协助校对了部分文稿。编辑部吕昕、俞月圆完成了论文选的英文目录。韩毅、王莹、彭冬玲、史晓雷等同事以及博士研究生宋元明仔细核对了 60 周年纪念活动照片中的人员，使我们获得完整的名单。张宗鹤、李林、曹希敬多次协助查阅研究所档案，核实部分作者及其论著的信息。高峰、王凌燕等图书馆同事帮助查阅论著信息。中国科学技术出版社总编吕建华、编辑包明明和杨丽为编辑论文选做了大量工作。在此，谨向以上所有为完成论文选集作出贡献的各位同仁致以诚挚谢意！

2018 年 1 月 8 日